现代数学基础

17 实变函数论与泛函分析

SHIBIAN HANSHULUN YU FANHAN FENXI

下册·第二版修订本

■ 夏道行　吴卓人　严绍宗　舒五昌　编著

高等教育出版社·北京

本书第一版在 1978 年出版。此次修订,是编者在经过两次教学实践的基础上,结合一些学校使用第一版所提出的意见进行的。本书第二版仍分上、下两册出版。上册实变函数,下册泛函分析。本版对初版具体内容处理的技术方面进行了较全面的细致修订。下册内容的变动有:在第六章新增了算子的扩张与膨胀理论一节,对其他一些章节也补充了材料。各章均补充了大量具有一定特色的习题。

本书可作理科数学专业,计算数学专业学生教材和研究生的参考书。

本书下册经王建午副教授初审,江泽坚教授复审,在初审过程中,陈杰教授给予甚大关注。

图书在版编目(CIP)数据

实变函数论与泛函分析 . 下册 / 夏道行等编著 . — 2
版(修订本). —北京:高等教育出版社 , 2010. 1 (2022. 1 重印)
 ISBN 978-7-04-027248-2

Ⅰ. 实… Ⅱ. 夏… Ⅲ. ①实变函数论 ②泛函分析
Ⅳ. O17

中国版本图书馆 CIP 数据核字(2009)第 158197 号

策划编辑 王丽萍 责任编辑 张耀明 封面设计 张 楠
版式设计 余 杨 责任校对 张 颖 责任印制 韩 刚

出版发行	高等教育出版社	咨询电话	400-810-0598
社 址	北京市西城区德外大街4号	网 址	http://www.hep.edu.cn
邮政编码	100120		http://www.hep.com.cn
印 刷	运河(唐山)印务有限公司	网上订购	http://www.landraco.com
			http://www.landraco.com.cn
开 本	787×1092 1/16	版 次	1978 年 8 月第 1 版
印 张	30.25		2010 年 1 月第 2 版
字 数	560 000	印 次	2022 年 1 月第 8 次印刷
购书热线	010-58581118	定 价	68.00 元

本书如有缺页、倒页、脱页等质量问题,请到所购图书销售部门联系调换
版权所有 侵权必究
物 料 号 27248-A0

目　　录

第四章　度量空间

从这一章开始我们将要介绍泛函分析. 泛函分析是现代数学中的一个较新的重要分支. 它起源于经典数学物理中的变分问题、边值问题, 概括了经典数学分析、函数论中的某些重要概念、问题和成果, 又受到量子物理学、现代工程技术和现代力学的有力刺激. 它综合地运用分析的、代数的和几何的观点和方法, 研究分析数学、现代物理和现代工程技术提出的许多问题. 从本世纪中叶开始, 偏微分方程理论, 概率论 (特别是随机过程理论) 以及一部分计算数学, 由于运用了泛函分析而得到了大发展. 现在, 泛函分析的概念和方法已经渗透到现代纯粹数学与应用数学、理论物理及现代工程技术理论的许多分支, 如微分方程、概率论、计算数学、量子场论、统计物理学、抽象调和分析、现代控制理论、大范围微分几何学等方面. 现在泛函分析对纯粹数学及应用数学中的影响, 好像本世纪初叶集论、点集论对后来数学的影响那样. 同时泛函分析本身也不断地深入发展. 例如算子谱理论以及各种表示理论已经达到相当深入的程度.

泛函分析大体分为线性泛函分析和非线性泛函分析两大部分, 线性泛函分析比起非线性泛函分析来说要成熟得多, 也更基本一些, 这是自然的. 一般来说, 因为对于数学和数学物理中许多问题, 人们大抵都是先作一次近似把它 "线性化"; 而线性问题总是比非线性问题容易研究得多, 因而迄今所获得的成果也就要丰富得多. 本书中除个别地方外几乎全部讨论线性泛函分析.

线性泛函分析主要是讨论有关线性算子 —— 线性泛函是它的特殊情况 —— 以及更加复杂的算子空间、算子代数的一些问题, 如谱理论和表示理论等. 线性算子是线性空间到线性空间的一种线性映照 (见第五章). 正如同研究函数时必需研究直线上的点集一样, 为了研究算子, 我们必需首先讨论算子的定义域 —— 无限维空间的结构, 特别是描述有关极限 (拓扑) 概念的一些理论. 本章中着重讲述度量空间, 它是用距离来描述极限过程的. 这对于大多数情况下已经够用了. 对于更一般的拓扑空间以及泛函分析中近些年来日渐用得较多的更加专门的局部凸线性拓扑空间理论, 只能极其简略地介绍一点有关的基本概念.

§4.1　度量空间的基本概念

1. 引言　极限是数学分析中基本概念之一. 实数列的收敛, 函数列的均匀收敛, 在平面区域中复变函数列的内闭均匀收敛等等各种极限概念, 都可以统一在下面要介绍的度量空间内按距离收敛的概念之中. 有些概念, 如在第一章中所讨论过的直线上点列的收敛性、开集、闭集、稠密和疏朗等, 在一般的度量空间里也可以引进这些概念. 我们在度量空间里引进了相应的概念, 并建立了相应的理论, 就可以进一步对每个具体空间引出相应的结论. 还有一些概念, 是在这一章中新引进的, 如范数、完备性、致密性等. 有一些空间, 如连续函数空间 $C[a,b]$, 可积函数空间 $L(X, \boldsymbol{B}, \mu)$ 等, 都是很重要的, 它们与有限维欧几里得空间有本质的区别. 分析数学方面各个学科都是以某种函数空间为对象而研究在这种空间上的某种数学运算的.

现在先介绍空间中两点间距离的概念. n 维欧几里得空间中两点间距离的概念可能已为大家所熟悉, 为了下面叙述的方便, 有必要简单回顾一下.

设平面 E^2 中两点 $x = (x_1, x_2)$ 和 $y = (y_1, y_2)$ 间的距离是

$$\rho(x, y) = [(x_1 - y_1)^2 + (x_2 - y_2)^2]^{\frac{1}{2}},$$

那么, 距离 $\rho(x, y)$ 具有如下的性质:

(i) $\rho(x, y) \geqslant 0$, 而且 $\rho(x, y) = 0$ 的充要条件是 $x = y$;

(ii) $\rho(x, y) \leqslant \rho(x, z) + \rho(y, z)$.

其中 (ii) 就是三角不等式.

我们知道, 平面上的点列 $\{x^{(n)}\}$ 趋向于极限点 x 的充要条件为

$$\rho(x^{(n)}, x) \to 0 \quad (n \to \infty).$$

对连续函数族常用的极限概念之一是均匀收敛 (即一致收敛). 设 $C[a, b]$ 是区间 $[a, b]$ 上连续函数全体, 对于 $x, y \in C[a, b]$ 记

$$\rho(x, y) = \max_{t \in [a,b]} |x(t) - y(t)|, \tag{4.1.1}$$

这里的 $\rho(x,y)$ 也有上面所指出的两个性质. 如果 $x_n(t)(n=1,2,3,\cdots), x(t) \in C[a,b]$, 那么 $\{x_n(t)\}$ 均匀收敛于 $x(t)$ 的充要条件显然是

$$\rho(x_n,x) \to 0 \quad (n \to \infty).$$

我们称由 (4.1.1) 所定义的 $\rho(x,y)$ 为函数空间 $C[a,b]$ 中两 "点" x 和 y 间的距离, 它表示平面曲线 $\xi = x(t)$ 和 $\xi = y(t)$ 上横坐标相同的两点之间的最大距离 (如图 4.1).

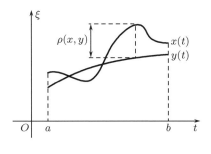

图 4.1

再举一个例子. 设 $L(X,\boldsymbol{B},\mu)$ 是测度空间 $(X,\boldsymbol{B},\mu)$ 上的可积函数全体. 对于 $x,y \in L(X,\boldsymbol{B},\mu)$, 定义

$$\rho(x,y) = \int_X |x(t) - y(t)|\mathrm{d}\mu, \tag{4.1.2}$$

容易验证, 它也满足前面说的两个性质. 对于 $x_n(n=1,2,3\cdots), x \in L(X,\boldsymbol{B},\mu)$, 当

$$\rho(x_n,x) = \int_X |x_n(t) - x(t)|\mathrm{d}\mu \to 0 \quad (n \to \infty),$$

我们称 $\{x_n(t)\}$ (在 X 上按 μ 的积分) 平均收敛于 $x(t)$.

上面各种情况, ρ 的意义是不相同的, 但它们有共同的特点. 如果把函数族 $C[a,b]$、$L(X,\boldsymbol{B},\mu)$ 看成抽象的空间. 把其中的函数看成是空间的点, 那么 $\rho(x,y)$ 便可以看成是两点之间的距离. 从上面看到, 不少过去所学过的极限过程能够用距离来描述, 而且与这些极限有关的概念和结果, 实质上也仅仅利用了它们类似于距离的性质 (i)、(ii). 因此, 为了深入研究各种极限过程, 把在上述这些具体空间中所定义的距离函数 ρ 抽象化, 推而广之, 对一般的集引进点与点之间的距离, 这就产生了距离空间或度量空间 (因为距离 R 是一种度量) 的概念.

2. 距离的定义 设 R 是一个非空的集. 假如对于 R 中任意一对元素 x, y, 都给定一个实数 $\rho(x,y)$ 与它们对应, 而且适合如下的条件:

$1°$ $\rho(x,y) \geqslant 0$ 又 $\rho(x,y) = 0$ 的充要条件是 $x = y$;

2° 成立三角不等式:

$$\rho(x,y) \leqslant \rho(x,z) + \rho(y,z) \quad (z \in R). \tag{4.1.3}$$

那么称 $\rho(x,y)$ 是两点 x,y 之间的**距离**, 又称 R 按照距离 $\rho(x,y)$ 成为**度量空间**或**距离空间**, 记为 (R,ρ), 或者简单地记作 R. R 中的元素称为**点**.

由性质 1° 与 2° 可以推出, 距离还有对称性: 对 R 中任意的 x,y, 成立着

3° $\rho(x,y) = \rho(y,x)$.

事实上, 在 2° 中取 $z = x$, 就有 $\rho(x,y) \leqslant \rho(x,x) + \rho(y,x)$, 由 1° 知道 $\rho(x,x) = 0$, 所以得到

$$\rho(x,y) \leqslant \rho(y,x),$$

由于 x,y 是任意的, 在上面不等式中, 互换 x,y 后, 我们又得到

$$\rho(y,x) \leqslant \rho(x,y),$$

两式结合起来就得到 3°.

在假设 1° 的前提下, 下面的不等式 4° 是与三角不等式 2° 等价的 (读者自己证明).

4° 对任何 $x, y, z \in R$,

$$|\rho(x,y) - \rho(y,z)| \leqslant \rho(x,z).$$

度量空间 R 的任何非空子集 M, 就以 R 中距离 ρ 作为 M 上的距离, 显然 (M,ρ) 也是度量空间, 称 (M,ρ) (或 M) 为 R 的**子空间**.

对任何非空集 R, 可引入如下的距离:

$$\rho_0(x,y) = \begin{cases} 0, & x = y \in R, \\ 1, & x \neq y, x, y \in R, \end{cases}$$

(读者可直接验证上面的 ρ_0 是 R 上的距离).

在一个度量空间 R 中, 如果存在正的常数 α, 使得任何 $x, y \in R, x \neq y$, 都有 $\rho(x,y) \geqslant \alpha$ 时, 称 R 是**一致离散**的距离空间. 例如对任何非空集 $R, (R,\rho_0)$ 是一致离散的距离空间.

如果在一个空间中同时定义了两个距离函数 $\rho(x,y)$ 及 $\rho_1(x,y)$, 而且 $\rho(x,y) \neq \rho_1(x,y)$, 那么 R 按 $\rho(x,y)$ 所成的度量空间 (R,ρ) 同 R 按 ρ_1 所成的度量空间 (R,ρ_1) 应该看成不同的度量空间. 一般地说, 如果 R 中不止一点, 那么在 R 中可以引进许多距离, 成为不同的度量空间.

定义 4.1.1 设 (R, ρ) 及 (R_1, ρ_1) 是两个度量空间, φ 是 R 到 R_1 的映照. 如果对每个 $x, y \in R$, 成立着

$$\rho(x, y) = \rho_1(\varphi x, \varphi y),$$

那么称 φ 是 (R, ρ) 到 (R_1, ρ_1) 上的**等距映照**. 进一步, 如果还有 $\varphi(R) = R_1$, 那么称这两个度量空间是**等距同构**的.

在泛函分析的一些问题中有时发现, 两个度量空间, 从形式上看, 两个集中的元素可以完全不同, 但是从度量空间结构看, 它们又是等距同构的. 特别是当其中一个空间比较 "抽象" 一些, 另一个空间比较 "具体" 一些时, 就把这两个等距同构的空间一致化, 把其中一个 "抽象" 空间中的元素 x 与经过等距映照 φ 后得到的较具体空间中的元素 φx 同一化, 这样就可以把抽象的空间用具体的空间来表示. 这在进行论证时在技术上往往有较大的好处, 因为可以利用较具体的空间中的某些已经讨论过的性质来研究抽象空间中的一些问题.

3. 极限的概念

定义 4.1.2 设 R 是一个度量空间, $x_n(n = 1, 2, 3, \cdots)$, $x \in R$, 假如当 $n \to \infty$ 时数列 $\rho(x_n, x) \to 0$, 就说点列 $\{x_n\}$ **按照距离** $\rho(x, y)$ **收敛于**记作

$$\lim_{n \to \infty} x_n = x$$

或 $x_n \to x$. 这时称 $\{x_n\}$ 为**收敛点列**, x 为 $\{x_n\}$ 的**极限**.

定理 4.1.1 在度量空间中, 任何一个点列 $\{x_n\}$ 最多只有一个极限, 即收敛点列的极限是唯一的.

证 设 x, y 都是 $\{x_n\}$ 的极限, 由条件 1°、2° 和 3°, 有

$$0 \leqslant \rho(x, y) \leqslant \rho(x_n, x) + \rho(x_n, y),$$

当 $n \to \infty$ 时, $\rho(x_n, x) \to 0, \rho(x_n, y) \to 0$, 必然 $\rho(x, y) = 0$, 因此 $x = y$.

定理 4.1.2 如果 $x_n \to x_0, y_n \to y_0$, 那么 $\rho(x_n, y_n) \to \rho(x_0, y_0)$ (也就是说, 距离 $\rho(x, y)$ 是两个变元 x, y 的 "连续函数").

证 由 (4.1.3) 可以得到

$$\rho(x_n, y_n) \leqslant \rho(x_n, x_0) + \rho(x_0, y_0) + \rho(y_n, y_0),$$

类似地有

$$\rho(x_0, y_0) \leqslant \rho(x_0, x_n) + \rho(x_n, y_n) + \rho(y_n, y_0),$$

由这两个不等式得到

$$|\rho(x_n, y_n) - \rho(x_0, y_0)| \leqslant \rho(x_n, x_0) + \rho(y_n, y_0),$$

令 $n \to \infty$, 就得到所要证明的结论.

定义 4.1.3 设 R 为度量空间, x_0 是 R 中的点. 对于有限的正数 r, 我们把集 $\{x | x \in R, \rho(x, x_0) < r\}$ 称作一个**开球**, 它的中心是 x_0, 半径是 r, 把它记作 $O(x_0, r)$. 也把球 $O(x_0, r)$ 称作 x_0 的 ***r*-环境**.

当 R 是实数直线, 或 n 维欧几里得空间时, 开球是大家熟悉的, 但在一般的度量空间中, 开球可能只含一点. 例如前面提到的一致离散的度量空间, 对于不同的两点 $x, y, \rho_0(x, y) = 1$, 于是对于任何正数 $r < 1$, 每一点 x_0 的 r-环境 $O(x_0, r)$ 中只能含有一点.

定义 4.1.4 设 M 是度量空间 R 中的点集, 如果 M 包含在某个开球 $O(x_0, r)$ 中, 则称 M 是 R 中的**有界集**.

我们知道收敛数列是有界的. 更一般地, 在度量空间中有如下定理.

定理 4.1.3 设 $\{x_n\}$ 为度量空间 R 中收敛点列, 那么 $\{x_n\}$ 是有界的.

证 设 $x_n \to x_0$ 那么由收敛的定义, 有自然数 N, 使得当 $n \geqslant N$ 时, $\rho(x_n, x_0) \leqslant 1$, 取 $r = \max(1, \rho(x_0, x_1), \cdots, \rho(x_0, x_{N-1})) + 1$, 那么 $\{x_n\}$ 包含在球 $O(x_0, r)$ 中. 证毕

4. 常见度量空间 在第一段中, 我们已经知道了几个度量空间, 如平面 E^2, $C[a, b], L(X, \boldsymbol{B}, \mu)$. 如果没有特别说明, 它们的距离都是指在这些例中所分别规定的. 下面再举一些常见的例子.

例 1 在 n 维欧几里得空间 E^n 中, 对于

$$x = (x_1, x_2, \cdots, x_n), y = (y_1, y_2, \cdots, y_n),$$

规定距离

$$\rho(x, y) = \sqrt{\sum_{\nu=1}^{n} |x_\nu - y_\nu|^2}.$$

这个 $\rho(x, y)$ 称为欧几里得距离.

我们来验证这里的 $\rho(x, y)$ 确实适合距离的两个条件. 距离的条件 1° 是容易验证的. 现在验证 2°.

由 Cauchy 不等式[①]

$$\left(\sum_{i=1}^{n} a_i b_i\right)^2 \leqslant \left(\sum_{i=1}^{n} a_i^2\right)\left(\sum_{i=1}^{n} b_i^2\right),$$

得到

$$\sum_{i=1}^{n}(a_i + b_i)^2 = \sum_{i=1}^{n} a_i^2 + 2\sum_{i=1}^{n} a_i b_i + \sum_{i=1}^{n} b_i^2$$

$$\leqslant \sum_{i=1}^{n} a_i^2 + 2\sqrt{\sum_{i=1}^{n} a_i^2 \sum_{i=1}^{n} b_i^2} + \sum_{i=1}^{n} b_i^2$$

$$= \left(\sqrt{\sum_{i=1}^{n} a_i^2} + \sqrt{\sum_{i=1}^{n} b_i^2}\right)^2,$$

取 $z = (z_1, z_2, \cdots, z_n), a_i = z_i - x_i, b_i = y_i - z_i$, 那么

$$y_i - x_i = a_i + b_i$$

代入上面的不等式, 就得到三角不等式 $2°$.

从不等式

$$\max_{1 \leqslant i \leqslant n} |x_i| \leqslant \sqrt{\sum_{i=1}^{n} x_i^2} \leqslant \sqrt{n} \max_i |x_i|$$

立即知道, 在 E^n 中按距离收敛就是按每个坐标收敛.

例 2 设 E^1 是实数全体, 在 E^1 上另外规定一种距离 ρ_1 如下, 当 $x, y \in E^1$ 时

$$\rho_1(x, y) = \frac{|x - y|}{1 + |x - y|}.$$

显然 ρ_1 满足距离的条件 $1°$, 为了证明 ρ_1 满足三角不等式, 我们只要证明, 对于任意的复数 a, b, 成立着不等式:

$$\frac{|a + b|}{1 + |a + b|} \leqslant \frac{|a|}{1 + |a|} + \frac{|b|}{1 + |b|}. \tag{4.1.4}$$

[①]Cauchy 不等式可由下面的恒等式

$$\left(\sum_{i=1}^{n} a_i b_i\right)^2 = \left(\sum_{i=1}^{n} a_i^2\right)\left(\sum_{i=1}^{n} b_i^2\right) - \frac{1}{2}\sum_{i=1}^{n}\sum_{j=1}^{n}(a_i b_j - a_j b_i)^2$$

推出. 这个恒等式是不难用数学归纳法证明的. 当然, Cauchy 不等式还可利用 λ 的二次多项式 $\sum_{i=1}^{n}(a_i + \lambda b_i)^2 = \varphi(\lambda)$ 的非负性的判别式得到.

事实上, 由于在实数区间 $x \geqslant 0$, 即 $[0, \infty)$ 上的函数

$$\varphi(x) = \frac{x}{1+x}$$

是单调增加函数, 由不等式 $|a+b| \leqslant |a| + |b|$, 我们得出

$$\begin{aligned} \frac{|a+b|}{1+|a+b|} &\leqslant \frac{|a|+|b|}{1+|a|+|b|} \\ &= \frac{|a|}{1+|a|+|b|} + \frac{|b|}{1+|a|+|b|} \\ &\leqslant \frac{|a|}{1+|a|} + \frac{|b|}{1+|b|}, \end{aligned}$$

所以 (4.1.4) 成立. 这样 E^1 按照距离 ρ_1 所定义的度量空间与例 1 中的 E^1 按照距离 ρ 所定义的度量空间不同, 但是可以证明 (读者自己证明) 它们所引出的极限概念实质上是一致的, 就是说, 当 $\{x_n\} \subset E^1, x_0 \in E^1$ 时, $\rho_1(x_n, x_0) \to 0$ 和 $|x_n - x_0| \to 0$ 是等价的. (注意, 我们后面用到 E^1 中的距离时, 是指 $\rho(x, y) = |x-y|$, 而不是这里的 ρ_1.)

例 3 (空间 $C^{(k)}[a,b]$)　设 k 是一个非负整数, $x(t)$ 是区间 $[a, b]$ 上的连续函数, 而且具有连续的 k 阶导函数 (当 $k = 0$ 时就表示只要求 $x(t)$ 本身连续), 这种函数 $x(t)$ 的全体记为 $C^{(k)}[a, b]$, 特别简记 $C^0[a, b]$ 为 $C[a, b]$. 对于 $x(t), y(t) \in C^{(k)}[a, b]$, 令

$$\rho_k(x, y) = \max_{0 \leqslant j \leqslant k} \max_{a \leqslant t \leqslant b} |x^{(j)}(t) - y^{(j)}(t)|,$$

容易证明 $\rho_k(x, y)$ 是距离. 在 $C^{(k)}[a, b]$ 中函数列 $\{x_n(t)\}$ 依距离收敛于 $x(t)$ 的充要条件是, $\{x_n(t)\}$ 以及它们的前 k 阶导函数列在 $[a, b]$ 上都分别均匀收敛于 $x(t)$ 及其前 k 阶导函数.

例 4　设 s 为实数列 $\{x_\nu\}$ 的全体 (或复数列全体) 所成的空间. 称 x_ν 为点 $x = \{x_\nu\}$ 的第 ν 个坐标. 在 s 中定义距离如下: 对于 $x = \{x_\nu\}, y = \{y_\nu\}$, 令

$$\rho(x, y) = \sum_{i=1}^{\infty} \frac{1}{2^i} \frac{|x_i - y_i|}{1 + |x_i - y_i|}.$$

现在来验证如此定义的 $\rho(x, y)$ 是一个距离. 事实上, 可以仿照例 2 的办法来验证三角不等式

$$\begin{aligned} \rho(x, y) &= \sum_{i=1}^{\infty} \frac{1}{2^i} \frac{|x_i - z_i + z_i - y_i|}{1 + |x_i - z_i + z_i - y_i|} \\ &\leqslant \sum_{i=1}^{\infty} \frac{1}{2^i} \left(\frac{|x_i - z_i|}{1 + |x_i - z_i|} + \frac{|z_i - y_i|}{1 + |z_i - y_i|} \right) \\ &= \rho(x, z) + \rho(y, z). \end{aligned}$$

我们来证明在空间 s 中点列按距离收敛等价于按坐标收敛. 这就是说, 设点列 $x^{(n)} = \{x_i^{(n)}\} \in s, n = 1, 2, 3, \cdots$, 又 $x \in s, x = \{x_i\}$ 那么 $\rho(x^{(n)}, x) \to 0(n \to \infty)$ 的充分必要条件是: 对每个自然数 i

$$\lim_{n \to \infty} x_i^{(n)} = x_i.$$

事实上, 如果

$$\rho(x^{(n)}, x) = \sum_{i=1}^{\infty} \frac{1}{2^i} \frac{|x_i^{(n)} - x_i|}{1 + |x_i^{(n)} - x_i|} \to 0 \quad (n \to \infty),$$

那么, 对每一个 i, 由于 $\dfrac{|x_i^{(n)} - x_i|}{1 + |x_i^{(n)} - x_i|} \leqslant 2^i \rho(x^{(n)}, x)$, 我们得到 $\dfrac{|x_i^{(n)} - x_i|}{1 + |x_i^{(n)} - x_i|} \to$

$0(n \to \infty)$, 于是, 对于给定的正数 ε, 不妨设 $\varepsilon < 1$, 有自然数 N, 使得当 $n > N$ 时成立着

$$\frac{|x_i^{(n)} - x_i|}{1 + |x_i^{(n)} - x_i|} < \varepsilon.$$

从而有

$$|x_i^{(n)} - x_i| < \frac{\varepsilon}{1 - \varepsilon}, \quad i = 1, 2, 3, \cdots.$$

这说明对每个 $i = 1, 2, 3, \cdots$, 当 $n \to \infty$ 时, $x_i^{(n)} \to x_i$.

反过来, 设 $x_i^{(n)} \to x_i(n \to \infty), i = 1, 2, 3, \cdots$. 因为对任一正数 ε, 存在自然数 m, 使得

$$\sum_{i=m}^{\infty} \frac{1}{2^i} < \frac{\varepsilon}{2},$$

又对每个 $i = 1, 2, \cdots, m-1$, 存在着 N_i, 使得当 $n > N_i$ 时

$$|x_i^{(n)} - x_i| < \frac{\varepsilon}{2},$$

取 $N = \max\{N_1, \cdots, N_{m-1}\}$, 那么当 $n > N$ 时

$$\sum_{i=1}^{m-1} \frac{1}{2^i} \frac{|x_i^{(n)} - x_i|}{1 + |x_i^{(n)} - x_i|} < \sum_{i=1}^{m-1} \frac{1}{2^i} \frac{\frac{\varepsilon}{2}}{1 + \frac{\varepsilon}{2}} < \frac{\varepsilon}{2}.$$

所以, 当 $n > N$ 时, 有

$$\rho(x^{(n)}, x) = \left(\sum_{i=1}^{m-1} + \sum_{i=m}^{\infty}\right) \frac{1}{2^i} \frac{|x_i^{(n)} - x_i|}{1 + |x_i^{(n)} - x_i|} < \varepsilon.$$

例 5　设 $\mathscr{A}$ 是单位圆 $|z| < 1$ 中解析函数的全体. 当 $f(z), g(z) \in \mathscr{A}$ 时, 定义

$$\rho(f, g) = \sum_{i=1}^{\infty} \frac{1}{2^i} \max_{|z| \leqslant 1 - \frac{1}{i}} \frac{|f(z) - g(z)|}{1 + |f(z) - g(z)|},$$

类似于例 4, 可以证明 $\rho(f, g)$ 满足条件 1° 及 2°, 因而 $\mathscr{A}$ 关于 $\rho(f, g)$ 成一度量空间.

点列 $\{f_k(z)\}$ 按距离收敛于 $f(z)$ (即 $\rho(f_k, f) \to 0$) 的充要条件是: $\{f_k(z)\}$ 在单位圆 $|z| < 1$ 中任一闭区域 Ω 上均匀收敛于 $f(z)$ (通常称 $\{f_k(z)\}$ 在 $|z| < 1$ 中内闭均匀收敛于 $f(z)$). 事实上, 类似于例 4, 易知 $\rho(f_k, f) \to 0$ 的充要条件是对每一个 i 成立着

$$\max_{|z| \leqslant 1 - \frac{1}{i}} |f_k(z) - f(z)| \to 0 \quad (k \to \infty),$$

这等价于 $\{f_k(z)\}$ 内闭均匀收敛于 $f(z)$.

例 6　设 $C^{\infty}[a, b]$ 是区间内无限次可微分函数的全体, 定义

$$\rho(f, g) = \sum_{\nu=0}^{\infty} \frac{1}{2^{\nu}} \max_{t \in [a, b]} \frac{|f^{(\nu)}(t) - g^{(\nu)}(t)|}{1 + |f^{(\nu)}(t) - g^{(\nu)}(t)|}.$$

容易知道 $\rho(f, g)$ 是 $C^{\infty}[a, b]$ 中的距离函数. 而对于 $C^{\infty}[a, b]$ 中点列 $\{x_n(t)\}$ 按距离收敛于 $x(t) \in C^{\infty}[a, b]$ 的充要条件是对每个非负整数 p, 在 $[a, b]$ 上 $\{x_n^{(p)}(t)\}$ 均匀收敛于 $x^{(p)}(t)(x_n^{(0)}(t) = x_n(t))$. 这一点留给读者自己去证明.

可测函数列依测度收敛的概念也可以用适当的距离的收敛来描述.

例 7　设 $(X, \mathbf{R}, \mu)$ 是测度空间, E 是可测集, $\mu(E) < \infty$, S 是 E 上的实值的 (或复值的) 可测函数全体. 当 $f(t), g(t)$ 在 E 上几乎处处相等时, 把 f, g 看成 S 中的同一点, 当 $f, g \in S$ 时, 规定

$$\rho(f, g) = \int_E \frac{|f(t) - g(t)|}{1 + |f(t) - g(t)|} \mathrm{d}\mu.$$

由于 $\dfrac{|f(t) - g(t)|}{1 + |f(t) - g(t)|}$ 是有界可测函数, $\mu(E) < \infty$, 所以 $\rho(f, g)$ 有确定的意义, 相仿于例 4, 容易证明, 这个 $\rho(f, g)$ 确实满足距离的条件.

我们要证明在空间 S 中, $\rho(f_n, f) \to 0$ 的充要条件是 f_n 依测度 μ 收敛于 f.

事实上, 如果 $f_n \underset{\mu}{\Longrightarrow} f$, 由于 $\dfrac{|f_n(t) - f(t)|}{1 + |f_n(t) - f(t)|} \leqslant 1$, 和 $\mu(E) < \infty$, 由有界控制收敛定理立即知道 $\lim\limits_{n \to \infty} \rho(f_n, f) = 0$.

反过来, 如果 $\rho(f_n, f) \to 0$, 那么, 对任何 $\sigma > 0$, 由于

$$\rho(f_n, f) \geqslant \int_{E(|f_n-f| \geqslant \sigma)} \frac{|f_n - f|}{1 + |f_n - f|} \mathrm{d}\mu$$

$$\geqslant \frac{\sigma}{1 + \sigma} \mu(E(|f_n - f| \geqslant \sigma)),$$

令 $n \to \infty$, 就知道函数列 $f_n(t)$ 在 E 上依测度 μ 收敛于 $f(t)$.

综上所见, 虽然在一些集上可以随心所欲地根据距离的定义引进距离使得它成为度量空间, 但是这样做并不见得有什么意义. 有意义的往往是为了某个目的而引进所需要的距离. 在分析数学以及应用中最常用到的空间还是函数空间或者序列空间等. 为了要描述和研究函数列的某种特定的收敛概念 (如前面已经提到的一致收敛、平均收敛和依测度收敛等等) 而引进相应的距离才能做到有的放矢.

习 题 4.1

1. 证明例 6 中按距离收敛等价于各阶导函数均匀收敛.

2. 在三维欧几里得空间考虑任一球面 S. 对于 $x, y \in S$, 规定 x, y 间的距离 $d(x, y)$ 是过 x、y 两点的大圆上以 x, y 为端点的劣弧的弧长. 证明 $d(x, y)$ 是 x, y 间的距离, 它不是欧几里得距离. 如果用 $\rho(x, y)$ 表示欧几里得距离 (见例 1), 那么

$$\rho(x, y) \leqslant d(x, y) \leqslant \frac{\pi}{2} \rho(x, y).$$

从而证明: S 中点列 $\{x_n\}$ 按距离 $d(x, y)$ 收敛于 x 的充要条件是按坐标收敛于 x.

3. 设 R 是一度量空间, 距离为 $\rho(x, y)$. 试证: 对于固定的 x_0, 函数 $x \mapsto \rho(x_0, x)$ 是 R 上 x 的连续函数 (即当 $\rho(x_n, x) \to 0(n \to \infty)$ 时, $\rho(x_0, x_n) \to \rho(x_0, x)(n \to \infty)$).

4. 设 $\rho(x, y)$ 为空间 R 上的距离, 证明

$$\tilde{\rho}(x, y) = \frac{\rho(x, y)}{1 + \rho(x, y)}$$

适合距离的条件 1°、2°, 并且按 $\tilde{\rho}$ 收敛等价于按 ρ 收敛 (注意, 全空间 R 按 ρ 可能是无界的, 而 R 按 $\tilde{\rho}$ 是有界的, 由 ρ 作 $\tilde{\rho}$ 是把无界的 R 变成有界的 R 而又保持收敛性等价的常用办法之一).

5. 设 R 是 n 维空间 E^n 中的一族函数, 其中每个函数 $\varphi(x)$ 在区域 $|x| \geqslant a > 0$ 上等于零, 并且 $\varphi(x)$ 在 E^n 上是任意次可微的. 令

$$\rho(\varphi, \psi) = \sum_p \frac{1}{N(p)!} \frac{\max\limits_x |D^p(\varphi - \psi)|}{1 + \max\limits_x |D^p(\varphi - \psi)|} \quad (\varphi, \psi \in R),$$

这里 $D^p = \dfrac{\partial^{N(p)}}{\partial x_1^{p_1} \cdots \partial x_n^{p_n}}$, $N(p) = p_1 + \cdots + p_n$, $p = (p_1, p_2, \cdots, p_n)$, 而且 $p_1, p_2, \cdots, p_n \geqslant 0$ 且都是整数, 证明: R 是一度量空间; 在 R 中点列 $\{\varphi_n\}$ 收敛的概念等价于 $\varphi_n(x)$ 及其各阶偏导数 $D^p \varphi_n(x)$ 均匀收敛.

6. 对任何 $x = (x_1, \cdots, x_n), y = (y_1, \cdots, y_n) \in E^n$, 规定

$$\rho(x, y) = \sum_{i=1}^{n} \lambda_i |x_i - y_i|,$$

其中 $\lambda_1, \cdots, \lambda_n$ 是 n 个正数, 证明 ρ 是 E^n 中的距离, 并且按距离收敛等价于按坐标收敛.

7.R 是非空集, $\rho(x, y)$ 是 R 上两元非负函数, 如果满足

$1°$ $\rho(x, x) = 0, x \in R$;

$2°$ $\rho(x, y) \leqslant \rho(x, z) + \rho(y, z), x \, \text{、} \, y \, \text{、} \, z \in R.$

称 ρ 是 R 上的**拟距离**. 如果 $\rho(x, y) = 0$, 记 $x \sim y$. 证明: $\sim$ 是 R 上的一个等价关系. 设商集 (即等价类全体) 为 $\mathscr{D} = R/\sim$. 在 $\mathscr{D}$ 上作二元函数 $\tilde{\rho}$: 对任何 $\tilde{x}, \tilde{y} \in \mathscr{D}$, 规定

$$\tilde{\rho}(\tilde{x}, \tilde{y}) = \rho(x, y), x \in \tilde{x}, y \in \tilde{y}.$$

证明: $\tilde{\rho}$ 是 $\mathscr{D}$ 上的距离 (通常称 $(\mathscr{D}, \tilde{\rho})$ 为 R **按拟距离** ρ **导出的商度量空间**).

8. R 是 $[0, 1]$ 上多项式全体. 当 $P, Q \in R$ 时, 记 $P - Q = \sum_{i=0}^{n} a_i x^i$, 在 R 上分别作

$$\rho_1(P, Q) = \max_{x \in [0,1]} |P(x) - Q(x)|,$$

$$\rho_2(P, Q) = \sum_{i=0}^{n} |a_i|,$$

$$\rho_3(P, Q) = |a_0|.$$

证明: $1°$ ρ_1, ρ_2 都是 R 上距离;

$2°$ 按 ρ_1 收敛等价于多项式一致收敛于某一多项式;

$3°$ 按 ρ_2 收敛可以推出按 ρ_1 收敛, 但反之不真 (即举例说明: 存在多项式列 $\{P_n\}$, $\rho_1(P_n, 0) \to 0$, 但 $\rho_2(P_n, 0) \not\to 0$, 这里取了 $Q = 0$);

$4°$ ρ_3 是拟距离, 并且按 ρ_3 导出的商度量空间 $(\mathscr{D}, \tilde{\rho})$ 与一维欧几里得空间 E^1 等距同构.

§4.2　线性空间上的范数

在上一节中介绍了度量空间的概念, 它统一了均匀收敛、平均收敛、依测度收敛、按坐标收敛以及内闭均匀收敛等极限概念. 但是, 只有度量空间的概念, 对于分析数学的各分支还不够具体. 因为通常所考察的空间, 例如函数空间和序列空间, 除去可引进极限概念外, 它们同时又是一个代数系统, 就是说空间中的元素间存在某种代数关系. 当只着眼于空间中的代数结构, 即元素之间的加法运算以及数与空间中元素的乘法运算时, 就必须引入线性空间 (或称向量空间) 的概念, 这在高等代数中已经介绍过. 在这里我们只简单回顾系数域是实数或复数域的情况.

1. 线性空间 设 R 为一集. 假如在 R 中规定了线性运算 —— 元素的加法运算以及实数 (或复数) 与 R 中元素的乘法运算, 满足下述条件:

I. R 关于加法成为交换群. 就是说对于任意一对 $x, y \in R$, 都存在 $u \in R$, 记作 $u = x + y$, 称它是 x, y 的和. 这个运算适合

(1) $y + x = x + y$;

(2) $(x + y) + z = x + (y + z)$;

(3) R 中存在唯一的元素 0(称它是零元素), 使得对于任何 $x \in R$ 成立着 $x + 0 = x$;

(4) 对于 R 中每一元素 x, 存在唯一的元素 $x' \in R$ (对应于 x), 满足 $x + x' = 0$, 称 x' 是 x 的负元素, 记做 $-x$.

II. 对任何 $x \in R$ 及任何实 (或复) 数 a, 存在元素 $ax \in R$, 称 ax 是 a 和 x 的数积, 适合

(5) $1 \cdot x = x$;

(6) $a(bx) = (ab)x, a, b$ 是实 (或复) 数;

(7) $(a + b)x = ax + bx, a(x + y) = ax + ay$.

那么, 称 R 为**线性空间**或**向量空间**, 其中的元素也称为**向量**.

如果数积运算对于实数有意义, 就称 R 是实 (线性) 空间; 如果数积对复数有意义, 称 R 是复 (线性) 空间. 每个复空间显然也是实空间.

例 1 n 维实 (或复) 向量空间 R^n, 其中的向量 $x = (x^1, x^2, \cdots, x^n)$ 是由有序的 n 个实 (或复) 数构成. 线性运算按通常的定义方法, 分别对相应的每个坐标进行运算:

$$(x^1, x^2, \cdots, x^n) + (y^1, y^2, \cdots, y^n)$$
$$= (x^1 + y^1, x^2 + y^2, \cdots, x^n + y^n),$$
$$\alpha(x^1, x^2, \cdots, x^n) = (\alpha x^1, \alpha x^2, \cdots, \alpha x^n), \alpha \text{ 是数.}$$

线性相关和**线性无关** 设 R 是实 (或复) 线性空间, $x_1, x_2, \cdots, x_n$ 是 R 中的一组向量, 如果存在不全为 0 的 n 个实 (复) 数 $\alpha_1, \alpha_2, \cdots, \alpha_n$, 使得

$$\alpha_1 x_1 + \alpha_2 x_2 + \cdots + \alpha_n x_n = 0,$$

就称向量组 $x_1, x_2, \cdots, x_n$ 是**线性相关**的. 一组向量 $x_1, x_2, \cdots, x_n$, 如果不是线性相关的, 就称为**线性无关**的.

容易明白, 如果向量组 $x_1, x_2, \cdots, x_n$ 中含有零向量, 那它必是线性相关的. $x_1, x_2, \cdots, x_n$ 是线性无关的充要条件是: 如果常数 $\alpha_1, \alpha_2, \cdots, \alpha_n$ 使得 $\alpha_1 x_1 + \alpha_2 x_2 + \cdots + \alpha_n x_n = 0$, 必定 $\alpha_1 = \alpha_2 = \cdots = \alpha_n = 0$.

设 R 是一线性空间, 集 $A \subset R$. 如果 A 中任何有限个向量均是线性无关, 就称 A 是线性无关的, 否则称 A 是线性相关的.

线性基　设 A 是线性空间 R 中的一个线性无关向量组. 如果对于每一个非零向量 $x \in R$, 都是 A 中的向量的线性组合, 即有不全为零的 n 个实 (或复) 数 $\alpha_1, \cdots, \alpha_n$, 使得

$$x = \alpha_1 x_1 + \cdots + \alpha_n x_n, x_1, x_2, \cdots, x_n \in A,$$

就称 A 是线性空间 R 的一组**线性基**.

线性基又称为 Hamel 基. 用 Zorn 引理可以证明: 任何线性空间总存在 Hamel 基.

如果线性空间 R 中存在一组由有限个线性无关向量 $x_1, x_2, \cdots, x_n$ 组成的基, 就说 R 是有限维 —— n 维 —— 的. 基 A 的势称为空间 R 的维数. 可以证明: 线性空间的维数是确定的, 不因选取不同的基而改变 (它的证明要用到势的理论).

设 R'、R'' 同是实或复的两个线性空间, 如果存在 R' 到 R'' 上的一一对应 φ, 使得对任何一对 $x, y \in R'$ 及任何数 α, 成立着

$$\varphi(x + y) = \varphi(x) + \varphi(y), \varphi(\alpha x) = \alpha \varphi(x),$$

那么称 R' 和 R'' 是**线性同构**的, 而映照 φ 称为 R' 到 R'' 的**线性同构映照**.

因为线性同构映照 φ 的逆映照 φ^{-1} 仍是线性同构, 所以线性无关向量组经线性同构映照后仍是线性无关向量组.

线性子空间　设 L 是线性空间 R 的子集. 如果 L 对 R 中的线性运算是封闭的, 就是说, 当 $x, y \in L$ 时, 对任何数 α, 都有 $\alpha x \in L, x + y \in L$, 那么称 L 是 R 的**线性子空间**. 显然线性空间 R 的任何线性子空间本身也是一个线性空间.

线性空间 R 本身以及只含零元素的集 $\{0\}$ 都是 R 的线性子空间, 称它们是 R 的**平凡**的线性子空间. 除 R 本身以外的其他 R 的线性子空间称为**真线性子空间**.

假如 Λ 是指标集 (可以是无限的), $\{x_\lambda | \lambda \in \Lambda\}$ 是 R 中一族向量, 那么一切由 $\{x_\lambda | \lambda \in \Lambda\}$ 中有限个向量的线性组合所得到的向量

$$y = \alpha_1 x_{\lambda_1} + \cdots + \alpha_k x_{\lambda_k}, \lambda_i \in \Lambda, i = 1, 2, \cdots, k$$

$(\alpha_1, \cdots, \alpha_k$ 是数) 的全体 M 就是一个线性子空间. 称 M 是由 $\{x_\lambda | \lambda \in \Lambda\}$ 张成的线性子空间, 或称 M 是 $\{x_\lambda | \lambda \in \Lambda\}$ 的线性包, 通常记为 $\mathrm{span}\{x_\lambda | \lambda \in \Lambda\}$. 读者还可以证明 M 就是一切包含 $\{x_\lambda | \lambda \in \Lambda\}$ 的线性子空间的通集.

在 n 维向量空间 R^n 中的向量组

$$e_1 = (1, 0, 0, \cdots, 0),$$
$$e_2 = (0, 1, 0, \cdots, 0),$$
$$\cdots\cdots\cdots\cdots$$
$$e_n = (0, 0, \cdots, 0, 1),$$

称为 R^n 的**标准基**. 任何向量 $a = (a_1, \cdots, a_n) \in R^n$, 能表示成

$$a = \sum_{\nu=1}^{n} a_\nu e_\nu,$$

并且表示式是唯一的.

设 M_n 是 n 维的线性空间, $\{x_1, x_2, \cdots, x_n\}$ 是 M_n 中的一组基. M_n 中每个向量 x 可以唯一地表示成基 $\{x_1, \cdots, x_n\}$ 的线性组合

$$x = \lambda_1 x_1 + \cdots + \lambda_n x_n,$$

数 $\lambda_1, \cdots, \lambda_n$ 称为 x 关于基 $x_1, \cdots, x_n$ 的**坐标**, λ_ν 称作 x 的第 ν 个坐标. 如果我们把 M_n 的向量 x 关于一组基的坐标记为 $(\lambda_1, \lambda_2, \cdots, \lambda_n)$, 它是 R^n 中的向量, 令

$$\varphi : x \mapsto (\lambda_1, \lambda_2, \cdots, \lambda_n),$$

这是 M_n 到 R^n 上的一一对应. 显然, 如果在 R^n 中按通常方法规定线性运算, 这个映照 φ 保持线性运算, 所以 M_n 与 R^n 是线性同构的. 因此, 任意的 n 维线性空间与 R^n 线性同构.

2. 例　除了有限维向量空间这个最常见的例子外, 还可以举出一些分析学中常见的线性空间.

例 2 (函数空间)　设 Q 是一集, F 是 Q 上某些实 (或复) 函数所成的函数族. 在函数族中我们按通常方法规定函数的加法及函数与数的积如下: 对于 $q \in Q$, 令

$$(f + g)(q) = f(q) + g(q), \quad f, g \in F,$$
$$(\alpha f)(q) = \alpha f(q), f \in F, \alpha \text{ 是数}.$$

如果当 $f, g \in F, \alpha, \beta$ 是任意实 (或复) 数时

$$\alpha f + \beta g \in F,$$

那么 F 成为一个线性空间. 此后如果不另外说明, 对函数空间总是采取上述的加法及数积运算. Q 上的实值函数全体成为一个实空间, 而复值函数全体成为复空间.

例 3 设 P 是多项式 $p(x)$ 全体按照通常的线性运算所成的线性空间, 如果 A 表示函数集 $\{x^n|n=0,1,2,\cdots\}$, 那么 A 张成 P.

例 4 区间 $[a,b]$ 上有界函数全体 $B[a,b]$ 按照通常的函数的加法以及函数与数的乘法成为线性空间. 令 A 表示区间 $[a,\xi](a\leqslant\xi\leqslant b)$ 的特征函数 $\chi_{[a,\xi]}(\cdot)$ 全体. 显然 $A\subset B[a,b]$. 令 M 是区间 $[a,b]$ 上的左方连续的阶梯函数全体, 那么 A 张成 M.

例 5 (数列空间) 设 s 是实 (或复) 数列全体, 规定加法及数积运算如下:

$$\{x_n\}+\{y_n\}=\{x_n+y_n\},\alpha\{x_n\}=\{\alpha x_n\},\alpha\ \text{是数},$$

那么 s 成为一个实 (或复) 线性空间. 此后如果不另外说明, 对空间 s 都是采取这种加法和数积.

例 6 设 $L[y]=y^{(n)}+a_1y^{(n-1)}+\cdots+a_{n-1}y'+a_ny=0$ 是一常系数线性常微分方程. 设 R 是方程 $L[y]=0$ 的解全体所成的线性空间, 那么 R 是 n 维空间.

设 $\{y_\nu|\nu=1,2,\cdots,n\}$ 是适合初始条件

$$y_\nu^{(k)}(0)=\delta_{k,\nu},\quad k=0,1,2,\cdots,n-1\quad(\text{其中}\ y_\nu^{(0)}=y_\nu)$$

的基本解组 (其中当 $k=\nu$ 时 $\delta_{k,\nu}=1$, 否则 $\delta_{k,\nu}=0$), 那么 $\{y_1,\cdots,y_n\}$ 成为 R 的线性基.

例 7 设 s 是所有的实 (或复) 数列所成的线性空间. 令 s_0 表示所有第一个分量为 0 的向量全体:

$$s_0=\{x|x=(0,x_1,x_2,\cdots)\},$$

不难验证 s_0 是 s 的一个线性子空间.

我们固定自然数 k,s 中形如

$$(x_1,\cdots,x_k,0,0\cdots)$$

(自第 $k+1$ 个分量起一切分量都是零) 的向量全体构成 s 的线性子空间. 它和 k 维线性空间 R^k 线性同构. 我们可以用这种办法把有限维线性空间 "安装" 到无限维空间 s 中去.

3. 赋范线性空间

定义 4.2.1 设 R 是实 (或复) 数域 F 上的一个线性空间. 如果 R 上的实值函数 $p(\cdot)$ 满足下列条件:

(1) $p(x) \geqslant 0, x \in R$;

(2) $p(\alpha x) = |\alpha| p(x), x \in R, \alpha \in F$;

(3) $p(x + y) \leqslant p(x) + p(y), x, y \in R$.

我们称 $p(x)$ 是 x 的**半范数**或称为**拟范数**.

如果半范数 $p(x)$ 又满足如下条件:

(4) 如果 $p(x) = 0$, 那么 $x = 0$,

便称 $p(x)$ 是 x 的**范数**, 通常也记 x 的范数为 $\|x\|$, 而且 R 按这个范数 $\|\cdot\|$ 称作**赋范线性空间**, 简称作赋范空间.

我们注意到: 由于零向量 $0 = 0x$, 所以从条件 (2) 得到

$$\|0\| = 0.$$

因此, 对于 x 的范数 $\|x\|$, 有

(4′) $\|x\| = 0$ 的充要条件是 $x = 0$.

例 8 (空间 $C[a,b]$) 设 $C[a,b]$ 是闭区间 $[a,b]$ 上的连续函数全体所成的线性空间. 当 $f \in C[a,b]$ 时, 规定

$$\|f\| = \max_{x \in [a,b]} |f(x)|,$$

$C[a,b]$ 按范数 $\|\cdot\|$ 成为赋范线性空间.

例 9 (空间 $L[a,b]$) 设 $L[a,b]$ 是区间 $[a,b]$ 上的 Lebesgue 可积函数全体所成的线性空间. 对于 $f \in L[a,b]$, 令

$$p(f) = \int_a^b |f(t)| \mathrm{d}t,$$

那么 $p(f)$ 是 $L[a,b]$ 上的半范数, 但不是范数, 因为 $p(f) = 0$ 时并不能推出 $f = 0$, 而只能得出 $f(t) \doteq 0$. 但是 $p(f)$ 限制在 $L[a,b]$ 的线性子空间 $C[a,b]$ 上时, 它成为范数. 这是因为在 $C[a,b]$ 中当 $f(t) \doteq 0$ 时, $f = 0$.

在例 9 中, 如果把满足 $f(t) \doteq g(t)$ 的两个函数 f、g 视为同一个函数, 即把 $f(t) \doteq 0$ 的函数 f 就视为恒等于零的函数, 那么 $p(f)$ 便是 $L[a,b]$ 上范数. 这一点也可以用商空间来说, 参见本节第五小节的例 13、14 后的说明.

现在再举出几个在数学中常用的赋范线性空间.

在 n 维向量空间 R^n 中, 对于 $x = (x_1, x_2, \cdots, x_n)$, 令

$$\|x\| = \sqrt{\sum_{\nu=1}^{n} |x_\nu|^2}, \tag{4.2.1}$$

或者

$$\|x\|_1 = \sum_{\nu=1}^{n} |x_\nu|, \quad \|x\|_2 = \max_{1 \leqslant \nu \leqslant n} |x_\nu|,$$

这些都是范数. 我们称 (4.2.1) 中的范数 $\|x\|$ 是欧几里得范数. 此后, 在 n 维空间 R^n 中采用范数 (4.2.1) 后所得到的赋范线性空间像在 §4.1 例 1 中那样地记作 E^n, 称作 n 维欧几里得空间.

又例如以 $C^{(k)}[a, b]$ 表示在区间 $[a, b]$ 上连续而且在 $[a, b]$ 中处处 k 次连续可微函数 $f(t)$ 全体所成的线性空间. 在 $C^{(k)}[a, b]$ 中规定

$$\|x\| = \max_{a \leqslant t \leqslant b} \{|x(t)|, |x'(t)|, \cdots, |x^{(k)}(t)|\}, \tag{4.2.2}$$

那么 $\|x\|$ 是 $C^{(k)}[a, b]$ 上的范数.

在任何一个赋范线性空间 R 中, 可以由范数引出两点间的距离: 对于 x、$y \in R$, 令

$$\rho(x, y) = \|x - y\|, \tag{4.2.3}$$

那么从范数的四个条件容易验证 $\|x - y\|$ 满足距离的两个条件. 由 (4.2.3) 规定的距离 $\rho(x, y)$ 称为相应于范数 $\|\cdot\|$ 的距离, 或由范数 $\|\cdot\|$ 决定的距离. 我们今后对每个赋范线性空间总是按照 (4.2.3) 引入距离, 使之成为度量空间. 这样一来, 就可以在赋范线性空间中引入极限概念.

设 R 是赋范线性空间, $x_n \in R, n = 1, 2, 3, \cdots$. 如果存在 $x \in R$, 使得 x_n 按距离收敛于 x, 即

$$\lim_{n \to \infty} \|x_n - x\| = 0,$$

那么称 $\{x_n\}$ **依范数收敛**于 x, 记作 $\lim_{n \to \infty} x_n = x$ 或 $x_n \to x (n \to \infty)$.

容易看出, 在依范数收敛意义之下, 只要 $x_n \to x_0$, 就有 $\|x_n\| \to \|x_0\|$, 就是说范数 $\|x\|$ 是 x 的 "连续函数". 事实上, 在定理 4.1.2 中取 $y_n = y_0 = 0$, 那么 $\|x_n\| = \rho(x_n, 0) \to \rho(x_0, 0) = \|x_0\|$.

因此, 如果 $\{x_n\}$ 是赋范线性空间中的收敛点列, 那么它们的范数 $\{\|x_n\|\}$ 是有界的.

由范数决定的距离必然满足

$$\rho(x, y) = \rho(x - y, 0), \rho(\alpha x, 0) = |\alpha| \rho(x, 0). \tag{4.2.4}$$

容易看出, 在一个线性的度量空间 (即一个线性空间同时也是度量空间) 中, 距离是由范数决定的充要条件就是 $\rho(x,y)$ 适合 (4.2.4). 当距离适合条件 (4.2.4) 时, 定义 $\|x\| = \rho(x,0)$, 就成范数. 所以 (4.2.4) 也是线性的度量空间成为赋范线性空间 (指范数与距离满足 (4.2.3)) 的充要条件.

由此容易明白, 线性空间 s、$\mathscr{A}$、S 等空间中按上一节中定义的距离不能由任何范数决定. 例如在数列空间 s 中, 如果令

$$\|x\| = \rho(x,0) = \sum_{\nu=1}^{\infty} \frac{1}{2^\nu} \frac{|x_\nu|}{1+|x_\nu|},$$

那么, 对于 $\alpha \neq 0$, 并不满足齐次性条件 $\|\alpha x\| = |\alpha|\|x\|$. 所以, §4.1 中的度量空间 s、S、$\mathscr{A}$ 等的距离都不是由范数决定的.

例 10 (空间 l^∞) 设 l^∞ 是有界实 (或复) 数列 $x = \{x_1, \cdots, x_n, \cdots\}$ 全体按通常的线性运算所成的线性空间 (它是 s 空间的线性子空间). 对于 $x \in l^\infty$, 令

$$\|x\| = \sup_i |x_i|, x = (x_1, \cdots, x_n, \cdots), \tag{4.2.5}$$

那么 l^∞ 依 $\|x\|$ 成为赋范线性空间.

例 11 (空间 $V[a,b]$) 设 $V[a,b]$ 是区间 $[a,b]$ 上的实 (或复) 有界变差函数的全体, 依照通常的线性运算, 它是一个线性空间. 对于 $f \in V[a,b]$, 规定

$$\|f\| = |f(a)| + \overset{b}{\underset{a}{\mathbf{V}}}(f), \tag{4.2.6}$$

那么 $V[a,b]$ 按范数 $\|f\|$ 成为赋范线性空间. 我们令

$$V_0[a,b] = \left\{ f \,\middle|\, f \in V[a,b], \quad \begin{array}{l} f \text{ 在 } (a,b) \text{ 中每点是右连续的} \\ \text{而且 } f(a) = 0 \end{array} \right\}$$

它是 $V[a,b]$ 的线性子空间. 在 $V_0[a,b]$ 上, 范数 $\|f\|$ 等于全变差 $\overset{b}{\underset{a}{\mathbf{V}}}(f)$.

例 12 (空间 $C^m(\Omega)$) 设 $C^m(\Omega)$ (m 是非负整数) 表示在空间 E^n 中的区域 Ω 上具有直到 m 阶的连续偏导数的函数 $u(x_1, \cdots, x_n)$, 并满足

$$\|u\|_m = \sum_{N(p) \leqslant m} \sup_{x \in \Omega} |D^p u(x)| < \infty \tag{4.2.7}$$

的全体, 其中 $x = (x_1, \cdots, x_n), p = (p_1, \cdots, p_n), N(p) = p_1 + \cdots + p_n, D^p u = \dfrac{\partial^{N(p)}}{\partial x_1^{p_1} \cdots \partial x_n^{p_n}} u$. 那么 $C^m(\Omega)$ 是线性空间, 并且 $\|u\|_m$ 是 $C^m(\Omega)$ 上范数.

设 m 为非负的整数, $0 < \alpha < 1$. 又设 $u \in C^m(\Omega)$, 而且它的各个 m 阶偏导数在 Ω 上满足 Hölder 条件: 即存在常数 K, 使得当 $P, Q \in \Omega$ 时

$$|D^p u(P) - D^p u(Q)| \leqslant K|P - Q|^\alpha, N(p) \leqslant m. \tag{4.2.8}$$

这种函数 u 的全体记为 $C^{m+\alpha}(\Omega)$, 它按通常的线性运算成为线性空间. 我们用 $H_{\alpha,m}[u]$ 表示条件 (4.2.8) 中常数 K 的最小值. 在 $C^{m+\alpha}(\Omega)$ 中令

$$\|u\|_{m+\alpha} = \|u\|_m + H_{\alpha,m}[u]. \tag{4.2.9}$$

现在对每个非负实数 β 定义了函数空间 $C^\beta(\Omega)(\beta = m + \alpha)$. 显然, $C^\beta(\Omega)$ 是线性空间. 不难验证, 当 β 是整数时由 (4.2.7) 定义的 $\|u\|_\beta$, 以及当 β 不是整数时, 由 (4.2.9) 定义的 $\|u\|_\beta$, 是空间 $C^\beta(\Omega)$ 中元素 u 的范数.

函数空间 $C^\beta(\Omega)$ 以及和它类似的其他函数空间, 在偏微分方程理论中有重要的作用.

4. 凸集　凸集是泛函分析中常用的一个重要概念. 它起源于 Minkowski(闵可夫斯基) 所考察的有限维空间中的一种几何学.

凸集所以和泛函分析发生密切联系, 首先是因为对线性空间上半范数的研究需要凸集. 对于线性空间上任何一个半范数 $p(x)$, 集 $\{x|p(x) \leqslant 1\}$ 就是一个凸集, 称它为半范数 p 所导出的凸集. 可以给出一个凸集成为某个半范数 (或范数) 所导出的凸集的几何特征. 这样就可以把关于赋范线性空间或是赋半范空间上许多问题的研究, 化为关于凸集的几何学的研究. 从而就能用几何的观点和方法来研究分析中的许多问题. 泛函分析的一个分支, 局部凸拓扑线性空间的理论就是在这个基础上发展起来的, 而且应用日见增多. 又如凸集的端点理论在泛函分析的各种表示理论中有较大影响. 晚近发展起来的凸分析与此密切相关, 而且在许多不同的领域 (例如对现代控制理论) 有着重要的应用. 在 §4.9 和 §4.10 中将利用凸集来叙述一个重要的不动点原理.

定义 4.2.2　设 R 是一线性空间, A 是 R 的一个子集, 如果对 A 中任何两点 x、y, 联接它们的线段

$$\{\alpha x + (1-\alpha)y|0 \leqslant \alpha \leqslant 1\}$$

都在 A 中, 那么称 A 是**凸集**.

例如, 设 R 是线性空间, $p(x)$ 是 R 上的任意一个半范数. 任取 $a \in R$ 及正数 r, 利用 $p(\cdot)$ 作 R 中的球 $S(a, r) = \{x|x \in R, p(x-a) \leqslant r\}$, 那么 $S(a, r)$ 是一个凸集. 事实上, 当 $x, y \in S(a, r)$ 时, 由 $p(x-a) \leqslant r, p(y-a) \leqslant r$ 得到

$$p(\alpha x + (1-\alpha)y - a) = p(\alpha(x-a) + (1-\alpha)(y-\alpha))$$

$$\leqslant \alpha p(x-a) + (1-\alpha)p(y-a) \leqslant r,$$

因此 A 是凸集.

又如线性空间 R 的每个线性子空间都是凸集.

设 R 是一个线性空间, 如果 $\{A_\lambda | \lambda \in \Lambda\}$ 是一族凸集, 从定义容易看出 $\bigcap\limits_{\lambda \in \Lambda} A_\lambda$ 也一定是凸集. 因此, 如果 B 是 R 中的一个子集, 令 $\{A_\lambda | \lambda \in \Lambda\}$ 是 R 中包含 B 的凸集全体. 那么 $\bigcap\limits_{\lambda \in \Lambda} A_\lambda$ 就是包含 B 的最小的凸集, 称为 B 的**凸包**, 通常记为 cov B. 可以证明: B 的凸包是集

$$\left\{ \alpha_1 x_1 + \cdots + \alpha_n x_n \Big| x_\nu \in B, \alpha_\nu \geqslant 0, \sum_{\nu=1}^{n} \alpha_\nu = 1 \right\}.$$

5. 商空间 设 R 是线性空间, E 是 R 的一个线性子空间, 我们在 R 中规定: 当 $x - y \in E$ 时为 $x \sim y$, 容易证明 $\sim$ 是 R 中的等价关系 (见 §1.3), 我们把商集 $R/\sim$ 记为 R/E, 并记 x 所在的等价类为 $\widetilde{x}$. 在 R/E 中规定线性运算如下:

$$\widetilde{x} + \widetilde{y} = \widetilde{(x+y)},$$
$$\alpha\widetilde{x} = \widetilde{(\alpha x)}, \ \alpha \text{ 是数}.$$

这样的线性运算是有确定的意义的. 例如我们讨论加法: 如果 $\widetilde{x} = \widetilde{x_1}, \widetilde{y} = \widetilde{y_1}$, 那么 $x - x_1 \in E, y - y_1 \in E$, 因此 $x + y - (x_1 + y_1) = (x - x_1) + (y - y_1) \in E$, 也就是

$$\widetilde{(x+y)} = \widetilde{(x_1 + y_1)},$$

类似地可以讨论数乘. 容易看出 R/E 按这样规定的线性运算成为线性空间, 称 R/E 为 R 关于 E 的**商空间**. 也容易看出 R/E 中的零向量就是 E, 即 $\widetilde{0} = E$. 事实上, 对任何 $x \in E, x - 0 = x \in E$. 直观地说, 在商空间 R/E 中, E 被 "缩成" 为零向量.

例 13 设 $\Omega = (X, \boldsymbol{R}, \mu)$ 是测度空间, S 是 X 上关于 $(X, \boldsymbol{R})$ 可测函数全体按通常的线性运算所成的线性空间. 令

$$E = \{f | f \in S, f \underset{\mu}{\doteq} 0\},$$

S/E 中的向量 $\widetilde{f}$ 就是一切与 f (关于测度 μ) 几乎处处相等的函数全体所成的等价类.

例 14 设 R 是线性空间, $p(\cdot)$ 是定义在 R 上的半范数. 令

$$E = \{x | p(x) = 0\},$$

易证 E 是 R 的线性子空间. 如在商空间 R/E 上规定

$$\widetilde{p}(\widetilde{x}) = p(x),$$

也容易证明 $\widetilde{p}(\cdot)$ 是 R/E 上的范数. 通常称 $\widetilde{p}(\cdot)$ 为由半范数 $p(\cdot)$ **导出的范数**.

在例 9 后面我们曾说 "如果把 $f(t) \doteq g(t)$ 的两个函数 f, g 就视为同一个函数, ……, 那么 $p(f)$ 便是 $L[a,b]$ 上范数". 其实, 这句话中 "视为同一" 的作用等价于不区分 f 和 $\widetilde{f}$, 从而也不区分 $p(f)$ 和 $\widetilde{p}(\widetilde{f})$ 而已.

习　题　4.2

1. 在二维空间 R^2 中, 对每一点 $z = (x, y)$, 令

$$\|z\| = \max\{|x|, |y|\},$$

证明 $\|\cdot\|$ 是 R^2 中的一个范数. 问

(i) 点集 $K = \{z | \|z\| < 1\}$ 是什么点集?

(ii) 置 $e_1 = (1, 0), e_2 = (0, 1)$. 证明以原点 $O = (0, 0)$ 及 e_1, e_2 为顶点的三角形在此范数所确定的距离之下是等边三角形.

2. 设 a, b, p 是实数, 并且 $p \geqslant 1$. 证明不等式

$$|ta + (1-t)b|^p \leqslant t|a|^p + (1-t)|b|^p, 0 \leqslant t \leqslant 1.$$

特别地, 令 $t = \dfrac{1}{2}$, 有 $|a + b|^p \leqslant 2^{p-1}(|a|^p + |b|^p)$.

3. 设 $C(0, 1]$ 表示在半开半闭区间 $(0, 1]$ 上处处连续并且有界的函数 $x(t)$ 的全体. 对于每个 $x \in C(0, 1]$, 令 $\|x\| = \sup\limits_{0 < t \leqslant 1} |x(t)|$, 证明:

(i) $\|x\|$ 是 $C(0, 1]$ 空间上的范数 $C(0, 1]$ 按 $\|\cdot\|$ 成一赋范线性空间;

(ii) 在 $C(0, 1]$ 中点列 $\{x_n\}$ 按范数 $\|\cdot\|$ 收敛于 x_0 的充要条件是 $\{x_n(t)\}$ 在 $(0, 1]$ 上均匀收敛于 $x_0(t)$.

4. 有界实数列全体所成的赋范线性空间 l^∞ 与空间 $C(0, 1]$ 的一个子空间是等距同构的.

5. R 是赋范线性空间, 称为**严格赋范**的, 如果三角不等式 $\|x + y\| \leqslant \|x\| + \|y\|$ 中等号成立仅仅只有 $x = 0$ 或 $y = \alpha x (\alpha \geqslant 0)$. 证明二维欧几里得空间 E^2 是严格赋范的 (分析上常用的严格赋范空间之一是 $L^p (p > 1)$, 可见 §4.3. 严格赋范空间的作用参见 §4.4 习题 14.). 举例说明 $C[a, b]$、$L[a, b]$ 不是严格赋范的.

6. R 是线性空间, p 是 R 上函数, 如果满足

(i) $p(x) \geqslant 0, p(x) = 0$ 等价于 $x = 0$;

(ii) $p(x + y) \leqslant p(x) + p(y)$;

(iii) $p(-x) = p(x)$, 并且 $\lim\limits_{\alpha_n \to 0} p(\alpha_n x) = 0$, $\lim\limits_{p(x_n) \to 0} p(\alpha x_n) = 0$ (α_n, α 是数), 称 p 是**准范数**, (R, p) 为赋准范空间.

证明在 S 空间 (见 §4.1 例 7) 中, 规定

$$p(f) = \int_E \frac{|f(t)|}{1 + |f(t)|} \mathrm{d}\mu,$$

p 是 S 上准范数, 因此, S 可视为赋准范空间. 类似地, $\mathscr{A}, s$ 也是赋准范空间.

7. $(X, \boldsymbol{B})$ 是可测空间, $V(X, \boldsymbol{B})$ 是 $(X, \boldsymbol{B})$ 上 (有限值) 实或复广义 (带符号) 测度全体. 在 $V(X, \boldsymbol{B})$ 上定义加法和数乘为

$$(\mu + \nu)(A) = \mu(A) + \nu(A), \mu \, , \nu \in V(X, \boldsymbol{B}), A \in \boldsymbol{B},$$

$$(\alpha\mu)(A) = \alpha\mu(A), \mu \in V(X, \boldsymbol{B}), A \in \boldsymbol{B},$$

并规定

$$\|\mu\| = \sup\left\{ \sum_{i=1}^n |\mu(E_i)| \,\bigg|\, E_i \in \boldsymbol{B}, E_i \bigcap E_j = \varnothing (i \neq j), \bigcup_{i=1}^n E_i = X \right\}.$$

证明 $\|\cdot\|$ 是 $V(X, \boldsymbol{B})$ 上的范数.

8. R 是 $[0,1]$ 上多项式全体, 对 R 中任何 $P(x) = \sum_{i=0}^n a_i x^i$, 规定 $\|P\| = \sum_{i=0}^n |a_i|$. 证明 $\|\cdot\|$ 是 R 上范数, 说明 R 按 $\|\cdot\|$ 不是严格赋范的.

9. 证明线性空间 X 中任何一族凸集的交仍是凸集; 对任何 $x_0 \in X$, 凸集 A "移动" x_0 后所得的集 $A + x_0 = \{y + x_0 | y \in A\}$ 仍是凸集.

§4.3 空 间 L^p

1. L^p 上的范数 在分析中最常用的一类赋范线性空间是 L^p. 设 $(X, \boldsymbol{B}, \mu)$ 是一个测度空间, $E \in \boldsymbol{B}, f(t)$ 是 E 上的实值 (或复值) 函数, 取定正数 p. 设 f 是 E 上的可测函数, 而且 $|f|^p$ 在 E 上是可积的. 这种函数 f 的全体记作 $L^p(E, \boldsymbol{B}, \mu)$[①], 简记为 $L^p(E, \mu)$, 简称 $L^p(E, \mu)$ 中的函数是 p 方可积函数. 有时也用 $L^p(E)$ 表示 E 上关于 Lebesgue 测度的 p 方可积函数空间. 当 $p = 1$ 时, $L^1(E, \mu)$ 就是 E 上的可积函数全体, 也记作 $L(E, \mu)$. 特别地, 当 E 是区间 $[a,b]$ 时改记 $L^p([a,b])$ 为 $L^p[a,b]$. 又如 $L^p((-\infty, +\infty))$ 改记为 $L^p(-\infty, +\infty)$, 如此等等.

$L^p(E, \mu)(p > 0)$ 按通常的线性运算成一线性空间. 事实上, 对于 $f, g \in L^p(E, \mu), f + g$ 在 E 上可测, 所以 $|f + g|^p$ 是 E 上的可测函数. 对于任意的数 a, b, 成立着不等式

$$(|a| + |b|)^p \leqslant [2\max(|a|, |b|)]^p \leqslant 2^p(|a|^p + |b|^p), \tag{4.3.1}$$

[①] 这时 $(E, \boldsymbol{B}, \mu)$ 并不是测度空间, 但 $(E, \boldsymbol{B} \bigcap E, \mu)$ 是测度空间, 我们写成 $L^p(E, \boldsymbol{B}, \mu)$ 而不写成 $L^p(E, \boldsymbol{B} \bigcap E, \mu)$ 是为了方便.

由此得到

$$|f+g|^p \leqslant (|f|+|g|)^p \leqslant 2^p(|f|^p+|g|^p). \tag{4.3.2}$$

由于 $|f|^p, |g|^p \in L(E,\mu)$, 所以 $|f+g|^p \in L(E,\mu)$, 就是说

$$f+g \in L^p(E,\mu),$$

如果我们只考察实值函数, $L^p(E,\mu)$ 是实线性空间; 如果考察复值函数, 那么 $L^p(E,\mu)$ 是复线性空间. 我们在 $L^p(E,\mu)$ 里, 把几乎处处相等的两个可测函数 f,g, 看成同一向量, 它可以用 f 表示, 也可以用 g 表示, 这时直接写 $f=g$, 而不必再写成 $f \doteq g$. 经过这样 "同一化" 之后, $L^p(E,\mu)$ 仍是线性空间. 由于对于几乎处处相等的函数, 它们的积分相等, 所以对 $L^p(E,\mu)$ 中每个向量 f 作出一个确定的数

$$\|f\|_p = \left(\int_E |f(t)|^p \mathrm{d}\mu \right)^{\frac{1}{p}} \ (p \geqslant 1), \tag{4.3.3}$$

现来证明它是 $L^p(E,\mu)$ 上的范数. 为此, 先证明几个常用的重要不等式.

引理 1 (Hölder 不等式)　设 $p>1, q>1, \dfrac{1}{p}+\dfrac{1}{q}=1$. 如果 $f(x) \in L^p(E,\mu)$, $g(x) \in L^q(E,\mu)$, 那么 $f(x)g(x) \in L(E,\mu)$, 并且有

$$\|fg\|_1 \leqslant \|f\|_p \|g\|_q. \tag{4.3.4}$$

当 $p=2$ 时, 不等式 (4.3.4) 就是 Cauchy 不等式:

$$\left(\int_E |f(x)g(x)|\mathrm{d}\mu \right)^2 \leqslant \int_E |f(x)|^2 \mathrm{d}\mu \int_E |g(x)|^2 \mathrm{d}\mu. \tag{4.3.5}$$

证　首先证明: 对任意的非负数 A,B, 成立着不等式

$$A^{\frac{1}{p}} B^{\frac{1}{q}} \leqslant \frac{A}{p} + \frac{B}{q}. \tag{4.3.6}$$

设 $y=\varphi(x)(x \geqslant 0)$ 是严格增加的连续函数, 而且 $\varphi(0)=0$. $x=\psi(y)(y \geqslant 0)$ 是 φ 的逆函数 (如图 4.2). 从下面图中可以看出, 成立不等式

$$\int_0^a \varphi(x)\mathrm{d}x + \int_0^b \psi(y)\mathrm{d}y \geqslant ab, a \geqslant 0, b \geqslant 0. \tag{4.3.7}$$

(这个不等式称作 Young (杨式) 不等式) 显然等号限于 $b=\varphi(a)$ 时成立.

于 (4.3.7) 中取 $\varphi(x)=x^{p-1}, \psi(y)=y^{q-1}, a=A^{\frac{1}{p}}, b=B^{\frac{1}{q}}$ 就得到 (4.3.6).

现在来证明 Hölder 不等式 (4.3.4). 不妨设

$$\|f\|_p > 0, \|g\|_q > 0$$

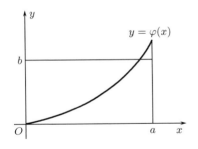
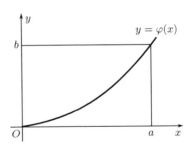

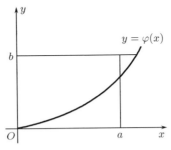

图 4.2

(如果上述积分中有一个是 0, 即 $\|f\|_p = 0$ 或 $\|g\|_q = 0$, 那么 $f(x)$ 或 $g(x)$ 几乎处处为 0, 显然, 此时不等式 (4.3.4) 自然成立). 作函数

$$\varphi(x) = f(x)/\|f\|_p, \psi(x) = g(x)/\|g\|_q,$$

令 $A = |\varphi(x)|^p, B = |\psi(x)|^q$, 代入不等式 (4.3.6) 得到

$$|\varphi(x)\psi(x)| \leqslant \frac{|\varphi(x)|^p}{p} + \frac{|\psi(x)|^q}{q}.$$

由于 $|\varphi(x)|^p, |\psi(x)|^q \in L(E, \mu)$, 从上述不等式得知 $\varphi(x)\psi(x) \in L(E, \mu)$. 因此 $f(x)g(x) \in L(E, \mu)$, 并且从

$$\int_E |\varphi(x)\psi(x)|\mathrm{d}\mu \leqslant \int_E \frac{|\varphi(x)|^p}{p}\mathrm{d}\mu + \int_E \frac{|\psi(x)|^q}{q}\mathrm{d}\mu = 1,$$

得到

$$\int_E |f(x)g(x)|\mathrm{d}\mu \leqslant \left(\int_E |f(x)|^p\mathrm{d}\mu\right)^{\frac{1}{p}} \left(\int_E |g(x)|^q\mathrm{d}\mu\right)^{\frac{1}{q}},$$

这就是不等式 (4.3.4). 证毕

引理 2 (Minkowski (闵可夫斯基) 不等式) 设 $p \geqslant 1$, $f(x)$, $g(x) \in L^p(E, \mu)$, 那么 $f(x) + g(x) \in L^p(E, \mu)$, 而且有

$$\|f + g\|_p \leqslant \|f\|_p + \|g\|_p. \tag{4.3.8}$$

证　当 $p = 1$ 时, 不等式 (4.3.8) 显然成立. 如果 $\|f + g\|_p = 0$ (即 $\displaystyle\int_E |f + g|^p \mathrm{d}\mu = 0$), (4.3.8) 也是显然的, 所以不妨设 $\displaystyle\int_E |f + g|^p \mathrm{d}\mu \neq 0$, 并且 $p > 1$. 如果 $p > 1$, $f, g \in L^p(E, \mu)$, 那么 $f + g \in L^p(E, \mu)$. 取 $q > 1$ 使得 $\dfrac{1}{p} + \dfrac{1}{q} = 1$, 那么 $|f(x) + g(x)|^{p/q} \in L^q(E, \mu)$, 而且由 Hölder 不等式得到

$$\int_E |f(x)||f(x) + g(x)|^{p/q} \mathrm{d}\mu$$
$$\leqslant \left(\int_E |f(x)|^p \mathrm{d}\mu\right)^{\frac{1}{p}} \left(\int_E |f(x) + g(x)|^p \mathrm{d}\mu\right)^{\frac{1}{q}},$$

又对于 $\displaystyle\int_E |g(x)||f(x) + g(x)|^{p/q} \mathrm{d}\mu$ 也有类似的不等式, 从而

$$\int_E |f(x) + g(x)|^p \mathrm{d}\mu = \int_E |f(x) + g(x)|^{1 + \frac{p}{q}} \mathrm{d}\mu$$
$$\leqslant \int_E (|f(x)| + |g(x)|)|f(x) + g(x)|^{\frac{p}{q}} \mathrm{d}\mu$$
$$\leqslant \left[\left(\int_E |f|^p \mathrm{d}\mu\right)^{\frac{1}{p}} + \left(\int_E |g|^p \mathrm{d}\mu\right)^{\frac{1}{p}}\right] \left[\int_E |f + g|^p \mathrm{d}\mu\right]^{\frac{1}{q}},$$

两边除以 $\left(\displaystyle\int_E |f + g|^p \mathrm{d}\mu\right)^{\frac{1}{q}}$ 便得到所要的不等式 (4.3.8):

$$\left(\int_E |f(x) + g(x)|^p \mathrm{d}\mu\right)^{\frac{1}{p}} \leqslant \left(\int_E |f(x)|^p \mathrm{d}\mu\right)^{\frac{1}{p}}$$
$$+ \left(\int_E |g(x)|^p \mathrm{d}\mu\right)^{\frac{1}{p}}.$$

证毕

在 Hölder 不等式 (4.3.4) 中, 等号成立的充要条件是: 存在不全为零的非负实数 C_1, C_2, 使得对几乎所有的 $x \in E$ 成立着

$$C_1 |f(x)|^p = C_2 |g(x)|^q.$$

换句话说, 或者 $f \doteq 0$, 或者存在非负实数 λ, 使得

$$|g(x)| \doteq \lambda |f(x)|^{\frac{p}{q}}.$$

又在 Minkowski 不等式 (4.3.8) 中, 当 $p > 1$ 时, 等式成立的充要条件是: 存在不全为零的非负实数 C_1, C_2, 使得对于几乎所有的 $x \in E$, 成立着 $C_1(f(x)) = C_2(g(x))$. 换句话说, 或者 $f \doteq 0$, 或者存在 $\lambda \geqslant 0$, 使得 $g(x) \doteq \lambda f(x)$.

这两件事留给读者证明.

引理 2 说明 $\|\cdot\|_p$ 满足范数的条件 (3). 由于把几乎处处等于零的函数 f 看成 $L^p(E,\mu)$ 中的零向量, 所以 $\|\cdot\|_p$ 满足范数的条件 (4). 范数的其余两个条件: 非负性和齐次性, $\|\cdot\|_p$ 显然是满足的. 所以, $\|\cdot\|_p$ 是 $L^p(E,\mu)(p \geqslant 1)$ 上的范数.

定理 4.3.1 当 $p \geqslant 1$ 时, $L^p(E,\mu)$ 按照范数

$$\|f\|_p = \left(\int_E |f(t)|^p \mathrm{d}\mu \right)^{\frac{1}{p}}$$

成为赋范线性空间.

例 1 设 $(\Omega, \boldsymbol{B}, \mu)$ 是全 σ-有限测度空间, $k(s,t) \in L^2(\Omega \times \Omega, \boldsymbol{B} \times \boldsymbol{B}, \mu \times \mu), \varphi(t) \in L^2(\Omega, \boldsymbol{B}, \mu)$. 那么

$$s \mapsto \int_\Omega k(s,t)\varphi(t)\mathrm{d}\mu(t)$$

是平方可积函数.

证 首先证 $\int_\Omega k(s,t)\varphi(t)\mathrm{d}(\mu)(t)$ 是 $(\Omega, \boldsymbol{B}, \mu)$ 上的可测函数. 事实上, 当 $\mu(\Omega) < \infty$ 时, 由于

$$|k(s,t)\varphi(t)| \leqslant \frac{1}{2}(|k(s,t)|^2 + |\varphi(t)|^2),$$

再根据 $\varphi(t) \in L^2(\Omega, \boldsymbol{B}, \mu)$ 以及 $\mu \times \mu(\Omega \times \Omega) < \infty$, 由此可知

$$|k(s,t)|^2 + |\varphi(t)|^2 \in L(\Omega \times \Omega, \boldsymbol{B} \times \boldsymbol{B}, \mu \times \mu),$$

从而 $k(s,t)\varphi(t) \in L(\Omega \times \Omega, \boldsymbol{B} \times \boldsymbol{B}, \mu \times \mu)$. 由 Fubini 定理知 $\int_\Omega k(s,t)\varphi(t)\mathrm{d}\mu(t)$ 是 $(\Omega, \boldsymbol{B}, \mu)$ 上可测函数. 而对一般的测度空间, 由于 σ-有限性, 存在 $\{A_i\} \subset \boldsymbol{B}, A_i \bigcap A_j = \varnothing(i \neq j), \mu(A_i) < \infty(i = 1,2,3,\cdots)$, 使得 $\Omega = \bigcup_{i=1}^\infty A_i$. 类似于 $\mu(\Omega) < \infty$ 情况的讨论, 固定每对 i,j, 当把 $k(s,t), \varphi(t)$ 视为 $(A_i \times A_j, \boldsymbol{B} \times \boldsymbol{B} \bigcap A_i \times A_j, \mu \times \mu)$ 上函数时, $\int_{A_j} k(s,t)\varphi(t)\mathrm{d}\mu(t)$ 是 $(A_i, \boldsymbol{B} \bigcap A_i, \mu)$ 上可测函数. 由于 $\{A_i\}$ 是互不相交的, 且 $\bigcup_{i=1}^\infty A_i = \Omega$, 易知

$$\int_{A_i} k(s,t)\varphi(t)\mathrm{d}\mu(t)$$

是 $\left(\Omega = \bigcup_{i=1}^{\infty} A_i, \boldsymbol{B}, \mu\right)$ 上可测函数, 因而

$$\int_{\Omega} k(s,t)\varphi(t)\mathrm{d}\mu(t) = \sum_{j=1}^{\infty} \int_{A_j} k(s,t)\varphi(t)\mathrm{d}\mu(t)$$

是 $(\Omega, \boldsymbol{B}, \mu)$ 上可测函数.

再由 Cauchy 不等式 (4.3.5), 有

$$\left|\int_{\Omega} k(s,t)\varphi(t)\mathrm{d}\mu(t)\right|^2 \leqslant \int_{\Omega} |k(s,t)|^2 \mathrm{d}\mu(t)$$
$$\times \int_{\Omega} |\varphi(t)|^2 \mathrm{d}\mu(t).$$

由于 $k(s,t)$ 是 $\Omega \times \Omega$ 上的平方可积函数, 所以

$$\int_{\Omega} \left(\int_{\Omega} |k(s,t)|^2 \mathrm{d}\mu(t)\right) \mathrm{d}\mu(s) < \infty,$$

从而 $\int_{\Omega} k(s,t)\varphi(t)\mathrm{d}\mu(t)$ 是平方可积的, 并且有

$$\int_{\Omega} \left|\int_{\Omega} k(s,t)\varphi(t)\mathrm{d}\mu(t)\right|^2 \mathrm{d}\mu(s)$$
$$\leqslant \iint_{\Omega \times \Omega} |k(s,t)|^2 \mathrm{d}\mu \times \mu \int_{\Omega} |\varphi(t)|^2 \mathrm{d}\mu(t).$$

2. 平均收敛与依测度收敛的关系 在 $L^p(E, \mu)$ 中, 设函数列 f_n 依范数 $\|\cdot\|_p$ 收敛于 f, 即

$$\int_E |f_n(x) - f(x)|^p \mathrm{d}\mu \to 0, n \to \infty.$$

这种收敛在经典分析中称为 $f_n(x)$ 在 E 上 p 方**平均收敛**于 $f(x)$ (有时也省略地说 $f_n(x)$ 平均收敛于 $f(x)$). 它和依测度收敛关系很密切.

定理 4.3.2 设 $f_n(x)(n = 1, 2, 3, \cdots)$ 及 $f(x)$ 是 $L^p(E, \boldsymbol{B}, \mu)$ 中的函数. 如果函数列 $\{f_n(x)\}$ 是 p 方平均收敛于 $f(x)$, 那么函数列 $\{f_n(x)\}$ 必然在 E 上依测度收敛于 $f(x)$.

证 对于任何正数 σ, 有

$$\int_E |f_n(x) - f(x)|^p \mathrm{d}\mu \geqslant \int_{E(|f_n - f| \geqslant \sigma)} |f_n(x) - f(x)|^p \mathrm{d}\mu$$
$$\geqslant \sigma^p \mu(E(|f_n(x) - f(x)| \geqslant \sigma))$$

令 $n \to \infty$, 就有 $\mu(E(|f_n(x) - f(x)|) \geqslant \sigma) \to 0$. 证毕

系 设函数列 $\{f_n(x)\}$ 是 p 方平均收敛于函数 $f(x)$, 那么必有子函数列 $\{f_{n_k}(x)\}$ 概收敛于 $f(x)$.

这由定理 4.3.2 和 Riesz 定理 (定理 3.2.3) 立即可得.

然而定理 4.3.2 的逆命题不正确. 即使函数列 $\{f_n(x)\}$ 在有限可测集 E 上处处收敛于 $f(x)$, 也不能保证 $\{f_n(x)\}$ 平均收敛于 $f(x)$.

例 2 我们作 $[0,1]$ 区间上的函数列 $\{f_n(x)\}$ 如下:

$$f_n(x) = \begin{cases} 0, & \text{当 } x = 0 \text{ 或 } \dfrac{1}{n} \leqslant x \leqslant 1, \\ e^n, & \text{当 } 0 < x < \dfrac{1}{n}, \end{cases}$$

显然, $\{f_n(x)\}$ 在 $[0,1]$ 上处处收敛于零, 但是当 $n \to \infty$ 时, 对于任何的正数 p

$$\int_0^1 |f_n(x)|^p \mathrm{d}x = \int_0^{\frac{1}{n}} e^{pn} \mathrm{d}x = \frac{1}{n} e^{pn} \to \infty, (n \to \infty).$$

所以 $\{f_n(x)\}$ 并不 p 方平均收敛于零.

3. 空间 $L^\infty(E, \mu)$ 设 E 是测度空间 $(\Omega, \boldsymbol{B}, \mu)$ 上一个可测集, $f(x)$ 是 E 上的可测函数. 如果 $f(x)$ 和 E 上的一个有界函数几乎处处相等 —— 换句话说, 如果有 E 中 (关于 μ) 的零集 E_0, 使得 $f(x)$ 在 $E - E_0$ 上是有界的 —— 那么我们称 $f(x)$ 是 E 上 (关于 μ) 的**本性有界可测函数**. E 上的本性有界可测函数全体记作 $L^\infty(E, \mu)$. 显然, 由于有限个零集的和集也是零集, 所以任意有限个本性有界可测函数的线性组合是本性有界的, 因此, $L^\infty(E, \mu)$ 按通常的线性运算是一线性空间.

设 $f(x)$ 是 E 上的本性有界可测函数, 令

$$\|f\|_\infty = \inf_{\substack{\mu(E_0)=0 \\ E_0 \subset E}} \left(\sup_{E-E_0} |f(x)| \right). \tag{4.3.9}$$

这里下确界是对于 E 中所有使得 $f(x)$ 在 $E - E_0$ 上成为有界函数的零集 E_0 而取的, 称为 f 的**本性最大模**, 有时也记作

$$\operatorname*{ess\,sup}_{x \in E} |f(x)|,$$

(4.3.9) 中的下确界 $\inf_{E_0}$ 是可达的, 就是说必有含于 E 的零集 E_0 使得 $\|f\|_\infty$ 等于 $|f(x)|$ 在 $E - E_0$ 上的上确界. 这是因为, 由 $\inf$ 的意义, 对每个 n, 有 $E_n \subset E$ 使得 $\mu(E_n) = 0$, 并且

$$\sup_{x \in E - E_n} |f(x)| < \|f\|_\infty + \frac{1}{n},$$

作 $E_0 = \bigcup\limits_{n=1}^{\infty} E_n$, 那么 $\mu(E_0) = 0$, 并且

$$\|f\|_\infty \leqslant \sup_{E-E_0} |f(x)| \leqslant \sup_{E-E_n} |f(x)| < \|f\|_\infty + \frac{1}{n},$$

令 $n \to \infty$, 就得到 $\|f\|_\infty = \sup\limits_{E-E_0} |f(x)|$. 还可以证明 $\|f\|_\infty$ 是与 $f(x)$ 几乎处处相等的各个有界函数的绝对值的上界的最小值.

我们用 $\|f\|_\infty$ 作为线性空间 $L^\infty(E, \mu)$ 上的向量 f 的范数 (容易验证 $\|\cdot\|_\infty$ 确实满足范数的条件), 那么, $L^\infty(E, \mu)$ 关于 $\|\cdot\|_\infty$ 成为赋范线性空间. 现在来考察空间 $L^\infty(E, \mu)$ 中点列 $\{f_n\}$ 收敛的情况.

设 $f_n, f \in L^\infty(E, \mu), n = 1, 2, 3, \cdots$, 而且 $\|f_n - f\|_\infty \to 0$, 那么有 $F_n \subset E, \mu(F_n) = 0$, 使得

$$\|f_n - f\|_\infty = \sup_{E-F_n} |f_n(x) - f(x)| \to 0,$$

取 $F_0 = \bigcup\limits_{n=1}^{\infty} F_n$, 那么, F_0 是一零集, 并且

$$\sup_{E-F_0} |f_n(x) - f(x)| \to 0. \tag{4.3.10}$$

由于 F_0 是 E 中的零集, (4.3.10) 说明了 $\{f_n(x)\}$ 在 E 上除去一个零集 F_0 后是均匀收敛于 $f(x)$ 的. 这时我们就说 $\{f_n(x)\}$ 在 E 上**几乎匀敛于** $f(x)$. 显然, (4.3.10) 也是使 $\|f_n - f\|_\infty \to 0$ 的充分条件.

因此, 度量空间 $L^\infty(E, \mu)$ 中依距离收敛就是几乎匀敛.

如果 $\mu(E) < \infty$, 显然对一切正数 $p, L^\infty(E, \mu) \subset L^p(E, \mu)$. 现在来证明: 当 $\mu(E) < \infty$ 时

$$\|f\|_\infty = \lim_{p \to \infty} \|f\|_p, \tag{4.3.11}$$

事实上, 只要考察 $\mu(E) > 0, \|f\|_\infty \neq 0$ 的情况好了. 取 E 中的零集 E_0 使得 $\|f\|_\infty = \sup\limits_{E-E_0} |f(x)|$, 于是

$$\int_E |f(x)|^p \mathrm{d}\mu = \int_{E-E_0} |f(x)|^p \mathrm{d}\mu \leqslant \|f\|_\infty^p \mu(E), \tag{4.3.12}$$

由于 $\mu(E)^{\frac{1}{p}} \to 1(p \to \infty)$, 从 (4.3.12) 立即得到

$$\varlimsup_{p \to \infty} \|f\|_p \leqslant \|f\|_\infty. \tag{4.3.13}$$

另一方面, 任取一个正数 $\varepsilon < \|f\|_\infty$, 集 $E_\varepsilon = E(|f(x)| \geqslant \|f\|_\infty - \varepsilon)$ 不会是零集. 因为如果这是零集的话, 在 E 中去掉这个集后, $|f(x)|$ 在剩下来的 $E - E_\varepsilon$ 中的上确界不超过 $\|f\|_\infty - \varepsilon$, 这显然和 $\|f\|_\infty$ 的定义冲突. 因此

$$
\begin{aligned}
\|f\|_p &\geqslant \left(\int_{E_\varepsilon} |f(x)|^p \mathrm{d}\mu \right)^{\frac{1}{p}} \\
&\geqslant (\|f\|_\infty - \varepsilon)[\mu(E_\varepsilon)]^{\frac{1}{p}},
\end{aligned}
$$

令 $p \to \infty$ 就得到

$$
\varliminf_{p \to \infty} \|f\|_p \geqslant \|f\|_\infty - \varepsilon,
$$

再令 $\varepsilon \to 0$, 并且利用 (4.3.13) 就得到等式 (4.3.11).

极限关系 (4.3.11) 就是我们采用记号 $\|f\|_\infty$ 和 $L^\infty(E, \mu)$ 的理由.

4. 数列空间 l^p 记满足 $\displaystyle\sum_{k=1}^{\infty} |x_k|^p < \infty (p \geqslant 1)$ 的实 (或复) 数列 $x = \{x_k\}$ 全体为 l^p, 在 l^p 中按照对每个坐标 x_k 的线性运算, 易知它成为线性空间. 对于数列, 也有类似于引理 1、2 的不等式, 也就是说, 只要级数 $\displaystyle\sum_{k=1}^{\infty} |x_k|^p < \infty$ 及 $\displaystyle\sum_{k=1}^{\infty} |y_k|^q < \infty, \sum_{k=1}^{\infty} |z_k|^p < \infty \left(\frac{1}{p} + \frac{1}{q} = 1 \right)$, 那么就有

$$
\sum_{k=1}^{\infty} |x_k y_k| \leqslant \sqrt[p]{\sum_{k=1}^{\infty} |x_k|^p} \cdot \sqrt[q]{\sum_{k=1}^{\infty} |y_k|^q},
$$

$$
\sqrt[p]{\sum_{k=1}^{\infty} |x_k + z_k|^p} \leqslant \sqrt[p]{\sum_{k=1}^{\infty} |x_k|^p} + \sqrt[p]{\sum_{k=1}^{\infty} |z_k|^p}.
$$

这两个不等式也依次称为 Hölder 不等式和 Minkowski 不等式, 也是应用不等式 (4.3.6) 来证明的, 或直接作为引理 1、2 的推论[①].

在 l^p 中规定

$$
\|x\|_p = \left(\sum_{k=1}^{\infty} |x_k|^p \right)^{\frac{1}{p}},
$$

由 Minkowski 不等式可以验证 $\| \cdot \|_p$ 是 l^p 上的范数, 按此范数 l^p 成为赋范线性空间.

[①] 令 N 表示自然数全体, $\boldsymbol{B}$ 是 N 的子集全体, μ 是 $(N, \boldsymbol{B})$ 上如下的测度: 当 $M \in \boldsymbol{B}$ 时, $\mu(M)$ 是 M 中元素的个数 (可以是无限的). 将每个数列 $\{x_k\}$ 看成 N 上的函数: $x(k) = x_k$, 那么这时 l^p 就是 $L^p(N, \boldsymbol{B}, \mu)$, 因此这两个不等式分别成为 (4.3.4)、(4.3.8) 的特殊情况. 在别的问题中, 把 l^p 看成这样的 $L^p(N, \boldsymbol{B}, \mu)$ 也是有益的.

应该指出, 如果 $0 < p < 1$, Minkowski 不等式一般不成立, 这时 $\|\cdot\|_p$ 不是 $L^p(E,\mu)$ (或 l^p) 上的范数. 例如 $p = \dfrac{1}{2}$, 在 l^p 中取 $x = (1,0,0,\cdots), y = (0,1,0,0,\cdots)$, 显然

$$\left(\sum_{i=1}^{\infty}|x_i+y_i|^{\frac{1}{2}}\right)^2 = 2^2 > 1 + 1 = \left(\sum_{i=1}^{\infty}|x_i|^{\frac{1}{2}}\right)^2 + \left(\sum_{i=1}^{\infty}|y_i|^{\frac{1}{2}}\right)^2,$$

因而 $\|\cdot\|_p\left(p = \dfrac{1}{2}\right)$ 不是范数.

习 题 4.3

1. 证明 Hölder 和 Minkowski 不等式成为等式的充要条件分别是

$$c_1|f(x)|^p \doteq c_2|g(x)|^q, \quad c_1f(x) \doteq c_2g(x),$$

其中 c_1、c_2 是非负常数 (这说明 L^p 是严格赋范空间, 参见 §4.2 习题 5).

2. 设 $R_1,\cdots,R_n,\cdots$ 是一列赋范线性空间, $x = \{x_n\}$ 是一列元素, 其中 $x_n \in R_n, n = 1,2,3,\cdots$. 而且 $\sum\limits_{n=1}^{\infty}\|x_n\|^p < \infty$. 这种元素列的全体记作 R, 类似通常的数列的加法及数积运算, 在 R 中引入线性运算, 证明 R 是一线性空间. 如果又规定

$$\|x\| = \left(\sum_{n=1}^{\infty}\|x_n\|^p\right)^{\frac{1}{p}}\,(p \geqslant 1),$$

证明 R 按范数 $\|\cdot\|$ 成为赋范线性空间; R 是严格赋范 (参见 §4.2 习题 5) 的充要条件是每个 R_n 都是严格赋范的.

3. 对于 $0 < p < 1$, 在 l^p 中, 规定

$$\|x\|_p = \sum_{i=1}^{\infty}|x_i|^p, x = (x_1,x_2,\cdots),$$

证明 $\|\cdot\|_p$ 是 $l^p(0 < p < 1)$ 上的准范数 (准范数定义见 §4.2 习题 6).

4. 设 $(\Omega,\boldsymbol{B},\mu)$ 是全有限测度空间, $1 \leqslant p < p'$, 那么 $L^{p'}(\Omega,\boldsymbol{B},\mu) \subset L^p(\Omega,\boldsymbol{B},\mu)$. 当 $(\Omega,\boldsymbol{B},\mu)$ 不是全有限时, 举例说明 $L^{p'}(\Omega,\boldsymbol{B},\mu) \subset L^p(\Omega,\boldsymbol{B},\mu)$ 未必成立.

§4.4   度量空间中的点集

我们现在回过来探讨一般的度量空间. 为了进一步研究度量空间中的极限, 度量空间上的连续函数等概念, 有必要研究度量空间中的点集. 在第一章中, 已经就直线上的开集和闭集等进行了研究. 在那里已经介绍了点集的极限点、导集、环境 (邻域)、开集、闭集以及稠密性和疏朗集等概念, 现在把这些概念拓广

到度量空间中来. 大多数定义的叙述和定理的证明, 几乎可以把以前的行文逐字逐句移植过来, 而无须进行多大的改变. 尽管如此, 但由于一般距离函数的广泛性, 仍然需要我们仔细对待这里的概念的拓广. 在需要的时候, 我们也将指出它们的差别.

1. 内点、开集 首先, 类似于直线上点集的内点, 引入如下的概念:

定义 4.4.1 设 A 是度量空间 R 中的点集, $x_0 \in A$. 如果 A 含有 x_0 的一个 a-环境 $(a > 0)$, 便称 x_0 是 A 的**内点**.

设 A 是度量空间 R 中的点集. 如果点集 A 中每一点都是 A 的内点, 那么就称 A 是度量空间 R 中的**开集**. 规定空集也是开集.

度量空间中的球 $O(x_0, a)(a > 0)$ 就是开集. 因为, 如果 $z \in O(x_0, a)$, 那么 $\rho(z, x_0) < a$. 取正数 $\varepsilon < a - \rho(z, x_0)$, 那么当 $\rho(x, z) < \varepsilon$ 时 $\rho(x, x_0) \leqslant \rho(x, z) + \rho(z, x_0) < a$ 因此 $O(z, \varepsilon) \subset O(x_0, a)$ (如图 4.3). 因而 $O(x_0, a)$ 中每一点都是自己的内点, 所以球 $O(x_0, a)$ 是开集.

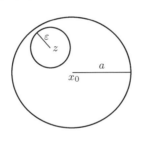

图 4.3

在一致离散的度量空间 R 中, 每点 x_0 都有一个环境 $O(x_0, a)(a \leqslant 1)$ 只含有 x_0 这一点, 所以 R 的任何集中每点都是内点, 因此 R 的一切子集都是开集.

像在实数直线中的情况一样, 我们有下面的

定理 4.4.1 设 R 是度量空间, 那么
(i) 空集和全空间是开集;
(ii) 任意个开集的和集是开集;
(iii) 有限个开集的通集是开集.

证 (i) 是显然的.
(ii) 设 $\{M_l | l \in I\}$ 是 R 中任意一族开集. 设 $x \in \bigcup_{l \in I} M_l = M$, 那么有 $l \in I$, 使 $x \in M_l$. M_l 是 R 中的开集, 所以 x 是 M_l 的内点, 于是必有含 x 的 a-环境 $O(x, a) \subset M_l \subset M$. 所以 x 是 M 的内点.

(iii) 设 $M_1, \cdots, M_n$ 是有限个开集, 任取 $x \in \bigcap\limits_{\nu=1}^{n} M_\nu$, 于是 x 在每个开集 M_1、$\cdots$、M_n 之中. 由于 x 是开集 M_ν 的内点, 有正数 r_ν 使得 $O(x, r_\nu) \subset M_\nu, \nu = 1, 2, \cdots, n$. 取

$$r = \min_{1 \leqslant \nu \leqslant n} r_\nu,$$

那么 $r > 0$, 而且 x 的 r-环境 $O(x, r)$ 含在每个开集 M_ν 之中, $\nu = 1, 2, \cdots, n$. 这说明 $O(x, r) \subset \bigcap\limits_{\nu=1}^{n} M_\nu$, 所以 x 是通集 $\bigcap\limits_{\nu=1}^{n} M_\nu$ 的内点, 通集 $\bigcap\limits_{\nu=1}^{n} M_\nu$ 是开集.

证毕

定义 4.4.2　设 R 是度量空间, $x_0 \in R$, 称 R 中包含 x_0 的任何开集 G 为 x_0 的一个**环境**, 也称作 x_0 的**邻域**.

由于 $O(x_0, a)$ 是开集, 所以对于正数 a, x_0 的 a-环境 $O(x_0, a)$ 也是 x_0 的环境.

设 A 是度量空间 R 中的一个点集, 那么 x_0 成为 A 的内点的充要条件是 x_0 有一个环境包含在 A 中.

定义 4.4.3　设 A 是度量空间 R 中的点集. A 的内点全体所成的点集称为 A 的**核**, 记作 $K(A)$.

对于度量空间中点集的核有下面的一些性质:

定理 4.4.2　度量空间中点集 A 的核 $K(A)$ 是开集.

证　任取 $x_0 \in K(A)$, 必有 $O(x_0, \varepsilon) \subset A$. 由于 $O(x_0, \varepsilon)$ 是开集, 它也是 $O(x_0, \varepsilon)$ 中每点 z 的环境, 因此 $O(x_0, \varepsilon)$ 中每点 z 是 A 的内点, $z \in K(A)$, 这就是说 $O(x_0, \varepsilon) \subset K(A)$. 因此, x_0 也是 $K(A)$ 的内点, $K(A)$ 是开集.　　证毕

点集 A 的核 $K(A)$ 是包含在 A 中的最大的开集. 换句话说, 有

定理 4.4.3　对于点集 A 中的任何开子集 G 都有 $G \subset K(A)$.

证　因为 G 是开集, 当 $x \in G$ 时必有 x 的环境 $O(x) \subset G \subset A$, 所以 x 也是 A 的内点, 因此 $x \in K(A)$. 这就得到 $G \subset K(A)$.　　证毕

定理 4.4.4　A 成为开集的充要条件是 $A = K(A)$.

证　当 $A = K(A)$ 时, 由定理 4.4.2, A 自然是开集. 反过来, 如果 A 是开集, 那么由定理 4.4.3, $K(A) \supset A$, 但是自然有 $K(A) \subset A$, 所以 $A = K(A)$. 证毕

例 1　在复数平面上 (按照欧几里得距离) 考察集 $A = \{z \mid |z| < 1;$ 或者 $1 \leqslant |z| < 2$, 但 $z = x + \mathrm{i}y, x$ 是有理数$\}$. 容易明白, 只有在单位圆 $|z| < 1$ 内的点是 A 的内点, 而圆环 $\{z \mid 1 \leqslant |z| < 2\}$ 中属于 A 的点都不是 A 的内点.

我们注意, 本节中所述的内点以及后面的各种概念, 都是相对于某个空间而言. 例如开区间 (a,b), 作为一维空间中的点集, 其中每点都是内点; 但如果把它放在二维平面中考察, 那其中每点又都不是内点了. 因为随着空间的改变, 环境的含义也改变了.

我们可以用环境的概念把收敛点列的概念改述如下:

引理 1 设 R 是度量空间, $\{x_n\}$ 是 R 中的点列, 又设 $x_0 \in R$. 那么点列 $\{x_n\}$ 收敛于点 x_0 的充要条件是对于 x_0 的任何环境 $O(x_0)$, 存在自然数 N, 使得当 $n \geqslant N$ 时 $x_n \in O(x_0)$.

证 必要性: 设 $x_n \to x_0$, 任取 x_0 的一个环境 $O(x_0)$, 由于 x_0 是 $O(x_0)$ 的内点, 所以有正数 a, 使 $O(x_0, a) \subset O(x_0)$. 对于 a, 有自然数 N, 使得当 $n \geqslant N$ 时, $\rho(x_n, x_0) < a$, 因而

$$x_n \in O(x_0, a) \subset O(x_0).$$

充分性: 设 $\{x_n\}$ 具有如下的性质: 对于 x_0 的任意一个环境 —— 例如 $O(x_0, \varepsilon)$ —— 有自然数 N, 使得当 $n \geqslant N$ 时, $x_n \in O(x_0, \varepsilon)$, 那么当 $n \geqslant N$ 时

$$\rho(x_n, x_0) < \varepsilon,$$

因此 $x_n \to x_0$. 证毕

显然, 在引理 1 中可以改一般的 "环境" 为特殊的 "a-环境".

2. 极限点、闭集

定义 4.4.4 设 R 是度量空间, A 是 R 中的集. 对于 $x_0 \in R$, 如果 x_0 的每个 a-环境中都含有 A 中无限个点, 那么称 x_0 是点集 A 的**极限点**.

引理 2 设 A 是度量空间 R 中的点集, $x_0 \in R$. 那么下面四件事是彼此等价的.

(i) x_0 是集 A 的极限点.

(ii) x_0 的任何一个环境 $O(x_0)$ 中必含有 A 中异于 x_0 的点, 即 $(O(x_0) - \{x_0\}) \bigcap A \neq \varnothing$.

(iii) 在集 A 中存在一列点 $\{x_n\}$, 适合 $x_n \neq x_0$ 而且 $x_n \to x_0$.

(iv) 在集 A 中必有一列互不相同的点 $\{x_n\}$, 而且 $x_n \neq x_0$, 使得 $x_n \to x_0$.

引理 2 的证明完全和直线上的情形相仿, 我们把它略去.

和极限点的概念相对立的是孤立点. 设 A 是度量空间中的点集, $x_0 \in A$. 如果 x_0 有一个环境 $O(x_0)$, 在其中除 x_0 外不含有 A 的点, 就称 x_0 是 A 的**孤立点**. 如果度量空间 R 中每一点都是孤立点, 称 R 是**离散**的度量空间.

例 2　$R = \left\{\dfrac{1}{n}\right\} (n = 1, 2, 3, \cdots)$，$R$ 上距离就是普通实数间的距离. 这时 R 就是离散的度量空间. 注意，R 不是一致离散的.

显然, 在离散度量空间中, 每个单点集 $\{x_0\}$ 是开集因而一切子集都是开集.

和在直线上一样, 在度量空间中点集 A 的极限点不能是孤立点, 而孤立点也不可能是 A 的极限点. 点集 A 中的点除孤立点外就是极限点. 但是, 在一般度量空间中, 点集的内点可以是孤立点, 例如在离散的度量空间中就是如此.

定义 4.4.5　设 A 是度量空间 R 中的点集. A 的极限点全体所成的集称作 A 的**导集**, 记作 A'. 称 $\overline{A} = A \bigcup A'$ 是 A 的**闭包**.

(1) 如果 $A' \subset A$, 就称 A 是**闭集**;

(2) 如果 $A \bigcap A' = \varnothing$, 称 A 是**孤立点集**;

(3) 如果 $A \subset A'$, 称 A 是**自密集**;

(4) 如果 $A = A'$, 称 A 是**完全集**.

引理 3　设 A 是度量空间 R 中的点集, $x \in R$, 那么下列三件事彼此等价.

(i) $x \in \overline{A}$.

(ii) x 的每个环境 $O(x)$ 中有 A 的点.

(iii) 有点列 $\{x_n\} \subset A$ 使得 $x_n \to x$.

证　(i) → (ii): 设 $x \in \overline{A}$, 如果 $x \in A$, 那么 $O(x)$ 中当然有 A 的点, 例如 x. 如果 $x \in A'$, 但 $x \overline{\in} A$, 显然 $(O(x) - \{x\}) \bigcap A \neq \varnothing, O(x)$ 中当然也有 A 的点.

(ii) → (iii): 设 x 的每个环境 $O\left(x, \dfrac{1}{n}\right)$ 中有 A 的点 x_n, 那么点列 $\{x_n\} \subset A, \rho(x_n, x) < \dfrac{1}{n}$, 所以 $x_n \to x$.

(iii) → (i): 设 $\{x_n\} \subset A$, 且 $x_n \to x$. 如果 $x \in A$, 自然有 $x \in \overline{A}$. 如果 $x \overline{\in} A$, 那么由于 $\{x_n\} \subset A$, 所以 $x_n \neq x$, 因此由 $x_n \to x$ 得到 $x \in A'$. 总之, $x \in \overline{A}$.

证毕

在离散的度量空间中, 任一点集都没有极限点. 因而每个点集都是闭集, 同时还是开集. 由此可见, 在有的度量空间中, 既开又闭的集可能很多.

定理 4.4.5　度量空间中的点集 A 为闭集的充要条件是: A 中任何一个收敛点列必收敛于 A 中的一点.

定理 4.4.6　度量空间中的点集 A 成为闭集的充要条件是: 它的余集 $A^C = R - A$ 是开集.

定理 4.4.7　在度量空间中下列命题成立.

(i) 空集及全空间是闭集;

(ii) 任意个闭集的通集是闭集;

(iii) 有限个闭集的和集是闭集.

定理 4.4.8 闭集减开集的差集是闭集, 而开集减闭集的差集是开集.

这四个定理的证明与直线上的情形相仿, 作为练习, 留给读者自证.

关于点集的导集和闭包, 有下面的性质:

定理 4.4.9 集 A 的导集 A' 和闭包 $\overline{A}$ 都是闭集.

证 设 x_0 是 A' (或 $\overline{A}$) 的极限点. 任取正数 a, 那么必有

$$y \in (O(x_0, a) - \{x_0\}) \bigcap A' \text{ (相应地 } y \in (O(x_0, a) - \{x_0\} \bigcap \overline{A}).$$

取 $\varepsilon = \min(a - \rho(x_0, y), \rho(x_0, y))$, 那么 $\varepsilon > 0$, 而且 $O(y, \varepsilon) \subset O(x_0, a)$, 但 $x_0 \overline{\in} O(y, \varepsilon)$. 由于 $y \in A'$ (相应地 $y \in \overline{A}$), 在 $O(y, \varepsilon)$ 中必有 $x \in A$ (如图 4.4). 因此, $x \in O(x_0, a)$, 但是 $x \neq x_0$ (这是因为 $x_0 \overline{\in} O(y, \varepsilon)$), 所以 $(O(x_0, a) - \{x_0\}) \bigcap A \neq \varnothing$. 因此 x_0 是 A 的极限点, 所以 $x_0 \in A'$ (也就有 $x_0 \in \overline{A}$). 因而 A' (同样地 $\overline{A}$) 是闭集. 证毕

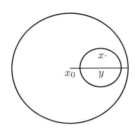

图 4.4

我们之所以把 $\overline{A}$ 称为 A 的闭包, 这是因为 $\overline{A}$ 是包含着 A 的最小闭集. 换句话说, 有下述

定理 4.4.10 在度量空间 R 中, 如果闭集 F 含有集 A, 那么 $F \supset \overline{A}$.

证 从极限点的定义和 $A \subset F$ 可以直接推出 $A' \subset F'$. 由于假设 F 是闭集, $F' \subset F$, 所以 $A' \subset F$. 因此 $\overline{A} = A \bigcup A' \subset F$. 证毕

不难由此得到结论: A 的闭包就是 R 中所有包含 A 的闭集的通集:

$$\overline{A} = \bigcap_{F \supset A} F(F \subset R \ \text{并且} \ F' \subset F).$$

定理 4.4.11 A 成为闭集的充要条件是 $A = \overline{A}$.

例 3 设 L 是赋范线性空间 R 中的线性子空间, 那么 $\overline{L}$ 是 R 中包含 L 的最小的、闭的线性子空间.

证　由定理 4.4.9, $\overline{L}$ 是闭集. 今证 $\overline{L}$ 是线性子空间. 设 $x, y \in \overline{L}$, 根据引理 3, 必有 $\{x_n\}, \{y_n\} \subset L$, 而且 $x_n \to x, y_n \to y$, 因此 $x_n + y_n \to x + y$. 但是 $x_n + y_n \in L$, 所以 $x + y \in \overline{L}$. 同样可以证明, 当 α 是数时, $\alpha x \in \overline{L}$, 因此 $\overline{L}$ 是线性子空间. 由定理 4.4.10 得知 $\overline{L}$ 是包含 L 的最小的闭集. 因而 $\overline{L}$ 是包含 L 的最小的闭的线性子空间.　　　　　　　　　　证毕

闭的线性子空间也简称为闭线性子空间, 或线性闭子空间.

后面有时要用到下面的概念:

定义 4.4.6　设 A 是赋范线性空间 R 中的子集, 记 $L(A)$ (或 span$\{A\}$) 为 A 中向量的线性组合全体所成的线性子空间, 称 $\overline{L(A)}$ (或 $\overline{\text{span}\{A\}}$) 是由 A 张成的线性闭子空间.

例 4　设 $B[a, b]$ 是区间 $[a, b]$ 上有界函数 $x = x(t)$ 全体按通常的线性运算和范数 $\|x\| = \sup\limits_{t \in [a,b]} |x(t)|$ 所成的赋范线性空间. 令 A 是区间 $[a, \xi](a \leqslant \xi \leqslant b)$ 的特征函数 $\chi_{[a,\xi]}$ 全体, 显然 $A \subset B[a, b]$. 那么 A 所张成的线性闭子空间 $\overline{L(A)} \supset C[a, b]$.

证　任取 $x \in C[a, b]$, 作 $\xi_k^{(n)} = a + \dfrac{k}{n}(b - a)$, 作函数

$$x_n(t) = \sum_{k=1}^n x(\xi_k^{(n)})(\chi_{[a,\,\xi_k^{(n)}]}(t) - \chi_{[a,\,\xi_{k-1}^{(n)}]}(t)),$$

那么 $x_n \in L(A)$. 今证 $\lim\limits_{n \to \infty} \|x_n - x\| = 0$. 事实上, 由于当 $t \in (\xi_{k-1}^{(n)}, \xi_k^{(n)})$ 时 $x_n(t) = x(\xi_k^{(n)})$, 所以

$$\|x_n - x\| = \max_{1 \leqslant k \leqslant n} \sup_{\xi_{k-1}^{(n)} < t \leqslant \xi_k^{(n)}} |x(t) - x(\xi_k^{(n)})|$$

$$\leqslant \max_{|t-t'| \leqslant \frac{b-a}{n}} |x(t) - x(t')|$$

由函数 $x(\cdot)$ 在 $[a, b]$ 上的一致连续性立即可知 $\lim\limits_{n \to \infty} \|x_n - x\| = 0$. 因此, 由引理 3, $x \in \overline{L(A)}$.　　　　　　　　　　证毕

这个例子在 §5.2 中要用到.

例 5　设 R 是赋范线性空间, A 是 R 中的凸集, 那么 A 的闭包 $\overline{A}$ 也是凸集. (这个事实在 §4.9 引理 2 的系中用到.)

定义 4.4.7　设 A 是度量空间 R 中的点集, 称 $\overline{A} \bigcap \overline{(R - A)}$ 是 A 的**境界**, 记作 $\Gamma(A)$. A 的境界中的点称作 A 的**境界点**. 而 $R - \overline{A}$ 中的点称为 A 的**外点**.

显然, 任意点集 A 的境界是闭集. A 的境界 $\Gamma(A)$ 同时也是 A 的余集 $R - A$ 的境界, 即 $\Gamma(A) = \Gamma(R - A)$.

从引理 3 知道, 境界点的特征是它的任何一个 a-环境中既有 A 中的点, 也有不在 A 中的点. A 的境界点可以属于 A 也可以不属于 A. 点集 A 的闭包 $\overline{A}$ 减去它的核 $K(A)$ 就是 A 的境界. 事实上

$$\overline{A} - K(A) = \overline{A}\bigcap(R - K(A)) = \overline{A}\bigcap\overline{(R-A)} = \Gamma(A),$$

此外容易明白, 点集 A 的外点和 A 的余集 $R - A$ 的内点这两者是一致的.

3. 子空间的开集和闭集　应特别注意, 内点、极限点、开集、闭集等概念都是相对于一定空间而言. 我们以开集和闭集两个概念为例详细阐述这一点如下:

设 R 是实数直线 (按照通常的距离) E^1 的子空间 $[0,1)$. 任取 $a \in (0,1)$, 我们容易看出 $[0,a)$ 及 $[a,1)$ 分别是 R 中的开集及闭集; 然而它们在度量空间 E^1 中就都是既不开、又不闭的点集. 又如 E^1 的子集 $(0,\infty)$ 看成子空间时也是度量空间, 因而 $(0,\infty)$ 是子空间 $(0,\infty)$ 中的闭集, 但不是 E^1 中的闭集.

现在来讨论子空间中的开集和闭集的结构.

定理 4.4.12　设 R 是度量空间, A 是 R 的子空间. 那么, 集 B 是 A 中的闭集的充要条件是存在 R 中的闭集 C 使得 $B = A\bigcap C$.

证　先证必要性: 设 B' 是 B 在 R 中的导集, 即 B 在 R 中的极限点全体, 那么 B 在 A 中的极限点全体就是 $B'\bigcap A$, 因而 B 是 A 中的闭集的充要条件是 $(B'\bigcap A) \subset B$, 即 $\overline{B}\bigcap A = B$. 因此可以取 $C = \overline{B}$, 这里 $\overline{B}$ 指的是 B 在 R 中的闭包.

再证充分性: 如果 $B = A\bigcap C$, 显然 $C \supset B$. 因为 C 是闭集, 所以 $C \supset \overline{B}$, 从而 $B = A\bigcap C\bigcap\overline{B} = A\bigcap\overline{B}$, 即 B 的极限点如果在 A 中必在 B 自身中, 即 B 是子空间 A 的闭集.　　　　　　　　　　　　　　　　　　证毕

定理 4.4.13　设 R 是度量空间, A 为 R 的子空间, 那么 B 是 A 中的开集的充要条件是有 R 中的开集 O, 使 $B = A\bigcap O$.

证　在子空间 A 中, B 是开集的充要条件是 $A - B$ 是 A 中的闭集, 即有 R 中的闭集 C, 使得 $A\bigcap C = A - B$, 也就是

$$B = A - (A\bigcap C).$$

但是 $A - (A\bigcap C) = (R - C)\bigcap A$, 而 $R - C = O$ 是 R 中的开集.　　　证毕

这两个定理说明: 全空间中的开集、闭集和子空间作通得到的集, 是子空间中的开集和闭集, 而且子空间中的开集和闭集都是可以这样得到的. 特别地, 全空间的某开集或闭集, 如果含在某一子空间中, 那么必是这一子空间中的开集和闭集. 但是反过来则不尽然. 然而, 如果子空间是全空间中的开 (闭) 集, 那么子空间中的一切开 (闭) 集都是全空间中的开 (闭) 集.

设 R 是度量空间, A 是 R 的子空间, 称度量空间 A 中的开集 (闭集) 是度量空间 R 中相对于 A 的开集 (闭集).

关于相对开集、相对闭集的概念还有一种提法是, 设 B 是 R 中子集 (不必是子空间 A 的子集) 如果 $B \bigcap A$ 是 A 的开或闭子集, 就称 B 是相对于 A 的开集或闭集. 显然, 对于这种相对开、闭概念, 我们也有完全类似定理 4.4.12、4.4.13 的结果: B 相对于 A 为开 (或闭) 的充要条件是存在 R 中开集 O (或闭集 C), 使得 $B \bigcap A = A \bigcap O$ (或 $B \bigcap A = A \bigcap C$).

4. 联络点集、区域   我们知道, 在直线上既是开集又是闭集的非空点集, 只有全空间 $(-\infty, +\infty)$. 但是一般的度量空间 (如离散的度量空间), 却未必具有这个性质.

例如将点集 $R = [0,1] + [2,3]$ 视为直线 E^1 的子空间, 那么 $[0,1]$ 和 $[2,3]$ 是度量空间 R 中既开又闭的点集, 但 $[0,1]$ 和 $[2,3]$ 既非空集也不是全空间 R. 显然, 一个空间如果能够分解成两个不相交的非空闭集之和, 那么这两个闭子集都是开集 (因为闭集的余集是开集). 这时我们说这个度量空间是**不联络**的. 反过来有

定义 4.4.8   如果度量空间 R 不能被分解为两个都不空的互不相交的闭集 R_1 及 R_2 的和, 那么称 R 是**联络**的空间.

这里的 "闭集" 也可以换成 "开集", 因为 R_1 与 R_2 互为余集. 因此, 与上述定义等价, 可以说度量空间 R 是联络空间的充要条件为空间 R 中非空的既开又闭的点集只有全空间 R.

对于度量空间 R 中的点集 A, 如果视 A 为 R 的子空间而成为联络的度量空间, 那么称 A 是 R 中的**联络点集**. 联络的开集称为**区域**. 至少含有两点的联络闭集叫做**连续点集**.

所含不止一点的联络点集 A 不能含有孤立点 (相对于 A 的孤立点). 事实上, 如果 A 有孤立点 x_0, 那么 $\{x_0\}$ 是 A 中的闭集; 由于 x_0 是孤立点, 所以 x_0 不可能是 $A - \{x_0\}$ 的极限点, 因此, $A - \{x_0\}$ 也是非空的闭子集, 这和 A 是联络点集的假设冲突. 因此, 不止含有一点的联络点集是自密集. 连续点集是完全集.

例 6   每个区间都是直线上的联络点集.

证   以闭区间为例, 其他三种区间 (a,b)、$[a,b)$ 及 $(a,b]$ 可以类似地证明. 如果闭区间 $[a,b]$ 不是联络的, 设 $[a,b] = A_1 \bigcup A_2$, 这里 A_1、A_2 是 $[a,b]$ 中互不相交的非空的闭集. 由于 A_1 与 A_2 在 $[a,b]$ 中互为余集, 所以它们又都是 $[a,b]$ 中的开集. 设端点 $a \in A_1$, 作

$$\lambda_0 = \sup_{[a,\lambda] \subset A_1} \lambda,$$

那么必有点列 $\lambda_n \to \lambda_0$, 使得 $[a, \lambda_n] \subset A_1, n = 1, 2, 3, \cdots$. 由于 A_1 是闭集, 所以 $\lambda_0 \in A_1$, 而且 $[a, \lambda_0] \subset A_1$. 但是 A_2 并非空集, 所以 $\lambda_0 < b$. 又由于 A_1 是 $[a, b]$ 中的开集, A_1 中的点 λ_0 应是 A_1 的内点, 所以必有正数 ε, 使得

$$[\lambda_0, \lambda_0 + \varepsilon) \subset A_1,$$

这样一来, 当 $\lambda_0 < \lambda < \lambda_0 + \varepsilon$ 时

$$[a, \lambda] = [a, \lambda_0] + [\lambda_0, \lambda] \subset A_1,$$

这和 λ_0 是上确界冲突. 因此, $[a, b]$ 是联络点集. 证毕

例 7 赋范线性空间是联络空间.

证 如果赋范线性空间 $X = \{0\}$, 显然 X 是联络的. 所以不妨设 $X \neq \{0\}$. 假设 A 是 X 的既开又闭集, 并且 $0 \in A$, 今证必有 $A = X$. 事实上, 因为 A 是开的, 所以有 $r_0 > 0$, 使得 $O(0, r_0) \subset A$. 如果有 $x_0 \overline{\in} A$, 记 $\alpha_0 = \inf\{\alpha | \alpha x_0 \overline{\in} A, r_0 \leqslant \alpha \leqslant 1\}$, 那么易知 $\alpha_0 x_0 \in \overline{A} \bigcap \overline{X - A}$. 但 A、$X - A$ 都是既开又闭集, 所以 $\alpha_0 x_0 \in A \bigcap (X - A)$, 显然这不可能. 所以 $A = X$. 证毕

5. 点集间的距离

定义 4.4.9 设 E 和 F 是度量空间 R 中的非空点集. 称

$$\inf_{x \in E, y \in F} \rho(x, y)$$

是 E 与 F 间的距离, 记作 $\rho(E, F)$. 特别当 E 中只有一点 x_0 时, 称 $\{x_0\}$ 与 F 的距离是点 x_0 与 F 间的距离, 记为

$$\rho(x_0, F) = \inf_{y \in F} \rho(x_0, y).$$

例如, R 是 $C[a, b]$, F 是阶数不超过 n 的多项式 $P_n(t)$ 全体, $x(t) \in C[a, b]$, 那么

$$\inf_{P_n(t) \in F} \rho(x, P_n) = \inf_{P_n(t) \in F} \max_{a \leqslant t \leqslant b} |x(t) - P_n(t)|,$$

它就是用 n 阶多项式均匀逼近 $x(t)$ 的最佳值.

$x \in \overline{F}$ 的充要条件是 $\rho(x, F) = 0$.

事实上, 如果 $x \in \overline{F}$, 那么必有 $\{x_n\} \subset F$, 使得 $\rho(x_n, x) \to 0$. 由 $\rho(x, F) \leqslant \rho(x, x_n)$ 得到 $\rho(x, F) = 0$.

反过来, 如果 $\rho(x, F) = 0$, 必有 $\{x_n\} \subset F$ 使得 $\rho(x_n, x) \to \rho(x, F) = 0$, 因此 $x_n \to x$, 所以有 $x \in \overline{F}$. 证毕

6. n 维欧几里得空间中的 Borel 集　我们再来补充讨论一下在 n 维欧几里得空间 E^n 中研究 Lebesgue 测度或 Lebesgue–Stieltjes 测度时常用的集类.

我们仍然用 R_0 表示 E^n 中形如

$$C(\{a_i\}, \{b_i\}) = \{(x_1, x_2, \cdots, x_n) | a_i < x_i \leqslant b_i, i = 1, 2, \cdots, n\}$$

(其中 $-\infty < a_i \leqslant b_i < +\infty$) 的半开半闭室全体所张成的环.

定义 4.4.10　称由 R_0 张成的 E^n 中的最小 σ-环 $S(R_0)$ (其实, 还是 σ-代数) 中的集是 E^n 中的 **Borel** 集, 这种集的全体记作 B.

定理 4.4.14　E^n 中的开集、闭集都是 Borel 集, 而且 E^n 中开集全体 (或者闭集全体) 所张成的 σ-环就是 B.

证　设 O 是 E^n 中的非空开集, 我们考察含在 O 中而且 a_i、b_i 都是有理数的室 $C(\{a_i\}, \{b_i\})$ 的全体 $\widehat{O}$, 它共有可列个, 今证

$$O = \bigcup_{C(\{a_i\}, \{b_i\}) \in \widehat{O}} C(\{a_i\}, \{b_i\}), \tag{4.4.1}$$

对每个 $x = (x_1, x_2, \cdots, x_n) \in O$, 由于 O 是开集, 必有正数 ε 使得 $O(x, \varepsilon) \subset O$. 取有理数 a_i、b_i 使得

$$x_i - \frac{\varepsilon}{n} < a_i < x_i < b_i < x_i + \frac{\varepsilon}{n},$$

那么显然 $x \in C(\{a_i\}, \{b_i\}) \subset O(x, \varepsilon) \subset O$, 这时 $x \in C(\{a_i\}, \{b_i\}) \in \widehat{O}$. 因此 (4.4.1) 成立. 由于 $C(\{a_i\}, \{b_i\}) \in R_0$, 而且 $\widehat{O}$ 为可列集, 所以 $O \in S(R_0)$.

令 U 是 E^n 中开集全体所成的集类, 那么 $S(U) \subset S(R_0)$. 反过来

$$C(\{a_i\}, \{b_i\}) = \bigcap_{m=1}^{\infty} \{(x_1, \cdots, x_n) | a_i < x_i < b_i + \frac{1}{m}, i = 1, 2, \cdots, n\},$$

上式右边是可列个开集的通集, 当然属于 $S(U)$, 因此, $R_0 \subset S(U)$, 所以 $S(U) = S(R_0)$ (或从 $S(R_0)$ 是代数及 $S(U) = S(R_0)$ 可得). 同样可证闭集的全体所张成的 σ-环也是 $S(R_0)$.　　　　　　　　　　　　证毕

7. 赋范线性空间中的商空间　在 §4.2 中, 我们介绍了线性空间的商空间概念. 现在利用度量空间中闭集概念来讨论赋范线性空间中的商空间.

假设 E 是赋范线性空间 R 中闭的线性子空间. 作出商空间 R/E. 对于 $\widetilde{x} \in R/E$, 令

$$\|\widetilde{x}\| = \inf_{y \in \widetilde{x}} \|y\|,$$

容易验证 $\|a\tilde{x}\| = \|\widetilde{ax}\|, \|\tilde{x}\| \geqslant 0$. 如果 $\|\tilde{x}\| = 0$, 必有 $y_n \in \tilde{x}$, 使得 $\|y_n\| \to 0$, 但 $z_n = y_n - x \in E$, 由于 E 是闭集, 所以 $x = \lim\limits_{n\to\infty} z_n \in E$, 因此 $\tilde{x} = E = \tilde{0}$. 再证

$$\|\tilde{x} + \tilde{y}\| \leqslant \|\tilde{x}\| + \|\tilde{y}\|.$$

由 $\|\tilde{x}\|$ 的定义, 有 $x_n \in \tilde{x}$ 及 $y_n \in \tilde{y}$, 使得

$$\|x_n\| \leqslant \|\tilde{x}\| + \frac{1}{n}, \|y_n\| \leqslant \|\tilde{y}\| + \frac{1}{n},$$

因为, $x_n + y_n \in \tilde{x} + \tilde{y}$, 从而

$$\|\tilde{x} + \tilde{y}\| \leqslant \|x_n + y_n\| \leqslant \|\tilde{x}\| + \frac{1}{n} + \|\tilde{y}\| + \frac{1}{n},$$

令 $n \to \infty$ 便得到 $\|\tilde{x} + \tilde{y}\| \leqslant \|\tilde{x}\| + \|\tilde{y}\|$. 于是 R/E 成为赋范线性空间. 今后对于赋范线性空间 R, 在商空间 R/E 中都是如上地引入范数 (这个范数称为原来范数的**诱导** (出的) **范数**), 使 R/E 成为赋范线性空间.

例如, 设 N 是 Ω 的可测子集, 令 $E = \{f|f \in L^p(\Omega, \boldsymbol{B}, \mu),$ 当 $x \in N$ 时 $f(x) = 0\}$, 那么 E 是 $L^p(\Omega, \boldsymbol{B}, \mu)$ 中的闭线性子空间, 而且当 $f, g \in L^p(\Omega, \boldsymbol{B}, \mu)$ 时, $f - g \in E$ 的充要条件是 f 和 g 在 N 上几乎处处相等. 这时

$$\|\tilde{f}\| = \inf_{g \in E} \|g + f\|_p,$$

我们取
$$g(x) = \begin{cases} -f(x), & x\overline{\in}N, \\ 0, & x \in N, \end{cases}$$

那么 $g \in E$, 而且

$$\|f + g\|_p = \left(\int_N |f|^p \mathrm{d}\mu \right)^{\frac{1}{p}}.$$

但另一方面容易证明

$$\|\tilde{f}\| \geqslant \left(\int_N |f|^p \mathrm{d}\mu \right)^{\frac{1}{p}},$$

所以

$$\|\tilde{f}\| = \left(\int_N |f|^p \mathrm{d}\mu \right)^{\frac{1}{p}}.$$

因此, 如果我们作映照 $u : L^p(\Omega, \mu)/E \to L^p(N, \mu)$ 如下:

$$\tilde{f} \in L^p(\Omega, \mu)/E \mapsto f|_N,$$

其中 $f|_N$ 是 f 在 N 上的限制, 那么 u 是保持范数不变的一一对应, 因此可以把 $L^p(\Omega, \boldsymbol{B}, \mu)/E$ 与 $L^p(N, \boldsymbol{B}, \mu)$ 视为同一.

习　题　4.4

1. 设 B 是度量空间中的闭集, 证明必有一列开集 $O_1, O_2, \cdots, O_n, \cdots$ 包含 B 而且 $\bigcap\limits_{n=1}^{\infty} O_n = B$.

2. 设 F 是度量空间中的点集, $a > 0$. 证明

$$O(F, a) = \{x \mid \rho(x, F) < a\}$$

是开集. 问 $\{x \mid \rho(x, F) \leqslant a\}$ 是否闭集?

3. 设 $B \subset [a, b]$, 证明度量空间 $C[a, b]$ 中的集

$$\{x \mid \text{当 } t \in B \text{ 时}, x(t) = 0\}$$

是 $C[a, b]$ 中的闭集, 而

$$\{x \mid \text{当 } t \in B \text{ 时}, |x(t)| < a\} \quad (a > 0)$$

为开集的充要条件是: B 为闭集.

4. 设 $\{A_\alpha \mid \alpha \in \Lambda\}$ 是度量空间的一族集, 证明

$$\left(\bigcap_{\alpha \in \Lambda} A_\alpha \right)' \subset \bigcap_{\alpha \in \Lambda} A_\alpha'.$$

又证: 对于任何有限个集 A_1、$\cdots$、A_n, 有

$$(A_1 \bigcup A_2 \bigcup \cdots \bigcup A_n)' = A_1' \bigcup A_2' \bigcup \cdots \bigcup A_n'.$$

5. 证明定理 4.4.11: A 为闭集的充要条件是 $A = \overline{A}$.

6. 设集 A 是复平面 E^2 中适合如下条件的点 z 的全体: 或是 $|z| < 1$, 或是 $1 < |z| < 2$ 但 $\arg z$ 是有理数. 求出 A 的闭包、核、境界和所有的外点.

7. 设 A 是度量空间 R 中的点集, 证明: $K(A) = R - \overline{(R - A)}$.

8. 设 E 及 F 是度量空间中的两个集并且 $\rho(E, F) > 0$. 证明必有不相交的开集 O 及 G 分别包含 E 及 F.

9. 对于度量空间 R 中的点集 E 上的实函数 $f(x)$, 如果对于每点 $x_0 \in E$ 有

$$\lim_{r \to 0} \sup_{x \in O(x_0, r) \bigcap E} f(x) \leqslant f(x_0),$$

称 $f(x)$ 在 x_0 是**上半连续**的. 试证: 当 $f(x)$ 是 E 上的上半连续函数 (即 f 在 E 的每点都上半连续) 时, 对任何常数 a, 集

$$E(f(x) \geqslant a) = \{x \mid f(x) \geqslant a\}$$

是闭集. 反之也真.

10. 证明: 子空间的联络集必为全空间的联络集. 其逆真否?

11. 设 R 是度量空间, A 是 R 中的点集. 如果对于 A 中的任何两点 x, y, 有 A 的联络子集包含这两点, 那么 A 是联络点集.

12. 设 E 是赋范线性空间 R 的线性子空间, 在 R/E 上, 令

$$p(\widetilde{x}) = \inf_{y \in \widetilde{x}} \|y\|,$$

证明 p 是 R/E 上拟范数 (半范数), 并指出使 $p(\widetilde{x}) = 0$ 的 $\widetilde{x}$ 全体.

13. 设 F 是度量空间 R 上有界闭集, $x_0 \overline{\in} F$, 问是否存在 $y_0 \in F$, 使得

$$\rho(x_0, y_0) = \rho(x_0, F),$$

为什么?

14. 设 $g_1, g_2, \cdots, g_n$ 是赋范线性空间 R 上 n 个线性无关的元素, $x \in R$ 如果存在 $\lambda_1, \lambda_2, \cdots, \lambda_n$, 使得

$$\left\| x - \sum_{i=1}^{n} \lambda_i g_i \right\| = \inf_{\mu_1, \cdots, \mu_n} \left\| x - \sum_{i=1}^{n} \mu_i g_i \right\|,$$

其中 $\mu_1, \cdots, \mu_n$ 是任意 n 个数. 称向量 $x_0 = \sum_{i=1}^{n} \lambda_i g_i$ 为 x 在子空间 $\mathrm{span}\{g_1, \cdots, g_n\}$ 上的最佳逼近 (这种最佳逼近的存在性可见 §4.9 习题 14). 证明: 在 R 是严格赋范时, 对于 x 的最佳逼近是唯一的.

15. 设 R 是赋准范线性空间, E 是闭线性子空间, 仿本节第七小节, 证明 R/E 也是赋准范线性空间.

16. C 是欧几里得空间 E^2 上单位圆周: $C = \{e^{i\theta} | 0 < \theta \leqslant 2\pi\}$. 称集 $\gamma = \{e^{i\theta} | 0 < \alpha < \theta < \beta \leqslant 2\pi\}$ 为 C 中开弧. 证明:(i) 开弧必是 E^2 的子空间, C 中开集;

(ii) C 中任何开集必可表示成最多可列个互不相交的开弧的和, 并且这种表示是唯一的.

17. $\boldsymbol{B}^n$ 表示 n 维欧几里得空间 E^n 上 Borel 集类, $C \in \boldsymbol{B}^n$, 称集类 $\boldsymbol{B}^n \bigcap C$ 为 C 上 Borel 集类 (实际上就是 C 中一切 Borel 子集全体). 当 C 为 E^2 中单位圆周时, 记 $\boldsymbol{G}$ 为 C 中开弧全体 (C 本身也算作开弧). 证明 $\boldsymbol{B}^2 \bigcap C = \boldsymbol{S}(\boldsymbol{G})$.

18. C 是 E^2 上单位圆周. T 是 $(0, 2\pi] \to C$ 的映照, $T: x \mapsto e^{\mathrm{i}x}$. 证明 $\boldsymbol{B}^2 \bigcap C = T(\boldsymbol{B} \bigcap (0, 2\pi])$.

§4.5 连 续 映 照

1. 连续映照和开映照　仿照函数的连续性, 在度量空间中可以引入映照的连续性的概念.

在数学分析中, 函数的连续性是这样定义的: 设 f 是区间 $[a, b]$ 上的函数, $x_0 \in [a, b]$, 如果对任何正数 ε, 有正数 δ, 使得当 $|x - x_0| < \delta$ 时, $|f(x) - f(x_0)| < \varepsilon$, 那么就称 f 在 x_0 点连续. 如果改用环境的语言来叙述, 这就是说, 对于 $f(x_0)$ 的

任何 ε-环境 $O(f(x_0),\varepsilon) = (f(x_0)-\varepsilon, f(x_0)+\varepsilon)$, 必有 x_0 的一个 δ-环境 $O(x_0,\delta) = (x_0-\delta, x_0+\delta)$, 使得当 $x \in O(x_0,\delta)$ 时 $f(x) \in O(f(x_0),\varepsilon)$, 就称 f 在 x_0 是连续的. 这个概念可以推广到一般度量空间, 而且环境也不一定用 $O(x_0,\delta)$ 的形式, 可改用一般的环境.

定义 4.5.1 设 R 和 K 是度量空间, f 是 $A \subset R$ 到 K 中的映照 (映射). 设 $x_0 \in A$. 假如对于 $f(x_0)$ 的任何环境 $O(f(x_0))(\subset K)$, 必有 x_0 在 R 中的一个环境 $O(x_0)$, 使得 $f(O(x_0)\bigcap A) \subset O(f(x_0))$ (就是说当 $x \in O(x_0)\bigcap A$ 时, $f(x) \in O(f(x_0))$), 就称映照 f 在点 x_0 是连续的.

假如映照 f 在 A 的每一点都连续, 就称 f 是 A 上的连续映照. 特别地, 当像空间 K 是实数直线 E^1 或复数平面时, 称 $f(x)$ 为连续函数.

对于 f 是多变元的映照, 也有连续的概念. 例如 f 是二元映照时, 如果对任何 $f(x_0,y_0)$ 的环境 $O(f(x_0,y_0))(\subset K)$, 必有 x_0,y_0 的环境 $O(x_0),O(y_0)$, 使得

$$f(O(x_0)\bigcap A, O(y_0)\bigcap B) \subset O(f(x_0,y_0)),$$

其中 A,B 为第一、二变元的定义域, 称 f 在点 (x_0,y_0) 连续. 类似也有连续函数概念. 但我们只讨论一个变元的情况.

定理 4.5.1 设 f 是度量空间 R 的子集 A 到度量空间 K 中的映照, 那么下面三件事情等价.

(1) 映照 $f(x)$ 在点 x_0 是连续的.

(2) 对于 $f(x_0)$ 的任一 ε-环境 $O(f(x_0),\varepsilon)$ 必有 x_0 在 R 中的 δ-环境使得 $f(O(x_0,\delta)\bigcap A) \subset O(f(x_0),\varepsilon)$.

(3) 对于 A 中任意一列收敛于 x_0 的点 $\{x_n\}$, 成立着

$$\lim_{n\to\infty} f(x_n) = f(x_0).$$

证 从 (1) 推 (2): 设 f 在 $x_0 \in A$ 处连续, 那么由连续的定义, 对于 $f(x_0)$ 的 ε-环境 $O(f(x_0),\varepsilon)$, 必有 x_0 的环境 $O(x_0)$, 使得 $f(O(x_0)\bigcap A) \subset O(f(x_0),\varepsilon)$, 因为 x_0 是 $O(x_0)$ 的内点, 必有正数 δ, 使开球 $O(x_0,\delta) \subset O(x_0)$. 因此 $f(O(x_0,\delta)\bigcap A) \subset f(O(x_0)\bigcap A) \subset O(f(x_0),\varepsilon)$. 这就是 (2).

从 (2) 推 (3): 设映照 f 在点 x_0 适合条件 (2). 任取 $\{x_n\} \subset A, x_n \to x_0$, 必有自然数 N 使得当 $n \geqslant N$ 时 $\rho(x_n,x_0) < \delta$, 根据 (2), 所以此时 $f(x_n) \in O(f(x_0),\varepsilon)$, 即当 $n \geqslant N$ 时有

$$\rho(f(x_n), f(x_0)) < \varepsilon,$$

即得 (3).

从 (3) 推 (1): 用反证法. 设映照 f 在 $x_0 \in A$ 适合条件 (3), 而 f 在 x_0 点不连续. 那么必有 $f(x_0)$ 的环境 $O(f(x_0))$, 使得对于 x_0 的任何环境 $O(x_0), f(O(x_0) \bigcap A)$ 不全包含在环境 $O(f(x_0))$ 之中, 特别地, 对于球 $O\left(x_0, \dfrac{1}{n}\right)$ 有 $x_n \in O\left(x_0, \dfrac{1}{n}\right) \bigcap A, f(x_n) \overline{\in} O(f(x_0))$. 因此 $x_n \in A, \rho(x_n, x_0) < \dfrac{1}{n}$, 但是由于条件 (3) 应有 $f(x_n) \to f(x_0)$ (由收敛的定义). 因此对 $f(x_0)$ 的环境 $O(f(x_0))$, 又应有 N 使当 $n \geqslant N$ 时 $f(x_n) \in O(f(x_0))$, 这是矛盾. 所以 $f(x)$ 在 x_0 处必连续. 证毕

显然, R 中的孤立点是任何映照的连续点. 又例如赋范线性空间 R 中的下面两个映照

$$x \mapsto \alpha x \quad (\alpha \text{ 是固定的数}),$$

$$(x, y) \mapsto x + y$$

(这也就是线性运算) 是连续映照 (其中第二个映照是二元连续映照).

定理 4.5.2 设 R, K 是度量空间, 映照 $f: R \to K$. 那么映照 f 在 R 上连续的充要条件是: 像空间 K 中的任一开集 H 的原像 $G = \{x | f(x) \in H\}$ (常常记为 $f^{-1}(H)$, 甚至简记为 $f^{-1}H$) 是 R 中的开集.

证 设 f 是 R 到 K 的连续映照, 任取 K 中的开集 H. 如果 $f^{-1}(H)$ 是空集, 那么它自然是开集. 如果 $G = f^{-1}(H)$ 不是空集, 任取一点 $x_0 \in G$, 那么 $y_0 = f(x_0) \in H, H$ 就是 y_0 的一个环境, 由 f 的连续性, 在 R 中必有 x_0 的一个环境 $O(x_0)$, 它的像 $f(O(x_0)) \subset H$. 因此, $O(x_0) \subset G$, 所以 x_0 是 G 的内点, 因此 G 是 R 中的开集.

反过来, 假如任何开集 $H \subset K$ 关于 f 的原像 G 是开集, 那么, R 中每一点 x_0 的像 $f(x_0) = y_0$ 的任一环境 $O(f(x_0))$ 的原像 U 也是开集. 显然 $x_0 \in U$, 故 U 可看成 x_0 的环境. 于是 $f(U) \subset O(f(x_0))$. 从而 $f(x)$ 在 x_0 处是连续的. 证毕

定义 4.5.2 当一个映照 B 把定义域 $\mathscr{D}(B)$ 中的每个开集映照成值域 $\mathscr{R}(B)$ 中的开集时, 就称 B 是**开映照**.

因此, 由定理 4.5.2 可以得到开映照与连续映照的关系如下:

系 1 设 f 是度量空间 R 到 K 上的可逆映照, 那么 f 成为连续映照的充要条件是 f^{-1} 成为开映照.

定理 4.5.2 中的开集可以换成闭集.

系 2 设 R 和 K 是度量空间, f 是 R 到 K 中的映照. 那么 f 在 R 上连续的充要条件是像空间 K 中任一闭集 F 的原像 $f^{-1}(F)$ 是 R 中的闭集.

定义 4.5.3 设 f 是度量空间 R 的子集 A 到度量空间 K 的子集 B 上的一一对应, 并且 f 以及它的逆映照 f^{-1} 都是连续的, 那么称 f 是 A 到 B 上的拓扑映照. 这时称 A 和 B 是**拓扑同构**或同胚的.

假如两个空间 R 和 K 是拓扑同构 (或同胚), 根据 f, f^{-1} 都连续, 由定理 4.5.2 可知, 不仅 R, K 之间点可以一一对应, 而且 R, K 中开集全体之间也一一对应, 即 R, K 中所有邻域之间也是一一对应的. 然而当我们只讨论连续性时, 由于连续性的概念只依赖于邻域的概念. 因此在只讨论仅与连续性有关问题时, 我们可以把两个拓扑同构的空间看成是一个. 拓扑同构是拓扑空间理论中很重要的概念.

我们把子集 A 和 B 都分别看成度量空间, 由上述定理 4.5.2 可知, A 到 B 上的一一对应 f 成为拓扑映照的充要条件是: A 中任何开 (闭) 集的像是 B 中的开 (闭) 集, 并且 B 中的开 (闭) 集必是 A 中某一开 (闭) 集的像.

2. 闭映照 (这一段在初学时可以暂时不读, 待到读第五章闭图像定理时再回过来读. 或者连同闭图像定理一起都可以暂时不读, 直至读到 §6.9 中无界自共轭算子时再读.)

我们仿照函数图像的概念可以引进映照的图像. 设 X 和 Y 是两个集, T 是 $\mathscr{D}(T)(\subset X)$ 到 Y 中的映照 (算子). 我们作 X 和 Y 的乘积集 $X \times Y = \{(x, y) | x \in X, y \in Y\}$, 称 $X \times Y$ 的子集

$$G(T) = \{(x, Tx) | x \in \mathscr{D}(T)\}$$

为映照 (算子) T 的**图像**. 当 X 和 Y 是实数直线, T 是通常的函数时, 这里的图像就是通常的函数图像.

特别当 $(X, \rho), (Y, \rho)$[①]是两个度量空间时我们可以自然地在 $X \times Y$ 上引进距离如下

$$\rho((x_1, y_1), (x_2, y_2)) = \sqrt{\rho(x_1, x_2)^2 + \rho(y_1, y_2)^2},$$

这样得到一个乘积度量空间 $(X \times Y, \rho)$. 如果 $(X, \rho), (Y, \rho)$ 分别是 n 维和 m 维的欧几里得空间, 那么 $(X \times Y, \rho)$ 是 $n + m$ 维的欧几里得空间.

定义 4.5.4 设 $(X, \rho), (Y, \rho)$ 是两个度量空间, T 是 $\mathscr{D}(T)(\subset X)$ 到 Y 中的算子, 如果 T 的图像

$$G(T) = \{(x, Tx) | x \in \mathscr{D}(T)\}$$

是乘积度量空间 $(X \times Y, \rho)$ 中的闭集, 那么称 T 是**闭算子**或是**闭映照**.

[①]显然 $(X, \rho), (Y, \rho)$ 以及下面的 $(X \times Y, \rho)$ 中的三个 ρ 是有区别的, 但我们为了简便都形式地写成一个 ρ, 这是应该注意的.

引理 1 设 $(X, \rho), (Y, \rho)$ 是两个度量空间, T 是 $\mathscr{D}(T) \subset X$ 到 Y 中的算子, 那么 T 成为闭算子的充要条件是对任何点列 $\{x_n\} \subset \mathscr{D}(T)$, 当 $x_n \to x_0, Tx_n \to y_0$ 时, $x_0 \in \mathscr{D}(T)$, 而且 $y_0 = Tx_0$.

证 条件的必要性: 如果 T 是闭算子, 那么当 $\{x_n\} \subset \mathscr{D}(T), x_n \to x_0, Tx_n \to y_0$ 时, 显然 $\{(x_n, Tx_n)\} \subset G(T)$, 而且在乘积度量空间 $(X \times Y, \rho)$ 中, $(x_n, Tx_n) \to (x_0, y_0)$. 由于假设 $G(T)$ 是闭的, 所以 $(x_0, y_0) \in G(T)$, 这就是 $x_0 \in \mathscr{D}(T), y_0 = Tx_0$.

反过来, 如果条件满足, 任取 $\{(x_n, Tx_n)\} \subset G(T)$, 而且 $(x_n, Tx_n) \to (x_0, y_0)$, 那么显然 $\{x_n\} \subset \mathscr{D}(T), x_n \to x_0, Tx_n \to y_0$. 由条件 $x_0 \in \mathscr{D}(T), y_0 = Tx_0$, 即得到 $(x_0, y_0) \in G(T)$. 因此 $G(T)$ 中每个收敛点列的极限在 $G(T)$ 中, 所以 $G(T)$ 是闭集.   证毕

这个引理的充要条件也往往作为闭算子的另一个等价定义.

现在我们要研究连续映照和闭映照的关系.

引理 2 定义域是闭集的连续算子必是闭算子.

证 设 $(X, \rho), (Y, \rho)$ 是两个度量空间, T 是 $\mathscr{D}(T) \subset X$ 到 Y 中的连续算子, $\mathscr{D}(T)$ 是闭集, 那么当 $\{x_n\} \subset \mathscr{D}(T), x_n \to x_0, Tx_n \to y_0$ 时, 由 $\mathscr{D}(T)$ 的闭性得到 $x_0 \in \mathscr{D}(T)$, 又因为 T 是连续的, $y_0 = \lim\limits_{n \to \infty} Tx_n = Tx_0$. 根据引理 1, T 是闭算子.

一般说来闭算子不一定是连续算子.

例 1 我们考察度量空间 $C[a, b]$ 的一个子集 $\mathscr{D} = \{x \,|\, x \in C[a, b], x$ 有连续导函数$\}$. 我们作 $\mathscr{D} \to C[a, b]$ 的求导算子 T 如下: 当 $x \in \mathscr{D}$ 时

$$Tx(t) = \frac{\mathrm{d}}{\mathrm{d}t} x(t),$$

如果 $\{x_n\} \subset \mathscr{D}$, 而且 $x_n \to x_0, \dfrac{\mathrm{d}}{\mathrm{d}t} x_n \to y_0$, 这就是说 $\{x_n\}$ 在 $[a, b]$ 上一致收敛于函数 x_0, 而且 $\left\{\dfrac{\mathrm{d}x_n}{\mathrm{d}t}\right\}$ 在 $[a, b]$ 上也一致收敛, 根据数学分析中熟知的定理, 极限函数 x_0 也是可以求导的, 而且求导和极限运算可以交换, 即

$$\frac{\mathrm{d}}{\mathrm{d}t} x_0(t) = \lim\limits_{n \to \infty} \frac{\mathrm{d}}{\mathrm{d}t} x_n(t) = y_0(t).$$

这样一来, $x_0 \in \mathscr{D}, y_0 = Tx_0$, 所以 T 是闭的. 从我们这里的观点来看, 刚才引用的数学分析中的这个定理实际上就是等价于 "$C[a, b]$ 中求导算子 $\dfrac{\mathrm{d}}{\mathrm{d}t}$ 是闭算子." 显然 T 不是 $\mathscr{D}(T) \to C[a, b]$ 的连续算子, 因此闭算子不一定连续.

在 §5.4 中我们将讨论闭算子何时成为连续算子.

利用算子的图像研究一些 "不连续" 的算子是 von Neumann 引进的一种有效的方法, 它常用来讨论闭算子. 泛函分析中对闭算子讨论得比较多的是线性闭算子理论. 在例 1 我们看到的微分算子不是连续算子而仅是闭算子. 其实, 更一般地, 在微分方程理论中所出现的线性微分算子, 绝大部分在常见的度量空间上容易验证它是闭算子. 这就是我们要讨论闭算子的理由之一.

3. 连续曲线

定义 4.5.5　设 $y = f(x)$ 是区间 $[a, b]$ 到度量空间 R 的一个连续映照, 那么称 $y = f(x)$ 为 R 中的连续曲线, 也称点集 $f([a, b])$ 是 R 中的连续曲线.

例如设 R 是欧几里得平面 $E^2, \varphi(t), \psi(t)$ 是 $[a, b]$ 上的连续函数, 由方程

$$x = \varphi(t), y = \psi(t) \quad (a \leqslant t \leqslant b)$$

或 $(x, y) = z(t) = (\varphi(t), \psi(t))$ 所确定的 $[a, b]$ 到 E^2 中的映照, 就是平面上的连续曲线.

定理 4.5.3　设 B 是度量空间 R 中的联络点集, f 是 B 上的连续映照, 那么 B 的像 $f(B)$ 也是联络点集.

证　用反证法. 如果 $A = f(B)$ 不是联络的, 那么必有非空的不相交的闭集 A_1、A_2 使得 $A = A_1 \bigcup A_2$, 由定理 4.5.2 的系, $f^{-1}(A_1)$ 及 $f^{-1}(A_2)$ 都是闭集, 两者都不是空集而且不相交, 显然 $B = f^{-1}(A_1) \bigcup f^{-1}(A_2)$, 这样一来, B 就不是联络的了. 这是矛盾. 所以 A 是联络的.　　　　　　　　　　　证毕

因为区间 $[a, b]$ 是联络点集, 所以由定理 4.5.3 就得到

系 1　连续曲线是联络点集.

系 2　如果对于度量空间 R 的任意两点 x, y, 必有连续曲线通过它们 (即 x, y 属于某一连续曲线), 则 R 必是联络的.

容易证明, 欧几里得空间 E^n 中的开集 A 成为区域的充要条件是 A 中任意两点必有 A 中的连续曲线通过它们. 通常在复变函数论教程中所使用的平面上区域的概念正是这样定义的.

习　题　4.5

1. 设 R 为赋范线性空间, $R \times R$ 为形如

$$(x, y), x, y \in R$$

的向量组全体, 按照线性运算及范数

$$\alpha(x, y) + \alpha'(x', y') = (\alpha x + \alpha' x', \alpha y + \alpha' y'),$$

$$\|(x, y)\| = \sqrt{\|x\|^2 + \|y\|^2}$$

所成的赋范线性空间. 证明 $R \times R$ 到 R 的映照 $(x, y) \mapsto x + y$ 是连续的.

2. 设 R 是赋范线性空间, 在 $R \times R$ 上赋以范数 $\| \cdot \|$ 如习题1, 又在 $R \times R$ 上赋以范数 $\| \cdot \|_1$:

$$\|(x, y)\|_1 = \max(\|x\|, \|y\|),$$

设 f 是 $(R \times R, \| \cdot \|)$ 到 $(R \times R, \| \cdot \|_1)$ 上映照

$$f((x, y)) = (x, y),$$

证明 f 是拓扑映照.

3. 设 R 是赋范线性空间, 在 $R \times R$ 上赋以如习题 2 中的两个范数 $\| \cdot \|, \| \cdot \|_1, f$ 是 $(R \times R, \| \cdot \|)$ 到 $(R \times R, \| \cdot \|_1)$ 上映照

$$f : (x, y) \to (x_1, y_1), \ \text{而} \begin{pmatrix} x_1 \\ y_1 \end{pmatrix} = \begin{pmatrix} a & b \\ c & d \end{pmatrix} \begin{pmatrix} x \\ y \end{pmatrix},$$

即 $x_1 = ax + by, y_1 = cx + dy$, 而数字阵 $\begin{pmatrix} a & b \\ c & d \end{pmatrix}$ 是非奇的. 证明 f 是拓扑映照.

4. 设 R 为赋范线性空间, R' 为形如

$$(\alpha, x), x \in R, \alpha \text{为数}$$

的元素全体, 按照线性运算及范数

$$\lambda(\alpha, x) + \mu(\beta, y) = (\lambda\alpha + \mu\beta, \lambda x + \mu y),$$

$$\|(\alpha, x)\| = |\alpha| + \|x\|$$

所成的赋范线性空间. 证明 R' 到 R 的映照 $(\alpha, x) \mapsto \alpha x$ 是连续的.

5. 设 $(X, \rho), (Y, \rho), (Z, \rho)$ 为距离空间, f 是 $(X, \rho) \to (Y, \rho)$ 的连续映照, g 是 $(Y, \rho) \to (Z, \rho)$ 的连续映照, 证明 $g(f)$ 是 $(X, \rho) \to (Z, \rho)$ 的连续映照.

6. 设 R 是度量空间, A 是 R 的子空间. f 是 $A \to R$ 的映照. 如果 x_0 为 A 的孤立点, 那么 x_0 是 f 的连续点.

7. 欧几里得空间 E^n 中的开集 A 成为联络点集的充要条件是 A 中任意两点都有 A 中的连续曲线通过它们.

8. 设 R 是度量空间, A 是 R 的子空间, f 是 A 上的实函数. 证明 f 成为连续函数的充要条件是对每个实数 c, 集 $A(f(x) \leq c)$ 与集 $A(f(x) \geq c)$ 是子空间 A 中闭集.

9. 证明 $[a, b]$ 上有界实函数 f 是连续的充要条件是集 $G_f = \{(x, f(x)) | x \in [a, b]\}$ 是 E^2 上闭集.

10. 举例说明在一般度量空间中, 即使定义域是闭集的闭映照也未必是连续的.

11. 设 G_1, G_2 是度量空间 R 中两个子集, 并且

$$d(G_1, G_2) = \inf_{x \in G_1, y \in G_2} \rho(x, y) > 0,$$

证明必有 R 上连续函数 f, 使得 $0 \leqslant f \leqslant 1$, 而且

$$f(x) = \begin{cases} 0, & x \in G_1, \\ 1, & x \in G_2. \end{cases}$$

§4.6 　稠　密　性

1. 稠密性的概念　第一章里我们已经讨论过欧几里得空间中点集的稠密性概念, 不难把它拓广到一般度量空间的点集, 并且成为度量空间 (特别是赋范线性空间) 理论中重要概念之一.

定义 4.6.1　设 R 是度量空间, A 及 E 是 R 中的点集. 如果 E 中任何一点 x 的任何环境中都含有集 A 中的点, 就称 A 在 E 中稠密.

显然, 从 §4.4 引理 3 立即得到下述的

定理 4.6.1　(i) A 在 E 中稠密的充要条件是 $\overline{A} \supset E$.

(ii) A 在 E 中稠密的充要条件是对任一 $x \in E$, 有 A 中的点列 $\{x_n\}, x_n \to x (n \to \infty)$.

由定理 4.6.1 的 (ii) 看出, 稠密性概念有这样的用处: 当我们考察点集 E 是否具有某些性质时, 我们有时可以先对其中的稠密子集加以考察, 然后利用极限过程推出整个 E 的相应的结论.

定理 4.6.2　设 R 是度量空间, A、B 和 C 是 R 中的点集. 如果 B 在 A 中稠密, C 在 B 中稠密, 那么 C 在 A 中稠密.

证　由定理 4.6.1 的 (i), 我们有 $\overline{B} \supset A, \overline{C} \supset B$, 但 $\overline{B}$ 是包含 B 的最小闭集, 既然 $\overline{C}$ 是闭集而且含有 B, 所以 $\overline{C} \supset \overline{B}$, 因此 $\overline{C} \supset A$, 即 C 在 A 中稠密.

　　　　　　　　　　　　　　　　　　　　　　　　　　　　　　证毕

在数学分析中已经证明了 Weierstrass 的逼近定理 (参看 [9] 或 [10]), 就是说对区间 $[a, b]$ 上的任何一个连续函数 $f(x)$, 必存在一列多项式 $P_n(x)$ 在 $[a, b]$ 上均匀收敛于 $f(x)$. 记 P 为多项式全体所成的线性空间, 我们把它看成度量空间 $C[a, b]$ 的子集, 那么上述 Weierstrass 定理可用度量空间的稠密性改述如下.

定理 4.6.3　P 在 $C[a, b]$ 中是稠密的.

定理 4.6.4 设 E 是 μ 可测集, $L^p(E,\mu)$ 中的有界可测函数全体 $B(E)$ 是 $L^p(E,\mu)(\infty > p \geqslant 1)$ 的稠密子集.

证 设 $f(x) \in L^p(E,\mu)$, 对每个自然数 n, 造函数

$$f_n(x) = \begin{cases} f(x) & |f(x)| \leqslant n, \\ 0, & |f(x)| > n, \end{cases}$$

那么 $f_n(x)$ 是 $L^p(E,\mu)$ 中的有界可测函数, 而且

$$\int_E |f_n(x) - f(x)|^p \, \mathrm{d}\mu = \int_{E(|f|>n)} |f(x)|^p \mathrm{d}\mu$$

由于 $|f|^p \in L(E,\mu)$, 由积分的全连续性, 对任一 $\varepsilon > 0$, 必有 $\delta > 0$, 使得当 $e \subset E, \mu(e) < \delta$ 时成立着

$$\int_e |f|^p \mathrm{d}\mu < \varepsilon^p,$$

因为

$$n^p \mu(E(|f| > n)) \leqslant \int_{E(|f|>n)} |f(x)|^p \mathrm{d}\mu \leqslant \int_E |f|^p \mathrm{d}\mu,$$

所以有正数 N, 使当 $n > N$ 时 $\mu(E(|f| > n)) < \delta$, 因而

$$\|f_n - f\|_p = \left(\int_{E(|f|>n)} |f|^p \mathrm{d}\mu \right)^{\frac{1}{p}} < \varepsilon,$$

所以 E 上的有界可测函数全体 $B(E)$ 在 $L^p(E,\mu)$ 中稠密. 证毕

定理 4.6.5 对于直线上任一 Lebesgue 可测集 E, 当 $1 \leqslant p < \infty$ 时, $L^p(E)$ 中的有界连续函数全体在 $L^p(E)$ 中是稠密的.

证 我们只就 $m(E) < \infty$ 来证明 (其余读者完成). 记 $L^p(E)$ 中有界连续函数全体为 M, 由定理 4.6.2 和定理 4.6.4 可知, 只要证明: 按 $L^p(E)$ 的距离, M 在 $B(E)(B(E)$ 是 E 上有界可测函数全体) 中稠密.

任取 $f \in B(E)$, 设 $|f(x)| \leqslant K, x \in E$. 显然, 只要证明: 对任何正数 ε, 必存在 M 中的点 g, 使得 $g \in O(f, \varepsilon)$. 事实上, 对任何 $\varepsilon > 0$, 由 Лузин 定理, 对于正数 $\delta = \left(\dfrac{\varepsilon}{2K} \right)^p$, 存在 E 上的连续函数 $g(x)$, 使得集 $E_1 = E(f(x) \neq g(x))$ 满足

$$m(E_1) < \delta,$$

不妨设 $|g(x)| \leqslant K$. 如果不对的话, 把 $g(x)$ 换成连续函数 $\max(\min(g(x), K), -K)$ 就行了. 于是

$$\int_E |f(x) - g(x)|^p \mathrm{d}x$$
$$= \int_{E_1} |f(x) - g(x)|^p \mathrm{d}x + \int_{E-E_1} |f(x) - g(x)|^p \mathrm{d}x,$$

由于在 $E - E_1$ 上, $f(x) = g(x)$, 所以上式右边第二个积分是零, 而第一个积分显然不超过 $(2K)^p m(E_1) < \varepsilon^p$, 于是 $\|f - g\|_p < \varepsilon$, 即 $O(f, \varepsilon)$ 中有 M 的点 g. 因此由定义, M 在 B 中稠密. 证毕

系 设 $[a, b]$ 是有限区间, $p \geqslant 1$, 那么 P 和 $C[a, b]$ 在 $L^p([a, b])$ 中稠密.

2. 可析点集 设 R 是度量空间, A 是 R 中的子集. 如果存在有限集或可列集 $\{x_k\} \subset R$ 在 A 中稠密, 就称 A 是**可析点集**. 可析点集, 形象地说, 是可以用最多可列个点就能被近似地描述的集. 从定义来看, 虽然这可列个点 $\{x_k\}$ 可以不是 A 中的点, 但我们能做到: 如果 A 是可析集, 那么必有 A 中的有限个或可列个点在 A 中稠密. 事实上, 由于集 $\{x_k\}$ 在 A 中稠密, 对任何自然数 n, 当 $A \bigcap O\left(x_k, \dfrac{1}{n}\right)$ 不空时, 任取其中的一点 y_{kn}, 如果 $A \bigcap O\left(x_k, \dfrac{1}{n}\right)$ 空时, 不取点, 易知, A 中的这些点 $y_{kn}, k, n = 1, 2, 3, \cdots$ 的全体就在 A 中稠密.

当空间 R 本身是可析点集时称 R 是**可析空间**.

在数学的一些分支, 如微分方程、概率论、函数论以及经典数学物理和量子物理学中最常见到的一些度量空间往往是 p 方可积函数空间、连续函数空间、解析函数空间等, 它们都常常是在给定的距离下成为可析空间.

由于可析空间有在其中稠密的可列集, 研究起来就比较容易. 当我们讨论有关这类空间的某些问题时, 往往可以从空间中挑选出对那个问题最适宜的一个可列的稠密集, 在这个稠密集上来进行考察, 然后再利用稠密性推广到整个空间上去. 例如在 §5.2 中研究可析空间上连续线性泛函的表示式时, 就是先挑选适当的稠密集, 考察线性泛函在这个稠密集上的表示, 然后再得到全空间上的表示. 又如, 可以在某些线性的可析空间上适当地引进某种维数的概念, 使它成为可列维的, 又可以用线性可析空间中一列有限维的子空间逼近原来的可析空间, 这显然对所讨论的问题有不少好处, 例如在第六章中我们将能看到这一点.

例 1 n 维欧几里得空间 E^n 按通常的距离是可析空间. 因为坐标为有理数的点全体是可列集, 并且在 E^n 中稠密.

例 2 当 $1 \leqslant p < \infty$ 时, 空间 l^p 是可析的. 因为形如 $y = \{y_1, y_2, \cdots y_m, 0, \cdots\}$, 而 $y_1, y_2, \cdots, y_m$ 是有理数的点的全体 A 是可列集, 它在 l^p 中稠密. 事实

上, 任取 $x = \{x_\nu\}$, 设 $x \in l^p$, 今证 $x \in \overline{A}$. 由于 $\sum\limits_\nu |x_\nu|^p < \infty$, 对任意的正数 ε,

必有 m 使得 $\sum\limits_{\nu=m+1}^\infty |x_\nu|^p < \left(\dfrac{\varepsilon}{2}\right)^p$, 再取有理数 $y_1, \cdots, y_m$ 使得 $\sum\limits_{\nu=1}^m |x_\nu - y_\nu|^p <$

$\left(\dfrac{\varepsilon}{2}\right)^p$, 因此 A 中的点 $y = \{y_1, \cdots, y_m, 0, \cdots\}$ 与 x 的距离 $\|y - x\|_p < \varepsilon$, 即

$y \in O(x, \varepsilon) \bigcap A$, 所以 $x \in \overline{A}$. 证毕

例 3 $C[a, b]$ 和 $L^p[a, b](\infty > p \geqslant 1)$ 是可析空间. 因为对任意的多项式 $P(x)$, 总有以有理数为系数的多项式 $p(x)$ 适合

$$\|P - p\| = \max_x |P(x) - p(x)| < \varepsilon,$$

由定理 4.6.3 和定理 4.6.5 的系就知道所述为真.

例 4 有界数列全体组成的空间 l^∞ 是不可析的.

证 l^∞ 中形如 $\{x_i\}, x_i = 0$ 或 1 的点, 其全体记为 K, 则 K 是不可列集 (见定理 1.2.12), 对于 K 中任意的相异两点 x, y, 必有 $\rho(x, y) = 1$, 即 l^∞ 中有一个不可列的集 K, 其中每两点之间的距离都是 1. 如果 l^∞ 是可析的, 那么有可列集 $\{y_k\}$ 在 l^∞ 中稠密, 空间 l^∞ 中以 K 中点为中心, $\dfrac{1}{3}$ 为半径的每一球内至少有一个 y_k, 因为这种球有不可列个, 但是 $\{y_k\}$ 中只有可列个点, 所以至少有一个 y_k, 同时属于两个不同的球, 例如属于 $O\left(x^{(1)}, \dfrac{1}{3}\right), O\left(x^{(2)}, \dfrac{1}{3}\right)$, 其中 $x^{(1)}, x^{(2)} \in K$. 这样一来

$$1 = \rho(x^{(1)}, x^{(2)}) \leqslant \rho(x^{(1)}, y_{k_0}) + \rho(x^{(2)}, y_{k_0}) \leqslant \frac{1}{3} + \frac{1}{3} = \frac{2}{3},$$

这是矛盾. 所以空间 l^∞ 是不可析的. 证毕

3. 疏朗集 和实数直线上的疏朗集一样, 可以在度量空间中定义疏朗集.

定义 4.6.2 设 R 是度量空间, A 是 R 的子集. 如果 A 不在 R 的任何一个非空的开集中稠密, 那么 A 称作**疏朗集**.

显然, 这个定义中的非空开集可以换成半径不为零的开球.

我们用 $S(a, \rho)$ 表示闭球 $\{x | \rho(x, a) \leqslant \rho\}$, 那么 A 在度量空间 R 中疏朗的充要条件是任何闭球 $S(a, \rho)(\rho > 0)$ 中必有闭球 $S(b, r)(r > 0)$ 与 A 不交.

事实上, 如果 A 是疏朗的, 那么 A 不在开球 $O(a, \rho) \subset S(a, \rho)$ 中稠密, 所以必有 $b \in O(a, \rho)$ 以及 b 的 ε-环境 $O(b, \varepsilon)$ (不妨设 $O(b, \varepsilon) \subset S(a, \rho)$) 使得 $O(b, \varepsilon)$ 和 A 不交. 取 $0 < r < \varepsilon$, 那么 $S(b, r) \subset O(b, \varepsilon) \subset S(a, \rho)$, 而且 $S(b, r)$ 与 A 不交. 条件的充分性是显然的.

在度量空间中的点集 A 如果能表示成为最多可列个疏朗集 $M_\nu(\nu = 1, 2, 3, \cdots)$ 的和, 就称 A 是**第一类型**的集. 度量空间中的不是第一类型的集称作**第二类型**的集. 第一、二类型集又分别称为第一、二纲集.

由于单元素集显然在欧氏空间中是疏朗集. 所以欧几里得空间中任一可列集都是第一类型的集. 至于第二类型的集我们将在下一节中给出.

习 题 4.6

1. 设 $f(x)$ 为全直线上的函数, 但在一有限区间外为零, 称 $f(x)$ 是具有有界支集的. 以 $B^{(0)}(-\infty, +\infty)$ 表示直线上具有有界支集的有界可测函数全体, $J_0(-\infty, +\infty)$ 表示直线上具有有界支集的阶梯函数全体, $C_0^{(0)}(-\infty, +\infty)$ 是直线上具有有界支集的连续函数全体. 证明 $B^{(0)}(-\infty, +\infty)$、$C_0^{(0)}(-\infty, +\infty)$ 和 $J_0(-\infty, +\infty)$ 在 $L^p(-\infty, +\infty)(\infty > p \geqslant 1)$ 中稠密, 但都不在 $L^\infty(-\infty, +\infty)$ 中稠密.

2. 设 A 是度量空间中的可析点集, 那么 A 的势不超过 $\aleph$.

3. $L^p(\Omega, \boldsymbol{B}, \mu)$ 是不是可析空间? 为什么? 证明 $L^p(-\infty, +\infty)(1 \leqslant p < \infty)$ 是可析空间.

4. 如果平面上的实值函数 $f(x, y)$ 适合如下条件: 全平面能分解成有限个或可列个互不相交的有限开矩形 $\{I_\nu\}$, $(I_\nu = (\alpha_\nu, \beta_\nu) \times (\gamma_\nu, \delta_\nu))$, 使得 $f(x, y)$ 在每个矩形 I_ν 上等于常数 k_ν, 那么称 $f(x, y)$ 是平面上的阶梯函数. 平面上的阶梯函数全体记为 J. 证明: J 在 $L^p(E^2)(\infty > p \geqslant 1)$ 中是稠密的, 但不在 $L^\infty(E^2)$ 中稠密.

5. 设 $C_{2\pi}$ 表示周期为 2π 的连续函数全体按通常的线性运算所成的线性空间, 并按范数 $\|x\| = \max\limits_{0 \leqslant t \leqslant 2\pi} |x(t)|$ 成一赋范空间. 证明三角多项式全体 $T_{2\pi}$ 在 $C_{2\pi}$ 中稠密.

6. 证明: $C_{2\pi}$ 在 $L^p[0, 2\pi]$ $(\infty > p \geqslant 1)$ 中稠密, 但不在 $L^\infty[0, 2\pi]$ 中稠密.

7. 将 $C_{2\pi}$ 中函数视为 $[0, 4\pi]$ 上连续函数. 证明 $C_{2\pi}$ 在 $L^p[0, 4\pi]$ $(p \geqslant 1)$ 中不稠密.

8. $C(-\infty, +\infty)$ 表示 $(-\infty, +\infty)$ 上有界连续函数全体, 在 $C(-\infty, +\infty)$ 上规定 $\|x(t)\| = \sup\limits_{t} |x(t)|$. 证明 $C(-\infty, +\infty)$ 是赋范线性空间, 但不是可析的.

9. $C_0(-\infty, +\infty)$ 表示 $(-\infty, +\infty)$ 上连续, 并且 $\lim\limits_{t \to \pm\infty} x(t) = 0$ 的函数 $x(t)$ 的全体. 规定 $\|x(t)\| = \sup\limits_{t} |x(t)|$. 证明 $C_0(-\infty, +\infty)$ 是赋范线性空间, 并且是可析的.

10. $\widetilde{C}(-\infty, +\infty)$ 表示 $(-\infty, +\infty)$ 上连续, 并且 $\lim\limits_{t \to \pm\infty} x(t)$ 存在的函数 $x(t)$ 的全体, 规定 $\|x(t)\| = \sup\limits_{t} |x(t)|$. 证明 $\widetilde{C}(-\infty, +\infty)$ 是赋范线性空间, 并且是可析的.

11. 证明在有限区间 $(a, b]$ (或 $[a, b]$) 上有限个互不相交的左开右闭区间 (在 $[a, b]$ 情况下, 须补充单点区间 $[a, a]$) 上取常数的函数的全体必在 $L^p((a, b], \boldsymbol{B}, g)$ (或 $L^p([a, b], \boldsymbol{B}, g)$ 上稠密, 这里 $\infty > p \geqslant 1$, g 是定义在 Borel 集 $\boldsymbol{B}$ 上的 Lebesgue-Stieltjes 测度.

12. $C_0^{(\infty)}(-\infty, +\infty)$ 表示 $(-\infty, +\infty)$ 上具有有界支集的无限次可微函数全体, 证明 $C_0^{(\infty)}(-\infty, +\infty)$ 在 $L^p(-\infty, +\infty)(\infty > p \geqslant 1)$ 中稠密 (其实, $C_0^{(\infty)}(-\infty, +\infty)$ 也在 $C_0(-\infty, +\infty)$ 中稠密). (见习题 4.9) 中稠密).

§4.7 完 备 性

1. 完备性的概念 研究数列极限时, 常常应用 Cauchy 收敛条件. 现在把这一概念移植于度量空间.

定义 4.7.1 设 (R, ρ) 是度量空间, $\{x_n\}$ 是 R 中的点列. 如果对于任一正数 ε, 存在正数 $N(\varepsilon)$, 使得当自然数 $n, m \geqslant N(\varepsilon)$ 时

$$\rho(x_n, x_m) < \varepsilon,$$

就称 $\{x_n\}$ 是 R 中**基本点列**, 或称为 Cauchy 点列.

和实数空间一样, 有下列命题.

引理 1 (i) 度量空间 R 中收敛点列必是基本点列. (ii) 设 $\{x_n\}$ 是度量空间 R 中基本点列, 如果 $\{x_n\}$ 有子点列 $\{x_{n_k}\}$ 收敛于 R 中的点 x, 那么 $\{x_n\}$ 也收敛于 x.

证 (i) 如果 $\{x_n\}$ 收敛于 x, 那么由

$$\rho(x_n, x_m) \leqslant \rho(x_n, x) + \rho(x_m, x)$$

立即可知 $\{x_n\}$ 是 R 中基本点列.

(ii) 因为 $\{x_n\}$ 是基本点列, 所以对任何 $\varepsilon > 0$, 有自然数 N, 当 $n, m \geqslant N$ 时,

$$\rho(x_n, x_m) < \frac{\varepsilon}{2},$$

又因为子点列 $\{x_{n_k}\}$ 收敛于 x, 所以存在 $N' > N$, 当 $n_k \geqslant N'$ 时, $\rho(x_{n_k}, x) < \frac{\varepsilon}{2}$. 由此可知, 当 $n \geqslant N$ 时, 任取 $n_k \geqslant N'$, 我们有

$$\rho(x_n, x) \leqslant \rho(x_n, x_{n_k}) + \rho(x_{n_k}, x) < \frac{\varepsilon}{2} + \frac{\varepsilon}{2} = \varepsilon,$$

即 $\{x_n\}$ 收敛于 x. 证毕

在实 (或复) 数空间中, 基本数列必收敛. 对于一般度量空间, 基本点列却未必收敛. 例如 R_0 表示有理数全体, 距离由

$$\rho(r_1, r_2) = |r_1 - r_2|, r_1, r_2 \in R_0$$

来规定. 显然 (R_0, ρ) 是度量空间, 而有理数列 $\left\{ \left(1 + \dfrac{1}{n}\right)^n \right\}$ $(n = 1, 2, 3, \cdots)$ 就是 R_0 中基本点列, 但它在 R_0 却不收敛 (根据实数理论, $\left\{ \left(1 + \dfrac{1}{n}\right)^n \right\}$ 的极限是 e, 但 e 不是有理数, 所以 e 不在度量空间 R_0 中).

定义 4.7.2　如果度量空间 R 中每个基本点列都收敛, 称 R 是**完备 (度量)空间**. 完备赋范线性空间又称为 Banach (**巴拿赫**) **空间**. 如果 R 是度量空间, A 是 R 的子空间, 当 A 作为度量空间是完备的, 那么称 A 是 R 的**完备子空间**.

注意, 一个不完备的度量空间可以有完备的子空间.

容易证明: 完备度量空间的闭子集必是完备子空间; 任何度量空间的完备子空间必是闭子集.

例 1　一致离散的度量空间是完备的. 事实上, 如果 $\{x_n\}$ 是基本点列, 那么由一致离散性可知必存在 N, 当 $n \geqslant N$ 时, $x_N = x_{N+1} = \cdots = x_{N+k} = \cdots$, 因而 $\{x_n\}$ 收敛于 x_N, 从而空间是完备的.

例 2　n 维欧几里得空间 E^n 是完备的.

证　设 $\{x_m | x_m = (x_1^{(m)}, \cdots, x_n^{(m)}), m = 1, 2, 3, \cdots\}$ 是 E^n 中的一个点列. 由于

$$|x_i^{(m)} - x_i^{(k)}| \leqslant \|x_m - x_k\| = \left(\sum_{j=1}^{n} |x_j^{(m)} - x_j^{(k)}|^2\right)^{\frac{1}{2}}$$
$$\leqslant \sqrt{n} \max_{1 \leqslant j \leqslant n} |x_j^{(m)} - x_j^{(k)}|, i = 1, 2, \cdots, n,$$

所以当 $\{x_m\}$ 是 E^n 中基本点列时, 从上式左边的不等式立即得到对每个 i, $\{x_i^{(m)}\}$ 是基本数列. 由数列的 Cauchy 收敛原理, 它有极限 $x_i^{(0)}$. 记 $x_0 = (x_1^{(0)}, \cdots, x_n^{(0)}), x_0 \in E^n$. 因为 $\lim_{m \to \infty} x_j^{(m)} = x_j^{(0)}(j = 1, 2, \cdots, n)$, 因而对任何 $\varepsilon > 0$, 必有 N, 当 $m \geqslant N$ 时, $|x_j^{(m)} - x_j^{(0)}| < \sqrt{\dfrac{1}{n}}\varepsilon(j = 1, 2, \cdots, n)$, 即当 $m \geqslant N$ 时,

$$\|x_m - x_0\| \leqslant \sqrt{n} \max_{1 \leqslant j \leqslant n} |x_j^{(m)} - x_j^{(k)}| < \varepsilon,$$

这就是说 $\{x_m\}$ 在 E^n 中收敛于 x_0, 从而 E^n 是完备的.

在数学分析中, 我们知道讨论数列的收敛和讨论级数收敛是等价的. 在赋范线性空间中也有类似的事实. 设 X 是赋范线性空间, $a_\nu \in X(\nu = 1, 2, 3, \cdots)$. 如果存在 $a \in X$, 使得

$$\lim_{n \to \infty} \left\|\sum_{\nu=1}^{n} a_\nu - a\right\| = 0,$$

那么称 X 中的**级数** $\sum_{\nu=1}^{\infty} a_\nu$ 收敛, 并称 a 是级数 $\sum_{\nu=1}^{\infty} a_\nu$ 的**和**.

显然, 在赋范线性空间 X 中, 点列 $\{x_m\}$ 收敛的充要条件是级数 $\sum\limits_{m=2}^{\infty}(x_m - x_{m-1})$ 在 X 中收敛, 并且当 $\{x_m\}$ 收敛时, 有

$$\lim_{m\to\infty} x_m = x_1 + \sum_{m=2}^{\infty}(x_m - x_{m-1}),$$

由此可知, 当 X 是 Banach 空间时, X 中的级数 $\sum\limits_{\nu=1}^{\infty} a_\nu$ 收敛的充要条件是对任何正数 ε, 必有 N, 当 $n > m \geqslant N$ 时,

$$\left\|\sum_{\nu=m+1}^{n} a_\nu\right\| < \varepsilon.$$

由此又得到: 如果 $\sum\limits_{\nu=1}^{\infty} \|a_\nu\| < \infty$, 那么 Banach 空间中的级数 $\sum\limits_{\nu=1}^{\infty} a_\nu$ 收敛 $\left(\text{因为 } \left\|\sum\limits_{\nu=m+1}^{n} a_\nu\right\| \leqslant \sum\limits_{\nu=m+1}^{n} \|a_\nu\|\right)$.

2. 某些完备空间

例 3 $C[a,b]$ 是一个 Banach 空间.

证 在空间 $C[a,b]$ 中按范数收敛的点列 $f_n(x)$ 在 $[a,b]$ 上均匀收敛, 而在数学分析中已经证明均匀收敛的连续函数列的极限函数是连续的. 因此, 只须证明 $C[a,b]$ 中的基本点列 $\{f_n\}$ 是 $[a,b]$ 上的均匀收敛函数列. 设 $\{f_n(x)\}$ 是 $C[a,b]$ 中的基本点列, 即对任何正数 ε, 存在 $N(\varepsilon) > 0$, 使得当 $n, m \geqslant N(\varepsilon)$ 时

$$\|f_n - f_m\| = \sup_{a\leqslant x\leqslant b} |f_n(x) - f_m(x)| < \varepsilon,$$

从而对于任何 $x \in [a,b]$, 只要 $n, m \geqslant N(\varepsilon)$ 必有

$$|f_n(x) - f_m(x)| < \varepsilon,$$

由数列的 Cauchy 收敛条件, $\{f_n(x)\}$ 在 $[a,b]$ 上收敛于一函数 $f(x)$, 再在上式中令 $m \to \infty$ 得到 $|f_n(x) - f(x)| \leqslant \varepsilon$. 因此 $\{f_n\}$ 在 $[a,b]$ 上均匀收敛于 $f(x)$.

例 4 如果在连续函数族 $C[a,b](-\infty < a < b < +\infty)$ 上, 定义范数为

$$\|f\|_1 = \int_a^b |f(t)|\mathrm{d}t,$$

就是把 $C[a,b]$ 看成 $L[a,b]$ 的子空间, 那么 $(C[a,b], \|\cdot\|_1)$ 是不完备的空间. 事实上, 由定理 4.6.5, $C[a,b]$ 在 $L[a,b]$ 中稠密. 又 $C[a,b] \neq L[a,b]$, 因此 $C[a,b]$ 不可

能完备. 我们也可以直接地作出 $C[a,b]$ 中按 $\|\cdot\|_1$ 基本点列 $\{f_n\}$, 它不收敛于 $C[a,b]$ 中任何一点: 任取 $c, a < c < b$, 如图 4.5 作函数列 $f_n(x)$ (n 充分大) 如下:

$$f_n(x) = \begin{cases} 1, & c + \dfrac{1}{n} \leqslant x \leqslant b, \\ \text{线性}, & c - \dfrac{1}{n} \leqslant x \leqslant c + \dfrac{1}{n}, \\ -1, & a \leqslant x \leqslant c - \dfrac{1}{n}, \end{cases}$$

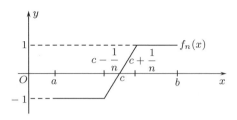

图 4.5

那么 $f_n(x) \in C[a,b]$, 不难证明, 在 $[a,b]$ 上每一点 $x, f_n(x)$ 收敛于函数

$$f(x) = \begin{cases} 1, & c < x \leqslant b, \\ 0, & x = c, \\ -1, & a \leqslant x < c, \end{cases}$$

显然, $f(x) \in L[a,b]$, 通过直接计算就知道

$$\|f_n - f_m\|_1 \leqslant \frac{2}{n} + \frac{2}{m} \to 0 (n, m \to \infty),$$

所以 $\{f_n\}$ 是空间 $(C[a,b], \|\cdot\|_1)$ 中的基本点列. 但 $\{f_n\}$ 在 $(C[a,b], \|\cdot\|_1)$ 中并不收敛. 因为如果有 $g \in C[a,b]$ 使得 $\|f_n - g\|_1 \to 0$, 则由 Lebesgue 积分的控制收敛定理得到 $\|f - g\|_1 = \lim\limits_{n \to \infty} \|f_n - g\|_1 = 0$, 所以 $f(x) \doteq g(x)$. 但是容易看出, $f(x)$ 不可能在 $[a,b]$ 上几乎处处等于 $[a,b]$ 上的一个连续函数, 所以 $(C[a,b], \|\cdot\|_1)$ 是不完备的赋范线性空间.

但是有下述重要事实.

定理 4.7.1　空间 $L^p(E, \mu)(p \geqslant 1)$ 是完备的.

这就是说: $L^p(E, \mu)(1 \leqslant p \leqslant \infty)$ 是 Banach 空间.

证　先证 $1 \leqslant p < \infty$ 的情况.

设 $\{f_n\}$ 是 $L^p(E,\mu)$ 中的基本点列, 因此, 对任何 $\sigma > 0$

$$\mu(E(|f_n - f_m| > \sigma)) \leqslant \frac{1}{\sigma} \left(\int_{E(|f_n-f_m|>\sigma)} |f_n - f_m|^p \mathrm{d}\mu \right)^{\frac{1}{p}}$$
$$\leqslant \frac{1}{\sigma} \|f_n - f_m\|_p,$$

即 $\{f_n\}$ 也是依测度 μ 的基本序列. 由定理 3.2.5, 必有 (几乎处处) 收敛子序列 $\{f_{n_\nu}\}$, 记极限函数为 $f, f_{n_\nu} \dot{\to} f (\nu \to \infty)$, 从而对任何自然数 $n, |f_{n_\nu} - f_n| \to |f - f_n| (\nu \to \infty)$. 另一方面, 又因 $\{f_n\}$ 是按 $\|\cdot\|_p$ 基本的, 所以对任何 $\varepsilon > 0$, 存在 N, 当 $n, m \geqslant N$ 时,

$$\|f_n - f_m\|_p < \varepsilon,$$

取 $m = n_\nu$, 从上式 (固定 n) 以及 Fatou 引理就有

$$\varepsilon \geqslant \lim_{\nu \to \infty} \|f_{n_\nu} - f_n\|_p = \lim_{\nu \to \infty} \left(\int_E |f_{n_\nu} - f_n|^p \mathrm{d}\mu \right)^{\frac{1}{p}}$$
$$= \left(\lim_{\nu \to \infty} \int_E |f_{n_\nu} - f_n|^p \mathrm{d}\mu \right)^{\frac{1}{p}}$$
$$\geqslant \left(\int_E |f_n - f|^p \mathrm{d}\mu \right)^{\frac{1}{p}}, \tag{4.7.1}$$

从式 (4.7.1) 可知 $f_n - f \in L^p(E,\mu)$. 但 $L^p(E,\mu)$ 是线性空间, 所以 $f = (f - f_n) + f_n \in L^p(E,\mu)$. 式 (4.7.1) 还表明当 $n \geqslant N$ 时,

$$\|f - f_n\|_p \leqslant \varepsilon, \tag{4.7.2}$$

即 $L^p(E,\mu)$ 中基本点列 $\{f_n\}$ 必按 $\|\cdot\|_p$ 收敛于 f, 即 $L^p(E,\mu)$ 是完备的.

再证 $p = \infty$ 的情况. 因为

$$\|f\|_\infty = \inf_{\substack{E_0 \subset E \\ \mu(E_0)=0}} \sup_{E-E_0} |f(t)|,$$

正如 §4.3 的第三小节所指出, 本性最大模是可达的, 从而存在 $E_n \subset E, \mu(E_n) = 0$, 使得

$$\|f_n\|_\infty = \sup_{E-E_n} |f_n(t)|,$$

又存在 $E_{n,m} \subset E, \mu(E_{n,m}) = 0$, 使得

$$\|f_n - f_m\|_\infty = \sup_{E-E_{n,m}} |f_n(t) - f_m(t)|,$$

记 $E_0 = \left(\bigcup_{n,m=1}^{\infty} E_{n,m} \right) \cup \left(\bigcup_{n=1}^{\infty} E_n \right)$, 显然 $\mu(E_0) = 0$, 并且对一切 $n, m = 1, 2, 3, \cdots$,

$$\|f_n - f_m\|_\infty = \sup_{E - E_{n,m}} |f_n(t) - f_m(t)| \geqslant \sup_{E - E_0} |f_n(t) - f_m(t)|$$
$$\geqslant \|f_n - f_m\|_\infty, \tag{4.7.3}$$

上面第一不等式的成立是因为 $E - E_0 \subset E - E_{n,m}$, 所以上确界不增大, 第二个不等式成立是由 $\|f_n - f_m\|_\infty$ 的定义所得.

如果 $\{f_n\}$ 是 $\|\cdot\|_\infty$ 的基本序列 (从而 $\{\|f_n\|_\infty\}$ 是有界序列). 从式 (4.7.3) 立即得到

$$\|f_n - f_m\|_\infty = \sup_{E - E_0} |f_n(t) - f_m(t)| \to 0 \ (n, m \to \infty),$$

即 $\{f_n\}$ 在 $E - E_0$ 上按一致收敛是基本序列, 因而存在 E 上函数 f (在 E_0 上补充定义为 0), 使得

$$\sup_{E - E_0} |f(t) - f_m(t)| \to 0 \ (m \to \infty),$$

又因为 $\sup_{E - E_0} |f_n(t)| \leqslant \sup_{E - E_n} |f_n(t)| = \|f_n\|_\infty$, 而 $\{\|f_n\|_\infty\}$ 是有界的, 所以 $\{f_n(t)\}$ 是在 $E - E_0$ 上一致有界的函数序列, 因而 f 是 $E - E_0$ (或 E) 上有界函数, 即 $f \in L^\infty(E, \mu)$, 并且

$$\|f_m - f\|_\infty \leqslant \sup_{E - E_0} |f(t) - f_m(t)| \to 0 \ (m \to \infty).$$

证毕

定理的特殊情况是:

系 $l^p(p \geqslant 1)$ 是 Banach 空间.

证 令 N 是自然数全体, $\boldsymbol{B}$ 是 N 的子集全体, μ 是 $\boldsymbol{B}$ 上如下的测度: 当 $M \in \boldsymbol{B}$ 时, $\mu(M) = M$ 中元素的个数. 当 $\{x_n\} \in l^p$ 时, 把它看成函数 $x(n) = x_n$, 那么 l^p 就可以看成 $l^p(N, \boldsymbol{B}, \mu)$. 由定理 4.7.1 就知道 l^p 是完备的. 证毕

3. 完备空间的重要性质 在完备的度量空间中成立着闭球套定理, 它类似于直线上的区间套定理, 证明方法也是相似的.

引理 2 (闭球套定理) 设 R 是完备的度量空间, 又设 $S_\nu = \{x | \rho(x, x_\nu) \leqslant \varepsilon_\nu\}$ 是 R 中的一套闭球:

$$S_1 \supset S_2 \supset \cdots \supset S_n \supset \cdots,$$

如果球的半径 $\varepsilon_n \to 0$, 则必有唯一的点 $x \in \bigcap_{\nu=1}^{\infty} S_\nu$.

证 球心所组成的点列 $\{x_\nu\}$ 是基本点列. 这是因为当 $\mu \geqslant \nu$ 时, 由 $x_\mu \in S_\mu \subset S_\nu$ 得到

$$\rho(x_\mu, x_\nu) \leqslant \varepsilon_\nu, \tag{4.7.4}$$

对于任一正数 ε, 取 N, 使当 $\nu \geqslant N$ 时, $\varepsilon_\nu < \varepsilon$, 于是当 $\mu, \nu \geqslant N$ 时

$$\rho(x_\mu, x_\nu) < \varepsilon,$$

所以 $\{x_\nu\}$ 是基本点列. 由于空间 R 是完备的, 点列 $\{x_\nu\}$ 收敛于 R 中的一点 x. 再在式 (4.7.4) 中令 $\mu \to \infty$, 根据距离的连续性得到

$$\rho(x, x_\nu) \leqslant \varepsilon_\nu, \quad \nu = 1, 2, 3, \cdots,$$

即 $x \in S_\nu (\nu = 1, 2, 3, \cdots)$. 因此 $x \in \bigcap_{\nu=1}^{\infty} S_\nu$.

如果又有 R 中的点 $y \in \bigcap_{\nu=1}^{\infty} S_\nu$, 那么

$$\rho(y, x_\nu) \leqslant \varepsilon_\nu,$$

令 $\nu \to \infty$ 即得 $\rho(y, x) = \lim_{\nu \to \infty} \rho(y, x_\nu) = 0$, 所以 $y = x$, 即 $\bigcap_{\nu=1}^{\infty} S_\nu$ 中只有一点.

证毕

我们留意, 如果引理中条件 $\varepsilon_\nu \to 0$ 不满足, 那么 $\bigcap_{\nu=1}^{\infty} S_\nu$ 可能是空的.

例 5 考虑 l^2 的子空间 R, 它是由所有形如

$$x_n = \left\{ 0, 0, \cdots, 0, \frac{n+1}{n}, 0, \cdots \right\}$$

(其中除第 n 个坐标外其余坐标为零) 的点组成. 于是当 $n \neq m$ 时

$$\rho(x_n, x_m) = \sqrt{\left(\frac{n+1}{n}\right)^2 + \left(\frac{m+1}{m}\right)^2} \geqslant \sqrt{2},$$

因此 R 中没有基本点列, 当然 R 就成为完备的度量空间了. 取 $\varepsilon_n = \sqrt{2}\dfrac{n+1}{n}$, 在 R 中作闭球

$$S_n = \{x | \rho(x, x_n) \leqslant \varepsilon_n\}, n = 1, 2, 3, \cdots,$$

那么 S_n 中仅含点 $x_n, x_{n+1}, \cdots$, 所以 $S_1 \supset S_2 \supset \cdots$. 但是, 通集 $\bigcap_{\nu=1}^{\infty} S_\nu$ 是空集.

其实, 闭球套定理是与度量空间的完备性等价的, 即有如下相反命题.

引理 3　设 R 是度量空间, 如果在 R 上闭球套定理成立, 那么 R 必是完备的.

证　设 $\{x_n\}$ 是 R 中的基本序列, 由于 $\{x_n\}$ 是基本的, 所以存在 $n_1 < n_2 \cdots < n_k < \cdots$, 当 $n, m \geqslant n_k$ 时,

$$\rho(x_n, x_m) < \frac{1}{2^{k+1}}.$$

在 R 中作一列闭球 $S\left(x_{n_k}, \dfrac{1}{2^k}\right) (k = 1, 2, 3, \cdots)$, 当 $y \in S\left(x_{n_{k+1}}, \dfrac{1}{2^{k+1}}\right)$ 时, 由于

$$\rho(x_{n_k}, y) \leqslant \rho(x_{n_k}, x_{n_{k+1}}) + \rho(x_{n_{k+1}}, y) < \frac{1}{2^k},$$

立即知道 $S\left(x_{n_{k+1}}, \dfrac{1}{2^{k+1}}\right) \subset S\left(x_{n_k}, \dfrac{1}{2^k}\right) (k = 1, 2, 3, \cdots)$.

另一方面, $S\left(x_{n_k}, \dfrac{1}{2^k}\right)$ 的半径 $\dfrac{1}{2^k} \to 0(k \to \infty)$. 因而存在唯一一点 $x \in \bigcap\limits_{k=1}^{\infty} S\left(x_{n_k}, \dfrac{1}{2^k}\right)$, 并且 $\rho(x, x_{n_k}) \to 0(k \to \infty)$. 因为 $\{x_n\}$ 是基本的, 所以 $\rho(x, x_n) \to 0.$　　　　　　　　　　　　　　　　　证毕

现在我们来证明完备度量空间的另一个重要性质, 即

定理 4.7.2 (Baire)　完备度量空间必是第二类型的集.

证　我们用反证法. 设 R 是完备的度量空间, 而且是第一类型的. 下面我们要从这里推出矛盾.

设 $R = \bigcup\limits_{\nu=1}^{\infty} M_\nu$, 其中每个子集 M_ν 都是疏朗集. 任取一个球 $S(a, 1)$, 由于 M_1 是疏朗的, 必有 R 中的非空闭球 $S(a_1, \rho_1) \subset S(a, 1)$, 使得 $S(a_1, \rho_1)$ 中不含有 M_1 的点; 由于 M_2 是疏朗的, 必有 $S(a_2, \rho_2) \subset S(a_1, \rho_1)$ —— 不妨取 $0 < \rho_2 < \dfrac{1}{2}$ —— 使得 $S(a_2, \rho_2) \bigcap M_2 = \varnothing$, 如此可以选得一套非空闭球:

$$S(a_1, \rho_1) \supset S(a_2, \rho_2) \supset \cdots, \quad S(a_\nu, \rho_\nu)\bigcap M_\nu = \varnothing,$$

而且 $0 < \rho_\nu < \dfrac{1}{\nu}$. 由引理 2, 通集 $\bigcap\limits_{\nu=1}^{\infty} S(a_\nu, \rho_\nu)$ 中存在一点 x_0. 因为 $S(a_\nu, \rho_\nu)$ 和 M_ν 不相交, 所以 x_0 不在每个 M_ν 之中, $\nu = 1, 2, 3, \cdots$, 因此 $x_0 \bar{\in} \bigcup\limits_{\nu=1}^{\infty} M_\nu$, 但是 $\bigcup\limits_{\nu=1}^{\infty} M_\nu = R$. 这是矛盾. 所以 R 不是第一类型的.　　　　　证毕

把闭区间 [0,1] 看作完备空间 E^1 的闭子集是一完备子空间. 利用 Baire 定理可以给出区间 [0,1] 是不可列集的另一个证明. 因为每个单元素集 $\{x\}$ 显然是

$[0,1]$ 中的疏朗集. 由于 $[0,1] = \bigcup\limits_{0 \leqslant x \leqslant 1} \{x\}$. 因为 $[0,1]$ 是完备空间, 所以 $\bigcup\limits_{0 \leqslant x \leqslant 1} \{x\}$ 不可能是可列和, 所以 $[0,1]$ 是不可列的.

4. 度量空间的完备化 由有理数的 Cauchy 序列构造实数是从不完备的度量空间扩张为完备空间的典型方法. 一般的度量空间, 如果不是完备的, 往往在应用起来有困难. 例如在不完备的空间中解方程, 即使近似解的序列是基本的, 也不能保证这个序列有极限, 从而有可能不存在准确解. 但是我们可以把 Cauchy 序列作为一个新的点增加到原有空间中去而成为新的空间, 在补充了这些新 "点" 之后, 就得到完备的度量空间了.

定义 4.7.3 设 R 是度量空间, 如果有完备的度量空间 R_1, 使 R 保距同构于 R_1 的稠密子空间, 则称 R_1 是 R 的**完备化空间**.

定理 4.7.3 对于任一度量空间必存在完备化空间.

证 我们逐步作出定理的证明如下:

(1) 设 R 是度量空间, R 中的基本点到 $\xi = \{x_n\}$ 的全体记作 $\widetilde{R}$. 如果 R 中的两个基本点列 $\{x_n\}$ 及 $\{y_n\}$ 适合

$$\rho(x_n, y_n) \to 0, \quad n \to \infty,$$

则称 $\{x_n\}$ 与 $\{y_n\}$ **相等**, 记为 $\{y_n\} = \{x_n\}$. 相等的基本点列作为 $\widetilde{R}$ 的同一元素[①], 而且规定: 对于任意的 $\{x_n\}, \{y_n\} \in \widetilde{R}$

$$\rho(\{x_n\}, \{y_n\}) = \lim_{n \to \infty} \rho(x_n, y_n). \tag{4.7.5}$$

我们要证明 $\rho(\{x_n\}, \{y_n\})$ 在 $\widetilde{R}$ 上有确定的意义, 而且是 $\widetilde{R}$ 上的距离.

事实上, 由于 $\{x_n\}, \{y_n\}$ 是基本点列, 所以对任一正数 ε, 必有 N 使得当 $n, m \geqslant N$ 时, $\rho(x_n, x_m) < \dfrac{\varepsilon}{2}, \rho(y_n, y_m) < \dfrac{\varepsilon}{2}$, 因此

$$|\rho(x_n, y_n) - \rho(x_m, y_m)| \leqslant \rho(x_n, x_m) + \rho(y_n, y_m) < \varepsilon,$$

所以 $\lim\limits_{n \to \infty} \rho(x_n, y_n)$ 存在. 如果 $\{z_n\} = \{x_n\}, \{w_n\} = \{y_n\}$, 那么

$$|\rho(x_n, y_n) - \rho(z_n, w_n)| \leqslant \rho(x_n, z_n) + \rho(y_n, w_n) \to 0,$$

所以 $\lim\limits_{n \to \infty} \rho(x_n, y_n) = \lim\limits_{n \to \infty} \rho(z_n, w_n)$, 即

$$\rho(\{x_n\}, \{y_n\}) = \rho(\{z_n\}, \{w_n\}).$$

[①] R 中基本点列 $\{x_n\}$ 与 $\{y_n\}$ 的相等关系是 $\widetilde{R}$ 中等价关系. 因此这时的 $\widetilde{R}$ 实际上是最初的 $\widetilde{R}$ 关于相等关系的商集.

这就是说, 对于 $\xi, \eta \in \widetilde{R}, \rho(\xi, \eta)$ 与用来表示 ξ, η 的具体点列是 $\{x_n\}, \{y_n\}$ 还是 $\{z_n\}, \{w_n\}$ 无关. 所以 $\rho(\xi, \eta)$ 在 $\widetilde{R}$ 上有确定的意义.

显然, $\rho(\xi, \eta) \geqslant 0$, 而且 $\rho(\{x_n\}, \{y_n\}) = 0$ 的充要条件是 $\rho(x_n, y_n) \to 0$, 即 $\{x_n\} = \{y_n\}$. 又若 $\{x_n\}, \{y_n\}, \{z_n\} \in \widetilde{R}$, 则

$$
\begin{aligned}
\rho(\{x_n\}, \{y_n\}) &= \lim_{n \to \infty} \rho(x_n, y_n) \\
&\leqslant \lim_{n \to \infty} \rho(x_n, z_n) + \lim_{n \to \infty} \rho(y_n, z_n) \\
&= \rho(\{x_n\}, \{z_n\}) + \rho(\{y_n\}, \{z_n\}),
\end{aligned}
$$

因此 $\widetilde{R}$ 按 $\rho(\xi, \eta)$ 成一度量空间.

(2) 对于 $x \in R$, 点列 $\{x, x, x, \cdots\}$ 显然在 R 中是基本的, 把它记成 $\widetilde{x}$, 所以 $\widetilde{x} \in \widetilde{R}$. 作 $\widetilde{R}$ 的子集

$$
\widetilde{R}_0 = \{\widetilde{x} \mid x \in R\}.
$$

容易看出, 当 $x, y \in R$ 时, $\rho(\widetilde{x}, \widetilde{y}) = \rho(x, y)$. 我们来证明: 子空间 $\widetilde{R}_0$ 在 $\widetilde{R}$ 中稠密.

事实上, 任取 $\xi = \{x_n\} \in \widetilde{R}$, 考虑 $\widetilde{R}_0$ 中的点列

$$
\widetilde{x}_1, \widetilde{x}_2, \cdots, \widetilde{x}_n, \cdots,
$$

则由定义知道

$$
\rho(\widetilde{x}_k, \xi) = \lim_{n \to \infty} \rho(x_k, x_n), \quad k = 1, 2, 3, \cdots,
$$

因为 $\{x_n\}$ 是 R 中的基本点列, 对于任一正数 ε, 必有 N, 使得对于 $k, n \geqslant N$, 有 $\rho(x_k, x_n) < \varepsilon$. 因此当 $k \geqslant N$ 时有

$$
\rho(\widetilde{x}_k, \{x_n\}) \leqslant \varepsilon,
$$

从而

$$
\lim_{k \to \infty} \rho(\widetilde{x}_k, \{x_n\}) = 0. \tag{4.7.6}
$$

所以对于 $\xi \in \widetilde{R}$, 有 $\widetilde{R}_0$ 中的点列 $\{\widetilde{x}_k\}$ 收敛于 ξ, 这就证明了 $\widetilde{R}_0$ 在 $\widetilde{R}$ 中稠密.

(3) 再证明 $\widetilde{R}$ 是完备的. 设 $\xi_1, \xi_2, \cdots$ 是 $\widetilde{R}$ 中的基本点列, 由于 $\widetilde{R}_0$ 在 $\widetilde{R}$ 中稠密, 取 $\widetilde{x}_n \in \widetilde{R}_0 \bigcap O\left(\xi_n, \dfrac{1}{n}\right)$, 则

$$
\rho(\widetilde{x}_n, \xi_n) < \frac{1}{n}, \tag{4.7.7}
$$

对任一正数 ε, 取 $N\left(> \dfrac{3}{\varepsilon}\right)$, 使得当 $n, m \geqslant N$ 时 $\rho(\xi_n, \xi_m) < \dfrac{\varepsilon}{3}$, 于是

$$
\rho(\widetilde{x}_n, \widetilde{x}_m) \leqslant \rho(\widetilde{x}_n, \xi_n) + \rho(\widetilde{x}_m, \xi_m) + \rho(\xi_n, \xi_m) < \varepsilon,
$$

所以 $\rho(x_m, x_n) < \varepsilon$, 即 $\{x_n\}$ 是 R 的基本点列, 记 $\xi = \{x_n\}$, 则 $\xi \in \widetilde{R}$, 由 (4.7.6) 知道 $\lim\limits_{n \to \infty} \rho(\widetilde{x}_n, \xi) = 0$, 又由 (4.7.7) 得到

$$\rho(\xi_n, \xi) \leqslant \rho(\xi_n, \widetilde{x}_n) + \rho(\widetilde{x}_n, \xi) \to 0, (n \to \infty)$$

即 $\xi_n \to \xi$, 这就证明了 $\widetilde{R}$ 是完备空间.

(4) 由于当 $x, y \in R$ 时, $\rho(x, y) = \rho(\widetilde{x}, \widetilde{y})$, 在 $\widetilde{R}$ 中把子空间 $\widetilde{R}_0$ 的元素 $\widetilde{x}$ 换成 x, 而不改变 $\widetilde{R} - \widetilde{R}_0$ 中的元素, 这样并不改变 $\widetilde{R}$ 中的距离. 因此可以把 R 看成 $\widetilde{R}$ 的子空间, 从 (2) 知道 R 在 $\widetilde{R}$ 中稠密. 　　　　　　证毕

同样地, 对于赋范线性空间, 由于线性运算和范数的连续性, 读者容易证明: 任何赋范线性空间可以完备化成一 Banach 空间. 这里我们就不仔细地讨论了.

下面证明度量空间 R 的完备化空间是唯一的.

定理 4.7.4 设 $\widetilde{R}, R'$ 是度量空间 R 的两个完备化空间, 那么必有 $\widetilde{R}$ 到 R' 的等距同构映照 φ, 使得对一切 $x \in R, \varphi(x) = x$, 因此, 度量空间的完备化空间在等距同构的意义下是唯一的.

证 由于 R 在 $\widetilde{R}$ 中稠密, 对于每个 $\xi \in \widetilde{R}$, 必有一列 $\{x_n\} \subset R$ 使得在 $\widetilde{R}$ 中 $x_n \to \xi$. 这个 $\{x_n\}$ 也是 R' 中的基本点列, 必有 $x' \in R'$ 使得在 R' 中 $x_n \to x'$, 我们作映照 φ 如下.

$$\varphi(\xi) = x'.$$

读者可以证明, 这个映照有确定的意义, 而且满足定理中的要求. 　　　　　　证毕

从赋范空间完备化观点来看, 由于 $C[a, b]$ 是在 $L[a, b]$ 中稠密 (当然, 稠密是按 $L[a, b]$ 中距离来说的) 的子空间, 而 $L[a, b]$ 是完备空间, 但 $C[a, b]$ 关于范数 $\|f\|_1 = \int_a^b |f(t)| dt$ 并不完备, 所以 $L[a, b]$ 不过是 $C[a, b]$ 按 $\|\cdot\|_1$ 的完备化空间.

度量空间的完备化 (以及后来进一步发展起来的具有一致结构的拓扑空间的完备化), 可以毫不夸张地说是整个分析数学的一个重要而基本的思想和方法. 由有理数产生实数是这个思想的最早的体现. 由 Riemann 积分扩充为 Lebesgue 积分, 实质上与由连续函数空间完备化为 Lebesgue 可积函数空间是一回事. 同时, 把测度由环延拓到 σ-环上去, 可以利用简单函数空间完备化为 σ-环上的可测函数空间而得到 (当然, 这里要先经过积分扩张的过程). 在偏微分方程的理论中, 也常需要把由性质较好的光滑函数组成的空间, 按某种距离加以完备化得到新的空间, 使它含有所研究的方程的 "弱解". 在某些场合 (例如椭圆型方程), 还可以从所得的弱解返回到经典解. 像在本书第七章中所介绍的广义函数空间, 也可以看成性质很好的基本函数空间的完备化, 它就是为上述研究偏微分方程定解时所用. 至于一些具体定理的论证中需要对空间完备化, 那是自不待说的事.

习　题　4.7

1. 证明基本点列是有界的.

2. 证明完备空间的闭子集是一个完备的子空间, 而任一度量空间中完备子空间是闭的子集.

3. 证明, c 及 $V[a, b]$ 为完备的度量空间 (显然, 还是 Banach 空间).

4. 在 §4.3 习题 2 中, 若 $\{R_n\}$ 皆为 Banach 空间, 则空间 R 也是 Banach 空间.

5. 设 R 是完备的度量空间, $\{O_n\}(n = 1, 2, 3, \cdots)$ 是 R 中一列稠密的开集, 证明 $\bigcap_{n=1}^{\infty} O_n$ 也是稠密集.

6. 设 H 为直线上关于 Lebesgue 测度平方可积, 而且导函数也是平方可积的全连续函数 f 全体, 按通常的线性运算及范数

$$\|f\| = \sqrt{\int_{-\infty}^{+\infty} |f(t)|^2 \mathrm{d}t + \int_{-\infty}^{+\infty} |f'(t)|^2 \mathrm{d}t},$$

H 成为赋范线性空间. 证明 H 是 Banach 空间.

7. 设 $\{F_n\}(n = 1, 2, 3, \cdots)$ 是完备度量空间 R 中一列单调下降的非空闭集, 且 F_n 的直径 $d_n = \sup\limits_{x, y \in F_n} \rho(x, y) \to 0$, 则 $\bigcap\limits_n F_n$ 不空.

8. 设 X 是 Banach 空间, E 是 X 的闭线性子空间, 作赋范的商空间 X/E (见 §4.4), 证明它是完备的.

9. 证明任何赋范线性空间必可完备化成 Banach 空间.

10. 完备的赋准范线性空间称为 Fréchet 空间. 证明 S、s、$\mathscr{A}$ 等是 Fréchet 空间.

11. 证明: 任何赋准范线性空间必可完备化成 Fréchet 空间.

12. 设 X 是 Fréchet 空间, E 是闭子空间, 作赋准范的商空间 X/E (见 §4.4 习题 15), 证明它也是 Fréchet 空间.

§4.8　不动点定理

1. 压缩映照原理　把一些方程的求解问题化为求映照的不动点, 以及用逐次逼近法来求不动点, 这是代数方程、微分方程、积分方程、泛函方程以及计算数学中的一个很重要的方法. 这个方法起源很早, 一直可以追溯到牛顿求代数方程根时所用的切线法, 后来 Picard 用逐次逼近法求解常微分方程. 嗣后这个方法在不同的领域中都有应用. 1922 年 Banach 把这个方法的基本点提炼出来, 用度量空间以及其中的压缩算子的一些概念更一般地描述了这个方法, 这就是本节中要着重介绍的内容. 这种利用泛函分析来研究方程的解的近似方法以及关于算子的不动点的存在性的研究, 自 Banach 以后又取得了不少的重要进展, 甚至成为非线性泛函分析的主要内容, 本书中我们只能对应用较广的 Schauder 不

动点原理做一个陈述 (没有证明)(见 §4.9, §4.10), 但是却介绍它的一个最新的应用 (见 §5.6), 说明不动点原理远不止用于解通常的方程, 还会有许多其他意想不到的应用.

下面我们就以常微分方程求解问题为例来阐明逐次逼近法以及把求解化为求映照的不动点.

我们先回顾一下证明常微分方程解的存在定理所用的逐次逼近法. 利用度量空间的概念可以把这个方法叙述如下.

假设 $f(x, y)$ 是平面上某单连通区域 $\mathscr{D}$ 上的二元连续函数, 我们考虑一阶常微分方程

$$\frac{\mathrm{d}y}{\mathrm{d}x} = f(x, y), \tag{4.8.1}$$

求这一方程适合初始条件 $y|_{x=x_0} = y_0$ 的解, 就等价于求解积分方程:

$$\varphi(x) = y_0 + \int_{x_0}^{x} f(t, \varphi(t))\mathrm{d}t.$$

对于上述积分方程, 可以运用局部求解的方法. 为此, 进一步假设 $f(x, y)$ 在矩形 $D(\subset \mathscr{D}) : |x - x_0| \leqslant h, |y - y_0| \leqslant \lambda$ 上对 y 满足 Lipschitz (利普希茨) 条件, 即存在常数 $L > 0$, 使得当 $(x, y_i) \in D, i = 1, 2$, 时,

$$|f(x, y_1) - f(x, y_2)| \leqslant L|y_1 - y_2|,$$

记 $M = \sup\limits_{(x,y) \in D} |f(x, y)|$, 并记 C_D 是连续函数空间 $C[x_0 - h, x_0 + h]$ 中满足 $(x, \varphi(x)) \in D$ 且 $\varphi(x_0) = y_0$ 的函数 $\varphi(x)$ 全体, 那么 C_D 是 $C[x_0 - h, x_0 + h]$ 的子空间, 而且显然是闭子空间, 因此也是完备的. 作映照

$$A : \varphi \mapsto y_0 + \int_{x_0}^{x} f(t, \varphi(t))\mathrm{d}t. \tag{4.8.2}$$

我们来证明, 当 $h < \min\left(\dfrac{\lambda}{M}, \dfrac{1}{L}\right)$ 时, 由 (4.8.2) 所确定的映照 A 具有下述性质:

(i) 当 $\varphi \in C_D$ 时, $\psi = A\varphi \in C_D$;

(ii) 当 $\varphi_1, \varphi_2 \in C_D$ 时, $\rho(A\varphi_1, A\varphi_2) \leqslant \alpha\rho(\varphi_1, \varphi_2)$, 而 $\alpha = Lh < 1$.

事实上, 显然 $\psi(x_0) = y_0$. 当 $|x - x_0| \leqslant h$ 时, $\psi(x)$ 为连续函数, 而且

$$|\psi(x) - y_0| = \left|\int_{x_0}^{x} f(t, \varphi(t))\mathrm{d}t\right| \leqslant hM < \lambda,$$

所以 $\psi(x) \in C_D$, 即 (i) 成立.

当 $\varphi_1, \varphi_2 \in C_D$ 时

$$\rho(A\varphi_1, A\varphi_2) = \max_{|x-x_0| \leqslant h} \left| \int_{x_0}^x [f(t, \varphi_1(t)) - f(t, \varphi_2(t))] \mathrm{d}t \right|$$
$$\leqslant L \max_{|x-x_0| \leqslant h} \int_{x_0}^x |\varphi_1(t) - \varphi_2(t)| \mathrm{d}t$$
$$\leqslant Lh\rho(\varphi_1, \varphi_2),$$

令 $\alpha = Lh$, 那么 $\alpha < 1$, (ii) 成立.

如果在 C_D 中任意取一点 φ_0, 依次地作函数

$$\varphi_1 = A\varphi_0, \varphi_2 = A\varphi_1, \cdots, \varphi_{n+1} = A\varphi_n, \cdots,$$

由 (ii), 容易证明函数列 $\{\varphi_n | n = 1, 2, 3, \cdots\}$ 是空间 C_D 中的基本点列, 由度量空间 C_D 的完备性知道它有极限点 φ, 而且 φ 适合方程

$$A\varphi = \varphi.$$

这一论断是证明映照 A 确有不动点 (也就是积分方程 $A\varphi = \varphi$ 的解) 的关键. 把上述过程一般化, 就得到完备度量空间中的一个 "不动点原理", 它概括了用逐次逼近法所证明的许多方程解的存在性和唯一性定理. (只要在一适当的度量空间中造一个映照就行了.)

定义 4.8.1 设 R 是度量空间, A 是 R 到它自身的一个映照. 如果存在数 $\alpha, 0 \leqslant \alpha < 1$ 使得对一切 $x, y \in R$ 成立着

$$\rho(Ax, Ay) \leqslant \alpha \rho(x, y), \tag{4.8.3}$$

那么就称 A 是 R 上的一个**压缩映照** (对于线性空间, 往往又称之为**压缩算子**).

一个点集经压缩映照后, 集中任意两点的距离经映照后被缩短了, 至多等于原像距离的 $\alpha(\alpha < 1)$ 倍.

压缩映照是连续的, 即对任何收敛点列 $x_n \to x_0$, 必有 $Ax_n \to Ax_0$. 事实上

$$\rho(Ax_n, Ax_0) \leqslant \alpha \rho(x_n, x_0),$$

当 $n \to \infty$ 时, 由 $\rho(x_n, x_0) \to 0$ 就得到 $\rho(Ax_n, Ax_0) \to 0$.

设 R 为一集, A 是 R 到自身的映照. 如果 $x^* \in R$, 使得 $Ax^* = x^*$, 那么称 x^* 为映照 A 的一个**不动点**.

在不同的场合有各种 "不动点定理", 下面介绍一个最简单的定理, 有时称作 "压缩映照原理".

设 B 是 R 到 R 自身的映照, B^2 表示 $x \mapsto BBx$, 为此可以逐次定义映照 $B^n, n = 2, 3, \cdots$.

定理 4.8.1 (Banach) 在完备的度量空间中的压缩映照必然有唯一的不动点.

证 设度量空间 R 是完备的, A 是 R 到它自身中的压缩映照. 先证明 A 存在不动点.

在 R 中任取一点 x_0, 从 x_0 开始, 作一迭代程序: 令

$$x_1 = Ax_0, x_2 = Ax_1 = A^2x_0, \cdots, x_n = Ax_{n-1} = \cdots = A^nx_0, n = 1, 2, 3, \cdots$$

这样得到 R 中的一列点 $\{x_n\}$. 只要我们证明了 $\{x_n\}$ 是基本点列, 那么它在完备空间 R 中存在唯一的极限 $x^*: x_n \to x^*$. 因为由压缩映照的连续性, 又有 $Ax_n \to Ax^*$. 但是 $Ax_n = x_{n+1} \to x^*$, 又因为收敛点列 Ax_n 的极限是唯一的, 必然有 $Ax^* = x^*$, 那么 x^* 就是 A 的不动点了.

现在证明 $\{x_n\}$ 是基本点列. 由于 A 是压缩映照, 我们有

$$\rho(x_{n+1}, x_n) = \rho(Ax_n, Ax_{n-1}) \leqslant \alpha\rho(x_n, x_{n-1}) \quad (n \geqslant 1), \tag{4.8.4}$$

反复应用此式, 不难由归纳法得到

$$\rho(x_{n+1}, x_n) \leqslant \alpha^n\rho(x_1, x_0) \quad (n \geqslant 1). \tag{4.8.5}$$

于是, 对于任意正整数 p, 由三点不等式及 (4.8.5) 得到

$$\begin{aligned}
\rho(x_{n+p}, x_n) &\leqslant \rho(x_{n+p}, x_{n+p-1}) + \rho(x_{n+p-1}, x_{n+p-2}) \\
&\quad + \cdots + \rho(x_{n+1}, x_n) \\
&\leqslant (\alpha^{n+p-1} + \alpha^{n+p-2} + \cdots + \alpha^n)\rho(x_1, x_0) \\
&= \frac{\alpha^n - \alpha^{n+p}}{1-\alpha}\rho(x_1, x_0) \\
&< \frac{\alpha^n}{1-\alpha}\rho(x_1, x_0),
\end{aligned} \tag{4.8.6}$$

由于 $0 \leqslant \alpha < 1$, 所以 $\{x_n\}$ 是 R 中的基本点列.

我们再证明不动点的唯一性. 设 x' 也是 A 的不动点, $x' = Ax'$. 于是必有

$$\rho(x^*, x') = \rho(Ax^*, Ax') \leqslant \alpha\rho(x^*, x'),$$

但是 $0 \leqslant \alpha < 1$, 欲要上式成立, 必须 $\rho(x^*, x') = 0$, 所以 $x' = x^*$. 证毕

我们应注意到, 空间 R 的完备性条件, 只是为了保证映照 A 的不动点存在, 至于不动点的唯一性是直接从映照的压缩性来的, 并不要假设空间是完备的.

不动点定理非但 (i) 证明了压缩映照的不动点的存在性和唯一性, 同时 (ii) 它提供了求不动点的方法 —— 迭代法. 就是说, 在完备度量空间中, 从任取的

"初值" x_0 出发, 逐次作点列 $x_n = A^n x_0 (n = 1, 2, 3, \cdots)$, 它必收敛到方程 $Ax = x$ 的解. 这种方法称为逐次逼近法. (iii) 在 (4.8.6) 中令 $p \to \infty$, 得到

$$\rho(x^*, x_n) \leqslant \frac{\alpha^n}{1 - \alpha} \rho(x_1, x_0), n = 1, 2, 3, \cdots. \qquad (4.8.7)$$

上式不仅告诉我们 "近似解" x_n 与所求准确解 x^* 的逼近程度 (这个估计式在近似计算中很有用), 而且还告诉我们方程 $Ax = x$ 的解可能坐落的范围, 例如当 $n = 0$ 时, 由 (4.8.7) 得到

$$\rho(x^*, x_0) \leqslant \frac{1}{1 - \alpha} \rho(x_1, x_0).$$

应该注意, 上述定理 4.8.1 中, 空间 R 的完备性条件不能除去. 例如考察 E^1 的子空间 $(0, \infty)$ 到它自身的映照

$$Ax = \alpha x.$$

此地 α 是小于 1 的一个正数. 它显然是压缩映照, 但是它在 $(0, \infty)$ 中没有不动点.

又条件 $0 \leqslant \alpha < 1$ 不能减轻为 $0 \leqslant \alpha \leqslant 1$. 事实上, 即使 R 为完备的度量空间, 而且对于所有的 $x, y \in R$, 当 $x \neq y$ 时, 成立着

$$\rho(Ax, Ay) < \rho(x, y), \qquad (4.8.8)$$

映照 A 也可能没有不动点. 例如在 E^1 的闭子空间 $[0, \infty)$ 中

$$Ax = x + \frac{1}{1 + x},$$

容易验证映照 A 适合条件 (4.8.8), 但 A 在 $[0, \infty)$ 中没有不动点. 下面是压缩映照原理在研究隐函数存在方面的应用.

例 1 隐函数存在定理　设函数 $f(x, y)$ 在条形闭区域

$$a \leqslant x \leqslant b, \quad -\infty < y < +\infty.$$

上处处连续, 关于 y 的偏导数 $f_y'(x, y)$, 有常数 $m < M$ 使得在上述条形区域中

$$0 < m \leqslant f_y'(x, y) \leqslant M,$$

那么方程 $f(x, y) = 0$ 在闭区间 $[a, b]$ 上必有唯一的连续解 $y = \varphi(x)$.

证 在完备空间 $C[a,b]$ 中作映照

$$A\varphi = \varphi - \frac{1}{M}f(x,\varphi),$$

这是 $C[a,b]$ 到自身的压缩映照. 事实上, 对于 $\varphi_1, \varphi_2 \in C[a,b]$, 由微分中值定理有 $0 < \theta < 1$ 使得

$$|(A\varphi_2)(x) - (A\varphi_1)(x)|$$

$$= \left| \varphi_2(x) - \frac{1}{M}f(x,\varphi_2) - \varphi_1(x) + \frac{1}{M}f(x,\varphi_1) \right|$$

$$= \left| \varphi_2(x) - \varphi_1(x) - \frac{1}{M}f'_y[x, \varphi_1(x) + \theta(\varphi_2(x) - \varphi_1(x))](\varphi_2(x) - \varphi_1(x)) \right|$$

$$\leqslant |\varphi_2(x) - \varphi_1(x)| \left(1 - \frac{m}{M} \right),$$

由于 $0 < \dfrac{m}{M} < 1$, 所以 $0 < 1 - \dfrac{m}{M} < 1$, 令 $\alpha = 1 - \dfrac{m}{M}$, 便有

$$|(A\varphi_2)(x) - (A\varphi_1)(x)| \leqslant \alpha|\varphi_2(x) - \varphi_1(x)|,$$

所以

$$\|A\varphi_2 - A\varphi_1\| \leqslant \alpha\|\varphi_2 - \varphi_1\|.$$

这就说明 A 是 $C[a,b]$ 中的压缩算子. 由定理 4.8.1, 有唯一的 $\varphi \in C[a,b]$ 使得

$$A\varphi = \varphi,$$

这就是说

$$f(x, \varphi(x)) \equiv 0, a \leqslant x \leqslant b.$$

证毕

压缩映照原理有许许多多有用的推广, 本书中不可能作很多的介绍. 下面仅介绍一个较常见的一种推广形式.

定理 4.8.2 设度量空间 R 是完备的, B 是 R 到 R 的映照, 如果存在一个自然数 n 使得 B^n 是 R 上的一个压缩映照, 那么映照 B 在 R 中必有唯一的不动点.

当 $n = 1$ 时, 定理 4.8.2 就是定理 4.8.1.

证 令 $A = B^n$, 则 A 是 R 上的压缩映照, 由定理 4.8.1, A 有不动点 x^*: $x^* = Ax^*$. 我们证明 x^* 是 B 的不动点好了. 事实上, 映照

$$AB = B^{n+1} = BA,$$

所以 $A(Bx^*) = B(Ax^*) = Bx^*$，因此 Bx^* 也是 A 的不动点. 由于压缩映照 A 只有一个不动点，所以必然成立着 $Bx^* = x^*$.

设 x' 是 B 的任一不动点，由于 $Bx' = x'$ 则

$$B^n x' = B^{n-1} x' = \cdots = x',$$

因此，x' 也是 $A = B^n$ 的不动点. 又由于 A 的不动点只有一个 x^*，所以 $x' = x^*$. 就是说 B 的不动点也只有一个.　　　　　　　　　　　　　　　证毕

2. 应用　现在应用上述不动点原理证明几类微分方程和积分方程解的存在性和唯一性定理.

(1) 当研究常微分方程 (4.8.1) 解的存在性和唯一性问题时，由定理 4.8.1 立即可知有 $\varphi_0 \in C_D$，使得

$$\varphi_0(x) = y_0 + \int_{x_0}^x f(t, \varphi_0(t)) \mathrm{d}t, \tag{4.8.9}$$

由此，$\varphi_0(x)$ 具有连续的一阶导函数，而且由 (4.8.9)

$$\frac{\mathrm{d}\varphi_0(x)}{\mathrm{d}x} = f(x, \varphi_0(x)),$$

即 $y = \varphi_0(x)$ 是方程 (4.8.1) 在区间 $[x_0 - h, x_0 + h]$ 上适合初始条件 $y|_{x=x_0} = y_0$ 的解，并且这解是唯一的.

(2) 还可以应用不动点原理于积分方程.

定理 4.8.3　设 $f(s)$ 为 $a \leqslant s \leqslant b$ 上的连续函数，$K(s,t)$ 为正方形 $a \leqslant s \leqslant b, a \leqslant t \leqslant b$ 上的连续函数，且常数 M 使得

$$\int_a^b |K(s,t)| \mathrm{d}t \leqslant M < \infty, (a \leqslant s \leqslant b),$$

那么，当 $|\lambda| < \dfrac{1}{M}$ 时，必有唯一的 $\varphi \in C[a,b]$ 适合方程

$$\varphi(s) = f(s) + \lambda \int_a^b K(s,t) \varphi(t) \mathrm{d}t. \tag{4.8.10}$$

证　在连续函数空间 $C[a,b]$ 上定义映照

$$K\varphi(s) = f(s) + \lambda \int_a^b K(s,t) \varphi(t) \mathrm{d}t,$$

记 $\alpha = M|\lambda|$, 那么 $\alpha < 1$, 对于任意的 $\varphi, \psi \in C[a,b]$, 有

$$\|K\varphi - K\psi\| = |\lambda| \left\| \int_a^b K(s,t)\varphi(t)\mathrm{d}t - \int_a^b K(s,t)\psi(t)\mathrm{d}t \right\|$$

$$\leqslant |\lambda| \max_{a\leqslant s\leqslant b} \int_a^b |K(s,t)||\varphi(t) - \psi(t)|\mathrm{d}t$$

$$\leqslant |\lambda| M \max_{a\leqslant t\leqslant b} |\varphi(t) - \psi(t)| = \alpha\|\varphi - \psi\|.$$

应用 Banach 不动点定理便知道积分方程 (4.8.10) 有唯一的连续解 $\varphi(t)$.

作为定理 4.8.2 的一个应用, 我们考察积分方程

$$\varphi(x) = f(x) + \lambda \int_a^x K(x,y)\varphi(y)\mathrm{d}y,$$

这里 λ 是一常数. 这种类型的方程称为 Volterra (沃尔泰拉) 型积分方程. 某些数学物理问题和某些变分问题均可以归结为解这种积分方程的问题. 近来在二阶椭圆型偏微分方程的研究中, Volterra 积分方程也有应用.

我们来证明下面的定理.

定理 4.8.4 设 $f(x)$ 是区间 $[a,b]$ 上的连续函数, $K(x,y)$ 是三角形 $\{(x,y)|a \leqslant x \leqslant b, a \leqslant y \leqslant x\}$ 上的连续函数, 而且设 $|K(x,y)| \leqslant M$, 那么对于任何常数 λ, 方程

$$\varphi(x) = f(x) + \lambda \int_a^x K(x,y)\varphi(y)\mathrm{d}y \tag{4.8.11}$$

在 $[a,b]$ 上有唯一的连续函数解 $\varphi(x)$.

证 考察 $C[a,b]$ 到 $C[a,b]$ 的映照: $\varphi \mapsto B\varphi$

$$B\varphi(x) = f(x) + \lambda \int_a^x K(x,y)\varphi(y)\mathrm{d}y,$$

对于 $C[a,b]$ 中任意两个函数 $\varphi_1(x)$、$\varphi_2(x)$, 当 $x \in [a,b]$ 时

$$|B\varphi_1(x) - B\varphi_2(x)| = \left| \lambda \int_a^x K(x,y)(\varphi_1(y) - \varphi_2(y))\mathrm{d}y \right|$$

$$\leqslant |\lambda| M(x-a)\|\varphi_1 - \varphi_2\|. \tag{4.8.12}$$

今用归纳法证明: 当 $x \in [a,b]$ 时

$$|B^n\varphi_1(x) - B^n\varphi_2(x)| \leqslant |\lambda|^n M^n \frac{(x-a)^n}{n!}\|\varphi_1 - \varphi_2\|. \tag{4.8.13}$$

当 $n = 1$ 时已证好了. 设 (4.8.13) 对于 n 成立, 现在来推出对于 $n + 1$, (4.8.13) 也成立. 事实上

$$
\begin{aligned}
|B^{n+1}\varphi_1(x) - B^{n+1}\varphi_2(x)| &= \left| \lambda \int_a^x K(x,y)(B^n\varphi_1(y) - B^n\varphi_2(y))\mathrm{d}y \right| \\
&\leqslant \frac{|\lambda|^n M^{n+1}}{n!} \left| \lambda \int_a^x (y-a)^n \mathrm{d}y \right| \|\varphi_1 - \varphi_2\| \\
&= \frac{|\lambda|^{n+1} M^{n+1}(x-a)^{n+1}}{(n+1)!} \|\varphi_1 - \varphi_2\|,
\end{aligned}
$$

于是 (4.8.13) 得以证明. 取自然数 n, 使得

$$
\alpha = |\lambda|^n M^n (b-a)^n / n! < 1,
$$

那么

$$
\|B^n \varphi_1 - B^n \varphi_2\| = \max_{a \leqslant x \leqslant b} |B^n \varphi_1(x) - B^n \varphi_2(x)| \leqslant \alpha \|\varphi_1 - \varphi_2\|,
$$

利用定理 4.8.2 就知道, 方程 (4.8.11) 在 $C[a,b]$ 中有唯一的解.　　　　　证毕

下面我们写出利用定理 4.8.1 中的逐次逼近法求解积分方程 (4.8.10) 的过程.

取 $x_0 = \varphi_0(s) \equiv 0$, 作 $\varphi_n = K^n \varphi_0(s)$, 容易算出

$$
\begin{aligned}
\varphi_1(s) &= f(s), \\
\varphi_2(s) &= f(s) + \lambda \int_a^b K(s,t)f(t)\mathrm{d}t, \\
\varphi_3(s) &= f(s) + \lambda \int_a^b K(s,t)f(t)\mathrm{d}t \\
&\quad + \lambda^2 \int_a^b K(s,t) \left[\int_a^b K(t,t_1)f(t_1)\mathrm{d}t_1 \right] \mathrm{d}t,
\end{aligned}
$$

置 $K_2(s,t_1) = \int_a^b K(s,t)K(t,t_1)\mathrm{d}t$, 则

$$
\varphi_3(s) = f(s) + \lambda \int_a^b K(s,t)f(t)\mathrm{d}t + \lambda^2 \int_a^b K_2(s,t)f(t)\mathrm{d}t.
$$

一般地有

$$
\begin{aligned}
\varphi_{n+1}(s) &= f(s) + \lambda \int_a^b K(s,t)f(t)\mathrm{d}t + \lambda^2 \int_a^b K_2(s,t)f(t)\mathrm{d}t \\
&\quad + \cdots + \lambda^n \int_a^b K_n(s,t)f(t)\mathrm{d}t.
\end{aligned}
$$

这里的 $K_n(s,t)$ 由下面的递推关系确定:

$$K_1(s,t) = K(s,t), K_n(s,t) = \int_a^b K(s,u)K_{n-1}(u,t)\mathrm{d}u.$$

这一列函数 $\{\varphi_n(s)\}$ 是 $[a,b]$ 上的连续函数, 并且在 $[a,b]$ 上均匀收敛于解 $\varphi^*(s)$. 又对于给定的正数 ε, 只要取 n 使得

$$\frac{\alpha^n}{1-\alpha}\|\varphi_1 - \varphi_0\| = \frac{[|\lambda|M]^n}{1-|\lambda|M}\max_{a\leqslant s\leqslant b}|f(s)| < \varepsilon,$$

就可以由 (4.8.7) 得到

$$\|\varphi_n - \varphi^*\| = \max_{a\leqslant s\leqslant b}|\varphi_n(s) - \varphi^*(s)| < \varepsilon,$$

即积分方程的第 n 次逼近解 φ_n 的误差小于 ε.

习 题 4.8

1. 设 F 是 n 维欧几里得空间 E^n 中的有界闭集, A 是 F 到自身中的映照并且适合如下条件: 对于任何不同的 $x, y \in F$, 有

$$\rho(Ax, Ay) < \rho(x, y).$$

求证: 映照 A 在 F 中存在唯一的不动点. 对于不闭的有界集这个事实能否成立?

2. 设 R 为完备度量空间, A 是 R 到 R 中的映照, 记

$$\alpha_n = \sup_{x\neq x'}\frac{\rho(A^n x, A^n x')}{\rho(x, x')}.$$

(i) 若级数 $\sum_{n=1}^{\infty}\alpha_n < \infty$, 则对任何一个初值 x_0, 迭代程序 $\{A^n x_0\}$ 必收敛于映照 A 的唯一不动点, 并求出第 n 次近似解与准确解 $Ax = x$ 的逼近程度.

(ii) 若 $\inf_n \alpha_n < 1$, 则 A 有唯一的不动点, 并给出一种收敛于准确解 $Ax = x$ 的迭代程序以及 n 次近似解与准确解的逼近度.

3. 设 $\alpha_{jk}(j, k = 1, 2, \cdots, n)$ 为一组实数, 适合条件

$$\sum_{j,k=1}^{n}(\alpha_{ik} - \delta_{jk})^2 < 1,$$

其中 δ_{jk} 当 $j = k$ 时为 1, 否则为 0. 那么代数方程组

$$\begin{pmatrix} \alpha_{11} & \alpha_{12} & \cdots & \alpha_{1n} \\ \alpha_{21} & \alpha_{22} & \cdots & \alpha_{2n} \\ \vdots & \vdots & & \vdots \\ \alpha_{n1} & \alpha_{n2} & \cdots & \alpha_{nn} \end{pmatrix} \begin{pmatrix} x_1 \\ x_2 \\ \vdots \\ x_n \end{pmatrix} = \begin{pmatrix} b_1 \\ b_2 \\ \vdots \\ b_n \end{pmatrix}.$$

对任何一组固定的 $b_1, b_2, \cdots, b_n$, 必有唯一的解 $x_1, \cdots, x_n$. 给出迭代程序以及 n 次近似解与准确解的逼近度.

4. 写出, 并且利用不动点原理证明, 关于方程组

$$\frac{\mathrm{d}y_\nu}{\mathrm{d}x} = f_\nu(x, y_1, \cdots, y_n), \nu = 1, 2, \cdots, n$$

的解的存在性与唯一性定理.

5. 在定理 4.8.3 的假设下, 证明方程 (4.8.10) 的解为

$$\varphi(s) = f(s) + \int_a^b K_\lambda(s, t) f(t) \mathrm{d}t,$$

这里 $K_\lambda(s, t)$ 为如下的连续函数:

$$K_\lambda(s, t) = \sum_{n=1}^\infty \lambda^n \int_a^b \cdots \int_a^b K(s, t_1) K(t_1, t_2) \cdots K(t_{n-1}, t) \mathrm{d}t_1 \cdots \mathrm{d}t_{n-1}.$$

6. 设 $f(x)$ 为 $0 < x < \infty$ 上的连续函数, 用定理 4.8.4 证明方程

$$\varphi(x) = \lambda \int_0^x e^{x-s} \varphi(s) \mathrm{d}s + f(x)$$

具有唯一的连续函数解:

$$\varphi(x) = f(x) + \lambda \int_0^x e^{(\lambda+1)(x-s)} f(s) \mathrm{d}s.$$

7. 设函数 $K(x, s)$ 为

$$K(x, s) = \begin{cases} x, & (0 \leqslant x \leqslant s) \\ s, & (s \leqslant x \leqslant 1) \end{cases}$$

求出方程

$$\varphi(x) - \frac{1}{10} \int_0^1 K(x, s) \varphi(s) \mathrm{d}s = 1$$

的近似的连续函数解, 其误差要不超过 10^{-4}.

8. 证明: 对于定理 4.8.2 的 B 及 n 以及在 R 中任一点 x_0 有

$$\rho(x^*, B^m x_0) \leqslant c \frac{\alpha^{\left[\frac{m}{n}\right]}}{1 - \alpha},$$

这里 $c = \max_{0 \leqslant k \leqslant n-1} \rho(B^k x_0, B^{n+k} x_0)$, $\left[\dfrac{m}{n}\right]$ 表示 $\dfrac{m}{n}$ 的整数部分.

9. 设从完备度量空间 R 到 R 的映照 T 满足如下条件: 在开球 $O(x_0, r)(r > 0)$ 内适合

$$\rho(Tx, Tx') < \theta \rho(x, x'), 0 < \theta < 1,$$

并且

$$\rho(x_0, Tx_0) \leqslant \alpha r.$$

证明 (i) 当 $\alpha < 1 - \theta$ 时, T 在 $O(x_0, r)$ 内必有不动点, 并且唯一. (ii) 当 $\alpha \leqslant 1 - \theta$ 时, 如果 T 在闭球 $S(x_0, r)$ 上连续, 则 T 在 $S(x_0, r)$ 内必有不动点, 并且唯一.

§4.9 致 密 集

1. 致密集的概念　第一章中曾在实数直线上证明过 Weierstrass 定理: 任一有界点列必有收敛子列. 数学分析中一些重要定理 (例如 $[a, b]$ 上连续函数必可取到最大值、最小值以及最大值和最小值之间的一切值) 的证明要用到它. 然而对于一般的度量空间, 有界点列却未必含有收敛的子列.

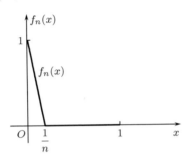

图 4.6

例 1　在闭区间 $[0, 1]$ 上作连续函数列 $A = \{f_n(x)\}, n = 1, 2, 3, \cdots$, 其中

$$f_n(x) = \begin{cases} 0, & x \geqslant \dfrac{1}{n}, \\ 1 - nx, & x \leqslant \dfrac{1}{n}, \end{cases}$$

显然, 作为度量空间 $C[0, 1]$ 中的序列, 因为

$$\|f_n\| = \max_{0 \leqslant x \leqslant 1} |f_n(x)| \leqslant 1, \quad n = 1, 2, 3, \cdots,$$

所以 $\{f_n\}$ 是 $C[0, 1]$ 中有界序列, 但不可能有子序列在 $C[0, 1]$ 中收敛. 事实上, 如果 $\{f_{n_k}(x)\}$ 在 $C[0, 1]$ 中按范数收敛于 $f(x)$, 应有

$$f(x) = \lim_{k \to \infty} f_{n_k}(x) = \begin{cases} 1, & x = 0, \\ 0, & x \neq 0, \end{cases}$$

这和 $f(x)$ 应在 $x = 0$ 具有连续性矛盾 (这也顺便证明了 A 是闭集, 因为它没有极限点). 所以 Weierstrass 定理在度量空间 $C[0, 1]$ 中不成立.

因此, 在一般的度量空间中, 不是每一个有界点列都有收敛子点列. 这就有必要引入下述致密集的概念.

定义 4.9.1　设 R 是度量空间, A 是 R 中的集. 如果 A 中的任何点列必有在 R 中收敛的子点列, 就称 A 是 (R 中的) **致密集** (或称作**列紧集**). 如果 R 自身是致密集, 就称 R 是**致密空间** (或列紧空间).

容易看出致密集有下面的几点性质:

1° 有限点集是致密集.

2° 有限个致密集的和集是致密集.

3° 致密集的任何子集是致密集, 因此, 任意一族致密集的交集是致密集.

4° 致密集的闭包是致密集.

事实上, 设 A 是致密集, 任意取一列 $\{x_n\} \subset \overline{A}$, 那么对每个 n, 有 $y_n \in A$ 使得 $\rho(x_n, y_n) < \dfrac{1}{n}$. 因为 A 是致密的, 有点 $y \in R$ 及子列 $\{y_{n_k}\}$, 使得 $y_{n_k} \to y(k \to \infty)$. 所以 $x_{n_k} \to y$. 因此 $\overline{A}$ 是致密的.

5° 致密集中的基本点列必然收敛, 致密的度量空间是完备的.

事实上, 如果 $\{x_n\}$ 是致密集 A 中的基本点列, 那么必有子点列 $\{x_{n_k}\}$ 收敛于度量空间 R 中的一点 x_0. 根据 §4.7 引理 1 之 (ii), 有 $x_n \to x_0$.

现在我们先在 n 维欧几里得空间 E^n 中证明 Weierstrass 定理, 它是直线上相应的定理的拓广.

定理 4.9.1　n 维欧几里得空间 E^n 中的有界集必是致密集.

证　设 $\{x_n\}$ 是 A 的任一点列, 如 $\{x_n\}$ 作为点集是有限集, 显然, $\{x_n\}$ 必有收敛子序列. 因此不妨设 $\{x_n\}$ 作为一个集, 它是无限集, 记为 A_1. 如能证明 "E^n 中任一有界无限集必有极限点". 那么立即就可得到: 必有 $x_0 \in A_1'$. 从而根据 §4.4 引理 2, 存在 A_1 中一列点 $\{y_k\}$ 收敛于 x_0, 记 $y_k = x_{n_k}$, 显然可以做到 $n_k < n_{k+1}$, (必要时, 用 $\{y_k\}$ 的子序列代替 $\{y_k\}$ 即可), 即子序列 $\{x_{n_k}\}$ 是收敛的. 因之我们只要证: E^n 中任一有界无限点集至少有一个极限点.

为此, 我们称 E^n 中的点集

$$I = \left\{ x \mid |x^i - x_0^i| \leqslant \frac{a}{2}, i = 1, 2, \cdots, n, a > 0 \right\}$$

为 n 维立方体, 这里 $x = (x^1, x^2, \cdots, x^n), x_0 = (x_0^1, \cdots, x_0^n)$, 点 x_0 称为立方体 I 的中心, a 是它的边长. 立方体 I 是 E^n 中的闭集. 容易看到, 任一有界集 A 必含在某个 (n 维) 立方体 I 中, 即有 $I \supset A$.

设有界无限点集 A 含在边长为 a 的 n 维立方体 I_1 之内. 将 I_1 等分为 $m = 2^n$ 个 n 维立方体 $I_{11}, I_{12}, \cdots, I_{1m}$, 图 4.7 是二维的情况. 由于 A 是无限集, 必有某个 I_{1k} 与 A 的通集 $A \bigcap I_{1k}$ 是无限集. 记这个 I_{1k} 为 I_2. 同样等分 I_2 为 m 个 n 维立方体 $I_{21}, I_{22}, \cdots, I_{2m}$, 同样有一个 $I_{2k} = I_3$ 与 A 的通集有无限多个点. 如此继续下去, 得到一列 n 维立方体:

$$I_1 \supset I_2 \supset \cdots \supset I_k \supset \cdots$$

每个 I_k 与 A 的通集中含有无限多个点, 而且包含在一个半径为 $\dfrac{\sqrt{n}a}{2^{k+1}}$ 的闭球中.

当 $k \to \infty$ 时, 半径趋于零. 因此, 交集 $\bigcap\limits_{k=1}^{\infty} I_k$ (这是一个闭集) 中必含有一点 x_0, 而且只有这一点 (见 §4.7 引理 2). 对于 x_0 的任何 ε-环境 $O(x_0, \varepsilon)$, 只要 k 充分大, 便有 $I_k \subset O(x_0, \varepsilon)$. 又由于 $A \bigcap I_k \subset A \bigcap O(x_0, \varepsilon)$, 所以 $A \bigcap O(x_0, \varepsilon)$ 中含有无限多个点, 即 x_0 是 A 的极限点. 证毕

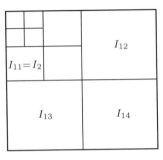

图 4.7

2. 致密集和完全有界集 E^n 中有界集 A 为什么成为致密的? 定理 4.9.1 的证明过程清楚地表明主要依靠下列两点: (i) 对任何 $\varepsilon_n > 0$, A 总是分布在有限个半径不超过 ε_n 的小正方体中; (ii) 选出一串一个包含一个正方体序列 (半径趋于零) 后, 再用 E^n 的完备性就得到收敛 (完备性保证极限存在) 子序列. 在一般度量空间中讨论致密性时, 如果暂时撇开空间的完备性, 那么由 (i) 启发我们有必要引入如下概念.

定义 4.9.2 设 A 是度量空间 R 中点集, B 是 A 的子集. 如果正数 ε, 使得以 B 中各点为心, 以 ε 为半径的开球全体覆盖 A, 即

$$\bigcup_{x \in B} O(x, \varepsilon) \supset A,$$

那么称 B 是 A 的 ε-**网**. 如果对任何 $\varepsilon > 0$, 集 A 总有有限的 ε-网 $\{x_1, \cdots, x_n\} \subset A$ (点的个数 n 可以随 ε 而变), 那么称 A 是**完全有界的集**.

显然, 度量空间中集 A 的有限 ε-网概念正是定理 4.9.1 中有限个半径不超过 ε_n 的正方体覆盖 A 的抽象. 由定理 4.9.1 就启发我们得到如下的度量空间中的定理.

定理 4.9.2 集 A 是度量空间 R 中完全有界集的充要条件是 A 中任何一个点列 $\{x_n\}$ 必有一个基本的子点列.

证　　必要性: 设 $\{y_\nu\} \subset A$, 因为 A 完全有界, 所以存在 A 的有限的 $\dfrac{1}{n}$-网 $\{x_1^{(n)}, \cdots, x_{k_n}^{(n)}\}, n = 1, 2, 3, \cdots$. 因为 $\bigcup\limits_\nu O(x_\nu^{(1)}, 1) \supset \{y_\nu\}$, 从而

$$O(x_1^{(1)}, 1), \cdots, O(x_{k_1}^{(1)}, 1)$$

之中的一个球 —— 设为 $O(x_{m_1}^{(1)}, 1)$ —— 含有 $\{y_\nu\}$ 中的无限多项. 又因为

$$\bigcup_\nu O\left(x_\nu^{(2)}, \frac{1}{2}\right) \supset \{y_\nu\},$$

所以　　　　　　　　　　　　$$O(x_{m_1}^{(1)}, 1) \bigcap \bigcup_\nu O\left(x_\nu^{(2)}, \frac{1}{2}\right)$$

中包含 $\{y_\nu\}$ 中的无限多项. 因此, 有限个通集

$$O(x_{m_1}^{(1)}, 1) \bigcap O\left(x_\nu^{(2)}, \frac{1}{2}\right), \nu = 1, 2, \cdots, k_2$$

之中必有一个 —— 设为 $O(x_{m_1}^{(1)}, 1) \bigcap O\left(x_{m_2}^{(2)}, \frac{1}{2}\right)$ —— 含有 $\{y_\nu\}$ 中的无限项. 这样继续下去, 对每个自然数 n, 有集

$$\bigcap_{\mu=1}^{n} O\left(x_{m_\mu}^{(\mu)}, \frac{1}{\mu}\right)$$

含有 $\{y_\nu\}$ 中的无限项. 所以可以取子列 $\{y_{k_n}\}$, 使得

$$y_{k_n} \in \bigcap_{\mu=1}^{n} O\left(x_{m_\mu}^{(\mu)}, \frac{1}{\mu}\right),$$

并且 $k_n < k_{n+1}$, 那么当 $\mu \leqslant n$ 时

$$\rho(y_{k_n}, x_{m_\mu}^{(\mu)}) < \frac{1}{\mu}.$$

因此, 当 $\mu \leqslant n$ 时

$$\rho(y_{k_\mu}, y_{k_n}) \leqslant \rho(y_{k_\mu}, x_{m_\mu}^{(\mu)}) + \rho(y_{k_n}, x_{m_\mu}^{(\mu)}) < \frac{2}{\mu},$$

所以 $\{y_{k_n}\}$ 是 R 中的基本的子点列.

充分性:　对任意给定的 $\varepsilon > 0$, 从 A 中取一点 x_1, 如果 $O(x_1, \varepsilon) \supset A$, 那么定理已证得. 如果不对, 就有 $x_2 \in A - O(x_1, \varepsilon)$, 因而 $\rho(x_1, x_2) \geqslant \varepsilon$. 如

果 $O(x_1, \varepsilon) \bigcup O(x_2, \varepsilon) \supset A$, 也就不需要再做什么了. 不然, 就应有 $x_3 \in A - (O(x_1, \varepsilon) \bigcup O(x_2, \varepsilon))$, 并且 $\min(\rho(x_1, x_3), \rho(x_2, x_3)) \geqslant \varepsilon$. 如此继续下去, 若进行了 n 次, 得到 $x_1, \cdots, x_n$, 它们适合 $\min\limits_{1 \leqslant \nu < \mu \leqslant n} \rho(x_\nu, x_\mu) \geqslant \varepsilon$, 并且

$$\bigcup_{k=1}^{n} O(x_k, \varepsilon) \supset A,$$

那么定理已经证得. 不然一直进行下去, 就从 A 中找到无限点列 $\{x_n\}$, 适合

$$\rho(x_\nu, x_\mu) \geqslant \varepsilon, \quad \nu \neq \mu.$$

这种点列显然不能含有基本子点列, 这和假设相冲突. 因此, 对任何 $\varepsilon > 0, A$ 必有有限 ε-网, 即 A 是完全有界的. 　　　　　　　　　　　　证毕

下面是完全有界集和致密集关系的定理.

定理 4.9.3 (Hausdorff) (i) 度量空间中致密集必是完全有界集; (ii) 在完备度量空间中, 完全有界集必是致密集.

证 (i) 如果 A 是度量空间 R 中致密集, 根据致密集的定义, 任何点列 $\{x_n\} \subset A$, 必有收敛子点列, 自然必有基本的子点列, 所以 A 是完全有界的.

(ii) 设 A 是度量空间 R 中完全有界集, 对任何点列 $\{x_n\} \subset R$, 根据定理 4.9.2, 必有子点列 $\{x_{n_k}\}$ 是基本的, 但 R 是完备的, 所以 $\{x_{n_k}\}$ 是收敛的子点列, 因而 A 是致密集. 　　　　　　　　　　　　证毕

系 完全有界集必是有界集, 因而致密集必是有界集.

证 取 $\varepsilon = 1$, 设 $\{x_1, \cdots, x_n\}$ 是完全有界集 A 的有限 1-网, 那么 $\bigcup\limits_{k=1}^{n} O(x_k, 1) \supset A$. 因此, 对每个 $x \in A$, 必有 x_ν, 使得 $\rho(x, x_\nu) < 1$. 所以对一切 x,

$$\rho(x, x_1) \leqslant \rho(x, x_\nu) + \rho(x_\nu, x_1) \leqslant 1 + \max_{1 \leqslant \nu \leqslant n} \rho(x_\nu, x_1),$$

因此 A 是有界集. 根据定理 4.9.3 的 (i), 致密集必是有界集. 　　　　证毕

本节的例 1 也说明度量空间中有界集并不就是完全有界集. 一般说来, 完全有界性强于有界性.

另外, 定理 4.9.3 中的 (ii) 的完备性条件是不能除去的, 不但如此, 而且更进一步有

定理 4.9.4 设 R 是度量空间, 如果 R 中每个完全有界集都是致密集, 那么 R 必是完备的.

证 设 $\{x_n\}$ 是 R 中基本点列, 于是对任何 $\varepsilon > 0$, 必有自然数 N, 使得 $n, m \geqslant N$ 时, $\rho(x_n, x_m) < \varepsilon$. 因此 $\{x_1, \cdots, x_N\}$ 就组成集 $\{x_\nu | \nu = 1, 2, 3, \cdots\}$ 的

有限 ε-网, 即作为集 $\{x_n\}$ 是完全有界的. 由假设 $\{x_n\}$ 是致密集, 从致密集的性质 5°, $\{x_n\}$ 是收敛的基本点列, 即存在 $x_0 \in R$, 使得 $x_n \to x_0$.　　　　　证毕

定理 4.9.5　完全有界集是可析的, 即其中含有有限的或可列的稠密子集.

证　设 A 是完全有界集, 令 $\{x_1^{(n)}, \cdots, x_{k_n}^{(n)}\}$ 是 A 的有限 $\frac{1}{n}$-网 $(n = 1, 2, 3, \cdots)$, 那么集

$$B = \{x_\nu^{(n)} | \nu = 1, 2, \cdots, k_n, n = 1, 2, 3, \cdots\}$$

是有限集或可列集. 只要证明 B 在 A 中稠密好了. 事实上, 对于 A 中任何一点 x, 及任一正数 ε, 取 $\frac{1}{n} < \varepsilon$, 由于 $A \subset \bigcup_{\nu=1}^{k_n} O\left(x_\nu^{(n)}, \frac{1}{n}\right)$, 必有 ν 使得 $x \in O\left(x_\nu^{(n)}, \frac{1}{n}\right)$, 即 $\rho(x, x_\nu^{(n)}) < \frac{1}{n} < \varepsilon$. 因此 $x_\nu^{(n)} \in B \bigcap O(x, \varepsilon)$. 所以 B 在 A 中稠密.　　　　　证毕

由于致密集是完全有界的, 我们得到下述推论:

系　致密集是可析的.

3. 某些具体空间中致密点集的特征　从定理 4.9.3 知道, 在完备的度量空间中致密性与完全有界性是一致的. 下面我们就在某些具体的完备空间中给出点集是完全有界集的充要条件. 我们总是设法把问题引导到有限维欧几里得空间. 因为在有限维空间中完全有界和有界性是一致的, 而有界的条件较易掌握. 我们只以 $C[a, b]$ 及 l^p 为例来说明处理这类问题的基本方法, 其余的空间如 l^∞、c 空间中点集是致密集的条件都可以类似地给出.

设 A 是 $a \leqslant x \leqslant b$ 上的一族连续函数, $A \subset C[a, b]$. 若对任何一个正数 ε, 有 $\delta > 0$, 使得对于区间 $[a, b]$ 中任何两点 $x, x' \in [a, b]$, 当 $|x - x'| < \delta$ 时, 对 A 中每个函数 f 都成立着

$$|f(x) - f(x')| < \varepsilon$$

(即 δ 不依赖于 A 中个别的 f), 那么称 A 是**等度连续的**函数族.

"等度" 的意思是族 A 中各个函数的连续程度是同等的.

例如, 设 L 和 α 是两个正数, A 是在 $[a, b]$ 上适合 Hölder 连续性条件:

$$|f(x) - f(x')| \leqslant L|x - x'|^\alpha, \quad x, x' \in [a, b]$$

的函数 f 所成的函数族时, A 是等度连续的函数族.

前已指出, 度量空间 $C[a, b]$ 中点集的有界性不足以推出致密性, 但是, 只要再加上等度连续性的条件就行了.

定理 4.9.6 (Arzela-Ascoli)　$C[a, b]$ 中有界的等度连续函数族必是致密集.

证　设 A 是 $C[a,b]$ 中的有界点集同时又是等度连续的, 因为 $C[a,b]$ 是完备空间, 由定理 4.9.3, 只须证明 A 是完全有界的. 对任意给定的正数 ε, 由 A 的等度连续性, 有正数 δ, 使得当 $[a,b]$ 中的点 x, x' 适合 $|x - x'| < \delta$ 时, A 中每个 f 必适合

$$|f(x) - f(x')| < \frac{\varepsilon}{3}, \tag{4.9.1}$$

利用这个 δ, 任意取定 $[a,b]$ 中的有限个分点

$$a = x_1 < x_2 < \cdots < x_n = b,$$

使得 $|x_\nu - x_{\nu-1}| < \delta$. 因为 A 是有界集, 有常数 $K > 0$ 使得对每个 $f \in A, \|f\| = \max\limits_{x \in [a,b]} |f(x)| \leqslant K$, 因此, 点集

$$\widetilde{A} = \{(f(x_1), \cdots, f(x_n)) | f \in A\}$$

组成 n 维欧几里得空间 E^n 中的有界集 $\left(\sqrt{\sum\limits_{\nu=1}^{n} |f(x_\nu)|^2} \leqslant nK\right)$. 由定理 4.9.1 和定理 4.9.3, $\widetilde{A}$ 是完全有界的, 所以有 $f_1, f_2, \cdots, f_k \in A$, 使得 k 个点

$$(f_\nu(x_1), f_\nu(x_2), \cdots, f_\nu(x_n)), \nu = 1, 2, \cdots, k$$

组成 $\widetilde{A}$ 中的 $\frac{\varepsilon}{3}$-网. 现在来证明 $\{f_1, f_2, \cdots, f_k\}$ 是 A 的 ε-网就行了. 事实上, 任取 $f \in A$, 由 $(f(x_1), \cdots, f(x_n)) \in \widetilde{A}$, 所以有 $1, 2, \cdots, k$ 中的 ν 使

$$\sqrt{\sum_{\mu=1}^{n} |f_\nu(x_\mu) - f(x_\mu)|^2} < \frac{\varepsilon}{3},$$

所以 $|f(x_\mu) - f_\nu(x_\mu)| < \frac{\varepsilon}{3}, \mu = 1, 2, \cdots, n$. 对于 $[a,b]$ 中的点 x, 设 x 落在子区间 $[x_\tau, x_{\tau+1}]$ 上, 由不等式 (4.9.1) 得到

$$\begin{aligned}|f(x) - f_\nu(x)| \leqslant |f(x) - f(x_\tau)| + |f(x_\tau) - f_\nu(x_\tau)| \\ + |f_\nu(x_\tau) - f_\nu(x)| < \varepsilon,\end{aligned}$$

因此, $\rho(f, f_\nu) = \|f - f_\nu\| < \varepsilon$, 即 $f \in O(f_\nu, \varepsilon)$.　　　　　　　　证毕

　　如果用函数列的均匀收敛的概念来叙述, 定理 4.9.6 就是说: $[a,b]$ 上一致有界而且具有等度连续性的连续函数族 A 中, 任一无限序列必有在 $[a,b]$ 上均匀收敛的子序列.

定理 4.9.6 中所加的 "等度连续性" 的条件是必要的, 即定理 4.9.6 的逆也成定理.

定理 4.9.7　$C[a,b]$ 中的致密集必是等度连续的有界集.

证　设 $A \subset C[a,b]$ 是致密集, 致密集是有界的. 现在只须证明 A 是等度连续的. 对任意的 $\varepsilon > 0$, 必有 A 的有限 $\frac{\varepsilon}{3}$-网 $f_1, f_2, \cdots, f_k$. 因为每个 $f_\nu(x)$ 在 $[a,b]$ 上连续, 所以有正数 $\delta_\nu(\nu = 1, 2, \cdots, k)$ 使得 $[a,b]$ 上的 x, x', 当 $|x - x'| < \delta_\nu$ 时, $|f_\nu(x) - f_\nu(x')| < \frac{\varepsilon}{3}$, 取 $\delta = \min\{\delta_1, \cdots, \delta_k\}$. 我们证明: 对每个 $f \in A$, 只要 $[a,b]$ 中的两点 x, x' 适合 $|x - x'| < \delta$, 便有

$$|f(x) - f(x')| < \varepsilon.$$

事实上, 对于 $f \in A$, 有 ν, 满足 $1 \leqslant \nu \leqslant k$, 使得 $\rho(f, f_\nu) < \frac{\varepsilon}{3}$, 因此

$$|f(x) - f(x')| \leqslant |f(x) - f_\nu(x)| + |f_\nu(x) - f_\nu(x')| + |f_\nu(x') - f(x')| < \varepsilon,$$

即 A 是等度连续的.　　　　　　　　　　　　　　　　　　　　证毕

再来考察空间 $l^p(p \geqslant 1)$ 作为数列空间的例子.

定理 4.9.8　空间 l^p 中的集 A 成为致密集的充要条件是 A 为有界集而且对任何正数 ε, 有自然数 n_ε, 使得对一切 $x = \{x_\nu\} \in A$ 成立着

$$\sum_{\nu = n_\varepsilon + 1}^{\infty} |x_\nu|^p < \varepsilon. \tag{4.9.2}$$

证　因 l^p 是完备空间, 设 A 是有界集而且适合条件 (4.9.2), 只要证明 A 是完全有界的. 对任一 $\eta > 0$, 取 $\varepsilon = \min\left(\frac{1}{3}\left(\frac{\eta}{2}\right)^p, 1\right)$, 那么有 $N = n_\varepsilon > 0$ 使 (4.9.2) 成立. 作

$$\widetilde{A} = \{(x_1, \cdots, x_N) | x = \{x_1, \cdots, x_n, \cdots\} \in A\},$$

由于 A 是有界集, 有 K 使得当 $x \in A$ 时, $\|x\|_p^p = \sum_{\nu=1}^{\infty} |x_\nu|^p \leqslant K^p$. 因此 $|x_\nu| \leqslant K$, 所以 $\sqrt{\sum_{\nu=1}^{N} |x_\nu|^2} \leqslant NK$. 因此 $\widetilde{A}$ 是 N 维欧几里得空间 E^N 中的有界集, 因而是致密的. 于是有 $x^{(k)} \in A, k = 1, 2, \cdots, l$ 使得

$$(x_1^{(k)}, \cdots, x_N^{(k)}), k = 1, 2, \cdots, l$$

成为 $\widetilde{A}$ 的 $\dfrac{\varepsilon}{N}$-网. 现在来证明 $x^{(1)}, \cdots, x^{(l)}$ 是 A 的 η-网. 事实上, 对任何一个 $x \in A$, 必有 $k \leqslant l$ 使 $(x_1, x_2, \cdots, x_N) \in O\left((x_1^{(k)}, \cdots, x_N^{(k)}), \dfrac{\varepsilon}{N}\right)$, 即

$$\sqrt{\sum_{\nu=1}^{N} |x_\nu - x_\nu^{(k)}|^2} < \frac{\varepsilon}{N}.$$

因此 $|x_\nu - x_\nu^{(k)}| < \dfrac{\varepsilon}{N}$, 而且

$$\|x - x^{(k)}\|_p < \left(N\frac{\varepsilon^p}{N^p} + 2^p 2\varepsilon\right)^{\frac{1}{p}} \leqslant \eta,$$

所以 $x \in O(x^{(k)}, \eta)$.

反过来, 设 A 是完全有界集. 只要证明 (4.9.2) 成立好了. 这时对任何正数 ε, 必有有限的 $\dfrac{1}{2}\varepsilon^{\frac{1}{p}}$-网 $\{x^{(1)}, x^{(2)}, \cdots, x^{(N)}\}$. 因此必有自然数 n, 使得对每个 $\nu = 1, 2, \cdots, N$ 成立着

$$\sum_{k=n_\varepsilon+1}^{\infty} |x_k^{(\nu)}|^p < \frac{\varepsilon}{2^p},$$

其中 $x^{(\nu)} = \{x_k^{(\nu)}\}$. 由 Minkowski 不等式, 对每个 $x = \{x_\nu\} \in A$, 有

$$\sqrt[p]{\sum_{k=n_\varepsilon+1}^{\infty} |x_k|^p} \leqslant \sqrt[p]{\sum_{k=n_\varepsilon+1}^{\infty} |x_k^{(\nu)}|^p} + \sqrt[p]{\sum_{k=n_\varepsilon+1}^{\infty} |x_k^{(\nu)} - x_k|^p}$$

$$< \frac{1}{2}\varepsilon^{\frac{1}{p}} + \|x - x^{(\nu)}\|_p,$$

但因为 $x^{(1)}, \cdots, x^{(N)}$ 是 A 的 $\dfrac{1}{2}\varepsilon^{\frac{1}{p}}$-网, 所以有 ν 使上式右边小于 $\varepsilon^{\frac{1}{p}}$.   证毕

条件 (4.9.2) 对应于 $C[a, b]$ 中的等度连续性, 可以称作 "等度收敛".

4. 紧集 我们知道在实数直线上, 和 Weierstrass 定理等价的是对闭区间成立着 Heine-Borel 覆盖定理. 利用它们还可以证明闭区间上连续函数的基本性质, 如最大值定理和均匀连续性定理等等. 只要仔细考察一下这些定理的证明, 就可以发现, 我们可以把这些定理推广到直线上的致密 (即有界) 闭集. 因此, 在极限论中致密闭集有较好的性质. 这对于一般的度量空间也是如此.

定义 4.9.3 度量空间中的致密闭集, 称作**紧集**.

显然, A 是紧集的充要条件是: A 中任一点列必有收敛子点列收敛到 A 中的一点. 对于全空间来说, 致密的概念和紧集的概念没有区别, 致密的度量空间又称作**紧(度量) 空间**.

下面我们给出紧集的一些基本性质. 首先, 度量空间 R 中的紧集 A 看成 R 的子空间时是完备的.

事实上, 由致密集的性质 5°, 紧集 A 中任意的基本点列 $\{x_n\}$ 必收敛, 设 $x_n \to x_0$. 由于 A 是闭集, 所以 $x_0 \in A$, 就是说 A 中每个基本点列必收敛到 A 中的点, 所以 A 是完备的子空间.

下面我们把直线上的 Heine-Borel 有限覆盖定理拓广到一般的度量空间, 进而推出紧集的特征性质.

定理 4.9.9 (Gross)　　设 A 是度量空间 R 中的紧集, $\mathscr{G}$ 是 R 中的一族开集. 如果 $\mathscr{G}$ 覆盖 A: 即 $\bigcup\limits_{O \in \mathscr{G}} O \supset A$, 那么必有 $\mathscr{G}$ 中的有限个开集 $O_1, O_2, \cdots, O_n$ 覆盖 A:

$$\bigcup_{k=1}^{n} O_k \supset A.$$

证　　对 A 中的每个点 x, 必有 $\mathscr{G}$ 中的开集 O 含有 x, 因此有 x 的一个 ρ-环境 $O(x, \rho) \subset O$. 记 $\rho(x)$ 为使得 $O(x, \rho)$ 含在 $\mathscr{G}$ 中某个开集之中的这种 ρ 的上确界, 那么 $\rho(x) > 0$. 今证明

$$\inf_{x \in A} \rho(x) = \rho_0 > 0.$$

由下确界的定义, 显然有 A 中的点列 $\{a_n\}$ 使得 $\rho(a_n) \to \rho_0$. 由于 A 是致密的闭集, $\{a_n\}$ 中必有子列 $\{a_{n_k}\}$ 收敛于 A 中的一点 a_0. 因 $\mathscr{G}$ 覆盖 A, 必有开集 $O \in \mathscr{G}$, 使得 $a_0 \in O$. 因此有正数 ρ 使得 $O(a_0, \rho) \subset O$. 由于 $a_{n_k} \to a_0$, 当 k 充分大时, 例如当 $k \geqslant k_0$ 时, $\rho(a_0, a_{n_k}) < \dfrac{\rho}{2}$. 因此, $O\left(a_{n_k}, \dfrac{\rho}{2}\right) \subset O(a_0, \rho) \subset O$. 这样一来, 当 $k \geqslant k_0$ 时有 $\rho(a_{n_k}) > \dfrac{\rho}{2}$. 所以 $\rho_0 \geqslant \dfrac{\rho}{2} > 0$. 称正数 ρ_0 为紧集 A 的 Lebesgue 数.

因为 A 是致密集, 由定理 4.9.3, A 中必有有限个点 $\{x_1, x_2, \cdots, x_n\}$ 组成 A 的 $\dfrac{1}{2}\rho_0$-网, 这里 ρ_0 是 A 的 Lebesgue 数. 由于 $\rho_0 = \inf\limits_{x \in A} \rho(x)$, 所以 $\rho(x_\nu) \geqslant \rho_0(\nu = 1, 2, \cdots, n)$, 从而 $\rho(x_\nu) > \dfrac{1}{2}\rho_0$. 由 $\rho(x_\nu)$ 的定义, 必有 $\mathscr{G}$ 中的一个开集 $O_\nu \supset O\left(x_\nu, \dfrac{1}{2}\rho_0\right)$, 因此

$$\bigcup_{\nu=1}^{n} O_\nu \supset \bigcup_{\nu=1}^{n} O\left(x_\nu, \frac{1}{2}\rho_0\right) \supset A.$$

证毕

这个定理也称为有限覆盖定理. 它的逆命题也正确.

定理 4.9.10　设 A 是度量空间 R 中的点集, 如果 R 中每个覆盖 A 的开集族中必有有限个开集覆盖 A, 那么 A 是紧集.

证　(反证法) 如果 A 不是致密集或闭集, 那么 A 中必有一列互不相同的点 $\{x_\nu\}$, 它不含有收敛子点列或它收敛于 y, 但 $y \bar{\in} A$. 在不含有收敛子点列情况下, 作集 $C = \{x_\nu\}$; 用 (a) 表示仅含一个点 a 的集, 在 $\{x_\nu\}$ 收敛于 y 的情况下, 作集 $C = \{x_\nu\} \bigcup (y)$. 显然, 在任何情况下, C 是 R 中闭集. 同理, 对任何 $\nu = 1, 2, 3, \cdots$, 集 $C - (x_\nu)$ 是闭集. 因此余集 $G_\nu = (x_\nu) \bigcup (R - C)$ 是开集. 又显然有 $R - C \supset A - \{x_\nu\}$, 所以

$$\bigcup_{\nu=1}^{\infty} G_\nu = \bigcup_{\nu=1}^{\infty} [(x_\nu) \bigcup (R - C)] \supset A,$$

即 $\{G_\nu\}$ 是 A 的开覆盖. 由假设, 应有自然数 n, 使得 $\bigcup_{\nu=1}^{n} G_\nu \supset A$. 但是

$$\bigcup_{\nu=1}^{n} G_\nu = \{x_1, \cdots, x_n\} \bigcup (R - C),$$

所以 $x_{n+1} \bar{\in} \bigcup_{\nu=1}^{n} G_\nu$. 这是矛盾, 因此 A 是紧集.　　　　　　证毕

根据定理 4.9.9、4.9.10, 我们可以给出度量空间中紧集的另一个定义: 设 A 是度量空间 R 中的子集, 如果 R 中每个覆盖 A 的开集族中必可选出有限个开集覆盖 A, 那么称 A 是紧集.

5. 紧集上的连续映照　我们现在把闭区间上的连续函数的基本性质拓广到度量空间的紧集上来.

定理 4.9.11　设 D 是紧集, f 是 D 上的连续映照, 那么 D 的像 $E = f(D)$ 也是紧集.

证　设 $\{y_n\}$ 是 E 中的一列点, 相应地有 D 中的点列 $\{x_n\}$ 使得 $y_n = f(x_n), n = 1, 2, 3, \cdots$. 因为 D 是紧集, 所以 $\{x_n\}$ 含有收敛子列 $\{x_{n_k}\}$, 并且 $x_{n_k} \to x_0 \in D$. 由于 f 在 x_0 处连续, 所以 $f(x_0) = \lim_{k \to \infty} f(x_{n_k}) = \lim_{k \to \infty} y_{n_k}$. 因此, E 是致密集. 显然 $f(x_0) = y_0 \in E$. 所以 E 是闭集.　　　　　　证毕

定理 4.9.11 的证明也常用下面的方法: 设 $\mathscr{G}$ 是 $f(D)$ 的一个开覆盖, 对任何 $O \in \mathscr{G}$, 因为 f 是连续的, 所以 $f^{-1}(O) = G$ 是开集. 显然, $\mathscr{G}_1 = \{G | f^{-1}(O) = G, O \in \mathscr{G}\}$ 是 D 的开覆盖, 因此存在有限个 $G_1, \cdots, G_n$, $\bigcup_{\nu=1}^{n} G_\nu \supset D$, 从而 $\bigcup_{\nu=1}^{n} O_\nu \supset f(D)$, 其中 $O_\nu = f(G_\nu)$. 这就是说 $f(D)$ 是紧集.

从定理 4.9.11 的第一个证明的过程可以看到成立着下面的

系 1　度量空间 R 上的连续映照必然把致密集映照成致密集.

系 2　度量空间 R 中的紧集 D 上的连续函数 f 必然有界, 而且上、下确界可达.

证　由于 $f(D)$ 是实数直线上的紧集, 所以 $f(D)$ 是有界的, 即有常数 K, 使得 $|f(x)| \leqslant K, x \in D$. 又因为 $f(D)$ 是有界闭集, $f(D)$ 的上确界 y_1 及下确界 y_0 也在 $f(D)$ 中, 于是在 D 中有 x_0, x_1 使得 $f(x_0) = y_0, f(x_1) = y_1$.　　　　证毕

系 3　紧集上的一对一的连续映照必是拓扑映照.

证　设 f 是紧集 D 到 E 上的一对一的连续映照, 要证明逆映照 f^{-1} 是连续的. 事实上, 只要证明 f^{-1} 的逆映照 f 把 D 的任何闭子集 A 映照成闭集好了. 因为 D 是紧集, 所以闭子集 A 也是紧集. 因此 $f(A)$ 也是紧集. f^{-1} 和 f 一样是连续映照, 所以 f 是拓扑映照.　　　　证毕

我们可以仿照闭区间上的函数那样定义度量空间中函数的均匀连续性, 可以证明, 紧集上的连续映照具有均匀连续性. 也可以像在闭区间上一样地定义等度连续函数族, 并且把 Arzela-Ascoli 定理拓广到度量空间中的紧集上去. 这些证明几乎和在闭区间上的一模一样, 我们这里予以从略, 读者可以把它们一一写出, 那将是很好的练习.

6. 有限维赋范线性空间　我们现在要讨论有限维的赋范线性空间 (又称作 Minkowski 空间).

定理 4.9.12　设 B_n 是 n 维的赋范线性空间, $e_1, e_2, \cdots, e_n$ 是 B_n 的一个基, 那么必有正数 c_1, c_2, 使得对于 B_n 中的每个 $x = \sum\limits_{\nu=1}^{n} x_\nu e_\nu$, 成立着

$$c_2 \sqrt{\sum_{\nu=1}^{n} |x_\nu|^2} \leqslant \|x\| \leqslant c_1 \sqrt{\sum_{\nu=1}^{n} |x_\nu|^2}, \tag{4.9.3}$$

而且映照 $A : (x_1, x_2, \cdots, x_n) \mapsto \sum\limits_{\nu=1}^{n} x_\nu e_\nu$ 是 n 维欧几里得空间 E^n 到 B_n 的拓扑映照.

证　因为 $x = \sum\limits_{\nu=1}^{n} x_\nu e_\nu$, 所以

$$\|x\| \leqslant \sum_{\nu=1}^{n} |x_\nu| \|e_\nu\| \leqslant \sqrt{\sum_{\nu=1}^{n} \|e_\nu\|^2} \sqrt{\sum_{\nu=1}^{n} |x_\nu|^2}, \tag{4.9.4}$$

取 $c_1 = \sqrt{\sum_{\nu=1}^{n} \|e_\nu\|^2}$, 那么 $c_1 > 0$, 而且 $\|x\| \leqslant c_1 \sqrt{\sum_{\nu=1}^{n} |x_\nu|^2}$.

另一方面, 作 E^n 中的单位球面:

$$S = \left\{ (x_1, x_2, \cdots, x_n) \Big| \sum_{\nu=1}^{n} |x_\nu|^2 = 1 \right\}.$$

考虑 S 上的函数

$$f(x_1, x_2, \cdots, x_n) = \left\| \sum_{\nu=1}^{n} x_\nu e_\nu \right\|,$$

那么 f 在 S 上处处大于零. 现在证明 f 在 S 上的下确界 c_2:

$$c_2 = \inf_S \left\| \sum_{\nu=1}^{n} x_\nu e_\nu \right\| > 0.$$

因为 S 是 E^n 中的有界的闭集, 因而是紧集, 由定理 4.9.11 的系 2, 只要证明 f 是连续的, 那么 f 在 S 上的下确界 c_2 是 f 在 S 上某点的函数值, 这样就能得到 $c_2 > 0$. 由 (4.9.4)

$$|f(x_1, \cdots, x_n) - f(y_1, \cdots, y_n)|$$
$$= \left\| \left\| \sum_{\nu=1}^{n} x_\nu e_\nu \right\| - \left\| \sum_{\nu=1}^{n} y_\nu e_\nu \right\| \right\|$$
$$\leqslant \left\| \sum_{\nu=1}^{n} (x_\nu - y_\nu) e_\nu \right\| \leqslant c_1 \sqrt{\sum_{\nu=1}^{n} |x_\nu - y_\nu|^2}.$$

所以 f 是 S 上的连续函数, 由于 S 上没有零向量, 根据范数的唯一性条件得到 $c_2 > 0$.

对于 E^n 中的非零向量 $x = \sum_{\nu=1}^{n} x_\nu e_\nu$, 作 $\xi_\nu = \dfrac{x_\nu}{\sqrt{\sum_{\nu=1}^{n} |x_\nu|^2}}, \nu = 1, 2, \cdots, n.$

那么 $\sum_{1}^{n} |\xi_\nu|^2 = 1$, 因此

$$\left\| \sum_{\nu=1}^{n} x_\nu e_\nu \right\| \Big/ \sqrt{\sum_{\nu=1}^{n} |x_\nu|^2} = f(\xi_1, \cdots, \xi_n) \geqslant c_2,$$

所以 (4.9.3) 成立.

由 (4.9.3) 知道 $\|A\xi - A\eta\| \leqslant c_1\|\xi - \eta\|$, 并且

$$\|A^{-1}x - A^{-1}y\| \leqslant \frac{1}{c_2}\|x - y\|. \tag{4.9.5}$$

所以, A 和 A^{-1} 都是连续的映照. 又显然 A 是 E^n 到 B_n 上的一一对应, 因此 A 是拓扑映照. 证毕

系 1　设在有限维线性空间 B_n 上定义了两个范数 $\|\cdot\|$ 和 $\|\cdot\|_1$, 那么必有常数 $M > 0$ 及 $K > 0$, 使得对于任何一点 $\psi \in B_n$ 成立着

$$K\|\psi\| \leqslant \|\psi\|_1 \leqslant M\|\psi\|.$$

事实上, 只要对 $\|\cdot\|$ 及 $\|\cdot\|_1$ 应用 (4.9.3) 就行了.

为了说明定理 4.9.12 中的结论, 我们对一般的线性空间 (不一定是有限维) 引入如下的概念:

定义 4.9.4　设 R 是一线性空间, $\|\cdot\|_1$ 和 $\|\cdot\|_2$ 是在 R 上定义的两个范数. 如果存在正数 c_1 和 c_2, 使得对于每一点 $x \in R$, 有

$$c_1\|x\|_2 \leqslant \|x\|_1 \leqslant c_2\|x\|_2, \tag{4.9.6}$$

就称范数 $\|\cdot\|_1$ 和 $\|\cdot\|_2$ 是**等价**的.[①]

如果存在正数 c_1、c_2 使得 (4.9.6) 成立, 那么, 令 $c_1' = c_2^{-1}, c_2' = c_1^{-1}$, 便有

$$c_1'\|x\|_1 \leqslant \|x\|_2 \leqslant c_2'\|x\|_1, \quad x \in R. \tag{4.9.7}$$

所以, 如果范数 $\|\cdot\|_1$ 和 $\|\cdot\|_2$ 等价, 那么 $\|\cdot\|_2$ 和 $\|\cdot\|_1$ 也是等价的.

设在线性空间 R 上有两个范数 $\|\cdot\|_1$ 和 $\|\cdot\|_2$, R 按这两个范数分别成为赋范空间, 记为 $(R, \|\cdot\|_1)$ 和 $(R, \|\cdot\|_2)$. 那么, 范数 $\|\cdot\|_1$ 和 $\|\cdot\|_2$ 等价的充要条件是在 $(R, \|\cdot\|_1)$ 与 $(R, \|\cdot\|_2)$ 中点列收敛的概念是一致的, 也就是说, $\|x_n - x\|_1 \to 0$ 与 $\|x_n - x\|_2 \to 0$ 这两件事是等价的.

因此, 当 $\|\cdot\|_1$ 和 $\|\cdot\|_2$ 等价时, $(R, \|\cdot\|_1)$ 和 $(R, \|\cdot\|_2)$ 是拓扑同构的.

定理 4.9.12 的系 1 说明, 在有限维线性空间上, 任何两个范数都是等价的, 任何两个 n 维赋范线性空间都拓扑同构.

系 2　有限维赋范线性空间是完备的.

证　设 $\{p_m\}$ 是有限维赋范线性空间 B_n 中的基本点列, 由 (4.9.5) 有常数 $c_2 > 0$ 使得

$$\|A^{-1}(p_m - p_l)\| \leqslant \frac{1}{c_2}\|p_m - p_l\|,$$

---

① 与范数等价有关的有范数强、弱的定义, 参见 (5.4.3).

所以 $\{A^{-1}p_m\}$ 是 E^n 中的基本点列, 因此有 $q \in E^n$, 使得

$$\|A^{-1}p_m - q\| \to 0, (m \to \infty)$$

再由 (4.9.3) 得到

$$\|Aq - p_m\| \to 0,$$

所以 B_n 是完备的.   证毕

由于度量空间的完备子空间是闭的, 所以又得到

系 3　任意赋范线性空间的有限维线性子空间是闭子空间.

从定理 4.9.12 又可得到

定理 4.9.13　有限维赋范线性空间中任何有界集是致密的.

证　设 B_n 是 n 维的赋范线性空间, 那么 B_n 和 n 维欧几里得空间 E^n 拓扑同构. 记 B_n 到 E^n 的拓扑映照为 f, 那么 f^{-1} 也是拓扑映照. 对于 B_n 中的有界集 $A, f(A)$ 是 E^n 中的有界集, 由定理 4.9.1, $f(A)$ 是 E^n 中的致密集, 而致密集在连续映照 f^{-1} 下仍是致密的, 所以 $f(A)$ 的原像 A 是 B_n 中的致密集.

证毕

反过来, 我们可以证明: 如果在一个赋范线性空间中每个有界集都是致密的, 那么这空间必是有限维的.

为此我们先介绍 F.Riesz 的一个引理.

在欧几里得空间中, 对任一线性真子空间, 必有一单位向量与此子空间的 "距离" 等于 1. 但对于一般的赋范线性空间, F.Riesz 证明了下面的

引理 1　设 E 是赋范线性空间 R 的闭子空间, 并且 $E \neq R$. 那么对于任一 $\varepsilon, 0 < \varepsilon < 1$, 必存在 R 中的单位向量 $x_0, \|x_0\| = 1$, 使得

$$\rho(x_0, E) > \varepsilon.$$

证　由于 E 是 R 的真子集, 任取一点 $\overline{x} \in R - E$. 又由于 E 是闭的, 由 §4.4 的第 5 小节知道 $\rho(\overline{x}, E) = d > 0$ (如果 $\rho(\overline{x}, E) = 0$, 那么 $\overline{x} \in \overline{E} = E$ 了). 因为 $\dfrac{d}{\varepsilon} > d$, 必有 E 中的一点 x' 满足

$$\|\overline{x} - x'\| < \frac{d}{\varepsilon},$$

作 $x_0 = \dfrac{\overline{x} - x'}{\|\overline{x} - x'\|}$, 那么 $\|x_0\| = 1$. 对任何 $x \in E$, 因 $x' + \|\overline{x} - x'\|x \in E$, 应该有

$$\|\overline{x} - (x' + \|\overline{x} - x'\|x)\| \geqslant d,$$

因此

$$\|x_0 - x\| = \left\| \frac{\overline{x} - x'}{\|\overline{x} - x'\|} - x \right\| = \frac{1}{\|\overline{x} - x'\|} \|\overline{x} - (x' + \|\overline{x} - x'\|x)\|$$
$$\geqslant \frac{d}{\|\overline{x} - x'\|},$$

于是 $\rho(x_0, E) \geqslant d/(\|\overline{x} - x'\|) > \varepsilon.$　　　　　　　　　　　　　　　　证毕

下面的定理指出了有限维空间和无限维空间的一个本质性的差别.

定理 4.9.14　如果赋范线性空间 R 是无限维的, 那么 R 中必有不致密的有界集.

证　其实单位球 $\|x\| \leqslant 1$ 就不是致密集. 在 R 中任取一个单位向量 x_1, $\|x_1\| = 1$. 令 R_1 表示由 x_1 张成的一维子空间: $R_1 = \{x | x = \alpha x_1, \alpha$ 是数$\}$, 于是 $R_1 \neq R$. 由定理 4.9.12 的系 3 知道 R_1 是 R 的闭子空间. 由上述 Riesz 的引理, 存在 $x_2 \in R, \|x_2\| = 1$, 使得 $\rho(x_2, R_1) > \frac{1}{2}$. 我们用 R_2 表示由 x_1, x_2 张成的二维子空间, R_2 是 R 的闭子空间并且 $R_2 \neq R$. 于是又可以对 R_2 应用 Riesz 引理. 这样继续做下去, 从 R 中选取了一列单位向量 $\{x_k | k = 1, 2, 3, \cdots\}$, 以及一列闭子空间 $\{R_k\}, R_k \supset \{x_1, x_2, \cdots, x_k\}$, 而且

$$\rho(x_{k+1}, R_k) > \frac{1}{2}, k = 1, 2, 3, \cdots$$

因而当 $\mu > \nu$ 时, 由于 $x_\nu \in R_{\mu-1}$

$$\|x_\mu - x_\nu\| \geqslant \rho(x_\mu, R_{\mu-1}) > \frac{1}{2},$$

这种点列 $\{x_k\}$ 不可能含有收敛的子序列. 所以有界集 $\|x\| \leqslant 1$ 不是致密集. 证毕

7. 凸紧集上的不动点定理　Brouwer (勃劳威尔) 首先用拓扑学的方法证明了在欧几里得空间中由凸紧集 K 到 K 自身的连续映照必然有不动点. 这就是 Brouwer 不动点定理. Schauder 后来把它推广到很一般的情况, 这里我们只叙述一下在赋范线性空间中的有关结果.

定理 4.9.15 (Schauder)　设 R 是赋范线性空间, A 是 R 中的一个凸紧集, f 是 $A \to A$ 的一个连续映照, 那么必有 $x \in A$ 使得

$$f(x) = x.$$

由于这个定理的证明较为复杂, 我们把它略去, 参见 [4]. 这个定理的更一般形式是定理 4.10.1. 在 §5.6 中将给出这个定理的一个重要应用. 不过在那里直接用到的是下面的不动点定理.

定理 4.9.16 (Schauder) 设 X 是 Banach 空间, S 是 X 中的凸闭集, Φ 是 S 到 S 的连续映照, 并且像 $\Phi(S)$ 是致密集, 那么在 S 内必有 x, 使得 $x = \Phi(x)$.

为了利用定理 4.9.15 来证明本定理, 还需要用到下面引理.

引理 2 设 X 是 Banach 空间, A 是 X 中致密集, 那么 A 的凸包 $h(A)$ 必是 X 中的致密集.

证 由于 A 是致密的, 所以它是有界集, 因而存在 $r > 0, A \subset O(0, r)$. 因为开球 $O(0, r)$ 是凸集, 所以 $h(A) \subset O(0, r)$. 因而对任何 $y \in h(A), \|y\| < r$.

由于 X 是 Banach 空间, 要证 $h(A)$ 是致密集, 只要证 $h(A)$ 是完全有界集就可以了. 下面就来证明这一点.

对任何 $\varepsilon > 0$, 现在证明集

$$h(A) = \left\{ \sum_{i=1}^{n} \alpha_i x_i \,\middle|\, \alpha_i \geqslant 0, x_i \in A, \sum_{i=1}^{n} \alpha_i \right.$$
$$\left. = 1, i = 1, 2, \cdots, n, n = 1, 2, 3, \cdots \right\}$$

有有限 ε-网如下: 对任何 $\varepsilon > 0$, 由于 A 是致密的, 所以存在 A 的 $\frac{\varepsilon}{2}$-网, $x_1^0, \cdots, x_k^0, x_i^0 \in A, i = 1, 2, \cdots, k$. 对任何 $y = \sum_{i=1}^{n} \alpha_i x_i \in h(A)$, 考察 $x_1, \cdots, x_n$ 中所有落入 $O\left(x_1^0, \frac{\varepsilon}{2}\right)$ 中的点, 不妨设为 (必要时可重新编号) $x_1, \cdots, x_{l_1}$. 然后考察 $x_{l_1+1}, \cdots, x_n$ 中所有落入 $O\left(x_2^0, \frac{\varepsilon}{2}\right)$ 中的点, 不妨设为 (必要时可重新编号) $x_{l_1+1}, \cdots, x_{l_2}$, 如此依次考察. 记 $\beta_1 = \sum_{i=1}^{l_1} \alpha_i, \beta_2 = \sum_{i=l_1+1}^{l_2} \alpha_i, \cdots, \beta_k = \sum_{i=l_{k-1}+1}^{n} \alpha_i$, 显然 $\beta_i \geqslant 0, i = 1, 2, \cdots, k, \sum_{i=1}^{k} \beta_i = \sum_{i=1}^{n} \alpha_i = 1$, 如记 $l_0 = 0, l_k = n$, 而且有

$$\left\| \sum_{i=1}^{k} \beta_i x_i^0 - \sum_{j=1}^{n} \alpha_j x_j \right\|$$
$$= \left\| \sum_{i=1}^{k} \left[\left(\sum_{j=l_{i-1}+1}^{l_i} \alpha_j \right) x_i^0 - \sum_{j=l_{i-1}+1}^{l_i} \alpha_j x_j \right] \right\|$$
$$\leqslant \sum_{i=1}^{k} \sum_{j=l_{i-1}+1}^{l_i} \alpha_j \|x_i^0 - x_j\| < \frac{\varepsilon}{2}.$$

这说明对 $h(A)$ 中任何一点 $y = \sum_{i=1}^{n} \alpha_i x_i$, 必在凸集 $h(x_1^0, \cdots, x_k^0) = \left\{ \sum_{i=1}^{k} \beta_i x_i^0 | \beta_i \right.$

$\left. \geqslant 0, \sum_{i=1}^{k} \beta_i = 1 \right\}$ 中找到相应的一点 $y^0 = \sum_{i=1}^{k} \beta_i x_i^0$, 使得

$$\|y - y_0\| < \frac{\varepsilon}{2}. \tag{4.9.8}$$

可是 $h(x_1^0, \cdots, x_k^0)$ 是有限维空间 (显然是由 $x_1^0, \cdots, x_k^0$ 张成的 X 的子空间) 中的有界集, 它是致密集, 所以 $h(x_1^0, \cdots, x_k^0)$ 有限 $\frac{\varepsilon}{2}$-网: $y_1^0, \cdots, y_m^0, y_j^0 = \sum_{i=1}^{k} \beta_i^{(j)} x_i^0$,

$j = 1, 2, \cdots, m$. 因而对任何 $y_0 \in h(x_1^0, \cdots, x_k^0)$, 必有某个 y_k^0, 使得

$$\|y_0 - y_k^0\| < \frac{\varepsilon}{2}, \tag{4.9.9}$$

再由 (4.9.8), 就得到对任何 $y \in h(A)$, 必有相应 y_k^0, 使得

$$\|y - y_k^0\| < \varepsilon. \tag{4.9.10}$$

显然 $y_j^0 \in h(x_1^0, \cdots, x_k^0) \subset h(A), j = 1, 2, \cdots, m$. 所以 $\{y_j^0\}$ 是 $h(A)$ 的有限 ε-网. 证毕

系　在引理假设下, $\overline{h(A)}$ 是凸紧集.

证　因为 $h(A)$ 是致密集, 所以 $\overline{h(A)}$ 是致密闭集. 因为 $h(A)$ 是凸集, 所以 $\overline{h(A)}$ 也是凸集, 因此 $\overline{h(A)}$ 是凸紧集. 证毕

定理 4.9.16 的证明　记 $A = \Phi(S), A \subset S$, 因而凸紧集 $\overline{h(A)} \subset S$. 又显然 $\Phi(\overline{h(A)}) \subset \Phi(S) = A \subset \overline{h(A)}$, 因而 Φ 可以视为凸紧集 $\overline{h(A)}$ 到自身的连续映照, 由定理 4.9.15 知道必存在 $x \in \overline{h(A)} \subset S$, 使得 $x = \Phi(x)$. 证毕

习　题　4.9

1. 下列复数集哪个是致密集?

(i) $\{z| |z| \geqslant 1\}$; (ii) $\{z|z\bar{z} = 2\}$; (iii) $\{z|e^z = 1\}$; (iv) $\{z| |z|$ 是不大于 1 的有理数$\}$.

2. 设 K 是一个复数集, 它在实轴和虚轴上投影都是致密集, 证明 K 是致密集.

3. 举一个度量空间, 在它上面有一个完全有界集不是致密的.

4. 设 A 是欧几里得空间 E^n 的子集, $\{O_\lambda | \lambda \in \Lambda\}$ 是 A 的开覆盖, 证明必可从 $\{O_\lambda | \lambda \in \Lambda\}$ 中最多选出可列个开集 $\{O_{\lambda n}\}$, 使得 $\bigcup_{n=1}^{\infty} O_{\lambda n} \supset A$.

5. 证明习题 4 中空间 E^n 换成可析度量空间 R 时, 结论仍成立.

6. 如果将完全有界集定义中的有限 ε-网 $\{x_1, x_2, \cdots, x_n\}$ 的点要求 $x_i \in A (i = 1, 2, \cdots, n)$ 条件减弱为只要 $x_i \in R (i = 1, 2, \cdots, n)$. 证明这样定义的完全有界集与原定义等价.

7. 设 X 是赋范线性空间, A 是 X 的有界子集. 证明 A 是完全有界的充要条件是: 对任何 $\varepsilon > 0$, 必有 X 的有限维子空间 M_ε, 使 A 中每个点与 M_ε 的距离都小于 ε.

8. 设 A 是度量空间 R 中的紧集, $\{F_\lambda\}$ 是 A 的一族闭子集, 如果 $\{F_\lambda\}$ 中任意有限个 $F_{\lambda_1}, \cdots, F_{\lambda_n}$ 的交集都不空, 那么 $\bigcap\limits_\lambda F_\lambda$ 也不空.

反之, 如果集 A 具有如下性质: 对于 A 中任意相对于 A 闭的子集族 $\{F_\lambda\}$, 从任意有限交集不空必可推出 $\bigcap\limits_\lambda F_\lambda$ 不空. 那么 A 必是紧集.

9. 如果在度量空间 R 中采用下述相对闭的概念: B, A 是 R 中两个子集, 如果 $B \bigcap A$ 是度量空间 A 的闭子集, 则称 B 相对于 A 是闭的.

证明 集 A 是 R 中紧集的充要条件是对 R 中任何相对于 A 的闭集族 $\{F_\lambda\}$, 总能从 $\{F_\lambda\}$ 的有限交在 A 中非空推出 $\left(\bigcap\limits_\lambda F_\lambda\right) \bigcap A$ 不空.

举例说明: 存在度量空间 R 以及 R 中非紧集 A, 但满足下面性质: 对 R 中任意一族闭集 $\{F_\lambda\}$, 总能从 $\{F_\lambda\}$ 的有限交在 A 中非空推出 $\bigcap\limits_\lambda F_\lambda$ 非空, 但 $\left(\bigcap\limits_\lambda F_\lambda\right) \bigcap A$ 是空集.

10. 证明无限维的 Banach 空间不能分解成可列个致密集的和.

11. 设 X 是无限维的 Banach 空间, 证明必不存在一列有限维的子空间 $\{X_n\}$, 使得 $X = \bigcup\limits_{n=1}^\infty X_n$ (从而可析无限维 Banach 空间中不存在可列个向量 $\{e_i\}$ 构成 Hamel 基).

12. 设 $C_\alpha[a, b]$ 是 $[a, b]$ 上满足 Hölder 连续性条件

$$|f(t) - f(t')| \leqslant M|t - t'|^\alpha, t, t' \in [a, b],$$

而且 $f(a) = 0$ 的函数全体, 这里 M, α 是正的常数, 并且 $0 < \alpha \leqslant 1$. 在 $C_\alpha[a, b]$ 中规定范数如下: 对于 $f \in C_\alpha[a, b]$, 令

$$\|f\| = \sup_{t, t' \in [a, b]} \frac{|f(t) - f(t')|}{|t - t'|^\alpha},$$

写出 $C_\alpha[a, b]$ 中的点集是完全有界集的一些条件.

13. 设 R 和 R_1 是度量空间, $D \subset R, f$ 是 D 到 R_1 中的映照. 如果对于任一正数 ε, 有如下的正数 δ, 当 $x, x' \in D$, 而且适合 $\rho(x, x') < \delta$ 时, 总有 $\rho(f(x), f(x')) < \varepsilon$, 便称 f 在 D 上是均匀连续 (一致连续) 的. 证明: 紧集 D 上的连续映照是均匀连续的.

14. 设 X 是赋范线性空间, $g_1, \cdots, g_n$ 是 X 中 n 个向量. 证明, 对任何 $x \in X$, 必存在数 $\lambda_1^0, \cdots, \lambda_n^0$, 使得

$$\left\| x - \sum_{i=1}^n \lambda_i^0 g_i \right\| = \inf_{\lambda_1, \cdots, \lambda_n} \left\| x - \sum_{i=1}^n \lambda_i g_i \right\|,$$

其中 $\lambda_1, \cdots, \lambda_n$ 是 n 个任意数. (进一步, 如果 X 是严格赋范的, $g_1, \cdots, g_n$ 是线性无关的, 那么达到上述极值的 $\lambda_1^0, \cdots, \lambda_n^0$ 是唯一的, 参见 §4.4 习题 14.)

15. 举例说明引理 2 中 X 仅仅是赋范线性空间时, 结论未必成立.

§4.10　拓扑空间和拓扑线性空间

1. 拓扑空间　前面各节中已经建立起利用距离来描述极限的理论, 并且引进了与极限有关的概念如开集、闭集、紧集等. 但是分析数学中有些极限概念并不能利用距离来描述. 例如函数列处处收敛的概念就是如此.

例 1　设 X 是一集, $R(X)$ 表示 X 上的实函数全体. 又设 $\{f_n\} \subset R(X), f \in R(X)$. 如果对一切 $x \in X$

$$\lim_{n \to \infty} f_n(x) = f(x),$$

那么称函数列 $\{f_n\}$ 在 X 上处处收敛于 f, 记为 $f_n \to f$. 当 X 是有限集或可列集时, 这种收敛概念可以纳入度量空间中收敛的范畴. 例如设

$$X = \{x_n | n = 1, 2, 3, \cdots\},$$

当 $f, g \in R(X)$ 时, 规定

$$\rho(f, g) = \sum_{n=1}^{\infty} \frac{1}{2^n} \frac{|f(x_n) - g(x_n)|}{1 + |f(x_n) - g(x_n)|},$$

那么 $(R(X), \rho)$ 是一度量空间, 而且 $\{f_n\}$ 在 X 上处处收敛于 f 就等价于

$$\rho(f_n, f) \to 0.$$

然而当 X 是一个不可列集时, 就无法定义 $R(X)$ 中的距离 $\rho(f, g)$, 使得 $\{f_n\}$ 在 X 上处处收敛于 f 等价于 $\rho(f_n, f) \to 0$.

例如 $X = [0, 1], \{r_i\}$ 是 $[0, 1]$ 上有理点全体. 对任何 n, 显然存在 $[0, 1]$ 上一列实连续函数 $\{f_{n,k} | k = 1, 2, 3, \cdots\}$ 处处收敛于

$$\varphi_n(x) = \begin{cases} 1, & x = r_1, \cdots, r_n, \\ 0, & x \neq r_i (i = 1, 2, \cdots, n), \end{cases}$$

又易知 $\{\varphi_n(x)\}$ 在 $[0, 1]$ 上处处收敛于 Dirichlet 函数 $D(x)$. 先证不存在 $[0, 1]$ 上实连续函数列 $\{f_n\}$ 处处收敛于 $D(x)$. 事实上, 如果连续函数列 $\{f_n\}$ 处处收敛于 $D(x)$, 那么对任何实数 c,

$$X(D < c) = \bigcup_{m=1}^{\infty} \bigcup_{k=1}^{\infty} \bigcap_{n=k}^{\infty} X\left(f_n \leqslant c - \frac{1}{m}\right).$$

由于 $X\left(f_n \leqslant c - \dfrac{1}{m}\right)$ 是 $[0,1]$ 上闭集, 因而 $\bigcap\limits_{n=k}^{\infty} X\left(f_n \leqslant c - \dfrac{1}{m}\right)$ 也是闭集, 从

而 $X(D < c)$ 是可列个闭集的和. 特别取 $c = \dfrac{1}{2}$, 便得到 $[0,1]$ 上无理数全体可以

表示成可列个闭集的和, 这不可能 (参见 §1.4 习题). 现在来证明 $[0,1]$ 上处处收敛不能用距离收敛来描述. 假如有某个距离 ρ. 函数列处处收敛等价于按 ρ 收敛. 这样, 对每个 $n, \rho(f_{n,k}, \varphi_n) \to 0(k \to \infty)$. 从而存在 k_n, 使得 $\rho(f_{n,k_n}, \varphi_n) < \dfrac{1}{n}$. 又因为 $\rho(\varphi_n, D) \to 0$, 所以

$$\rho(f_{n,k_n}, D) \to 0,$$

即有连续函数列 $\{f_{n,k_n}\}$ 处处收敛于 D. 显然这是不可能的. 这就是说, $[0,1]$ 上函数列的处处收敛概念是不能距离化的.

因此, 我们现在需要沿别的途径来建立比度量空间更为一般的极限理论. 在 §4.1, 第 4 段我们知道点列收敛的概念可以不用距离来描述而用环境来描述, 而环境是用开集来定义的. 因此, 如果我们在一个空间中用某种方法来规定其中某些集为开集, 这样就可以利用开集来定义环境, 再利用环境来定义收敛点列的极限等. 根据 §4.4 开集应该满足定理 4.4.1 中的三个条件, 我们就利用这三个条件来作为规定开集的三条公理.

定义 4.10.1　设 S 是一不空的集, $\mathfrak{E}$ 是 S 的某些子集组成的一个集类. 如果它满足条件:

($O1$) 空集 $\varnothing$ 与全空间 S 在 $\mathfrak{E}$ 中;

($O2$) $\mathfrak{E}$ 中任意个集的和集在 $\mathfrak{E}$ 中;

($O3$) $\mathfrak{E}$ 中任意两个集的通集在 $\mathfrak{E}$ 中.

那么我们称 $\mathfrak{E}$ 为空间 S 中的一个**拓扑** (结构), 而称 $(S, \mathfrak{E})$ 为一**拓扑空间**, 有时简写 $(S, \mathfrak{E})$ 为 S. $\mathfrak{E}$ 中的集称为 S 的**开集**, 空间 S 中的元素称为**点**. 如果开集 U 含有点 x, 称 U 为点 x 的**环境** (或**邻域**). 任何开集 $O \in \mathfrak{E}$ 的余集 $S - O$, 称为**闭集**.

如果 $(S, \mathfrak{E})$ 又满足如下的条件:

($O4$) 对任何两个 $x, y \in S$, 当 $x \neq y$ 时必然有 x, y 的环境 U 和 V 使

$$U \bigcap V = \varnothing,$$

那么称 $(S, \mathfrak{E})$ 是 **Hausdorff 空间**.

在度量空间中, 我们总是把按 §4.4 的方法定义的开集全体作为拓扑, 因此度量空间自然地成为一个拓扑空间, 而且是 Hausdorff 空间. 例如 E^n 是欧几里得空间, 按欧几里得距离导出的拓扑 $\mathfrak{E}^n$ 称作欧几里得拓扑, $(E^n, \mathfrak{E}^n)$ 称为欧几里得拓扑空间.

例 2　设 S 是非空集. 令 $\mathfrak{E}$ 是 S 的子集全体, 显然这时 $\mathfrak{E}$ 成为一个拓扑, 称作离散拓扑. 离散拓扑空间是 Hausdorff 空间. 如果我们取

$$\mathfrak{E} = \{\varnothing, S\},$$

这时 $\mathfrak{E}$ 也成为一个拓扑, 称它为平凡拓扑. 当 S 中不止有一点时, S 按照平凡拓扑不是 Hausdorff 空间.

但是我们要直接给出一个空间中的拓扑有时是比较费事的. 例如在度量空间中我们是先给出每点的一种特殊的 a-环境, 然后再定义一般环境以及开集. 因此, 有时我们也要利用在一点的一族特殊的环境来定义开集.

定义 4.10.2　设 $(S, \mathfrak{E})$ 是一拓扑空间, $x \in S$. 又设 $\mathscr{U}(x)$ 是 x 点的某些环境所成的环境族, 如果对 x 点的任何环境 V 必有 $U \in \mathscr{U}(x)$ 使得 $U \subset V$, 那么称 $\mathscr{U}(x)$ 是拓扑 $\mathfrak{E}$ 在 x 点的**环境基**.

例如当 R 是一个度量空间, $x \in R$. 取 $\mathscr{U}(x) = \{O(x, r) | r$ 是正数$\}$, 那么它就是在 x 点的环境基. 显然, $\mathscr{U}(x) = \{O(x, r) | r$ 是正有理数$\}$ 也是 x 点的环境基.

引理 1　设 $(S, \mathfrak{E})$ 是一拓扑空间, $\mathscr{U}(x)$ 是在 x 点的环境基, 那么它必然满足条件:

$(N1)$ 每个 $U \in \mathscr{U}(x)$ 含有点 x;

$(N2)$ 对任何 $U_1, U_2 \in \mathscr{U}(x)$ 必有 $U \in \mathscr{U}(x)$ 使得 $U \subset U_1 \bigcap U_2$;

$(N3)$ 设 $U \in \mathscr{U}(x)$, 而且 $y \in U$, 那么必有 $V \in \mathscr{U}(y)$ 使得 $V \subset U$.

证　由环境的定义得到 $(N1)$. 当 $U_1, U_2 \in \mathscr{U}(x)$ 时, $U_1 \bigcap U_2$ 也是开集而且也含有 x, 因此它是 x 点的环境. 由 $\mathscr{U}(x)$ 是环境基的定义有 $U \in \mathscr{U}(x)$ 使得 $U \subset U_1 \bigcap U_2$, 所以满足 $(N2)$. 再证 $(N3)$: 设 $U \in \mathscr{U}(x)$, 那么 U 是开集. 如果 $y \in U$, 那么 U 是 y 的环境. 由于 $\mathscr{U}(y)$ 是 y 的环境基, 有 $V \in \mathscr{U}(y)$ 使 $V \subset U$.

证毕

上述三个条件不但是集族成为环境基的必要条件, 而且也是充分条件:

引理 2　设 S 是一集, 如果对每点 $x \in S$ 指定了 S 的子集族 $\mathscr{U}(x)$ 满足 (引理 1 中的) 条件 $(N1)$、$(N2)$、$(N3)$, 那么必有 S 上的唯一的拓扑 $\mathfrak{E}$ 使得 $\mathscr{U}(x)$ 成为 $\mathfrak{E}$ 在 x 点的环境基.

证　我们利用 $\mathscr{U}(x), x \in S$ 定义 $\mathfrak{E}$ 如下: 任意取 S 中若干点 (允许重复取) $\{x_\lambda | \lambda \in \Lambda\}$, 并且对每点 x_λ 任意取 $\mathscr{U}(x_\lambda)$ 中的一个集 U_λ, 作 S 的子集

$$U = \bigcup_{\lambda \in \Lambda} U_\lambda, \tag{4.10.1}$$

由 $\mathscr{U}(x), x \in S$ 造出的这种类型的集 U 的全体再加上空集 $\varnothing$ 记为 $\mathfrak{E}$. 现在证明它满足拓扑的三个条件.

我们对每个 $x \in S$ 取一个 $U_x \in \mathscr{U}(x)$, 由 $\mathscr{U}(x)$ 的 (引理 1 中) 条件 $(N1)$ 可知 $S = \bigcup\limits_{x} U_x \in \mathfrak{E}$, 所以 $\mathfrak{E}$ 满足条件 $(O1)$. 条件 $(O2)$ 是显然被满足的. 再证 $(O3)$: 设 W_1、$W_2 \in \mathfrak{E}$, 任取

$$y \in W = W_1 \bigcap W_2,$$

由于 $y \in W_\nu (\nu = 1, 2)$, 由于 $(4.10.1)$, $W_\nu = \bigcup\limits_{\lambda \in \Lambda} U_\lambda^{(\nu)}$, 所以存在 $U_\lambda^{(\nu)}(x_\nu)$, 使得 $y \in U_\lambda^{(\nu)}(x_\nu)$, 从而必有 $U_\nu \in \mathscr{U}(x_\nu)$, 使得 $y \in U_\nu \subset W_\nu$ (取 $U_\nu = U_\lambda^{(\nu)}(x_\nu)$ 即可). 由条件 $(N3)$ 必有 $V_\nu \in \mathscr{U}(y)$ 使得 $V_\nu \subset U_\nu$. 由于 $V_1, V_2 \in \mathscr{U}(y)$, 由条件 $(N2)$, 对每个 $y \in W$ 得到 $V_y \in \mathscr{U}(y)$, 使得

$$V_y \subset \bigcap\limits_{\nu=1}^{2} V_\nu \subset \bigcap\limits_{\nu=1}^{2} U_\nu \subset W,$$

因此

$$W = \bigcup\limits_{y \in W} V_y.$$

这样一来, $W \in \mathfrak{E}$. 所以 $\mathfrak{E}$ 成为拓扑.

还要证明 $\mathscr{U}(x), x \in S$ 是这样造出的 $\mathfrak{E}$ 的环境基. 首先说明每个 $U \in \mathscr{U}(y)$ 是开集: 事实上, 只要在 $(4.10.1)$ 中仅取一个点 $x_\lambda = y$, 取相应的 U_λ 为 U 立即知 U 是 $\mathfrak{E}$ 中开集. 其次, 任取 $\mathfrak{E}$ 在 y 点的一个环境 O, 由于 $O \in \mathfrak{E}$, 根据 $(4.10.1)$, $O = \bigcup\limits_{\lambda \in \Lambda} U_\lambda$, 因此必有某个 $x \in S, U \in \mathscr{U}(x)$ 使得 $y \in U \subset O$, 由条件 $(N3)$ 有 $V \in \mathscr{U}(y)$ 使得 $V \subset U \subset O$, 所以 $\mathscr{U}(y), y \in S$ 是环境基.

最后再证拓扑的唯一性: 如果有另一个拓扑 $\mathfrak{E}'$, 由于对一切 $x \in S, \mathscr{U}(x) \subset \mathfrak{E}'$, 所以 $\mathfrak{E}$ 中任一个 $U = \bigcup\limits_{\lambda \in \Lambda} U_\lambda \in \mathfrak{E}'$. 反过来, 如果 U' 是 $\mathfrak{E}'$ 中任何一个元素, 对任何 $x \in U'$, 必有 $\mathscr{U}(x)$ 中的 $O(x) \subset U'$, 因而 $U' = \bigcup\limits_{O(x)=U'} O(x) \in \mathfrak{E}$. 所以 $\mathfrak{E} = \mathfrak{E}'$.   证毕

定义 4.10.3 称引理 2 中的拓扑 $\mathfrak{E}$ 为 $\mathscr{U}(x), x \in S$ 导出的拓扑.

如果我们要给出拓扑, 根据引理 2, 只要给出满足条件 $(N1 - N3)$ 的集族 $\mathscr{U}(x), x \in S$ 就行了.

例 3　我们考察例 1 中的集 $R(X)$ 中任何一个子集 S. 对每个 $f \in S$, 每个正数 a 和任意有限个 $x_1, x_2, \cdots, x_n \in X$, 定义

$$U(f; x_1, \cdots, x_n, a) = \{g | g \in S, |g(x_\nu) - f(x_\nu)| < a, \nu = 1, 2, \cdots, n\}.$$

我们又令 $\mathscr{U}(f) = \{U(f; x_1, \cdots, x_n; a) | n$ 为自然数$, x_\nu \in X, a > 0\}$, 那么易知 $\mathscr{U}(f), f \in S$ 满足条件 (N1)、(N2)、(N3). 由引理 2, 它导出唯一的拓扑 $\mathfrak{E}$, 使 $\mathscr{U}(f), f \in S$ 是环境基.

我们仿照度量空间的情况, 一样地在拓扑空间中引入点列收敛的概念.

定义 4.10.4　设 $(S, \mathfrak{E})$ 是一个拓扑空间, $\{x_n\}$ 是 S 中的点列, $x \in S$. 如果对于 x 的任何环境 O, 有自然数 N, 使得当 $n \geqslant N$ 时, $x_n \in O$, 那么称 x_n (按拓扑 $\mathfrak{E}$ 收敛于 x. 记为 $x_n \xrightarrow{\mathfrak{E}} x$ 或 $x_n \to x$.

我们来证明. 这时在例 3 中的函数列 $\{f_n\} \subset S$ 处处收敛于 f 的充要条件是 $f_n \xrightarrow{\mathfrak{E}} f$.

先证充分性: 设 $f_n \xrightarrow{\mathfrak{E}} f$. 对任何 $x \in X$, 任何正数 ε, 由于 $U(f; x, \varepsilon)$ 是 f 的环境, 这时必有自然数 N, 使得当 $n \geqslant N$ 时, $f_n \in U(f; x, \varepsilon)$, 即是 $|f_n(x) - f(x)| < \varepsilon$, 因此 $\{f_n(x)\}$ 处处收敛于 f. 再证必要性: 如果 f_n 处处收敛于 f, 对于 f 的任何环境 O, 必有 $x_1, \cdots, x_n \in X, a > 0$ 使 $U(f; x_1, \cdots, x_n; a) \subset O$. 由于 $\{f_n\}$ 处处收敛于 f, 对每个 x_ν 必有自然数 N_ν 使得当 $n \geqslant N_\nu$ 时, $|f_n(x_\nu) - f(x_\nu)| < a$, 因此只要取 $N = \max(N_1, \cdots, N_n)$, 那么当 $n \geqslant N$ 时

$$f_n \in U(f; x_1, \cdots, x_n; a) \subset O.$$

证毕

定义 4.10.5　设 $(S, \mathfrak{E})$ 是一拓扑空间. 如果 S 的每点 x 都存在一个环境基 $\mathscr{U}(x)$ 是可列集, 那么称 $(S, \mathfrak{E})$ 是满足第一可列公理的.

显然, 度量空间 (R, ρ) 是满足第一可列公理的. 因为 $\mathscr{U}(x) = \{O(x, r) | r$ 为正有理数$\}$ 就是 x 点的可列的环境基. 可以证明, 对于例 3 中的 S 取为 $R(X)$, 当 X 是不可列集时, 它不满足第一可列公理. 事实上, 假如满足第一可列公理, 对 $f \equiv 0$, 就有可列环境基 $\{u_n(0) | n = 1, 2, 3, \cdots\}$, 记 $u_n(0) = U(0; x_1^{(n)}, \cdots, x_{m_n}^{(n)}; a_n)$, 显然 $A_0 = \{x_i^{(n)} | i = 1, 2, \cdots, m_n, n = 1, 2, 3, \cdots\}$ 是可列集. 由于 X 不可列, 因而 $X - A_0$ 不空. 任取 $x_0 \in X - A_0$ 以及数 $a > 0$. 考察 $f \equiv 0$ 的环境 $U(0; x_0; a)$: 显然函数

$$\varphi(x) = \begin{cases} a + 1, & x = x_0, \\ 0, & x \in X - x_0, \end{cases}$$

属于 $u_n(0)(n = 1, 2, 3, \cdots)$. 但是 $\varphi(x) \bar{\in} U(0; x_0; a)$. 因而对任何 $n, u_n(0) \not\subset U(0; x_0; a)$. 这就与假设 $\{u_n(0)\}$ 是环境基相矛盾. 所以在例 3 中, 当 S 取为

$R(X)$, 而 X 是不可列集时, 拓扑空间 $R(X)$ 不满足第一可列公理.

可以仿照定理 4.4.4, 证明下面的结论:

引理 3　设 $(S, \mathfrak{E})$ 是拓扑空间, $A \subset S$. 如果 A 为闭集, 那么 A 中任何收敛点列必收敛于 A 中一点. 设 $(S, \mathfrak{E})$ 又是满足第一可列公理的, 那么当 A 中任何收敛点列必收敛于 A 中的一点时, A 是闭集.

因此, 在满足第一可列公理的拓扑空间中能够用收敛点列的极限来描述闭集, 也就是描述拓扑. 但是我们注意, 引理 3 中 $(S, \mathfrak{E})$ 满足第一可列公理的条件不可除去.

例 4　设 R^1 是实数直线, 但其中规定拓扑如下: 令 $\mathfrak{E} = \{R^1 - B | B$ 是 R^1 中的任一有限子集或可列子集或空集或 $R^1\}$. 这时容易看出 $(R^1, \mathfrak{E})$ 中没有一个收敛点列. 因此任取 $(R^1, \mathfrak{E})$ 中一个不闭的集 A, 例如 $A = [0, \infty)$ (它的余集不是开集), 它满足这样的条件: "A 中任何收敛点列必收敛于 A 中一点" (因为 A 中根本就没有收敛点列). 但是 A 不是闭集.

所以在不满足第一可列公理的空间中就不能由收敛点列极限来描述拓扑了. 需要把点列的概念推广如下.

定义 4.10.6　设 Λ 是一个半序集, 而且对任何 $\lambda_1, \lambda_2 \in \Lambda$ 有 $\lambda \in \Lambda$ 使得 $\lambda_1 < \lambda, \lambda_2 < \lambda$, 那么称 Λ 是定向半序集.

S 是一空间, 设 Λ 是一个定向半序集, $\lambda| \to x_\lambda (\lambda \in \Lambda)$ 是 Λ 到 S 的一个映照, 称 $\{x_\lambda | \lambda \in \Lambda\}$ 为半序点列.

显然当 N 是自然数全体按自然顺序所成的全序集时, 通常点列 $\{x_n | n \in N\}$ 就是一种特殊的半序点列.

例 5　设 $(S, \mathfrak{E})$ 是一个拓扑空间, $x \in S, \mathscr{U}(x)$ 是 x 点的一个环境基, 我们在 $\mathscr{U}(x)$ 中规定当 $U \subset V$ 时为 $V < U$, 那么这个顺序称为逆包含顺序. 显然 $\mathscr{U}(x)$ 按逆包含顺序成为定向半序集. 对每个 $U \in \mathscr{U}(x)$, 任取 $x_\nu \in U$. 那么 $\{x_\nu | U \in \mathscr{U}(x)\}$ 就是一个半序点列.

我们现在把点列收敛的概念推广到半序点列.

定义 4.10.7　设 $(S, \mathfrak{E})$ 是拓扑空间, $\{x_\lambda | \lambda \in \Lambda\}$ 是 S 中半序点列, $x_0 \in S$. 如果对 x_0 的每个环境 O 必有 Λ 中的指标 λ_0 使得当 $\lambda_0 < \lambda$ 时

$$x_\lambda \in O,$$

那么称半序点列 $\{x_\lambda | \lambda \in \Lambda\}$ 收敛于 x_0, 记为 $x_\lambda \xrightarrow{\mathfrak{E}} x_0$ 或者 $x_\lambda \to x_0$.

容易看出 Hausdorff 空间中任何一个收敛的半序点列必然只收敛于一点.

例 6　容易看出例 5 中的半序点列 $x_\lambda \to x$.

利用半序点列就可以描述闭集, 因此也就可以描述拓扑了.

引理 4　设 $(S, \mathfrak{E})$ 是一个拓扑空间, $A \subset S$, 那么 A 成为闭集的充要条件是 A 中任一收敛半序点列必收敛于 A 中的一点.

证　必要性: 设 A 是闭集, $\{x_\lambda | \lambda \in \Lambda\}$ 是 A 中的半序点列, $x_\lambda \to x$. 如果 $x \overline{\in} A$, 那么 $S - A$ 是 x 的环境, 由 $x_\lambda \to x$ 必有 $x_\lambda \in S - A$, 这和 $x_\lambda \in A$ 冲突, 所以 $x \in A$.

充分性: 设 A 中每个收敛的半序点列 $\{x_\lambda | \lambda \in \Lambda\}$ 必收敛于 A 中一点. 今证 $S - A$ 是开集. 不然的话, 必有 $x \in S - A$, 而且对 x 的环境基 $\mathscr{U}(x)$ 中每个环境 U 必有 $x_U \in A$, 因此半序点列 $\{x_U | U \in \mathscr{U}(x)\}$ 它是收敛于 x 的, 但是 $x \overline{\in} A$, 这和假设冲突. 因此 A 是闭集.　　　　　　　　　　　　　　　　　　证毕

定义 4.10.8　设 S 是一集, $\mathfrak{E}_\nu(\nu = 1, 2)$ 是 S 中的两个拓扑, 如果 $\mathfrak{E}_1 \subset \mathfrak{E}_2$. 就称拓扑 $\mathfrak{E}_1$ 弱于 $\mathfrak{E}_2$, 或 $\mathfrak{E}_2$ 强于 $\mathfrak{E}_1$.

我们注意这里 $\mathfrak{E}_1$ 弱于 $\mathfrak{E}_2$, 包括可能 $\mathfrak{E}_1 = \mathfrak{E}_2$ 这种情况.

显然任何拓扑弱于离散拓扑强于平凡拓扑 (见例 2).

引理 5　设 S 是一集, $\mathfrak{E}_\nu(\nu = 1, 2)$ 是 S 上的两个拓扑, $\mathfrak{E}_1 \subset \mathfrak{E}_2$. 设 $\{x_\lambda | \lambda \in \Lambda\}$ 是 S 中的半序点列, $x_0 \in S$. 如果 $x_\lambda \xrightarrow{\mathfrak{E}_2} x_0$, 那么 $x_\lambda \xrightarrow{\mathfrak{E}_1} x_0$.

换句话说, 半序点列如果按强的拓扑收敛, 必然按弱的拓扑也收敛于同一点.

证　因为对 x_0 的每个环境 $O \in \mathfrak{E}_1$, 自然有 $O \in \mathfrak{E}_2$, 由半序点列收敛的定义立即可以得引理 5.　　　　　　　　　　　　　　　　　　证毕

例如在一集 S 中一个点列 $\{x_n\}$ 如按离散拓扑收敛于 x_0, 那么当 n 充分大后 $x_n = x_0$, 因此按别的任何拓扑都有 $x_n \to x_0$. 又 S 中任何半序点列 $\{x_\lambda | \lambda \in \Lambda\}$ 按平凡拓扑总是收敛, 并且收敛于 S 中每一点.

又如 X 上一致有界函数全体 $B(X)$ 按距离

$$\rho(f, g) = \sup_{x \in [a,b]} |f(x) - g(x)|.$$

所决定的拓扑强于例 3 中所定义的处处收敛的拓扑, 即函数半序点列的均匀收敛推出处处收敛.

显然, 对拓扑空间中的闭集, 定理 4.4.7 仍然成立.

我们现在把度量空间中的致密闭集推广到拓扑空间.

定义 4.10.9　设 $(S, \mathfrak{E})$ 是一拓扑空间, $A \subset S$. 如果 A 中的任何一个点列 $\{x_n\}$ 必有子点列 $\{x_{nk}\}$ 收敛于 A 中的一点, 那么我们就称 A 是**列紧的**.

下面我们再把度量空间中的有限覆盖性质加以抽象化引入如下的概念:

设 S 是一集, $A \subset S.\{O_\lambda | \lambda \in \Lambda\}$ 是 S 的一族子集, 如果 $\bigcup\limits_{\lambda \in \Lambda} O_\lambda \supset A$ 就称 $\{O_\lambda | \lambda \in \Lambda\}$ 是 A 的一族覆盖. 如果 S 又是拓扑空间, $\{O_\lambda\}$ 又都是开集, 那么称它是一族开覆盖.

定义 4.10.10 设 $(S, \mathfrak{E})$ 是拓扑空间, $A \subset S$. 如果 A 的任何一族开覆盖 $\{O_\lambda | \lambda \in \Lambda\}$ 中必可挑出有限个 $\{O_{\lambda_1}, \cdots, O_{\lambda_n}\}$ 来覆盖 A, 那么称 A 是一个**紧集**.

根据定理 4.9.9 和定理 4.9.10, 当 $\mathfrak{E}$ 是由距离导出的拓扑时, 这里紧集概念和列紧概念一致, 这也就是我们在度量空间中把致密闭集称作紧集或列紧集的原因. 但是在不满足第一可列公理的拓扑空间中紧和列紧这两个概念是不一致的.

在离散拓扑空间 $(S, \mathfrak{E})$ 中, 只有 S 的有限子集才是紧集. 当 $(S, \mathfrak{E})$ 是平凡的拓扑空间时, S 的每个子集都是紧集.

我们又可以把 §5 的连续映照概念拓广到拓扑空间中来.

定义 4.10.11 设 $(S_\nu, \mathfrak{E}_\nu)(\nu = 1, 2)$ 是两个拓扑空间, $A \subset S_1, f$ 是 $A \to S_2$ 的映照. 对于 $x_0 \in A$, 如果对于 $f(x_0)$ 在 $\mathfrak{E}_2$ 中的每个环境 $O(f(x_0))$ 必有 x_0 在 $\mathfrak{E}_1$ 中的环境 $O(x_0)$ 使得

$$f(O(x_0) \bigcap A) \subset O(f(x_0)),$$

那么称 f 在 x_0 点连续. 如果 f 在 A 上每点都是连续的, 那么称 f 是连续映照.

显然 f 是连续映照的充要条件是对每个 $O \in \mathfrak{E}_2$

$$f^{-1}(O) = \{x | x \in A, f(x) \in O\} \in \mathfrak{E}_1 \bigcap A.$$

例如当 $\mathfrak{E}_\nu (\nu = 1, 2)$ 是 S 上的两个拓扑时, 恒等映照

$$I : x \mapsto x, x \in S.$$

作为 $(S, \mathfrak{E}_2)$ 到 $(S, \mathfrak{E}_1)$ 的映照成为连续映照的充要条件是 $\mathfrak{E}_1 \subset \mathfrak{E}_2$.

定义 4.10.12 设 f 是 $(S_1, \mathfrak{E}_1)$ 到 $(S_2, \mathfrak{E}_2)$ 的一对一的映照. 如果 f 以及它的逆映照 f^{-1} 都是连续的, 那么称 f 是**拓扑映照**.

当 f 是 $S_1 \to S_2$ 上的一对一的映照时, 显然 f 成为拓扑映照的充要条件是 $\mathfrak{E}_2 = \{f(O) | O \in \mathfrak{E}_1\}$.

在第三章中讨论过两个空间的乘积, 在 §4.5 中讨论过乘积度量空间, 现在我们进一步推广定义乘积拓扑空间.

定义 4.10.13 设 $(S_\nu, \mathfrak{E}_\nu)(\nu = 1, 2)$ 是两个拓扑空间. 令 $S = S_1 \times S_2$, 我们作

$$\mathfrak{E} = \left\{ \bigcup\limits_\lambda O_\lambda^{(1)} \times O_\lambda^{(2)} | O_\lambda^{(j)} \in \mathfrak{E}_j, j = 1, 2 \right\},$$

(显然上述 $\mathfrak{E}$ 确实为拓扑) 称 $(S, \mathfrak{E})$ 是 $(S_1, \mathfrak{E}_1)$ 和 $(S_2, \mathfrak{E}_2)$ 的**乘积拓扑空间**, 记为 $(S_1, \mathfrak{E}_1) \times (S_2, \mathfrak{E}_2)$.

乘积拓扑空间的概念可以推广到任意个拓扑空间的乘积的情况, (一般说来, 它上面的邻域实质上是取各式各样有限乘积的邻域) 参看 [4].

例如欧几里得拓扑空间 $(E^n, \mathfrak{E}^n)$ 与 $(E^m, \mathfrak{E}^m)$ 的拓扑积就是欧几里得拓扑空间 $(E^{n+m}, \mathfrak{E}^{n+m})$.

2. 拓扑线性空间　　比赋范线性空间更为广泛的是度量线性空间.

定义 4.10.14　　设 (R, ρ) 是一个度量空间, R 又是实数域或复数域 F 上的线性空间. 如果 R 中的线性运算是连续的, 就是说: (a) 加法运算是连续的: 如果 $\{x_n\}$、$\{y_n\} \subset R, x_n \to x, y_n \to y$, 那么 $x_n + y_n \to x + y$; (b) 数乘运算是连续的: 如果 $\{\alpha_n\} \subset F, \alpha_n \to \alpha, \{x_n\} \subset R, x_n \to x$, 那么 $\alpha_n x_n \to \alpha x$. 这时我们就说 (R, ρ) 是一个**度量线性空间**.

特别如果 (R, ρ) 是完备的度量线性空间, 就说 (R, ρ) 是 Frèchet (弗雷歇) **空间** (它与 §4.7 习题 10 的定义在拓扑等价意义下是一致的).

显然赋范线性空间是一个度量线性空间. 我们现在举一个不是赋范线性空间的度量线性空间如下.

例 7　　我们考察 §1 例 4、5 中的 s、$\mathscr{A}$ 以及 $C^{\infty}[a, b]$, 它们都是度量线性空间而不是赋范空间.

现在我们可以进一步推广度量线性空间的概念. 当 F 是实数域或复数域时, 我们用 $\mathfrak{E}_F$ 表示 F 按照通常距离所引入的拓扑.

定义 4.10.15　　设 R 是实数域或复数域 F 上的线性空间, 又设 $(R, \mathfrak{E})$ 是一个拓扑空间. 它满足如下的条件:

(i) $(R, \mathfrak{E})$ 是 Hausdorff 空间;

(ii) R 中的线性运算是连续的: (a) 加法运算 $(x, y) \mapsto x + y$ 作为

$$(R, \mathfrak{E}) \times (R, \mathfrak{E}) \to (R, \mathfrak{E})$$

的映照是连续的, 而且 (b) 数乘运算 $(\alpha, x) \mapsto \alpha x$ 作为

$$(F, \mathfrak{E}_F) \times (R, \mathfrak{E}) \to (R, \mathfrak{E})$$

的映照也是连续的.

那么称 $(R, \mathfrak{E})$ 是**拓扑线性空间**(或**拓扑向量空间**). 显然如果 (R, ρ) 是一个度量线性空间, 在 R 中按距离 ρ 引入拓扑 $\mathfrak{E}$, 那么 $(R, \mathfrak{E})$ 成为拓扑线性空间.

在分析数学中最常用的是下面的一类拓扑线性空间.

定义 4.10.16 设 R 是实数域或复数域 F 上的线性空间, $\{p_\alpha(x)|\alpha \in \Lambda\}$ 是 R 上的一族拟范数, 也就是说, 它们是 R 上的一族函数, 满足条件 (i) 非负性: 当 $x \in R$ 时 $p_\alpha(x) \geqslant 0$; (ii) 齐次性: 当 $\lambda \in F, x \in R$ 时, $p_\alpha(\lambda x) = |\lambda| p_\alpha(x)$; (iii) 三角不等式: 当 $x, y \in R$ 时, $p_\alpha(x+y) \leqslant p_\alpha(x) + p_\alpha(y)$. 如果它们再满足条件 (iv): 对每个 $x \in R$, 当 $x \neq 0$ 时必有 $\alpha \in \Lambda$ 使得 $p_\alpha(x) \neq 0$. 那么称 R 按 $\{p_\alpha|\alpha \in \Lambda\}$ 成为赋 (一族) 拟范线性空间.

特别当 Λ 是可列集时, 称 R 是赋可列拟范空间.

例 8 设 $[a,b]$ 是一有限区间, $C^\infty[a,b]$ 是 $[a,b]$ 上无限次可微的函数全体所成的线性空间, 我们在 $C^\infty[a,b]$ 上引入一列拟范数

$$\|x\|_n = \max_{a \leqslant l \leqslant b} |x^{(n)}(t)|, x \in C^\infty[a,b], n = 1, 2, 3, \cdots$$

这样 $C^\infty[a,b]$ 按 $\{\|\cdot\|_n|n = 1, 2, 3, \cdots\}$ 成为赋可列拟范空间.

例 9 设 X 是任一集, $R(X)$ 是 X 上的实函数全体所成的线性空间, 在 $R(X)$ 上定义一族拟范数 $\{p_x(\cdot)|x \in X\}$ 如下: $p_x(f) = |f(x)|, f \in R(X)$. 那么 $R(X)$ 按 $\{p_x(\cdot)|x \in X\}$ 成为赋 (一族) 拟范线性空间.

对赋拟范线性空间 R, 如果 $\{p_\alpha|\alpha \in \Lambda\}$ 是它的拟范数族, 我们引进类似于例 3 的一族邻域基如下: 当 $x \in R$ 时, 任取有限个 $\alpha_1, \cdots, \alpha_n \in \Lambda$, 任取正数 ε 作

$$U(x; \alpha_1, \cdots, \alpha_n, \varepsilon) = \{y|p_{\alpha_\nu}(y-x) < \varepsilon, \nu = 1, 2, \cdots, n\}$$

对于每个 $x \in R$, 记

$$\mathscr{U}(x) = \{U(x; \alpha_1, \cdots, \alpha_n; \varepsilon)|n \text{ 为自然数}, \alpha_1, \cdots, \alpha_n \in \Lambda, \varepsilon > 0\}$$

那么容易验证它满足引理 1 中的条件 $(N1)$、$(N2)$、$(N3)$. 由引理 2, 它导出唯一的拓扑, 称它是由拟范数族 $\{p_\alpha, \alpha \in \Lambda\}$ 导出的拓扑, 容易证明 R 按这个拓扑成为拓扑线性空间. 此后对赋 (一族) 拟范线性空间总是这样地引入拓扑. 这样得到的拓扑线性空间又叫作**局部凸的拓扑线性空间** (关于局部凸名词的由来, 我们不准备介绍了).

§4.8 中的不动点原理可以推广到局部凸的拓扑线性空间的情况.

定理 4.10.1 (Schauder–Тихонов (吉洪诺夫)) 设 R 是一个局部凸的拓扑线性空间, A 是 R 中的凸紧集. 又设 f 是 $A \to A$ 中的一个连续映照, 那么必有 $p \in A$ 使得 $f(p) = p$.

关于这个定理的证明参见 [8].

第五章　有界线性算子

§5.1　有界线性算子

1. 线性算子与线性泛函概念　算子概念 (参见 §1.2) 起源于运算. 例如代数运算、求导运算、求不定积分和定积分、把平面上的向量绕坐标原点旋转一个角度等. 在泛函分析中通常把映照称为算子. 而取值于实数域或复数域的算子也称为泛函数, 简称为泛函. 本书中着重考察赋范线性空间上的线性算子, 这是线性泛函分析的主要研究对象之一.

定义 5.1.1　设 Λ 是实数或复数域, X 及 Y 是域 Λ 上的两个线性空间, D 是 X 的线性子空间, T 是 D 到 Y 中的一个映照, 对 $x \in D$, 记 x 经 T 映照后的像为 Tx 或者 $T(x)$. 如果对任何 x、$y \in D$ 及数 $\alpha, \beta \in \Lambda$, 成立着

$$T(\alpha x + \beta y) = \alpha Tx + \beta Ty,$$

就称 T 是**线性算子**, 称 D 是 T 的定义域, 也记为 $\mathscr{D}(T)$. 而称集 $TD = \{Tx | x \in D\}$ 是 T 的值域 (或像域), 记为 $\mathscr{R}(T)$. 取值为实数或复数的线性算子 T (即 $\mathscr{R}(T) \subset \Lambda$) 分别称作实的或复的线性泛函, 通称为**线性泛函**.

本书中今后所讨论的算子 (泛函) 都是线性算子 (泛函).

下面举一些例子.

例 1　设 R^n 是 n 维 (实系数或复系数) 向量空间, 在 R^n 中取一组基 $\{e_1, e_2, \cdots, e_n\}$, 相应于任意一个 $n \times n$ 阵 $(t_{\mu\nu})$, 作 $R^n \to R^n$ 的算子 T 如下: 当

$$x = \sum_{\nu=1}^{n} x_\nu e_\nu \text{ 时}$$

$$y = Tx = \sum_{\mu=1}^{n} y_\mu e_\mu,$$

而 $y_\mu = \sum_{\nu=1}^{n} t_{\mu\nu} x_\nu, \mu = 1, 2, \cdots, n$. 显然, 这样定义的 T 是一个线性算子, 这个算子在线性代数中称为线性变换. 算子 T 显然由阵 $(t_{\mu\nu})$ 唯一确定, 有时就直接记为 $T = (t_{\mu\nu})$.

反过来, 设 T 是 $R^n \to R^n$ 的任何一个线性算子, 由于 T_{e_ν} 是 $e_1, e_2, \cdots, e_n$ 的线性组合, 所以必有阵 $(t_{\mu\nu})$, 使得

$$Te_\nu = t_{1\nu} e_1 + \cdots + t_{n\nu} e_n, \nu = 1, 2, \cdots, n. \tag{5.1.1}$$

因此, 当 $x = \sum_{\nu=1}^{n} x_\nu e_\nu$ 时, 由 T 的线性可得 $Tx = \sum_{\mu=1}^{n} y_\mu e_\mu$, 而这里的 $y_\mu = \sum_{\nu=1}^{n} t_{\mu\nu} x_\nu$, 即 T 是对应于阵 $(t_{\mu\nu})$ 的算子.

由此可知, 在有限维线性空间上, 如果将基选定后, 线性算子与矩阵是相对应的.

设 $(\alpha_1, \cdots, \alpha_n)$ 是一组数, 那么当 $x = \sum_{\nu=1}^{n} x_\nu e_\nu \in R^n$ 时

$$f(x) = \sum_{\nu=1}^{n} \alpha_\nu x_\nu \tag{5.1.2}$$

必为 R^n 上的线性泛函. 反过来, 如果 f 是 R^n 上的线性泛函, 记 $\alpha_\nu = f(e_\nu), \nu = 1, 2, \cdots, n$. 根据 f 的线性可知, f 必表示为 (5.1.2) 形式. 由此可知, n 维线性空间上线性泛函与数组 $(\alpha_1, \cdots, \alpha_n)$ 相对应.

例 2 设 $P(t) = \sum_{\nu=1}^{k} \alpha_\nu t^\nu$ 是常系数的多项式, 那么将函数 $x(t)$ 映照成 $P\left(\dfrac{\mathrm{d}}{\mathrm{d}t}\right) x(t)$ 的算子

$$P(D) : x(t) \mapsto P\left(\frac{\mathrm{d}}{\mathrm{d}t}\right) x(t)$$

是 $C^k[a, b]$ 到 $C[a, b]$ 的线性算子.

又对于 $[a, b]$ 中任一定数 t_0 映照

$$f : x(t) \mapsto P\left(\frac{\mathrm{d}}{\mathrm{d}t}\right) x(t) \Big|_{t=t_0}$$

是 $C^k[a,b]$ 上的线性泛函.

例 3　设 E 是线性空间, 映照

$$T : x \mapsto \alpha x \ (\alpha \text{ 是定数})$$

是 E 上的线性算子, 记作 αI, 称为相似算子 (或称作倍单位算子). 如果 $\alpha = 0$ 时, T 是零算子, 记作 0. 当 $\alpha = 1$ 时, 称为单位算子或恒等算子, 记作 I.

例 4　设 $(\Omega, \boldsymbol{B}, \mu)$ 是测度空间, $K(s,t)$ 是 $(\Omega \times \Omega, \boldsymbol{B} \times \boldsymbol{B}, \mu \times \mu)$ 上可测函数, 并且

$$\iint |K(s,t)|^2 \mathrm{d}\mu(s)\mathrm{d}\mu(t) < \infty,$$

由 Cauchy 不等式容易知道 (参见 (4.3.5) 及例 1)

$$(Tx)(s) = \int_{\Omega} K(s,t)x(t)\mathrm{d}\mu(t)$$

是 $L^2(\Omega, \boldsymbol{B}, \mu) \to L^2(\Omega, \boldsymbol{B}, \mu)$ 的线性算子, 它是线性积分方程理论中最基本的算子之一, 通常称为 Hilbert–Schmidt 型积分算子.

例 5　设 $x(t) \in L(-\infty, +\infty)$, 那么算子

$$(Tx)(\alpha) = \int_{-\infty}^{+\infty} e^{\mathrm{i}\alpha t}x(t)\mathrm{d}t \ (\text{即 } T : x(t) \mapsto \widetilde{x}(\alpha))$$

是 $L(-\infty, +\infty) \to C(-\infty, +\infty)$ 中的线性算子.

特别地, 对任何固定的 $\alpha_0 \in (-\infty, +\infty)$

$$f : x(t) \to \widetilde{x}(\alpha_0)$$

便是 $L(-\infty, +\infty)$ 上的线性泛函.

现在引入与线性泛函有关的一些几何概念.

设 X 是线性空间, f 是 X 上的线性泛函. 如果 f 不是零泛函 (即 $f \neq 0$), 那么对任何实数 (或复数, 视空间 X 为实或复空间而定) c, 称 X 的子集

$$L_c(f) = \{x | f(x) = c\}$$

为 X 的一个超平面, 它的方程就是 $f(x) = c$. 特别当 $c = 0$ 时, 超平面 L_c 成为 X 的线性子空间, 称为泛函 f 的**零空间**.

例如 X 是有限维空间 R^n 时, 采用例 1 中记号, 任何一个线性泛函 f 形如 (5.1.2), 这时超平面 L_c 就是通常所说的超平面

$$\alpha_1 x_1 + \cdots + \alpha_n x_n = c.$$

线性泛函 f 除了可能相差一个常数因子外, 可以由它的零空间决定出来. 关于这一点证明如下: 不妨设 $f \neq 0$. 设 $\mathscr{N}(f)$ (简记为 $\mathscr{N}$) 是 f 的零空间, 那么 $\mathscr{N} \neq X$. 任取 $y_0 \in \mathscr{N}$, 由于 $f(y_0) \neq 0$, 可以作 $x_0 = \dfrac{y_0}{f(y_0)}$, 那么就有 $f(x_0) = 1$, 对于空间 X 中任何向量 x, 作向量 $y = x - f(x)x_0$, 由于 $f(y) = 0$, 所以 $y \in \mathscr{N}$. 因此对任何 $x \in X$, 必有 $y \in \mathscr{N}$, 使得

$$x = y + f(x)x_0. \tag{5.1.3}$$

如果 g 是 X 上的线性泛函, 也是以 $\mathscr{N}$ 为零空间, 那么由 (5.1.3) 得到

$$g(x) = g(y) + g(x_0)f(x) = g(x_0)f(x),$$

对一切 $x \in X$ 成立. 即有下面泛函等式:

$$g = g(x_0)f,$$

因此 g 与 f 只相差一个常数因子 $g(x_0)$.

分解式 (5.1.3) 可以被形象地说成: "非零线性泛函的非零空间实质上是一维的."

我们也很容易看出, 两个线性泛函 f、g, 如果对某

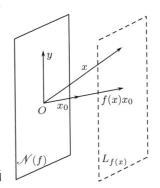

图 5.1

个 $c \neq 0$, 超平面 $L_c(f)$ 与超平面 $L_c(g)$ 一致, 从而超平面 $f = c'$ (c' 是任意非零数) 与超平面 $g = c'$ 一致, 由此又推出 $\mathscr{N}(f) - \mathscr{N}(g)$ 因此

$$f = g.$$

2. 线性算子的有界性与连续性 在度量空间中已介绍过连续映照的概念. 线性算子由于具有可加性, 所以关于连续性有更进一步的结果.

定理 5.1.1 设 T 是赋范线性空间 X 到赋范线性空间 Y 的线性算子. 假如 T 在某一点 $x_0 \in \mathscr{D}(T)$ 连续, 那么在 $\mathscr{D}(T)$ 上处处连续.

证 对任意一点 $x \in \mathscr{D}(T)$, 设 $x_n \in \mathscr{D}(T)$, 且 $x_n \to x$, 于是 $x_n - x + x_0 \to x_0$, 由假设 T 在 x_0 处连续, 所以当 $n \to \infty$ 时,

$$T(x_n - x + x_0) = Tx_n - Tx + Tx_0 \to Tx_0,$$

因此 $Tx_n \to Tx$, 即 T 在 x 点是连续的.

由此可知, 要验证线性算子 T 是连续的, 只需验证 T 在 $x = 0$ 点连续就可以了.

例 6　有限维赋范空间中线性算子是连续算子. 事实上, 因为定理 4.9.12 已证明有限维赋范线性空间中依范数收敛等价于依 Euclid 范数收敛, 或等价于按坐标收敛. 所以有限维赋范空间中一切线性算子是连续的.

定义 5.1.2　如果算子 T 将其定义域 $\mathscr{D}(T)$ 中的每个有界集映照成一个有界集, 就称 T 是**有界算子**. 不是有界的算子就称为**无界算子**.

赋范线性空间中的相似算子显然是有界的.

通常我们说一个线性算子 T 是 X 到 Y 中的算子是指 $\mathscr{D}(T) = X$.

用 Zorn 引理可以证明, 任何无限维赋范线性空间上必存在定义在全空间上的无界线性算子.

定理 5.1.2　设 T 是赋范线性空间 X 到赋范线性空间 Y 的线性算子. 那么 T 是有界算子的充要条件是存在常数 $M \geqslant 0$, 使得对一切 $x \in X$

$$\|Tx\| \leqslant M\|x\|. \tag{5.1.4}$$

证　设 T 是有界的线性算子, 那么 T 把单位球面 $S = \{y \mid \|y\| = 1, y \in X\}$ 映照成一个有界集, 所以有一个常数 $M \geqslant 0$, 对于 $y \in S$, 有 $\|Ty\| \leqslant M$. 当 $x = 0$ 时 (5.1.4) 自然成立, 当 $x \neq 0$ 时, 作 $y = \dfrac{x}{\|x\|}$, 那么由 $y \in S$, 得到

$$\left\| T \frac{x}{\|x\|} \right\| = \frac{\|Tx\|}{\|x\|} \leqslant M,$$

因而 (5.1.4) 对一切 $x \in X$ 成立.

反过来, 如果 (5.1.4) 成立, 设 x 在一有界集 A 中, 就有常数 K, 使得 $x \in A$ 时, $\|x\| \leqslant K$. 因此由 (5.1.4), 对一切 $x \in A$

$$\|Tx\| \leqslant MK,$$

即 TA 是有界集.　　　　　　　　　　　　　　　　　　　　　　　　　　证毕

本书今后如无特殊申明, 有界线性算子的定义域 $\mathscr{D}(T)$ 总假定为是全空间, 即 $\mathscr{D}(T) = X$. 因此, 对赋范线性空间上的线性算子, 以后就可用 (5.1.4) 作为有界性的定义. 与此相关, 引入下面基本概念.

定义 5.1.3　设 T 为赋范线性空间 X 到赋范线性空间 Y 的有界算子, 称

$$\|T\| = \sup_{x \neq 0} \frac{\|Tx\|}{\|x\|}$$

为**算子 T 的范数**.

由定理 5.1.2 立即得到有界线性算子的范数是有限的.

对有界线性算子 T, 成立着

$$\|Tx\| \leqslant \|T\|\|x\| \quad (x \in X) \tag{5.1.4'}$$

并且还有如下简单性质:

$$\|T\| = \sup_{\|x\|=1} \|Tx\| = \sup_{\|x\|\leqslant 1} \|Tx\|. \tag{5.1.5}$$

事实上, 显然 $\|T\| \geqslant \sup\limits_{\|x\|\leqslant 1} \|Tx\| \geqslant \sup\limits_{\|x\|=1} \|Tx\|$. 另一方面, 对任何 $y \neq 0$, 由于 $\dfrac{y}{\|y\|}$ 是范数为 1 的向量, 立即得到

$$\left\|T\frac{y}{\|y\|}\right\| \leqslant \sup_{\|x\|=1} \|Tx\|,$$

上式左边取上确界后得到 $\|T\| \leqslant \sup\limits_{\|x\|=1} \|Tx\|$, 由此得到 (5.1.5).

显然, 当 $T = I$ (单位算子) 时, $\|I\| = 1$.

称 $\|Tx\|/\|x\|$ 为 T 在 x 方向的伸张系数, $\|T\|$ 的几何意义是一切方向伸张系数的上确界.

现在举一个具体空间中具体算子的范数求法的例子.

例 7 对任何 $f \in L[a,b]$, 作

$$(Tf)(x) = \int_a^x f(t)\mathrm{d}t, \tag{5.1.6}$$

把 T 视为 $L[a,b] \to C[a,b]$ 的算子时, 那么 $\|T\| = 1$.

事实上, 任取 $f \in L[a,b]$, 使 $\|f\|_L = 1$, 由于

$$\|Tf\|_{C[a,b]} = \max_{a\leqslant x\leqslant b} |(Tf)(x)| = \max_{a\leqslant x\leqslant b} \left|\int_a^x f(t)\mathrm{d}t\right|$$

$$\leqslant \max_{a\leqslant x\leqslant b} \int_a^x |f(t)|\mathrm{d}t \leqslant \int_a^b |f(t)|\mathrm{d}t = 1,$$

即 $\|T\| \leqslant 1$. 另一方面, 取 $f_0 = \dfrac{1}{b-a}$, 显然 $\|f_0\|_L = 1$, 那么又有

$$\|T\| = \sup_{\|f\|=1} \|Tf\| \geqslant \|Tf_0\| = \max_{a\leqslant x\leqslant b} \int_a^x \frac{1}{b-a}\mathrm{d}t$$

$$= \int_a^b \frac{1}{b-a}\mathrm{d}t = 1,$$

即 $\|T\| \geqslant 1$, 所以 $\|T\| = 1$.

如将 (5.1.6) 式所定义的算子看成 $L[a,b] \to L[a,b]$ 的算子时, 那么 $\|T\| = (b-a)$.

事实上, 任取 $f \in L[a,b]$, 使 $\|f\|_L = 1$, 由于

$$\|Tf\|_L = \int_a^b \left| \int_a^x f(t)\mathrm{d}t \right| \mathrm{d}x \leqslant \int_a^b \int_a^x |f(t)|\mathrm{d}t\mathrm{d}x$$
$$\leqslant \int_a^b \int_a^b |f(t)|\mathrm{d}t\mathrm{d}x = \int_a^b 1\mathrm{d}x = (b-a),$$

即 $\|T\| \leqslant (b-a)$. 另一方面, 对任何使得 $a + \dfrac{1}{n} < b$ 的正整数 n, 作函数

$$f_n(x) = \begin{cases} n, & x \in \left[a, a+\dfrac{1}{n}\right], \\ 0, & x \in \left(a+\dfrac{1}{n}, b\right], \end{cases}$$

显然 $\|f_n\|_L = 1$, 而且

$$\|Tf_n\|_L = \int_a^b \left| \int_a^x f_n(t)\mathrm{d}t \right| \mathrm{d}x = \int_a^{a+\frac{1}{n}} n(x-\boldsymbol{a})\mathrm{d}x$$
$$+ \int_{a+\frac{1}{n}}^b 1\mathrm{d}x$$
$$= (b-a) - \frac{1}{2n},$$

所以又有 $\|T\| \geqslant \sup\limits_n \|Tf_n\|_L = (b-a)$. 从而 $\|T\| = (b-a)$.

一般说来, 求出具体算子的范数的值并不容易.

我们来证明对于线性算子而言, 有界性与连续性是等价的.

定理 5.1.3　线性算子 T 是有界的充要条件是 T 是连续算子.

证　显然, 有界算子在点 $x = 0$ 是连续的. 由定理 5.1.1, 有界线性算子 T 处处连续.

反过来, 设 T 是连续的线性算子, 我们只需证明

$$M_0 = \sup_{\|x\|=1} \|Tx\| < \infty, \tag{5.1.7}$$

假若不然, 设 $M_0 = \infty$, 那么就在单位球面 $\|x\| = 1$ 上存在点列 $\{x_n\}$, 使得 $\|Tx_n\| = \lambda_n \to \infty$. 考察点列 $y_n = \dfrac{x_n}{\lambda_n}$, 显然, $y_n \to 0$. 由 T 的连续性, 得到 $Ty_n \to 0$. 但是实际上 $\|Ty_n\| = 1$, 这是矛盾. 因而 $M_0 < \infty$, 即 T 是有界算子.

证毕

本节中例 1 到例 6 所举的算子 (按所指定的定义域的空间和像域的空间) 都是有界算子, 读者自己可以一一加以验证.

本书今后如无特殊申明, 连续算子的定义域总假定是全空间.

显然, 并非每个算子都是有界的.

例 8 设 X 是 $[a,b]$ 上具有连续的一阶导函数的函数全体, 视 X 为 $C[a,b]$ 的子空间 (就是说, X 中的范数就取为 $C[a,b]$ 的范数, 即当 $x \in X$ 时, $\|x\| = \max_{a \leqslant t \leqslant b} |x(t)|$) 时, X 也成为一个赋范线性空间. 在 X 上定义算子 D 如下: 当 $x \in X$ 时, $(Dx)(t) = \dfrac{\mathrm{d}}{\mathrm{d}t} x(t)$, 那么 D 显然是 X 到 $C[a,b]$ 的线性算子. D 是无界的. 因为如果取 $x_n(t) = e^{-n(t-a)}$, 容易算出 $\|x_n\| = 1$, 但是 $Dx_n = -ne^{-n(t-a)}$, 因此, 当 $n \to \infty$ 时, $\|Dx_n\| = n \to \infty$.

对于赋范线性空间 X 上的线性泛函 f, 我们总是把它看成由 X 到由实数 (或复数) 全体所成的线性空间 $\Lambda(y \in \Lambda$ 时, $\|y\|$ 就是 y 的绝对值 $|y|$) 的线性算子. 因此关于泛函的连续性及有界性就不再复述. 对于有界线性泛函 f, 由于 $f(x)$ 是数, 所以 $\|f(x)\| = |f(x)|$, 因而线性泛函的范数可以写成

$$\|f\| = \sup_{\|x\|=1} |f(x)|. \tag{5.1.8}$$

对于线性泛函还有下面的和连续性等价的条件.

定理 5.1.4 设 X 是赋范线性空间, f 是 X 上线性泛函, 那么 f 是连续的充要条件是 f 的零空间 $\mathscr{N} = \{x | f(x) = 0\}$ 为 X 中的闭子空间.

证 必要性: 设 f 是连续线性泛函. 当 $x_n \in \mathscr{N}, x_n \to x$ 时, 由 f 的连续性得到 $f(x) = \lim_{n \to \infty} f(x_n) = 0$. 因此 $x \in \mathscr{N}$. 所以 $\mathscr{N}$ 是闭集.

充分性: 设 $\mathscr{N}$ 是闭集, 如果 f 不是有界的, 那么 $\sup_{\|x\|=1} |f(x)| = \infty$. 因此必有一列点 x_n, 适合 $\|x_n\| = 1, |f(x_n)| \geqslant n$. 作

$$y_n = \frac{x_n}{f(x_n)} - \frac{x_1}{f(x_1)},$$

那么 $f(y_n) = 0$, 因此 $y_n \in \mathscr{N}$. 然而由于

$$\left\| \frac{x_n}{f(x_n)} \right\| = \frac{1}{|f(x_n)|} \to 0,$$

这样就得到 $y_n \to -\dfrac{x_1}{f(x_1)}$. 但是 $f\left(\dfrac{-x_1}{f(x_1)}\right) = -1$, 即 $\dfrac{-x_1}{f(x_1)} \overline{\in} \mathscr{N}$. 这和 $\mathscr{N}$ 为闭集的性质矛盾, 因此 f 是有界的.   证毕

3. 有界线性算子全体所成的空间　现在我们考察线性算子之间的初等运算.

设 X、Y 是两个线性空间. 我们以 $(X \to Y)$ 表示由 X 到 Y 的线性算子的全体, 类似于函数的初等运算我们也可引入算子的初等运算.

当 $A, B \in (X \to Y), \alpha$ 是数时, 作算子 $A + B$、αA 如下: 对于任何 $x \in X$, 规定

$$(A + B)x = Ax + Bx,$$

$$(\alpha A)x = \alpha(Ax).$$

显然, $A + B$、αA 都是属于 $(X \to Y)$. 称 $A + B$ 为算子 A 与 B 的和, αA 为数 α 与 A 的积. 容易知道 $(X \to Y)$ 按照上述的线性运算构成一线性空间.

设 Z 是又一个线性空间, 如果 $B \in (X \to Y), A \in (Y \to Z)$, 作 X 到 Z 的算子如下:

$$(A \cdot B)x = A(Bx), \quad x \in X,$$

显然, $A \cdot B$ 是由 X 到 Z 的线性算子, 称 $A \cdot B$ 为算子 A 与 B 的积, 常简写为 AB. 特别地, 当 $X = Y = Z$ 时, 如果 $A, B \in (X \to X)$, 那么 $AB \in (X \to X)$, 并且易知 $(X \to X)$ 按照上述线性运算及乘积成为一个线性代数[①], 并以 I 为单位元. 一般说来 AB 不一定等于 BA. 如果 $AB = BA$, 就称 A, B 是**可交换的**.

当 X, Y 是赋范线性空间时, 以 $\mathfrak{B}(X \to Y)$ 表示由 X 到 Y 的有界线性算子的全体. 假如 $A、B \in \mathfrak{B}(X \to Y)$, 那么 $A + B \in \mathfrak{B}(X \to Y), \alpha A \in \mathfrak{B}(X \to Y)$, 这里 α 是任意的数, 并且

$$\|A + B\| \leqslant \|A\| + \|B\|, \tag{5.1.9}$$

$$\|\alpha A\| = |\alpha| \|A\|. \tag{5.1.10}$$

等式 (5.1.10) 是显然的. 至于 (5.1.9) 可证明如下: 任取 $x \in X$, 那么

$$\|(A + B)x\| \leqslant \|Ax\| + \|Bx\| \leqslant \|A\| \|x\| + \|B\| \|x\|$$

$$= (\|A\| + \|B\|) \|x\|,$$

从而 (5.1.9) 成立. 又显然 $\|A\| \geqslant 0$, 而 $\|A\| = 0$ 只限于 $A = 0$. 所以得到结论如下:

[①]设 E 是线性空间, 如果对 E 中任意两个元素 x, y, 规定了积 $x \cdot y \in E$, 适合如下条件 (i) 乘法结合律: 当 $x, y, z \in E$ 时, $x \cdot (y \cdot z) = (x \cdot y) \cdot z$; (ii) 乘法及加法的分配律: 当 $x, y, z \in E$ 时, $x \cdot (y + z) = x \cdot y + x \cdot z, (y + z) \cdot x = y \cdot x + z \cdot x$; (iii) 当 α 是数, $x, y \in E$ 时, $\alpha(x \cdot y) = (\alpha x) \cdot y = x \cdot (\alpha y)$, 就称 E 为线性代数. 在代数中常简记 $x \cdot y$ 为 xy. 详见奥库涅夫著《高等代数》.

定理 5.1.5 设 X, Y 是赋范线性空间, $\mathfrak{B}(X \to Y)$ 是 X 到 Y 的有界线性算子全体, 那么 $\mathfrak{B}(X \to Y)$ 按通常的线性运算及算子范数成为赋范线性空间.

此后, 如不另外说明, 我们总把 $\mathfrak{B}(X \to Y)$ 了解为上述的赋范线性空间. 特别地, 对于 X 上的全体连续线性泛函有

定义 5.1.4 设 X 是赋范线性空间. X 上的连续线性泛函全体记作 X^*, 它按通常的线性运算及泛函的范数作范数构成一个赋范线性空间, 称为 X 的**共轭空间**.

设 X 是赋范线性空间, 当 $A, B \in \mathfrak{B}(X \to X)$ 时, AB 也是有界线性算子, 而且

$$\|AB\| \leqslant \|A\| \|B\|. \tag{5.1.11}$$

事实上, 当 $x \in X$ 时

$$\|ABx\| \leqslant \|A\| \|Bx\| \leqslant \|A\| \|B\| \|x\|,$$

从而得到 (5.1.11).

一般地, 设 R 是赋范线性空间同时又是代数, 如果其中元素的乘积满足

$$\|xy\| \leqslant \|x\| \|y\|, \tag{5.1.12}$$

就称 R 是**赋范代数**. 因此 $\mathfrak{B}(X \to Y)$ 是赋范代数, 完备的 (作为赋范空间是完备的) 赋范代数又称为 Banach **代数**.

如果在一个 Banach 代数中, 乘法是具有幺元的 (或称单位元的), 称它为具有幺元的 Banach 代数.

定理 5.1.6 设 X 是赋范线性空间, Y 是 Banach 空间, 那么 $\mathfrak{B}(X \to Y)$ 是 Banach 空间.

证 设 $\{T_n\}$ 是 $\mathfrak{B}(X \to Y)$ 中一列元素, 并且是基本的, 即对于任何 $\varepsilon > 0$, 存在 N, 当 $n, m \geqslant N$ 时

$$\|T_n - T_m\| < \varepsilon,$$

因此对任何 $x \in X$, 当 $n, m \geqslant N$ 时

$$\|T_n x - T_m x\| \leqslant \varepsilon \|x\|, \tag{5.1.13}$$

所以固定 x 时, $\{T_n x\}$ 是 Y 中的基本点列, 由于 Y 是完备的, 所以存在 y, 使得

$$y = \lim_{n \to \infty} T_n x.$$

作算子 T 如下: 对每个 $x \in X$, 令 $Tx = y = \lim\limits_{n \to \infty} T_n x$. 容易知道 T 是 $X \to Y$ 的线性算子. 在 (5.1.13) 中, 令 $m \to \infty$, 就得到: 当 $n \geqslant N$ 时

$$\|T_n x - Tx\| = \lim_{m \to \infty} \|T_n x - T_m x\| \leqslant \varepsilon \|x\|.$$

由于 ε 不依赖于 x, 所以上式说明, 当 $n \geqslant N$ 时

$$\|T_n - T\| = \sup_{\|x\|=1} \|(T_n - T)x\| \leqslant \varepsilon,$$

即 $T_n - T \in \mathfrak{B}(X \to Y)$. 从而 $T = T_n + (T - T_n) \in \mathfrak{B}(X \to Y)$, 并且

$$\lim_{n \to \infty} \|T_n - T\| = 0.$$

因而 $\mathfrak{B}(X \to Y)$ 是完备的赋范线性空间.　　　　　　　　　　证毕

由于实数全体或复数全体以绝对值作为范数时, 构成完备赋范线性空间, 所以立即得到下面的重要结论.

定理 5.1.7　赋范线性空间的共轭空间是 Banach 空间.

其次, 我们从定理 5.1.6 还可以得到下面的结果.

定理 5.1.8　当 X 是 Banach 空间时, 那么 $\mathfrak{B}(X \to X)$ 是具有幺元的 Banach 代数.

有共轭轭空间的某些基本问题我们将在下一节专门讨论. 下面举一些 Banach 代数的例子.

例 9　设 X 是赋范线性空间, B_0 是仅由单位算子 I 的倍数 αI 全体所构成的集, 即 $B_0 = \{\alpha I | \alpha \in \Lambda\}$, 那么 B_0 是 Banach 代数. 事实上, 因为 B_0 和数域 Λ (取数的绝对值为范数) 所成的 Banach 代数是同构的.

例 10　取 $X = L[a,b], x(t)$ 是 $[a,b]$ 上的连续函数. 对每个 x, 作相应的 $X \to X$ 的线性算子如下: 对任何 $f \in L[a,b]$

$$x : f(t) \mapsto x(t)f(t), \tag{5.1.14}$$

显然, 算子 x 是 $X \to X$ 的线性算子, 通常称它为乘积算子. 今证 x 是有界算子, 并且

$$\|x\| = \max_{a \leqslant t \leqslant b} |x(t)|. \tag{5.1.15}$$

事实上, 对任何 $f \in L[a,b]$, 由于

$$\int_a^b |x(t)f(t)| \mathrm{d}t \leqslant \max_{a \leqslant t \leqslant b} |x(t)| \int_a^b |f(t)| \mathrm{d}t,$$

即 $\|xf\| \leqslant \max\limits_{a\leqslant t\leqslant b}|x(t)|\|f\|$, 因此 $\|x\| \leqslant \max\limits_{a\leqslant t\leqslant b}|x(t)|$. 另一方面, 闭区间上连续函数 $|x(t)|$ 的极值是可达到的, 必有 t_0

$$|x(t_0)| = \max_{a\leqslant t\leqslant b}|x(t)|, \quad t_0 \in [a,b].$$

因此, 对任何 $\varepsilon > 0$, 必有区间 $I : t_0 \in I \subset [a,b]$, 当 $t \in I$ 时

$$|x(t_0)| - \varepsilon < |x(t)|. \tag{5.1.16}$$

记 δ 为 I 的长度, 在 $L[a,b]$ 中取 f_δ 如下:

$$f_\delta(t) = \begin{cases} 0, & t \,\overline{\in}\, I, \\ \dfrac{1}{\delta}, & t \in I, \end{cases}$$

显然 $f_\delta(t) \geqslant 0$, 且 $\|f_\delta\| = 1$. 根据 (5.1.16) 就有

$$\int_a^b (|x(t_0)| - \varepsilon)f_\delta(t)\mathrm{d}t \leqslant \int_a^b |x(t)f_\delta(t)|\mathrm{d}t,$$

即

$$\|xf_\delta\| \geqslant |x(t_0)| - \varepsilon = \max_{a\leqslant t\leqslant b}|x(t)| - \varepsilon.$$

也就是说 $\|x\| \geqslant \max\limits_{a\leqslant t\leqslant b}|x(t)| - \varepsilon$. 令 $\varepsilon \to 0$, 便得到 $\|x\| \geqslant \max\limits_{a\leqslant t\leqslant b}|x(t)|$. 因此 (5.1.15) 成立.

(5.1.15) 说明: 如果把 $C[a,b]$ 中元素 x, 作为 $L[a,b] \to L[a,b]$ 的乘积算子时, 作为算子的范数和作为 Banach 空间 $C[a,b]$ 的元素的范数是一致的.

此外, 对 $C[a,b]$ 中的所有元素 x, 按 (5.1.14) 方式把它作为 $L[a,b] \to L[a,b]$ 算子时, 显然构成一个代数. 又根据 (5.1.14) 以及 $C[a,b]$ 是完备的, 易知这个代数是 Banach 代数. 证毕

在一个 Banach 代数 B 中, 如果 B 中的两个元素 x_1、x_2 对于 B 中的乘法是可交换的, 即 $x_1x_2 = x_2x_1$, 就称 x_1、x_2 是**可交换的**. 如果 B 中一切元素彼此都可交换, 就称 B 是**可交换的 Banach 代数**. 设 $\mathfrak{A}$ 是 B 的线性闭子空间. 以 B 的乘法作为 $\mathfrak{A}$ 中的乘法, 如果 $\mathfrak{A}$ 成一个代数时, 就称 $\mathfrak{A}$ 为 B 的 Banach **子代数**.

简言之, $\mathfrak{A}$ 是 Banach 代数 B 的 Banach 子代数, 意即 $\mathfrak{A}$ 是对线性运算和乘法运算封闭的闭子集.

定理 5.1.9 设 X 是 Banach 空间, $A \in \mathfrak{B}(X \to X)$, $\mathfrak{B}(X \to X)$ 中一切可与 A 交换的算子全体记作 $\mathfrak{A}_A$ 那么 $\mathfrak{A}_A$ 是 $\mathfrak{B}(X \to X)$ 的 Banach 子代数.

证　先证 $\mathfrak{A}_A$ 是 $\mathfrak{B}(X \to X)$ 的线性子空间: 如果 $C, D \in \mathfrak{A}_A$, 由于 $CA = AC, DA = AD$, 易知对任何两个数 α, β, 便有

$$(\alpha C + \beta D)A = \alpha CA + \beta DA = A(\alpha C) + A(\beta D) = A(\alpha C + \beta D),$$

因此 $(\alpha C + \beta D) \in \mathfrak{A}_A$, 即 $\mathfrak{A}_A$ 是线性子空间.

再证 $\mathfrak{A}_A$ 中两个元 C 与 D 的积 $CD \in \mathfrak{A}_A$. 事实上, 由于 $(CD)A = C(DA) = C(AD) = (CA)D = (AC)D = A(CD)$, 即 $CD \in \mathfrak{A}_A$. 所以 $\mathfrak{A}_A$ 是 $\mathfrak{B}(X \to X)$ 的子代数.

最后证 $\mathfrak{A}_A$ 是闭子空间: 如果 $\{C_n\}$ 是 $\mathfrak{A}_A$ 中的一列元素, 并且 $C_n \to C \in \mathfrak{B}(X \to X)$. 由此得到对任何 $f \in X$

$$Cf = \lim_{n \to \infty} C_n f. \tag{5.1.17}$$

由于 A 是连续的, 根据 (5.1.17) 就得到

$$A(Cf) = A \lim_{n \to \infty} C_n f = \lim_{n \to \infty} A C_n f = \lim_{n \to \infty} C_n A f,$$

用 Af 代替 (5.1.17) 中 f, 便得到

$$A(Cf) = C(Af),$$

即对任何 $f \in X$, 都有 $ACf = CAf$. 因此 $AC = CA$, 即 $C \in \mathfrak{A}_A$.　　　证毕

Banach 代数是泛函分析中专门研究的重要对象之一, 不可能在本基础教材中多介绍, 这里介绍的已能满足本书以后的需要, 暂时介绍到此为止.

以后研究算子谱时要用到 Banach 代数的一个下述结果.

定理 5.1.10　设 B 是 Banach 代数, 则对任何 $x \in B$ 极限

$$\lim_{n \to \infty} \sqrt[n]{\|x^n\|}$$

存在, 而且等于 $\inf_{n \geqslant 1} \sqrt[n]{\|x^n\|}$.

证　记 $r = \inf_{n \geqslant 1} \sqrt[n]{\|x^n\|}$, 显然 $\lim_{n \to \infty} \sqrt[n]{\|x^n\|} \geqslant r$. 所以只要证明

$$\varlimsup_{n \to \infty} \sqrt[n]{\|x^n\|} \leqslant r. \tag{5.1.18}$$

由下确界定义, 对任何正数 ε, 必有 $m \geqslant 1$, 使得

$$\sqrt[m]{\|x^m\|} < r + \varepsilon,$$

对任何正整数 n, 有非负整数 $k_n, l_n, 0 \leqslant l_n < m$, 适合

$$n = k_n m + l_n.$$

重复应用 (5.1.12), 便可得到对任何 $k, \|x^k\| \leqslant \|x\|^k$. 从而

$$\sqrt[n]{\|x^n\|} \leqslant \sqrt[n]{\|x^{l_n}\| \|x^{k_n m}\|} \leqslant (\|x\|^{l_n} \|x^m\|^{k_n})^{\frac{1}{n}}$$
$$\leqslant \|x\|^{\frac{l_n}{n}} (r + \varepsilon)^{\frac{m k_n}{n}},$$

因此

$$\varlimsup_{n \to \infty} \sqrt[n]{\|x^n\|} \leqslant r + \varepsilon,$$

再令 $\varepsilon \to 0$, 就得到 (5.1.18). 证毕

显然, 定理 5.1.10 对赋范代数也是成立的. 特别有如下的系.

系 设 $T \in \mathfrak{B}(X \to X)$, 那么极限

$$\lim_{n \to \infty} \sqrt[n]{\|T^n\|}$$

存在, 并且等于 $\inf\limits_{n \geqslant 1} \sqrt[n]{\|T^n\|}$.

习 题 5.1

1. 在例 1 中, 如果规定向量 $x = \sum\limits_{\nu=1}^{n} x_\nu e_\nu$ 的范数为 $\|x\| = \max\limits_{\nu} |x_\nu|$, 求出例 1 中算子 T 的范数; 如果规定向量 x 的范数为

$$\|x\| = \left(\sum_{\nu=1}^{n} |x_\nu|^2 \right)^{\frac{1}{2}},$$

证明例 1 中算子的范数适合

$$\max_{\nu} \left(\sum_{\mu=1}^{n} |t_{\mu\nu}|^2 \right)^{\frac{1}{2}} \leqslant \|T\| \leqslant \left(\sum_{\mu=1}^{n} \sum_{\nu=1}^{n} |t_{\mu\nu}|^2 \right)^{\frac{1}{2}}.$$

2. 作赋范线性空间 $l^p (\infty > p > 1)$ 中算子 T 如下: 当 $x = \{x_\nu\} \in l^p$ 时, $Tx = \{y_\mu\}$, 其中

$$y_\mu = \sum_{\nu=1}^{\infty} t_{\mu\nu} x_\nu, \mu = 1, 2, 3, \cdots$$

而且 $\sum\limits_{\mu} \left(\sum\limits_{\nu} |t_{\mu\nu}|^q \right)^{\frac{p}{q}} < \infty, \frac{1}{q} + \frac{1}{p} = 1$. 证明 T 是 l^p 上有界线性算子. 又问 l^p 上有界线性算子是否都是这个形式.

3. 设 $K(x,y) \in L^q(R^2, m), f(y) \in L^p(R^1, m)$ 且 $\frac{1}{p} + \frac{1}{q} = 1, p > 1$. 证明

$$T: f(x) \mapsto \varphi(x) = \int K(x,y)f(y)\mathrm{d}y$$

是 $L^p(R^1, m) \to L^q(R^1, m)$ 的有界线性算子.

4. T 是 $C[a,b]$ 到 $C[a,b]$ 的积分算子:

$$(T\varphi)(s) = \int_a^b K(s,t)\varphi(t)\mathrm{d}t, \quad \varphi \in C[a,b],$$

其中 $K(s,t)$ 是 $[a,b] \times [a,b]$ 上二元连续函数. 证明

$$\|T\| = \max_{a \leqslant s \leqslant b} \int_a^b |K(s,t)|\mathrm{d}t.$$

5. 设 T 是 $C[a,b]$ 上有界线性算子, 记

$$Tt^n = f_n(t), \quad n = 0, 1, 2, \cdots.$$

证明 T 完全由函数列 $\{f_n(t)\}$ 唯一确定.

6. 设 T 是赋范线性空间 X 到赋范线性空间 Y 的线性算子. 如果 T 的零空间 $\mathcal{N}(T) = \{x | Tx = 0\}$ 是闭集, 问 T 是否有界? 当 T 是有界算子时, $\mathcal{N}(T)$ 是闭集吗?

7. 证明 $\dfrac{\mathrm{d}}{\mathrm{d}x}$ 是 $C^k[a,b]$(k 是正整数, 参见 §4.1 的例 3 和 §4.2 例 12) 到 $C[a,b]$ 的连续线性算子, 并求出它的范数.

8. 在复 $C^k[0,1]$ (k 是正整数) 定义

$$\|x\| = \sup_{t \in [0,1]} \sum_{i=0}^k \frac{|x^{(i)}(t)|}{i!},$$

采用通常的加、乘运算, 证明 $C^k[0,1]$ 是具有幺元的 Banach 代数.

9. 令 $K^{(n)}$ 表示次数不超过 n 的复系数多项式 $x = \sum\limits_{k=0}^n a_k t^k$ 全体, 加、乘运算如通常的, 但乘时出现超过 n 次的项当作零. 取 $\|x\| = \sum\limits_{k=0}^n |a_k|$. 证明 $K^{(n)}$ 是具有幺元的 Banach 代数.

10. 在绝对收敛级数 $a = \sum\limits_{-\infty}^{+\infty} \alpha_n$ 全体 l_1 上, 规定 "乘法" 如下: 当 $a = \{\alpha_n\}, b = \{\beta_n\} \in l_1$ 时,

$$ab = \left\{ \sum_{m=-\infty}^{+\infty} \alpha_{n-m}\beta_m \right\}$$

加法、数乘如通常的. 并规定 $\|a\| = \sum\limits_{-\infty}^{+\infty} |\alpha_n|$. 证明 l_1 是具有幺元的 Banach 代数.

11. 在 l' 空间上定义乘法如下: 当 $a = \{\alpha_n\}$、$b = \{\beta_n\} \in l'$ 时,

$$ab = \{\alpha_n \beta_n\}$$

证明 l' 是 Banach 代数, 但没有幺元. 并求出 $\lim\limits_{n\to\infty} \sqrt[n]{\|a^n\|}$.

12. 设 X 是赋范线性空间.

(i) 如果 T 是 X 上有界线性算子, 那么必有常数 λ (例如取 $|\lambda| > \|T\|$), 对任何正整数 $n(T - \lambda I)^n \neq 0$.

(ii) 证明不存在 X 上两个有界线性算子 A, B, 使得 $[A, B] = I$ (这里 $[A, B] = AB - BA$, 称为 A、B 的 **交换子**. (提示: 用反证法, 利用 (i), 可不妨设 $B^n \neq 0 (n = 1, 2, \cdots)$, 否则用 $(B - \lambda I)$ 代替 B. 然后算出 $[A, B^n] = nB^{n-1}$, 由此找出矛盾.)

13. 设 T 是线性空间 X 到线性空间 Y 的线性算子, $A \subset \mathscr{D}(T)$, 并且是凸集, 证明 TA 是 Y 上的凸集. 如果 X, Y 都是赋范线性空间, T 是连续线性算子 $(\mathscr{D}(T) = X)$ 问当 A 是凸闭集时, TA 是否是闭集.

14. f 是实赋范线性空间 X 上的线性泛函, c 为实数. 证明

(i) 超平面 $L_c(f)$ 和超平面 $L_c(f)$ 决定的半空间: $\{x | f(x) \geqslant c\}, \{x | f(x) \leqslant c\}, \{x | f(x) > c\}, \{x | f(x) < c\}$ 等都是凸集;

(ii) 当 f 连续时, $L_c(f), \{x | f(x) \geqslant c\}, \{x | f(x) \leqslant c\}$ 是闭的, $\{x | f(x) > c\}, \{x | f(x) < c\}$ 是开的;

(iii) $L_c(f)$ 和半空间中任何一个具有非空的核时, f 必连续.

§5.2 连续线性泛函的表示及延拓

1. 连续线性泛函的表示 为了应用泛函分析的一般理论丁具体场合, 如果能知道具体空间上连续线性泛函的一般形式, 即具体了解一个线性空间 X 的共轭空间 X^* 中每个元素的形式将是重要的. 在这一段中我们要把一些常用的空间如 l^p、$L^p[a, b]$ 等等的共轭空间表示出来.

首先我们引入同构概念.

定义 5.2.1 设 X, Y 是两个赋范线性空间. U 是 X 到 Y 的映照, 而且对一切 $x \in X$, 有 $\|Ux\| = \|x\|$, 那么称 U 是 X 到 Y 的一个 **保范算子**. 如果 U 不但是保范的, 又是线性的, 而且还实现 X 到 Y 上的一一对应, 那么我们就称 U 是 X 到 Y 上的 (保范) **同构映照**. 如果空间 X, Y 之间存在一个从 X 到 Y 上的 (保范) 同构映照, 我们就称 X 和 Y **同构**.

如果

$$U : x \mapsto Ux$$

是实现了 X 到 Y 的一个同构, 我们把 x 与 Ux 同一化 (即把 x 与 Ux 视为同一的), 那么就可以把 X 和 Y 同一化而不加区别.

在泛函分析中, 常把两个同构的空间同一化, 这是泛函分析中一个基本的观念.

一般说来, 一个抽象的赋范线性空间, 如果能与一个具体的赋范线性空间同构, 我们就把这个具体空间的形式称为抽象空间的一个**表示**. 所谓赋范线性空间 X 上连续线性泛函的表示, 就是研究 X^* 这个赋范线性空间能和怎样的具体空间实现同构. 这类问题的研究方法通常是: 先在 X 中取适当的元素集 $\mathfrak{F}$, 使得 $\mathfrak{F}$ 中元素的线性组合在 X 中稠密. 这种元素集 $\mathfrak{F}$ 称作赋范线性空间 X 中的母元组. 先把泛函 f 在 $\mathfrak{F}$ 上的形式表示出来, 再利用 $\mathfrak{F}$ 中元素的线性组合在 X 中的稠密性以及 f 的连续性, 从而把 f 在 X 上的形式表示出来.

(1) l^1 的共轭空间 $(l^1)^*$ 是 l^∞.

l^1 是满足 $\sum\limits_{i=1}^{\infty} |x_i| < \infty$ 的数列 $x = (x_1, x_2, \cdots)$ 全体按通常线性运算和范数 $\|x\|_1 = \sum\limits_{\nu=1}^{\infty} |x_\nu|$ 所成的 Banach 空间. l^∞ 是有界数列 $x = (x_1, x_2, \cdots)$ 全体按通常线性运算和范数 $\|x\|_\infty = \sup\limits_n |x_n|$ 所成的 Banach 空间. (见 §4.2).

在 l^1 中取 $\mathfrak{F}$ 为一列 "单位" 向量 $e_n = (0, \cdots, 0, 1, 0, \cdots), n = 1, 2, 3, \cdots$. 因此对任何 $x = (x_1, x_2, \cdots) \in l^1$, 显然

$$x = \lim_{n \to \infty} \sum_{\nu=1}^{n} x_\nu e_\nu,$$

对任何 $f \in (l^1)^*$, 记 $\eta_\nu = f(e_\nu)(\nu = 1, 2, 3, \cdots)$. 显然, $|\eta_\nu| \leqslant \|f\| \|e_\nu\|_1 = \|f\|$, 因此 $\eta \in l^\infty$, 而且

$$\|\eta\|_\infty \leqslant \|f\|. \tag{5.2.1}$$

作 $(l^1)^* \to l^\infty$ 的映照 $U : f \mapsto \eta = (f(e_1), \cdots, f(e_n), \cdots)$. 显然, U 是线性映照, 易知非零元 f 映照成非零元 $\eta = Uf$, 并且 $\|Uf\|_\infty \leqslant \|f\|$.

为了证明 U 是 $(l^1)^*$ 到 l^∞ 的同构映照, 现在仅需再证 $U(l^1)^* = l^\infty$, 并且 $\|Uf\| \geqslant \|f\|$: 对任何 $\eta = (\eta_1, \cdots, \eta_n, \cdots) \in l^\infty$, 由于 $\sup\limits_n |\eta_n| = \|\eta\|_\infty < \infty$ 以及 $x = (x_1, \cdots, x_n \cdots) \in l^1$ 时, $\sum\limits_{i=1}^{\infty} x_i$ 是绝对收敛级数, 所以 $\sum\limits_{\nu=1}^{\infty} x_\nu \eta_\nu$ 也是绝对收敛级数, 因而

$$f(x) = \sum_{\nu=1}^{\infty} x_\nu \eta_\nu \tag{5.2.2}$$

可以视为 l^1 上的泛函, 显然 f 是线性泛函, 而且

$$|f(x)| \leqslant \sum_{\nu=1}^{\infty} |x_\nu \eta_\nu| \leqslant \|\eta\|_\infty \sum_{\nu=1}^{\infty} |x_\nu| = \|\eta\|_\infty \|x\|_1,$$

即 f 是 l^1 上的连续线性泛函, 而且

$$\|f\| \leqslant \|\eta\|_\infty. \tag{5.2.3}$$

由 (5.2.2) 所定义的泛函 f 显然是满足 $f(e_i) = \eta_i (i = 1, 2, 3, \cdots)$, 即 $Uf = \eta$. 这说明 $U(l^1)^* = l^\infty$. 根据 (5.2.3) 还有 $\|Uf\|_\infty \geqslant \|f\|$.

既然 $(l^1)^*$ 和 l^∞ 同构, 我们把 $(l^1)^*$ 和 l^∞ 同一化, 所以可以说 l^1 的共轭空间是 l^∞, 即 $(l^1)^* = l^\infty$. 读者应特别注意, $(l^1)^* = l^\infty$ 只是同构意义下的等式, 所以在运用这些 "等式" 去探讨其他问题时, 还必须把同构映照同时加以考虑. 忽视这一点将会发生错误, 今后有关共轭空间表示的等式都应注意这一点. 有的书中常用 "$\cong$" 代替 "$=$", 以示区别.

(2) $l^p (1 < p < +\infty)$ 的共轭空间 $(l^p)^*$ 是 $l^q \left(\dfrac{1}{q} + \dfrac{1}{p} = 1 \right)$.

l^p 是满足 $\sum\limits_{i=1}^\infty |x_i|^p < \infty$ 的数列 $(x_1, x_2, \cdots)$ 的全体, 是按 $\|x\|_p = \left(\sum\limits_{n=1}^\infty |x_n|^p \right)^{\frac{1}{p}}$ 所成的 Banach 空间, $\mathfrak{F}$ 的取法和 l^1 的情况一样. 对任何 $f \in (l^p)^*$, 仍记 $\eta_\nu = f(e_\nu), \nu = 1, 2, 3, \cdots$. 先证 $\sum\limits_{\nu=1}^\infty |\eta_\nu|^q < \infty$: 作点列 $x^{(m)} = (x_1^{(m)}, x_2^{(m)}, \cdots)$ 如下: 令 $\theta_\nu = \arg \eta_\nu$,

$$x_\nu^{(m)} = \begin{cases} |\eta_\nu|^{q-1} e^{-\mathrm{i}\theta\nu}, & \nu \leqslant m, \\ 0, & \nu > m, \end{cases}$$

显然, $x^{(m)} \in l^p$, 由此得到

$$f(x^{(m)}) = \sum_{\nu=1}^\infty x_\nu^{(m)} \eta_\nu = \sum_{\nu=1}^m |\eta_\nu|^q,$$

$$\|x^{(m)}\|_p = \left(\sum_{\nu=1}^\infty |x_\nu^{(m)}|^p \right)^{\frac{1}{p}} = \left(\sum_{\nu=1}^m |\eta_\nu|^q \right)^{\frac{1}{p}}.$$

根据 $\dfrac{|f(x^{(m)})|}{\|x^{(m)}\|_p} \leqslant \|f\|$ 得到

$$\left(\sum_{\nu=1}^m |\eta_\nu|^q \right)^{\frac{1}{q}} \leqslant \|f\|,$$

再令 $m \to \infty$, 便得到 $\eta \in l^q$, 而且

$$\|\eta\|_q \leqslant \|f\|. \tag{5.2.4}$$

这时, 对任何 $x = (x_1, x_2, \cdots) \in l^p$, 由 Hölder 不等式得到

$$\sum_{\nu=1}^{\infty} |\eta_\nu x_\nu| \leqslant \left(\sum_{\nu=1}^{\infty} |\eta_\nu|^q\right)^{\frac{1}{q}} \left(\sum_{\nu=1}^{\infty} |x_\nu|^p\right)^{\frac{1}{p}} = \|\eta\|_q \|x\|_p, \tag{5.2.5}$$

即 $\displaystyle\sum_{\nu=1}^{\infty} \eta_\nu x_\nu$ 是绝对收敛级数. 因此, 由

$$x = \lim_{n\to\infty} \sum_{\nu=1}^{n} x_\nu e_\nu \text{ 和 } f(x) = \lim_{n\to\infty} f\left(\sum_{\nu=1}^{n} x_\nu e_\nu\right)$$

得到 f 的与 (5.2.2) 形式上完全相同的表达式

$$f(x) = \sum_{\nu=1}^{\infty} \eta_\nu x_\nu.$$

作 $(l^p)^* \to l^q$ 的算子

$$U : f \mapsto (f(e_1), f(e_2), \cdots, f(e_n), \cdots),$$

显然 U 是一对一线性的, 并且 $\|Uf\| \leqslant \|f\|$.

反过来, 对任何 $\eta \in l^q$, 由 (5.2.5) 就保证用 (5.2.2) 的方式定义的 f 是 l^p 上一个线性泛函, 由 (5.2.5) 又得到

$$\|f\| \leqslant \|\eta\|_q, \tag{5.2.6}$$

即由 (5.2.2) 定义的 f 是 l^p 上连续线性泛函.

显然, $f(e_i) = \eta_i$, 即 $\mathscr{R}(U) = l^q$, 从 (5.2.4)、(5.2.6) 容易知道 U 是 $(l^p)^*$ 到 l^q 上保范线性算子. 在同一化的意义下, 就得到 $(l^p)^* = l^q$.

我们注意, 当 $p > 1, q > 1, \dfrac{1}{p} + \dfrac{1}{q} = 1$ 时, 称 p、q 是一对对偶数, 如果把 $p = 1, q = \infty$ 也算作满足 $\dfrac{1}{p} + \dfrac{1}{q} = 1$ 的一对对偶数, 那么 $(l^1)^* = l^\infty$ 就成为 $(l^p)^* = l^q \left(\infty > p \geqslant 1, \dfrac{1}{p} + \dfrac{1}{q} = 1\right)$ 的特殊情况. 此外还有 $(l^2)^* = l^2$, 即 l^2 的共轭空间就是自身. 读者还应注意 $(l^\infty)^*$ 并不就是 l^1 (参见 §5.3 习题 4), 而 c_0 的共轭空间才是 l^1 (见本节习题 11).

下面用类似的方法考察函数空间.

(3) $L^p[a, b] (1 \leqslant p < \infty)$ 的共轭空间是 $L^q[a, b] \left(\dfrac{1}{p} + \dfrac{1}{q} = 1\right)$.

先证 $p > 1$ 的情况. 利用积分的 Hölder 不等式, 易知对任意给定 $\beta(t) \in L^q[a,b]$,

$$f(x) = \int_a^b x(t)\beta(t)\mathrm{d}t, \quad x(t) \in L^p[a,b] \tag{5.2.7}$$

是 $L^p[a,b]$ 上连续线性泛函, 并且 $\|f\| \leqslant \|\beta\|_q$.

作 $L^q[a,b] \to L^p[a,b]$ 的算子 $U^{-1} : \beta(t) \mapsto f$. 显然 U^{-1} 是线性的、一对一的算子, 并且 $\|U^{-1}\beta\| \leqslant \|\beta\|_q$. 我们仅再需证明: (i) $L^p[a,b]$ 上任何连续线性泛函 f, 必存在 $\beta(t) \in L^q[a,b]$, 使 (5.2.7) 成立; (ii) $\|\beta\|_q \leqslant \|f\|$.

对任何 $t \in [a,b]$, 令 $[a,t]$ 的特征函数为

$$u_t(\xi) = \begin{cases} 1, & a \leqslant \xi \leqslant t, \\ 0, & t < \xi \leqslant b, \end{cases}$$

由于 $[a,b]$ 上任何阶梯函数必可表示成 $\{u_t | t \in [a,b]\}$ 的线性组合, 根据 §4.6 知道, $\{u_t | t \in [a,b]\}$ 在 $L^p[a,b]$ 中稠密. 取 $\mathfrak{F}$ 为 $\{u_t | t \in [a,b]\}$. 对任何给定的 $f \in (L^p[a,b])^*$, 令 $g(t) = f(u_t)$. 由于 $u_a = 0$, 所以 $g(a) = 0$. 下面证明 $g(t)$ 是全连续函数: 设 $\{\delta_j = (\tau_j, t_j) | j = 1, 2, \cdots, n\}$ 是 $[a,b]$ 中互不相交开区间, 令 $\varepsilon_j = e^{-\mathrm{i}\theta_j}$ (这里 $\theta_j = \arg(g(t_j) - g(\tau_j))$ 就有

$$\begin{aligned} \sum_{j=1}^n |g(t_j) - g(\tau_j)| &= \sum_{j=1}^n \varepsilon_j(g(t_j) - g(\tau_j)) \\ &= f\left(\sum_{j=1}^n \varepsilon_j(u_{t_j} - u_{\tau_j})\right) \\ &\leqslant \|f\| \cdot \left\|\sum_{j=1}^n \varepsilon_j(u_{t_j} - u_{\tau_j})\right\|_p \\ &\leqslant \|f\| \left(\int_{\bigcup_j \delta_j} 1\mathrm{d}\xi\right)^{\frac{1}{p}} \\ &= \|f\| \left(\sum_{j=1}^n (t_j - \tau_j)\right)^{\frac{1}{p}}, \end{aligned}$$

由此可知 $g(t)$ 是 $[a,b]$ 上全连续函数.

当 φ 是阶梯函数, 等价地, 即存在分点组 $a = t_0 < t_1 < \cdots < t_m = b$, 和数

$c_1, \cdots, c_m, \varphi(\xi) = \sum\limits_{k=1}^{m} c_k(u_{t_k}(\xi) - u_{t_{k-1}}(\xi))$ 时, 由于 f 是线性泛函, 所以

$$f(\varphi) = \sum_{k=1}^{m} c_k(g(t_k) - g(t_{k-1})) = \sum_{k=1}^{m} c_k \int_{t_{k-1}}^{t_k} g'(t)\mathrm{d}t$$

$$= \int_a^b \varphi(t)g'(t)\mathrm{d}t \tag{5.2.8}$$

下面证明 (5.2.8) 对 $[a,b]$ 上有界 Lebesgue 可测函数 φ 也成立. 事实上, 对任何有界 Lebesgue 可测函数 φ, 必存在常数 $M > 0$, 以及一列阶梯函数 $\{\varphi_n\}$, 使得 $|\varphi(\xi)| \leqslant M, |\varphi_n(\xi)| \leqslant M$, 并且 $\varphi(\xi) \doteq \lim\limits_{\substack{m \\ n \to \infty}} \varphi_n(\xi)$. 因此, 由 Lebesgue 积分控制收敛定理得到

$$\|\varphi - \varphi_n\|_p = \left(\int_a^b |\varphi(\xi) - \varphi_n(\xi)|^p \mathrm{d}\xi \right)^{\frac{1}{p}} \to 0.$$

因为 f 是 $L^p[a,b]$ 上连续线性泛函, 所以 $f(\varphi) = \lim\limits_{n \to \infty} f(\varphi_n)$. 另一方面, 利用 (5.2.8) 对 φ_n 成立, 并注意到 $|\varphi_n(t)g'(t)| \leqslant M|g'(t)|, g'(t)$ 是可积的, 从而可以用控制收敛定理得到

$$f(\varphi) = \lim_{n \to \infty} f(\varphi_n) = \lim_{n \to \infty} \int_a^b \varphi_n(t)g'(t)\mathrm{d}t$$

$$= \int_a^b \varphi(t)g'(t)\mathrm{d}t,$$

即 (5.2.8) 对有界 Lebesgue 可积函数成立.

再证明 $g'(t) \in L^q[a,b]$: 令 $\theta(t) = \arg g'(t)$, 作函数列

$$h_n(t) = \begin{cases} |g'(t)|^{q-1}e^{-\mathrm{i}\theta(t)}, & \text{当 } |g'(t)|^q \leqslant n \text{ 时;} \\ 0, & \text{其他的 } t, n = 1, 2, 3, \cdots \end{cases}$$

对每个有界可测函数 h_n, 应用 (5.2.8),

$$\int_a^b \{|g'(t)|^q\}_n \mathrm{d}t = f(h_n) \leqslant \|f\| \|h_n\|_p$$

$$\leqslant \|f\| \left(\int_a^b \{|g'(t)|^q\}_n \mathrm{d}t \right)^{\frac{1}{p}},$$

这里

$$\{|g'(t)|^q\}_n = \begin{cases} |g'(t)|^q, & \text{当 } |g'(t)|^q \leqslant n; \\ 0, & \text{其他的 } t, n = 1, 2, 3, \cdots, \end{cases}$$

从而

$$\left(\int_a^b \{|g'(t)|^q\}_n \mathrm{d}t\right)^{\frac{1}{q}} \leqslant \|f\|,$$

再令 $n \to \infty$, 便得到 $g'(t) \in L^q[a, b]$, 并且

$$\|g'\|_q \leqslant \|f\|. \tag{5.2.9}$$

相应于给定的 f, 如取 $\beta = g'$, 根据 (5.2.9), 易知, 为了 β 适合 (i)、(ii) 要求, 仅需证明对一切 $\varphi \in L^p[a, b]$, (5.2.8) 成立就可以了. 作泛函

$$F(\varphi) = \int_a^b \varphi(t) g'(t) \mathrm{d}t.$$

因为 $g' \in L^q[a, b]$, 所以 $F \in (L^p[a, b])^*$. 由于 $[a, b]$ 上有界 Lebesgue 可测函数全体在 $L^p[a, b]$ 中稠密, 所以对每个 $\varphi \in L^p[a, b]$, 必有有界可测函数列 $\{\psi_n\}$, 使得 $\|\psi_n - \varphi\|_p \to 0$. 又因为 $f(\psi_n) = F(\psi_n)$ 以及 f, F 都是连续泛函, 所以

$$f(\varphi) = \lim_{n \to \infty} f(\psi_n) = \lim_{n \to \infty} F(\psi_n) = F(\varphi)$$
$$= \int_a^b \varphi(t) g'(t) \mathrm{d}t.$$

因此, 当 $p > 1$ 时, $L^p[a, b]$ 的共轭空间是 $L^q[a, b]$.

在 $p = 1, q = \infty$ 的情况可以完全类似地证明. 所要注意的是: $\|\beta\|_\infty$ 的定义是

$$\|\beta\|_\infty = \inf_{\substack{m(E)=0 \\ E \subset [a,b]}} \sup_{t \in [a,b]-E} |\beta(t)|,$$

泛函的一般形式仍是 (5.2.7).

特别 $(L^2[a, b])^* = L^2[a, b]$ (即 $L^2[a, b]$ 是自共轭的). 然而 $(L^\infty[a, b])^*$ 并不是 $L^1[a, b]$. 这一点我们将在 §5.3 中证明.

在常见的函数空间中还有一个重要的赋范线性空间 $C[a, b]$, 要获得它的连续线性泛函的一般形式, 需要用到赋范线性空间中一个基本定理, 即泛函延拓定理.

2. 连续线性泛函的延拓 设 X 是赋范线性空间, G 是它的子空间, 如果已知 f 是定义在 G 上的连续线性泛函, 我们要研究如何把 f 延拓成整个 X 上的连续线性泛函 F, 并且保持范数不变. 就是说: $F(x) = f(x), x \in G$, 而且 $\|f\|_G = \|F\|$. 这里

$$\|f\|_G = \sup_{\substack{x \in G \\ \|x\|=1}} |f(x)|.$$

自然更一般地对算子也有延拓的问题.

定义 5.2.2 设 X, Y 是赋范线性空间, A 是 $\mathscr{D}(A)(\subset X)$ 到 Y 中的线性算子, 又设 $G \subset \mathscr{D}(A)$. 如果

$$\|A\|_G = \sup_{\substack{x \in G \\ \|x\|=1}} \|Ax\|$$

是有限数, 称 A 在 G 上有界, 又称 $\|A\|_G$ 为 A 在 G 上的范数.

设 A, B 是赋范线性空间 X 的子空间到赋范线性空间 Y 的两个有界线性算子, 如果 B 是 A 的延拓 (即 $\mathscr{D}(A) \subset \mathscr{D}(B)$, 并且对 $x \in \mathscr{D}(A)$ 时, $Ax = Bx$), 那么

$$\|B\| = \sup_{\substack{x \in \mathscr{D}(B) \\ \|x\|=1}} \|Bx\| \geqslant \sup_{\substack{x \in \mathscr{D}(A) \\ \|x\|=1}} \|Ax\| = \|A\|,$$

所以算子延拓时范数不会减少.

定理 5.2.1 设 X 是任一赋范线性空间, Y 是 Banach 空间, 又设 G 是 X 的稠密的线性子空间, A 是 G 到 Y 的有界线性算子. 那么 A 必可延拓成 X 到 Y 的有界线性算子 B, 并且保持范数不变, 即 $\|B\| = \|A\|$.

证 设 $x \in X$, 必有 G 中一列元素 $\{x_n\}$, 使 $x_n \to x$. 由于

$$\|Ax_n - Ax_m\| \leqslant \|A\| \|x_n - x_m\|,$$

而且 $\{x_n\}$ 是 X 中的基本点列, 因此 $\{Ax_n\}$ 是 Y 中的基本点列. 由 Y 的完备性, 点列 $\{Ax_n\}$ 必有极限. 在 X 上定义算子 B 如下: 对每个 $x \in X$, 规定

$$Bx = \lim_{n \to \infty} Ax_n. \tag{5.2.10}$$

今证这样定义的 Bx 不依赖于 $\{x_n\}$ 的选取. 事实上, 如果 $x_n' \to x$, 那么由 $\|x_n - x_n'\| \to 0$, 立即可以得到 $\|Ax_n - Ax_n'\| \to 0$. 所以 $Bx = \lim_{n \to \infty} Ax_n'$, 即 Bx 有确定的意义, 特别当 $x \in G$ 时, 取 $x_n = x, n = 1, 2, 3, \cdots$, 就立即可以知道 B 是 A 的延拓. 又根据极限具有线性, 即可得出 B 是 X 上的线性算子.

再由前述, 延拓时范数不会减少, 所以 $\|B\| \geqslant \|A\|$, 但另一方面, 由 (5.2.10) 得到

$$\|Bx\| = \lim_{n \to \infty} \|Ax_n\| \leqslant \|A\| \lim_{n \to \infty} \|x_n\| = \|A\| \|x\|,$$

所以 B 是有界算子, 而且 $\|B\| \leqslant \|A\|$. 所以 $\|B\| = \|A\|$.

再证这种延拓的唯一性. 事实上, 如果 A 又可延拓成另一个有界线性算子 C, 那么对任一点 $x \in X$, 取 $x_n \in G, x_n \to x$, 在 x_n 上 $Bx_n = Ax_n = Cx_n$, 由 B, C 的连续性, 即得

$$Bx = \lim_{n \to \infty} Bx_n = \lim_{n \to \infty} Cx_n = Cx.$$

证毕

上述定理自然对于泛函完全适用. 利用这种延拓, 我们就不妨设有界线性算子 A 的定义域 $\mathscr{D}(A)$ 总是 X 的闭子空间, 因为如果不然, 总可以把 A 唯一地延拓到 $\overline{\mathscr{D}(A)}$ 上去. 这种延拓定理虽很重要, 但从可延拓性来看, 却是明显的. 如果 $\overline{\mathscr{D}(A)}$ 不是全空间 X, 一个算子能否保持范数不变地延拓到 X 上去却是一个复杂的问题. 对于连续线性泛函是肯定地回答了这个问题, 这就是下面的基本定理, 在泛函分析中常常用到它.

定理 5.2.2 (Hahn–Banach (哈恩 – 巴拿赫))   设 X 是赋范线性空间, G 是 X 的线性子空间, 对于给定在 G 上任一有界线性泛函 f, 必可以作出 X 上的有界线性泛函 F, 使它满足条件:

(i) 当 $x \in G$ 时, $F(x) = f(x)$;

(ii) $\|f\|_G = \|F\|$.

为了证明这个定理, 先证明一个引理.

引理 1   设 X 是实的赋范线性空间, A 是 X 的线性子空间, $g(x)$ 为子空间 A 上的实连续线性泛函. 对于任一向量 $x_0 \in X - A$, 设 A_1 是 A 与 x_0 张成的线性子空间. 那么在 A_1 上必有连续线性泛函 g_1, 使得

(i) 当 $x \in A$ 时, $g_1(x) = g(x)$;

(ii) $\|g_1\|_{A_1} = \|g\|_A$.

证 A_1 中的元素 y 形如 $x + tx_0 (x \in A, t$ 是实数$)$. 由于 $x_0 \in A, A_1$ 中的元素 y 通过表示式

$$y = x + tx_0, \quad x \in A, -\infty < t < \infty. \tag{5.2.11}$$

由 y 唯一确定了 x 及 t. 事实上, 如果又有 $y = x' + t'x_0, x' \in A, t' \in (-\infty, \infty)$. 当 $t \neq t'$ 时, $x_0 = \dfrac{x' - x}{t - t'} \in A$, 这是不可能的. 因而只有 $t = t'$, 由此得到 $x = x'$. 此后 A_1 中的元素总是分解成 (5.2.11) 的形式.

我们先分析一下, 如果 g 可以延拓成 A_1 上的线性泛函 g_1, 那么由 g_1 的线性, g_1 的形式必然是这样的: 当 $x \in A$ 时, $g_1(x + tx_0) = g_1(x) + tg_1(x_0) = g(x) + tg_1(x_0)$. 因此, 我们在 A_1 上作泛函 g_1 如下: 对于 $y = x + tx_0 \in A_1, x \in A, t \in (-\infty, \infty)$, 规定

$$g_1(y) = g(x) + tc.$$

利用 (5.2.11) 分解的唯一性, 就知道 g_1 在 A_1 上有确定意义, 而且是 A_1 上的线

性泛函[①]. 此时 $c = g_1(x_0)$, 而且条件 (i) 成立. 现在就是要取适当的 c, 使得 (ii) 成立.

由于有界线性泛函延拓时范数不会减少: $\|g_1\|_{A_1} \geqslant \|g\|_A$. 所以只要证明可以选取 c, 使得它适合不等式

$$|g(x) + tc| \leqslant \|g\|_A \|x + tx_0\| \quad (x \in A, -\infty < t < \infty) \tag{5.2.12}$$

事实上, 只要取 c, 使不等式

$$g(x) + tc \leqslant \|g\|_A \|x + tx_0\| \tag{5.2.13}$$

对任何 $x \in A, t \in (-\infty, \infty)$ 成立就可以了. 因为在 (5.2.13) 中换 x 为 $-x, t$ 为 $-t$, 就得

$$g(x) + tc \geqslant -\|g\|_A \|x + tx_0\|, \tag{5.2.14}$$

把 (5.2.13) 以及由它推出的 (5.2.14) 结合起来便是 (5.2.12).

现在解不等式 (5.2.13): 当 $t = 0$ 时, 对一切 c, (5.2.13) 式成立. 当 $t > 0$ 时, 记 $u = \dfrac{x}{t}$, 那么 (5.2.13) 式等价于

$$c \leqslant \|g\|_A \|u + x_0\| - g(u), u \in A; \tag{5.2.15}$$

当 $t < 0$ 时, 记 $u' = \dfrac{x}{-t}$, 那么 (5.2.13) 等价于

$$g(u') - \|g\|_A \|u' - x_0\| \leqslant c, \quad u' \in A. \tag{5.2.16}$$

因此, 只要能取到 c, 使得 (5.2.15)、(5.2.16) 成立, 那么 (5.2.13) 就是可解的.

下面证明可以取到 c 使 (5.2.15)、(5.2.16) 成立. 由于当 $u, u' \in A$ 时

$$g(u) + g(u') = g(u + u') \leqslant \|g\|_A \|u + u'\|$$
$$\leqslant \|g\|_A (\|u + x_0\| + \|u' - x_0\|),$$

所以, 对任意的 $u, u' \in A$ 成立着

$$g(u') - \|g\|_A \|u' - x_0\| \leqslant \|g\|_A \|u + x_0\| - g(u), \tag{5.2.17}$$

[①]如果 $y_1 = x_1 + t_1 x_0, y_2 = x_2 + t_2 x_0, \alpha, \beta$ 是数, 那么

$$\alpha y_1 + \beta y_2 = (\alpha x_1 + \beta x_2) + (\alpha t_1 + \beta t_2) x_0,$$

因此

$$g_1(\alpha y_1 + \beta y_2) = g(\alpha x_1 + \beta x_2) + (\alpha t_1 + \beta t_2)c = \alpha g_1(y_1) + \beta g_1(y_2).$$

如果记

$$M(x_0) = \inf_{u \in A} \{\|g\|_A \|u + x_0\| - g(u)\},$$
$$m(x_0) = \sup_{u' \in A} \{g(u') - \|g\|_A \|u' - x_0\|\}.$$

根据 (5.2.17) 得到 $M(x_0) \geqslant m(x_0)$. 因此只要任意取一个 c, 适合 $M(x_0) \geqslant c \geqslant m(x_0)$, 那么 (5.2.15)、(5.2.16) 成立, 因此 (5.2.13) 成立, 从而 (5.2.12) 成立, 这样作的 g_1 使 (ii) 成立.　　　　　　　　　　　　　　　　　　　　证毕

定理 5.2.2 的证明　(I) 先假设 X 是实的赋范线性空间, f 是实的线性泛函, 在此情况下来证明本定理. 如果子空间 $G \neq X$, 首先在 G 外任取一个 x_1, 设 G 与 x_1 张成的子空间记为 G_1, 由引理 1, 必可把 f 延拓成 G_1 上有界线性泛函 f_1, 而且保持 $\|f\|_G = \|f_1\|_{G_1}$. 如果 G_1 仍然不是 X, 再在 G_1 外取一个 x_2, 它和 G_1 张成 G_2, 再由引理 1 将 f_1 延拓成 G_2 上有界线性泛函 f_2, 且 $\|f\|_G = \|f_1\|_{G_1} = \|f_2\|_{G_2}$. 如此继续下去, 最后总可以延拓成全空间的有界线性泛函, 且保持范数不变.

然而上述的证明是不严格的, 因为延拓的手续是无限的, 一般说, 不属普通数学归纳法所能证明的范畴. 为了把这种无限延拓过程的可能性确切地表述出来, 我们用 Zorn 引理加以论证.

设 $\mathscr{F}$ 是满足下面三个条件的线性泛函 g 的全体:

(i) $\mathscr{D}(g)$ 是 X 的线性子空间;

(ii) g 是 f 的延拓, 即 $\mathscr{D}(g) \supset G$, 而且当 $x \in G$ 时, $g(x) = f(x)$;

(iii) g 在定义域 $\mathscr{D}(g)$ 上有界, 而且 $\|g\|_{\mathscr{D}(g)} = \|f\|_G$,

再在 $\mathscr{F}$ 中规定顺序如下: 如果 g_1、$g_2 \in \mathscr{F}$, 而 g_1 是 g_2 的延拓 (即 $\mathscr{D}(g_1) \supset \mathscr{D}(g_2)$, 而且当 $x \in \mathscr{D}(g_2)$ 时, $g_1(x) = g_2(x)$) 就规定

$$g_2 \prec g_1,$$

显然, 这确实是 $\mathscr{F}$ 中的一个顺序. 设 $\mathscr{T}$ 是 $\mathscr{F}$ 中的一个全序集, 我们要证明 $\mathscr{F}$ 必有上界. 作一线性泛函 h 如下: h 的定义域 $\mathscr{D}(h)$ 规定为

$$\bigcup_{g \in \mathscr{T}} \mathscr{D}(g),$$

当 $x \in \mathscr{D}(h)$ 时, 必有一个 $g \in \mathscr{T}$, 使得 $x \in \mathscr{D}(g)$, 这时规定 $h(x) = g(x)$.

今证 h 是 $\mathscr{T}$ 的一个上界:

(1) 首先证明 h 有确定意义, 即如果 $x \in \mathscr{D}(h)$, 并且有 g_1、$g_2 \in \mathscr{T}$, 使得 $x \in \mathscr{D}(g_1) \bigcap \mathscr{D}(g_2)$ 时, 必然有 $g_1(x) = g_2(x) = h(x)$. 事实上, 由于 $\mathscr{T}$ 是全序集, 不妨设 $g_2 \prec g_1$, 因此 $g_1(x) = g_2(x)$.

(2) 其次证 h 是线性泛函. 因为如果 x、$y \in \mathscr{D}(h)$, 必有 g_1、$g_2 \in \mathscr{T}$, 使得 $x \in \mathscr{D}(g_1), y \in \mathscr{D}(g_2)$. 由于 $\mathscr{T}$ 是全序集, 不妨设 $g_2 \prec g_1$, 这时 x、$y \in \mathscr{D}(g_1)$, 因此对任何数 α、β

$$h(\alpha x + \beta y) = g_1(\alpha x + \beta y) = \alpha g_1(x) + \beta g_1(y) = \alpha h(x) + \beta h(y).$$

(3) 证 h 为 f 的延拓. 因为 $x \in G$ 时, 对任何一个 $g \in \mathscr{T}, g(x) = f(x)$, 自然 $h(x) = f(x)$.

(4) 证 $\|h\| = \|f\|_G$. 如果 $x \in \mathscr{D}(h)$, 必有 $g \in \mathscr{T}$, 使得 $h(x) = g(x)$, 所以

$$|h(x)| \leqslant \|g\| \|x\| = \|f\|_G \|x\|,$$

即 h 为 $\mathscr{D}(h)$ 上有界线性泛函, 而且 $\|h\| \leqslant \|f\|_G$. 但泛函延拓时范数不会减少, 所以 $\|h\| = \|f\|_G$.

(5) 证 h 是 $\mathscr{T}$ 的上界. 当 $g \in \mathscr{T}$ 时, 显然 $\mathscr{D}(g) \subset \mathscr{D}(h)$, 从 h 的定义知道对于任何 $x \in \mathscr{D}(g), h(x) = g(x)$, 即 $g \prec h$.

由 Zorn 引理知道, 在 $\mathscr{F}$ 中有极大元. 设 F 是 $\mathscr{F}$ 的一个极大元. 只要证明 $\mathscr{D}(F) = X$ 好了.

如果 $\mathscr{D}(F) \neq X$, 分别把 $\mathscr{D}(F)$、F 看成引理中的 A 与 g, 根据引理必有 $g_1 \in \mathscr{F}, F \prec g_1$, 而且 $\mathscr{D}(g_1)$ 确实比 $\mathscr{D}(F)$ 大, 即 $g_1 \neq F$. 这和 F 是极大元冲突. 所以 $\mathscr{D}(F) = X$. 因而 F 就满足定理的要求.

当空间 X 是可析空间时, 证明这个定理可以不利用 Zorn 引理. 事实上, 由于 X 可析, 所以有点列 $x_1, x_2, \cdots, x_n, \cdots$, 它在 X 中稠密. 作 G 与 x_1 的线性和得到 G_1, 再作 G_1 与 x_2 的线性和, 如此继续下去得到一列线性空间 $G_n, n = 1, 2, \cdots$

$$G \subset G_1 \subset G_2 \subset \cdots \subset G_n \subset \cdots$$

利用引理 1, 顺次地把 f 延拓到 $G_1, G_2, \cdots$, 得到线性泛函序列 $f_1, f_2, \cdots$, 使得当 $m \leqslant n$ 时, f_n 是 f_m 的延拓, 而且对每个 $n, \|f_n\|_{G_n} = \|f\|_G$. 令

$$G_\omega = \bigcup_{n=1}^{\infty} G_n,$$

在 G_ω 上作泛函 f_ω 如下: 当 $x \in G_n$ 时

$$f_\omega(x) = f_n(x),$$

易知 f_ω 是 G_ω 上的有界线性泛函, 而且是 f_n 的延拓. 因而是 f 在 G_ω 上的延拓. 显然 $\|f_\omega\|_{G_\omega} = \|f\|_G$. 由于 $\{x_n\} \subset G_\omega$, 所以线性子空间 G_ω 在 X 中稠密.

再利用定理 5.2.1, f_ω 立即可以保持范数不变地延拓成 X 上有界线性泛函 F. 容易知道这个 F 就是定理中所要求的了.

(II) 现在证明当 X 是复空间时泛函延拓定理也成立. 对于任一复线性泛函 f 作

$$f_1(x) = \frac{f(x) + \overline{f(x)}}{2}, \quad f_2(x) = \frac{f(x) - \overline{f(x)}}{2i},$$

分别称 f_1, f_2 为 f 的实部、虚部. 这时 f_1, f_2 是 $\mathscr{D}(f)$ 上的实线性泛函.

因为 f 本来是 $\mathscr{D}(f)$ 上的复线性泛函, 所以 f 的实部、虚部都应该适合

$$i[f_1(x) + if_2(x)] = if(x) = f(ix) = f_1(ix) + if_2(ix),$$

取实部, 当 $x \in \mathscr{D}(f)$ 时, $f_2(x) = -f_1(ix)$. 因此得到表达式:

$$f(x) = f_1(x) - if_1(ix), x \in \mathscr{D}(f),$$

这说明 f 可以由它的实部 f_1 完全决定出来. 因为

$$|f_1(x)| = |\operatorname{Re} f(x)| \leqslant |f(x)| \leqslant \|f\|\|x\|,$$

所以 f_1 是 X 上有界线性实泛函, 且 $\|f_1\| \leqslant \|f\|$.

如果原来 f 是给定在 $G \subset X$ 上的, 由于 X 本身也可以视为实空间, 利用对实泛函已被证明的结果, 立即得到 X 上的实连续线性泛函 F_1, 使得 $F_1(x) = f_1(x), x \in G$, 且 $\|f_1\|_G = \|F_1\|$. 用 F_1 在 X 上作泛函 F:

$$F(x) = F_1(x) - iF_1(ix), x \in X,$$

显然当 $x \in G$ 时, $F(x) = f(x) = f_1(x) - if_1(ix)$, 并且

$$F(x + y) = F(x) + F(y),$$

如果 α 是实数, 那么 $F(\alpha x) = \alpha F(x)$. 又因为

$$F(ix) = F_1(ix) + iF_1(x) = iF(x),$$

所以当 $\alpha + i\beta$ 为任一复数时, 有

$$F((\alpha + i\beta)x) = F(\alpha x) + iF(\beta x) = (\alpha + i\beta)F(x),$$

因此 F 为复的线性泛函. 对任一点 $x \in X$, 当 $F(x) \neq 0$ 时, 令

$$\theta = \arg F(x),$$

那么

$$0 \leqslant F(x)e^{-\mathrm{i}\theta} = F(e^{-\mathrm{i}\theta}x) = \mathrm{Re}\,(F(e^{-\mathrm{i}\theta}x)) = F_1(e^{-\mathrm{i}\theta}x)$$
$$\leqslant \|f\|_G\|e^{-\mathrm{i}\theta}x\| = \|f\|_G\|x\|,$$

因此

$$|F(x)| = |e^{-\mathrm{i}\theta}F(x)| \leqslant \|f\|_G\|x\|,$$

即 $\|F\| \leqslant \|f\|_G$. 但是泛函延拓时, 范数不会减少, 由于 F 是 f 的延拓, 所以有 $\|F\| = \|f\|_G$.　　　　　　　　　　　　　　　　　　　　　　　　　证毕

注意, 一般说来, G 上的一个有界线性泛函保持范数不变地延拓成 X 上有界线性泛函 F 时, 可以有不止一种方式, 即延拓不是唯一的.

例 1　设 $X = R^2$, 即 X 是点 $x = (x_1, x_2)$ 的全体, $\|x\| = |x_1| + |x_2|$. 又设 $G = \{(x_1, 0)\}, f$ 是定义在 G 上的泛函: $f\{(x_1, 0)\} = x_1$, 显然 f 是 G 上连续线性泛函, 而且 $|f\{(x_1, 0)\}| = |x_1| = \|(x_1, 0)\|$, 即 $\|f\|_G = 1$. 然而, 对任何数 β, X 上的连续线性泛函 $F\{(x_1, x_2)\} = x_1 + \beta x_2$ 都是 f 的延拓. 由于

$$|F\{(x_1, x_2)\}| = |x_1 + \beta x_2| \leqslant \max(1, |\beta|)\|(x_1, x_2)\|,$$

所以只要 $|\beta| \leqslant 1, F$ 都是 f 的保持范数不变的延拓.

我们还要强调两点: (i) 在定理的证明中并没有用到范数的如下性质: "$\|x\| = 0$ 蕴涵 $x = 0$". 也就是说, 在定理的假设中可以换范数为半范数. 所以定理 5.2.2 又可以改写成

定理 5.2.2′ (Hahn–Banach)　设 X 是线性空间, G 是 X 的线性子空间, 又设 X 上定义了一个半范数 $p(x)$, 对于 G 上给定的任何一个线性泛函 f, 当它满足条件

$$k = \sup_{x \in G, p(x) \leqslant 1} |f(x)| < \infty$$

时, f 必可延拓为 X 上的线性泛函 F, 满足条件

$$\sup_{x \in X, p(x) \leqslant 1} |F(x)| = k.$$

这是局部凸拓扑线性空间 (赋半范线性空间) 理论中的一个基本定理.

(ii) Hahn-Banach 定理是纯代数的, 虽然它假设了线性空间上有范数或半范数. 但是定理的表述和证明过程都没有用到空间的任何拓扑性质 (或极限概念). 对于定理的纯代数性质, 在第 4 小节中将可进一步看出.

3. 泛函延拓定理的应用 泛函延拓定理是一个非常有用的定理, 除了本节下面所介绍的而外, 今后也是常常要用的. 下面利用 Hahn-Banach 定理证明满足一些特殊要求的有界线性泛函的存在性定理.

设 X 是赋范线性空间, G 是 X 的子空间, $x_0 \in X$. 设 f 是 X 上的连续线性泛函, 而且在 G 上为 0, 那么必有

$$|f(x_0)| \leqslant \|f\|\rho(x_0, G), \tag{5.2.18}$$

这里 $\rho(x_0, G)$ 是 x_0 和子空间 G 的距离 (见 §4.4).

事实上, 取一列 $x_n \in G$, 使得 $\|x_n - x_0\| \to \rho(x_0, G)$, 那么由范数定义, 得到

$$|f(x_0)| = |f(x_n - x_0)| \leqslant \|f\|\|x_n - x_0\| \to \|f\|\rho(x_0, G).$$

反之, 我们要问: 是否存在不恒为零的连续线性泛函 f, 在 G 上为零, 而且使得 (5.2.18) 式中等号成立? 这个问题的回答是肯定的.

定理 5.2.3 设 X 是赋范线性空间, G 是线性子空间, $x_0 \in X$, 而且 $d = \rho(x_0, G) > 0$. 那么必存在 X 上的连续线性泛函 f 适合条件:

(i) 当 $x \in G$ 时 $f(x) = 0$;

(ii) $f(x_0) = d$;

(iii) $\|f\| = 1$.

证 考虑由 G 及 x_0 所张成的子空间 A. 由于 $x_0 \bar{\in} G$, 所以 A 中任一元素 x 能唯一地表示成

$$x = x' + tx_0 \quad (x' \in G),$$

此时规定

$$g(x) = td,$$

那么 g 是 A 上的线性泛函, 而且 $g(x_0) = d$. 又当 $x \in G$ 时, $g(x) = 0$. 所以 g 适合定理中的 (i)、(ii). 由于

$$\|x\| = \|x' + tx_0\| = |t|\|x_0 + x'/t\| \geqslant |t|\rho(x_0, G)$$
$$= |t|d = |g(x)|,$$

所以 g 是 A 上的有界泛函, 且 $\|g\|_A \leqslant 1$.

根据 Hahn-Banach 定理, 必有 X 上的连续线性泛函 f, 它是 g 的延拓, 而且 $\|f\| = \|g\|_A$. 由于 f 是 g 的延拓, 所以 f 也适合定理的 (i) 及 (ii). 再由 (5.2.18)

$$\|f\| \geqslant 1,$$

从 $\|g\|_A \leqslant 1$ 便得到 $\|f\| = 1$.   证毕

下面是常被引用的推论.

系 1　设 X 是赋范线性空间, 对任何 $x_0 \in X, x_0 \neq 0$, 必存在 X 上的连续线性泛函 f, 适合

(i) $f(x_0) = \|x_0\|$;

(ii) $\|f\| = 1$.

证　只要将定理 5.2.3 中的 G 取为 $\{0\}$ 就可以了.　　　　　　　　证毕

因此, 在任意非零赋范线性空间上, 必存在非零的连续线性泛函, 而且在无限维赋范线性空间中必有无限多个线性无关的连续线性泛函 (见习题 7).

系 1 还具有如下几何意义: 设 Ω 是实空间 X 的子集. 对 X 上的任何线性泛函 f, 作超平面 $L_c = \{x | f(x) = c, x \in X\}, c$ 是实数. 如果对 Ω 中所有的点成立着 $f(x) \leqslant c$ (或 $f(x) \geqslant c$), 就称 Ω 位于超平面 L_c 的一侧. 如果进一步有 $x_0 \in \Omega \bigcap L_c$, 就说超平面 L_c 在 x_0 处支持着 Ω (如图 5.2). 如果 Ω 是 X 中的球 $\{x | \|x\| \leqslant r\}$, 系 1 便是说: 在球面 $\|x\| = r$ 上的每点 x_0 处, 必存在一个在 x_0 处支持着 Ω 的超平面 L_c. 这是因为, 当 $x \in \Omega$ 时

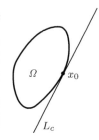

图 5.2

$$f(x) \leqslant \|f\| \|x\| = r,$$

而且 $f(x_0) = \|x_0\| = r$.

利用系 1 又得到一个重要的推论:

系 2　设 X 是赋范线性空间, 对任何 $x_0 \in X$, 那么

$$\|x_0\| = \sup_{\substack{\|f\|=1 \\ f \in X^*}} |f(x_0)|.$$

证　当 $f \in X^*$, 且 $\|f\| = 1$ 时, 显然

$$|f(x_0)| \leqslant \|f\| \|x_0\|,$$

由此立即得到 $\sup\limits_{\substack{\|f\|=1 \\ f \in X^*}} |f(x_0)| \leqslant \|x_0\|$. 另一方面, 根据系 1, 必有 $f, \|f\| = 1$, 使得 $f(x_0) = \|x_0\|$, 所以 $\sup\limits_{\substack{\|f\|=1 \\ f \in X^*}} |f(x_0)| \geqslant \|x_0\|$.　　　　　　　　证毕

从上面讨论中可知泛函的延拓定理与凸集关系密切. 在局部凸拓扑线性空间上有如下重要结果.

定理 5.2.3' 设 A 是实局部凸拓扑线性空间 X 上凸闭集, 如果 $x_0 \in A$, 那么必存在连续线性泛函 f, 使得 (i) $f(x_0) = 1$; (ii) 当 $x \in A$ 时, $f(x) < 1$.

泛函延拓定理还有其他一些特定的形式, 在本节的第 4 小节还将介绍一种形式, 我们这里不拟多述, 可参看 [4].

现在利用连续线性泛函延拓定理来找出 $C[a,b]$ 上连续线性泛函的表示, 即求出 $(C[a,b])^*$ (或简写成 $C[a,b]^*$) 的具体形式.

根据第三、四章的介绍知道 $V_0[a,b]$ 是赋范线性空间 $V[a,b]$ 的线性子空间, 对于任何 $g \in V_0[a,b]$ (即 g 是 $g(a) = 0$, 在 (a,b) 上右连续的有界变差函数), 作 $C[a,b]$ 上的泛函 F_g 如下:

$$F_g(x) = \int_a^b x(t)\mathrm{d}g(t), \quad x \in C[a,b]. \tag{5.2.19}$$

根据 §3.8 的广义 (带符号) 测度论知道 F_g 是 $C[a,b]$ 上的线性泛函. 而且由定理 3.8.3 的 4° 知道 $|F_g(x)| \leqslant \int_a^b |x(t)|\,|\mathrm{d}g| \leqslant \max_{a \leqslant t \leqslant b} |x(t)| \mathop{\mathbf{V}}\limits_a^b(g)$, 这就是说

$$|F_g(x)| \leqslant \|x\|\|g\|, \tag{5.2.20}$$

这里的 $\|g\| = \mathop{\mathbf{V}}\limits_a^b(g)$. 所以 F_g 是有界泛函, 即 $F_g \in C[a,b]^*$, 而且 $\|F_g\| \leqslant \|g\|$. 易知 $U : g \mapsto F_g$ 是 $V_0[a,b]$ 到 $C[a,b]^*$ 的线性算子. 由 (5.2.20) 知 U 是连续的, 且 $\|Ug\| \leqslant \|g\|$.

利用广义测度的唯一性, 易知 U 还是一对一的. 因此我们如能证明 (i) 对任何 $F \in C[a,b]^*$, 一定存在 $V_0[a,b]$ 中某个 g, 使得

$$F(x) = \int_a^b x(t)\mathrm{d}g(t), \quad x(t) \in C[a,b], \tag{5.2.21}$$

即 $\mathscr{R}(U) = C[a,b]^*$, 而且 (ii) $\|F\| \geqslant \|g\|$ (即 $\|Ug\| \geqslant \|g\|$), 那么就证明了 $C[a,b]^*$ 与 $V_0[a,b]$ 是线性保范同构, 即

$$C[a,b]^* = V_0[a,b].$$

定理 5.2.4 (F.Riesz) 设 f 是 $C[a,b]$ 上的连续线性泛函, 必有唯一的 $g \in V_0[a,b]$, 使得当 $x \in C[a,b]$ 时

$$f(x) = \int_a^b x(t)\mathrm{d}g(t), \tag{5.2.21}$$

而且 $\|f\| = \|g\|$.

证　我们仅证 $C[a,b]$ 是实空间的情况, 复 $C[a,b]$ 空间情况由读者自己证明. 首先分析一下, 假如对给定的 f, 满足 (5.2.21) 式的 g 存在, 如何求出 g? 根据 g 是广义测度, 并且 $g \in V_0[a,b]$, 得到

$$g(\xi) = g([a,\xi]) = \int_a^b \chi_{[a,\xi]}(t) \mathrm{d}g(t),$$

其中 $\chi_{[a,\xi]}(t)$ 是 $[a,\xi]$ 的特征函数, 我们就简记为 χ_ξ 并规定 $\chi_a = 0$. 这样就启发我们应先把 $C[a,b]$ 空间的泛函 f 延拓到有界函数空间 $B[a,b]$ 上去, 然后由延拓后的泛函在 χ_ξ 上的值来定 g.

设 $B[a,b]$ 是 $[a,b]$ 上的有界实函数全体, 按通常线性运算及范数

$$\|x\| = \sup_{a \leqslant t \leqslant b} |x(t)|, \quad x \in B[a,b]$$

所成的赋范线性空间, 那么 $C[a,b]$ 是 $B[a,b]$ 的线性子空间, 根据延拓定理, f 可延拓到 $B[a,b]$ 上得到 F, 而且 $\|F\| = \|f\|$.

置

$$h(\xi) = F(\chi_\xi) \quad (a \leqslant \xi \leqslant b),$$

现在利用 $h(\xi)$ 表示出 F 在任何 $x \in C[a,b]$ 上的值. 先证明 $h(\xi) \in V[a,b]$: 设

$$a = \xi_0 < \xi_1 < \cdots < \xi_n = b,$$

记 $\varepsilon_i = \mathrm{sgn}[h(\xi_i) - h(\xi_{i-1})]$, 那么

$$\sum_{i=1}^n |h(\xi_i) - h(\xi_{i-1})| = \sum_{i=1}^n \varepsilon_i [h(\xi_i) - h(\xi_{i-1})]$$
$$= F\left(\sum_{i=1}^n \varepsilon_i (\chi_{\xi_i} - \chi_{\xi_{i-1}}) \right),$$

所以

$$\sum_{i=1}^n |h(\xi_i) - h(\xi_{i-1})| \leqslant \|F\| \left\| \sum_{i=1}^n \varepsilon_i (\chi_{\xi_i} - \chi_{\xi_{i-1}}) \right\|.$$

显然 $B[a,b]$ 中的向量 $\sum_{i=1}^n \varepsilon_i (\chi_{\xi_i} - \chi_{\xi_{i-1}})$ 的范数为 1, 而 $\|F\| = \|f\|$. 所以

$$\sum_{i=1}^n |h(\xi_i) - h(\xi_{i-1})| \leqslant \|f\|,$$

即 $h \in V[a,b]$, 而且

$$\overset{b}{\underset{a}{\mathbf{V}}}(h) \leqslant \|f\|. \tag{5.2.22}$$

根据定理 3.6.13, 存在 $g \in V_0[a, b]$, 在 h 的连续点 x 以及 b 上, $g(x) = h(x) - h(a)$ (事实上, $h(a) = 0$), 而且 $\overset{b}{\underset{a}{\mathbf{V}}}(g) \leqslant \overset{b}{\underset{a}{\mathbf{V}}}(h)$.

我们来证明

$$F(x) = \int_a^b x(t) \mathrm{d}g(t), \quad x(t) \in C[a, b].$$

事实上, 对任何 $x \in C[a, b]$, 在 $[a, b]$ 上选取一分点组

$$a = t_0^{(n)} < t_1^{(n)} < \cdots < t_{n_m}^{(n)} = b,$$

要求 $t_i^{(n)}(i = 1, 2, \cdots, n_m - 1)$ 都是 $h(t)$ 的连续点, 而且

$$\lim_{n \to \infty} \max_{1 \leqslant i \leqslant n_m} (t_i^{(n)} - t_{i-1}^{(n)}) = 0.$$

对这样的分点组, 作 $B[a, b]$ 中函数

$$x_n(t) = \sum_{k=1}^{n_m} x(t_k^{(n)})(\chi_{t_k^{(n)}} - \chi_{t_{k-1}^{(n)}}),$$

其中 χ_t 表示 $[a, t]$ 的特征函数. 根据 $x(t)$ 的均匀连续性, 容易证明 $\|x_n - x\| \to 0$ (见 §4.4 例 4). 由于

$$
\begin{aligned}
F(x_n) &= \sum_{k=1}^{n_m} x(t_k^{(n)})[h(t_k^{(n)}) - h(t_{k-1}^{(n)})] \\
&= \sum_{k=1}^{n_m} x(t_k^{(n)})[g(t_k^{(n)}) - g(t_{k-1}^{(n)})] \\
&= \int_a^b \sum_{k=1}^{n_m} x(t_k^{(n)})(\chi_{t_k^{(n)}} - \chi_{t_{k-1}^{(n)}}) \mathrm{d}g \\
&= \int_a^b x_n(t) \mathrm{d}g(t)
\end{aligned}
$$

根据关于广义测度的积分控制收敛定理 (见定理 3.8.3) 成立着

$$\lim_{n \to \infty} F(x_n) = \int_a^b x(t) \mathrm{d}g(t),$$

另一方面, 由于 F 的连续性, $x \in C[a, b]$ 以及 $\lim\limits_{n \to \infty} \|x_n - x\| = 0$, 又得到

$$\lim_{n \to \infty} F(x_n) = F(x) = f(x),$$

所以

$$f(x) = \int_a^b x(t) \mathrm{d}g(t), \quad x(t) \in C[a, b],$$

由 (5.2.20) 又得到 $\|f\| \leqslant \|g\|$. 由 (5.2.22), 又有

$$\|g\| = \overset{b}{\underset{a}{\mathbf{V}}}(g) \leqslant \overset{b}{\underset{a}{\mathbf{V}}}(h) \leqslant \|f\|,$$

所以 $\|f\| = \|g\|$. 根据定理 3.8.8 的系, g 是唯一的. 证毕

为以后算子谱论的需要, 对本定理作一明显的推论, 并对周期函数的情况指出类似的结论.

系 设 P 是 $[a,b]$ 上多项式全体, 把 P 作为 $C[a,b]$ 的线性子空间. 设 f 是 P 上连续线性泛函, 那么 f 必可唯一地延拓成 $C[a,b]$ 上连续线性泛函, 而且存在唯一的 $g \in V_0[a,b]$, 使得对任何 $x \in C[a,b]$, 成立着

$$f(x) = \int_a^b x(t)\mathrm{d}g(t).$$

证 由 §4.6, P 在 $C[a,b]$ 中稠密, 再根据定理 5.2.1, f 可唯一地延拓到 $C[a,b]$ 上. 由本定理就导出系.

设 $C_{2\pi}$ 表示以 2π 为周期的连续函数 $\varphi(t)$ 的全体, 按通常的线性运算以及范数 $\|\varphi\| = \max\limits_{0 \leqslant t \leqslant 2\pi} |\varphi(t)|$ 形成的赋范线性空间. 设 $V_{2\pi}$ 是 $V_0[0, 2\pi]$ 中满足条件

$$\lim_{\substack{x \to 0 \\ x > 0}} g(x) = g(0) = 0$$

的函数全体所成的线性子空间. 和定理 5.2.4 相仿有

定理 5.2.5 设 f 是 $C_{2\pi}$ 上连续线性泛函, 那么必有唯一的 $g \in V_{2\pi}$, 使得当 $x \in C_{2\pi}$ 时

$$f(x) = \int_0^{2\pi} x(t)\mathrm{d}g(t),$$

而且 $\|f\| = \overset{2\pi}{\underset{0}{\mathbf{V}}}(g)$.

这个定理的证明留给读者.

类似也有下面的推论.

系 设 T 是周期为 2π 的三角多项式全体, T 作为 $C_{2\pi}$ 的线性子空间. 设 f 是 T 上的连续线性泛函, 那么 f 一定可以唯一地延拓成 $C_{2\pi}$ 上的连续线性泛函, 并且有唯一的 $g \in V_{2\pi}$, 使得

$$f(x) = \int_0^{2\pi} x(t)\mathrm{d}g(t).$$

证略.

4. 测度问题　现在再给出泛函延拓类型定理在经典分析问题 —— 测度问题上有趣的应用.

从测度观念来看, Lebesgue 积分成为比 Riemann 积分更强有力的工具的关键在于 Lebesgue 积分是建立在可列可加测度基础上, 而 Riemann 积分是建立在只具有有限可加性的 Jordan 测度 (定义在区间集上, 并且等于区间的长度) 上; 从积分来看, 总希望可测集的类愈大 (意味着可积函数愈多) 愈好; 从调和分析来看, 非常重要而有用的经典调和分析理论之所以能建立, 主要是依靠了 Lebesgue 测度的平移不变性. 因此曾提出如下一个问题, 在 (例如) 直线上是否存在一个测度能够具有如下性质: (i) 可列可加的; (ii) 一切直线上子集都是可测的; (iii) 平移不变的; (iv) 非平凡的 (即总存在一个有限区间, 例如 $[0,1]$ 的测度是有限的).

如果放弃要求 (ii), 显然, Lebesgue 测度就满足 (i)、(iii)、(iv); 如果放弃要求 (iii), 显然, 由 Heaviside 函数产生的 Lebesgue-Stieltjes 测度就满足 (i)、(ii)、(iv); 如果放弃要求 (iv), 显然, 在直线的一切非空子集上测度值为无限大, 空集上测度值为零的测度就满足 (i)、(ii)、(iii). 而 (i) — (iv) 要求同时都满足的测度是不存在的. 这是因为第二章中所举的 Lebesgue 不可测集的例子证明中, 仅仅只用了 Lebesgue 测度的平移不变、可列可加以及 $m([0,1])$, $m([-1,2])$ 是有限值.

如果把可列可加性要求 (i) 降低成只要求: (i)′ 有限可加性. Banach 证明了满足 (i)′、(ii)、(iii)、(iv) 的测度是存在的. 为证明这一点, 先建立如下的泛函延拓定理 (这个定理是纯代数性质的).

引理 2　设 $p(x)$ 是实线性空间 X 上实线性泛函, 并满足

(i) (次可加性)　$p(x_1 + x_2) \leqslant p(x_1) + p(x_2), x_1, x_2 \in X$;

(ii) (正齐性)　对任何数 $\alpha \geqslant 0, x \in X, p(\alpha x) = \alpha p(x)$ (称为**凸泛函**). 又设 f 是 X 的子空间 A 上定义的实线性泛函, 且对任何 $x \in A, f(x) \leqslant p(x)$, 那么 f 必可延拓成 X 上的线性泛函 F, 并且对一切 $x \in X$

$$F(x) \leqslant p(x). \tag{5.2.23}$$

完全仿照泛函延拓定理的证明可证本引理.

定理 5.2.6　存在定义在 $[0,1)$ 的一切子集上的非负函数 ν, 满足

(i) (有限可加性)　对任何 E_1、$E_2 \subset [0,1), E_1 \bigcap E_2 = \varnothing, \nu(E_1 \bigcup E_2) = \nu(E_1) + \nu(E_2)$;

(ii) 当 E 是 $[0,1)$ 中 Lebesgue 可测集时, $\nu(E) = m(E)$;

(iii) (平移不变性)　对任何 $E \subset [0,1), a \in [0,1), \nu(E) = \nu(E + a)$, 此地 $E + a = \{x + a(\bmod 1) | x \in E\}$;

(iv) (反射①不变性)　对任何 $E \subset [0,1), \nu(E) = \nu(1 - E)$, 这里 $1 - E = \{1 - x | x \in E\}$.

证　记 $\mathscr{U}$ 为 $[0,1)$ 上有界实函数全体. 我们证明在实线性空间 $\mathscr{U}$ 上存在正线性泛函 I (即对 $\mathscr{U}$ 中任何非负函数 $f, I(f) \geqslant 0$), 使得

(i)′ 当 $f \in \mathscr{U}$, 并且 f 是 Lebesgue 可积时, $I(f) = (L) \displaystyle\int_0^1 f(x)\mathrm{d}x$;

(ii)′ $I(f(x + a)) = I(f(x))$, 此地 $x + a$ 是 $x + a(\mod 1)$ 的简写;

(iii)′ $I(f(1 - x)) = I(f(x))$.

如果上述 I 存在, 只要令 $\nu(E) = I(\chi_E)(\chi_E$ 是集 E 在 $[0,1)$ 上的特征函数), 易知 ν 便是满足定理 5.2.6 所有要求的有限可加测度.

对任何 $f \in \mathscr{U}$, 视 f 为 $(-\infty, +\infty)$ 上以 1 为周期的函数. 对任何 $\alpha_1, \cdots, \alpha_n \in R'$, 令

$$M(f; \alpha_1, \cdots, \alpha_n) = \sup_{-\infty < x < +\infty} \frac{1}{n} \sum_{i=1}^n f(x + \alpha_i),$$
$$p(f) = \inf_{\substack{\alpha_1, \cdots, \alpha_n \\ n = 1, 2, \cdots}} M(f; \alpha_1, \cdots, \alpha_n).$$

显然, 对任何 $\alpha \geqslant 0, p(\alpha f) = \alpha p(f)$. 下面证 $p(f)$ 是 $\mathscr{U}$ 上次可加泛函: 任取 f、$g \in \mathscr{U}$, 对任何 $\varepsilon > 0$, 存在 $\alpha_1, \cdots, \alpha_n; \beta_1, \cdots, \beta_m$, 使得

$$M(f; \alpha_1, \cdots, \alpha_n) \leqslant p(f) + \varepsilon, \quad M(g; \beta_1, \cdots, \beta_m) \leqslant p(g) + \varepsilon,$$

对 mn 个分点 $\alpha_i + \beta_j (i = 1, 2, \cdots, n; j = 1, 2, \cdots, m)$

$$p(f + g) \leqslant M(f + g; \alpha_i + \beta_j) = \sup_{-\infty < x < +\infty} \frac{1}{nm} \sum_{i,j} (f + g)(x + \alpha_i + \beta_j)$$

$$= \sup_{-\infty < x < +\infty} \frac{1}{m} \sum_j \frac{1}{n} \sum_i f(x + \beta_j + \alpha_i)$$

$$+ \sup_{-\infty < x < +\infty} \frac{1}{n} \sum_i \frac{1}{m} \sum_j g(x + \alpha_i + \beta_j)$$

$$\leqslant p(f) + \varepsilon + p(g) + \varepsilon,$$

令 $\varepsilon \to 0$, 便知 $p(f)$ 是 $\mathscr{U}$ 上次可加的.

$\mathscr{U}$ 中 Lebesgue 可积函数全体记为 $\mathscr{U}_1, J(f)(f \in \mathscr{U}_1)$ 表示 f 的 Lebesgue 积分. 现在证明 J 在 $\mathscr{U}_1$ 上满足 $J(f) \leqslant p(f)$: 事实上, 对任何 $\alpha_1, \cdots, \alpha_n,$

$$J(f) = \frac{1}{n} \int_0^1 [f(x + \alpha_1) + \cdots + f(x + \alpha_n)]\mathrm{d}x \leqslant M(f; \alpha_1, \cdots, \alpha_n),$$

---

①这里是关于点 "$\dfrac{1}{2}$" 的反射.

从而 $J(f) \leqslant p(f)$.

根据引理 2, J 在 $\mathscr{U}$ 上有线性延拓 I_1, 使对任何 $f \in \mathscr{U}, I_1(f) \leqslant p(f)$. 显然, I_1 满足 (i)′. 下面证明 I_1 满足 (ii)′: 任取 $x_0 \in [0, 1)$, 对任何 $f \in \mathscr{U}$, 记 $g(x) = f(x + x_0) - f(x)$, 取

$$\alpha_1 = 0, \alpha_2 = x_0, \cdots, \alpha_n = (n-1)x_0,$$

易知

$$\frac{1}{n}(g(x) + g(x + x_0) + \cdots + g(x + (n-1)x_0)) = \frac{1}{n}(f(x + nx_0) - f(x_0)),$$

记 $\|f\| = \sup\limits_{-\infty < x < +\infty} |f(x)|$, 由此可知

$$I_1(g) \leqslant p(g) \leqslant \sup_{-\infty < x < +\infty} M(g; \alpha_1, \cdots, \alpha_n) \leqslant \frac{2\|f\|}{n},$$

令 $n \to \infty$, 就得到 $I_1(g) \leqslant 0$. 用 $-f$ 代替 f, 就又得到 $I_1(-g) \leqslant 0$, 即 $-I_1(-g) \geqslant 0$. 这样又得到对任何 $f \in \mathscr{U}, I_1(g) \geqslant 0$. 综上所述, 对一切 $g, I_1(g) = 0$, 即 $I_1(f(x + x_0)) = I_1(f(x))$.

再证 I_1 是正线性泛函: 因为当一切 $x \in [0, 1), f(x) \leqslant 0$ 时,$p(f) \leqslant 0$. 所以 $I_1(-f) = -I_1(f) \geqslant 0$.

为了满足 (iii)′, 只要作 $I(f) = \dfrac{1}{2}\{I(f(x)) + I(f(1 - x))\}$, 易知 I 满足 (i)′、(ii)′、(iii)′. 证毕

如果将 $[0, 1)$ 上的 ν (按定理 5.2.6 所得) 以周期方式延拓成 $(-\infty, +\infty)$ 上集函数, 那么便得在 $(-\infty, +\infty)$ 的一切子集上有定义, 具有有限可加性、平移不变性的非负集函数, 并且在 Lebesgue 可测集 E 上, $\nu(E) = m(E)$. 此外 ν 还满足反射不变性.

习 题 5.2

1. 证明: 对任何 $F \in L^p(-\infty, +\infty)^*(\infty > p > 1)$ 必有唯一的 $\beta \in L^q(-\infty, +\infty)$ $\left(\dfrac{1}{p} + \dfrac{1}{q} = 1\right)$, 使得 $F(f) = \displaystyle\int f(t)\beta(t)\mathrm{d}t, f \in L^p(-\infty, +\infty)$ 成立. 并且映照 $F \mapsto \beta$ 是 $L^p(-\infty, +\infty)^*$ 到 $L^q(-\infty, +\infty)$ 的保范线性同构, 即在这个意义下 $L^p(-\infty, +\infty)^* = L^q(-\infty, +\infty)$. (提示: 视 $L^p[-n, n]$ 为 $L^p(-\infty, +\infty)$ 的闭线性子空间 $L_n = \{f | f \in L^p(-\infty, +\infty)$; 在 $[-n, n]$ 的余集上 $f(x) = 0\}$, 因而每个 $F \in L^p(-\infty, +\infty)$ 必有 $F \in L^p[-n, n]^*$, 利用 $L^p[-n, n]^* = L^q[-n, n]$ 来证明结论. 或作 $(0, 1)$ 到 $(-\infty, +\infty)$ 的可微拓扑映照, 将 $L^p(-\infty, +\infty)$ 的问题化为 $L^p(0, 1)$ 上考虑).

2. 将习题 1 的结论推广到 $L^p(\Omega, \boldsymbol{B}, \mu)(\infty > p \geqslant 1)$ 的情况, 此地 $(\Omega, \boldsymbol{B}, \mu)$ 是全 σ 有限测度空间.

3. (i) 设 X、Y 是两个赋范线性空间, 在 $X \times Y$ 上规定 $\|(x, y)\| = \max(\|x\|, \|y\|)$, 证明: 对任何 $F \in (X \times Y)^*$, 必存在唯一的一对 $f \in X^*, g \in Y^*$, 使得 $F((x, y)) = f(x) + g(y)$; 如果在 $X^* \times Y^*$ 上规定 $\|(f, g)\| = \|f\| + \|g\|$, 那么 $F \mapsto (f, g)$ 的映照是 $(X \times Y)^*$ 到 $X^* \times Y^*$ 的保范线性同构, 即在这个意义下, $(X \times Y)^* = X^* \times Y^*$.

(ii) $\|\cdot\|_1$、$\|\cdot\|_2$ 是线性空间 X 上两个范数, 记 $(X, \|\cdot\|_i)(i = 1, 2)$ 的共轭空间为 X_i^*, 并在 X 上赋以范数 $\|x\| = (\|x\|_1^2 + \|x\|_2^2)^{\frac{1}{2}}$ (或 $\max(\|x\|_1, \|x\|_2)$ 等). 证明: $F \in (X, \|\cdot\|)^*$ 的充要条件是存在 $f_i \in X_i^*(i = 1, 2)$, 使得 $F = f_1 + f_2$.

4. 设 L 是 Banach 空间 X 的闭线性子空间, 并且存在 X 的有限维子空间 $E(\dim E = n)$, 使得 $E \bigcap L = \{0\}, X = L + E$, 这里 $L + E = \{e + l | e \in E, l \in L\}$. 证明 X 上一切在 L 上取值为零的连续线性泛函全体是 X^* 中的闭线性子空间、并且它的维数是 n.

5. 设 $\{f | f(0) = f(1) = 0, f$ 在 $[0, 1]$ 上全连续, 并且 $f' \in L^2[0, 1]\}$, 在 X 上规定 $\|f\| = \left(\int_0^1 |f'(t)|^2 \mathrm{d}t\right)^{\frac{1}{2}}$. 证明 (i) $(X, \|\cdot\|)$ 是 Banach 空间; (ii) 当 $F \in X^*$ 时, 存在 $g_F \in X$, 对一切 $f \in X, F(f) = \int_0^1 f'(t) g_F'(t) \mathrm{d}t$, 并且 $F \mapsto g_F$ 是 X^* 到 X 的保范线性同构.

6. 设 E 是赋范线性空间, $x_1, \cdots, x_k \in E, \alpha_1, \cdots, \alpha_k$ 是一组数, 证明在 E 上存在线性泛函 f, 适合

(i) $f(x_\nu) = a_\nu, \nu = 1, 2, \cdots, k$;

(ii) $\|f\| \leqslant M$

的充要条件是: 对任意的数 $t_1, \cdots, t_k$ 都成立着

$$\left|\sum_{\nu=1}^k t_\nu a_\nu\right| \leqslant M \left|\sum_{\nu=1}^k t_\nu x_\nu\right|.$$

7. 设 $\{x_\alpha | \alpha \in \Lambda\}, \{f_\alpha | \alpha \in \Lambda\}$ 分别是赋范线性空间 X 以及 X^* 的两族向量如果满足 $f_\alpha(x_\beta) = \delta_{\alpha\beta}, \alpha, \beta \in \Lambda$, 那么称 $\{x_\alpha\}, \{f_\alpha\}$ 是**对偶族**. 证明

(i) 当 $\{x_\alpha\}, \{f_\alpha\}$ 是对偶族时, $\{x_\alpha\}, \{f_\alpha\}$ 必分别是 X、X^* 中线性无关族;

(ii) 如果 $\{x_\alpha\}$ 满足下列条件: $x_\alpha \overline{\in \mathrm{span}}\{x_\beta\}_{\beta \neq \alpha}, \alpha \in \Lambda$, 那么必存在 $\{f_\alpha\}$, 使得 $\{x_\alpha\}, \{f_\alpha\}$ 是对偶族.

(iii) 在 X 是线性空间情况下, 对任何一族线性无关向量 $\{x_\alpha\}$, 必存在一族相应的线性泛函 $\{f_\alpha\}$, 使得 $f_\alpha(x_\beta) = \delta_{\alpha\beta}$, 并且 $\{f_\alpha\}$ 必也是线性无关的.

8. 设 $\{a_n | n = 0, 1, 2, \cdots\}$ 是一列数, 证明存在 $[a, b]$ 上有界变差函数 $\alpha(t)$, 使得

$$\int_a^b t^n \mathrm{d}\alpha(t) = a_n, \quad n = 0, 1, 2, \cdots$$

成立的充要条件为对一切多项式 $p(t) = \sum c_\nu t^\nu$, 成立着

$$\left|\sum_{\nu=0}^n c_\nu a_\nu\right| \leqslant M \max_{a \leqslant t \leqslant b} |p(t)|,$$

此地 M 为一常数.

9. 设 $C_0(-\infty, +\infty)$ 是全直线 $(-\infty, +\infty)$ 上适合条件 $\lim\limits_{|x|\to\infty} f(x) = 0$ 的连续函数全体, 按照通常线性运算所成的线性空间. 当 $x \in C_0(-\infty, +\infty)$ 时, 规定

$$\|x\| = \max_{-\infty < t < +\infty} |x(t)|,$$

这时 $C_0(-\infty, +\infty)$ 成为 Banach 空间. 设 F 为 $C_0(-\infty, +\infty)$ 上有界线性泛函, 证明必有全直线上有界变差函数 $\alpha(t)$, 使得一切 $x \in C_0(-\infty, +\infty)$ 成立着

$$F(x) = \int_{-\infty}^{+\infty} x(t)\mathrm{d}\alpha(t).$$

10. (i) X 是直线点集 A 上某些实函数, 但包含常数函数在内的所成实赋范线性空间. 如果存在常数 M, 对一切 $f \in X, \sup\limits_{x} |f(x)| \leqslant M\|f\|$, 则 X 上的正线性泛函 F (即对非负函数 $f, F(f) \geqslant 0$) 必是连续泛函, 并且 $\|F\| \leqslant MF(1)$.

(ii) 设 F 是实 $C_0(-\infty, +\infty)$ 上正线性泛函, 证明 F 是连续的.

11. 设 C_0 表示收敛于零的序列 $x = \{x_n\}$ 全体, 按通常线性运算和范数

$$\|x\| = \sup_n |x_n|$$

成为 Banach 空间, 证明 $(c_0)^* = l^1$.

12. 用 c 表示 l^∞ 中收敛序列 $x = \{x_n\}$ 全体所成的子空间, 证明

$$c^* = \{\eta + \alpha f_0 | \eta \in l^1, \alpha \text{ 是数}\}.$$

这里

$$f_0(x) = \lim_{n\to\infty} x_n, \quad x = \{x_n\} \in c,$$

换句话说, 对每个 $f \in c^*$, 有 $\eta = \{\eta_n\} \in l^1$ 和常数 α 使

$$f(x) = \sum_{n=1}^{\infty} \eta_n x_n + \alpha \lim_{n\to\infty} x_n \quad (x = \{x_n\} \in c).$$

而且 $\|f\| = \|\eta\|_1 + |\alpha|$.

13. 在有界数列空间 l^∞ 上存在如下泛函 F: 对任何 $\{a_n\}, \{b_n\} \in l^\infty$,

(i) $F(\{a_n\}) = F(\{a_{n+1}\})$;

(ii) $F(\alpha\{a_n\} + \beta\{b_n\}) = \alpha F(\{a_n\}) + \beta F(\{b_n\}), \alpha, \beta$ 是数;

(iii) 如果一切 $a_n \geqslant 0$ $(n = 1, 2, 3, \cdots)$, 那么 $F(\{a_n\}) \geqslant 0$;

(iv) 如果 $\{a_n\}$ 是实数列, 那么 $\varliminf\limits_{n\to\infty} a_n \leqslant F(\{a_n\}) \leqslant \varlimsup\limits_{n\to\infty} a_n$;

(v) 如果 $\lim\limits_{n\to\infty} a_n$ 存在, 那么 $F(\{a_n\}) = \lim\limits_{n\to\infty} a_n$.

常记 $F(\{a_n\})$ 为 l.i.m a_n, 称为 Banach **极限**. 它还可以推广到函数空间上. Banach 极限在讨论经典分析和算子谱论中某些问题是很有用的工具. (提示: 记 M 为 l^∞ 中序列 $(a_1, a_2 - a_1, \cdots, a_n - a_{n-1}, \cdots)$ 全体, 其中 $\{a_n\} \in l^\infty, M$ 是 l^∞ 中闭线性子空间, 易知 $e = (1, 1, \cdots, 1, \cdots) \overline{\in} M$. 考虑泛函 $F: \|F\| = 1, F(e) = 1, F|_M = 0$.)

14. 设 X, Y 是两个赋范线性空间. 证明如果 $X \neq \{0\}$, 并且 $\mathfrak{B}(X \to Y)$ 是 Banach 空间, 那么 Y 必是 Banach 空间 (即定理 5.1.6 的逆命题成立).

§5.3　共轭空间与共轭算子

在 §5.1 中我们已经引入了共轭空间. 在本节中我们要利用共轭空间的概念进一步引入二次共轭空间等等, 并讨论空间的自反性. 利用共轭空间我们又引进弱收敛的概念, 并研究弱致密性. 同时再考察共轭空间上的共轭算子. 本节所讨论的内容大体上是引进基本概念和少量的基本定理, 这些都是为了后面的应用.

1. 二次共轭空间　设 X 是赋范线性空间, X^* 是它的共轭空间, 由于 X^* 也是赋范线性空间, 它也有共轭空间 $(X^*)^*$, 把它记为 X^{**}, 称 X^{**} 是 X 的**第二次共轭空间**. 继续下去就有 X 的三次共轭空间 $X^{***} = (X^{**})^*$, 如此等等. 这些空间之间自然是有联系的. 重要的是要考察 X 与 X^{**} 的关系.

对每个 $x \in X$, 作 X^* 上的泛函 x^{**} 如下: 对 $f \in X^*$, 令

$$x^{**}(f) = f(x),$$

显然, 这样作的 x^{**} 是 X^* 上的线性泛函. 又由于

$$|x^{**}(f)| \leqslant \|f\| \|x\|,$$

所以 x^{**} 是有界泛函, 并且 $\|x^{**}\| \leqslant \|x\|$, 称泛函 x^{**} 为由 x 生成的.

定理 5.3.1　设 X 是赋范线性空间, 映照 $x \mapsto x^{**} (x \in X)$ 是 $X \to X^{**}$ 的保范的线性算子, 即

(i) $(\alpha x + \beta y)^{**} = \alpha x^{**} + \beta y^{**}$;

(ii) $\|x^{**}\| = \|x\|$.

证　(i) 是明显的. 欲证 (ii), 只要再证 $\|x^{**}\| \geqslant \|x\|$ 就可以了. 对任何 $x \neq 0$, 由泛函延拓定理知道必有 $f_x \in X^*, \|f_x\| = 1$, 而且 $f_x(x) = \|x\|$. 因此 $\|x^{**}\| \geqslant |x^{**}(f_x)| = |f_x(x)| = \|x\|$.　　　　　证毕

记 $\widehat{X}$ 表示 X 经过映照 $x \mapsto x^{**}$ 后的像, $\widehat{X} \subset X^{**}$. 那么定理 5.3.1 说明 X 与 $\widehat{X}$ 是线性保范同构, 通常称算子 $x \mapsto x^{**}$ 是 X 到 X^{**} 的**自然嵌入** (算子). 为简单起见, 今后往往不去区别 x 和 x^{**}, 从而把 X 和 $\widehat{X}$ 视为同一, 这样 $X \subset X^{**}$.

定义 5.3.1　设 X 是赋范线性空间. 如果 $X = X^{**}$, 就称 X 是**自反的**.

当 X 是自反空间时, X^* 也是自反的. 事实上, 这时 $(X^*)^{**} = (X^{**})^* = X^*$.

例如当 $1 < p < \infty$ 而且 q 是 p 的对偶数即 $\dfrac{1}{p} + \dfrac{1}{q} = 1$ 时, 那么 $L^p[a, b]^* =$

$L^q[a,b], L^q[a,b]^* = L^p[a,b]$, 就是说, $L^p[a,b]$ 是自反的. 但一般说来, 一个赋范线性空间 X, 即便是完备的, 不一定是自反的. 例如 $L^1[a,b]$ 就是一例. 为了说明这个事实, 我们先证明

定理 5.3.2 设 X 是赋范线性空间, 如果 X^* 是可析的, 那么 X 也必是可析的.

证 由于假设 X^* 是可析的, 所以在 X^* 中有一列 $\{f_n\}$, 它在 X^* 的单位球面上稠密. 对每个 f_n, 由于 $\sup\limits_{\|x\|=1} |f_n(x)| = \|f_n\| > \dfrac{1}{2}$, 在 X 的单位球面上必有 x_n, 使得 $|f_n(x_n)| > \dfrac{1}{2}$. 这时把 $\{x_n\}$ 张成 X 的线性闭子空间记作 X_0, 如果 X 不可析, 那么必然 $X_0 \neq X$. 从而在 X^* 中存在 $f_0, \|f_0\| = 1$, 而且当 $x \in X_0$ 时, $f_0(x) = 0$. 然而对任何正整数 n

$$\|f_n - f_0\| \geqslant |f_n(x_n) - f_0(x_n)| = |f_n(x_n)| > \frac{1}{2},$$

这与 $\{f_n\}$ 在 X^* 的单位球面上稠密的假设冲突. 所以 X 是可析的. 证毕

从 §5.2 习题 7 还可以知道, X 的 "维数" 不超过 X^* 的 "维数".

利用此定理还立即得到: $L^1[a,b]$ 不是自反的. 事实上, 如果 $L^1[a,b]$ 是自反的, 即 $L^1[a,b]^{**} = L^1[a,b]$, 由于 $L^1[a,b]$ 是可析的, 所以 $L^1[a,b]^*$ 也应该是可析的. 可是根据 §5.2 知道 $L^1[a,b]^* = L^\infty[a,b]$. 然而当 $a < \lambda \leqslant b$ 时, 区间 $[a,\lambda]$ 的特征函数 $\chi_{[a,\lambda]}(t)$ 是 $L^\infty[a,b]$ 的单位球面上的一族 (以 λ 为参数) 向量, 并且显然当 $\lambda \neq \lambda'$ 时

$$\|\chi_{[a,\lambda]} - \chi_{[a,\lambda']}\| = \min_{\substack{m(E)=0 \\ E \subset [a,b]}} \sup_{t \in [a,b]-E} |\chi_{[a,\lambda]}(t) - \chi_{[a,\lambda']}(t)| = 1,$$

即 $\{\chi_{[a,\lambda]}\}$ 彼此间距离为 1. 而这族向量是不可列个, 这就是说 $L^\infty[a,b]$ 不可能是可析的. 因而 $L^1[a,b]$ 不是自反的.

我们注意, 定理 5.3.2 启发我们用共轭空间 X^* 的性质来研究原来的赋范线性空间的性质. 这个方向的进一步的发展就是局部凸拓扑线性空间理论中的对偶理论, 它对于研究空间的拓扑结构是很有用的, 参见 [4].

2. 算子序列的收敛性 在经典分析中, 一列函数的收敛性常常用到的是处处收敛和一致收敛概念. 由于所考察的问题的需要, 不同场合采用不同的收敛概念. 对于算子序列类似于函数列的一致收敛和处处收敛, 也常常用到下面几种形式的收敛性.

定义 5.3.2 设 X, Y 都是赋范线性空间, 如果 $A_n, A \in \mathfrak{B}(X \to Y)(n = 1, 2, \cdots)$, 而且 $\|A_n - A\| \to 0$, 称序列 $\{A_n\}$ 是按算子范数收敛于 A, 或称为**一致**

收敛于 A. 如果对每个 $x \in X, \|(A_n - A)x\| \to 0$, 称序列 $\{A_n\}$ **强收敛**于 A, 记作 $A_n \xrightarrow{\text{强}} A$, 或 $A = (\text{强}) \lim\limits_{n\to\infty} A_n$, 或 $A = (S) \lim\limits_{n\to\infty} A_n$. 如果对每个 $x \in X$, 以及任何 $f \in Y^*, f(A_n x) \to f(Ax)$, 称序列 $\{A_n\}$ **弱收敛**于 A, 记作 $A_n \xrightarrow{\text{弱}} A$ 或 $A = (\text{弱}) \lim\limits_{n\to\infty} A_n$, 或 $A = (W) \lim\limits_{n\to\infty} A_n$.

显然, 如果 $\{A_n\}$ 一致收敛于 A, 必然强收敛于 A; 如果 $\{A_n\}$ 强收敛于 A, 必然是弱收敛于 A. 下面的例子说明它们的逆命题一般不正确.

例 1 (强收敛而不一致收敛的算子序列)　　在 $l^p(p \geqslant 1)$ 中, 作 "左移" 算子 A 如下: 当 $x = (x_1, x_2, \cdots) \in l^p$ 时

$$Ax = (x_2, x_3, \cdots),$$

显然, A 是有界线性算子. 而算子序列 $\{A^n\}$ 强收敛于零. 事实上, 对任何 $x = (x_1, x_2, \cdots), A^n x = (x_{n+1}, x_{n+2}, \cdots)$. 因此 $\|A^n x\|_p = \left(\sum\limits_{i=n+1}^{\infty} |x_i|^p\right)^{\frac{1}{p}}$, 由于 $\left(\sum\limits_{i=1}^{\infty} |x_i|^p\right)^{\frac{1}{p}} < \infty$, 所以 $\|A^n x\|_p \to 0$, 即 $\{A^n\}$ 强收敛于零. 但是 $\{A^n\}$ 在 l^p 上并不一致收敛于零: 事实上, 令 $e_n = (0, \cdots, 0, 1, 0, 0, \cdots)$ (其中除第 n 个坐标为 1 外, 其余为 0), 显然 $A^n e_{n+1} = e_1$, 所以 $\|A^n\| \geqslant \dfrac{\|A^n e_{n+1}\|_p}{\|e_{n+1}\|_p} = 1$. 因而 $\{A^n\}$ 不一致收敛于零.

例 2 (弱收敛而不强收敛的算子序列)　　在 $l^p(p > 1)$ 中作算子序列 $\{A_n\}$ 如下: 当 $x = (x_1, x_2, \cdots) \in l^p$ 时

$$A_n x = x_1 e_n, n = 1, 2, 3, \cdots,$$

其中 e_n 是例 1 中取的向量. 显然 A_n 是有界线性算子, 且

$$\|A_n x - A_m x\|_p = \|x_1 e_n - x_1 e_m\|_p = |x_1| 2^{\frac{1}{p}},$$

所以当 $x_1 \neq 0$ 时, $\{A_n\}$ 不是强收敛的. 然而, 对 l^p 上任何连续线性泛函 y (必属于 l^q), 即 $y = (y_1, y_2, \cdots)$, 而且 $y(x) = \sum\limits_{\nu=1}^{\infty} x_\nu y_\nu$. 那么

$$y(A_n x) = y(x_1 e_n) = x_1 y_n,$$

由于 $\sum |y_n|^q < \infty$, 因而 $y_n \to 0$, 即 $y(A_n x) \to 0$. 这说明 $\{A_n\}$ 弱收敛于零.

引理 1　　设 X 是赋范线性空间, Y 是 Banach 空间, $T_n \in \mathfrak{B}(X \to Y), n = 1, 2, 3, \cdots$. 如果有常数 M 使得 $\|T_n\| < M, n = 1, 2, 3, \cdots$, 而且有 X 的稠密子

集 $\mathscr{D}$, 当 $x \in \mathscr{D}$ 时使得 $\{T_n x\}$ 收敛, 那么必存在算子 $T \in \mathfrak{B}(X \to Y)$, 使得 $\{T_n\}$ 强收敛于 T, 而且

$$\|T\| \leqslant \varliminf_{n \to \infty} \|T_n\|.$$

证 任取 $x \in X$, 由于 $\overline{\mathscr{D}} = X$, 对每个 $\varepsilon > 0$, 存在 $x' \in \mathscr{D}$, 使得

$$\|x - x'\| < \frac{\varepsilon}{3M},$$

又由于 $\{T_n x'\}$ 是收敛的, 所以必有自然数 N, 使得当 $n, m \geqslant N$ 时

$$\|T_m x' - T_n x'\| < \frac{\varepsilon}{3},$$

于是

$$\begin{aligned}
\|T_m x - T_n x\| &\leqslant \|T_m x - T_m x'\| + \|T_m x' - T_n x'\| + \|T_n x' - T_n x\| \\
&\leqslant (\|T_m\| + \|T_n\|)\|x - x'\| + \frac{\varepsilon}{3} \\
&\leqslant 2M\|x - x'\| + \frac{\varepsilon}{3} < \varepsilon,
\end{aligned}$$

所以 $\{T_n x\}$ 是 Banach 空间 Y 中的基本点列. 它是收敛的. 作 $X \to Y$ 的算子 T 如下: 对于 $x \in X$, 令

$$x \mapsto Tx = \lim_{n \to \infty} T_n x,$$

容易证明 T 是线性算子. 由于当 $x \in X$ 时

$$\|Tx\| = \lim_{n \to \infty} \|T_n x\| \leqslant \varliminf_{n \to \infty} \|T_n\|\|x\|,$$

所以 T 是有界的, 并且有

$$\|T\| \leqslant \varliminf_{n \to \infty} \|T_n\|.$$

对于泛函我们也引入类似的收敛概念.

定义 5.3.3 设 $\{f_n\}$ 是赋范线性空间 X 上一列连续线性泛函, 如果有 $f \in X^*$, 使得 $\|f_n - f\| \to 0 (n \to \infty)$, 称泛函序列 $\{f_n\}$ **强收敛于** f. 记为 $f_n \to f$ 或 $f = \lim\limits_{n \to \infty} f_n$. 如果对每个 $x \in X, f_n(x) \to f(x)$, 称泛函序列 **弱*收敛于** f, 记作 $f_n \xrightarrow{\text{弱}^*} f$, 或 $f = (\text{弱}^*) \lim\limits_{n \to \infty} f_n$ 或 $f = (W^*) \lim\limits_{n \to \infty} f_n$.

注 如果把泛函看成算子的特殊情况, 即 Y 是一维空间时. 算子序列的一致收敛概念就相当于泛函序列的强收敛. 而算子的强收敛和弱收敛都相当于泛函序列的弱* 收敛.

对于赋范线性空间 X 中的序列 $\{x_n\}$, 通常可以引入下面两种收敛概念:

定义 5.3.4　设 X 是赋范线性空间, $\{x_n\} \subset X, x_0 \in X$. 如果 $\|x_n - x_0\| \to 0$ 时, 称 $\{x_n\}$ **强收敛于** x_0. 如果对任何 $f \in X^*, f(x_n) \to f(x_0)$ 时, 称 $\{x_n\}$ **弱收敛于** x_0, 记为 $x_n \xrightarrow{\text{弱}} x_0$, 或 $x_0 = (\text{弱}) \lim\limits_{n \to \infty} x_n$ 或 $x_0 = (W) \lim\limits_{n \to \infty} x_n$.

按定义, 算子序列的一致收敛、泛函序列的强收敛、向量序列的强收敛分别就是通常的算子序列、泛函序列、向量序列的按范数收敛.

定理 5.3.3　设 X, Y 是赋范线性空间, $\{A_n\} \subset \mathfrak{B}(X \to Y)$. 如果 $\{A_n\}$ 弱收敛于 $A \in \mathfrak{B}(X \to Y)$, 那么极限算子 A 是唯一的. 特别地, 如果 $\{f_n\}$ 是 X 上一列有界线性泛函, 弱* 收敛于 f, 那么 f 是唯一的.

证　如果有 A, A', 使得 $A_n \xrightarrow{\text{弱}} A, A_n \xrightarrow{\text{弱}} A'$, 显然就有

$$f(Ax) = f(A'x), x \in X, f \in Y^*,$$

从而 $f(Ax - A'x) = 0$, 对一切 $f \in Y^*$ 成立, 所以 $Ax - A'x = 0$ (否则 $(A - A')x \neq 0$. 根据泛函延拓定理, 必有 $f_0 \in Y^*$, 使得 $f_0((A - A')x_0) \neq 0$). 既然对一切 $x \in X, Ax - A'x = 0$, 所以 $A = A'$. 当 Y 是一维空间 R^1 时, 就得到泛函的结论.　　　　　　　　　　　　　　　　　　　　　　　　　　　　证毕

现在再举一个弱* 收敛的泛函序列而不强收敛的例子.

例 3　考察 $L^1[0, 2\pi]$ 上的泛函序列

$$f_n(x) = \int_0^{2\pi} x(t) \sin nt\,\mathrm{d}t, x \in L^1[0, 2\pi], n = 1, 2, \cdots,$$

它弱* 收敛于零 (这个命题称为 **Riemann-Lebesgue 引理**), 而不强收敛于零.

事实上, 由 (5.1.15) 式知道 $\|f_n\| = \max\limits_{t \in [0, 2\pi]} |\sin nt| = 1$, 所以 $\{f_n\}$ 并不强收敛于零. 今证 $\{f_n\}$ 弱* 收敛于零. 当 $x(t)$ 是三角多项式时, 用分部积分可直接验证: 当 $n \to \infty$ 时,

$$f_n(x) = \frac{1}{n} \int_0^{2\pi} x'(t) \cos nt\,\mathrm{d}t \to 0.$$

再利用 $\|f_n\| = 1, n = 1, 2, 3, \cdots$, 和三角多项式全体在 $L^1[0, 2\pi]$ 中的稠密性, 立即得到对任何 $x \in L^1[0, 2\pi]$,

$$f_n(x) = \int_0^{2\pi} x(t) \sin nt\,\mathrm{d}t \to 0.$$

一般说来, 算子序列的强收敛、弱收敛的概念不能容纳在度量空间中按距离收敛概念之中, 所以对算子收敛的描述可按拓扑线性空间方法引入下面几种拓扑:

定义 5.3.5 设 X、Y 是赋范线性空间, 在线性空间 $\mathfrak{B}(X \to Y)$ 上用下面三种方式引入半范数族成为局部凸拓扑线性空间:

(i) 取范数 $\|\cdot\|$, 由它引入的拓扑称为一致拓扑;

(ii) 取半范数族 $\{\|Ax\| \mid x \in X\}$, 由它们引入的拓扑称为强拓扑;

(iii) 取半范数族 $\{|y(Ax)| \mid x \in X, y \in Y^*\}$, 由它们引入的拓扑称为弱拓扑.

显然, $\mathfrak{B}(X \to Y)$ 中一列算子 $\{A_n\}$ 按定义所说的一致 (强、弱) 收敛于 A 分别等价于按一致 (强、弱) 拓扑收敛于 A.

一致拓扑强于强拓扑, 强拓扑强于弱拓扑. 而例 1、例 2 告诉我们, 在一般情况下, 一致拓扑不同于强拓扑, 强拓扑不同于弱拓扑.

自然, 对于一个赋范线性空间 X 的共轭空间 X^* 来说, 可以引入强拓扑和弱* 拓扑的概念. 即

(i) 用范数 $\|f\|, f \in X^*$, 所引入的拓扑称为 X^* 上的强拓扑;

(ii) 用半范数族 $\{|f(x)| \mid x \in X\}$ 所引入的拓扑, 称为 X^* 上的弱* 拓扑.

3. 弱致密性 (弱列紧性) 虽然在共轭空间 X^* 中序列的弱* 收敛概念, 一般是不能容纳在度量空间中按距离收敛的概念中, 但我们仍然可以仿照度量空间致密集的定义来定义弱* 极限意义下的致密性.

定义 5.3.6 设 Φ 是 X 的共轭空间 X^* 的子集. 如果 Φ 中任意点列 $\{f_n\}$, 一定含有在 X 上弱* 收敛的子序列 $\{f_{n_k}\}$, 就称 Φ 是**弱*致密(弱*列紧)**. 如果一定含有强收敛的子序列 $\{f_{n_k}\}$, 就称 Φ 是**强致密 (强列紧)**, 或者按度量空间一般术语称为致密 (列紧).

由于强收敛蕴涵弱* 收敛, 所以强致密集必是弱* 致密集. 正如同弱* 收敛不必是强收敛一样, 一般说来, 弱* 致密集不一定是强致密集. 例如, 例 3 中的集 $\{\sin nt\}$ 就是 $L^1[0, 2\pi]^*$ 中的弱* 致密集, 但不是强致密集.

在 Banach 空间中, 要有界集具有致密性, 只有当空间是有限维才是可能的. 但由于弱* 致密性要求较弱, 当空间 X 是可析时, 在共轭空间 X^* 中的点集的有界性和弱* 致密性却是一致的.

定理 5.3.4 如果赋范线性空间 X 是可析的, 那么共轭空间 X^* 中的任意有界集[①]E 是弱* 致密的.

证 设 Φ 是 X^* 中的有界集. 任意在 Φ 中取一列 $\{\varphi_n\}$, 那么存在常数 $M \geqslant 0$, 使得

$$\|\varphi_n\| \leqslant M, n = 1, 2, 3, \cdots. \tag{5.3.1}$$

[①]即数集 $\{\|f\| \mid f \in E\}$ 是有界的.

由于 X 是可析的, 设 $\{x_n\} \subset X$ 并在 X 中稠密. 由 (5.3.1), 数列 $\{\varphi_n(x_1)\}$ 之中存在收敛子序列:

$$\varphi_{n_{11}}(x_1), \varphi_{n_{12}}(x_1), \cdots, \varphi_{n_1\nu}(x_1), \cdots.$$

为书写方便, 把 $\{\varphi_{n_1\nu}\}$ 改写为 $\{\varphi_{1\nu}\}$, 下面也类似地采用简单足标. 而在 x_2 上, 泛函数值 $\{\varphi_{1\nu}(x_2)\}$ 也是有界的, 所以其中又含有收敛子列

$$\varphi_{21}(x_2), \varphi_{22}(x_2), \cdots, \varphi_{2n}(x_2), \cdots$$

如此继续下去, 得到如下可列个泛函序列:

$$
\begin{aligned}
&\varphi_{11}, \varphi_{12}, \cdots, \varphi_{1\nu}, \cdots \\
&\varphi_{21}, \varphi_{22}, \cdots, \varphi_{2\nu}, \cdots \\
&\cdots\cdots\cdots\cdots \\
&\varphi_{\nu 1}, \varphi_{\nu 2}, \cdots, \varphi_{\nu\nu}, \cdots \\
&\cdots\cdots\cdots\cdots
\end{aligned}
\tag{5.3.2}
$$

其中 $\{\varphi_{k\nu}\} \subset \{\varphi_{k-1,\nu}\}, k = 2, 3, \cdots$, 而且对于每个 x_k, 存在

$$\lim_{n\to\infty} \varphi_{kn}(x_k),$$

从 (5.3.2) 中挑出对角线上的泛函组成序列

$$\varphi_{11}, \varphi_{22}, \cdots, \varphi_{\nu\nu}, \cdots$$

容易知道 $\{\varphi_{\nu\nu}\}$ 在 $\{x_k\}$ 上收敛. 又因为 $\{x_k\}$ 是稠密的, 并且 $\|\varphi_{\nu\nu}\| \leqslant M$. 由引理 1 知道必存在 $\varphi \in X^*$, 使得 $\{\varphi_{\nu\nu}\}$ 在 X 上弱* 收敛于 φ.　　　　证毕

可见, 可析赋范线性空间 X 的共轭空间 X^* 中单位球面是弱* 致密的. 但是当赋范空间 X 是无限维时, X^* 也是无限维的, 由定理 4.9.14, X^* 中的单位球面不是强致密的.

对空间 X 不一定可析时, 也有如下的定理:

定理 5.3.5　设 X 是赋范线性空间, 那么共轭空间 X^* 中任何 (按范数) 有界弱* 闭集按弱* 拓扑都是紧的.

这个定理要利用拓扑学中的吉洪诺夫定理来证明, 由于需要较多的准备知识. 我们略去有关的证明, 读者可参看 [4]. 这个定理也是赋范线性空间理论中的一个基本定理, 它有不少应用. 这个定理在局部凸拓扑线性空间理论中也有推广, 我们还要强调指出一点, 这个定理是一般拓扑学应用在泛函分析中的最重要的成就之一.

类似地我们可以在 X 中引入弱致密集的概念, 也可以类似地讨论 X 中的有界集与弱致密集的关系.

4. 共轭算子 设 E 为 n 维线性空间, $e_1, \cdots, e_n$ 为 E 中一组基. E' 表示 E 上线性泛函全体所成的线性空间. 在 E' 中可选出一组基 $f_1, f_2, \cdots, f_n$, 使得

$$f_\mu(e_\nu) = \delta_{\mu\nu}, \mu, \nu = 1, 2, \cdots, n.$$

这时称 $\{f_\mu\}$ 是 $\{e_\nu\}$ 的对偶基. 设 A 是 E 上线性算子, 在基 $\{e_\nu\}$ 下, 相应于阵 $(a_{\mu\nu})$. 任取 $x = \sum\limits_{\nu=1}^{n} x_\nu e_\nu, h = \sum\limits_{\nu=1}^{n} y_\nu f_\nu$, 那么

$$h(Ax) = \sum_{\mu,\nu} x_\nu y_\mu f_\mu(Ae_\nu) = \sum_{\mu,\nu} y_\mu a_{\mu\nu} x_\nu$$

$$= \sum_{\mu=1}^{n} g_\mu x_\mu = \sum_{\mu=1}^{n} g_\mu f_\mu(x) = g(x), \tag{5.3.3}$$

其中 $g_\mu = \sum\limits_{\nu=1}^{n} a_{\nu\mu} y_\nu, g = \sum\limits_{\mu=1}^{n} g_\mu f_\mu$. 由此对每个 $h \in E'$, 就相应地产生一个 $g \in E'$, 并且 $h \mapsto g$ 是线性算子, 记 $g = A*h$. 根据线性代数知识知道, A^* 是 $E' \to E'$ 的线性算子而且它在基 $\{f_\nu\}$ 之下所相应的阵正好是 $(a_{\mu\nu})$ 的转置阵 $(a_{\mu\nu})^{\mathrm{T}}$. (5.3.3) 式又可写为

$$h(Ax) = (A^*h)(x).$$

现在将这个概念推广到一般赋范线性空间上去.

定义 5.3.7 设 A 是赋范线性空间 X 到赋范线性空间 Y 的有界线性算子, 如果有 Y^* 到 X^* 的算子 A^*, 使得对任何 $h \in Y^*, x \in X$

$$(A^*h)(x) = h(Ax), \tag{5.3.4}$$

那么就称 A^* 是 A 的**共轭算子**, 或**伴随算子**.

由前所述, 在 n 维赋范线性空间中线性算子的共轭算子相应于转置阵.

定理 5.3.6 设 X 和 Y 是赋范线性空间, 那么

(i) 对每个 $A \in \mathfrak{B}(X \to Y)$, 共轭算子存在且唯一;

(ii) 映照 $A \mapsto A^*$, 是由 $\mathfrak{B}(X \to Y)$ 到 $\mathfrak{B}(Y^* \to X^*)$ 的保范线性算子;

(iii) $I_{X^*} = I_X^*$ [①];

(iv) 又设 Z 是赋范线性空间, $B \in \mathfrak{B}(Y \to Z)$, 那么

$$A^*B^* = (BA)^*. \tag{5.3.5}$$

[①] I_X、I_{X^*} 分别表示赋范空间 X 及其共轭空间 X^* 上的单位算子.

证　　(i) 对每个 $h \in Y^*$, 由于

$$|h(Ax)| \leqslant \|h\|\|Ax\| \leqslant \|h\|\|A\|\|x\|,$$

泛函 $x \mapsto h(Ax)$, 显然是 X 上的有界线性泛函, 把它记为 A^*h. 因此

$$\|A^*h\| \leqslant \|A\|\|h\|. \tag{5.3.6}$$

显然, $h \mapsto A^*h, h \in Y^*$ 是线性的, 所以 $A^* \in \mathfrak{B}(Y^* \to X^*)$. 显然满足 (5.3.4) 的算子 A^* 是由 A 唯一决定的. 由 (5.3.6) 有

$$\|A^*\| \leqslant \|A\|.$$

(ii) 再利用泛函延拓定理来证明 $\|A^*\| \geqslant \|A\|$: 如果 $A = 0$, 显然 $\|0^*\| \geqslant 0$. 所以只要对 $A \neq 0$ 来证明. 对任何 $x \in X$, 如果 $Ax \neq 0$, 根据泛函延拓定理, 必有 $h \in Y^*, \|h\| = 1$, 使得 $h(Ax) = \|Ax\|$, 于是

$$\|Ax\| = h(Ax) = (A^*h)(x) \leqslant \|A^*h\|\|x\| \leqslant \|A^*\|\|h\|\|x\|,$$

对于 $Ax = 0$ 的 x, 上式自动成立. 所以上式对一切 x 都成立, 即有 $\|A\| \leqslant \|A^*\|$. 因此, $\|A\| = \|A^*\|$, 即映照 $A \mapsto A^*$ 是保范的.

设 α、β 是数, $C \in \mathfrak{B}(X \to Y)$. 从 A、C 和 h 的线性就得到

$$\begin{aligned} [(\alpha A + \beta C)^*h](x) &= h[(\alpha A + \beta C)x] \\ &= \alpha h(Ax) + \beta h(Cx) \\ &= [(\alpha A^* + \beta C^*)h](x), \end{aligned}$$

因此 $A \mapsto A^*$ 是线性算子.

(iii) 对任何 $h \in X^*, x \in X$, 由 (5.3.4), $(I_X^*h)(x) = h(I_Xx) = h(x)$, 即 $I_X^*h = h$, 对一切 $h \in X^*$ 成立, 所以 I_X^* 是 X^* 上的单位算子 I_{X^*}.

(iv) 对任何 $g \in Z^*, x \in X$

$$\begin{aligned} [(BA)^*g](x) &= g[(BA)x] = g[B(Ax)] \\ &= (B^*g)(Ax) = [A^*(B^*g)](x), \end{aligned}$$

由于对一切 $x \in X$ 上式成立, 所以

$$(BA)^*g = A^*(B^*g), g \in Z^*,$$

这就得到 (5.3.5).　　　　　　　　　　　　　　　　　　　　　　　证毕

既然映照 $x \mapsto x^{**}$ 将 X 中的向量 x 嵌入第二共轭空间, 自然也可以把算子 "嵌入" 第二共轭空间.

设 A 是赋范线性空间 X 到赋范线性空间 Y 的有界线性算子. A^* 是 Y^* 到 X^* 的有界线性算子, 而且 $\|A^*\| = \|A\|$. 这样, 算子 $A^{**} = (A^*)^*$ 就是 X^{**} 到 Y^{**} 的有界线性算子, 而且 $\|A^{**}\| = \|A^*\|$. 于是当 $x \in X, f \in Y^*$ 时

$$(A^{**}x^{**})(f) = x^{**}(A^*f) = A^*f(x) = f(Ax) = (Ax)^{**}(f),$$

由此得到

$$(Ax)^{**} = A^{**}x^{**}.$$

如果把 X 嵌入 X^{**}, Y 嵌入 Y^{**}, 那么上式便是

$$Ax = A^{**}x,$$

这样便得到

定理 5.3.7 设 X, Y 是赋范线性空间, A 是 X 到 Y 的有界线性算子. 当 X, Y 分别嵌入 X^{**}, Y^{**} 时. 那么 A^{**} 便是算子 A 在 X^{**} 上的延拓, 而且 $\|A\| = \|A^{**}\|$.

习 题 5.3

1. 证明: 当 X 是自反空间时, $X^* = X^{***} = X^{5*} = \cdots = X^{(2n+1)*} = \cdots, X^{**} = X^{4*} = \cdots = X^{(2n)*} = \cdots$.

2. 证明空间 $C[a, b]$ 中点列 $\{x_n\}$ 弱收敛于 x_0 的充要条件是存在常数 M, 使得 $\|x_n\| \leqslant M, n = 1, 2, 3, \cdots$, 而且对每个 $t \in [a, b]$

$$\lim_{n \to \infty} x_n(t) = x_0(t)$$

(注: 在证明 $\|x_n\| \leqslant M(n = 1, 2, 3, \cdots)$ 是必要的时候, 不要用下一节的共鸣定理, 而应直接证明).

3. 设 X 是赋范线性空间, M 是 X 的闭线性子空间. 证明: 如果 $\{x_n\} \subset M$, 而且当 $n \to \infty$ 时, $x_0 = (弱) \lim_{n \to \infty} x_n$, 那么 $x_0 \in M$.

4. 证明 l^1 不是自反的.

5. 证明 l^1 中任何弱收敛的点列必是强收敛的.

6. 设 A 是 $l^p(\infty > p \geqslant 1)$ 上有界线性算子, 如果适合 $Ae_n = e_{n+1}, n = 1, 2, 3, \cdots$, 而 $e_n = (\overbrace{0, \cdots, 0}^{n}, 1, 0 \cdots)$. 证明 A 是有界的, 并求出 $\|A\|$ 及 A^*.

7. 设 X, Y 是两个赋范线性空间, $\{A_n\} \subset \mathfrak{B}(X \to Y), A \in \mathfrak{B}(X \to Y)$.

(i) 证明: 如果 $A_n \xrightarrow{\text{一致}} A$, 则 $A_n^* \xrightarrow{\text{一致}} A^*$.

(ii) 如果 $A_n \xrightarrow{\text{强}} A$, 问是否 $A_n^* \xrightarrow{\text{强}} A^*$?

(iii) 如果 $A_n \xrightarrow{\text{强}} A$, 是否对每个 $y^* \in Y^*$, $A_n^* y^* \xrightarrow{\text{弱}^*} A^* y^*$?

8. 设 $K(x, y) \in L^2[0, 1; 0, 1]$, 作 $L^2[0, 1]$ 上有界线性算子

$$(Kf)(x) = \int_0^1 K(x, y)f(y)\mathrm{d}y, \quad f \in L^2[0, 1],$$

求出 K^* 的表达式.

9. 证明自反的 Banach 空间 X 是可析的充要条件是 X^* 是可析的.

10. 设 L 是赋范线性空间 X 的线性子空间, 令 $L^\perp = \{x^* | x^* \in X^*, x^*(x) = 0, x \in L\}$. 证明 $L^* = X^*/L^\perp$ (提示: 用泛函延拓定理证明 $\tilde{f} \mapsto f|_L$ 是 $X^*/L^\perp$ 到 L^* 的线性保距同构, 其中 $f \in \tilde{f}, f/_L$ 是 f 在 L 上限制). 如果 L 是闭线性子空间, 那么 $(X/L)^* = L^\perp$ (提示: 对任何 $f \in L^\perp$, 定义 $\tilde{f}(\tilde{x}) = f(x), x \in \tilde{x} \in X/L$. 证明 $f \mapsto \tilde{f}$ 是线性保距同构).

11. 证明Banach 空间 X 是自反的充要条件是 X 的任何闭线性子空间是自反的.

12. 自反空间 X 中任何有界集必弱致密.

13. Banach 空间 X 是自反的充要条件是 X^* 是自反的.

14. 设 X 是 Banach 空间, Y 是赋范线性空间. 证明 $\mathfrak{B}(X \to Y)$ 弱完备的充要条件是 Y 是弱完备的 (这里弱完备是指弱基本序列必弱收敛).

15. 设 X, Y 是两个赋范线性空间, $\{A_n\} \subset \mathfrak{B}(X \to Y)$. 如果对任何 $x \in X, \{A_n x\}$ 为 Y 中基本点列, 称 $\{A_n\}$ 为**强基本序列**; 如果对任何 $x \in X, f \in Y^*, \{f(A_n x)\}$ 为基本数列, 称 $\{A_n\}$ **为弱基本序列**.

证明: (i) 如果 $\{A_n\}$ 按算子范数是基本的序列, 并且弱收敛, 那么 $\{A_n\}$ 必按算子范数收敛.

(ii) 如果 $\{A_n\}$ 是强基本序列, 并且弱收敛, 那么 $\{A_n\}$ 必强收敛.

§5.4　逆算子定理和共鸣定理

在这一节中我们将介绍关于 Banach 空间中算子的另外一些基本的定理, 如逆算子定理、共鸣定理以及闭图像定理等.

1. 逆算子定理　在 §5.1 中我们介绍了线性算子的加、减以及乘法运算. 这一段就是要考察一下算子的 "除" 法运算. 这是很重要的运算, 因为它和解各种方程密切相关.

设 E 及 F 为两个集, B 为一个算子, 其定义域 $\mathscr{D}(B) \subset E$, 值域 $\mathscr{R}(B) \subset F$. 如果 B 是可逆映照, 即 $\mathscr{D}(B)$ 上到 $\mathscr{R}(B)$ 上一对一的映射. 由 §1.2 知道 B 的逆算子 B^{-1} 存在, 它以 $\mathscr{R}(B)$ 为定义域, 以 $\mathscr{D}(B)$ 为值域. 容易证明当 B 是线性算子时, B^{-1} 也是线性算子.

定义 5.4.1 设 X, Y 是两个赋范线性空间, 又设 B 为线性算子, $\mathscr{D}(B) \subset X, \mathscr{R}(B) \subset Y$. 如果逆算子 B^{-1} 存在, 而且 $\mathscr{R}(B) = Y$, 以及 B^{-1} 是有界线性算子, 那么称 B 是**正则算子**.

设 B 是线性算子, $\mathscr{D}(B) \subset X, \mathscr{R}(B) \subset Y$, 并且 B^{-1} 存在, 显然

$$B^{-1}B = I_{\mathscr{D}(B)}, \quad BB^{-1} = I_{\mathscr{R}(B)},$$

其中 $I_{\mathscr{D}(B)}$、$I_{\mathscr{R}(B)}$ 分别是子空间 $\mathscr{D}(B)$、$\mathscr{R}(B)$ 上恒等算子. 反之, 如果有 Y 到 X 的线性算子 C, 使得

$$CB = I_{\mathscr{D}(B)}, \quad BC = I_{\mathscr{D}(C)} \tag{5.4.1}$$

那么 B^{-1} 必存在, 而且 $B^{-1} = C$. 事实上, 因为对任何 x_1、$x_2 \in \mathscr{D}(B)$, 如果 $Bx_1 = Bx_2$, 那么 $x_1 = CBx_1 = CBx_2 = x_2$, 所以 B 是可逆的. 由于 $BC = I_{\mathscr{D}(C)}$, 因此对任何 $y \in \mathscr{D}(C)$ 必有 $x = Cy$, 使得 $Bx = y$, 即 $\mathscr{R}(B) \supset \mathscr{D}(C)$. 另一方面, 又从 $CB = I_{\mathscr{D}(B)}$ 得到 $\mathscr{R}(B) \subset \mathscr{D}(C)$. 从而 $\mathscr{R}(B) = \mathscr{D}(C)$. 由此立即得

$$B^{-1} = (CB)B^{-1} = CBB^{-1} = C,$$

特别地, 当 $\mathscr{D}(C) = Y$, 并且 C 是有界线性算子时, 由上面事实立即得下列命题.

引理 1 设 X, Y 是两个赋范线性空间, $B \in \mathfrak{B}(X \to Y), B$ 为正则算子的充要条件是存在 $C \in \mathfrak{B}(Y \to X)$ 适合 (5.4.1).

系 设 X, Y 是两个赋范线性空间, 又设 $A \in \mathfrak{B}(X \to Y)$ 是正则的. 那么 A^* 也是正则的, 而且 $(A^*)^{-1} = (A^{-1})^*$.

证 由于 $A^{-1} \in \mathfrak{B}(Y \to X)$, 而且

$$AA^{-1} = I_Y, A^{-1}A = I_X,$$

再根据定理 5.3.6 的 (iii) 和 (iv), 对上式两边取 * (共轭) 就得到

$$(A^{-1})^*A^* = I_{Y^*}, A^*(A^{-1})^* = I_{X^*},$$

由引理 1 得知 A^* 是正则的, 而且 $(A^*)^{-1} = (A^{-1})^*$. 证毕

定理 5.4.1 设 X, Y, Z 都是赋范线性空间, 如果 $A \in \mathfrak{B}(X \to Y)$, 并且是正则算子, $B \in \mathfrak{B}(Y \to Z)$, 也是正则算子, 那么 BA 是 X 到 Z 上的正则算子, 并且 $(BA)^{-1} = A^{-1}B^{-1}$.

证 根据假设, 存在定义在 Y 和 Z 上的有界线性算子 B^{-1} 和 A^{-1}. 显然

$$(A^{-1}B^{-1})(BA) = I_X, \quad (BA)(A^{-1}B^{-1}) = I_Y,$$

由引理 1, $A^{-1}B^{-1}$ 就是 $(BA)^{-1}$. 它是定义在 Z 上的有界线性算子, 所以 BA 是正则的.　　　　　　　　　　　　　　　　　　　　　　　　　　　　证毕

如果 X、Y 都是赋范线性空间, B 是 X 到 Y 上的有界线性算子, 并且实现 X 到 Y 上的一一对应. 这时, 逆算子 B^{-1} 存在, 而且是 Y 到 X 上的线性算子. B^{-1} 是不是有界算子呢? 一般说, 即使 X 是完备的, B^{-1} 并不一定是有界的. 下面是一个反例.

例 1　设 B 是定义在 $C[a,b]$ 中的积分算子:

$$(B\varphi)(t) = \int_a^t \varphi(\tau)\mathrm{d}\tau, \quad \varphi \in C[a,b],$$

而 X 是 $C[a,b]$ 中具有连续导函数 $y'(t)$, 而且 $y(a) = 0$ 的函数 $y(t)$ 的全体, 它按照 $C[a,b]$ 中的范数成为赋范线性空间. 这时 B 是由 Banach 空间 $C[a,b]$ 到 X 上的一对一的有界线性算子. 但是 $(B^{-1}y)(t) = y'(t)$. B^{-1} 就是 §5.1 例 8 中的算子 D, 那里已说过它不是有界的.

然而, 如果值域也是完备的, 情况就不同了. 这时有下面的 Banach 逆算子定理, 它是深刻而应用广泛的定理.

定理 5.4.2 (Banach)　设 X 和 Y 都是 Banach 空间, B 是 X 到 Y 上的有界线性算子, 并且实现 X 到 Y 上的一一对应. 那么, 逆算子 B^{-1} 必是有界算子.

证　显然, B^{-1} 存在并且是线性的. 主要要证明 B^{-1} 是有界的. 证明这一点的关键在于 (其实是等价于) 证明 X 中闭单位球 $S_X(0,1)$[①] 的像 $BS_X(0,1)$ 能包含着 Y 中某个开球 $O_Y(0,\varepsilon)$[①] (此地 ε 是某个正数). 如能做到

$$BS_X(0,1) \supset O_Y(0,\varepsilon), \tag{5.4.2}$$

便有 $B^{-1}S_Y\left(0,\dfrac{\varepsilon}{2}\right) \subset S_X(0,1)$, 即对任何 $y \in S_Y\left(0,\dfrac{\varepsilon}{2}\right)$, $\|B^{-1}y\| \leqslant 1$, 从而 $\|B^{-1}\| \leqslant \dfrac{2}{\varepsilon}$, 即 B^{-1} 有界. 下面分两步 (作为两个引理) 来证 (5.4.2).

引理 2　设 B 是 Banach 空间 X 到 Banach 空间 Y 的有界线性算子, 而且 $BX = Y$. 那么对任何一个 $a > 0$, 必有 $\delta > 0$, 使得 $BS(0,a)$ 在 $O(0,a\delta)$ 中稠密.

证　由于 $X = \bigcup\limits_{\nu=1}^{\infty} S(0,\nu)$, 所以 $Y = BX = \bigcup\limits_{\nu=1}^{\infty} BS(0,\nu)$. 因为完备度量空间是第二类型的集 (定理 4.7.2), 所以必有一个正整数 ν, 使得 $BS(0,\nu)$ 在 Y 的

[①] 因为这里有两个空间 X、Y, 所以用下标区分属于那个空间的球. 读者注意到这点后, 从引理 2 开始, 为了简单起见, 常把下标 X、Y 省掉.

某个球 $O(y_0, \eta)$ 中稠密. 取 $\delta = \dfrac{\eta}{\nu}$, 今证 $BS(0, a)$ 在 $O(0, a\delta)$ 中稠密. 这只要经过相似变换和平移就行了. 事实上, 任取 $y \in O(0, a\delta)$, 那么向量

$$y_0 - \frac{\nu}{a}y, \quad y_0 + \frac{\nu}{a}y,$$

属于球 $O(y_0, \eta)$. 因此必有 $S(0, \nu)$ 中点列 $\{x_k\}$ 及 $\{x_k'\}$, 使得

$$Bx_k \to y_0 - \frac{\nu}{a}y, \quad Bx_k' \to y_0 + \frac{\nu}{a}y \ (k \to \infty)$$

所以 $B\left(a\dfrac{x_k' - x_k}{2\nu}\right) \to y$. 但是, 显然 $a\dfrac{x_k' - x_k}{2\nu} \in S(0, a)$, 所以 $BS(0, a)$ 在 $O(0, a\delta)$ 中稠密. $\qquad\qquad$ 证毕

当然, 就引理 2 本身来讲, 只要 X 是赋范线性空间, 结论仍然成立.

特别在引理 2 中取 $a = 1$, 得到 $BS(0, 1)$ 在 $O(0, \delta)$ 中稠密. 下面利用逼近的想法证明 $BS(0, 1) \supset O(0, \varepsilon)$, 此地 $\varepsilon = \dfrac{\delta}{2}$.

引理 3 设 B 是 Banach 空间 X 到 Banach 空间 Y 的有界线性算子, 而且 $BX = Y$. 那么, 必存在 $\varepsilon > 0$, 使得 $BS(0, 1) \supset O(0, \varepsilon)$.

证 取 $\varepsilon = \dfrac{\delta}{2}$, 这个 δ 就是引理 2 中所说的 δ. 任取 $y_0 \in O(0, \varepsilon)$, 因为 $BS\left(0, \dfrac{1}{2}\right)$ 在 $O\left(0, \dfrac{\delta}{2}\right)$ 中稠密, 必有 $x_1 \in S\left(0, \dfrac{1}{2}\right)$, 使得

$$\|y_0 - Bx_1\| < \frac{\delta}{2^2},$$

因此 $y_1 = y_0 - Bx_1 \in O\left(0, \dfrac{\delta}{2^2}\right)$, 由于 $BS\left(0, \dfrac{1}{2^2}\right)$ 在 $O\left(0, \dfrac{\delta}{2^2}\right)$ 中稠密, 必有 $x_2 \in S\left(0, \dfrac{1}{2^2}\right)$, 使得

$$\|y_1 - Bx_2\| < \frac{\delta}{2^3},$$

即 $y_2 = y_1 - Bx_2 = y_0 - B(x_1 + x_2) \in O\left(0, \dfrac{\delta}{2^3}\right)$. 这样继续下去, 得到一列 $x_n \in S\left(0, \dfrac{1}{2^n}\right), n = 1, 2, 3, \cdots$, 使得

$$\|y_0 - B(x_1 + x_2 + \cdots + x_n)\| < \frac{\delta}{2^{n+1}},$$

因此 $x_0 = \displaystyle\sum_{n=1}^{\infty} x_n \in X$, 而且.

$$\|x_0\| \leqslant \sum_{n=1}^{\infty} \|x_n\| \leqslant 1.$$

同时, 由 B 的连续性

$$y_0 = \lim_{n\to\infty} B(x_1 + x_2 + \cdots + x_n) = Bx_0,$$

即 $BS(0,1) \supset O(0,\varepsilon)$.　　　　　　　　　　　　　　　　　　　　　　证毕

利用引理 2、3 立即就完成逆算子定理的证明.

对于非一对一的有界线性算子 B, 有着比定理 5.4.2 略广的, 也是常被引用的所谓开映像原理.

定理 5.4.3 (开映像原理)　　设 B 是 Banach 空间 X 到 Banach 空间 Y 的有界线性算子. 如果 $BX = Y$, 那么 B 是开映照[①].

证　设 K 是 X 中任一开集, 任取 BK 中一点 $Bx_0, x_0 \in K$, 只要证明 Bx_0 是 BK 的内点好了. 由于 K 是开集, 必有 x_0 的 b-环境 $O(x_0, b) \subset K$. 任取正数 $a < b$, 这时 $S(x_0, a) \subset O(x_0, b) \subset K$, 因此

$$BS(x_0, a) \subset BK.$$

当 x 是一向量, A 是一向量集时, 记 $x + A = \{x + y | y \in A\}$, 那么 $S(x_0, a) = x_0 + S(0, a)$. 因此, 由引理 3, 有 $BS(x_0, a) = Bx_0 + BS(0, a) \supset Bx_0 + O(0, a\varepsilon) = O(Bx_0, a\varepsilon)$. 所以, Bx_0 是 BK 的内点.　　　　　　　　　　　　证毕

在 §5.4、§5.5 中将给出逆算子定理在算子谱理论方面的某些应用. 这里先给出它在范数等价性问题上的应用.

定义 5.4.2　设 X 是线性空间, 在 X 上赋以两个范数 $\|\cdot\|_1$、$\|\cdot\|_2$. 如果存在正数 c, 使得

$$\|x\|_1 \leqslant c\|x\|_2, x \in X. \tag{5.4.3}$$

称 $\|\cdot\|_1$ 对 $\|\cdot\|_2$ 是**连续的**, 也称 $\|\cdot\|_1$ **弱于** $\|\cdot\|_2$, 或 $\|\cdot\|_2$ **强于** $\|\cdot\|_1$.

如果 $\|\cdot\|_1$ 既弱于 $\|\cdot\|_2$, 又强于 $\|\cdot\|_2$, 这就是 §4.9 所定义的 $\|\cdot\|_1$、$\|\cdot\|_2$ 等价.

例如, 在 $C[a,b]$ 中取 $\|x\|_2 = \max\limits_{a\leqslant t\leqslant b} |x(t)|, \|x\|_1 = \int_a^b |x(t)|\mathrm{d}t$. 由于

$$\|x\|_1 = \int_a^b |x(t)|\mathrm{d}t \leqslant \|x\|_2(b-a),$$

所以 $\|\cdot\|_1$ 弱于 $\|\cdot\|_2$.

---

①开映照定义见 §4.5.

引理 4 设 $\|\cdot\|_1, \|\cdot\|_2$ 是线性空间 X 上的两个范数. 下列命题成立.

(i) $\|\cdot\|_1$ 弱于 $\|\cdot\|_2$ 的充要条件是 $\|\cdot\|_1$ 是赋范线性空间 $(X, \|\cdot\|_2)$ 上的连续函数.

(ii) 如果 $\|\cdot\|_1$ 弱于 $\|\cdot\|_2$, 则 $(X, \|\cdot\|_1)^* \subset (X, \|\cdot\|_2)^*$, 这里 "$\subset$" 是集合论的包含关系; 并且存在正数 c, 使得任何 $f \in (X, \|\cdot\|_1)^*, \|f\|_2 \leqslant c\|f\|_1$, 这里 $\|f\|_i (i = 1, 2)$ 表示 f 在 $(X, \|\cdot\|_i)^*$ 上范数.

(iii) 如果 $\|\cdot\|_1$ 与 $\|\cdot\|_2$ 等价, 那么 $(X, \|\cdot\|_1)^* = (X, \|\cdot\|_2)^*$, 这里 "$=$" 是集合论等式; 并且存在正数 $c_1, c_2 (c_2 \geqslant c_1)$, 使得对任何 $f \in (X, \|\cdot\|_1)^*, c_1\|f\|_1 \leqslant \|f\|_2 \leqslant c_2\|f\|_1$.

证 (i) 必要性: 对任何 $x, y \in X$, 由于 (5.4.3),

$$\|x\|_1 - \|y\|_1 \leqslant \|x - y\|_1 \leqslant c\|x - y\|_2,$$

所以 $\|\cdot\|_1$ 是 $(X, \|\cdot\|_2)$ 上连续函数.

充分性: 如果 (5.4.3) 不成立, 那么必存在 $\{x_n\} \subset X, \|x_n\|_2 = 1, n = 1, 2, 3, \cdots$, 使得 $\|x_n\|_1 \to \infty$. 因而 $\left\{\dfrac{x_n}{\|x_n\|_1}\right\}$ 按 $\|\cdot\|_2$ 收敛于 $0 \in X$. 但是 $\left\|\dfrac{x_n}{\|x_n\|_1}\right\|_1 = 1, n = 1, 2, 3, \cdots$, 从而 $\left\{\left\|\dfrac{x_n}{\|x_n\|_1}\right\|_1\right\}$ 不收敛于 $\|0\|_1$, 这与 $\|\cdot\|_1$ 是 $(X, \|\cdot\|_2)$ 上的连续函数的假设相矛盾. 充分性证得.

(ii) 设 f 是 X 上的线性泛函, 并且 $f \in (X, \|\cdot\|_1)^*$. 如果 X 中的点列 $\{x_n\}$ 按 $\|\cdot\|_2$ 收敛于 x, 由 (5.4.3), 那么 $\|x_n - x\|_1 \to 0$, 从而 $|f(x_n) - f(x)| \to 0$, 即 $f \in (X, \|\cdot\|_2)^*$, 这就是说, $(X, \|\cdot\|_1)^* \subset (X, \|\cdot\|_2)^*$.

对每个 $f \in (X, \|\cdot\|_1)^*$, 由于 (5.4.3), 所以

$$\|f\|_2 = \sup_{\|x\|_2 = 1} |f(x)| \leqslant \|f\|_1 \sup_{\|x\|_2 = 1} \|x\|_1 \leqslant c\|f\|_1.$$

(iii) 由于 $\|\cdot\|_1, \|\cdot\|_2$ 等价的充要条件是 $\|\cdot\|_1$ 弱于 $\|\cdot\|_2, \|\cdot\|_2$ 弱于 $\|\cdot\|_1$ 同时成立. 由此可知 (iii) 是 (ii) 的推论. 证毕

下面是 Banach 空间上有关范数等价性的定理.

定理 5.4.4 设 $\|\cdot\|_1, \|\cdot\|_2$ 是线性空间 X 上的两个范数. 如果 X 按这两个范数都成为 Banach 空间, 并且 $\|\cdot\|_1$ 弱于 $\|\cdot\|_2$, 那么 $\|\cdot\|_2$ 必也弱于 $\|\cdot\|_1$, 从而 $\|\cdot\|_1, \|\cdot\|_2$ 必等价.

证 视 X 上恒等算子 I 为 $(X, \|\cdot\|_2) \to (X, \|\cdot\|_1)$ 的线性算子, 由于 (5.4.3),

$$\|Ix\|_1 = \|x\|_1 \leqslant c\|x\|_2,$$

所以 I 是 Banach 空间 $(X, \|\cdot\|_2)$ 到 $(X, \|\cdot\|_1)$ 的有界线性算子. 显然, I 是 $(X, \|\cdot\|_2)$ 到 $(X, \|\cdot\|_1)$ 上的一一对应. 由逆算子定理 $I^{-1}(=I)$ 也是有界的, 因而存在正数 c_1 (例如 $c_1 = \|I^{-1}\|$), 使得

$$\|x\|_2 = \|I^{-1}x\|_2 \leqslant c_1\|x\|_1,$$

这就是说 $\|\cdot\|_2$ 弱于 $\|\cdot\|_1$. 　　　　　　　　　　　　　　　　　证毕

定理 5.4.4 既是逆算子定理的推论, 也是泛函分析中常用的定理.

定理 5.4.5 (闭图像定理)　设 X, Y 是两个 Banach 空间, T 是 $\mathscr{D}(T)(\subset X)$ 到 Y 的闭线性算子, 如果 $\mathscr{D}(T)$ 是 X 中的闭线性子空间, 那么 T 是连续的.

证　显然乘积空间 $X \times Y$ 按范数 $\|(x, y)\| = \sqrt{\|x\|^2 + \|y\|^2}$ 成为赋范线性空间, 而且很容易证明它是完备的. T 的图像 $G(T) = \{(x, Tx) | x \in \mathscr{D}(T)\}$, 由于 T 是线性算子, 易知 $G(T)$ 是 $X \times Y$ 中线性子空间. 由假设 $G(T)$ 是 $X \times Y$ 中的闭集, 所以 $G(T)$ 本身按范数 $\|(x, y)\|$ 成为 Banach 空间. 又 $\mathscr{D}(T)$ 作为 X 的线性子空间也是闭的, 即 $\mathscr{D}(T)$ 本身也可以看成 Banach 空间. 我们作 $G(T)$ 到 $\mathscr{D}(T)$ 的算子 B 如下:

$$B : (x, Tx) \mapsto x, \quad x \in \mathscr{D}(T),$$

这显然是线性算子, 而且

$$\|B(x, Tx)\| = \|x\| \leqslant \|(x, Tx)\|,$$

所以 B 是有界的. 显然 $\mathscr{R}(B) = \mathscr{D}(T)$, 即 B 是 $G(T)$ 到 $\mathscr{D}(T)$ 上的算子. 再证 B 是一对一的: 事实上, 当 $x_1 = x_2$ 时, 必然 $Tx_1 = Tx_2$, 所以 $(x_1, Tx_1) = (x_2, Tx_2)$. 这说明 B 是可逆映照. 根据逆算子定理, B^{-1} 是有界的,

$$\|(x, Tx)\| = \|B^{-1}x\| \leqslant \|B^{-1}\|\|x\|,$$

因此 $\|Tx\| \leqslant \|(x, Tx)\| \leqslant \|B^{-1}\|\|x\|$, 这说明 T 是有界的. 　　　　证毕

闭图像定理在验证算子是连续算子时是常要用到的. 特别是用泛函分析方法研究偏微分方程时这个定理比较重要. 由于偏微分算子要直接验证它的连续性有时比较困难. 但是我们可以用 §4.5 所提供的算子成为闭算子的充要条件, 来验证某些微分算子是闭算子, 然后再利用闭图像定理来证明它是连续算子. 此外在讨论 Hilbert 空间对称算子 (参见 §6.9) 时也要用到闭图像定理. 这个定理在局部凸拓扑线性空间理论中也有进一步的推广.

2. 共鸣定理 设 X, Y 是两个 Banach 空间, $\{T_\tau | \tau \in A\}$ 是 X 到 Y 的一族有界线性算子. 所谓共鸣定理, 就是: 如果 $\{T_\tau | \tau \in A\}$ 将 X 中每个点 x 映照成 Y 中的一个有界集 $\{T_\tau x | \tau \in A, x \in X\}$ (即 $\{\|T_\tau x\| | \tau \in A\}$ 有界), 那么算子族 $\{T_\tau | \tau \in A\}$ 是一致有界的 (即 $\{\|T_\tau\| | \tau \in A\}$ 是有界数集). 这个定理也是 Banach 空间重要定理之一. 从上一世纪中叶开始, 在几个不同的数学领域里发现这个定理的一些特殊情形. 例如 Fourier 级数理论中迪·布瓦·雷蒙 (P.du Bois Reymond) 给出了连续函数的 Fourier 级数发散的例子, O.Toeplitz (特普利茨) 和 H.Steinhaus (斯坦因豪斯) 等人关于级数求和法的结果 (见后面例 4), Hahn 关于插值问题的研究, 以及 Lebesgue、I.Schur (舒尔)、Hahn 等人关于求和法与奇异积分问题的研究, 在这些工作中都发现了同类的定理. 在这个基础上, Banach 与 Steinhaus 共同提出了这个一般定理. 有时也称它为有界线性算子的一致有界性原理.

共鸣定理由于来源广泛, 它的证明方法也很多. 我们这里先应用定理 5.4.4 来证明它.

定理 5.4.6 (共鸣定理, Banach–Steinhaus 定理) 设 X 是 Banach 空间, Y 是赋范线性空间, $\{T_\tau | \tau \in \Lambda\}$ 是从 X 到 Y 的一族有界线性算子, 如果对每个 $x \in X$

$$\sup_{\tau \in \Lambda} \|T_\tau x\| < \infty, \tag{5.4.4}$$

那么数集 $\{\|T_\tau\| | \tau \in \Lambda\}$ 是有界的.

证 任取一个指标 $\alpha \bar{\in} \Lambda$, 令 $\Lambda_1 = \Lambda \bigcup \{\alpha\}$, 规定 $T_\alpha = I$. 在 Banach 空间 X 上再规定一个范数:

$$\|x\|_1 = \sup_{\tau \in \Lambda_1} \|T_\tau x\| = \max(\|x\|, \sup_{\tau \in \Lambda} \|T_\tau x\|), x \in X,$$

由于 $\|T_\alpha x\| = \|x\|$, 所以 $\|x\|_1 \geqslant \|x\|$, 又由 (5.4.4), $\|x\|_1 < \infty$, $\| \cdot \|_1$ 显然满足对范数的正齐性以及从 $\|x\|_1 = 0$ 推出 $x = 0$ 的要求. 今证三角不等式也满足: 事实上, 由于

$$\|T_\tau(x + y)\| \leqslant \|T_\tau x\| + \|T_\tau y\| \leqslant \sup_{\tau \in \Lambda_1} \|T_\tau x\| + \sup_{\tau \in \Lambda_1} \|T_\tau y\|$$
$$= \|x\|_1 + \|y\|_1,$$

因此

$$\|x + y\|_1 \leqslant \sup_{\tau \in \Lambda_1} \|T_\tau(x + y)\| \leqslant \|x\|_1 + \|y\|_1.$$

现在证明 X 按 $\| \cdot \|_1$ 成为 Banach 空间. 事实上, 如果 $\{x_n\}$ 按 $\| \cdot \|_1$ 为基本的, 由于 $\| \cdot \| \leqslant \| \cdot \|_1$, 所以 $\{x_n\}$ 按 $\| \cdot \|$ 也是基本的, 因此有 x_0, 使得 $\|x_n - x_0\| \to 0$.

今证 $\{x_n\}$ 按 $\|\cdot\|_1$ 收敛于 x_0: 对任何 $\varepsilon > 0$, 必存在 N, 当 $n, m \geqslant N$ 时

$$\|x_n - x_m\|_1 < \frac{\varepsilon}{2},$$

即当 $\tau \in \Lambda_1$ 时, $\|T_\tau(x_n - x_m)\| < \frac{\varepsilon}{2}$. 令 $m \to \infty$ 就得到

$$\|T_\tau(x_n - x_0)\| \leqslant \frac{\varepsilon}{2}.$$

所以当 $n \geqslant N$ 时

$$\|x_n - x_0\|_1 \leqslant \frac{\varepsilon}{2} < \varepsilon,$$

即 $\{x_n\}$ 按 $\|\cdot\|_1$ 收敛于 x_0.

根据定理 5.4.4 必存在 $c > 0$, 使得 $\|x\|_1 \leqslant c\|x\|$ 对一切 $x \in X$ 成立, 也就是说 $\{\|T_\tau\| \,|\, \tau \in \Lambda\}$ 是有界数集, 上界不超过 c.　　　　　　　　证毕

下面是不用逆算子定理的证明方法.

证　作 X 上的泛函

$$p(x) = \sup_{\tau \in \Lambda} \|T_\tau x\|,$$

这个泛函具有下述性质:

(i) $p(x)$ 是拟范数;

(ii) 对任一 $M > 0$, 集 $\{x | p(x) \leqslant M\}$ 是闭的.

性质 (i) 是显然的. 今证 (ii): 因为 $\{x | \|T_\tau x\| \leqslant M\}$ 是 X 中的闭集, 因此

$$\{x | p(x) \leqslant M\} = \bigcap_{\tau \in \Lambda} \{x | \|T_\tau x\| \leqslant M\}$$

是一族闭集的交集, 因而也是闭集.

记 $X_k = \{x | p(x) \leqslant k\}$, 那么 $X = \sum\limits_{k=1}^{\infty} X_k$. 但 X 是第二类型集, 所以必有一个 X_k 在某一球 $O(x_0, \varepsilon)$ 中稠密. 又由 (ii), X_k 是闭集, 因此 $X_k \supset O(x_0, \varepsilon)$, 所以对于 X_k 中任一点 $x \neq 0$, 必然

$$x_0 - \frac{\varepsilon}{2} \frac{x}{\|x\|}, \quad x_0 + \frac{\varepsilon}{2} \frac{x}{\|x\|} \in O(x_0, \varepsilon),$$

从而

$$p\left(x_0 + \frac{\varepsilon}{2} \frac{x}{\|x\|}\right) \leqslant k, \quad p\left(x_0 - \frac{\varepsilon}{2} \frac{x}{\|x\|}\right) \leqslant k,$$

由拟范数的性质, 立即得到

$$p\left(\varepsilon \frac{x}{\|x\|}\right) \leqslant p\left(x_0 + \frac{\varepsilon}{2} \frac{x}{\|x\|}\right) + p\left(\frac{\varepsilon}{2} \frac{x}{\|x\|} - x_0\right) \leqslant 2k,$$

再由拟范数的齐次性就有 $p(x) \leqslant \dfrac{2k}{\varepsilon}\|x\|$, 即 $\|T_\tau x\| \leqslant M\|x\|, M = \dfrac{2k}{\varepsilon}$, 这就是 $\|T_\tau\| \leqslant M(\tau \in \Lambda)$.   证毕

利用共鸣定理和 §5.3 引理 1 证明中有关极限算子范数的估计, 立即得到 Banach-Steinhaus 另一个定理.

定理 5.4.7 设 X 是 Banach 空间, Y 是赋范线性空间, $\{T_n\} \subset \mathfrak{B}(X \to Y)$. 又设对每个 $x \in X, \{T_n x\}$ 收敛, 那么必存在 $T \in \mathfrak{B}(X \to Y)$, 使得 $\{T_n\}$ 强收敛 于 T, 而且 $\|T\| \leqslant \varliminf\limits_{n\to\infty} \|T_n\|$.

利用共鸣定理可以讨论 Banach 空间及其共轭空间中集的有界性.

定义 5.4.3 设 $\varPhi$ 是赋范线性空间 X 的共轭空间 X^* 的子集, 当按泛函 的范数有界时 (即存在常数 M, 使得对一切 $f \in \varPhi, \|f\| \leqslant M$), 称 $\varPhi$ 是强有 界的. 如果对每个 $x \in X$, 数集 $\{f(x)|f \in \varPhi\}$ 有界, 就称 $\varPhi$ 是弱* 有界的. 设 A 是 X 的子集, 当 A 是有界集时, 我们也称 A 是**强有界**的, 而如果对每个 $f \in X^*, \{f(x)|x \in A\}$ 有界时, 称 A 是**弱有界**的.

显然, 由 $\varPhi$、A 的强有界可以分别推出弱* 有界、弱有界. 又因为致密的 数集是有界的, 所以 $\varPhi$ 的弱* 致密性必导致弱* 有界性. 利用 "强有界"、"弱有 界"、"弱* 有界" 以及 $X \subset X^{**}$ 和共鸣定理, 立即可得下列系.

系 (i) 设 X 是 Banach 空间, 那么 X^* 中弱* 有界集必是强有界集. 特别 地, X^* 中弱* 致密集必是强有界集;

(ii) 赋范空间 X 上任何弱有界集必是强有界集.

由上面的系可知, 赋范线性空间 X 上集的强、弱有界是一致的, X^* 上强、 弱、弱* 有界也是一致的, 所以在任何情况下, 只要 "有界" 概念就可以了.

3. 共鸣定理的应用 共鸣定理在谱理论中的应用我们将在 §5.5 中给出. 下 面给出共鸣定理在其他一些数学问题上的应用. 这种应用是很多的, 这里我们只 略举一些.

例 2 设 $p \geqslant 1, \alpha(t)$ 是 $[a,b](-\infty < a < b < +\infty)$ 上可测函数. 假如对任何 $x \in L^p[a,b]$, 积分

$$\int_a^b \alpha(t)x(t)\mathrm{d}t$$

存在, 那么 $\alpha(t) \in L^q[a,b]$, 此地 $\dfrac{1}{p} + \dfrac{1}{q} = 1$ (当 $p = 1$ 时, $q = \infty$).

证　作有界函数 $[\alpha]_n(t)$ (见 §3.3). 利用 $[\alpha]_n, n = 1, 2, 3, \cdots$, 作 $L^p[a, b]$ 上线性泛函

$$F_n(x) = \int_a^b x(t)[\alpha]_n(t)\mathrm{d}t, x \in L^p[a, b],$$

利用 Hölder 不等式, 易知 F_n 是有界泛函. 既然 $|x(t)[\alpha]_n(t)| \leqslant |\alpha(t)||x(t)|$, 而且已知 $|\alpha(t)||x(t)|$ 可积, 所以根据控制收敛定理

$$\lim_{n\to\infty} F_n(x) = \int_a^b x(t)\alpha(t)\mathrm{d}t, \quad x \in L^p[a, b],$$

由定理 5.4.7, $F(x) = \lim_{n\to\infty} F_n(x)$ 是有界线性泛函. 再根据 $L^p[a, b]^* = L^q[a, b]$, 存在唯一的 $\beta \in L^q[a, b]$ 使得 $F(x) = \int_a^b x(t)\beta(t)\mathrm{d}t, x \in L^p[a, b]$, 取 $x = \chi_{[a, \xi]}$ 就知道 $\alpha = \beta$, 所以 $\alpha(t) \in L^q[a, b]$. 　　　　证毕

例 3　机械求积公式的收敛问题. 在定积分近似计算中, 通常引用机械求积公式, 就是以泛函

$$f_n(x) = \sum_{k=0}^{k_n} A_k^{(n)} x(t_k^{(n)}), a \leqslant t_0^{(n)} < t_1^{(n)} < \cdots < t_{k_n}^{(n)} \leqslant b, \tag{5.4.5}$$

作为 $x(t)$ 的积分 $\int_a^b x(t)\mathrm{d}t$ 的近似值. 例如梯形法, Simpson (辛普森) 方法等都是这种类型的近似方法.

给定了一列分点组 $\{(t_0^{(n)}, t_1^{(n)}, \cdots, t_{k_n}^{(n)})\}$ 及一列常数组 $\{(A_0^{(n)}, A_1^{(n)}, \cdots, A_{k_n}^{(n)})\}$ 后, 等式 (5.4.5) 定义了空间 $C[a, b]$ 上的连续线性泛函 f_n. 现在的问题是: 在怎样条件下, 泛函 f_n 在每一点 $x \in C[a, b]$ 上收敛于积分 $\int_a^b x(t)\mathrm{d}t$.

定理 5.4.8 (Стеклов – Szegö (斯切克洛夫 – 舍苟))　　机械求积公式 $f_n(x)$ 对任一函数 $x \in C[a, b]$ (实空间) 收敛于 $\int_a^b x(t)\mathrm{d}t$ 的充要条件是:

(i) 有常数 $M, \sum_{k=0}^{k_n} |A_k^{(n)}| \leqslant M$;

(ii) 对任一多项式 $x = x(t), f_n(x) \to \int_a^b x(t)\mathrm{d}t (n \to \infty)$.

证　首先证明

$$\|f_n\| = \sum_{k=0}^{k_n} |A_k^{(n)}|, \tag{5.4.6}$$

事实上, 显然成立着不等式

$$|f_n(x)| \leqslant \sum |A_k^{(n)}|\|x\|, x \in C[a, b].$$

另一方面, 对每个 n, 可取 $[a,b]$ 上的连续函数 $x_n(t)$ 适合

$$x_n(t_k^{(n)}) = \operatorname{sgn}A_k^{(n)}, k = 0, 1, 2, \cdots, k_n,$$

而且 $\|x_n\| = 1$, 于是

$$|f_n(x_n)| = \sum_{k=0}^{k_n} |A_k^{(n)}|,$$

因此 (5.4.6) 成立.

利用 (5.4.6) 及共鸣定理便知 (i) 是必要的, 而 (ii) 的必要性是显然的.

反过来, 如果给定的分点组序列和数组序列适合条件 (i)、(ii), 其中 f_n 是由 (5.4.5) 式所定义的 $C[a,b]$ 上的泛函. 因为多项式全体在空间 $C[a,b]$ 中稠密, 由 §5.3 引理 1, 必有 $C[a,b]$ 上连续线性泛函 f, 使得对每个 $x \in C[a,b]$, $f_n(x) \to f(x)$. 但由条件 (ii), 对多项式 $x(t)$

$$\lim_{n\to\infty} f_n(x) = \int_a^b x(t)\mathrm{d}t = f(x),$$

由 f 的连续性, 对任意的 $x \in C[a,b]$, 便有

$$f(x) = \int_a^b x(t)\mathrm{d}t.$$

证毕

系 设 $A_k^{(n)} \geqslant 0$, 那么对每个 $x \in C[a,b]$, $f_n(x) \to \int_a^b x(t)\mathrm{d}t$ 的充要条件是对每个多项式 $x(t)$, $f_n(x) \to \int_a^b x(t)\mathrm{d}t (n \to \infty)$.

证 当 $A_k^{(n)} \geqslant 0$ 时, 定理中条件 (ii) 含有条件 (i). 事实上

$$\sum_{k=0}^{k_n} |A_k^{(n)}| = \sum_{k=0}^{k_n} A_k^{(n)} = f_n(1) \to \int_a^b 1\mathrm{d}x = (b-a),$$

所以有 M, 使 (i) 式成立. 由定理 5.4.8 就得此系.

例 4 级数的广义求和问题 设有数项级数

$$a_1 + a_2 + \cdots + a_n + \cdots,$$

其部分和是 $s_n = \sum_1^n a_\nu$, 如果有数 $s = \lim_{n\to\infty} s_n$, 我们就称级数 $\sum_{n=1}^\infty a_n$ 按 Cauchy 意义可求和. s 称为它的 Cauchy 和. 这就是通常的级数和.

如果给定一个无限行, 无限列的阵 $(\alpha_{nk}), n, k = 1, 2, 3 \cdots$, 作

$$\sigma_n = \sum_{k=1}^{\infty} \alpha_{nk} s_k, n = 1, 2, 3, \cdots, \qquad (5.4.7)$$

假如对每个固定的 n, (5.4.7) 中级数按 Cauchy 意义收敛, 而且 $\{\sigma_n\}$ 也收敛, 即有 $\sigma, \sigma_n \to \sigma$, 就称级数 $\sum_{\nu=1}^{\infty} a_\nu$ 按阵 (α_{nk}) **广义可和**, 并称 σ 是级数 $\sum_{\nu=1}^{\infty} a_\nu$ (关于 (α_{nk})) 的广义和. 例如当 $\alpha_{nk} = \delta_{nk}$ 时, 广义和就是 Cauchy 和. 又如 Cesaro (蔡查罗) 的 $(C, 1)$ 求和法的求和阵是

$$(\alpha_{nk}) = \begin{pmatrix} 1 & 0 & 0 & \cdots & 0 & 0 & \cdots \\ \dfrac{1}{2} & \dfrac{1}{2} & 0 & \cdots & 0 & 0 & \cdots \\ \dfrac{1}{3} & \dfrac{1}{3} & \dfrac{1}{3} & \cdots & 0 & 0 & \cdots \\ \vdots & \vdots & \vdots & & \vdots & 0 & \cdots \\ \dfrac{1}{n} & \dfrac{1}{n} & \dfrac{1}{n} & \cdots & \dfrac{1}{n} & 0 & \cdots \\ \vdots & \vdots & \vdots & & \vdots & \vdots & \end{pmatrix},$$

相应于此阵的 σ_n 为

$$\sigma_n = \frac{1}{n} \sum_{\nu=1}^{n} s_\nu$$

$\left(\text{它是} \sum_{\nu=1}^{\infty} a_\nu \text{ 的前 } n \text{ 个部分和的算术平均}\right)$. 级数的广义求和法很多, 是经典分析中一个重要分支.

设由阵 (α_{nk}) 给出一个广义求和法, 如果每个按 Cauchy 意义收敛的级数 $\sum_{\nu=1}^{\infty} a_\nu$ 也是按 (α_{nk}) 可求和的, 而且级数的广义和等于 Cauchy 和, 就是说只要 $s_n \to s$, 那么 $\sigma_n = \sum_{k=1}^{\infty} \alpha_{nk} s_k \to s$. 这时称这种广义求和法是正则的. 正则的求和阵 (α_{nk}) 称为 Toeplitz 阵或 T-阵. 例如 $(C, 1)$ 求和就是**正则**的. 下面是 T-阵的特征.

定理 5.4.9 (Toeplitz)　　(α_{nk}) 成为 T-阵的充要条件是

(i) $\lim\limits_{n \to \infty} \alpha_{nk} = 0, k = 1, 2, 3, \cdots$;

(ii) $\lim\limits_{n \to \infty} \sum\limits_{k=1}^{\infty} \alpha_{nk} = 1, k = 1, 2, 3, \cdots$;

(iii) $\sum\limits_{k=1}^{\infty} |\alpha_{nk}| \leqslant M, n = 1, 2, 3, \cdots$.

为证明这个定理, 先证一个类似于例 3 的引理.

引理 5 设 c 是收敛数列 $x = \{x_n\}$ 全体, 按范数

$$\|x\| = \sup_{n \geqslant 1} |x_n|$$

所成的 Banach 空间. 又设 $\{\alpha_k\}$ 是一列数. 如果对每个 $x = \{x_n\} \in c$, 数值

$$f(x) = \sum_{\nu=1}^{\infty} \alpha_{\nu} x_{\nu}$$

存在, 那么 f 是 c 上的连续线性泛函, 并且 $\|f\| = \sum\limits_{\nu=1}^{\infty} |\alpha_{\nu}| < \infty$.

证 对每个自然数 n, 令

$$f_n(x) = \sum_{\nu=1}^{n} \alpha_{\nu} x_{\nu},$$

那么 f_n 是 c 上的连续线性泛函. 由假设, 对每个 $x \in c, f_n(x) \to f(x)$, 所以由定理 5.4.7 知道 f 是 c 上的连续线性泛函. 根据 §5.2 习题 12, 必然有 $\|f\| = \sum\limits_{\nu=1}^{\infty} |\alpha_{\nu}| < \infty$.   证毕

定理 5.4.9 的证明 必要性: 设 (α_{nk}) 是 T-阵, 那么对于每个 $x = (s_1, s_2, \cdots) \in c$, 级数

$$g_n(x) = \sum_{k=1}^{\infty} \alpha_{nk} s_k \tag{5.4.8}$$

收敛, 如果记

$$g(x) = \lim_{n \to \infty} g_n(x), x = (s_1, s_2, \cdots) \in c,$$

那么当 $x \in c$ 时

$$\lim_{n \to \infty} g_n(x) = \lim_{n \to \infty} \sum_{k=1}^{\infty} \alpha_{nk} s_k = g(x), \tag{5.4.9}$$

因为 $g_n(x)$ 是 Banach 空间 c 上的有界线性泛函, 并且

$$\|g_n\| = \sum_{k=1}^{\infty} |\alpha_{nk}|,$$

由定理 5.4.6 就知道 $\{\|g_n\|\}$ 有界, 这就是 (iii).

做 c 中的点列 $e^{(0)}, e^{(1)}, \cdots, e^{(k)}, \cdots$ 如下：

$$e^{(0)} = (1, 1, 1, \cdots) \text{ (每个坐标都是 1)},$$

$$e^{(k)} = (0, \cdots, 0, 1, 0, 0, \cdots) \text{ (第 } k \text{ 个坐标是 1, 其余是 0) 那么}$$

$$g_n(e^{(0)}) = \sum_{k=1}^{\infty} \alpha_{nk}, g_n(e^{(k)}) = \alpha_{nk}, (n, k = 1, 2, 3, \cdots)$$

由 (5.4.9) 知道, 当 $n \to \infty$ 时

$$g_n(e^{(0)}) \to g(e^{(0)}) = 1, g_n(e^{(k)}) \to g(e^{(k)}) = 0, (k \geqslant 1) \tag{5.4.10}$$

这样就得到 (ii) 和 (i).

充分性: 设 (α_{nk}) 满足 (i)、(ii). 令 $\mathscr{D}$ 为点列 $\{e^{(k)}\}(k = 0, 1, 2, \cdots)$ 在 c 中的线性包. $\mathscr{D}$ 是只有有限项不为零的 (收敛) 数列全体, 显然 $\mathscr{D}$ 在 c 中稠密. 由 (iii),
$$g_n(x) = \sum_{k=1}^{\infty} \alpha_{nk} x_k, x = \{x_k\} \in c \text{ 是 } c \text{ 上有界线性泛函, 且 } \|g_n\| = \sum_{k=1}^{\infty} |\alpha_{nk}| \leqslant M.$$
易知如能证明对于 $\mathscr{D}$ 中的 x, (5.4.9) 成立, 那么对 c 中任何 x, (5.4.9) 也就成立. 因而 (α_{nk}) 就是 T-阵了.

由条件 (i)、(ii) 知道对于 $\{e^{(k)}\}$ 诸点 (5.4.9) 成立, 所以对于它们的任一线性组合, 即 $x \in \mathscr{D}$, (5.4.9) 式必成立. 这正是所要求的结果. 　　　　证毕

此外, 还有把共鸣定理用来研究插值问题以及连续参数类型的问题. 这里不一一举例.

习　题　5.4

1. 证明定理 5.4.7 的系.

2. 设 X、Y 是两个赋范线性空间, $\{A_\alpha | \alpha \in \Lambda\}$ 是一族 $X \to Y$ 的有界线性算子. 如果对任何 $x \in X, y^* \in Y^*$, 数集 $\{y^*(A_\alpha x) | \alpha \in \Lambda\}$ 是有界集, 那么称 $\{A_\alpha | \alpha \in \Lambda\}$ 是**弱有界**. 证明: 当 X 是 Banach 空间时, 则从 $\{A_\alpha | \alpha \in \Lambda\}$ 的弱有界性必可推出 $\{A_\alpha | \alpha \in \Lambda\}$ 按算子范数的有界性.

3. 举例说明共鸣定理中空间完备性的假设不可除去.

4. 证明盖勒范德引理: 设 X 是 Banach 空间, $p(x)$ 是 X 上的泛函, 适合下面的条件:

(i) $p(x) \geqslant 0$;

(ii) α 为非负数时, $p(\alpha x) = \alpha p(x)$;

(iii) $p(x_1 + x_2) \leqslant p(x_1) + p(x_2)$;

(iv) 当 $x \in X, x_n \to x$ 时, $\varliminf_{n \to \infty} p(x_n) \geqslant p(x)$;

那么必有正数 M, 使得对一切 $x \in X, p(x) \leqslant M\|x\|$.

定义 5.4.4 设 X 是线性空间, P 是定义在 X 上的线性算子, 如果满足 $P^2 = P$, 那么称 P 是 X 上**投影算子**. 当 X 是赋范线性空间时, 满足 $P^2 = P$ 的有界线性算子称为投影算子.

定义 5.4.5 设 X 是线性空间, Y、Z 是 X 的两个线性子空间. 如果 X 中的任何 x, 必可唯一地分解成 $x = y + z, y \in Y, z \in Z$. 那么称 X 是 Y, Z 的**直接和**, 记为 $X = Y + Z$.

5. 设 P 为 X 上投影算子. 证明 (i) $I - P$ 也是 X 上投影算子. (ii) 记 $L_P = \{y | Py = y, y \in X\}, L_{I-P} = \{z | (I-P)z = z, z \in X\}$, 那么 $X = L_P + L_{I-P}$.

反之, 设 $X = Y + Z$, 作 X 上算子 P_Y: 当 $x = y + z$ 时, 规定 $P_Y x = y$. 证明 P_Y 是 X 上投影算子, 并且 $Y = \{y | P_Y y = y, y \in X\}$.

6. 设 X 是赋范线性空间. 证明: 如果 P 是投影算子 (按定义, 它是有界线性算子, 并且 $P^2 = P$), 那么 L_P, L_{I-P} 都是 X 的闭线性子空间.

反之, 当 Y, Z 是 Banach 空间 X 的两个闭线性子空间, 并且 $X = Y + Z$ 时, 那么习题 5 中所定义的算子 P_Y, P_Z 是 X 上的投影算子 (主要证明 P_Y, P_Z 的有界性), 并且 $I = P_Y + P_Z$.

7. 试举一例: X 是 Banach 空间, Y 是 X 的闭线性子空间, Z 是 X 的线性子空间, 并且 $X = Y + Z$, 但 Z 不是闭线性子空间 (利用无限维赋范线性空间中存在定义在全空间上的 (无界) 线性泛函, 作出所要求的例子).

8. 设 X, Y 都是 Banach 空间, A 是 $X \to Y$ 的线性算子 ($\mathscr{D}(A) = X$). 证明: 如果对每个 $y^* \in Y^*, y^*(Ax)$ 作为 X 空间上的泛函是连续线性泛函, 那么 $A \in \mathfrak{B}(X \to Y)$.

9. X, Y, Z 都是 Banach 空间, $\Phi(x, y)$ 是 $X \times Y \to Z$ 上的映照, 如果固定每个 $x, \Phi(x, y)$ 是 y 的线性映照; 固定每个 $y, \Phi(x, y)$ 是 X 的线性映照, 称 $\Phi(x, y)$ 是**双线性映照**. 证明: 如果对每个 $z^* \in Z^*, z^*(\Phi(x, \cdot)) \in Y^*, z^*(\Phi(\cdot, y)) \in X^*$, 那么必存在常数 M, 使得 $\|\Phi(x, y)\| \leqslant M \|x\| \|y\|$.

10. 设 X, Y 是 Banach 空间, $A \in \mathfrak{B}(X \to Y)$, 并且 $AX = Y$. 证明: 存在常数 N, 对任何 Y 中收敛于 y_0 的点列 $\{y_n\}$, 必存在 $\{x_n\} \subset X$, 使得 $\|x_n\| \leqslant N \|y_n\|, Ax_n = y_n(n = 1, 2, 3, \cdots)$ 且 $x_n \to x_0$. (提示: 应用开映像原理)

11. 设 $\{x_n\}$ 是 Banach 空间中一个点列, 如果对每个 $x \in X$, 总存在唯一数列 $\{\alpha_i(x)\}$, 使得 $\lim_{n \to \infty} \left\| x - \sum_{i=1}^{n} \alpha_i x_i \right\| = 0 \left(\text{即 } x = \sum_{i=1}^{\infty} \alpha_i x_i \right)$, 称 $\{x_n\}$ 为 X 中的**基**, 并称 X 是具有基的 Banach 空间. 证明在有基 $\{x_i\}$ 的 Banach 空间 X 上, 展开式 $x = \sum_{i=1}^{\infty} \alpha_i(x) x_i$ 中的 $\alpha_i(x) \in X^*$. (提示: 在 X 上作新范数 $\|x\|_1 = \sup_n \left\| \sum_{i=1}^{n} \alpha_i(x) x_i \right\|$, 则 $(X, \|\cdot\|_1)$ 是 Banach 空间).

12. 设 $(E, \|\cdot\|)$ 是 Banach 空间, $(F, \|\cdot\|_1)$ 是赋范线性空间, $\|\cdot\|_2$ 是 F 上第二个范数, 并且 $(F, \|\cdot\|_2)$ 成为 Banach 空间. 如果 $\|\cdot\|_2$ 强于 $\|\cdot\|_1$, 那么任何 $(E, \|\cdot\|) \to (F, \|\cdot\|_1)$ 的有界线性算子 T 必是 $(E, \|\cdot\|) \to (F, \|\cdot\|_2)$ 的有界线性算子 (提示: 用闭图像定理)

13. T 是 $L^2[0,1]$ 上有界线性算子. 证明: 如果 T 把 $L^2[0,1]$ 中连续函数映照成连续函数, 则 T 是 $C[0,1]$ 上有界线性算子.

定义 5.4.6　设 Γ 是平面上 Jordan 曲线, $f(z)$ 是定义在 Γ 上取值于 Banach 空间 X 上的抽象值 (向量值) 函数, 如果存在 X 上的元 x, 使对一切 $x^* \in X^*$,

$$x^*(x) = \int_{\Gamma} x^*(f(z)) \mathrm{d}z,$$

称 $f(z)$ 在 Γ 上 **弱可积** (或在 Γ 上 Pettis **可积**), 又称 x 为 $f(z)$ 在 Γ 上的弱 (或 Pettis) **积分**, 记为

$$x = \int_{\Gamma} f(z) \mathrm{d}z.$$

在 Γ 上任取一分点组 $z_0, z_1, \cdots, z_n$, 如果存在 $x \in X$, 使得

$$(\text{强}) \lim_{\lambda \to 0} \sum f(\xi_i)(z_i - z_{i-1}) = x,$$

其中 $\lambda = \max_i |z_i - z_{i-1}|, \xi_i$ 是弧 $\widehat{z_{i-1}z_i}$ 上任一点, 称 $f(z)$ 在 Γ 上**强可积**, 又称 x 为 $f(z)$ 在 Γ 上**强积分**, 仍记为

$$x = \int_{\Gamma} f(z) \mathrm{d}z.$$

14. 设 Γ 是平面上 Jordan 曲线[①], $f(z)$ 是定义在 Γ 上取值于 Banach 空间 X 上的抽象值函数. 证明: 当 $f(z)$ 是 Γ 上 (强) 连续函数时, $f(z)$ 在 Γ 的强、弱积分存在, 并且两个积分相等.

15. 设 G 是平面上一个区域, $f(z)$ 是定义在 G 上取值于 Banach 空间 X 上的抽象值函数. 证明: 如果对每个 $x^* \in X^*, x^*(f(z))$ 是 G 上 (数值) 解析函数. 那么对任何 $\xi \in G$,

$$(\text{强}) \lim_{z \to \xi} \frac{f(z) - f(\xi)}{z - \xi}$$

存在, 并且在 G 中每点 z_0 的近旁, $f(z) = \sum_{n=0}^{\infty} a_n(z - z_0)^n$ 成立, 这里 $a_n \in X$, 级数是强收敛.

16. 设 X 是线性空间, $\|\cdot\|_1, \|\cdot\|_2$ 分别是 X 上的范数. 如果对任何关于 $\|\cdot\|_1, \|\cdot\|_2$ 都收敛的序列 $\{x_n\}$ 必有相同的极限点, 那么称 $\|\cdot\|_1, \|\cdot\|_2$ 是**符合**的.

证明: 如果 X 分别按 $\|\cdot\|_1, \|\cdot\|_2$ 成为 Banach 空间, 并且 $\|\cdot\|_1, \|\cdot\|_2$ 是符合的, 那么 $\|\cdot\|_1$ 与 $\|\cdot\|_2$ 等价.

17. X 为线性空间, $\|\cdot\|_1, \|\cdot\|_2$ 分别是 X 上的范数. 如果凡对 $\|\cdot\|_1$ 为连续的线性泛函, 也必为 $\|\cdot\|_2$ 连续, 那么必存在数 $\alpha > 0$, 使对一切 $x \in X, \|x\|_1 \leqslant \alpha\|x\|_2$.

18. 设 X、Y、Z 及 $E(\neq \{0\})$ 都是赋范线性空间, 并且 $Z = X + Y$. 显然, $Z \to E$ 的任何一个线性算子 T 必可表示成 $TZ = T_X x + T_Y y$, 其中 $z = x + y, x \in X, y \in Y$, 而 T_X, T_Y 分别是 $X \to E, Y \to E$ 的线性算子.

[①]此地 Jordan 曲线是指可求长的.

证明: $T \in \mathfrak{B}(Z \to E)$ 等价于 $T_X \in \mathfrak{B}(X \to E)$ 及 $T_Y \in \mathfrak{B}(Y \to E)$ 同时成立的充要条件是存在 $\alpha > 0, \beta > 0$, 使得对任何 $z = x + y \in Z$,

$$\beta(\|x\| + \|y\|) \leqslant \|z\| \leqslant \alpha(\|x\| + \|y\|).$$

19. 举例说明定理 5.4.4 中假设范数 $\|\cdot\|_1$ 弱于 $\|\cdot\|_2$ 是必要的.

§5.5 线性算子的正则集与谱, 不变子空间

在泛函分析中, 对线性算子的谱的研究是很重要的一个研究方向, 在这一节中, 我们将对这方面最基本的概念作一简单介绍. 与算子谱论相联系的重要问题就是算子的不变子空间, 这个问题近年来讨论很多, 并取得了重要的进展, 在下一节我们将介绍这方面的成果, 为此我们在这一节还要介绍一下不变子空间及超不变子空间等概念.

1. 特征值与特征向量　有限维线性空间上线性变换的特征值及特征向量的概念是大家了解的. 在微分方程和积分方程中也有特征值和特征函数的概念. 现在把它拓广到一般的线性空间上来. 就有限维空间看, 线性变换的特征值一般是复的, 所以算子谱论一般总是在复空间上进行讨论.

定义 5.5.1　设 X 是线性空间, λ 为一数, A 是 $X \to X$ 的线性算子. 如果有 X 中非零向量 $x \in \mathscr{D}(A)$, 使得

$$Ax = \lambda x, \tag{5.5.1}$$

那么就称 λ 是 A 的**特征值** (或**本征值**), 而称 x 为 A (相应于特征值 λ) 的**特征向量**(或**本征向量**).

设 E_λ 为算子 A 的 (相应于特征值 λ 的) 特征向量全体, 再加入零向量, 称 E_λ 为算子 A 的 (相应于特征值 λ 的) **特征向量空间**.

显然, 相应于非零特征值的特征向量在算子值域中.

E_λ 是方程 (5.5.1) 的所有解的全体. 容易看出 E_λ 是 X 的线性子空间. 如果 X 是赋范线性空间, A 是连续算子, 那么也很容易知道 E_λ 是闭子空间.

称 E_λ 的维数 ($\dim E_\lambda$) 为特征值 λ 的**重复度**. 这就是方程 (5.5.1) 的最大线性无关解组中向量的个数.

例如线性空间 X 上相似算子 αI 的特征值只有 α , 而且全空间 X 就是特征向量空间.

例 1　设 X 是 n 维向量空间, A 为 X 上到 X 的线性算子. 在 X 中任取一组基 $\{e_1, \cdots, e_n\}$, A 相应于阵 $(a_{\mu\nu})$, 如果记

$$Ax = y, x = \sum_{\nu=1}^{n} x_\nu e_\nu, y = \sum_{\mu=1}^{n} y_\mu e_\mu,$$

那么, $y_\mu = \sum_{\nu=1}^{n} a_{\mu\nu} x_\nu$, 这时方程 (5.5.1) 立即改写成线性方程组

$$\sum_{\nu=1}^{n} a_{\mu\nu} x_\nu = \lambda x_\mu, \mu = 1, 2, \cdots, n, \tag{5.5.2}$$

因此, λ 为算子 A 的特征值的充要条件是 λ 为阵 $(a_{\mu\nu})$ 的特征值. 而 λ 的重复度也就是线性方程组 (5.5.2) 的线性独立的最大解组中解的个数. 如果系数阵 $(\lambda\delta_{\mu\nu} - a_{\mu\nu})$ 的秩为 $n - r$, 那么重复度就是 r.

下面考察两个二阶微分算子.

例 2　设 X 是 $C[0,1]$, $\mathscr{D}(A)$ 是 $[0,1]$ 上具有二阶连续导函数而且适合边界条件 $x(0) = x(1), x'(0) = x'(1)$ 的函数 $x(t)$ 全体. 定义 $\mathscr{D}(A)$ 到 X 上的微分算子 A 如下: 当 $x \in \mathscr{D}(A)$ 时

$$Ax = -x''.$$

由于微分方程 $-x'' = \lambda x$ 的通解是

$$x(t) = a \cos \sqrt{\lambda} t + b \sin \sqrt{\lambda} t,$$

当 $\lambda \neq (2n\pi)^2, n = 0, \pm 1, \pm 2, \cdots$ 时, 上述通解中除恒为 0 的以外, 不可能有函数属于 $\mathscr{D}(A)$ (即适合边界条件 $x(0) = x(1), x'(0) = x'(1)$).

当 $\lambda = (2n\pi)^2, n = 0, \pm 1, \pm 2, \cdots$ 时, 上述通解全体属于 $\mathscr{D}(A)$. 因此算子 A 具有特征值 $(2n\pi)^2$, 与它相应的特征向量空间具有基 $\cos 2n\pi t, \sin 2n\pi t$.

例 3　设 X 是 $[-1,1]$ 上的连续函数全体, $\mathscr{D}(A)$ 是在 $[-1,1]$ 上具有二阶连续导函数的函数 $x(t)$ 的全体. 在 $\mathscr{D}(A)$ 上定义算子 A 如下: 当 $x \in \mathscr{D}(A)$ 时

$$Ax = [(t^2 - 1)x']'$$

(t 为 $x(t)$ 的自变数). 由二阶微分方程理论易知, 方程

$$[(t^2 - 1)x']' - \lambda x = 0$$

当 $\lambda \neq n(n+1)$ 时, 没有二阶连续可微的非零解 $x(t)$. 而当 $\lambda = n(n+1)$ 时, 上述方程的解必为

$$x(t) = \frac{1}{2^n n!} \frac{\mathrm{d}^n}{\mathrm{d}x^n} (t^2 - 1)^n$$

的常数倍 ($x(t)$ 称为 n 阶的 Legendre 多项式), 因此算子 A 只具有特征值 $n(n+1), n = 1, 2, 3, \cdots$. 而相应的特征向量, 除一常数因子外为 Legendre 多项式.

例 4 设 $X = L^2(0, \infty)$ (复值的), $\mathscr{D}(A) = \{x | x \in X, x'' \in X\}$, 作 $\mathscr{D}(A)$ 到 X 中的算子 A 如下:

$$Ax = \frac{\mathrm{d}^2}{\mathrm{d}t^2} x(t), x \in \mathscr{D}(A),$$

由于 $\frac{\mathrm{d}^2}{\mathrm{d}t^2} x(t) = k^2 x(t)$ 的通解为 $x = C_1 e^{kt} + C_2 e^{-kt}$, 这种函数 $x \in \mathscr{D}(A)$ 的充要条件是 (i) $\mathrm{Re} k > 0, C_1 = 0$, 或 $\mathrm{Re} k < 0, C_2 = 0$. 因此 λ 为算子 A 的特征值的充要条件为 $\lambda = k^2, \mathrm{Re} k \neq 0$, 也就是 λ 不是负数, 而且相应的特征向量形如

$$x(t) = a e^{\sqrt{\lambda} t}, \mathrm{Re} \sqrt{\lambda} < 0,$$

因而重复度是 1.

此例说明特征值全体可以组成区域.

例 5 取 $X = C[a, b], A$ 为

$$Ax = \int_a^t x(\tau) \mathrm{d}\tau, x \in C[a, b],$$

从方程

$$\int_a^t x(\tau) \mathrm{d}\tau = \lambda x(t), x \in C[a, b] \tag{5.5.3}$$

容易看出: 对任何 λ, (5.5.3) 只有解 $x(t) \equiv 0$, 所以 A 没有特征值.

例 6 取 $X = C[a, b]$, 设 $K(s, t)$ 是 $a \leqslant s \leqslant b, a \leqslant t \leqslant b$ 上二元连续函数. 作 $C[a, b]$ 上算子 A 如下:

$$(Ax)(s) = \int_a^b K(s, t) x(t) \mathrm{d}t, \quad x \in C[a, b],$$

那么 λ 是 A 的特征值的充要条件是积分方程

$$\lambda x(s) - \int_a^b K(s, t) x(t) \mathrm{d}t = 0 \tag{5.5.4}$$

具有非零解. 如果 $K(s, t)$ 形如 $\sum_{\nu=1}^n f_\nu(s) g_\nu(t)$, 而且 $f_1, \cdots, f_n$ 是 $C[a, b]$ 中线性独立的向量组, 那么方程 (5.5.4) 化成

$$\lambda x(s) - \sum_{\nu=1}^n \int_a^b g_\nu(t) x(t) \mathrm{d}t f_\nu(s) = 0. \tag{5.5.5}$$

当 $\lambda = 0$ 时, 由 (5.5.5), x 为特征向量的充要条件是 $x \in C[a,b]$, 而且适合条件

$$\int_a^b g_\nu(t)x(t)\mathrm{d}t = 0, \nu = 1, 2, \cdots, n$$

的非零函数. 容易看出, 这时相应于特征值零的特征向量空间是无限维的. 如果 $\lambda \neq 0$, 那么 (5.5.5) 的解必可表示为

$$x(s) = \sum_{\nu=1}^n \alpha_\nu f_\nu(s), \tag{5.5.6}$$

以此再代入 (5.5.5), 利用 $f_1, \cdots, f_n$ 的线性独立性可知 (5.5.5) 的解 (5.5.6) 中的 α_ν, 必须适合线性方程组

$$\sum_{\mu=1}^n \alpha_\mu \int_a^b g_\nu(t)f_\mu(t)\mathrm{d}t = \lambda \alpha_\nu, \nu = 1, 2, \cdots, n \tag{5.5.7}$$

因而当 $\lambda \neq 0$ 时, λ 为特征值的充要条件是 λ 为方程组 (5.5.7) (以 $\alpha_1, \cdots, \alpha_n$ 为未知数) 的特征值, 而且 λ 的重复度与 (5.5.7) 的线性独立最大解组中解的个数一致. 这时如要求出相应的特征向量, 只要在 (5.5.7) 中解出一组不全为零的 $\alpha_1, \cdots, \alpha_n$ 代入 (5.5.6) 就是了.

由上述各例可见, 算子的特征值及特征向量概念是概括了线性代数、微分方程、积分方程的特征值及特征函数的概念. 不仅许多经典的数学物理问题 (如微分方程、积分方程、变分方程问题) 可以归结为求特征值、特征向量问题, 在量子物理学中许多重要问题也是要求出特征值及特征向量的问题.

在数学物理 (例如微分方程) 问题中, 除去求解形如

$$(\lambda I - A)x = 0$$

的齐次方程外, 还经常遇到非齐次方程

$$(\lambda I - A)x = f,$$

其中 A 是给定的算子, f 是已知向量, x 是未知向量. 为了研究这种方程的求解问题, 很自然地要引进算子 A 的正则点和谱点的概念.

2. 算子的正则点与谱点　在 §5.4 的开头就介绍了正则算子概念, 现在利用正则算子概念来定义算子的谱.

定义 5.5.2　设 X 是复的赋范线性空间, B 是 X 的线性子空间 $\mathscr{D}(B)$ 到 X 中的线性算子, 又设 λ 是一复数, 如果 $(\lambda I - B)$ 是正则算子, 即 $\lambda I - B$ 是 $\mathscr{D}(B)$ 到 X 上的一对一的线性算子, 而且它的逆算子 $(\lambda I - B)^{-1}$ 是 X 到 X 中的有界

线性算子时, 那么称 λ 是 B 的**正则点**, 并称 $R_\lambda(B) = (\lambda I - B)^{-1}$ 是 B 的**豫解算子**. 不是正则点的复数 λ, 称为 B 的**谱点**. 复平面上正则点全体称为 B 的**正则集**①(或**豫解集**), 记为 $\rho(B)$; 谱点全体称为 B 的**谱集**, 或称为**谱**, 记为 $\sigma(B)$.

显然 $\sigma(B) \bigcup \rho(B)$ 就是整个复平面.

根据正则点和谱点的定义我们立即得到一些简单性质.

引理 1 设 B 是复赋范线性空间 X 上的有界线性算子. (i) λ 是 B 的正则点的充要条件是方程

$$(\lambda I - B)g = f \tag{5.5.8}$$

对任何 $f \in X$ 都有解, 而且存在正的常数 m, 使得 $\|g\| \leqslant m\|f\|$.

(ii) λ 不是 B 的特征值的充要条件是 $\lambda I - B$ 是 X 到 $(\lambda I - B)X$ 上的一一对应 (即 $\lambda I - B$ 是可逆算子); 设 λ 不是 B 的特征值, 又如果 X 是有限维空间, 那么 λ 便是 B 的正则点.

证 (i) 必要性: 因为 $\mathscr{R}(\lambda I - B) = X$, 所以对 X 中任何 f, 必有 g, 使得 (5.5.8) 成立. 又由于 $(\lambda I - B)^{-1}$ 是有界的, 所以

$$\|g\| = \|(\lambda I - B)^{-1}f\| \leqslant \|(\lambda I - B)^{-1}\|\|f\|,$$

只要取 $m = \|(\lambda I - B)^{-1}\|$ 就可以了.

充分性: 首先由 (5.5.8) 知道 $\mathscr{R}(\lambda I - B) = X$, 其次证 $(\lambda I - B)$ 是一一对应: 事实上, 如果对某个 f, 有 $(\lambda I - B)g_1 = f, (\lambda I - B)g_2 = f$. 那么 $(\lambda I - B)(g_1 - g_2) = 0$, 即 $g_1 - g_2$ 的像是 0. 因此 $\|g_1 - g_2\| \leqslant m\|0\|$, 就得到 $g_1 = g_2$. 所以 $(\lambda I - B)$ 是一一对应, 从而 $(\lambda I - B)^{-1}$ 存在, 又根据假设 $\|g\| \leqslant m\|f\|$, 立即知道 $\|(\lambda I - B)^{-1}f\| \leqslant m\|f\|$, 即 $\|(\lambda I - B)^{-1}\| \leqslant m$.

(ii) 如果 λ 不是特征值, 那么当 $(\lambda I - B)g_1 = (\lambda I - B)g_2$ 时, $B(g_1 - g_2) = \lambda(g_1 - g_2)$, 因此 $g_1 = g_2$, 即 $(\lambda I - B)$ 是可逆算子. 反过来, 可逆算子一定将非零向量变成非零向量, 因而不存在 $g \neq 0$, 使得 $(\lambda I - B)g = 0$, 所以 λ 不是 B 的特征值.

当 X 是有限维空间, 并且 λ 不是 B 的特征值时, 由此 $A = (\lambda I - B)$ 是可逆映照. 容易证明 A 的像 $\mathscr{R}(A) = X$. 事实上, 在 X 中取一组基 $e_1, \cdots, e_n$, 那么 $(B - \lambda I)e_1, \cdots, (B - \lambda I)e_n$ 必是 X 中线性无关组. 因此 $\{(B - \lambda I)e_i\}$ 也是 X 中的基, 从而 $\mathscr{R}(A) = X$. 但是有限维赋范线性空间是 Banach 空间, 由逆算子定理知 $(B - \lambda I)^{-1}$ 是有界的, 即 $\lambda \in \rho(B)$.

---

①有的书中, 称 $\{\lambda | \mathscr{R}(\lambda I - B)$ 在 X 中稠密 $(\lambda I - B)^{-1}$ 存在且连续$\}$ 为 B 的豫解集, 比本书中正则集 (豫解集) 概念略广泛, 本书中用法与 [4] 中一致. 如果 B 是闭算子时, 两者概念一致.

然而当 X 是无限维赋范线性空间时, 如果 λ 不是 B 的特征值, 这时, λ 不但可能不是 B 的正则点, 甚至 $\lambda I - B$ 都不是 X 到 X 上的映照. 例如, 例 5 中算子 A, 它没有特征值, 因而 0 不是特征值, 但 $0I - A$ 的值域是所有形如 $\displaystyle\int_0^t x(\tau)\mathrm{d}\tau$ 的函数全体, 显然 $\mathscr{R}(0I - A)$ 不是全空间. 在无限维空间中算子谱的情况是复杂的.

引理 1 的 (i) 说明, 对于 B 的正则点, 方程 (5.5.8) 对任何右端项 f 有唯一的解 g, 而且解 g 是连续地依赖于右端项, 即如果 $\{f_n\}$ 是一列向量, $f_n \to f$ 时, 那么相应于 f_n 的解 g_n, 也有 $g_n \to g, g$ 是相应于 f 的解.

下面我们要着重讨论算子的谱. 从方程的可解性来分类, 谱一般可以分为三类:

(i) λ 是算子 B 的特征值. 这时算子 $\lambda I - B$ 就不是可逆的, 因而特征值是谱点. 算子的特征值全体称作算子的**点谱**, 记作 $\sigma_p(B)$.

(ii) λ 不是算子 B 的特征值, 然而算子的值域 $\mathscr{R}(\lambda I - B) \neq X$. 也就是说 $(\lambda I - B)^{-1}$ 虽然存在, 但 $\mathscr{D}((\lambda I - B)^{-1}) \neq X$ (就是齐次方程 $(\lambda I - B)x = 0$ 没有非零解, 但是非齐次方程 $(\lambda I - B)x = f$ 不是对每个右端项 $f \in X$ 都存在解).

(iii) 算子 $(\lambda I - B)^{-1}$ 在全空间有定义, 但不是有界的 (这就是说, 虽然对每个 $f \in X$, 方程 $(\lambda I - B)x = f$ 有唯一的解 x, 但 x 不连续地依赖于右端项 f).

不是特征值的谱点全体称为算子的**连续谱**, 记作 $\sigma_c(B)$. (注意, 有的书中将满足: $(\lambda I - B)$ 是一对一的, 并且 $\mathscr{R}(\lambda I - B)$ 在 X 中稠密的 λ 称为连续谱)

引理 1 的 (ii) 说明在有限维空间中, 情况属于 (ii)、(iii) 的谱不出现. 但在无限维空间中, 例 5 的算子说明情况 (ii) 是出现的. 下面的例子说明 (iii) 是会出现的.

例 7　l_0 表示 l^1 中只有有限个坐标不为零的元素全体, 即当 $x \in l_0$ 时, $x = (x_1, \cdots, x_n, 0, 0, \cdots)$. l_0 上范数就取为 $\|x\| = \displaystyle\sum_i |x_i|$. 在 l_0 上定义算子

$$B(x_1, \cdots, x_n, 0, 0, \cdots) = \left(x_1, \frac{x_2}{2}, \cdots, \frac{x_n}{n}, 0, 0, \cdots\right),$$

显然 B 是 l_0 到 l_0 上的一对一的线性有界算子, 即 $\lambda = 0$ 不是 B 的特征值. 易知

$$B^{-1}(x_1, \cdots, x_n, 0, 0, \cdots) = (x_1, 2x_2, \cdots, nx_n, 0, 0, \cdots),$$

显然 B^{-1} 是定义在整个 l_0 上, 但在 l_0 上是无界的算子.

然而如果 X 是 Banach 空间, B 是 X 到 X 上的有界线性算子而且 B 是可逆算子时, 根据逆算子定理, 这时 B^{-1} 就是有界线性算子. 所以在 X 是 Banach 空间时, 情况 (iii) 是不出现的.

利用谱的分类可以得到如下性质.

引理 2 设 $p(t) = \sum\limits_{i=0}^{n} a_i t^i$ 是 t 的多项式, B 是复赋范线性空间 X 到 X 的有界线性算子, 记 $p(B) = \sum\limits_{i=0}^{n} a_i B^i (B^0 = I)$, 又记 $p(\sigma(B)) = \{p(\lambda) | \lambda \in \sigma(B)\}$, 那么 $\sigma(p(B)) = p(\sigma(B))$.

证 分两步:

(1) 先证 $p(\sigma(B)) \subset \sigma(p(B))$: 事实上, 对任何 $\lambda \in \sigma(B)$, 今证 $p(\lambda)$ 不是 $p(B)$ 的正则点. 假如不对, 存在全空间定义的有界线性算子 $(p(\lambda)I - p(B))^{-1}$. 但是, 由于

$$p(\lambda)I - p(B) = (\lambda I - B)Q(B, \lambda) = Q(B, \lambda)(\lambda I - B),$$

其中 $Q(t, \lambda) = \dfrac{p(\lambda) - p(t)}{\lambda - t}$, 它是 t 和 λ 的多项式. 由上式可知

$$[(p(\lambda)I - p(B))^{-1}Q(B, \lambda)](\lambda I - B)$$
$$= (\lambda I - B)[Q(B, \lambda)(p(\lambda)I - p(B))^{-1}] = I,$$

但是 $(p(\lambda)I - p(B))^{-1}Q(B, \lambda) = Q(B, \lambda)(p(\lambda)I - p(B))^{-1}$. 所以算子 $Q(B, \lambda)(p(\lambda)I - p(B))^{-1}$ 成为算子 $(\lambda I - B)^{-1}$. 然而 $Q(B, \lambda)(p(\lambda)I - p(B))^{-1}$ 是全空间有定义而且有界, 即 $(\lambda I - B)^{-1}$ 是在全空间定义而且有界的算子. 这就是说 λ 是正则点, 和假设 $\lambda \in \sigma(B)$ 冲突. 所以 $p(\sigma(B)) \subset \sigma(p(B))$.

(2) 再证 $\sigma(p(B)) \subset p(\sigma(B))$: 事实上, 对任何 $\lambda \in p(\sigma(B))$, 设

$$\lambda - p(t) = a(t - \lambda_1)(t - \lambda_2) \cdots (t - \lambda_n), a \neq 0,$$

当 $t \in \sigma(B)$ 时, $\lambda - p(t) \neq 0$, 所以 $t - \lambda_i \neq 0, i = 1, 2, \cdots, n$. 这说明 $\lambda_i \bar{\in} \sigma(B)$, 由此得到 λ_i 是算子 B 的正则点, 因此 $(B - \lambda_i I)^{-1}$ 是定义在全空间的有界算子. 再由

$$\lambda I - p(B) = a(B - \lambda_1 I)(B - \lambda_2 I) \cdots (B - \lambda_n I),$$

根据定理 5.4.1, 就得到 $(\lambda I - p(B))^{-1}$ 是全空间定义的有界线性算子, 所以 $\lambda \bar{\in} \sigma(p(B))$, 从而 $\sigma(p(B)) \subset p(\sigma(B))$. 证毕

引理 2 的结论还可以推广到 $p(t)$ 为解析函数的情况, 这里不拟介绍了.

对于一个具体算子要决定出它的谱是不容易的事. 往往需要深入地研究才能得到一些定性的结果. 下面介绍正则集和谱的一些最基本的性质.

如果数 a 满足 $|a| < 1$, 那么 $(1 - a)^{-1} = \sum\limits_{n=0}^{\infty} a^n$. 这个熟知的事实却可以推

广到算子的情况, 其实, 还可以推广到 Banach 代数上去. 不仅如此, 还可从这一简单事实出发发展出谱论中很重要的结果.

类似于算子, 我们先引入 Banach 代数中元素的正则点和谱点的概念.

定义 5.5.3　设 $\mathfrak{A}$ 是具有幺元 (幺元记为 I) 的复 Banach 代数, $A \in \mathfrak{A}, \lambda$ 是复数, 如果存在 $C \in \mathfrak{A}$, 使得

$$C(A - \lambda I) = I, \quad (A - \lambda I)C = I,$$

称 λ 是 A 的正则点, 正则点全体记为 $\rho(A)$. 不是 A 的正则点的 λ 称为 A 的谱点, 谱点全体记为 $\sigma(A)$.

引理 3　设 $\mathfrak{A}$ 是具有幺元的复 Banach 代数, $A \in \mathfrak{A}$, 并且

$$r = \lim_{n \to \infty} \sqrt[n]{\|A^n\|} < 1, \tag{5.5.9}$$

那么 (i) $1 \in \rho(A)$;

(ii) $(I - A)^{-1} = \sum_{n=0}^{\infty} A^n$;

(iii) 当 $\|A\| < 1$ 时, $\|(I - A)^{-1}\| \leqslant 1/(1 - \|A\|)$.

证　根据定理 5.1.10 的系, $\lim_{n \to \infty} \sqrt[n]{\|A^n\|}$ 存在. 先利用 $r < 1$, 证明 $\sum_{n=0}^{\infty} A^n$ 按范数收敛: 任取 $\varepsilon > 0$, 使得 $r + \varepsilon < 1$, 对于这个 ε, 必存在 N, 当 $n \geqslant N$ 时,

$$\sqrt[n]{\|A^n\|} < r + \varepsilon \ (\text{即} \|A^n\| < (r + \varepsilon)^n),$$

由 $\mathfrak{A}$ 的完备性以及当 $m \geqslant N$ 时,

$$\left\| \sum_{n=m}^{\infty} A^n \right\| \leqslant \sum_{n=m}^{\infty} \|A^n\| \leqslant \sum_{n=m}^{\infty} (r + \varepsilon)^n$$
$$= (r + \varepsilon)^m (1 - r - \varepsilon)^{-1},$$

立即知道 $\sum_{n=0}^{\infty} A^n$ 按范数收敛, 记其和为 $C = \sum_{n=0}^{\infty} A^n$. 显然要证明 (i)、(ii) 只要验证

$$C(I - A) = (I - A)C = I \tag{5.5.10}$$

即可. 为此, 记 $C_m = \sum_{n=0}^{m} A^n$, 易知

$$C_m(I - A) = (I - A)C_m = I - A^{m+1}, \tag{5.5.11}$$

但是 $\|C_m - C\| \to 0$, 而当 $m \geqslant N$ 时, $\|A^{m+1}\| \leqslant (r+\varepsilon)^{m+1} \to 0 (m \to \infty)$. 在 (5.5.11) 中令 $m \to \infty$, 立即得到 (5.5.10), 即 (i)、(ii) 成立.

在假设 $\|A\| < 1$ 条件下, 再由 (ii),

$$\|(I-A)^{-1}\| = \|C\| \leqslant \sum_{n=0}^{\infty} \|A^n\| \leqslant \sum_{n=0}^{\infty} \|A\|^n = 1/(1-\|A\|).$$

即 (iii) 成立.   证毕

如果引进参数 λ, 立即得到如下结果.

定理 5.5.1 设 $\mathfrak{A}$ 是具有幺元的复 Banach 代数, $A \in \mathfrak{A}$. 记 $r = \lim\limits_{n \to \infty} \sqrt[n]{\|A^n\|}$. 那么

(i) 任何 $|\lambda| > r$ 的 λ 必是 A 的正则点;

(ii) 当 $|\lambda| > r$ 时,

$$(\lambda I - A)^{-1} = \sum_{n=0}^{\infty} \frac{A^n}{\lambda^{n+1}}; \tag{5.5.12}$$

(iii) 当 $|\lambda| > \|A\|$ 时, 不仅 (5.5.12) 成立, 而且 $\|(\lambda I - A)^{-1}\| \leqslant (|\lambda| - \|A\|)^{-1}$.

证 对任何 $\lambda \neq 0$, 由于

$$(\lambda I - A) = \lambda \left(I - \frac{A}{\lambda} \right), \tag{5.5.13}$$

显然, $\lambda \in \rho(A)$ 等价于 $1 \in \rho\left(\dfrac{A}{\lambda}\right)$. 用 $\dfrac{A}{\lambda}$ 代替引理 3 中的 A, 根据引理 3, 立即得到, 当

$$\lim_{n \to \infty} \sqrt[n]{\left\| \frac{A^n}{\lambda^n} \right\|} = \frac{1}{|\lambda|} \lim_{n \to \infty} \sqrt[n]{\|A^n\|} < 1,$$

时, 即当 $|\lambda| > \lim\limits_{n \to \infty} \sqrt[n]{\|A^n\|} = r$ 时, $1 \in \rho\left(\dfrac{A}{\lambda}\right)$, 并且

$$\left(I - \frac{A}{\lambda} \right)^{-1} = \sum_{n=0}^{\infty} \left(\frac{A}{\lambda} \right)^n = \sum_{n=0}^{\infty} \frac{A^n}{\lambda^n},$$

从 (5.5.13) 得到

$$(\lambda I - A)^{-1} = \frac{1}{\lambda} \left(I - \frac{A}{\lambda} \right)^{-1} = \sum_{n=0}^{\infty} \frac{A^n}{\lambda^{n+1}} \quad (|\lambda| > r),$$

即定理中的 (i)、(ii) 成立.

同样, 当 $|\lambda| > \|A\|$ 时, $\left\|\dfrac{A}{\lambda}\right\| < 1$. 由引理 3 中的 (ii) 就得到

$$\|(\lambda I - A)^{-1}\| < \frac{1}{|\lambda|}\left(1 - \left\|\frac{A}{\lambda}\right\|\right)^{-1} = (|\lambda| - \|A\|)^{-1}.$$

即 (iii) 成立.　　　　　　　　　　　　　　　　　　　　　　　　　　　　　　证毕

特别, 我们有

系　设 A 是复 Banach 空间 X 上有界线性算子, 记 $r = \lim\limits_{n\to\infty} \sqrt[n]{\|A^n\|}$. 那么对于算子 A, 定理 5.5.1 中的 (i)、(ii)、(iii) 成立.

证　因为 $\mathfrak{B}(X \to X)$ 是具有幺元的 Banach 代数, 对于 $A \in \mathfrak{B}(X \to X)$, A 作为 Banach 代数 $\mathfrak{B}(X \to X)$ 中元和作为 $X \to X$ 的有界线性算子时的谱和正则点的概念是一致的. 由定理 5.5.1 立即可知本系成立.　　　　　　　　　　证毕

下面的定理对具有幺元的 Banach 代数是成立的 (从而对 Banach 空间 X 上的有界线性算子也成立).

定理 5.5.2　设 A 是复 Banach 空间 X 上的线性算子 (或是具有幺元的复 Banach 代数 $\mathfrak{A}$ 中元素), 那么

(i) $\rho(A)$ 必是开集;

(ii) 当 $\rho(A)$ 非空时, 对每个 $\lambda_0 \in \rho(A)$, 如记

$$r_{\lambda_0} = \lim_{n\to\infty} \sqrt[n]{\|(\lambda_0 I - A)^{-n}\|}^{①},$$

则一切适合 $|\lambda - \lambda_0| < \dfrac{1}{r_{\lambda_0}}^{②}$ 的 λ 都是 A 的正则点, 并且

$$(\lambda I - A)^{-1} = \sum_{n=0}^{\infty} (-1)^n (\lambda_0 I - A)^{-(n+1)} (\lambda - \lambda_0)^n.$$

证　显然, 只要在 $\rho(A) \neq \varnothing$ 的假定下证明定理成立. 由于在 $\mathscr{D}(A)$ 上, 有

$$\begin{aligned}
\lambda I - A &= (\lambda - \lambda_0) I + (\lambda_0 I - A) \\
&= [I + (\lambda - \lambda_0)(\lambda_0 I - A)^{-1}](\lambda_0 I - A),
\end{aligned} \tag{5.5.14}$$

注意, $(\lambda_0 I - A)^{-1}$ 是在全空间 X 上有定义的有界线性算子, 用 $-(\lambda - \lambda_0)(\lambda_0 I - A)^{-1}$ 代替引理 3 中的 A, 由引理 3 立即知道, 当

$$\lim_{n\to\infty} \sqrt[n]{\|[-(\lambda - \lambda_0)(\lambda_0 I - A)^{-1}]^n\|} < 1,$$

---

① A^{-n} 表示 $(A^{-1})^n$.

② 当 $r_{\lambda_0} = 0$ 时, 规定 $\dfrac{1}{r_{\lambda_0}} = \infty$.

即 $|\lambda - \lambda_0| < \dfrac{1}{r_{\lambda_0}}$ 时, $[I + (\lambda - \lambda_0)(\lambda_0 I - A)^{-1}]^{-1}$ 存在并且是有界的. 由定理 5.4.1 可知, 当 $|\lambda - \lambda_0| < \dfrac{1}{r_{\lambda_0}}$ 时, $\lambda \in \rho(A)$, 即 $\rho(A)$ 是开集. 再由 (5.5.14) 和引理 3 的 (ii) 得到

$$
\begin{aligned}
(\lambda I - A)^{-1} &= (\lambda_0 I - A)^{-1}[I + (\lambda - \lambda_0)(\lambda_0 I - A)^{-1}]^{-1} \\
&= \sum_{n=0}^{\infty} (-1)^n (\lambda_0 I - A)^{-(n+1)} (\lambda - \lambda_0)^n.
\end{aligned}
$$

证毕

由定理 5.5.1、5.5.2 可得下面重要的系.

系 设 $\mathfrak{A}$ 是具有幺元的复 Banach 代数, $A \in \mathfrak{A}$. 那么

(i) $\sigma(A)$ 是闭集;

(ii) 下列不等式成立,

$$
\sup_{\lambda \in \sigma(A)} |\lambda| \leqslant \lim_{n \to \infty} \sqrt[n]{\|A^n\|}. \tag{5.5.15}
$$

(iii) 当 A 是复 Banach 空间 X 上线性算子 (可能无界) 时, 本系的 (i) 成立, 即 $\sigma(A)$ 是闭集. 当 A 有界时, 系的 (ii) 也成立.

证 因为 $\rho(A) \bigcup \sigma(A)$ 是整个平面, 从定理 5.5.2 可知 (i)、成立. 又根据定理 5.5.1 的 (i), 立即有

$$
\sigma(A) \subset \{\lambda \mid |\lambda| \leqslant r, r = \lim_{n \to \infty} \sqrt[n]{\|A^n\|}\},
$$

即 (ii) 成立. (iii) 是显然的. 证毕

下面我们将给出 Banach 代数中元素的谱半径公式.

定义 5.5.4 设 X 是赋范线性空间, A 是 X 到 X 的有界线性算子, 或者 A 是具有幺元的 Banach 代数 $\mathfrak{A}$ 中元素. 记

$$
r(A) = \max_{\lambda \in \sigma(A)} |\lambda|,
$$

称 $r(A)$ 是 A 的**谱半径**.

显然, $r(A)$ 就是以原点为圆心包含 $\sigma(A)$ 的最小圆的半径. 从解方程来看, 谱半径具有以下明显的意义: 当 $|\lambda| > r(A)$ 时, λ 必是 A 的正则点, 即方程 (5.5.8)

$$
(\lambda I - A)g = f
$$

对任何 $f \in X$ 都有唯一的解 g. 而对于 $|\lambda| \leqslant r(A)$, 就不能保证上述方程对任何 f 都有解了.

在数学物理和计算数学的一些问题中, 为了确定谱的范围, 往往需要估计谱半径. 由 (5.5.15) 式立即可得到一个简单的估计式

$$r(A) \leqslant \|A\|,$$

从应用上讲, 这个估式虽是方便的, 但不精确. 例子如下:

例 8　我们考察复的二维欧几里得空间 E^2. 设 e_1, e_2 是 E^2 的线性基, 并且 $\|x_1 e_1 + x_2 e_2\| = (|x_1|^2 + |x_2|^2)^{\frac{1}{2}}$. 作 E^2 上线性算子 A:

$$A(x_1 e_1 + x_2 e_2) = b x_2 e_1,$$

其中 b 是非零常数. 在基 e_1, e_2 下, A 相应的阵是

$$\begin{pmatrix} 0 & b \\ 0 & 0 \end{pmatrix},$$

容易看出 $\sigma(A)$ 只有一点 0, 所以 $r(A) = 0$, 但是 $\|A\| = |b|$. 所以当 $b \neq 0$ 时

$$r(A) < \|A\|.$$

但是估计式 (5.5.15) 是准确的, 即 (5.5.15) 是不可改进的. 其实还是一个等式.

为了证明这个事实, 我们要引进解析函数的方法如下:

引理 4　设 $\mathfrak{A}$ 是具有幺元的复 Banach 代数, $A \in \mathfrak{A}$. f 是 Banach 空间 $\mathfrak{A}$ 上的连续线性泛函 (即 $f \in \mathfrak{A}^*$). 那么 $f((\lambda I - A)^{-1})$ 是 λ 在 $\rho(A)$ 上的解析函数 (这里所说的解析函数是定义在开集上, 并不要求定义在区域上).

证　由定理 5.5.2 的 (ii) 可知, 对 $\lambda_0 \in \rho(A)$, 当 $|\lambda - \lambda_0| < \dfrac{1}{r_{\lambda_0}}$ 时, 级数

$$(\lambda I - A)^{-1} = \sum_{n=0}^{\infty} (-1)^n (\lambda_0 I - A)^{-(n+1)} (\lambda - \lambda_0)^n$$

按范数收敛. 所以由 f 的连续性和线性得到

$$f((\lambda I - A)^{-1}) = \lim_{n \to \infty} f\left(\sum_{\nu=0}^{n} (-1)^\nu (\lambda_0 I - A)^{-\nu-1} (\lambda - \lambda_0)^\nu \right)$$

$$= \sum_{\nu=0}^{\infty} (-1)^\nu f((\lambda_0 I - A)^{-\nu-1}) (\lambda - \lambda_0)^\nu,$$

所以在 λ_0 的环境中，$f((\lambda I - A)^{-1})$ 可以展开成 $\lambda - \lambda_0$ 的幂级数，因此，λ_0 是它的解析点.　　　　　　　　　　　　　　　　　　　　　　　　　　　证毕

现在利用共鸣定理证明谱半径的准确公式.

定理 5.5.3 (И.М.Гельфанд (盖勒范德))　　设 $\mathfrak{A}$ 是具有幺元的复 Banach 代数，$A \in \mathfrak{A}$. 那么

$$r(A) = \sup_{\lambda \in \sigma(A)} |\lambda| = \lim_{n \to \infty} \sqrt[n]{\|A^n\|}.$$

证　　由定理 5.5.2 的系，$r(A) \leqslant \lim_{n \to \infty} \sqrt[n]{\|A^n\|}$. 因而只要证明

$$r(A) \geqslant \lim_{n \to \infty} \sqrt[n]{\|A^n\|}.$$

由于当 $|\lambda| > \|A\|$ 时

$$(\lambda I - A)^{-1} = \sum_{\nu=0}^{\infty} \frac{A^{\nu}}{\lambda^{\nu+1}}, \tag{5.5.16}$$

任取 $f \in \mathfrak{A}^*$，由 (5.5.16) 得到，当 $|\lambda| > \|A\|$ 时，函数

$$f((\lambda I - A)^{-1}) = \sum_{\nu=0}^{\infty} \frac{f(A^{\nu})}{\lambda^{\nu+1}} \tag{5.5.17}$$

是 λ 的解析函数. 由于当 $|\lambda| > r(A)$ 时，λ 是 A 的正则点，根据引理 4，$\{\lambda | |\lambda| > r(A)\}$ 是在函数 $f((\lambda I - A)^{-1})$ 的解析范围之内，因而函数 $f((\lambda I - A)^{-1})$ 的 Laurent 展开式 (5.5.17) 在 $|\lambda| > r(A)$ 时成立. 记 $r(A)$ 为 a，因此，对任何 $\varepsilon > 0$

$$\sum_{\nu=0}^{\infty} \frac{|f(A^{\nu})|}{(a+\varepsilon)^{\nu+1}} < \infty, \tag{5.5.18}$$

记 $B_{\nu} = \dfrac{A^{\nu}}{(a+\varepsilon)^{\nu}}$，那么 (5.5.18) 说明，对任何 $f \in \mathfrak{A}^*$

$$\sup_{\nu \geqslant 1} |f(B_{\nu})| < \infty,$$

即 Banach 空间 $\mathfrak{A}$ 中序列 $\{B_{\nu}\}$ 是弱有界的，由共鸣定理 (或参见定理 5.4.7 的系的 (iii))，$\{B_{\nu}\}$ 必强有界，即存在常数 M，使得

$$\|B_{\nu}\| \leqslant M,$$

从而 $\|A^{\nu}\| \leqslant (a+\varepsilon)^{\nu} \|B_{\nu}\| \leqslant (a+\varepsilon)^{\nu} M$. 因此

$$\lim_{n \to \infty} \sqrt[n]{\|A^n\|} \leqslant (a+\varepsilon),$$

再令 $\varepsilon \to 0$，就得到 $r(A) = a \geqslant \lim_{n \to \infty} \sqrt[n]{\|A^n\|}$.　　　　　　　证毕

在泛函分析这门学科中, 像算子的谱半径公式这种定量的基本结果是不多的.

用整函数的 Liouville (刘维尔) 定理可以证明谱不空的定理.

定理 5.5.4 (盖勒范德)　设 $\mathfrak{A}$ 是具有非零元和幺元的复 Banach 代数, $A \in \mathfrak{A}$, 那么 $\sigma(A) \neq \varnothing$.

证　如果 $\sigma(A) = \varnothing$, 由于 $\mathfrak{A}$ 是 Banach 空间, 并且 $\mathfrak{A} \neq \{0\}$, 所以 $I \neq 0, I$ 作为非零元, 根据泛函延拓定理, 存在 $f \in \mathfrak{A}^*$, 使得 $f(I) \neq 0$.

可是又根据定理 5.5.2, 对任何 $\lambda_0 \in \rho(A)$ 总存在 r_{λ_0}, 当 $|\lambda - \lambda_0| < \dfrac{1}{r_{\lambda_0}}$ 时

$$(\lambda I - A)^{-1} = \sum_{\nu=0}^{\infty} (-1)^\nu (\lambda_0 I - A)^{-(\nu+1)} (\lambda - \lambda_0)^\nu,$$

从而

$$f((\lambda I - A)^{-1}) = \sum_{\nu=0}^{\infty} (-1)^\nu f((\lambda_0 I - A)^{-(\nu+1)}) (\lambda - \lambda_0)^\nu.$$

根据假设 $\sigma(A) = \varnothing$, 所以 $f((\lambda I - A)^{-1})$ 是全平面的解析函数 (又称为整函数). 但当 $|\lambda| > \|A\|$ 时, 根据定理 5.5.1, 可得

$$f((\lambda I - A)^{-1}) = \sum_{\nu=0}^{\infty} \frac{f(A^\nu)}{\lambda^{\nu+1}}. \tag{5.5.19}$$

所以当 $|\lambda| \geqslant \|A\| + 1$ 时

$$|f((\lambda I - A)^{-1})| \leqslant \sum_{\nu=0}^{\infty} \|f\| \frac{\|A^\nu\|}{|\lambda|^{\nu+1}} \leqslant \|f\| \frac{1}{|\lambda| - \|A\|} \leqslant \|f\|,$$

即整函数 $f((\lambda I - A)^{-1})$ 是有界的. 由 Liouville 定理, $f((\lambda I - A)^{-1})$ 必为常数. 但是 (5.5.19) 中 $\dfrac{1}{\lambda}$ 项的系数为 $f(I) \neq 0$, 这是不可能的. 所以 $\sigma(A)$ 不空, 即 A 至少有一个谱点.　　　　　　　　　　　　　　　　　　　　　　　证毕

定义 5.5.5　设 $\mathfrak{A}$ 是具有幺元的复 Banach 代数, $A \in \mathfrak{A}$. 如果

$$\lim_{n \to \infty} \sqrt[n]{\|A^n\|} = 0,$$

那么就称 A 是**广义幂零元**, 如果 A 是 Banach 空间 X 上有界线性算子, 并满足上述条件, 就称 A 是**广义幂零算子**.

它是有限维空间中幂零算子概念在无限维空间中的推广, 是算子谱论中一类重要的算子. 根据定理 5.5.3 及谱半径的定理, 立即知道广义幂零算子只有一

个谱点 0, 即 $\sigma(A) = \{0\}$. 根据定理 5.5.1 知道 A 的豫解算子 $R_\lambda A$ 在全平面除去 $\lambda = 0$ 外, 都有

$$(\lambda I - A)^{-1} = \sum_{\nu=0}^{\infty} \frac{A^\nu}{\lambda^{\nu+1}}.$$

例如本节中例 5 的算子 A:

$$(Ax)(t) = \int_a^t x(\tau) \mathrm{d}\tau, \quad x \in C[a,b],$$

当把 A 看成 Banach 空间 $C[a,b]$ 到 $C[a,b]$ 的算子时, 由于

$$A^n x = \int_a^t \int_a^{t_1} \cdots \int_a^{t_{n-1}} x(\tau) \mathrm{d}\tau \mathrm{d}t_{n-1} \cdots \mathrm{d}t_1,$$

这时, $|(A^n x)(\tau)| \leqslant \|x\| \int_a^t \int_a^{t_1} \cdots \int_a^{t_{n-1}} \mathrm{d}\tau \mathrm{d}t_{n-1} \cdots \mathrm{d}t_1$, 所以

$$\|A^n x\| \leqslant \frac{1}{n!}(b-a)^n \|x\|, \quad x \in C[a,b],$$

因此 A 是广义幂零算子. 而且谱点 $\lambda = 0$ 不是 A 的特征值.

在算子谱论的研究中还常常用到下面一种谱点概念.

定义 5.5.6 设 A 是复赋范线性空间 X 到 X 的有界线性算子, λ 是一复数, 如果存在一列单位向量 $x_n \in X, n = 1, 2, 3, \cdots$, 使得

$$(\lambda I - A)x_n \to 0,$$

就称 λ 是 A 的**近似谱点**. A 的近似谱点全体记为 $\sigma_a(A)$, 非近似谱点的谱点称为**剩余谱点**[1], 剩余谱点全体记为 $\sigma_r(A)$.

$\sigma(A)$、$\sigma_a(A)$、$\sigma_p(A)$ 以及 $\sigma_r(A)$ 等有如下基本的关系.

定理 5.5.5 设 A 是复 Banach 空间 X 上有界线性算子, 则下列命题成立.

(i) $\sigma_p(A) \subset \sigma_a(A)$;

(ii) $\sigma_a(A) \bigcap \sigma_r(A) = \varnothing$, 并且 $\sigma_a(A) \bigcup \sigma_r(A) = \sigma(A)$;

(iii) $\sigma_r(A)$ 是开集;

(iv) $\partial \sigma(A) \subset \sigma_a(A)$, 此处 $\partial \sigma(A)$ 表示 $\sigma(A)$ 的境界[2];

(v) $\sigma_a(A)$ 是闭集, 并且非空.

---

[1] 有的文章中将不是 A 的特征值, 并且 $\mathscr{R}(A - \lambda I)$ 在 X 中不稠密的 λ 称为剩余谱点. 它包含我们这里定义的剩余谱.

[2] 根据第四章记号, 集 $\sigma(A)$ 的境界应记为 $\Gamma(\sigma(A))$. 但用 $\partial \sigma(A)$ 表示 $\sigma(A)$ 的境界也是文献中常用的.

证　(i) 当 $\lambda \in \sigma_p(A)$ 时, 必有 $x \neq 0$, 使得 $(A - \lambda I)x = 0$. 不妨设 $\|x\| = 1$, 取 $x_n = x, n = 1, 2, 3, \cdots$, 那么就有 $\|x_n\| = 1(n = 1, 2, 3, \cdots)$, 并且

$$(A - \lambda I)x_n \to 0,$$

即 $\lambda \in \sigma_a(A)$, 从而 $\sigma_p(A) \subset \sigma_a(A)$.

(ii) 从 $\sigma_r(A)$ 的定义可知 $\sigma_a(A) \bigcap \sigma_r(A) = \varnothing$, 并且 $\sigma_a(A) \bigcup \sigma_r(A) = \sigma(A)$.

(iii) 当 $\lambda \in \sigma_r(A)$ 时, $\lambda \,\overline{\in}\, \sigma_a(A)$, 从而必存在某个正数 α, 使得

$$\|(A - \lambda I)x\| \geqslant \alpha\|x\|, \quad x \in X,$$

因此, 当 $|\lambda' - \lambda| < \dfrac{\alpha}{2}$ 时, 对任何 $x \in X$

$$\|(A - \lambda' I)x\| \geqslant \|(A - \lambda I)x\| - |\lambda' - \lambda|\|x\| \geqslant \frac{\alpha}{2}\|x\|, \tag{5.5.20}$$

这就是说, 对任何 λ', 只要 $|\lambda' - \lambda| < \dfrac{\alpha}{2}$, λ' 就不可能是 A 的近似谱点. 因此如能证明: 当 $|\lambda' - \lambda| < \dfrac{\alpha}{2}$ 时, λ' 也不是 A 的正则点. 那就说明 $\lambda' \in \sigma_r(A)$, 即 λ 是 $\sigma_r(A)$ 的内点, 从而 $\sigma_r(A)$ 是开集.

现在证明: 当 $|\lambda' - \lambda| < \dfrac{\alpha}{2}$ 时, $\lambda' \overline{\in} \rho(A)$. 如果不对, 有某个 $\lambda_0, |\lambda_0 - \lambda| < \dfrac{\alpha}{2}$, 而 $\lambda_0 \in \rho(A)$, 在 (5.5.20) 中取 $\lambda' = \lambda_0$, 由此可知

$$\|(A - \lambda_0 I)^{-1}\| \leqslant 2/\alpha,$$

但根据定理 5.5.2 的 (ii), 当 $|\mu - \lambda_0| < \dfrac{1}{r_{\lambda_0}}$ 时, μ 都应是 A 的正则点. 而这时

$$r_{\lambda_0} = \lim_{n \to \infty} \sqrt[n]{\|(\lambda_0 I - A)^{-n}\|} \leqslant \|(\lambda_0 I - A)^{-1}\| = 2/\alpha,$$

特别地, 取 $\mu = \lambda$ 时, 因为

$$|\mu - \lambda_0| = |\lambda - \lambda_0| < \frac{\alpha}{2} < \frac{1}{r_{\lambda_0}},$$

因而 $\lambda \in \rho(A)$. 这与 (iii) 的最初假设 $\lambda \in \sigma_r(A)$ 矛盾了.

(iv) 当 $\lambda \in \partial\sigma(A)$ 时, 因 $\sigma(A)$ 是闭集, 所以 $\lambda \in \sigma(A)$. 但 λ 绝不是 $\sigma_r(A)$ 中的点, 因为如果 $\lambda \in \sigma_r(A)$, 由 (iii), 则必存在 λ 的一个环境 $O(\lambda) \subset \sigma_r(A)$, 但 $\lambda \in \partial\sigma(A)$, 所以 λ 的环境 $O(\lambda)$ 必含有 $\rho(A)$ 中的点, 这与 $O(\lambda) \subset \sigma_r(A)$ 相矛盾.

(v) 因为 $\sigma_a(A) = \sigma(A) - \sigma_r(A)$, 所以 $\sigma_a(A)$ 是闭集.

又因为 $\partial\sigma(A) \subset \sigma_a(A)$, 而 $\sigma(A) \neq \varnothing$, 从而 $\partial\sigma(A)$ 和 $\sigma_a(A)$ 都不空.　　证毕

3. 不变子空间 算子谱分析或算子结构的研究中一个重要的方面就是研究算子的不变子空间.

定义 5.5.7 设 B 是线性空间 X 到 X 的线性算子, L 是 X 的一个线性子空间, 如果 $BL^{①} \subset L$, 称 L 是 B 的**不变子空间**.

线性算子的不变子空间这一概念, 是有限维线性空间中线性变换的不变子空间概念在一般线性空间情况下的推广.

下面是有关不变子空间的一些简单性质.

引理 5 设 B 是线性空间 X 上的线性算子, 那么

1° $\{0\}$、X 是 B 的不变子空间;

2° 如果 $\{L_\mu | \mu \in \Lambda\}$ (Λ 是指标集) 中每个 L_μ 是 B 的不变子空间, 那么由一切 $L_\mu(\mu \in \Lambda)$ 中的向量张成的线性空间[②]L 以及它们的交 [②] $L' = \bigcap\limits_{\mu \in \Lambda} L_\mu$, 都是 B 的不变子空间;

3° $\mathscr{R}(B)$ 以及 $\mathscr{N}(B) = \{x | Bx = 0\}$[③]是 B 的不变子空间;

4° 如果 L 是相应于 B 的某个特征值的某些特征向量张成的线性空间, 那么 L 是 B 的不变子空间; 特别相应于特征值 λ 的特征子空间 E_λ 是不变子空间;

5° 如果 B 是赋范线性空间 X 中的有界线性算子, L 是 B 的不变子空间, 那么 $\overline{L}$ 也是 B 的不变子空间, 特别 $\overline{\mathscr{R}(B)}$ 是不变子空间.

证 1°、2° 及 4° 是明显的.

今证 3° 由于 $\mathscr{R}(B) - BX$, 所以

$$BR(B) = BBX \subset BX = \mathscr{R}(B),$$

类似地可知 $\mathscr{N}(B)$ 也是不变的.

最后来证 5° 设 $x \in \overline{L}$, 必存在 $x_n \in L, n = 1, 2, 3, \cdots, x_n \to x$. 由于 B 是连续的, $Bx_n \in L$, 得到

$$Bx = B \lim_{n \to \infty} x_n = \lim_{n \to \infty} Bx_n \in \overline{L}.$$

证毕

空间 X 本身和 $\{0\}$ 是 X 上一切线性算子的不变子空间, 称它们是**平凡的**不变子空间. 人们感兴趣的是, 是否有非平凡的不变子空间.

---

①BL 表示 L 经 B 映照后的像, 见 §1.2.
②一般著作中也用记号 $L = \bigvee\limits_{\mu \in \Lambda} L_\mu$, 以及 $L' = \bigwedge\limits_{\mu \in \Lambda} L_\mu$.
③我们总是用 $\mathscr{N}(B)$ 表示算子 B 的零空间 $\{x | Bx = 0\}$.

引理 6　设 X 是线性空间, A 和 B 是 X 上的两个可交换的线性算子, 那么 $\mathscr{R}(A)$、$\mathscr{N}(A)$ 必是 B 的不变子空间.

证　设 A 与 B 是可交换的, 即 $BA = AB$, 那么

$$BAX = ABX \subset AX,$$

即 $\mathscr{R}(A) = AX$ 是 B 的不变子空间. 再证 $\mathscr{N}(A)$ 是 B 的不变子空间: 对任何 $x \in \mathscr{N}(A)$, 必有

$$ABx = BAx = 0,$$

即 $Bx \in \mathscr{N}(A)$. 这就是说 $\mathscr{N}(A)$ 是 B 的不变子空间.　　　　　　证毕

系　在引理 6 的假设下, 1° 如果 λ 是 A 的特征值, 那么相应于 λ 的 A 的特征子空间 E_λ 必是 B 的不变子空间;

2° 记 $E_n = \mathscr{R}(B^n)$, $N_n = \mathscr{N}(B^n)$, $n = 1, 2, 3, \cdots$, 那么 $\{E_n\}$, $\{N_n\}$ 都是 B 的不变子空间.

证　1° 因为 $BA = AB$, 所以

$$(\lambda I - A)B = B(\lambda I - A),$$

用 $(\lambda I - A)$ 代替引理 6 中的 A, 就得到 1° 的结论.

2° 对任何正整数 n, B^n 是可以和 B 交换的. 由引理 6 就得到 2° 的结论.
　　　　　　证毕

不仅研究一个算子的不变子空间, 而且还要研究一族算子的公共不变子空间, 特别是一族交换算子的公共不变子空间.

定义 5.5.8　设 X 是线性空间, $\mathfrak{A}$ 是 $X \to X$ 的某些线性算子组成的算子集, 如果 L 是 X 的一个线性子空间, 并且它对集 $\mathfrak{A}$ 中每个算子都是不变的, 就称 L 是 $\mathfrak{A}$ 的不变子空间. 设 X 是赋范线性空间, $B \in \mathfrak{B}(X \to X)$, $\mathfrak{B}(X \to X)$ 中一切与 B 可交换的算子全体记为 $\mathfrak{A}_B$, 如果 X 的线性子空间 L 是 $\mathfrak{A}_B$ 的不变子空间, 就称 L 是 B 的**超不变子空间**.

显然, 因为 $B \in \mathfrak{A}_B$, 所以 B 的超不变子空间必是 B 的不变子空间.

引理 7　设 $B \in \mathfrak{B}(X \to X)$, X 是赋范线性空间, 那么

1° $\{0\}$、X 是 B 的超不变子空间;

2° 如果 $\{L_\mu | \mu \in \Lambda\}$ (Λ 是指标集) 中每个 L_μ 是 B 的超不变子空间, 那么 $\{L_\mu | \mu \in \Lambda\}$ 全体张成的线性子空间以及它们的交都是 B 的超不变子空间;

3° 如果 L 是 B 的超不变子空间, 那么 $\overline{L}$ 也是 B 的超不变子空间;

4° $\mathcal{N}(B)$、$\mathcal{R}(B)$ 是 B 的超不变子空间;

5° 如果 B 有特征值 λ, 那么相应于 λ 的特征子空间 E_λ 是 B 的超不变子空间.

证 因为 B 的超不变子空间就是 $\mathfrak{A}_B$ 的不变子空间, 即 $\mathfrak{A}_B$ 里的任何一个算子的不变子空间, 根据引理 5、6 及它们的推论, 易知本引理中 1° — 5° 所指出的空间都是 $\mathfrak{A}_B$ 中每个算子的不变子空间. 所以 1° — 5° 中所指出的空间都是 B 的超不变子空间. 证毕

$\{0\}$、X 是任何有界线性算子的平凡的超不变子空间.

引理 8 在赋范线性空间 X 上, $\mathfrak{B}(X \to X)$ 的每个不变子空间必是平凡的. 换句话说, 倍单位算子 αI 的每个超不变子空间必是平凡的.

证 显然当 $B = \alpha I$ 时, $\mathfrak{A}_B = \mathfrak{B}(X \to X)$. 现在证明 $\mathfrak{B}(X \to X)$ 仅有平凡的不变子空间. 事实上, 对任何 $y \in X, y \neq 0$, 以及 X 上的任何一个向量 z, 根据泛函延拓定理, 存在 $f \in X^*, f(y) = 1$. 作算子 A:

$$Ax = f(x)z,$$

显然, 由于 $\|Ax\| \leqslant |f(x)|\|z\| \leqslant \|f\|\|z\|\|x\|$. 因此 $A \in \mathfrak{B}(X \to X), Ay = z$. 这就证明了对 X 中任何一个非零向量 $y, \{Ay | A \in \mathfrak{B}(X \to X)\} = X$. 任取 $\mathfrak{B}(X \to X)$ 的不变子空间 L, 如果 $L \neq \{0\}$, 必有 $y \neq 0, y \in L$. 由 L 的不变性, $L \supset \{Ay | A \in \mathfrak{B}(X \to X)\} = X$. 所以 $L - X$. 因此, $\mathfrak{B}(X \to X)$ 的不变子空间必是平凡的. 证毕

例 9 设 X 是有限维 (复) 赋范线性空间, 那么 X 中每个线性算子 B, 如果不是倍单位算子, 那么它必有非平凡的超不变子空间.

事实上, 这时 B 在 X 上有特征值 λ 和特征向量空间 E_λ, 根据引理 7 的 5°, E_λ 是 B 的超不变子空间. 根据特征值的定义, $E_\lambda \neq \{0\}$. 另一方面 $E_\lambda \neq X$, 因为如果 $E_\lambda = X$, 那么 B 就是 λI. 这与假设矛盾, 因此, E_λ 是非平凡的. 证毕

下面我们要介绍常用的一种不变子空间或超不变子空间.

定义 5.5.9 设 X 是线性空间, $\mathfrak{A}$ 是 $X \to X$ 的某些线性算子所成的一个线性空间, 对任一个向量 $y \in X$, 称集 $\{\mathfrak{A}y\} = \{Ay | A \in \mathfrak{A}\}$ 是由向量 y 经 $\mathfrak{A}$ 循环产生的子空间, 当 X 是赋范线性空间时, 称集 $\overline{\{\mathfrak{A}y\}}$ 是由向量 y **经 $\mathfrak{A}$ 循环产生**的闭子空间.

引理 9　设 X 是 Banach 空间, $B \in \mathfrak{B}(X \to X)$, 那么对任何 $y \in X, y \neq 0$, 由 y 经 $\mathfrak{A}_B$ 产生的线性子空间 $\{\mathfrak{A}_B y\}$ 和线性闭子空间 $\overline{\{\mathfrak{A}_B y\}}$ 分别是 B 的包含 y 的最小超不变子空间和超不变闭子空间.

证　根据定理 5.1.9 的证明, 知道 $\mathfrak{A}_B$ 是一个代数, 因此 $\mathfrak{A}_B y$ 是线性子空间 而且对 $\mathfrak{A}_B$ 中任何一个算子 C

$$C(\{Ay | A \in \mathfrak{A}_B\}) = \{CAy | A \in \mathfrak{A}_B\} \subset \{A'y | A' \in \mathfrak{A}_B\},$$

即 $\mathfrak{A}_B y$ 是 B 的超不变子空间. 根据引理 7 的 $3°, \overline{\{\mathfrak{A}_B y\}}$ 也是 B 的超不变子 空间.

由于 $I \in \mathfrak{A}_B$, 所以 $y \in \{\mathfrak{A}_B y\}$. 显然, 如果 $\mathfrak{A}_B$ 有另外一个包含向量 y 的不 变子空间 L, 那么由 $y \in L$, 并且 $\mathfrak{A}_B L \subset L$, 立即推出 $L \supset \{\mathfrak{A}_B y\}$, 所以 $\{\mathfrak{A}_B y\}$ 是包含 y 而又是 B 的超不变子空间中最小的. 同样 $\overline{\{\mathfrak{A}_B y\}}$ 是包含 y 而又是 B 的超不变闭子空间中最小的.　　　　　　　　　　　　　　　　　　证毕

对于赋范线性空间中的有界线性算子, 最感兴趣的不是一般的不变子空间, 而是闭的不变子空间. 只要将引理 7 中所出现的不变子空间凡是不闭的取它的 闭包, 并注意到在 Banach 空间中有界线性算子 B 的零空间 $\mathcal{N}(B)$ 和特征子空 间 E_λ 本来都是闭集, 以及引理 7 中所提供的事实, 立即得到下面的

定理 5.5.6　设 X 是 Banach 空间, $B \in \mathfrak{B}(X \to X)$, 那么

$1°$ $\{0\}$、X 是 B 的超不变闭子空间;

$2°$ 任意个 B 的不变 (超不变) 闭子空间所张成的闭子空间或交都是 B 的不 变 (超不变) 闭子空间;

$3°$ $\mathcal{N}(B)$、$\overline{\mathcal{R}(B)}$ 是 B 的超不变闭子空间;

$4°$ 如果 B 有特征值 λ, 相应于 λ 的特征子空间 E_λ 是 B 的超不变闭子空 间;

$5°$ 对任何 $y \in X, \overline{\{\mathfrak{A}_B y\}}$ 是 B 的超不变闭子空间.

我们知道, 对于有限维线性空间 X 上的线性算子 B, 有 Jordan 块的理论, 根据这个理论, 可以把 X 分解成 B 的不变 (也是超不变) 子空间 $X_1, \cdots, X_m$ 的直接和使得当我们把 B 限制在 X_i 上时, 所得到的线性算子 B_i 只有一个谱 点 —— 就是特征值 λ_i, 这时 X_i 包含算子 B 的特征向量空间 E_{λ_i}, 而且 B_i 有很 简单的结构. 这就是有限维空间上一般线性算子的谱分析.

我们自然希望对照这个理论, 对于无限维 Banach 空间上的有界线性算子搞 清楚算子的结构, 建立起相应的谱分析. 这个问题的研究一直是泛函分析的一个 重要课题. 在 20 世纪的 20、30 年代已经在两个方面建立起基本理论. 其一是相 当于有限维空间中的自共轭阵, 酉阵, 正常阵的对角化, 建立起 Hilbert 空间中正

常算子 (特别是自伴算子、酉算子) 的谱分解理论, 这是本书第六章的主要内容. 其二是由对积分方程的研究产生的全连续算子的谱分析, 这是 §5.6 的主要内容之一. 自 20 世纪 50 年代以来对别的一些类型的有界线性算子的谱分析的研究又有了较多的进展. 但是由于一般有界线性算子的结构比较复杂, 很多基本问题都没有解决, 例如在算子谱分析中总是要考虑在某种意义下把空间分解成为某些类型的不变子空间的某种 "和", 或者在 X 中划分出一些不变的闭子空间, 使得算子在这些子空间上变得结构简单些, 谱来得集中些. 对于有界线性算子, 要研究算子的结构或算子的谱分析, 因此首先是要提出如下的问题.

问题 1: 在无限维的复 Banach 空间中, 是否每个有界线性算子都一定存在非平凡的不变闭子空间?

这个问题迄今没有解决. 但是对于全连续算子或正常算子的情况都已解决 (分别参看 §5.6 和 §6.10).

习　题　5.5

1. 设 λ 为线性算子 A^n 的特征值, 那么 λ 的 n 次根 μ 中至少有一个是算子 A 的特征值.

2. 设 A 为复 Banach 空间 X 上有界线性算子, $\lambda_0 \in \rho(A)$, 又设 A_n 为 X 上一列有界线性算子, 并适合 $\|A - A_n\| \to 0$. 证明 n 充分大后, A_n 也以 λ_0 为正则点, 而且 $\|(\lambda_0 I - A_n)^{-1} - (\lambda_0 I - A)^{-1}\| \to 0$.

3. 设 X 是复赋范线性空间, 并且 X 是线性子空间 M、N 的直接和, 而且 M、N 都是 X 上有界线性算子 A 的不变子空间. 证明 $\sigma(A_M) \subset \sigma(A)$ (此处 A_M 是 A 在 M 上的限制).

4. 设 T 是复 $C[0,1]$ 上有界线性算子: $(Tx)(t) = tx(t), x(t) \in C[0,1]$, 求出 $\rho(T)$、$\sigma(T)$、$\sigma_a(T)$、$\sigma_p(T)$、$\sigma_r(T)$.

5. 设 T 是 $L^2([0,1], \boldsymbol{B}, g)$ 上有界线性算子:

$$(Tx)(t) = tx(t), x(t) \in L^2([0,1], \boldsymbol{B}, g).$$

求出 $\rho(T), \sigma(T), \sigma_a(T), \sigma_p(T), \sigma_r(T)$. (分三种情况考察: t_0 是函数 $g(t)$ 的跳跃点; 存在 t_0 的环境 $O(t_0)$, 使得 $g(t)$ 在 $O(t_0)$ 上是常数; 以及 t_0 是 $g(t)$ 连续点, 但不存在 $O(t_0)$, 使 $g(t)$ 为常数.)

6. 证明: 对复 Banach 空间上有界线性算子 T, 成立

$$\sigma_r(T) \subset \sigma_p(T^*).$$

7. 设 A、B 是复 Banach 空间 X 上两个有界线性算子. 证明

(i) $r(AB) = r(BA)$;

(ii) 当 A、B 可交换时, $r(A + B) \leqslant r(A) + r(B)$,

并举例说明 (ii) 中不等式对非交换情况不成立.

8. 设 X 是复 Banach 空间, A 是 X 上有界线性算子. 设 $\{\lambda_n\}$ 为一列数

$$|\lambda_n| > \|A\|,$$

且 $\lambda_n \to \lambda_0, |\lambda_0| > \|A\|$. 记 $M_{\{\lambda_n\}}(x)$ 是由向量 $\{(\lambda_n I - A)^{-1}x\}$ 张成的闭子空间, 证明

(i) 如果有另一个序列 $\{\lambda_n'\}, |\lambda_n'| \geqslant \|A\|, \lambda_n' \to \lambda_0', |\lambda_0'| > \|A\|$, 那么

$$M_{\{\lambda_n\}}(x) = M_{\{\lambda_n'\}}(x).$$

(ii) $M_{\{\lambda_n\}}(x)$ 是包含 x 的关于 A 不变的闭子空间.

(iii) $M_{\{\lambda_n\}}(x)$ 是包含 x 的关于 A 不变的闭子空间中最小的.

9. 设 X 是复 Banach 空间, $\mathfrak{A} \subset \mathfrak{A}(X \to X)$, 并且 $\mathfrak{A}$ 是一代数, 对任何 $y \in X, y \neq 0, \{\mathfrak{A}y\}$ 是否一定是 $\mathfrak{B}$ 的最小不变子空间?

10. 设 T 是 $X = L^2([a,b], \boldsymbol{B}, g)$ 上有界线性算子:

$$(T\varphi)(t) = t\varphi(t), \quad \varphi \in X,$$

证明 $\{T^n f | n = 0, 1, 2, \cdots\}$ 所张成的线性闭子空间 $L = X$, 其中 $f(t)$ 处处不为零.

11. 设 T 是复 Banach 空间 X 上有界线性算子, 并且存在 Jordan 曲线构成的围道 $\Gamma \subset \rho(T), \Gamma$ 按一定的定向, 使得 $\sigma(T)$ 分割成在 Γ 内部部分 $\sigma_1(T)$ 和外部部分 $\sigma_2(T)$. 记

$$E_1 = \frac{1}{2\pi i} \int_\Gamma \frac{dt}{t - T}$$

(这个积分的含义见 §5.4 习题 14 前的定义). 证明下列命题成立.

(i) $E_1 \in \mathfrak{B}(X \to X)$;

(ii) $E_1^2 = E_1$ (从而 $(I - E_1)^2 = I - E_1$);

(iii) $E_1 T = T E_1$;

(iv) $T E_1 = \dfrac{1}{2\pi i} \int_\Gamma \dfrac{t dt}{t - T}$;

(v) $\sigma(T|_{E_1 X}) = \sigma_1(T)$, 这里 $T|_{E_1 X}$ 表示 T 在不变闭子空间 $E_1 X$ 上的限制.

§5.6 关于全连续算子的谱分析

(本节所讨论的内容是 Banach 空间的全连续算子谱分析, 比较抽象一点, 初学时可以跳过, 等到学完第六章的大部分内容, 特别是 Hilbert 空间的算子谱分析以后, 再回过来读这一节, 就可能比较容易接受.)

1. 全连续算子的定义和基本性质 在一般无限维 Banach 空间中, 关于算子谱的研究, 全连续算子是已经为人们研究得最清楚的一种算子, 这种算子最初来源于积分方程的研究, 是积分方程中 Fredholm 理论的一般化. 在这一节里, 我们要介绍把 Fredholm 理论推广到全连续算子情况下的大部分结果.

定义 5.6.1 设 A 是映照线性空间 X 到线性空间 Y 的线性算子. 如果 AX 是 Y 中有限维子空间, 就称 A 为**有限秩算子**.

例 1 设 $f_1, \cdots, f_k$ 为 X 上线性泛函, 从 Y 中取 k 个向量 $y_1, \cdots, y_k$, 作算子 A: 对任何 x

$$Ax = f_1(x)y_1 + \cdots + f_k(x)y_k, \tag{5.6.1}$$

这个算子 A 就是 $X \to Y$ 的有限秩算子.

反过来, 也很容易证明 $X \to Y$ 的任何一个有限秩算子 A 必为 (5.6.1) 的形式. 事实上, 因为 AX 是 Y 中有限维线性空间, 从中可以取出有限个线性无关而且个数极大的向量组 $y_1, \cdots, y_k$. 由于 $Ax = \alpha_1(x)y_1 + \alpha_2(x)y_2 + \cdots + \alpha_k(x)y_k \in Y$, 并由于 $\{y_i\}$ 的线性无关性, 很容易知道, $\alpha_i(x)$ 看作 X 上泛函时确实是线性泛函.

如果 X, Y 是赋范线性空间, $f_1, \cdots, f_k$ 是 X^* 中一组向量, 按 (5.6.1) 方式所作算子 A 就是 $X \to Y$ 的有界的有限秩算子. 事实上, 从

$$\|Ax\| = \left\| \sum_{i=1}^{k} f_i(x)y_i \right\| \leqslant \left(\sum_{i=1}^{k} \|f_i\|\|y_i\| \right) \|x\|$$

立即知道线性算子 A 是有界的.

反过来, $X \to Y$ 的任何有界线性的有限秩算子必是 (5.6.1) 形式, 其中 $f_i \in X^*, i = 1, 2, \cdots, k$. 事实上, 前面根据 A 的线性已经证明

$$Ax = \alpha_1(x)y_1 + \cdots + \alpha_k(x)y_k,$$

$y_1, \cdots, y_k$ 取为线性无关的, 并且 $\alpha_1, \cdots, \alpha_k$ 是 X 的线性泛函. 现在只需利用 A 的有界性来证明 α_i 是 X^* 的向量就可以了. 这一点可以利用泛函延拓定理来证. 令 $y_1, \cdots, y_{k-1}$ 张成的子空间为 L_k, 显然 $y_k \in\!\!\!\!\!/ \; L_k$, 所以存在连续线性泛函 f_k, 使得 $f_k(L_k) = 0$, 而 $f_k(y_k) = 1$. 因而

$$f_k(Ax) = f_k \left(\sum_{i=1}^{k} \alpha_i(x)y_i \right) = \alpha_k(x),$$

由此得到 $|\alpha_k(x)| \leqslant \|f_k\|\|A\|\|x\|$, 即 α_k 是 X 的连续线性泛函. 同样可以证明 $\alpha_1, \cdots, \alpha_{k-1} \in X^*$.   证毕

定义 5.6.2 设 A 是赋范线性空间 X 映照到赋范线性空间 Y 中的算子, 如果它把 X 中任何有界集映照成致密集, 称 A 是**全连续算子** (也称作**致密算子**或**紧算子**).

本书凡是提到全连续算子都假设是线性的, 而且不再说明.

由于赋范空间中致密集是有界的, 所以全连续算子是有界的.

例 2　设 $K(s,t)$ 是 $a \leqslant s \leqslant b, a \leqslant t \leqslant b$ 上二元连续函数, 我们作 $C[a,b]$ 到 $C[a,b]$ 中的算子 K 如下: 当 $\varphi \in C[a,b]$ 时, 令

$$(K\varphi)(s) = \int_a^b K(s,t)\varphi(t)\mathrm{d}t.$$

这个算子 $K: \varphi \mapsto K\varphi$ 称为 Fredholm 算子, 或称为积分算子. 它是积分方程论中非常重要的研究对象.

K 是 $C[a,b]$ 上的全连续算子. 事实上, 设 M 是 $C[a,b]$ 上一有界集, 即存在常数 L, 使得当 $\varphi \in M$ 时, $\|\varphi\| \leqslant L$. 由此得到

$$\begin{aligned}|(K\varphi)(s_1) - (K\varphi)(s_2)| &\leqslant \int_a^b |K(s_1,t) - K(s_2,t)||\varphi(t)|\mathrm{d}t \\ &\leqslant L \int_a^b |K(s_1,t) - K(s_2,t)|\mathrm{d}t,\end{aligned}$$

因为 $K(s,t)$ 是二元连续函数, 所以对任何 $\varepsilon > 0$, 必有 $\delta > 0$, 使得当 $|s_1 - s_2| < \delta$ 时

$$|K(s_1,t) - K(s_2,t)| < \frac{\varepsilon}{L(b-a)},$$

于是对一切 $\varphi \in M$, 有

$$|(K\varphi)(s_1) - (K\varphi)(s_2)| < \varepsilon,$$

换句话说, 在映照 K 之下, 有界集 M 的像 KM 是 $C[a,b]$ 中有界的等度连续的集. 由定理 4.9.6, 知道 KM 是 $C[a,b]$ 中的致密集, 即 K 是 $C[a,b]$ 到 $C[a,b]$ 的全连续算子.

例 3　赋范线性空间 X 上有界的有限秩算子 A 是全连续算子. 事实上, X 中有界集 M 的像 AM, 根据 A 是有界的, 所以 AM 是 X 中有界集. 而任何有限维赋范线性空间中的有界集一定是致密集 (见定理 4.9.13). 所以 A 是全连续算子.

我们用 $\mathfrak{C}(X \to Y)$ 表示赋范线性空间 X 到赋范线性空间 Y 的全连续算子全体.

定理 5.6.1　设 X, Y 是两个赋范线性空间, 那么 $\mathfrak{C}(X \to Y)$ 是 $\mathfrak{B}(X \to Y)$ 的线性子空间. 如果 Y 是 Banach 空间, 那么 $\mathfrak{C}(X \to Y)$ 是 Banach 空间 $\mathfrak{B}(X \to Y)$ 的闭子空间.

证　设 $A, B \in \mathfrak{C}(X \to Y)$. 今证 $A + B \in \mathfrak{C}(X \to Y)$: 任取 X 中一个有界集 M, 对 $(A+B)M$ 中任何一个点列 $\{(A+B)f_n\}, f_n \in M$, 由于 AM 是致密集, 所

以有子列, $\{Af_{n_\nu}\}$ 是收敛的. 又由于 BM 是致密的, 所以又有 $\{Bf_{n_\nu}\}$ 的收敛子列 $\{Bf_{n'_k}\}$. 从而 $\{(A+B)f_n\}$ 的子列 $\{(A+B)f_{n'_k}\}$ 是收敛的. 所以 $(A+B)M$ 是致密集. 既对任何一个有界集 $M,(A+B)M$ 是致密集, 因而 $(A+B)$ 是全连续的. 类似可以证明, 对任何数 $\alpha, \alpha A$ 也是全连续的. 这样便得到 $\mathfrak{C}(X \to Y)$ 是 $\mathfrak{B}(X \to Y)$ 的线性子空间.

当 Y 是 Banach 空间时, $\mathfrak{B}(X \to Y)$ 是 Banach 空间. 要证明 $\mathfrak{C}(X \to Y)$ 是闭子空间, 就是要证明: 如果 $A_n \in \mathfrak{C}(X \to Y), n = 1, 2, 3, \cdots$, 而且 $\|A_n - A\| \to 0$ 时, 那么 $A \in \mathfrak{C}(X \to Y)$. 事实上, 设 M 是 X 的任何有界集, 对任何 $\varepsilon > 0$, 必存在 N, 当 $n \geqslant N$ 时

$$\|A_n - A\| \leqslant \frac{\varepsilon}{3L},$$

其中 $L = \sup\limits_{\varphi \in M} \|\varphi\|$. 由于 $A_N M$ 是致密的, 所以在 $A_N M$ 中存在有限个点 $y_1 \cdots$、y_k, 它们构成集 $A_N M$ 的 $\frac{\varepsilon}{3}$-网. 因为 $y_\nu \in A_N M$, 所以有 $x_\nu \in M$, 使得 $y_\nu = A_N x_\nu, \nu = 1, 2, \cdots, k$. 今证 $\{Ax_1, \cdots, Ax_k\}$ 是 AM 的 ε-网.

事实上, 对任何 $y \in AM$, 有 $x \in M$, 适合 $y = Ax$. 因为 $A_N x \in A_N M$, 所以有 ν, 使得 $A_N x \in O\left(y_\nu, \frac{\varepsilon}{3}\right)$, 因此

$$\|y - Ax_\nu\| \leqslant \|(A - A_N)x\| + \|A_N x - A_N x_\nu\| + \|(A_N - A)x_\nu\|$$
$$\leqslant 2\|A - A_N\|L + \frac{\varepsilon}{3} < \varepsilon,$$

即 AM 是致密集. 因而 $A \in \mathfrak{C}(X \to Y)$. 　　　　　　证毕

利用定理 5.6.1, 我们可以考察 $L^2[a,b]$ 上的积分算子的全连续性.

例 4　设 $K(s,t) \in L^2(R)$, 其中 R 是 $[a,b] \times [a,b], -\infty < a < b < +\infty$. 在 $L^2[a,b]$ 上, 作算子

$$(K\varphi)(s) = \int_a^b K(s,t)\varphi(t)\mathrm{d}t, \varphi \in L^2[a,b],$$

根据 §4.3 的例 1 知道: $K: L^2[a,b] \to L^2[a,b]$, 并且是有界的线性算子. 事实上, 由 Schwarz 不等式

$$\|K\varphi(s)\| = \left(\int_a^b |(K\varphi)(s)|^2 \mathrm{d}s\right)^{\frac{1}{2}}$$
$$= \left(\int_a^b \left|\int_a^b K(s,t)\varphi(t)\mathrm{d}t\right|^2 \mathrm{d}s\right)^{\frac{1}{2}}$$

$$\leqslant \left(\int_a^b \int_a^b |K^2(s,t)|\mathrm{d}t\|\varphi\|^2\mathrm{d}s\right)^{\frac{1}{2}}$$

$$= \left(\int_a^b \int_a^b |K^2(s,t)|\mathrm{d}s\mathrm{d}t\right)^{\frac{1}{2}}\|\varphi\|,$$

就得到

$$\|K\| \leqslant \left(\int_a^b \int_a^b |K(s,t)|^2\mathrm{d}s\mathrm{d}t\right)^{\frac{1}{2}}. \tag{5.6.2}$$

我们称 K 为 Fredholm 型算子. 今证 K 是全连续的.

事实上, 根据 §4.6 习题 4 知道, 存在 R 上某些矩形集的特征函数的线性组合函数 $K_n(s,t)$, 使得

$$\iint_R |K(s,t) - K_n(s,t)|^2\mathrm{d}s\mathrm{d}t \to 0, \tag{5.6.3}$$

根据 (5.6.3), 并由 $L^2[a,b]$ 上积分算子范数估计式 (5.6.2), 得到

$$\|K_n - K\| \to 0,$$

根据定理 5.6.1, 如能证明 K_n 是 $L^2[a,b]$ 上的全连续算子, 那么 K 便是 $L^2[a,b]$ 上的全连续算子. 然而

$$K_n(s,t) = \sum_{\nu=1}^m \alpha_\nu \chi_{R_\nu}(s,t),$$

其中 $R_\nu = (a_\nu,b_\nu) \times (c_\nu,d_\nu) \subset [a,b] \times [a,b]$, 所以 $\chi_{R_\nu}(s,t) = \chi_{(a_\nu,b_\nu)}(s)\chi_{(c_\nu,d_\nu)}(t)$. 因此, 对任何 $\varphi \in L^2[a,b]$

$$(K_n\varphi)(s) = \int_a^b K_n(s,t)\varphi(t)\mathrm{d}t$$
$$= \sum_{\nu=1}^m \alpha_\nu \chi_{(a_\nu,b_\nu)}(s) \int_a^b \chi_{(c_\nu,d_\nu)}(t)\varphi(t)\mathrm{d}t$$

这就是说 K_n 的值是落在 $\{\chi_{(a_\nu,b_\nu)}(s)\}(\nu=1,2,\cdots,m)$ 张成的线性子空间内, 它是有限维的. 根据例 3 所说, K_n 是 $L^2[a,b]$ 上的全连续算子, 所以 K 是全连续算子.

全连续算子还有如下一些常用的性质.

定理 5.6.2 设 X、Y 是赋范线性空间, $A \in \mathfrak{C}(X \to Y)$, 那么

1° AX 必是 Y 中的可析集;

2° 如果 G 是赋范线性空间, $B \in \mathfrak{B}(Y \to G), C \in \mathfrak{B}(G \to X)$, 那么 $BA \in \mathfrak{C}(X \to G), AC \in \mathfrak{C}(G \to Y)$;

3° $A^* \in \mathfrak{C}(Y^* \to X^*)$.

证　1° 记 S_n 为 X 中以 0 为球心, 半径为 n 的球. 由于 $AX = \sum\limits_{n=1}^{\infty} AS_n$, 而每个集 AS_n 是致密集, 根据定理 4.9.5 的系, 它是可析的, 所以 AX 是可析的.

2° 设 M 是 X 的一个有界集, AM 便是 Y 的致密集. 由于 B 是连续映照, 根据定理 4.9.11 的系 1, 它把致密集 AM 映照成致密集, 所以像 BAM 是 G 的致密集, 即 BA 是全连续的. 同样, 如果 M 是 G 中有界集, 因为 C 是有界的, 所以 CM 是 X 中有界集, 因而 ACM 是 Y 中致密集, 即 AC 是全连续的.

3° 设 $\{\varphi_n\}$ 为 Y^* 中任意一有界点列, 今证必有子序列 $\{\varphi_{n_\nu}\}$, 使得 $\{A^*\varphi_{n_\nu}\}$ 在 X^* 中按范数收敛: 设 G 是 AX 在 Y 中的包, 那么 G 是闭的, 并且是可析的. 设 $\{y_n\} \subset G, n = 1, 2, 3, \cdots$, 并在 G 中稠密, 把泛函序列 $\{\varphi_n\}$ 限制在 $\{y_n\}$ 上, $\{\varphi_n(y)\}$ 便是 $\{y_n\}$ 上的一列函数, 由于对任何 y_k, 数集 $\{\varphi_n(y_k)\}$ 是有界的, 而 $\{y_n\}$ 是一可列集. 用类似于 §3.6 引理 2 或定理 5.3.4 的 “对角线方法”, 可以抽出子序列 $\{\varphi_{n_\nu}\}$ 在 $\{y_n\}$ 上处处收敛. 由于 $\{\|\varphi_{n_\nu}\|\}$ 有界, $\{y_n\}$ 在 G 中稠密, 根据 §5.3 引理 1 就得到: 存在 G 上的连续线性泛函 φ, 使得对任何 $y \in G$

$$\varphi_{n_\nu}(y) \to \varphi(y), \tag{5.6.4}$$

再按泛函延拓定理, 将 φ 保持范数不变地延拓成 Y 上的连续线性泛函, 仍记为 φ. 今证明

$$\|A^*\varphi_{n_\nu} - A^*\varphi\| \to 0 \ (\nu \to \infty).$$

事实上, 设 S 是 X 的单位球面, 那么

$$\|A^*\varphi_{n_\nu} - A^*\varphi\| = \sup_{x \in S} |\varphi_{n_\nu}(Ax) - \varphi(Ax)| = \sup_{y \in AS} |\varphi_{n_\nu}(y) - \varphi(y)|,$$

由于 $\{\varphi_n\}$ 是有界序列, 所以存在 M, 使得 $\|\varphi_n\| \leqslant M, \|\varphi\| \leqslant M$. 对任何 $\varepsilon > 0$, 由于 AS 是致密的, 所以存在 $y_1, \cdots, y_m$ 构成 $\dfrac{\varepsilon}{3(M+1)}$ 网. 因此对任何 $x \in S$, 必存在某个 k, 使得 $\|Ax - y_k\| \leqslant \dfrac{\varepsilon}{3(M+1)}$, 所以

$$|\varphi_{n_\nu}(Ax) - \varphi(Ax)| \leqslant |\varphi_{n_\nu}(Ax - y_k) - \varphi(Ax - y_k)| + |\varphi_n(y_k) - \varphi(y_k)|$$

$$\leqslant 2M \cdot \frac{\varepsilon}{3(M+1)} + |\varphi_{n_\nu}(y_k) - \varphi(y_k)|,$$

根据 (5.6.4), 对于 $y_1, \cdots, y_k$, 必存在 ν_0, 当 $\nu \geqslant \nu_0$ 时

$$|\varphi_{n_\nu}(y_k) - \varphi(y_k)| < \frac{\varepsilon}{3}, k = 1, 2, \cdots, m,$$

所以当 $\nu \geqslant \nu_0$ 时, 对任何 $x \in S$, 都有

$$|\varphi_{n_\nu}(Ax) - \varphi(Ax)| < \varepsilon,$$

因而当 $\nu \geqslant \nu_0$ 时, $\sup\limits_{x \in S} |\varphi_{n_\nu}(Ax) - \varphi(Ax)| \leqslant \varepsilon$, 即 $\|A^*\varphi_{n_\nu} - A^*\varphi\| \to 0 (\nu \to \infty)$
成立.　　　　　　　　　　　　　　　　　　　　　　　　　　　　　　　　证毕

　　系　设 X 是 Banach 空间, 那么 $\mathfrak{C}(X \to X)$ 是 Banach 代数.

当 X 是无限维空间时, $\mathfrak{C}(X \to X)$ 是不含么元的 Banach 代数.

　　2. 全连续算子的谱　下面我们来研究全连续算子的谱. 首先注意有限维赋范线性空间上的线性算子是最简单的全连续算子, 而这种算子的有关谱的许多性质大家都已经知道了. 例如每个谱点都是特征值 (特征向量空间当然也是有限维的) 等等. 现在我们就要研究有限维空间上线性算子的这些性质和结构如何推广到 Banach 空间 (主要是无限维) 上的全连续算子. 大体上说, 全连续算子的非零谱点的结构, 很接近于有限维空间上的线性算子.

　　定理 5.6.3　设 A 是复 Banach 空间 X 上的全连续算子, λ 是非零复数, 如果 $(\lambda I - A)X = X$, 那么 λ 是算子 A 的正则点.

　　证　当 X 是有限维空间时, 结论是明显的. 所以不妨设 X 是无限维. 根据 §5.4 逆算子定理, 只要证明 $(\lambda I - A)$ 是 X 到 X 上的一一对应就可以了. 为此只需证明当 $(\lambda I - A)x_1 = 0$ 时, 必有 $x_1 = 0$.

　　令 $E_n = \{x | (\lambda I - A)^n x = 0, x \in X\}$, 由于 $(\lambda I - A)^n$ 是连续线性算子, 显然 E_n 为 X 的线性闭子空间, 又

$$E_1 \subset E_2 \subset \cdots \subset E_n \subset \cdots,$$

如果 $E_1 \neq \{0\}$, 就有 $x_1 \neq 0, x_1 \in E_1$, 根据 $(\lambda I - A)X = X$, 所以必有 x_2, 使得 $x_1 = (\lambda I - A)x_2$. 依次类推, 必有 x_n, 使得 $(\lambda I - A)x_n = x_{n-1}, n = 2, 3, \cdots$. 这时 $(\lambda I - A)^{n-1} x_n = x_1$. 所以 $x_n \in E_n$, 而 $x_n \overline{\in} E_{n-1}$. 根据 §4.9 的 F.Riesz 引理, 在 E_n 中必有 y_n, 使得

$$\|y_n\| = 1, \rho(y_n, E_{n-1}) > \frac{1}{2}, n = 2, 3, \cdots \tag{5.6.5}$$

如果 $p > q$, 从 $E_{p-1} \supset E_q, (\lambda I - A)E_q \subset (\lambda I - A)E_p \subset E_{p-1}$ 得到 $y_q - \dfrac{(\lambda I - A)}{\lambda} y_q + \dfrac{(\lambda I - A)}{\lambda} y_p \in E_{p-1}$, 因此从 (5.6.5) 得到

$$\|Ay_p - Ay_q\| = \lambda \left\| y_p - \left(y_q - \frac{\lambda I - A}{\lambda} y_q + \frac{\lambda I - A}{\lambda} y_p \right) \right\| > \frac{1}{2}|\lambda|,$$

这和 A 是全连续的假设相矛盾.　　　　　　　　　　　　　　　　　　证毕

为了研究全连续算子的第 (i)、(ii) 类谱的情况, 我们建立下面的引理.

引理 1 设 A 是 Banach 空间 X 上的全连续算子, λ 是非零复数, 那么 $\mathscr{R}(\lambda I - A)$ 是 X 的闭子空间.

证 分四步进行. (I) 先假设 $f_n \in \mathscr{R}(\lambda I - A)$, 并且是收敛点列, g_n 是 f_n 的一个原像.

$$(\lambda I - A)g_n = f_n, \tag{5.6.6}$$

如果 $\{g_n\}$ 是有界点列, 那么 $\{g_n\}$ 必有收敛子序列.

事实上, 从 (5.6.6) 得到 $g_n = \dfrac{1}{\lambda}(f_n + Ag_n)$, 由 $\{g_n\}$ 的有界性, 所以有 $\{g_{n_\nu}\}$, 使得 $\{Ag_{n_\nu}\}$ 收敛, 从而 $\{g_{n_\nu}\}$ 也收敛.

(II) 设 $f \in (\lambda I - A)X$, 我们证明在 $\{g \mid (\lambda I - A)g = f\}$ 中向量 g 的范数的下确界 $m = \inf\limits_{(\lambda I - A)g = f} \|g\|$ 是可达的. 事实上, 设

$$(\lambda I - A)g_n = f,$$

而且

$$\|g_n\| \to m,$$

那么 $\{g_n\}$ 是有界的, 根据 (I) 必有 $\{g_{n_\nu}\}$ 收敛于 f'. 由 $(\lambda I - A)$ 的连续性, $(\lambda I - A)f' = \lim\limits_{\nu \to \infty}(\lambda I - A)g_{n_\nu} = f$. 显然 $\|f'\| = m$, 即 f' 是达到范数下确界的向量 (当然对给定的 f, f' 不必是唯一的). 以后我们用 f' 表示达到范数下确界的向量.

(III) 证明存在常数 M (与 f 无关), 使得 $\|f'\| \leqslant M\|f\|$: 假如不对, 就相应地有一列 $f_n \in (\lambda I - A)X, n = 1, 2, 3, \cdots$, 使得

$$\|f_n'\| \geqslant n\|f_n\|, \tag{5.6.7}$$

于是

$$(\lambda I - A)\frac{f_n'}{\|f_n'\|} = \frac{f_n}{\|f_n'\|} \to 0, \tag{5.6.8}$$

由 (I) 又知道 $\left\{\dfrac{f_n'}{\|f_n'\|}\right\}$ 必有收敛子序列 $\dfrac{f_{n_\nu}'}{\|f_{n_\nu}'\|} \to f_0$, 从而

$$(\lambda I - A)f_0 = 0. \tag{5.6.9}$$

因此, 由 (5.6.8)、(5.6.9) 就得到

$$(\lambda I - A)(f_n' - \|f_n'\|f_0) = f_n,$$

但 f_n' 是 f_n 的原像中范数达到下确界的, 所以 $\|f_n'\| \leqslant \|f_n' - \|f_n'\|f_0\|$,

$$\left\| \frac{f_n'}{\|f_n'\|} - f_0 \right\| \geqslant 1,$$

这和假设 $\dfrac{f_{n_\nu}'}{\|f_{n_\nu}'\|} \to f_0$ 矛盾. 所以存在 M, 使得 $\|f'\| \leqslant M\|f\|$.

(IV) 证明 $(\lambda I - A)X$ 是闭集: 如果 $f_n \in (\lambda I - A)X, f_n \to f$, 那么有正数 c, 使得 $\|f_n\| \leqslant c$. 对每个 f_n, 取相应的 f_n', 那么 $\|f_n'\| \leqslant M\|f\| \leqslant Mc$. 根据 (I), 可从 $\{f_n'\}$ 中抽出收敛于 g 的子序列, 因而 $(\lambda I - A)g = f$, 即 $f \in (\lambda I - A)X$. 证毕

利用这个引理, 来证明下面的定理.

定理 5.6.4　设 A 是复 Banach 空间 X 上全连续算子, $\lambda \neq 0$, 而且不是 A 的特征值, 那么 λ 必是 A 的共轭算子 A^* 的正则点.

证　设 $F = (\lambda I - A)X$, 根据引理 1, 它是闭子空间. 又因 λ 不是 A 的特征值, 所以 $(\lambda I - A)$ 是 X 到 F 上一对一的, 因而有 F 到 X 上的有界线性算子 A_λ^{-1}, 它是 $(\lambda I - A)$ 的逆算子.

今证 $(\lambda I - A^*)X^* = X^*$: 设 $f \in X^*$, 在 F 上造线性泛函 ψ 如下:

$$\psi(x) = f(A_\lambda^{-1}x), x \in F,$$

由于 $|\psi(x)| \leqslant \|A_\lambda^{-1}\|\|f\|\|x\|$, 所以 ψ 是 F 上连续线性泛函. 由泛函延拓定理, 将 ψ 延拓到 X 上. 因而由

$$((\lambda I - A)^*\psi)(y) = \psi((\lambda I - A)y) = f(y),$$

立即得到 $(\lambda I - A)^*\psi = f$, 即 $(\lambda I - A^*)X^* = X^*$. 而 A^* 是全连续的, 对 A^* 用定理 5.6.3, 便知道 λ 是 A^* 的正则点.　　　　　　　　　　　　证毕

定义 5.6.3　设 X 是赋范线性空间, X^* 是它的共轭空间, 对于一对向量 $x \in X, f \in X^*$, 如果

$$f(x) = 0,$$

便称 x 和 f 是相互正交的.

利用正交概念, 显然有如下引理:

引理 2　设 A 是赋范线性空间 X 上有界线性算子, 凡是和 AX 中所有向量正交的 $f \in X^*$, 必满足 $A^*f = 0$. 特别地, 当 AX 在 X 中不稠密时, 0 必是 A^* 的特征值.

证 由于 f 和 AX 的正交性, 当 $y \in AX$ 时

$$0 = f(y) = f(Ax) = (A^*f)(x), x \in X,$$

这就是说 $A^*f = 0$. 特别地, 当 AX 在 X 中不稠密时, 根据泛函延拓定理, 必有非零 f, 使得 $f(Ax) = 0, x \in X$. 从而 $A^*f = 0$, 即 f 是 A^* 相应于特征值 0 的特征向量. 证毕

下面是 Riesz-Schauder (里斯 –绍德尔) 关于全连续算子的特征值和特征向量空间的理论[1].

定理 5.6.5 设 X 是复 Banach 空间, A 是 X 上全连续算子. 那么

$1°$ 当 X 是无限维空间时, 0 必是 A 的谱点;

$2°$ 全连续算子的非零谱点必是特征值;

$3°$ 当 $\lambda \neq 0$, 而且是 A 的特征值时, 与 λ 相应的特征向量空间必是有限维的;

$4°$ 设 $\lambda_1, \cdots, \lambda_n$ 是 A 的不同的特征值, $x_1, \cdots, x_n$ 是相应的特征向量, 那么 $x_1, \cdots, x_n$ 是线性无关的;

$5°$ $\sigma(A)$ 的极限点只可能是 0 (因而 $\sigma(A)$ 是有限集或可列集).

证 $1°$ 当 X 是无限维时, 如果 $0 \bar\in \sigma(A)$, 那么 A^{-1} 便是 X 上的有界线性算子. 根据定理 5.6.2, $I = A^{-1}A$ 是全连续算子, 这样 X 中单位球要致密了, 这和定理 4.9.14 的结论相冲突. 所以 $0 \in \sigma(A)$.

$2°$ 设 $\lambda \neq 0$, 而且 $\lambda \in \sigma(A)$, 根据引理 1 及定理 5.6.3, $\mathscr{R}(\lambda I - A)$ 是 X 的真闭子空间, 所以 $\mathscr{R}(\lambda I - A)$ 在 X 中不稠密. 由引理 2,0 是 $(\lambda I - A)^* = \lambda I - A^*$ 的特征值, 所以 λ 不是 A^* 的正则点. 再根据定理 5.6.4, λ 必是 A 的特征值.

$3°$ 设 λ 是 A 的非零特征值, 记 E_λ 为相应的特征向量空间. 对任何 $x \in E_\lambda$, 显然 $Ax = \lambda x$, 即 A 限制在 E_λ 上是 λI. 如果 E_λ 是无限维, 根据 Riesz 引理, E_λ 的单位球面 S 就不致密, 所以 $\lambda S = AS$ 就不致密, 但这和假设 A 是全连续的相冲突, 因此 E_λ 只能是有限维.

$4°$ 设 $\lambda_1, \cdots, \lambda_n$ 是不相同的特征值, 如果 $x_1, \cdots, x_n$ 线性相关不妨设 $x_n = \sum_{i=1}^{n-1} \alpha_i x_i$, 利用 $(\lambda_i I - A)(\lambda_j I - A) = (\lambda_j I - A)(\lambda_i I - A)$ 便得到

$$(\lambda_1 - \lambda_n) \cdots (\lambda_{n-1} - \lambda_n)x_n = (\lambda_1 I - A) \cdots (\lambda_{n-1} I - A)x_n,$$

---

[1]通常将定理 5.6.5 和定理 5.6.6 的内容统称为 Riesz-Schauder 理论, 严格说来, 定理 5.6.5、5.6.6 的大部分结论为 Riesz 所得, Schauder 最终完成的是有关共轭算子的解的某些讨论.

$$\sum_{i=1}^{n-1} \alpha_i (\lambda_1 I - A) \cdots (\lambda_{n-1} I - A) x_i = \sum_{i=1}^{n-1} \alpha_i (\lambda_1 - \lambda_i) \cdots (\lambda_{n-1} - \lambda_i) x_i$$
$$= 0,$$

然而上式左边 $\neq 0$, 这是矛盾. 所以 $x_1, \cdots, x_n$ 线性无关.

5° 设 $\{\lambda_n\}$ 是 A 的一列不同的特征值, 而且 $\lambda_n \to \lambda_0 \neq 0$. 不妨设 $\lambda_n \neq 0, n = 1, 2, 3, \cdots$, 那么必有常数 M, 使得 $\left|\dfrac{1}{\lambda_n}\right| < M, n = 1, 2, 3, \cdots$. 设 x_n 是相应于 λ_n 的特征向量, 记 M_n 为 $x_1, \cdots, x_n$ 张成的 X 的子空间, 由 4°, M_n 是 n 维子空间, $M_n \subset M_{n+1}$, 而且 $M_n \neq M_{n+1}$. 由 Riesz 引理就得到一列 $\{y_n\}$ 如下:

$$y_n \in M_n, \|y_n\| = 1, \rho(y_n, M_{n-1}) > \frac{1}{2},$$

设 $y_n = \displaystyle\sum_{i=1}^{n} \beta_{in} x_i$, 显然

$$(\lambda_n I - A) y_n = \sum_{i=1}^{n-1} \beta_{in} (\lambda_n - \lambda_i) x_i \in M_{n-1},$$

所以 $y_n - A\dfrac{y_n}{\lambda_n} \in M_{n-1}$, 因此当 $n > m$ 时, $z = y_n - A\dfrac{y_n}{\lambda_n} + A\dfrac{y_m}{\lambda_m} \in M_{n-1}$. 然而 $A\dfrac{y_n}{\lambda_n} - A\dfrac{y_m}{\lambda_m} = y_n - z$, 所以

$$\left\| A\frac{y_n}{\lambda_n} - A\frac{y_m}{\lambda_m} \right\| = \|y_n - z\| \geqslant \rho(y_n, M_{n-1}) > \frac{1}{2}.$$

但是 $\left\|\dfrac{y_n}{\lambda_n}\right\| \leqslant M$, 由 A 的全连续性, 必有 $\left\{A\dfrac{y_n}{\lambda_n}\right\}$ 的子列 $\left\{A\dfrac{y_{n_k}}{\lambda_{n_k}}\right\}$ 收敛. 这和 $\left\|A\dfrac{y_n}{\lambda_n} - A\dfrac{y_m}{\lambda_m}\right\| \geqslant \dfrac{1}{2}$ 相冲突. 所以 $\sigma(A)$ 最多只能以 0 为极限点. 　　　证毕

下面是 Riesz-Schauder 理论中讨论全连续算子 A 与 A^* 的关系的部分.

定理 5.6.6 设 X 为复 Banach 空间, A 为 X 上全连续算子, 那么

1° $\sigma(A) = \sigma(A^*)$, 即 $\sigma(A^*) = \{\lambda | \lambda \in \sigma(A)\}$;

2° 当 $\lambda \in \sigma(A)(= \sigma(A^*))$, 并且 $\lambda \neq 0$ 时, 那么空间 $\mathscr{N}(A - \lambda I)$ 与 $\mathscr{N}(A^* - \lambda I)$ 具有相同的维数;

3° $\lambda \neq \mu$, 那么 A 的相应于 λ 的特征向量 x 与 A^* 的相应于 μ 的特征向量 f 正交, 即 $f(x) = 0$;

4° 假设 λ 是 A 的非零特征值, 那么方程

$$(\lambda I - A) x = y$$

可解的充要条件是: y 与 A^* 的任一相应于 λ 的特征向量 f 正交;

5° 如果 λ 为 A 的非零特征值, 那么, 共轭方程

$$(\lambda I - A^*)\varphi = f$$

可解的充要条件是: f 与 A 的任一相应于 λ 的特征向量 y 正交.

当 X 是有限维空间时, 定理 5.6.6 就是普通线代数中的 Fredholm 定理. 这时可由线代数知识来直接验证.

证 1° 当 X 是有限维时, A 是方阵, A^* 是转置阵, 那么 $\lambda \in \sigma(A)$ 等价于 $\det(\lambda I - A) = 0$. 这显然和 $\det(\lambda I - A^*) = 0$ 等价, 而这又等价于 $\lambda \in \sigma(A^*)$. 下面考察 X 是无限维的情况. (i) 当 $\lambda = 0$ 时, 根据定理 5.6.5 的 1° 知道 $0 \in \sigma(A)$. 这时 X^* 也是无限维 (见 §5.2 习题 7). 根据定理 5.6.2 的 3°, A^* 也是全连续的, 所以 $0 \in \sigma(A^*)$. (ii) 当 $\lambda \neq 0$ 时, 因为 $\lambda \in \rho(A)$ 时, 必有 $\lambda \in \rho(A^*)$, 因此总有 $\sigma(A^*) \subset \sigma(A)$. 反过来, 当 $\lambda \in \sigma(A), \lambda \neq 0$ 时, 由定理 5.6.5 的 2° 的证明过程已经得到 $\lambda \in \sigma(A^*)$, 所以 $\sigma(A) = \sigma(A^*)$.

2° 留给读者证明 (参见习题 6, 在那里有提示, 它是证明 2° 的方法之一).

3° 是显然的. 因为当 $(\lambda I - A)x = 0, (\mu I - A^*)f = 0$ 时

$$\mu f(x) = (A^*f)(x) = f(Ax) = f(\lambda x) = \lambda f(x),$$

所以当 $\lambda \neq \mu$ 时, $f(x) = 0$.

4° 必要性: 如果 $(\lambda I - A)x = y, f$ 为 A^* 相应于特征值 λ 的特征向量, 那么 $(\lambda I - A^*)f = 0$, 而且

$$f(y) = f((\lambda I - A)x) = ((\lambda I - A)^*f)(x) = 0.$$

充分性: 如果对满足条件 $(\lambda I - A^*)f = 0$ 的一切 f, 都有 $f(y) = 0$, 今证 $y \in \mathscr{R}(\lambda I - A)$. 用反证法, 如果 $y \bar{\in} (\lambda I - A)X$, 由于 $(\lambda I - A)X$ 是闭子空间, 由泛函延拓定理, 必存在 $f \in X^*$, 使得 $f((\lambda I - A)X) = 0$, 而 $f(y) \neq 0$. 因此, 当 $x \in X$ 时

$$((\lambda I - A)^*f)(x) = f((\lambda I - A)x) = 0,$$

即 f 是 A^* 的相应于 λ 的一个特征向量, 然而 $f(y) \neq 0$. 这和假设冲突. 所以 $y \in \mathscr{R}(\lambda I - A)$.

5° 必要性: 证法与 4° 的必要性类似.

充分性: 设 f 是满足 5° 条件, 在 $(\lambda I - A)X$ 上, 作泛函

$$\varphi(x) = f(y), x \in (\lambda I - A)X, \tag{5.6.10}$$

其中 y 是适合 $(\lambda I - A)y = x$ 的向量. 如果又有 y_1, 满足 $(\lambda I - A)y_1 = x$, 那么 $(y - y_1)$ 是 A 的相应于 λ 的特征向量, 所以 $f(y - y_1) = 0$, 因此 $\varphi(x)$ 是由 x 而确定的. 显然它是 $(\lambda I - A)X$ 上的线性泛函.

取 x' 为方程

$$(\lambda I - A)y = x, \quad (x \in \mathscr{R}(\lambda I - A))$$

的解 y 中范数最小的一个向量, 就有 $\|x'\| \leqslant M\|x\|$, 此处 M 是和 x 无关的常数. 所以 $\varphi(x) = f(x')$. 由此得到

$$|\varphi(x)| = |f(x')| \leqslant \|f\|\|x'\| \leqslant M\|f\|\|x\|,$$

从而 $\varphi(x)$ 是 $(\lambda I - A)X$ 上连续线性泛函. 再将 φ 延拓成 X 上连续线性泛函, 由此对任何 $y \in X$, 并根据 (5.6.10) 就得到

$$((\lambda I - A^*)\varphi)(y) = \varphi((\lambda I - A)y) = f(y),$$

所以 φ 是方程 $(\lambda I - A^*)\varphi = f$ 的解.　　　　　　　　　　证毕

3. 全连续算子的不变闭子空间　　现在我们着手讨论 §5.5 最后一段提出的问题 1, 考察无限维复 Banach 空间上哪些有界线性算子存在非平凡的不变子空间. 这个问题是 von Neumann 首先研究的, 他证明了在无限维 Hilbert 空间 (它的定义见第六章) 上每个全连续算子有非平凡的不变子空间, 后来 N.Aronszajn 和 K.Smith (参见 [11]) 对一般的复 Banach 空间上的全连续算子证明了非平凡的不变闭子空间的存在性, 但是他们的证明比较复杂. 我们先来看一下这个问题的实质在什么地方. 当全连续算子 B 有非零谱点 λ 时, 由定理 5.6.5, λ 是 B 的特征值, 那么相应的特征子空间 E_λ 就是 B 的不变子空间. 由此立即可以得到 B 的非平凡的不变子空间了. 因此只要讨论当 B 的谱点只有零的情况. 就是说这个问题的实质在于证明: 广义幂零的全连续算子有非平凡的不变闭子空间. 近来, 有人认为整个不变子空间的解决关键是在于搞清楚广义幂零算子的不变子空间.

在 N.Aronszajn 和 K.Smith 之后, 较多的学者在研究更广泛的一类算子 (能与某个非零全连续算子交换的线性有界算子) 的不变闭子空间的存在性. 更进一步就是要研究一个全连续算子是否有非平凡的超不变闭子空间. 在这个方向上, 问题的最一般的提法如下:

问题 2. 在无限维的复 Banach 空间中是否每个有界线性算子都有非平凡的超不变闭子空间.

这两个问题有密切的联系. 由于超不变闭子空间必是不变的, 所以如果问题 2 的回答是肯定的, 那么问题 1 的回答自然是肯定的. 如果问题 1 的回答是否定的, 那么问题 2 的回答更是否定的.

В.И.Ломоносов (罗蒙诺索夫) (参见 [12]) 对于问题 2 进行了研究, 他证明了全连续算子 (以及与某个非零全连续算子可交换的任何有界线性算子) 不仅有非平凡的不变闭子空间, 而且有非平凡超不变闭子空间. 他所引进的方法是较有意思的, 比 Aronszajn-Smith 的方法简单, 但是结论要强得多. 当然, 这种方法并不能完全代替 Aronszajn-Smith 方法上的价值.

定理 5.6.7 (Ломоносов)　设 X 是复的 Banach 空间, $B \in \mathfrak{B}(X \to X)$, $B \neq \alpha I(\alpha$ 是常数), 如果有一个非零的全连续算子 A 与 B 交换, 那么 B 必有非平凡的超不变闭子空间.

证　分下面几步加以证明.

(I) 令 $\mathfrak{A}_B$ 是 $\mathfrak{B}(X \to X)$ 中与 B 可交换的算子全体. 我们先说明问题的实质是在于 X 是无限维空间, 而且对每个非零向量 $y \in X, \{\mathfrak{A}_B y\}$ 在 X 中稠密的情况.

事实上, 如果 X 是有限维空间, 根据 §5.5 例 9 知道, 这时对于任何 $B \neq \alpha I$, 必存在非平凡超不变子空间, 所以下面不妨设 X 是无限维的. 另外, 如果有某个非零向量 y, 使得 $\overline{\{\mathfrak{A}_B y\}} \neq X$. 那么根据 §5.5 引理 9, $\overline{\{\mathfrak{A}_B y\}}$ 便是 B 的超不变子空间. 由于 $\overline{\{\mathfrak{A}_B y\}} \neq X$, 以及 $y \in \overline{\{\mathfrak{A}_B y\}}$, 所以 $\overline{\{\mathfrak{A}_B y\}}$, 是非平凡的.

由此可见, 我们只要证明满足定理 5.6.7 条件的算子 B, 必存在非零 y, 使得 $\{\mathfrak{A}_B y\}$ 在 X 中不稠密.

为此, 我们分三步 (II)–(IV) 先来完成下列命题的证明.

命题: 设 B 是与非零全连续算子 A 可交换, 如果对每个非零 $y, \{\mathfrak{A}_B y\}$ 在 X 中稠密, 那么必存在 $T_0 \in \mathfrak{A}_B$, 使得 $T_0 A$ 具有特征值 1. (注这个命题是 Ломоносов 定理的核心)

(II) 由于 $A \neq 0$, 在 X 中必有一个向量 x_0, 使得 $\|Ax_0\| - \|A\| > 0$, 因此当 $\|z\| \leqslant 1$ 时, $\|A(x_0 - z)\| \geqslant \|Ax_0\| - \|A\| > 0$. 记 S 是以 x_0 为球心的单位闭球: $S = \{x | \|x - x_0\| \leqslant 1\}$. 当 $x \in S$ 时

$$\|Ax\| = \|Ax_0 - A(x_0 - x)\|$$
$$\geqslant \|Ax_0\| - \|A\| \|x_0 - x\| \geqslant \|Ax_0\| - \|A\| > 0,$$

所以 $0 \overline{\in} (\overline{AS})$. 对任何 $y \in (\overline{AS})$, 因为 $y \neq 0$, 由命题的假设, $\{\mathfrak{A}_B y\}$ 在 X 中稠密, 所以在 $\mathfrak{A}_B$ 中必有 T, 使得

$$\|Ty - x_0\| < 1,$$

由于 T 是连续的, 所以必存在 y 的环境 $O(y, \varepsilon)$ $\left(例如取 \ \varepsilon < \dfrac{1 - \|Ty - x_0\|}{\|T\|}\right)$ 使

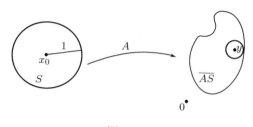

图 5.3

得当 $z \in O(y, \varepsilon)$ 时, $\|Tz - x_0\| < 1$. 因为 A 是全连续的, AS 是致密集, 所以 $(\overline{AS})$ 是紧集. 而 $\{O(y, \varepsilon) | y \in (\overline{AS})\}$ 是 $(\overline{AS})$ 上一族开覆盖, 因而可以从 $\{O(y, \varepsilon)\}$ 中选出 $O(y_1, \varepsilon_1)$、$\cdots$、$O(y_n, \varepsilon_n)$, 使得 $\bigcup_{i=1}^{n} O(y_i, \varepsilon_i) \supset (\overline{AS})$, 而且对每个 $O(y_i, \varepsilon_i)$ 有相应的 $T_i \in \mathfrak{A}_B$, 使得 $T_i O(y_i, \varepsilon_i) \subset S$. 就是说, 当 $y \in O(y_i, \varepsilon_i)$ 时

$$\|T_i y - x_0\| < 1. \tag{5.6.11}$$

(Ⅲ) 作函数

$$f(t) = \begin{cases} 0, & t \geqslant 1, \\ 1 - t, & 0 \leqslant t < 1, \end{cases}$$

又作 $(\overline{AS}) \to X$ 中的非线性映照 Φ 如下: 当 $y \in (\overline{AS})$ 时

$$\Phi(y) = \frac{\sum\limits_{i=1}^{n} f(\|T_i y - x_0\|) T_i y}{\sum\limits_{i=1}^{n} f(\|T_i y - x_0\|)}, \tag{5.6.12}$$

显然, 由于对任何 $y \in (\overline{AS})$, 必有一个 i, 使 $y \in O(y_i, \varepsilon_i)$, 从而 (5.6.11) 成立. 因此分母中至少第 i 项是大于零, 因而整个分母大于零. 因为 (5.6.12) 中分母、分子分别都是 y 的连续函数和连续映照, 所以 Φ 是 $(\overline{AS}) \to X$ 中的连续映照.

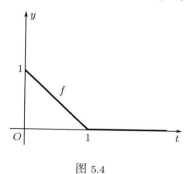

图 5.4

现在证明: 当 $y \in (\overline{AS})$ 时, $\Phi(y) \in S$. 事实上, 因为

$$\Phi(y) - x_0 = \frac{\sum_i f(\|T_i y - x_0\|)T_i y - \sum_i f(\|T_i y - x_0\|)x_0}{\sum_i f(\|T_i y - x_0\|)}$$

$$= \frac{\sum_i f(\|T_i y - x_0\|)(T_i y - x_0)}{\sum_i f(\|T_i y - x_0\|)}$$

$$= \frac{\Sigma' f(\|T_i y - x_0\|)(T_i y - x_0)}{\sum_i f(\|T_i y - x_0\|)}$$

$$+ \frac{\Sigma'' f(\|T_i y - x_0\|)(T_i y - x_0)}{\sum_i f(\|T_i y - x_0\|)}$$

Σ' 表示对 $\|T_i y - x_0\| \geqslant 1$ 的项求和, 由函数 $f(t)$ 的定义, 这种项的系数 $f(\|T_i y - x_0\|) = 0$, 所以 $\Sigma' = 0$. 而 Σ'' 表示对 $\|T_i y - x_0\| < 1$ 的项求和, 显然

$$\frac{\|\Sigma''\|}{\sum_i f(\|T_i y - x_0\|)} < \frac{\Sigma'' f(\|T_i y - x_0\|)}{\sum_i f(\|T_i y - x_0\|)} \leqslant 1,$$

因而 $\Phi(y) \in S$.

(IV) 利用映照 Φ, 作 $S \to S$ 的映照 Ψ 如下:

$$\Psi(x) = \Phi(Ax) = \frac{\sum_i f(\|T_i Ax - x_0\|)T_i Ax}{\sum_i f(\|T_i Ax - x_0\|)}, x \in S,$$

因为 $Ax \in (\overline{AS})$, 由 (III) 的结论, $\Psi(x) \in S$. 又由于 Φ、A 是连续映照, 所以 Ψ 是 $S \to S$ 的连续映照. 由于 AS 是致密集, 根据定理 4.9.11 系 1, 连续映照把致密集映照成致密集, 所以 Φ 把 AS 映照成致密集, 即 $\Psi(S) = \Phi(AS)$ 是致密集. 又显然 S 是凸闭的集. 根据 Schauder 不动点原理 (§4.8) 必存在 $\overline{x} \in S$, 使得

$$\frac{\sum_i f(\|T_i A\overline{x} - x_0\|)T_i A\overline{x}}{\sum_i f(\|T_i A\overline{x} - x_0\|)} = \overline{x}, \tag{5.6.13}$$

取定这个 $\overline{x}$, 并记 $\alpha_i = \dfrac{f(\|T_iA\overline{x}-x_0\|)}{\sum\limits_i f(\|T_iA\overline{x}-x_0\|)}$, 考虑 X 上的方程:

$$\sum_i \alpha_i T_i A z = z, z \in X, \tag{5.6.14}$$

(5.6.13) 说明方程 (5.6.14) 有非零解 $z = \overline{x}$, 由于 A 是全连续的, 所以 $C \equiv \sum \alpha_i T_i A$ 也是 X 上全连续算子. 这样 (5.6.13)、(5.6.14) 说明取 $T_0 = \sum \alpha_i T_i$ 时, $C = T_0A$ 有一个特征值 1. 这就完成命题的证明.

(V) 利用上述命题证明定理成立. 事实上, 如果对一切非零 y, $\{\mathfrak{A}_By\}$ 在 X 中稠密, 那么 IV 中 C 具有特征值 1. 根据定理 5.6.5 的 3°, 算子 C 相应于 1 的特征向量空间 L_1 是有限维的. 由于 B 与 C 可以交换, 根据 §5.5 引理 6 的系, $BL_1 \subset L_1$. 但 L_1 是有限维 (复) 空间, 所以 B 在 L_1 内必有特征值 λ_0. 记相应的特征向量空间为 E_{λ_0}. 显然闭子空间 $E_{\lambda_0} \neq X$. 否则将会发生 $B = \lambda_0 I$, 这与假设矛盾. 既然 $E_{\lambda_0} \neq X$, 又根据定理 5.5.6 的 4°, E_{λ_0} 将是 $\mathfrak{A}_B$ 的不变子空间, 这样一来, 当取 $y \in E_{\lambda_0}, y \neq 0$ 时, $\overline{\{\mathfrak{A}_By\}} \subset E_{\lambda_0} \neq X$. 这与 $\overline{\{\mathfrak{A}_By\}} = X$ 相矛盾. 因而 B 存在非平凡的超不变闭子空间. 　　　　　证毕

系 1 设 X 是无限维复 Banach 空间, $B \neq 0$, 并且是全连续的, B 必有非平凡超不变闭子空间, 因而 B 有非平凡的不变闭子空间.

证 因为 B 是非零、全连续, 所以 B 不是倍单位算子. 又由于 B 和 B 本身可以交换, 所以把定理 5.6.7 中 A 就取为 B 就可以了.

如果只要求达到系 1 的结论, 可以不用 Ломоносов 定理而直接给它简单的证明. 这个证明是 H.M.Hilden 给出的. 他部分地引用了 Ломоносов 技巧, 避免了用 "不动点原理" 这一深入的工具, 而只要用到 Banach 空间全连续算子的非零谱点必是特征值, 并且特征子空间是有限维及谱半径的定理. 下面就是他的证明 (参见 [12]).

证 B 是全连续的, 如果 B 有非零谱点 λ, 由 §5.5 引理 7 的性质 5° 易知特征子空间 E_λ 便是 B 的超不变而且是非平凡的子空间. 所以下面不妨设 $\mathrm{r}(B) = 0$.

仍用反证法, 而且定理 5.6.7 的第 (I) 步仍有效, 第 (II) 步中 A 换为现在的 B 后也仍然有效. 由第 (II) 步得到: 存在 $\mathfrak{A}_B$ 中有限个算子 $T_1, \cdots, T_n$, 对任何 $y \in \overline{BS}$, 必有某个 T_i 记为 T_{i_1}, 使 $y_1 = T_{i_1}y \in S$. 考察 $BT_{i_1}y \in BS \subset \overline{BS}$. 重复应用 (II) 中所得到的事实, 必有 $T_1, \cdots, T_n$ 中某个 T_{i_2}, 使 $y_2 = T_{i_2}BT_{i_1}y \in S, \cdots$, 这样得到

$$y_m = T_{i_m}BT_{i_{m-1}}\cdots BT_{i_1}y \in S, By_m \in BS, m = 1, 2, 3, \cdots$$

由于 $By_m \in BS$, 所以 $\|By_m\| \geqslant \|Bx_0\| - \|B(x_0 - y_m)\| \geqslant \|Bx_0\| - \|B\| > 0$. 另一方面, 记 $c = \max(\|T_1\|, \cdots, \|T_n\|)$ 时, 利用 T_i 与 B 可交换, 便有

$$\|By_m\| \leqslant c^m \|B\|^m \|y\|,$$

根据谱半径定理应该有 $\lim \sqrt[n]{\|(cB)^n\|} = c \lim \sqrt[n]{\|B^n\|} = cr(B) = 0$, 即 $\lim\limits_{m \to \infty} \|By_m\| = 0$. 这就发生矛盾.　　　　　　　　　　　　　　　证毕

系 2　设 X 是无限维复 Banach 空间, $B \in \mathfrak{B}(X \to X)$, 如果存在非零多项式 $p(t)$, 使得 $p(B)$ 为非零的全连续算子, 那么 B 必有非平凡的超不变子空间.

证　因为 $p(B)$ 为非零全连续算子, 所以 B 决不会是倍单位算子. 再取 $A = p(B)$, 由定理 5.6.7 立即得到系 2 的结论.　　　　　　　　　　　证毕

习　题　5.6

1. 设 $K(x,y)$ 是全平面上 Lebesgue 可测函数, 而且

$$\iint\limits_{-\infty}^{+\infty} |K(x,y)|^2 \mathrm{d}x\mathrm{d}y < \infty,$$

作 $L^2(-\infty, +\infty)$ 上线性算子 A:

$$(Af)(x) = \int_{-\infty}^{+\infty} K(x,y)f(y)\mathrm{d}y,$$

问 A 是否是 $L^2(-\infty, +\infty)$ 上全连续算子.

2. 设 A 为 l^2 上线性算子, 记 $e_n = (0, \cdots, 0, 1, 0, \cdots)$ (第 n 个坐标为 1, 其余为 0), $n = 1, 2, \cdots$ 时, 作线性算子 A:

$$Ae_k = \sum_{j=1}^{\infty} a_{jk} e_j,$$

设 $\sum\limits_{k,j=1}^{\infty} |a_{jk}|^2 < \infty$. 证明 A 是 l^2 上全连续算子.

3. 在 l^2 中, 取 $\{e_n\}$ 如习题 2. 作 l^2 上线性算子 U:

$$Ue_i = \frac{1}{i} e_{i+1}, \quad i = 1, 2, 3, \cdots$$

证明 U 是 l^2 上全连续算子, 并且是广义幂零算子, 但 0 不是特征值.

4. 设 $K(x,y)$ 是正方形 $[a,b] \times [a,b]$ 上可测函数, 设 $p > 1, \dfrac{1}{p} + \dfrac{1}{q} = 1$,

$$\int_a^b \left(\int_a^b |K(x,y)|^q \mathrm{d}y \right)^{\frac{p}{q}} \mathrm{d}x < \infty.$$

证明 L^p 上线性算子

$$(Af)(x) = \int_a^b K(x, y) f(y) \mathrm{d}y$$

为 L^p 上全连续算子.

5. 设 A 是 Banach 空间 X 上有界线性算子, L 是 A 的闭的不变子空间, 在 Banach 空间 $\varPhi = X/L$ 上作算子 $\widetilde{A} : \widetilde{x} \to \widetilde{Ax}$. 证明 $\widetilde{A}$ 是 Banach 空间 $\varPhi$ 上有界线性算子. 如果 A 是 X 上全连续算子, 那么 $\widetilde{A}$ 也是 $\varPhi$ 上全连续算子.

6. 设 A 是复 Banach 空间 X 上全连续算子, $\lambda_0 \neq 0$, 并且 λ_0 是 A 的谱点, 任取 $\varepsilon > 0$, 使得圆 $|\lambda - \lambda_0| \leqslant \varepsilon$ 内只含有 A 的一个谱点 λ_0, 令

$$P_{\lambda_0} = \frac{1}{2\pi \mathrm{i}} \int_{|\lambda - \lambda_0| = \varepsilon} (\lambda I - A)^{-1} \mathrm{d}\lambda,$$

证明下列命题成立.

(i) P_{λ_0} 是全连续算子, 而且 $P_{\lambda_0}^2 = P_{\lambda_0}$;

(ii) $P_{\lambda_0} X$ 是有限维空间, 并且所有相应于 λ_0 的特征向量全包含在 $P_{\lambda_0} X$ 中;

(iii) $P_{\lambda_0} A = A P_{\lambda_0}$;

(iv) $P_{\lambda_0}^* X^*$ 是 A^* 的不变子空间, 并且 A^* 相应于 λ_0 的特征向量全包含在 $P_{\lambda_0}^* X^*$ 中;

(v) $P_{\lambda_0}^* X^* = (P_{\lambda_0} X)^*$;

(vi) A 相应于 λ_0 的特征子空间的维数与 A^* 相应于 λ_0 的特征子空间维数相等.

7. 利用全连续算子 Riesz-Schauder 理论给出全连续算子 A 的豫解式 $R(A, \lambda)$: 对任何 $\lambda_0 \in \sigma(A), \lambda_0 \neq 0$, 必在 λ_0 的近旁有下列展开式

$$R(A; \lambda) = \frac{C_{-n}}{(\lambda - \lambda_0)^n} + \cdots + \frac{C_{-1}}{\lambda - \lambda_0} + C_0 + \sum_{\nu=1}^{\infty} C_\nu (\lambda - \lambda_0)^\nu,$$

其中 $\{C_\nu | \nu = -n, -n+1, \cdots, 0, 1, 2, \cdots\}$ 是有界线性算子.

8. 设 X 是 Banach 空间, B 是 X 上有界线性算子 $B \neq aI$, 如果存在非常数多项式 $p(t)$ 和非零全连续算子 A, 满足 $p(B)A = Ap(B)$. 证明 B 必有非平凡的超不变子空间.

第六章 Hilbert 空间的几何学与算子

在前面一章中, 我们介绍了赋范线性空间的概念. 对有限维空间来说, 向量的范数相当于向量的模长. 但是, 在有限维欧几里得空间中还有一个很重要的概念 —— 两个向量的夹角, 特别是两个向量的直交. 有了它们, 就有勾股定理, 向量的投影等. 而在赋范线性空间中, 并没有引进这个概念. 另外, 我们还知道, 向量的模长与夹角可以用更本质的量 —— 向量的内积来描述. 这一章的主要内容就是讨论无限维的具有内积的空间的 (解析) 几何学以及这种空间上的线性算子.

§6.1 基 本 概 念

不论是实的或复的欧几里得空间都有一个特点, 在其中定义了向量的内积, 并且向量的范数的平方等于该向量与它自身的内积. 详细地说, 设 E^n 是复欧几里得空间, 对于 E^n 中任意两个向量 $x = (x_1, \cdots, x_n), y = (y_1, \cdots, y_n)$, 规定内积 (x, y) 是如下的复数:

$$(x, y) = x_1 \overline{y}_1 + x_2 \overline{y}_2 + \cdots + x_n \overline{y}_n,$$

显然, 这样定义的内积 (x, y) 具有下述性质:

(i) $(y, x) = \overline{(x, y)}$;

(ii) 当 α, β 是复数时, $(\alpha x + \beta y, z) = \alpha(x, z) + \beta(y, z)$;

(iii) $(x, x) \geqslant 0$, 而且等号成立的充要条件是 $x = 0$. 其中 $x, y, z \in E^n$.

在欧几里得空间中内积概念之所以重要, 是由于可以利用它在 E^n 中建立欧几里得几何学, 例如: 向量的交角、垂直、投影等重要几何概念都是由内积表述的. 在某些无限维空间中也能定义内积概念, 使具有性质 (i) — (iii), 例如平方可积函数族 $L^2(E, \mu)$ 中, 两向量 $f(x)$、$g(x)$ 的内积 (f, g) 定义为

$$(f, g) = \int_E f(x)\overline{g(x)}\mathrm{d}\mu,$$

容易验证它具有性质 (i) — (iii). 这种内积在经典分析三角级数或直交级数理论中起着很重要的作用. 更一般地, 我们引入如下概念.

1. 内积与内积空间

定义 6.1.1　设 Λ 是实数域或复数域, H 是 Λ 上的线性空间, 如果对于 H 中任何两个向量 x, y, 都对应着一个数 $(x, y) \in \Lambda$, 满足条件:

(i) 共轭对称性: 对任何 $x, y \in H, (x, y) = \overline{(y, x)}$;

(ii) 对第一变元的线性: 对任何 $x, y, z \in H$ 及任何两数 $\alpha, \beta \in \Lambda$, 成立着

$$(\alpha x + \beta y, z) = \alpha(x, z) + \beta(y, z);$$

(iii) 正定性: 对于一切 $x \in H, (x, x) \geqslant 0$, 而且 $(x, x) = 0$ 的充要条件是 $x = 0$.

那么 $(\cdot, \cdot)$ 称为 H 中的**内积**. 如果 H 上定义了内积, 当 Λ 是实数 (或复数) 域时, 称 H 为**实 (或复) 内积空间**.

内积空间是一种极为重要的空间, 它在数学物理、量子物理理论、微分方程论及概率论中有重要而且广泛的应用.

我们把上面 (i) — (iii) 三条要求稍微作一些分析.

共轭对称性又称为 Hermite (埃尔米特) 性. 在条件 (i) 中, 要求 $(x, y) = \overline{(y, x)}$, 如果 H 是实空间, 那么这个式子就改成 $(x, y) = (y, x)$, 称为**对称性**.

由条件 (i) 和 (ii), 我们得到内积的性质 (iv).

(iv) 内积 $(\cdot, \cdot)$ 对于第二个变元来说, 是共轭线性的: 即对于任何 $x, y, z \in H$ 及任何两个数 α, β, 成立着

$$(z, \alpha x + \beta y) = \overline{\alpha}(z, x) + \overline{\beta}(z, y),$$

当 H 是实空间时, 内积对第二变元也是线性的.

通常的讨论中, 内积空间总是假设为复空间.

引理 1　如果 H 是内积空间, 那么对于任何 $x, y \in H$

$$|(x, y)|^2 \leqslant (x, x)(y, y). \tag{6.1.1}$$

证 对任何数 λ 都有

$$0 \leqslant (x + \lambda y, x + \lambda y) = (x, x) + 2\mathrm{Re}\{(x, y)\overline{\lambda}\} + (y, y)|\lambda|^2, \qquad (6.1.2)$$

当 $y = 0$ 时, (6.1.1) 显然成立. 设 $y \neq 0$, 那么 $(y, y) > 0$, 取 $\lambda = -\dfrac{(x, y)}{(y, y)}$ (这个数是使 (6.1.2) 的右边达到最小值的数), 就得到

$$(x, x) - 2\frac{|(x, y)|^2}{(y, y)} + \frac{|(x, y)|^2}{(y, y)^2}(y, y) \geqslant 0,$$

这就得到 (6.1.1).

引理 1 中的不等式称为 Schwarz (施瓦茨) 不等式[①]

定理 6.1.1 假设 H 是内积空间, $(\cdot, \cdot)$ 是 H 上的内积, 记 $\|x\| = \sqrt{(x, x)}$, 那么 $\|\cdot\|$ 是一个范数.

证 显然, 只要验证 $\|\cdot\|$ 满足三角不等式 (因为范数的其他要求都可以从内积的性质直接推出). 在 (6.1.2) 中取 $\lambda = 1$, 立即得到

$$\|x + y\|^2 = \|x\|^2 + 2\mathrm{Re}(x, y) + \|y\|^2, \qquad (6.1.3)$$

由 Schwarz 不等式, 可知

$$|\mathrm{Re}(x, y)| \leqslant |(x, y)| \leqslant \|x\|\|y\|, \qquad (6.1.4)$$

由 (6.1.3) 及 (6.1.4) 即知

$$\|x + y\|^2 \leqslant \|x\|^2 + 2\|x\|\|y\| + \|y\|^2 = (\|x\| + \|y\|)^2,$$

所以

$$\|x + y\| \leqslant \|x\| + \|y\|.$$

证毕

我们称范数 $\|x\| = \sqrt{(x, x)}$ 是由内积 $(\cdot, \cdot)$ 导出的范数, 因此, 内积空间按内积导出的范数成为赋范线性空间. 凡是在内积空间中的极限, 收敛等概念, 如无特殊申明都是指按照这个范数所引出的距离 ρ 而言的.

引理 2 设 H 是内积空间, 那么内积关于两个变元是连续的, 也就是当 $x_n \to x_0, y_n \to y_0$ 时, $(x_n, y_n) \to (x_0, y_0)$.

[①]由引理 1 的证明可以看出, 当 $(\cdot, \cdot)$ 只满足条件 (i), (ii) 和条件 (iii) 中的 $(x, x) \geqslant 0$ 时, Schwarz 不等式仍然成立. 因为当 $y \neq 0$ 时, 从 (6.1.2) 对一切 λ 成立可推出 $(x, y) = 0$, 即 (6.1.1) 仍成立.

证 因为

$$|(x_n, y_n) - (x_0, y_0)| \leqslant |(x_n, y_n) - (x_0, y_n)| + |(x_0, y_n) - (x_0, y_0)|$$
$$= |(x_n - x_0, y_n)| + |x_0, (y_n - y_0)|$$
$$\leqslant \|x_n - x_0\| \|y_n\| + \|x_0\| \|y_n - y_0\|,$$

令 $n \to \infty$, 由于 $y_n \to y_0$, 根据 §4.2, $\{y_n\}$ 是有界的. 我们得到

$$|(x_n, y_n) - (x_0, y_0)| \to 0.$$

证毕

2. Hilbert 空间

定义 6.1.2　完备的内积空间称为 **Hilbert (希尔伯特) 空间**.

例 1　设 l^2 是满足条件 $\sum_{\nu=1}^{\infty} |x_\nu|^2 < \infty$ 的数列 $\{x_n\}$ 全体按通常的线性运算所成的线性空间 (参看 §4.3), 当

$$x = (x_1, x_2, \cdots, x_n, \cdots) \in l^2, y = (y_1, y_2, \cdots, y_n, \cdots) \in l^2$$

时规定

$$(x, y) = \sum_{i=1}^{\infty} x_i \overline{y}_i.$$

可以证明这样定义的 $(\cdot, \cdot)$ 确实满足内积的三个条件, 今后在 l^2 中都是这样取内积. l^2 是一个 Hilbert 空间 (完备性见定理 4.7.1 的系).

例 2　设 $L^2(\Omega, \boldsymbol{R}, \mu)$ (这里 $\boldsymbol{R}$ 是 σ-代数) 是定义在 Ω 上的关于 μ 平方可积的函数全体 (几乎处处相等的两个函数看作是同一个函数) 按通常的线性运算所成线性空间 (见 §4.3), 对于 $f, g \in L^2(\Omega, \boldsymbol{R}, \mu)$, 规定

$$(f, g) = \int_{\Omega} f(x) \overline{g(x)} \mathrm{d}\mu,$$

容易验证这确实是内积, 所以 $L^2(\Omega, \boldsymbol{R}, \mu)$ 是一个 Hilbert 空间. (完备性见定理 4.7.1)

我们注意, 当 H 是内积空间, $\|x\|$ 是由内积所导出的范数时, 内积也可以用范数来表达. 当 H 是实内积空间时

$$(x, y) = \frac{1}{4}(\|x + y\|^2 - \|x - y\|^2), \tag{6.1.5}$$

当 H 是复的内积空间时

$$(x,y) = \frac{1}{4}(\|x+y\|^2 - \|x-y\|^2 + \mathrm{i}\|x+\mathrm{i}y\|^2 - \mathrm{i}\|x-\mathrm{i}y\|^2). \tag{6.1.6}$$

这些可以直接从内积的定义导出. 等式 (6.1.5) 及 (6.1.6) 常被称为**极化恒等式**, 这是一个重要的等式. 在内积空间中要多次引用.

引理 3 如果 H 是内积空间, $\|\cdot\|$ 是由内积导出的范数,则对任何 x、$y \in H$, 成立

$$\|x+y\|^2 + \|x-y\|^2 = 2(\|x\|^2 + \|y\|^2). \tag{6.1.7}$$

证 只要把范数用内积来表示, 就得到

$$\begin{aligned}
\|x+y\|^2 + \|x-y\|^2 &= (x+y, x+y) + (x-y, x-y) \\
&= 2(x,x) + 2(y,y) = 2(\|x\|^2 + \|y\|^2).
\end{aligned}$$

证毕

如果 H 是二维实空间, 等式 (6.1.7) 的意思就是: 平行四边形的对角线长度的平方和等于四边的长度平方和, 所以对一般内积空间, 等式 (6.1.7) 也就称为**平行四边形公式**. 见图 6.1.

引理 3 说明, 由内积决定的范数必须适合平行四边形公式.

平行四边形公式是内积空间中的范数的特征性质. 换言之, 有

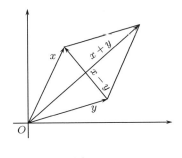

图 6.1

定理 6.1.2 设 X 是一个赋范线性空间, 其中的范数是 $\|\cdot\|$. 如果对 X 中任何元素 x, y, 范数都满足平行四边形公式 (6.1.7), 那么必定可以在 X 中定义内积 $(\cdot, \cdot)$, 使 $\|x\|$ 就是由内积 $(\cdot, \cdot)$ 导出的范数.

证 当 X 是实空间时, 如果范数 $\|x\|$ 确是内积导出的, 那么我们知道极化恒等式 (6.1.5) 成立, 这启发我们作

$$(x,y)_1 = \frac{1}{4}(\|x+y\|^2 - \|x-y\|^2), x, y \in X, \tag{6.1.8}$$

下面证明, $(\cdot,\cdot)_1$ 确实是内积. 事实上, 显然 $(x,y)_1 = (y,x)_1$ 即内积的条件 (1) 满足. 由 (6.1.8) 显然有 $(0,z)_1 = 0$. 由 (6.1.7) 及 (6.1.8) 得到

$$(x,z)_1 + (y,z)_1 = \frac{1}{4}(\|x+z\|^2 - \|x-z\|^2 + \|y+z\|^2 - \|y-z\|^2)$$
$$= \frac{1}{2}\left(\left\|\frac{x+y}{2}+z\right\|^2 - \left\|\frac{x+y}{2}-z\right\|^2\right) = 2\left(\frac{x+y}{2},z\right)_1, \quad (6.1.9)$$

在 (6.1.9) 中取 $y = 0$ 得到

$$(x,z)_1 = 2\left(\frac{x}{2},z\right)_1, x \in \boldsymbol{H},$$

再在这个式中把 x 换做 $x+y$, 又利用 (6.1.9) 得到

$$(x,z)_1 + (y,z)_1 = (x+y,z)_1. \tag{6.1.10}$$

对于给定的 $x,z \in X$, 我们作函数

$$f(t) = (tx,z)_1, \quad -\infty < t < +\infty.$$

由于 (6.1.10), 显然函数 $f(t)$ 满足函数方程

$$f(t_1 + t_2) = f(t_1) + f(t_2), \quad -\infty < t_1, t_2 < +\infty, \tag{6.1.11}$$

又由于当 $t_n \to t$ 时, $\|t_n x \pm z\| \to \|tx \pm z\|$, 由 (6.1.8), $f(t)$ 是连续函数. 但是满足 (6.1.11) 的连续函数 $f(t)$ 必定是如下函数:

$$f(t) = f(1)t$$

(见定理 6.1.2 后附注 1). 因此

$$(tx,z)_1 = t(x,z)_1, \tag{6.1.12}$$

(6.1.10) 及 (6.1.12) 合起来说明 $(\cdot,\cdot)_1$ 适合内积的条件 (ii).

在 (6.1.8) 中, 令 $y = x$ 就得到

$$\|x\|^2 = (x,x)_1,$$

所以 $(\cdot,\cdot)_1$ 适合内积的条件 (iii). 因此, 当 X 是实空间时, $(\cdot,\cdot)_1$ 即为内积. 显然由内积 $(\cdot,\cdot)_1$ 导出的范数就是原先给定的 $\|x\|$.

如果 X 是复的赋范线性空间, 我们受到极化恒等式 (6.1.6) 的启发, 作出

$$(x,y) = \frac{1}{4}(\|x+y\|^2 - \|x-y\|^2 + \mathrm{i}\|x+\mathrm{i}y\|^2 - \mathrm{i}\|x-\mathrm{i}y\|^2)$$
$$= (x,y)_1 + \mathrm{i}(x,\mathrm{i}y)_1, \tag{6.1.13}$$

这里 $(x, y)_1$ 由等式 (6.1.8) 决定. 我们来证明这是 X 中的内积. 事实上, 由等式 (6.1.10) 知道

$$(x, z) + (y, z) = (x + y, z).$$

又由 (6.1.12) 知道对任意实数 a 成立着

$$(ax, y) = a(x, y), \tag{6.1.14}$$

又由 (6.1.13) 可以直接验证

$$(\mathrm{i}x, y) = \mathrm{i}(x, y)(\mathrm{i}^2 = -1),$$

因此对于任何复数 a, (6.1.14) 仍成立. 所以 $(\cdot, \cdot)$ 适合内积的条件 (ii), 由 (6.1.13) 易知

$$(y, x) = \overline{(x, y)},$$

再在 (6.1.13) 中令 $y = x$, 得到

$$(x, x) = \|x\|^2,$$

所以 (x, y) 确是 X 上的内积, 并且由 (x, y) 决定的范数就是 $\|x\|$.   证毕

注   设 $f(t)(-\infty < t < +\infty)$ 是连续函数且满足方程

$$f(t_1 + t_2) = f(t_1) + f(t_2), \quad -\infty < t_1, t_2 < +\infty, \tag{6.1.15}$$

那么对于一切 t

$$f(t) = tf(1). \tag{6.1.16}$$

证   首先证明对任何正整数 n

$$f(nt) = nf(t), \quad -\infty < t < +\infty. \tag{6.1.17}$$

事实上, 当 $n = 1$ 时 (6.1.17) 显然成立, 设对于自然数 n (6.1.17) 成立, 由 (6.1.15) 得到

$$f((n+1)t) = f(nt) + f(t) = (n+1)f(t),$$

所以对 $n + 1$, (6.1.17) 成立. 由数学归纳法, 对一切正整数 n, (6.1.17) 成立. 对任何正有理数 $\dfrac{n}{m}$, 两次利用 (6.1.17) 得到

$$f\left(\frac{n}{m}\right) = nf\left(\frac{1}{m}\right) = \frac{n}{m}f(1),$$

在 (6.1.17) 中取 $n > 1$ 及 $t = 0$, 立即知道 $f(0) = 0$; 又取 $t_1 = -t_2 = t$ 就得到

$$f(-t) = -f(t).$$

所以对一切有理数 t, (6.1.16) 成立, 再利用函数 $f(t)$ 和 $tf(1)$ 的连续性立即可知对一切实数 t, (6.1.16) 成立.　　　　　　　　　　　　　　　　　　　　　证毕

　　定理 6.1.1 及 6.1.2 说明, 赋范线性空间成为内积空间的条件是范数满足平行四边形公式. 由此可以说明: 并非每个赋范线性空间都是内积空间. 例如 $L^p[a, b]$ 当 $p \geqslant 1, p \neq 2$ 时, 它就不是内积空间. 因为容易验证向量 c (常数函数) 和另一个适当的非常数函数 x 就是 $L^p[a, b]$ 中不满足平行四边形公式.

习　题　6.1

　　1. 举出五个赋范线性空间, 它们的范数都不能由内积导出.

　　2. 设 $R_1, R_2, \cdots, R_n, \cdots$ 是一列内积空间. 令 $R = \left\{ \{x_n\} | x_n \in R_n, \sum_{n=1}^{\infty} \|x_n\|^2 < \infty \right\}$, 当 $\{x_n\}$、$\{y_n\} \in R$ 时规定 $\alpha\{x_n\} + \beta\{y_n\} = \{\alpha x_n + \beta y_n\}$ (α, β 是数),

$$(\{x_n\}, \{y_n\}) = \sum_n (x_n, y_n).$$

证明 R 是内积空间. 又设 $R_n (n = 1, 2, 3, \cdots)$ 都是 Hilbert 空间, 证明 R 是 Hilbert 空间.

　　3. 设 R 是 n 维线性空间, $\{e_1, \cdots, e_n\}$ 是 R 的一组基, 证明 $(\cdot, \cdot)$ 成为 R 上的内积的充要条件是存在 $n \times n$ 正定方阵 $A = (a_{\mu\nu})$, 使得

$$\left(\sum_\nu x_\nu e_\nu, \sum_\nu y_\nu e_\nu \right) = \sum_{\mu,\nu=1}^{n} a_{\mu\nu} x_\mu \overline{y}_\nu$$

　　4. 设 H 是内积空间, $y \in H$. 证明 $x \mapsto (x, y)$, $x \in H$ 是 H 上的连续线性泛函, 而且它的范数是 $\|y\|$.

　　5. 设 H 是内积空间, $x_1, x_2, \cdots, x_n$ 是 H 中的向量, 它们满足条件

$$(x_\mu, x_\nu) = \begin{cases} 0, & \text{当 } \mu \neq \nu, \\ 1, & \text{当 } \mu = \nu, \end{cases}$$

证明 $\{x_1, \cdots, x_n\}$ 是一组线性无关的向量.

　　6. 设 $(\cdot, \cdot)_0$ 是线性空间 H 上二元函数, 满足内积条件中的 (i)、(ii) 以及 (iii) 中 $(x, x)_0 \geqslant 0 (x \in H)$. 如记 $p(x) = (x, x)_0^{\frac{1}{2}}$. 证明 $p(x)$ 是 H 中的拟范数; $\mathcal{N}(p)/ = \{x | p(x) = 0\}$ 是线性空间. 在商空间 $H/\mathcal{N}(p)$ 上规定

$$(\widetilde{x}, \widetilde{y}) = (x, y)_0, \quad x \in \widetilde{x} \in H/\mathcal{N}(p), y \in \widetilde{y} \in H/\mathcal{N}(p),$$

证明 $(\cdot,\cdot)$ 是 $H/\mathscr{N}(p)$ 上的内积.

7. 证明任何内积空间必可完备化成为 Hilbert 空间.

8. 设 $p(t)$ 是 $(-\infty,+\infty)$ 上任何非负 Lebesgue 可测的实函数, H 是 $(-\infty,+\infty)$ 上 Lebesgue 可测, 并且满足 $\int_{-\infty}^{+\infty}|f(t)|^2p(t)\mathrm{d}t$ 的 $f(t)$ 全体. 证明 H 按通常函数的线性运算以及

$$(f,g)=\int_{-\infty}^{+\infty}f(t)\overline{g(t)}p(t)\mathrm{d}t, f,g\in H$$

成为 Hilbert 空间.

§6.2 投 影 定 理

1. 直交和投影 在内积空间中, 因为向量之间定义了内积, 我们可仿照欧几里得空间引入直交及投影的概念.

定义 6.2.1 设 H 是内积空间, $(\cdot,\cdot)$ 是其中的内积. 如果 H 中两个向量 x、y, 使 $(x,y)=0$, 就说 x 与 y **直交**, 记作 $x\perp y$. 设 M 是 H 的子集, 当 x 与 M 中一切向量 y 直交时, 称 x 与 M 直交, 记作 $x\perp M$. 设 M 与 N 是 H 的两个子集, 如果对任何 $x\in M$ 及 $y\in N$ 都有 $x\perp y$, 就称 M 与 N 直交, 记作 $M\perp N$. 设 M 是 H 的子集, H 中所有与 M 直交的向量全体称为 M 的**直交补** (集), 记为 $M^{\perp}$.

从直交的定义, 易知有如下性质:

(i) 直交是相互的, 即 $x\perp y$ 时, $y\perp x$;

(ii) $x\perp H$ 的充要条件是 $x=0$;

(iii) 当 $M\subset N$ 时, $M^{\perp}\supset N^{\perp}$;

(iv) 对任何 $M\subset H, M\bigcap M^{\perp}=\{0\}$;

(v) 勾股弦定理: 当 $x\perp y$ 时,

$$\|x+y\|^2=\|x\|^2+\|y\|^2.$$

引理 1 设 H 是内积空间, $M\subset H$, 那么 $M^{\perp}$ 是 H 的闭线性子空间.

证 如果 $x_1,x_2\in M^{\perp}$, 那么对任何 $y\in M$ 有 $(x_1,y)=(x_2,y)=0$, 这时对任何数 α_1,α_2, 由内积的性质 (ii) (见 §6.1) 得到

$$(\alpha_1x_1+\alpha_2x_2,y)=\alpha_1(x_1,y)+\alpha_2(x_2,y)=0,$$

因此 $\alpha_1x_1+\alpha_2x_2$ 与任何 $y\in M$ 直交, 即 $\alpha_1x_1+\alpha_2x_2\in M^{\perp}$, 所以 $M^{\perp}$ 是个线性子空间. 又如果 $x_n\in M^{\perp}, x_n\to x_0$, 那么由内积的连续性, 对任何 $y\in M$,

成立
$$(x_0, y) = \lim_{n \to \infty} (x_n, y) = 0,$$
所以 $x_0 \in M^\perp$. 因此 $M^\perp$ 是个闭线性子空间.　　　　　　　证毕

系　设 $M \subset H$, $\overline{\text{span}}\{M\}$ 是 M 张成的闭线性子空间. 那么 $(\overline{\text{span}}\{M\})^\perp = M^\perp$.

证　因为 $\overline{\text{span}}\{M\} \supset M$, 所以 $(\overline{\text{span}}\{M\})^\perp \subset M^\perp$. 反过来, 如果 $x \in M^\perp$, 即 $x \perp M$, 这时 $M \subset \{x\}^\perp$, 由引理 1, $\{x\}^\perp$ 是闭线性子空间, 所以 $\overline{\text{span}}\{M\} \subset \{x\}^\perp$, 因此 $x \perp \overline{\text{span}}\{M\}$, 这样就得到 $x \in (\overline{\text{span}}\{M\})^\perp$. 可见 $M^\perp \subset (\overline{\text{span}}\{M\})^\perp$, 从而 $M^\perp = (\overline{\text{span}}\{M\})^\perp$.　　　　　　　证毕

定义 6.2.2　设 H 是内积空间, M_1 及 M_2 是 H 的两个线性子空间, 如果 $M_1 \perp M_2$, 那么称 $M = \{x_1 + x_2 | x_1 \in M_1, x_2 \in M_2\}$ 为 M_1 与 M_2 的**直交和**, 记作 $M_1 \oplus M_2$.

类似地可以定义有限个线性子空间的直交和.

根据直交的性质 (iv), 直交和 $M_1 \oplus M_2$ 必是直接和.

显然 (读者自己证明),

(vi) 假定全空间 H 分解为 M_1 与 M_2 的线性和, 则它为直交和的充要条件是 $M_1 = M_2^\perp, M_2 = M_1^\perp$.

定义 6.2.3　设 M 是内积空间 H 的线性子空间, $x \in H$, 如果有 $x_0 \in M, x_1 \perp M$, 使得
$$x = x_0 + x_1, \tag{6.2.1}$$
那么称 x_0 是 x 在 M 上的 (**直交**) **投影**或 x 在 M 上的 (**投影**) **分量**.

一般说来, 对于内积空间 H 中的任意向量 x 及任意线性子空间 M, x 在 M 上的投影并不一定存在. 但是如果 x 在 M 上有投影的话, 那么投影必定是唯一的, 因为如果 x_0 及 x_0' 都是 x 在 M 上的投影, 由定义可知 $x_0, x_0' \in M, x - x_0 \perp M, x - x_0' \perp M$, 因此 $x_0 - x_0'$ 既属于 M, 又与 M 直交, 而与自身直交的元只有零向量, 所以 $x_0 = x_0'$.

投影有下面的重要极值性质:

定理 6.2.1　设 M 是内积空间 H 的线性子空间, $x \in H$, 如果 x_0 是 x 在 M 上的投影, 那么
$$\|x - x_0\| = \inf_{y \in M} \|x - y\|, \tag{6.2.2}$$
而且 x_0 是 M 中使 (6.2.2) 式成立的唯一的向量.

证 因为 x_0 是 x 在 M 上的投影, 所以 $x_0 \in M, x - x_0 \perp M$. 对于任何 $y \in M$, 由于 $x - y = (x - x_0) + (x_0 - y)$, 而 $x_0 - y \in M$, 因此 $x - x_0 \perp x_0 - y$, 故由 "勾股定理" 得到

$$\|x - y\|^2 = \|x - x_0\|^2 + \|x_0 - y\|^2 \geqslant \|x - x_0\|^2, \tag{6.2.3}$$

显然 (6.2.3) 式中只有在 $x_0 = y$ 时才成立等号. 由 (6.2.3) 式即知 (6.2.2) 式成立, 并且 (6.2.2) 式中右边的下确界只有在 $y = x_0$ 时达到.   证毕

定理 6.2.1 说明用 M 中的元 y 来逼近 x 时, 当且仅当 y 等于 x 在 M 上的投影 x_0 时, 逼近的程度最好. 因此在随机过程理论和逼近论中常用投影的这个性质来研究最佳逼近.

下面我们要证明当 M 为 H 的完备子空间时, H 中任何元 x 在 M 上的投影必定存在. 因此 H 可以分解成 M 与 $M^\perp$ 的直交和.

将向量向子空间投影, 这在欧几里得空间的解析几何学中也是一种重要的方法. 本章前几节所研究的也正是欧几里得空间中投影理论的拓广, 它可以看成 Hilbert 空间中解析几何学的一部分.

2. 投影定理

引理 2 (变分引理) 设 M 是内积空间 H 中完备[①]的凸集, $x \in H$. 记 d 为 x 到 M 的距离

$$d = d(x, M) = \inf_{y \in M} \|x - y\|,$$

那么必有唯一的 $x_0 \in M$ 使得 $\|x - x_0\| = d$.

证 由距离的定义, 必定有 M 中点列 $\{x_n\}$ 使得 $\lim_{n \to \infty} \|x_n - x\| = d$. 这样的点列称为 "极小化" 序列. 下面证明 $\{x_n\}$ 是基本点列. 由 §6.1 的平行四边形公式 (6.1.7) 得到

$$2 \left\| \frac{x_m - x_n}{2} \right\|^2 = \|x_m - x\|^2 + \|x_n - x\|^2 - 2 \left\| \frac{x_m + x_n}{2} - x \right\|^2, \tag{6.2.4}$$

因为 M 是凸集, $\dfrac{x_m + x_n}{2} \in M$, 所以 $\left\| \dfrac{x_m + x_n}{2} - x \right\| \geqslant d$. 由 (6.2.4) 式得到

$$0 \leqslant 2 \left\| \frac{x_m - x_n}{2} \right\|^2 \leqslant \|x_m - x\|^2 + \|x_n - x\|^2 - 2d^2,$$

令 $m, n \to \infty$, 就有 $\lim_{m,n \to \infty} \|x_m - x_n\|^2 = 0$, 所以 $\{x_n\}$ 是基本点列.

[①]指 M 按 H 中的距离成为完备的度量空间.

因为 M 是个完备的度量空间, 所以有 $x_0 \in M$, 使 $x_n \to x_0$. 这时 $\|x - x_0\| = \lim\limits_{n \to \infty} \|x - x_n\| = d$.

如果 M 中还有元 y_0 使 $\|x - y_0\| = d$, 那么点列 $\{x_0, y_0, x_0, y_0, \cdots\}$ 显然是 "极小化" 序列, 因此是基本点列, 这就说明 $x_0 = y_0$. 也就是说在 M 中使 $\|x - x_0\| = d$ 的元 x_0 是唯一的. 证毕

这个变分引理是内积空间的一种极值可达的基本引理. 这里是不用紧性之类条件的, 所以在分析数学中用得很普遍. 例如它在微分方程, 现代控制论等中都有重要应用 (参见 [13]). 由于线性子空间是一个凸集, 在本书后面应用这个引理时, 常是用到当 M 是内积空间的完备的线性子空间时的情况.

引理 3　设 H 是内积空间, M 是 H 的线性子空间, $x \in H, x_0 \in M$, 如果 $\|x - x_0\| = d(x, M)$, 那么 $x - x_0 \perp M$.

证　任取 $z \in M, z \neq 0$, 这时对任何数 λ, 因为 $x_0 + \lambda z \in M$, 所以

$$d^2 \leqslant \|x - x_0 - \lambda z\|^2 = \|x - x_0\|^2 - 2\operatorname{Re}(\overline{\lambda}(x - x_0), z) + |\lambda|^2 \|z\|^2, \qquad (6.2.5)$$

令 $\lambda = \dfrac{(x - x_0, z)}{\|z\|^2}$ (这是使 (6.2.5) 式右端取极小值的 λ), 就得到

$$d^2 \leqslant \|x - x_0\|^2 - 2\frac{|(x - x_0, z)|^2}{\|z\|^2} + \frac{|(x - x_0, z)|^2}{\|z\|^2}$$
$$= \|x - x_0\|^2 - \frac{|(x - x_0, z)|^2}{\|z\|^2},$$

因为 $\|x - x_0\| = d$, 所以 $(x - x_0, z) = 0$. 这就证明了 $x - x_0 \perp M$. 证毕

由引理 2、3 立即得到下面的

定理 6.2.2 (投影定理)　设 M 是内积空间 H 的完备线性子空间, 那么对任何 $x \in H, x$ 在 M 上的投影唯一地存在. 也就是说有 $x_0 \in M, x_1 \perp M$ 使 $x = x_0 + x_1$, 而且这种分解是唯一的. 特别地, 当 $x \in M$ 时, $x_0 = x$.

证　由引理 2 有 $x_0 \in M$, 使 $\|x - x_0\| = \inf\limits_{y \in M} \|x - y\|$, 又由引理 3, $x - x_0 \perp M$, 因此记 $x_1 = x - x_0$ 时, x_0、x_1 就满足定理的要求, x_0 就是 x 在 M 上的投影. 唯一性前面已经证明过了. 特别地, 当 $x \in M$ 时, $\inf\limits_{y \in M} \|x - y\| = 0$, 所以 $x_0 = x$.

证毕

投影定理是 Hilbert 空间理论中极其重要的一个基本定理. 这个定理在一般的 Banach 空间中并不成立. 因为在一般情况下并没有直交概念, 即使是性质较好的空间如 $L^p(\Omega, \boldsymbol{B}, \mu)$ 和 l^p 等, 当 $p \neq 2$ 时, 这个定理也不成立. 有了这个定

理, 在 §6.5 中我们将看到, 可以把 Hilbert 空间中的闭线性子空间与投影算子一一对应起来, 而且空间之间的关系与投影算子之间的关系是完全对应的, 简直可以把闭线性子空间和投影算子看成一回事.

系 1 设 M 是内积空间 H 中的完备线性子空间, 而且 $M \neq H$, 那么 $M^\perp$ 中有非零元素.

证 由于 $H \neq M$, 取 $x \in H - M, x$ 在 M 上的投影记为 x_0, 这时 $x - x_0 \perp M$, 但因 $x \bar\in M, x_0 \in M$, 所以 $x - x_0 \neq 0$. 证毕

容易看出, 当 H 是 Hilbert 空间, M 是 H 的闭线性子空间时, 引理 2、3 和定理 6.2.2 及系 1 等都成立.

系 2 设 H 是 Hilbert 空间, M 是 H 的线性子空间, 那么 $\overline{M} = (M^\perp)^\perp$. 特别地, 如果 $M^\perp = \{0\}$, 那么 M 在 H 中稠密.

证 由引理 1, $(M^\perp)^\perp$ 是 H 的闭线性子空间, 它也可以看成是一个 Hilbert 空间. 显然 $(M^\perp)^\perp \supset M$, 而 $\overline{M}$ 是包含 M 的最小闭集, 所以 $\overline{M} \subset (M^\perp)^\perp$. 另一方面, 由 §4.4, $\overline{M}$ 也是 Hilbert 空间 $(M^\perp)^\perp$ 的闭线性子空间. 如果 $\overline{M} \neq (M^\perp)^\perp$, 那么由系 1 必有非零向量 $x \in (M^\perp)^\perp$, 而且 $x \in \overline{M}^\perp$. 但 $x \in (M^\perp)^\perp$, 所以 $x \perp x$, 这和 $x \neq 0$ 矛盾. 因此 $(M^\perp)^\perp = \overline{M}$.

系 2 的别证 根据定理 6.2.2、引理 1 及其系,

$$H = \overline{M} \oplus (\overline{M})^\perp = \overline{M} \oplus M^\perp,$$

所以由 (vi), $\overline{M} = (M^\perp)^\perp$.

特别当 $M^\perp = \{0\}$ 时, $(M^\perp)^\perp = \{0\}^\perp = H$, 所以 $\overline{M} = H$. 证毕

例 1 (最小二乘法) 在实际课题中经常遇到这样的问题: 设有 $n+1$ 个变量 $x_0, x_1, \cdots, x_n$, 在 m 次观察中它们每次的观察值是 $(x_0^{(j)}, x_1^{(j)}, \cdots, x_n^{(j)}), j = 1, 2, \cdots, m$. 我们现在要用变量 $x_1, x_2, \cdots, x_n$ 的线性组合近似地表达 x_0, 就是要求出数 $\alpha_1, \alpha_2, \cdots, \alpha_n$ 使得 $x_0^{(j)} - \sum_{\nu=1}^{n} \alpha_\nu x_\nu^{(j)}, j = 1, 2, \cdots, m$, 尽可能地小. 我们用这些误差的平方和来作为衡量总误差的标准, 那么问题就归结为求 $\alpha_1, \alpha_2, \cdots, \alpha_n$, 使

$$\sum_{j=1}^{m} \left(x_0^{(j)} - \sum_{\nu=1}^{n} \alpha_\nu x_\nu^{(j)} \right)^2 = \inf_{\lambda_1, \cdots, \lambda_n} \sum_{j=1}^{m} \left(x_0^{(j)} - \sum_{\nu=1}^{n} \lambda_\nu x_\nu^{(j)} \right)^2.$$

又如在实际问题中常遇到如下的函数逼近论问题: 对于给定的一个较一般的函数 f, 研究用给定的 n 个函数 $\varphi_1, \cdots, \varphi_n$ 的线性组合来逼近 f, 使得误差的

平方平均值最小. 具体地说, 例如 $f \in L^2[a,b], \varphi_j = x^{j-1}, j = 1, 2, \cdots, n$, 我们要求出一组数 $\alpha_1, \alpha_2, \cdots, \alpha_n$, 使误差

$$\left\| f - \sum_{\nu=1}^{n} \alpha_\nu x^{\nu-1} \right\| = \left(\int_a^b \left| f(x) - \sum_{\nu=1}^{n} \alpha_\nu x^{\nu-1} \right|^2 \mathrm{d}x \right)^{\frac{1}{2}}$$

达到最小. 这就是要研究: 用 $n-1$ 次多项式 $p = \sum_{\nu=1}^{n} \alpha_\nu x^{\nu-1}$ 来逼近 f 时, 怎样的多项式使逼近的误差最小. 误差达到最小的多项式就称为按平方平均最佳逼近多项式. 求这种多项式的问题就称为按平方平均最佳逼近问题. 类似地还有用三角多项式, 或阶梯函数, 或样条函数来逼近给定函数的按平方平均最佳的逼近问题.

在概率论, 特别是随机过程理论中也有类似的问题. 设 $(\Omega, \boldsymbol{R}, P)$ 是一个测度空间, $\boldsymbol{R}$ 是 σ-代数, 而且 $P(\Omega) = 1$, 这时称 $(\Omega, \boldsymbol{R}, P)$ 为概率测度空间, P 称为概率测度. $(\Omega, \boldsymbol{R})$ 上的可测函数称为一个随机变量. 设 X 和 $X_1, X_2, \cdots, X_n$ 是 $L^2(\Omega, \boldsymbol{R}, P)$ 中给定的 $n+1$ 个随机变量, 在概率论中, 常要求出 n 个数 $\alpha_1, \cdots, \alpha_n$ 使二阶矩

$$\left\| X - \sum_{\nu=1}^{n} \alpha_\nu X_\nu \right\|^2 = \left(\int_\Omega \left| X(\omega) - \sum_{\nu=1}^{n} \alpha_\nu X_\nu(\omega) \right|^2 \mathrm{d}P(\omega) \right)$$

达到最小, 这是用 $X_1, \cdots, X_n$ 的线性组合来估计 X 的最佳估值问题.

所有上述类似问题都可以抽象成如下的问题:

设 H 是内积空间, $x, x_1, x_2, \cdots, x_n$ 是 H 中 $n+1$ 个向量, 要求出 n 个数 $\alpha_1, \alpha_2, \cdots, \alpha_n$ 使得

$$\left\| x - \sum_{\nu=1}^{n} \alpha_\nu x_\nu \right\| = \min_{\lambda_1, \cdots, \lambda_n} \left\| x - \sum_{\nu=1}^{n} \lambda_\nu x_\nu \right\|.$$

这个问题的解法如下: 我们不妨设 $x_1, \cdots, x_n$ 是线性无关的, 不然的话, 只要从 $x_1, x_2, \cdots, x_n$ 中取出 $k(k \leqslant n)$ 个线性无关向量, 譬如 $\{x_1, \cdots, x_k\}$, 使得其余的都是这 k 个向量的线性组合, 这时我们只要考虑 $x_1, \cdots, x_k$ 的线性组合好了. 令 M 表示 $x_1, \cdots, x_n$ 的线性组合全体所成的 n 维线性空间, 根据 §4.9, M 是完备的, 因此由引理 2 必有 $x_0 = \sum_{\nu=1}^{n} \alpha_\nu x_\nu \in M$ 使得 $\|x - x_0\|$ 达到最小, 由引理 3

$$(x - x_0, y) = 0, \quad y \in M,$$

这显然等价于

$$(x - x_0, x_\mu) = 0, \quad \mu = 1, 2, \cdots, n,$$

而这就是代数方程组

$$\sum_{\nu=1}^{n} \alpha_\nu (x_\nu, x_\mu) = (x, x_\mu), \quad \mu = 1, 2, \cdots, n,$$

由于引理 2, 达到最小的 $\alpha_1, \alpha_2, \cdots, \alpha_n$ 是唯一的, 所以上述代数方程组的解是唯一的, 因此方程组的系数行列式不等于 0, 其解就是

$$\alpha_\nu = \frac{\begin{vmatrix} (x_1, x_1) \cdots & (x, x_1) \cdots & (x_n, x_1) \\ (x_1, x_2) \cdots & (x, x_2) \cdots & (x_n, x_2) \\ \vdots & \vdots & \vdots \\ (x_1, x_n) \cdots & (x, x_n) \cdots & (x_n, x_n) \end{vmatrix}}{\begin{vmatrix} (x_1, x_1) \cdots & (x_\nu, x_1) \cdots & (x_n, x_1) \\ (x_1, x_2) \cdots & (x_\nu, x_2) \cdots & (x_n, x_2) \\ \vdots & \vdots & \vdots \\ (x_1, x_n) \cdots & (x_\nu, x_n) \cdots & (x_n, x_n) \end{vmatrix}}, \quad \nu = 1, 2, \cdots, n.$$

习 题 6.2

1. 证明直交的性质 (i) — (vi).

2. 设 H 是内积空间, N 是 H 的线性子空间, 证明: 当 $\overline{N}$ 是完备时, $\overline{N} = (N^\perp)^\perp$

3. 设 H 是内积空间, M、$N \subset H$. 设 L 是 M 和 N 张成的线性子空间, 证明 $L^\perp = M^\perp \bigcap N^\perp$.

4. 设 $(x_0^{(i)}, x_1^{(i)}, \cdots, x_n^{(i)}), i = 1, 2, \cdots, m$ 是已知实数组. 利用投影定理求实数 $\alpha_1, \cdots, \alpha_n$ 使得

$$\sum_{i=1}^{m} \left(x_0^{(i)} - \sum_{j=1}^{n} x_j^{(i)} \alpha_j \right)^2$$

达到极小.

定义 6.2.4 设 H 是复线性空间, $[\cdot, \cdot]$ 是 H 上二元函数, 并且是双线性 Hermite 泛函 (即满足内积的 (i)、(ii) 要求), 称 $(H, [\cdot, \cdot])$ 为**拟不定内积空间**. 设 $x \in H$, 如果分别满足 $[x, x] > 0$、$[x, x] < 0$、$[x, x] = 0$, 那么分别称 x 为**正性、负性、零性 (或迷向) 向量**; L 是 H 的线性子空间, 如果 L 中一切向量都是正性 (或负性、或零性), 那么称 L 是 H 的**正的 (或负的、或零性的) 子空间**; 如果 L 中一切 x 都满足 $[x, x] \leqslant 0$ (或 $[x, x] \geqslant 0$), 那么称 L 是 H 的**半负的 (或半正的) 子空间**.

5. 设 $(H, [\cdot, \cdot])$ 是拟不定内积空间, L 是 H 的半负 (或半正) 子空间. 证明 (i) 对任何 $x, y \in L$, 下面的 Schwarz 不等式成立

$$|[x, y]| \leqslant [x, x][y, y].$$

(ii) 当 L 不是半负 (或半正) 子空间, 而是一般线性子空间时, 举例说明上面 Schwarz 不等式不成立.

定义 6.2.5　设 $(H, [\cdot, \cdot])$ 是复的拟不定内积空间, x、$y \in H$, 如果 $[x, y] = 0$, 称 x、y 相互直交, 记为 $x \perp y$. (同样可定义集 M、N 相互直交, 记为 $M \perp N$; 而 $M^{\perp} = \{y | y \in H, [y, x] = 0, x \in M\}$).

6. 证明 (i) 在拟不定内积空间 $(H, [\cdot, \cdot])$ 中, $L_0 = \{x | [x, y] = 0, y \in H\}$ 必是 H 的零性子空间.

(ii) 在商空间 H/L_0 上引入不定内积: 对任何 $\tilde{x}, \tilde{y} \in H/L_0$,

$$[\tilde{x}, \tilde{y}]_{\sim} = [x, y], \quad x \in \tilde{x}, y \in \tilde{y}$$

证明 H/L_0 在 $[\cdot, \cdot]_{\sim}$ 下成为拟不定内积空间, 并且不存在非零 $\tilde{x} \in H/L_0$, 使得 $[\tilde{x}, \tilde{y}]_{\sim} = 0$ 对一切 $\tilde{y} \in H/L_0$ 成立.

定义 6.2.6　设 $(H, [\cdot, \cdot])$ 是拟不定内积空间, L 是 H 的线性子空间, 如果 $L \bigcap L^{\perp} = \{0\}$ (这里 "$\perp$" 是按不定内积直交), 称 L 是 H 的**非退化**子空间. 如果 H 本身是非退化的, 称 H 是**不定内积空间**.

7. 设 $(H, [\cdot, \cdot])$ 是不定内积空间, M, N 是两个线性子空间, 并且 $H = M + N$. 如果 $M \perp N$. 证明线性和 $M + N$ 必是直接和 $M \dotplus N$, 并且 $M^{\perp} = N, N^{\perp} = M$. 从而 $M^{\perp\perp} = M, N^{\perp\perp} = N$ (此地 "$\perp$" 均按不定内积 $[\cdot, \cdot]$ 直交的意思).

8. 设 L 是不定内积空间 $(H, [\cdot, \cdot])$ 的一个线性子空间, 并且是半正的 (或半负的). 证明: 如果 L 中有零性向量 z, 那么 z 必按 $[\cdot, \cdot]$ 与 L 直交.

9. 设 L 是不定内积空间 $(H, [\cdot, \cdot])$ 中一个有限维线性子空间, 并且是正 (或负) 子空间, 那么

(i) 对任何 $x \in H$, 必存在 $x_0 \in L$, 使得

$$[x - x_0, x - x_0] = \inf_{y \in L}\{[x - y, x - y]\},$$

$$(\text{或 } [x - x_0, x - x_0] = \sup_{y \in L}\{[x - y, x - y]\}).$$

(ii) 对于 (i) 中的 x_0, 有 $x - x_0 \perp L$ (从而 $H = L \oplus L^{\perp}$, 这里 "$\oplus$" 是直交和) 举例说明, 当 L 是半负 (或半正) 子空间时, (i)、(ii) 未必成立.

(注: 习题 9 可以推广到 L 是无限维线性子空间情况, 但需补充假设: 当 L 为正 (或负) 子空间时, L 按 $[\cdot, \cdot]$ (或 $-[\cdot, \cdot]$) 成为 Hilbert 空间)

10. 设 $(H, [\cdot, \cdot])$ 是不定内积空间, L 是负子空间, 如果 $\sup_{L \subset H}\{\dim L\} = k < \infty$. 证明:

(i) H 中任何负子空间 L_1 必可扩充成极大负子空间, 即存在负子空间 L', 使得 $L' \supset L$, 并且不能在 L' 上增加新的负性向量 n, 使 $\mathrm{span}\{L, n\}$ 成为负子空间 (提示: 用习题 9).

(ii) $\dim L' = k$.

(iii) $L'^{\perp}$ 必是正子空间, 并且 $H = L' \oplus L'^{\perp}$.

§6.3 内积空间中的直交系

§6.2 中证明了: 在内积空间 H 上, 一个向量 x 在完备线性子空间 M 上的投影 x_0 是达到极值 $\inf\limits_{y \in M} \|x - y\|$ 的向量. 这一节将提供如何具体求出 x_0 的有效方法.

1. 就范直交系   类似于欧几里得空间中的直交坐标系, 在内积空间中可引入直交系的概念, 它也是数学分析中直交函数系概念的拓广.

定义 6.3.1   设 $\mathscr{F}$ 是内积空间 H 中的一族非零向量, 如果 $\mathscr{F}$ 中任何两个不同向量都直交, 就称 $\mathscr{F}$ 是 H 中的一个**直交系**. 如果直交系 $\mathscr{F}$ 中每个向量的范数都是 1, 就称 $\mathscr{F}$ 是**就范直交系**.

例 1   在 n 维欧几里得空间 E^n 中

$$e_1 = (1, 0, 0, \cdots, 0), e_2 = (0, 1, 0, \cdots, 0), \cdots, e_n = (0, 0, 0, \cdots, 1)$$

组成就范直交系.

例 2   在实空间 $L^2[0, 2\pi]$ 中, 规定内积为

$$(f, g) = \frac{1}{\pi} \int_0^{2\pi} f(x) g(x) \mathrm{d}x \quad (f(x), g(x) \in L^2[0, 2\pi]),$$

这时 $\dfrac{1}{\sqrt{2}}, \cos x, \sin x, \cos 2x, \sin 2x, \cdots, \cos nx, \sin nx, \cdots$ 组成 $L^2[0, 2\pi]$ 中的就范直交系[①].

由定义立即可知, 如果 $\mathscr{F}$ 是内积空间 H 中的直交系 (就范直交系), 那么 $\mathscr{F}$ 的任何子集也是 H 中的直交系 (就范直交系).

[①]对于复 $L^2[0, 2\pi]$, 只要规定

$$(f, g) = \frac{1}{\pi} \int_0^{2\pi} f(x) \overline{g(x)} \, \mathrm{d}x$$

也是正确的.

在数学分析中, 我们曾见到过 Fourier (傅里叶) 级数, 对于函数 $f(x) \in L^2[0, 2\pi]$, 我们称

$$a_0 = \frac{1}{\pi} \int_0^{2\pi} f(x) \mathrm{d}x = (f, 1),$$

$$a_n = \frac{1}{\pi} \int_0^{2\pi} f(x) \cos nx \mathrm{d}x = (f, \cos nx),$$

$$b_n = \frac{1}{\pi} \int_0^{2\pi} f(x) \sin nx \mathrm{d}x = (f, \sin nx)$$

为函数 $f(x)$ 关于三角函数系的 Fourier 系数.

这个概念可以作如下的推广:

定义 6.3.2　设 $\mathscr{F}$ 是内积空间 H 中的就范直交系, $x \in H$, 数集

$$\{(x, e)|e \in \mathscr{F}\}$$

称为向量 x 关于就范直交系 $\mathscr{F}$ 的 Fourier 系数集, 而数 (x, e) 称为 x 关于 $e(\in \mathscr{F})$ 的 Fourier 系数[①].

例 3　如果一列函数 $\{e_n(t)\}(n = 1, 2, 3, \cdots)$ 都属于复空间 $L^2[a, b]$, 而且

$$\int_a^b e_n(t)\overline{e_m(t)}\mathrm{d}t = \delta_{nm} \quad (n, m = 1, 2, \cdots),$$

那么 $\{e_n\}$ 是 $L^2[a, b]$ 中的就范直交系, 这时 $x \in L^2[a, b](x = x(t))$ 关于 e_n 的 Fourier 系数就是

$$a_n = (x, e_n) = \int_a^b x(t)\overline{e_n(t)}\mathrm{d}t \quad (n = 1, 2, 3, \cdots).$$

特别地, $\{e^{\mathrm{i}2\pi nt}\}(n = 0, \pm 1, \pm 2, \cdots)$ 是复 Hilbert 空间 $L^2[0, 1]$ 中的就范直交系, 对于 $f \in L^2[0, 1]$, 它的 Fourier 系数为

$$c_n = \int_0^1 f(t)e^{-\mathrm{i}2\pi nt}\mathrm{d}t \quad (n = 0, \pm 1, \pm 2, \cdots).$$

[①]对于例 2 中三角函数组成的就范直交系来说, 按这里的定义, f 关于 $\frac{1}{\sqrt{2}}$ 的 Fourier 系数为 $\left(f, \frac{1}{\sqrt{2}}\right)$, 与数学分析中的相应的 Fourier 系数 $a_0 = (f, 1)$ 相差一常数因子 $\frac{1}{\sqrt{2}}$. 但对于其余的各项 $\cos nt, \sin nt(n \neq 0)$ 的 Fourier 系数, 这里的定义和数学分析中的完全一致.

引理 1   设 $\{e_1, e_2, \cdots, e_n\}$ 是内积空间 H 中的就范直交系, $M = \mathrm{span}\{e_1, \cdots, e_n\}.x \in H$, 那么 $x_0 = \sum\limits_{i=1}^{n}(x, e_i)e_i$ 是 x 在 M 上的投影, 而且 $\|x_0\|^2 = \sum\limits_{i=1}^{n}|(x, e_i)|^2, \|x - x_0\|^2 = \|x\|^2 - \|x_0\|^2$.

证   显然, $x_0 = \sum\limits_{i=1}^{n}(x, e_i)e_i \in M$, 而且 $(x_0, e_i) = (x, e_i)$, $(i = 1, 2, \cdots, n)$, 因此向量 $x - x_0$ 与 $\{e_1, e_2, \cdots, e_n\}$ 直交, 所以 $x - x_0 \perp M$. 故 x_0 是 x 在 M 上的投影. 又由于 $e_1, e_2, \cdots, e_n, x - x_0$ 是两两直交的, 由勾股定理即知

$$\|x_0\|^2 = \sum_{i=1}^{n}\|(x, e_i)e_i\|^2 = \sum_{i=1}^{n}|(x, e_i)|^2,$$
$$\|x\|^2 = \|(x - x_0) + x_0\|^2 = \|x - x_0\|^2 + \|x_0\|^2$$
$$= \|x - x_0\|^2 + \sum_{i=1}^{n}|(x, e_i)|^2,$$

因此, $\|x - x_0\|^2 = \|x\|^2 - \|x_0\|^2 = \|x\|^2 - \sum\limits_{i=1}^{n}|(x, e_i)|^2$.   证毕

引理 1 表明: 如果 M 是内积空间中有限维线性子空间 (它必是完备的), 这时只要在 M 中选个数为 $\dim M$ 的就范直交向量 $\{e_1, \cdots, e_n\}(n = \dim M)$. 那么, 任何 $x \in H$, 在 M 上投影 x_0 就是 $\sum\limits_{i=1}^{n}(x, e_i)e_i$. 特别地, 当 M 是一维子空间 $\{\alpha e\}(\alpha$ 是数$)$ 时, 如取 $\|e\| = 1$, 那么 x 在 M 上投影是 $x_0 = (x, e)e$.

系 1   设 $\{e_1, \cdots, e_n\}$ 是内积空间 H 中就范直交系, 那么对 $x \in H$,

$$\sum_{i=1}^{n}|(x, e_i)|^2 \leqslant \|x\|^2. \tag{6.3.1}$$

系 2   设 $\{e_1, \cdots, e_n\}$ 是内积空间 H 中就范直交系, $x \in H$, 那么对任何 n 个数 $\alpha_1, \alpha_2, \cdots, \alpha_n$,

$$\left\|x - \sum_{i=1}^{n}\alpha_i e_i\right\| \geqslant \left\|x - \sum_{i=1}^{n}(x, e_i)e_i\right\|, \tag{6.3.2}$$

而且当 (6.3.2) 式等号成立时必定 $\alpha_i = (x, e_i)$.

证   由于 $x_0 = \sum\limits_{i=1}^{n}(x, e_i)e_i$ 是 x 在 M 上的投影, 由定理 6.2.1 即得系 2.

下面推广上述有限维 M 到无限维情况.

定理 6.3.1 (Bessel (贝塞尔) 不等式)　设 $\mathscr{F} = \{e_\lambda | \lambda \in \Lambda\}$[①]是内积空间 H 中的就范直交系, 那么对每个 $x \in \boldsymbol{H}, x$ 的 Fourier 系数 $\{(x, e_\lambda) | \lambda \in \Lambda\}$ 中最多只有可列个不为零而且适合 Bessel 不等式[②]:

$$\sum_{\lambda \in \Lambda} |(x, e_\lambda)|^2 \leqslant \|x\|^2. \tag{6.3.3}$$

证　如果 Λ 是有限集, 那么 (6.3.1) 式就是 Bessel 不等式. 如果 Λ 是可列集 $\mathscr{F}$ 是由一列元 $e_1, e_2, \cdots, e_n, \cdots$ 所成的就范直交系. 这时对任何正整数 n, (6.3.1) 式成立, 令 $n \to \infty$, 就得到 (6.3.3) 式.

对于 Λ 是不可列集的情况, 由于 (6.3.1) 式成立, 所以当 x 固定时, 对任何正整数 $n, \mathscr{F}$ 中使 $|(x, e_\lambda)| \geqslant \dfrac{1}{n}$ 的向量 e_λ 也只能是有限个. 记 $\mathscr{F}_n = \Big\{ e_\lambda | \lambda \in \Lambda, |(x, e_\lambda)| \geqslant \dfrac{1}{n} \Big\}$ (这里 $\mathscr{F}_n$ 是依赖于 x 的), 并记 $\widehat{\mathscr{F}} = \bigcup\limits_{n=1}^{\infty} \mathscr{F}_n$, 可见 $\widehat{\mathscr{F}}$ 至多是可列集, 而当 $e_\lambda \in \mathscr{F} - \widehat{\mathscr{F}}$ 时, $(x, e_\lambda) = 0$. 因此

$$\sum_{\lambda \in \Lambda} |(x, e_\lambda)|^2 = \sum_{e_\lambda \in \widehat{\mathscr{F}}} |(x, e_\lambda)|^2 \leqslant \|x\|^2.$$

证毕

系　设 $\{e_n\}$ 是内积空间 H 中的就范直交系, 那么对任何 $x \in \boldsymbol{H}$, 必有 $\lim\limits_{n \to \infty} (x, e_n) = 0$.

证　由定理 6.3.1 知级数 $\sum\limits_{n=1}^{\infty} |(x, e_n)|^2$ 收敛, 即得 $\lim\limits_{n \to \infty} (x, e_n) = 0$.

这个系在 $L^2[0, 2\pi]$ 中用于就范直交三角函数系 (见例 1) 的情况下, 就是 Riemann-Lebesgue 引理.

Bessel 不等式表示向量在 $\mathscr{F}$ 中每个就范向量 e_λ 上投影 $(x, e_\lambda)e_\lambda$ 的 "长度" 平方的和不超过 x 的 "长度" 平方.

2. 直交系的完备性　为了研究 Bessel 不等式 (6.3.3) 什么时候成为等式, 引入下面的定义.

[①]这里 Λ 表示指标集.

[②]由于这里 Λ 可能是不可列集, 因此 (6.3.3) 式隐含这样的意思: 使 $|(x, e_\lambda)|^2 > 0$ 的 $\lambda \in \Lambda$ 最多只有可列个, $\sum\limits_{\lambda \in \Lambda} |(x, e_\lambda)|^2$ 表示对 Λ 中使 $|(x, e_\lambda)|^2 > 0$ 的 λ 求和.

定义 6.3.3 设 $\{e_\lambda|\lambda \in \Lambda\}$ 是内积空间 H 中就范直交系, 如果对任何 $x \in H$, 成立下列 Parseval (帕塞瓦尔) 等式

$$\|x\|^2 = \sum_{\lambda \in \Lambda} |(x, e_\lambda)|^2, \tag{6.3.4}$$

称直交系 $\{e_\lambda|\lambda \in \Lambda\}$ 是 H 中**完备直交系**.

如果向量 x 对于就范直交系 $\{e_\lambda|\lambda \in \Lambda\}$ 成立 (6.3.4) 式, 就称 x 关于 $\{e_\lambda|\lambda \in \Lambda\}$ 完备公式成立. 这个公式相当于有限维空间上勾股定理的推广.

设 $\{e_\lambda|\lambda \in \Lambda\}$ 是内积空间 H 中就范直交系, 又 $\{\alpha_\lambda|\lambda \in \Lambda\}$ 是一族数, 如果 $\{\alpha_\lambda|\lambda \in \Lambda\}$ 中最多只有可列个不是零, 例如 $\alpha_\nu \neq 0(\nu = 1, 2, 3, \cdots)$, 并且 $\sum_\nu |\alpha_\nu|^2 < \infty$, 这时由

$$\left\|\sum_{\nu=n}^m \alpha_\nu e_\nu\right\| = \sum_{\nu=n}^m |\alpha_\nu|^2$$

易知 $\left\{\sum_{\nu=1}^n \alpha_\nu e_\nu\right\}$ 是 H 中基本点列. 如果存在 $y \in H$, 使得

$$y = \sum_{\nu=1}^\infty \alpha_\nu e_\nu = \lim_{n\to\infty} \sum_{\nu=1}^n \alpha_\nu e_\nu,$$

那么称 $\sum_{\lambda \in \Lambda} \alpha_\lambda e_\lambda$ 是收敛的, y 是它的极限. 这时就记 $y = \sum_{\lambda \in \Lambda} \alpha_\lambda e_\lambda$.

定义 6.3.4 设 $\mathscr{F} = \{e_\lambda|\lambda \in \Lambda\}$ 是内积空间 H 中的就范直交系, 对 $x \in H$, 形式级数 $\sum_{\lambda \in \Lambda}(x, e_\lambda)e_\lambda$ (不管它是否收敛) 称为向量 x 关于 $\mathscr{F}$ 的 Fourier **级数**, 或 Fourier **展开式**. 当 $x = \sum_{\lambda \in \Lambda}(x, e_\lambda)e_\lambda$ 成立时, 就称 x 关于 $\mathscr{F}$ **可以展开成 Fourier 级数**.

当 x 关于 $\mathscr{F}$ 可以展开成 Fourier 级数时, 展开式 $x = \sum_{\lambda \in \Lambda}(x, e_\lambda)e_\lambda$ 的几何意义就是向量 x 等于它在 $\mathscr{F}$ 的每个 e_λ 方向的分量 $(x, e_\lambda)e_\lambda$ (根据 Bessel 不等式, 最多只有可列个分量不是零) 的和.

定理 6.3.2 设 $\mathscr{F} = \{e_\lambda|\lambda \in \Lambda\}$ 是内积空间 H 中的就范直交系, E 为 $\mathscr{F}$ 张成的线性闭子空间, 那么对于 $x \in H$, 下面三个结论是等价的:

(i) $x \in E$. (ii) $\|x\|^2 = \sum_{\lambda \in \Lambda} |(x, e_\lambda)|^2$. (iii) $x = \sum_{\lambda \in \Lambda}(x, e_\lambda)e_\lambda$.

证　(i)→(ii): 由 Bessel 不等式有 $\sum_{\lambda\in\varLambda}|(x,e_\lambda)|^2\leqslant\|x\|^2$. 如果 Parsevl 等式不成立, 必有某 $x\in E$, 使得

$$\|x\|^2-\sum_{\lambda\in\varLambda}|(x,e_\lambda)|^2=a^2>0\quad(a>0).$$

但是 $x\in E$, 因此 x 必是 $\mathscr{F}$ 中有限个向量的线性组合的极限. 对于 a, 总有有限个向量 $e_1,\cdots,e_n\in\mathscr{F}$ 以及数 $\alpha_1,\cdots,\alpha_n$, 使得 $\left\|x-\sum_{i=1}^n\alpha_ie_i\right\|<a$. 根据引理 1 的系 2 及引理 1, 又有

$$a^2>\left\|x-\sum_{i=1}^n\alpha_ie_i\right\|^2\geqslant\left\|x-\sum_{i=1}^n(x,e_i)e_i\right\|^2$$
$$=\|x\|^2-\sum_{i=1}^n|(x,e_i)|^2\geqslant\|x\|^2-\sum_{\lambda\in\varLambda}|(x,e_\lambda)|^2=a^2,$$

显然, 这不可能, 所以 (ii) 成立.

(ii)→(iii): 已知 $\|x\|^2=\sum_{\lambda\in\varLambda}|(x,e_\lambda)|^2$, 记 $\{(x,e_\lambda)|\lambda\in\varLambda\}$ 中不是零的数为 $\{(x,e_\nu)\}$, 它最多是可列集. 对任何正整数 n, 由引理 1,

$$\left\|x-\sum_{\nu=1}^n(x,e_\nu)e_\nu\right\|^2=\|x\|^2-\sum_{\nu=1}^n|(x,e_\nu)|^2,\tag{6.3.5}$$

当 $n\to\infty$ 时, (6.3.5) 式右边

$$\lim_{n\to\infty}\left(\|x\|^2-\sum_{\nu=1}^n|(x,e_\nu)|^2\right)=\|x\|^2-\sum_{\nu=1}^\infty|(x,e_\nu)|^2$$
$$=\|x\|^2-\sum_{\lambda\in\varLambda}|(x,e_\lambda)|^2=0,$$

所以 $\lim_{n\to\infty}\left\|x-\sum_{\nu=1}^n(x,e_\nu)e_\nu\right\|=0$, 即

$$x=\sum_{\nu=1}^\infty(x,e_\nu)e_\nu=\sum_{\lambda\in\varLambda}(x,e_\lambda)e_\lambda.$$

(iii)→(i): 已知 $x=\sum_{\lambda\in\varLambda}(x,e_\lambda)e_\lambda$, 显然 x 是 $\mathscr{F}$ 中有限个向量线性组合的极限, 即 $x\in E$.　　　　　　　　　　　　　　　　　　　　　　　　　证毕

系 1 内积空间 H 中就范直交系 $\mathscr{F} = \{e_\lambda | \lambda \in \Lambda\}$ 是完备的充要条件是 $\mathscr{F}$ 张成的闭线性子空间 $E = H$, 或者充要条件是对任何 $x \in H$, 成立

$$x = \sum_{\lambda \in \Lambda} (x, e_\lambda) e_\lambda.$$

系 2 (Стеклов (斯切克洛夫)) 设 $\mathscr{F} = \{e_\lambda | \lambda \in \Lambda\}$ 是内积空间 H 中就范直交系, 如果有 H 中的稠密子集 D, 使得对于 $x \in D$ 都成立 Parseval 等式 $\|x\|^2 = \sum_{\lambda \in \Lambda} |(x, e_\lambda)|^2$, 那么 $\mathscr{F}$ 是完备的.

证 记 E 为 $\mathscr{F}$ 张成的闭线性子空间, 由于 D 中向量都成立 Parseval 等式, 所以 $D \subset E$. 但因为 E 是闭的, 所以 $\overline{D} \subset E$. 由假设 $\overline{D} = H$, 所以 $E = H$. 由系 1, $\mathscr{F}$ 是完备的. 证毕

如果 $\{e_\lambda | \lambda \in \Lambda\}$ 是内积空间 H 中完备就范直交系, 那么对一切 $x, y \in H$, $x = \sum_{\lambda \in \Lambda} (x, e_\lambda) e_\lambda$, $y = \sum_{\lambda \in \Lambda} (y, e_\lambda) e_\lambda$. 由此易知 $(x, y) = \sum_{\lambda \in \Lambda} (x, e_\lambda) \overline{(y, e_\lambda)}$. 这个等式也称为 Parseval 等式.

例 2 (续) $L^2[0, 2\pi]$ 中的就范直交系 $\left\{ \dfrac{1}{\sqrt{2}}, \cos t, \sin t, \cdots, \cos nt, \sin nt, \cdots \right\}$ 是完备的.

证 令 $\mathscr{T}$ 为 $L^2[0, 2\pi]$ 中三角多项式全体, 对于每个 $T \in \mathscr{T}$, 当 $T = a_0' \dfrac{1}{\sqrt{2}} + \sum_{n=1}^{N} (a_n \cos nt + b_n \sin nt)$ 时, 易知 T 的 Fourier 系数是 $a_0', a_n, b_n (n = 1, 2, \cdots, N)$, 而其余的 Fourier 系数为零, 直接验算可知对 T 成立 Parseval 等式. 根据定理 6.3.2 系 2, 我们只要证明 $\mathscr{T}$ 在 $L^2[0, 2\pi]$ 中稠密就可以了.

事实上, 对任何 $f \in L^2[0, 2\pi]$ 及 $\varepsilon > 0$, 由 §4.6 习题 6 知道存在 $\varphi \in C_{2\pi}$, 使得

$$\|f - \varphi\| = \left(\frac{1}{\pi} \int_0^{2\pi} |f - \varphi|^2 \mathrm{d}t \right)^{\frac{1}{2}} < \frac{\varepsilon}{2}, \tag{6.3.6}$$

又根据数学分析 (或 §4.6 习题 5) 知道, 对于给定的 $\varphi \in C_{2\pi}$ 及 $\varepsilon > 0$, 一定存在一个三角多项式 $T(t)$, 使得

$$\max_{0 \leqslant t \leqslant 2\pi} |T(t) - \varphi(t)| < \frac{\varepsilon}{4}, \tag{6.3.7}$$

由 (6.3.6) 及 (6.3.7) 立即得到

$$\|f - T\| \leqslant \|f - \varphi\| + \|\varphi - T\| < \varepsilon,$$

即三角多项式全体 $\mathscr{T}$ 在 $L^2[0, 2\pi]$ 中稠密, 所以 $\left\{\dfrac{1}{\sqrt{2}}, \cos t, \sin t, \cdots, \cos nt, \sin nt,\right.$
$\left.\cdots\right\}$ 是 $L^2[0, 2\pi]$ 中的完备就范直交系.　　　　　　　　　　　　　　证毕

根据定理 6.3.2, 对任何 $f \in L^2[0, 2\pi]$, 成立着

$$f = \frac{a_0}{2} + \sum_{n=1}^{\infty}(a_n \cos nt + b_n \sin nt), \tag{6.3.8}$$

(6.3.8) 式的右边级数正是数学分析中所说的 f 的 Fourier 级数. 必须注意, 这里 (6.3.8) 式右边级数的部分和是按照 Hilbert 空间 $L^2[0, 2\pi]$ 中范数收敛于 f, 换句话说, f 的 Fourier 级数的部分和平方平均收敛于 f. 按定义, 这并不意味着级数下式成立:

$$\lim_{n \to \infty}\left[\frac{a_0}{2} + \sum_{k=1}^{n}(a_k \cos kt + b_k \sin kt)\right] \underset{m}{\doteq} f(t). \tag{6.3.9}$$

早在 1913 年, 鲁津就猜测 (6.3.9) 式成立 (参看 [6]). 这个猜测一直是三角级数中一个重要的课题. Колмогоров (柯莫哥洛夫) 1923 年给出一个 $f \in L^1[0, 2\pi]$, 但它的 Fourier 级数[①] 是几乎处处发散的. 1926 年他又给出 $f \in L^1[0, 2\pi]$, 而 f 的 Fourier 级数是处处发散的. 后来一段时间人们对于鲁津的猜测较多地从否定的方面去考虑, 到 1966 年, L.Carleson 证明了鲁津的猜测是正确的 (参看 [3]), 紧接着在 1967 年, R.A.Hunt 证明: 对于 $L^p[0, 2\pi](p > 1)$ 中函数, 它的 Fourier 级数也是几乎处处收敛的. 这方面的结果是三角级数理论的一个重要突破.

定理 6.3.3　设 $\mathscr{F} = \{e_\lambda | \lambda \in \Lambda\}$ 是内积空间 H 中的就范直交系, $\mathscr{F}$ 张成的闭线性子空间为 E. 对任何 $x \in H$, 如果 x 在 E 中有投影 x_0, 那么 x_0 就是 x 的 Fourier 级数 $\sum\limits_\lambda (x, e_\lambda)e_\lambda$. 如果 H 是 Hilbert 空间, 那么对任何 $x \in H, \sum\limits_\lambda (x, e_\lambda)e_\lambda$ 就是 x 在 E 上的投影.

证　如果 $x \in H$, 在 E 上 x 有投影 x_0, 那么由 $x_0 \in E$, 便有

$$x_0 = \sum_\lambda (x_0, e_\lambda)e_\lambda.$$

[①]只要 $f(t)$ 是 $[0, 2\pi]$ 上 Lebesgue 可积函数, 就可以作出级数

$$\sigma(f, t) = \frac{a_0}{2} + \sum_{n=1}^{\infty}(a_n \cos nt + b_n \sin nt),$$

其中 $a_0 = \dfrac{1}{\pi}\displaystyle\int_0^{2\pi} f(t)\mathrm{d}t, a_n = \dfrac{1}{\pi}\displaystyle\int_0^{2\pi} f(t)\cos nt\mathrm{d}t, b_n = \dfrac{1}{\pi}\displaystyle\int_0^{2\pi} f(t)\sin nt\mathrm{d}t.$ 级数 $\sigma(f, t)$ 称为 f 的 Fourier 级数.

又因为 x_0 是 x 在 E 上的投影, 所以 $x - x_0 \perp E$, 从而 $x - x_0 \perp e_\lambda (\lambda \in \Lambda)$, 即 $(x, e_\lambda) = (x_0, e_\lambda)$. 这样便得到

$$x_0 = \sum_\lambda (x, e_\lambda) e_\lambda.$$

当 H 是 Hilbert 空间时, H 的闭子空间 E 就是完备的. 由定理 6.2.2, 对任何 $x \in H, x$ 必在 E 上有投影, 从而 x 在 E 上投影就是 $\sum_{\lambda \in \Lambda} (x, e_\lambda) e_\lambda$. 　　证毕

定理 6.3.4 (Riesz–Fischer (里斯 – 费啸)) 设 $\mathscr{F} = \{e_\lambda | \lambda \in \Lambda\}$ 是 Hilbert 空间 H 中的就范直交系, $\mathscr{F}$ 张成的闭线性子空间为 E. 又设 $\{c_\lambda | \lambda \in \Lambda\}$ 是一族数, 并且 $\sum_{\lambda \in \Lambda} |c_\lambda|^2 < \infty$. 那么必有唯一的 $x \in E$, x 是以 $\{c_\lambda\}$ 为关于 $\{e_\lambda\}$ 的 Fourier 系数, 且 $x = \sum_{\lambda \in \Lambda} c_\lambda e_\lambda$.

证 由于 $\sum_{\lambda \in \Lambda} |c_\lambda|^2 < \infty$, 所以最多只有可列个 $\{c_\nu\}$ 不为零. 作序列 $x_n = \sum_{\nu=1}^{n} c_\nu e_\nu, n = 1, 2, 3, \cdots$, 易知当 $n < m$ 时,

$$\|x_n - x_m\|^2 = \left\| \sum_{n+1}^{m} c_\nu e_\nu \right\|^2 = \sum_{n+1}^{m} |c_\nu|^2,$$

由于 $\sum_{\nu=1}^{\infty} |c_\nu|^2 < \infty$, 故 $\lim\limits_{m,n\to\infty} \|x_n - x_m\|^2 = 0$, 因此 $\{x_n\}$ 是基本点列. 因为 H 是完备的, 故有 $x = \lim\limits_{n\to\infty} x_n$. $x \in E$ 是显然的. 而对于任何自然数 $\nu, (x, e_\nu) = \lim\limits_{n\to\infty} (x_n, e_\nu) = c_\nu$. 而当 $e_\lambda \neq e_\nu (\nu = 1, 2, 3, \cdots)$ 时, 因为 $(x_n, e_\lambda) = 0$, 所以 $(x, e_\lambda) = \lim\limits_{n\to\infty} (x_n, e_\lambda) = 0 = c_\lambda$, 从而对一切 $\lambda \in \Lambda, (x, e_\lambda) = c_\lambda$. 唯一性由定理 6.3.3 即知. 　　证毕

3. 直交系的完全性

定义 6.3.5 设 $\mathscr{F}$ 是内积空间 H 中的就范直交系, 如果 $\mathscr{F}^\perp = \{0\}$, 那么就称 $\mathscr{F}$ 是**完全的**.

由定义可知, $\mathscr{F}$ 是完全的, 就是说在 H 中不存在与 $\mathscr{F}$ 直交的非零向量. 因此, 它的意思就是直交系 $\mathscr{F}$ 已经不能再扩大了, 即 $\mathscr{F}$ 是 H 中极大的 (就范) 直交系.

定理 6.3.5 设 $\mathscr{F} = \{e_\lambda | \lambda \in \Lambda\}$ 是内积空间 H 中的就范直交系, 如果 $\mathscr{F}$ 是完备的, 那么 $\mathscr{F}$ 是完全的. 如果 H 是 Hilbert 空间, 那么完全的就范直交系必定是完备的.

证　如果 $\mathscr{F}$ 是完备的, 那么对任何 $x \in H$, 成立

$$x = \sum_{\lambda}(x, e_{\lambda})e_{\lambda},$$

因此, 如果 $x \perp \mathscr{F}$, 必定 $x = 0$, 所以 $\mathscr{F}$ 是完全的.

反过来, 如果 H 是 Hilbert 空间, $\mathscr{F}$ 是完全的. 记 $\mathscr{F}$ 张成的闭线性子空间为 E, 这时 E 是完备的, 由定理 6.2.2 系 1, 如果 $E \neq H$, 那么有非零向量 x 与 E 直交, 这时与 $\mathscr{F}$ 的完全性相矛盾. 因此 $E = H$, 这就证明了 $\mathscr{F}$ 的完备性 (见定理 6.3.2 的系 1).　　　　　　　　　　　　　　　　　　　　　　　　证毕

例 4　在实 $L^2[0, 2\pi]$ 中, 记 $\mathscr{F} = \{\cos t, \sin t, \cos 2t, \sin 2t, \cdots, \cos nt, \sin nt, \cdots\}$. 又记 $f_0 = 1 + \sum\limits_{n=1}^{\infty}\dfrac{1}{n}(\cos nt + \sin nt)$. 由 Riesz-Fischer 定理, $f_0 \in L^2[0, 2\pi]$, 记 H 是由 $\{f_0\} \bigcup \mathscr{F}$ 所张成的线性子空间, 也就是说

$$H = \left\{ a_0 f_0 + \sum_{\nu=1}^{n}(\alpha_{\nu}\cos\nu t + \beta_{\nu}\sin\nu t)|n > 0, \alpha_0 \text{、} \alpha_{\nu} \text{、} \beta_{\nu} \right.$$
$$\left. (\nu = 1, 2, \cdots, n) \text{ 是数} \right\}$$

按照 $L^2[0, 2\pi]$ 的运算及内积, H 是一个内积空间. $\mathscr{F}$ 显然是 H 中的就范直交系. $\mathscr{F}$ 在 H 中是完全的. 因为如果 $f \in H, f \perp \mathscr{F}$, 那么由 H 的定义, 有 $\alpha_0 \text{、} \alpha_{\nu} \text{、} \beta_{\nu}(\nu = 1, 2, \cdots, n)$ 使得

$$f = \alpha_0 f_0 + \sum_{\nu=1}^{n}(\alpha_{\nu}\cos\nu t + \beta_{\nu}\sin\nu t),$$

取 $m > n$, 得到 $0 = (f, \cos mt) = \dfrac{a_0}{m}$, 因此

$$f = \sum_{\nu=1}^{n}(\alpha_{\nu}\cos\nu t + \beta_{\nu}\sin\nu t).$$

同样, 对于 $m \leqslant n, 0 = (f, \cos mt) = \alpha_m, 0 = (f, \sin mt) = \beta_m$. 这就得到 $f = 0$, 也就是 $\mathscr{F}$ 在 H 中是完全的. 但是

$$\|f_0\|^2 = 2 + \sum_{\nu=1}^{\infty}\frac{2}{\nu^2},$$

$$\sum_{\nu=1}^{\infty}(|(f_0, \cos\nu t)|^2 + |(f_0, \sin\nu t)|^2) = \sum_{\nu=1}^{\infty}\frac{2}{\nu^2},$$

这两者不相等, 所以 $\mathscr{F}$ 在 H 中并不是完备的.

我们记 $\mathscr{F}$ 张成的 H 的闭线性子空间为 E, 由于对 f_0 完备公式不成立, 所以 $f_0 \bar{\in} E$. 这时 f_0 在 E 上就没有投影, 因为如果 f_0 在 E 上有投影 x_0, 那么 $f_0 - x_0 \perp E$. 所以 $f_0 - x_0 \perp \mathscr{F}$, 但是 $\mathscr{F}$ 是完全的, 所以 $f_0 - x_0 = 0$, 这样 $f_0 = x_0 \in E$, 就导致矛盾.

因此, 确实有这样的内积空间, 其中有不完备的完全就范直交系. 而且有这样的内积空间, 其中并非任何向量在任何闭子空间上都有投影.

4. 线性无关向量系的直交化　　在 Hilbert 空间中, 利用直交系, 可以迅速作出 x 关于就范直交系 $\mathscr{F}$ 的 Fourier 级数 $x_0 = \sum\limits_{\lambda \in \Lambda} (x, e_\lambda) e_\lambda$, 即很快就能找到达到极值 $\inf\limits_{y \in E} \|x - y\|$ (此处 E 是由 $\mathscr{F}$ 张成的闭线性子空间) 的向量 x_0. 假如先给定一个闭线性子空间 E, 如何能找出张成 E 的直交系 $\mathscr{F}$ 呢? 这节中将提供一个普通的方法.

引理 2 (Gram–Schmidt (格拉姆 – 施密特))　　设 $G = \{g_1, g_2, g_3, \cdots\}$ 是内积空间 H 中有限个或可列个线性无关的向量, 那么必定有 H 中的就范直交系 $\mathscr{F} = \{h_1, h_2, h_3, \cdots\}$ 使得对于每个自然数 n[①], g_n 是 $h_1, h_2, \cdots, h_n$ 的线性组合, h_n 也是 $g_1, g_2, \cdots, g_n$ 的线性组合. 这种 h_n 除去一个绝对值为 1 的常数因子外, 由 $g_1, g_2, \cdots, g_n$ 完全确定.

证　　我们不妨只考虑 G 是可列个向量的情况. 利用数学归纳法. 根据 $g_1, g_2, g_3, \cdots, g_n, \cdots$ 我们作 $h_1, h_2, \cdots, h_n, \cdots$ 如下: 首先作 $h_1 = \dfrac{g_1}{\|g_1\|}$, 设当 $n \geqslant 2$ 时就范直交向量组 $h_1, \cdots, h_{n-1}$ 已作好, 而且 $g_1, \cdots, g_{n-1}$ 与 $h_1, \cdots, h_{n-1}$ 张成相同的 $n - 1$ 维空间 M_{n-1}. 记 $g_1, \cdots, g_n$ 张成的 n 维线性空间是 M_n. 由于 $g_n \bar{\in} M_{n-1}, g_n$ 在 M_{n-1} 上的投影[②]记为 $x_{n-1}, g_n - x_{n-1} \neq 0$. 记 $h_n = \dfrac{g_n - x_{n-1}}{\|g_n - x_{n-1}\|}$, 由作法, 可知 h_n 是 $g_1, g_2, \cdots, g_n$ 的线性组合, h_n 与 $g_1, g_2, \cdots, g_{n-1}$ 直交, $\|h_n\| = 1$. 所以 $h_1, h_2, \cdots, h_n$ 是就范直交系. 由于 $h_1, \cdots, h_n \in M_n$, 而且它们是线性无关的 (见 §6.1 习题 5), 因此是 M_n 的一组基, 所以 g_n 可以用 h_1、h_2、$\cdots$、h_n 线性表出. 因此由归纳法作出一列 $h_1, h_2, \cdots$, 它们满足引理的要求.

如果 $\alpha_1, \alpha_2, \cdots$ 是一列绝对值为 1 的数, 那么 $\alpha_1 h_1, \alpha_2 h_2, \cdots, \alpha_n h_n, \cdots$ 仍是就范直交系, 它显然仍满足引理的要求.

另一方面, 如果 $h_1', h_2', h_3', \cdots$ 是满足引理要求的任一就范直交系, 那么对每个 $n, h_1', \cdots, h_n'$ 张成的线性子空间就是 M_n, 因此 h_n' 也和 $h_1', \cdots, h_{n-1}'$ 张成的

---

①当 G 只有 m 个向量时, 要求 $n \leqslant m$.

②由于 M_{n-1} 是有限维的空间, 因而是完备的 (见 §4.9), 所以 g_n 在 M_{n-1} 上有投影.

M_{n-1} 直交. 因此 h'_n 按 M_n 中就范直交系 h_1、$\cdots$、h_n 展开时, $h'_n = (h'_n, h_n)h_n$. 由 $\|h_n\| = \|h'_n\| = 1$ 可知 h'_n 和 h_n 相差一个绝对值为 1 的常数因子. 　　　证毕

例 5　在 $L^2[-1,1]$ 中, 函数列 $g_k(x) = x^k(k = 0, 1, 2, 3, \cdots)$ 显然是线性无关的, 因此可以将 $\{g_k\}$ 用 Gram-Schmidt 方法化成就范直交的 $\{h_0, h_1, h_2, \cdots\}$, 其中 h_k 是一个 k 次的多项式. 可是用直接计算的方法要算出函数 h_k 是比较麻烦的, 因此对许多具体问题往往还要再用些特殊的方法.

记

$$\psi_0(x) = 1, \quad \psi_k(x) = \frac{\mathrm{d}^k}{\mathrm{d}x^k}(x^2 - 1)^k (k = 1, 2, \cdots),$$

显然 $\psi_k(x)$ 是个 k 次多项式, 下面我们证明 $\{\psi_0, \psi_1, \psi_2, \cdots\}$ 是 $L^2[-1,1]$ 中的直交系, 即当 $0 \leqslant m < n$ 时, $(\psi_m, \psi_n) = 0$.

当 $0 \leqslant m \leqslant n$ 时, 利用分部积分法, 得到

$$\int_{-1}^{1} \frac{\mathrm{d}^n}{\mathrm{d}x^n}(x^2 - 1)^n \frac{\mathrm{d}^m}{\mathrm{d}x^m}(x^2 - 1)^m \mathrm{d}x = -\int_{-1}^{1} \frac{\mathrm{d}^{n-1}}{\mathrm{d}x^{n-1}}(x^2 - 1)^n \cdot$$

$$\frac{\mathrm{d}^{m+1}}{\mathrm{d}x^{m+1}}(x^2 - 1)^m \mathrm{d}x = \cdots = (-1)^n \int_{-1}^{1} (x^2 - 1)^n \frac{\mathrm{d}^{m+n}}{\mathrm{d}x^{m+n}}(x^2 - 1)^m \mathrm{d}x,$$

$$(6.3.10)$$

由 (6.3.10) 式, 可知当 $m < n$ 时, 被积函数为零, 因而积分为零, 而当 $m = n$ 时, (6.3.10) 式的右端成为

$$(-1)^m \cdot (2m)! \int_{-1}^{1} (x^2 - 1)^m \mathrm{d}x = \frac{(m!)^2}{2m + 1} 2^{2m+1},$$

因此,　　　$h_0(x) = \dfrac{1}{\sqrt{2}}, h_m(x) = \dfrac{1}{2^m m!} \sqrt{\dfrac{2m + 1}{2}} \dfrac{\mathrm{d}^m}{\mathrm{d}x^m}(x^2 - 1)^m (m = 1, 2, 3, \cdots)$ 就是把 $\{g_k\}$ 就范直交化后的函数列.

Legendre (勒让德) 多项式列

$$P_1(x) \equiv 1, P_n(x) = \frac{1}{2^n n!} \frac{\mathrm{d}^n}{\mathrm{d}x^n}(x^2 - 1)^n \quad (n = 1, 2, 3, \cdots)$$

组成 $L^2[-1,1]$ 中的直交多项式系.

5. 可析 Hilbert 空间的模型　为了研究 Hilbert 空间及其中的线性算子, 往往把一个抽象的 Hilbert 空间表示为一个具体的 Hilbert 空间. 因此需要下面的概念.

定义 6.3.6 设 H_1 和 H_2 是两个内积空间, 如果有 H_1 到 H_2 上的一一对应 φ 保持线性运算及内积, 即对任何 x_1、$y_1 \in H_1$ 及两个数 α、β, 都成立

$$\varphi(\alpha x_1 + \beta y_1) = \alpha \varphi(x_1) + \beta \varphi(y_1),$$
$$(\varphi(x_1), \varphi(y_1)) = (x_1, y_1).$$

就说内积空间 H_1 和 H_2 是**保范线性同构**, 简称**同构**[①].

对于一个抽象的 Hilbert 空间, 我们要研究它能和怎样的具体 Hilbert 空间同构.

定理 6.3.6 任何 n 维内积空间 H 必和 n 维欧几里得空间 E^n 同构.

证 在 H 中取一组基 $g_1, \cdots, g_n$, 然后用 Gram-Schmidt 方法, 可得 H 中就范直交的基 $h_1, h_2, \cdots, h_n$. 作 H 到 E^n 的映照 φ 为

$$x \mapsto ((x, h_1), (x, h_2), \cdots, (x, h_n)),$$

容易验证这是 H 到 E^n 上的一一对应, 且是保持线性及内积的映照, 因此 H 和 E^n 同构. 证毕

定理 6.3.7 任何可析的 Hilbert 空间 H 必和某个 E^n 或 l^2 同构.

证 由于 H 是可析的, 在 H 中有稠密的点列 $\{x_1, x_2, x_3, \cdots\}$, 在这个点列中选一个子集 $G = \{g_1, g_2, \cdots\}$ 使得 $\{g_1, g_2, \cdots\}$ 是线性无关的, 而且每个 x_n 都是有限个 g_i 的线性组合. 这样的 G 可以如下地用数学归纳法来选取. 把 $\{x_n\}$ 中第一个线性无关的向量 (即不等于零的向量) 记为 x_{n_1}, 取作为 g_1, 设对于某个正整数 k, 已经选好 $g_1, g_2, \cdots, g_k$, 它们分别等于 $x_{n_1}, x_{n_2}, \cdots, x_{n_k}, n_1 < n_2 < \cdots < n_k$, 它们是线性无关的, 而且对于一切 $n \leqslant n_k, x_n$ 是 $g_1, \cdots, g_k$ 的线性组合. 如果对于一切 $n > n_k, x_n$ 也都是 $g_1, \cdots, g_k$ 的线性组合, 那么所选出的 $g_1, \cdots, g_k$ 即符合我们的要求. 不然的话, 就如下方法来选取 g_{k+1}: 考察 $\{x_{n_{k+1}}, x_{n_{k+2}}, \cdots\}$ 这一列向量, 设其中第一个不能用 $g_1, \cdots, g_k$ 线性表出的向量是 $x_{n_{k+1}}$, 把这个向量取为 g_{k+1}, 这时显然 $n_k < n_{k+1}$, 而且对于一切 $n \leqslant n_{k+1}, x_n$ 可以用 $g_1, \cdots, g_{k+1}$ 线性表出. 容易知道, 这样依次取出的 $\{g_1, g_2, \cdots\}$ (有限个或可列个) 必定满足我们的要求.

由 G 按照引理 2 经过就范直交化, 就得到一个就范直交系 $\mathscr{F} = \{h_1, h_2, \cdots\}$. 这时, 每个 x_n 都可用 $\mathscr{F}$ 中有限个向量的线性组合来表示, 而 $\{x_n\}$ 在 H 中稠密. 因此 $\mathscr{F}$ 张成的闭线性子空间就是 H. 由定理 6.3.2 系 1, $\mathscr{F}$ 是 H 中完备的就范直交系.

[①] 这时 φ 称为 $H_1 \to H_2$ 的同构映照. 事实上, 它就是 §6.8 中所说的西算子. 参看 §6.8.

如果 $\mathscr{F}$ 是有限集, 其元素个数为 n, 这时 H 是有限维空间, 因此由定理 6.3.6, H 和 E^n 同构. 如果 $\mathscr{F}$ 是可列集, 作 H 到 l^2 的映照 φ 如下:

$$x \mapsto ((x, h_1), (x, h_2), (x, h_3), \cdots),$$

由定理 6.3.2 容易证明 φ 是 H 到 l^2 上保持线性运算及内积的一一对应. 对于 l^2 中向量 $(c_1, c_2, c_3, \cdots)$, 因为 $\sum\limits_{\nu=1}^{\infty} |c_\nu|^2 < \infty$, 由 Riesz-Fischer 定理, 故有 $x \in H$, 使 $(x, h_\nu) = c_\nu$. 这时 $\varphi(x) = (c_1, c_2, c_3, \cdots)$, 因此 φ 的值域就是 l^2. 所以 H 和 l^2 是同构的. 证毕

习　题　6.3

1. 令 $H_n(t)$ 为 Hermite 多项式 $(-1)^n e^{t^2} \dfrac{\mathrm{d}^n}{\mathrm{d}t^n} e^{-t^2}$, 作

$$\psi_n(t) = (2^n n! \sqrt{\pi})^{-\frac{1}{2}} e^{-\frac{t^2}{2}} H_n(t),$$

证明 $\{\psi_n(t)\}, n = 0, 1, 2, \cdots$ 组成 $L^2(-\infty, +\infty)$ 中的完备就范直交系.

2. 令 $L_n(t)$ 为 Laguerre (拉盖尔) 函数 $e^t \dfrac{\mathrm{d}^n}{\mathrm{d}t^n}(t^n e^{-t})$, 证明

$$\left\{ \frac{1}{n!} e^{-\frac{1}{2}} L_n(t) \right\},$$

$n = 0, 1, 2, \cdots$ 组成 $L^2(\mathfrak{C}, \infty)$ 中的完备就范直交系.

3. 证明 $\mathscr{F} = \{e_\lambda | \lambda \in \Lambda\}$ 是内积空间 H 中完备就范直交系的充要条件是对任何 x、$y \in H$,

$$(x, y) = \sum_{\lambda \in \Lambda} (x, e_\lambda) \overline{(y, e_\lambda)}.$$

4. 设 $\{\Phi_n | n = 1, 2, 3, \cdots\}$ 是 $L^2(\Omega, \boldsymbol{B}, \mu)$ ($\boldsymbol{B}$ 是 σ-代数) 中完备就范直交系. $f = \sum\limits_{n=1}^{\infty}(f, \Phi_n)\Phi_n$ 是 f 的 Fourier 展开, 称 $S_n(f) = \sum\limits_{k=1}^{n}(f, \Phi_k)\Phi_k (n = 1, 2, 3 \cdots)$ 为部分和序列. 记 $E_n(\omega, \omega') = \sum\limits_{k=1}^{n} \Phi_k(\omega)\overline{\Phi_k(\omega')}$. 证明

$$S_n(f)(\omega) = \int_\Omega f(\omega') E_n(\omega, \omega') \mathrm{d}\mu(\omega').$$

5. 设 $f(z)$ 是单位圆 $|z| < 1$ 中的解析函数, $f(z) = \sum\limits_{n=0}^{\infty} a_n z^n, \sum\limits_{n=0}^{\infty} |a_n|^2 < \infty$. 这种解析函数全体记为 H^2, 证明它按通常的线性运算和内积 $(f, g) = \lim\limits_{r \to 1-0} \dfrac{1}{2\pi} \displaystyle\int_0^{2\pi} f(re^{i\theta})\overline{g(re^{i\theta})}\mathrm{d}\theta$ 成为复 Hilbert 空间. 任取 H^2 中完备就范直交系 $\{e_n(z)\}$, 证明当 $|z| < 1, |t| < 1$ 时

$$\sum_{n=1}^{\infty} e_n(z)\overline{e_n(t)} = \frac{1}{1 - z\bar{t}}.$$

6. 证明在任何 Hilbert 空间 H 中总存在完备就范直交系. (可用 Zorn 引理来证明. 其实, 如再利用下面事实: 任何无限势 α, $\aleph_0 \alpha = \alpha$ 成立. 还能证明 H 中任何两个完备就范直交系 $\mathscr{F}_1$、$\mathscr{F}_2$ 的势必相等.)

7. 设 $\mathscr{F} = \{x_\lambda | \lambda \in \Lambda\}$ 是 Hilbert 空间 H 上一族向量, Λ 是全序集. 对任何 $\lambda_0 \in \Lambda$, 记 $E_{\lambda 0} = \overline{\mathrm{span}}\{x_\lambda | \lambda \leqslant \lambda_0\}$. 如果对任何 $\lambda \in \Lambda, x_\lambda \overline{\in} \overline{\mathrm{span}}\{x_\mu | \mu < \lambda\}$. 证明必有 H 中就范直交系 $\{e_\lambda | \lambda \in \Lambda\}$, 使对任何 $\lambda, e_\lambda \overline{\in} \overline{\mathrm{span}}\{x_\mu | \mu < \lambda\}$, 但 $e_\lambda \in E_\lambda$. 并且除去绝对值为 1 的常数因子外, 具有上述性质的 $\{e_\lambda | \lambda \in \Lambda\}$ 是由 $\mathscr{F}$ 唯一确定的.

8. 设 $((-\infty, +\infty), \mathbf{B}, g)$ 是 Lebesgue-Stieltjes 测度空间, $g((-\infty, +\infty)) = 1$, 并且 $\displaystyle\int_{-\infty}^{+\infty} x^6 \mathrm{d}g < \infty$. 试将 $1, x, x^2, x^3$ 按 $L^2((-\infty, +\infty), \mathbf{B}, g)$ 上内积依次直交化为 e_1, e_2, e_3, e_4, 并证明 e_2, e_3, e_4 必有零点.

9. 设 $\{e_\lambda | \lambda \in \Lambda\}$ 是 Hilbert 空间 H 上的完备就范直交系, f 是定义在 Λ 上的函数, 最多除去 Λ 中可列个元 (依赖于 f) 外 $f(\lambda) = 0$, 同时 $\displaystyle\sum_\lambda |f(\lambda)|^2 < \infty$. 令 $\widetilde{H}$ 是上述 f 的全体, 按通常函数运算所成的线性空间, 并规定

$$(f, g) = \sum_{\lambda \in \Lambda} f(\lambda)\overline{g(\lambda)}.$$

证明 $\widetilde{H}$ 按 $(\cdot, \cdot)$ 成为 Hilbert 空间, 并且 H 和 $\widetilde{H}$ 是 (保范线性) 同构.

定义 6.3.7 设 H 是不定内积空间 (参见 §6.2 习题), H_+、H_- 分别是 H 的正、负子空间, 并且 $H_\pm$ 分别按 $\pm[\cdot, \cdot]$ 成为 Hilbert 空间. 如果 $H = H_- \oplus H_+$ 成立 (这里 $\oplus$ 表示按 $[\cdot, \cdot]$ 直交的和), 那么称 $H = H_- \oplus H_+$ 是 H 的**正则分解**. 一个具有正则分解的不定内积空间, 如果 $\dim H_- = K < \infty, \dim H_+ = \infty$, 称 $(H, [\cdot, \cdot])$ 是具有负指标 K 的 Понтрягин 空间, 记为 Π_k; 如果 $K = \infty$, 称 $(H, [\cdot, \cdot])$ 为 Крейн 空间, 记为 Π. 对于具有正则分解的不定内积空间 H 的某个正则分解: $H = H_- \oplus H_+$ 就可引入新的内积 (从而有范数) $(\cdot, \cdot): x_+, y_+ \in H_+, x_-, y_- \in H_-$,

$$(x_+ + x_-, y_+ + y_-) = -[x_-, y_-] + [x_+, y_+],$$

称 $(\cdot, \cdot)$ (相应地范数 $\|\cdot\|$) 为**由正则分解 $H = H_- \oplus H_+$ 导出的内积 (范数)**.

10. 设 $\Pi_k = H_-^i \oplus H_+^i (i = 1, 2)$ 是 Понтрягин 空间的两个正则分解. 证明由它们导出的两个范数 $\|\cdot\|_i (i = 1, 2)$ 是等价的. (提示: 关键是化为 Π_k 的线性子空间 $H^1 + H^2$ 上两个范数是等价的. 习题 10 对于 Π 空间也成立.)

由于习题 10, 在不定内积空间 Π_K (也可在 Π) 上, 对某个正则分解所导出的范数, 就可以引入连续、极限和收敛、闭集、集合的闭包等等概念, 这些概念是不依赖于正则分解的选取的.

11. 证明: (i) Π 空间上的不定内积 $[\cdot, \cdot]$ 是二元连续函数;

(ii) Π 上任何子集 M 的 $M^\perp$ 是 Π 上闭线性子空间, 并且 $\overline{M}^\perp = M^\perp$;

(iii) Π 上任何正性子空间的闭包是半正性子空间, 并举例说明正性子空间的闭包未必是正性的子空间.

12. 设 L 是 Π_K 空间上非退化 (参见 §6.2 习题) 的闭子空间. 证明 (i) 对任何 L 中的极大负子空间 N (当 L 是正子空间时, N 是空集), 必有 $L = N \oplus N^\perp$, 这里 $N^\perp$ 是正性闭子空间;

(ii) 必存在 Π_K 的正则分解 $\Pi_K = H_- \oplus H_+$, 使得 $H_- \supset N, H_+ \supset N^\perp$;

(iii) $L = L^{\perp\perp}$.

§6.4 共轭空间和共轭算子

1. 连续线性泛函的表示 现在我们利用 §6.2 的投影定理来研究 Hilbert 空间上连续线性泛函的一般形式.

设 H 是一个内积空间, 任意取 H 中一个固定向量 y, 可以在 H 上作泛函 F_y 如下:

$$F_y(x) = (x, y) \quad (x \in H), \tag{6.4.1}$$

由内积对第一个变元的线性即知泛函 F_y 是线性的. 由 Schwarz 不等式, 即得 $|F_y(x)| = |(x, y)| \leqslant \|x\|\|y\|$, 因此 F_y 是有界泛函而且 $\|F_y\| \leqslant \|y\|$. 另一方面只要取 $x = y$ 就知道 $\|F_y\| = \|y\|$. 我们称 F_y 是向量 y 导出的有界线性泛函.

当 H 是 Hilbert 空间时, 上面事实的逆命题也是成立的, 就是说, H 上的任何一个连续线性泛函都有 (6.4.1) 的形式.

定理 6.4.1 (F.Riesz) 设 H 是 Hilbert 空间, F 是 H 上的连续线性泛函, 那么必有向量 $y \in H$, 使得对任何 $x \in H$, 都成立

$$F(x) = (x, y), \tag{6.4.2}$$

使 (6.4.2) 成立的 y 由 F 唯一确定, 并且 $\|F\| = \|y\|$.

证 如果 $F = 0$, 只要取 $y = 0$ 就好了. 因此不妨设 $F \neq 0$.

设 M 是 F 的零空间, 即 $M = \{x | F(x) = 0\}$. 因为 F 是连续线性泛函, 由 §5.1, 可知 M 是闭线性子空间, 又因 $F \neq 0$, 所以 $M \neq H$. 要证明的 (6.4.2) 式启发我们要到 $M^\perp$ 中去找向量 y. 由定理 6.2.2 的系 1, 必定有 $z \neq 0, z \perp M$. 这时, 从 $M \bigcap M^\perp = \{0\}$ 可知 $z \bar{\in} M$, 所以 $F(z) \neq 0$.

对于任何 $x \in H$, 由于 $F\left(x - \dfrac{F(x)}{F(z)}z\right) = 0$, 就得到

$$x - \frac{F(x)}{F(z)}z \in M,$$

所以 $\left(x - \dfrac{F(x)}{F(z)}z\right) \perp z$, 即

$$\left(x - \frac{F(x)}{F(z)}z, z\right) = 0,$$

这就是 $F(x) = \dfrac{F(z)}{\|z\|^2}(x, z)$. 如果取 $y = \dfrac{\overline{F(z)}}{\|z\|^2}z$, 就知道 (6.4.2) 式对任何 x 成立.

泛函 F 既然表示成 (6.4.1) 的形式, 即 F 是由向量 y 导出的, 所以 $\|F\| = \|y\|$. 又向量 y 是由 F 所唯一确定的. 因为, 如果又有 z 使 $F_y = F_z$, 那么 $F_{y-z} = 0$, 从 $\|F_{y-z}\| = 0$ 得到 $\|y - z\| = 0$. 由此即知 $y = z$. 证毕

2. 共轭空间 我们作 Hilbert 空间 H 到它的共轭空间 H^* 的映照 C 如下:

$$C : y \mapsto F_y \quad (y \in H),$$

其中 F_y 就是 ((6.4.1) 式所规定的) 由向量 y 导出的泛函. 那么由 Riesz 定理, C 是 H 到 H^* 上的一一对应.

容易看到, 当 H 是复空间时, 映照 C 是共轭线性的, 即对于两个数 α、β 及 y、$z \in H$, 成立 $C(\alpha y + \beta z) = \overline{\alpha}Cy + \overline{\beta}Cz$. 这直接由

$$F_{\alpha y + \beta z}(x) = (x, \alpha y + \beta z) = \overline{\alpha}(x, y) + \overline{\beta}(x, z) = \overline{\alpha}F_y(x) + \overline{\beta}F_z(x)$$

可以得到. 此外, 映照 C 还保持范数不变.

总之, 对于复空间, 上面所作的映照 C 是 H 到 H^* 上的一一对应, 它是共轭线性的, 而且保持范数不变, 这时映照 C 不是 H 到 H 之间的保范线性同构, 而称为 "复共轭" 保范线性同构. 在这种同构方式下, 今后我们将把 y 和 F_y 看成是一致的, 即把向量 y 看成泛函 F_y 把泛函 F_y 看成向量 y. 这样, H 和 H^* 就一致化了. 因此称 H 是自共轭的空间. 但要注意的是, 对于数 α 及 $y \in H$, 把 αy 作为泛函看时, 它在 x 点的值是泛函 y 在 x 点的值乘以 $\overline{\alpha}$. 这和第五章情况不同.

3. 共轭算子 由于 Hilbert 空间 H 和它的共轭空间可以一致化, 因此共轭空间上的共轭算子的概念可以引进到 Hilbert 空间本身中去.

定理 6.4.2 设 G 是内积空间, H 是 Hilbert 空间, A 是 $H \to G$ 的有界线性算子, 那么必有 $G \to H$ 的唯一的有界线性算子 B, 使得对任何 $x \in H, y \in G$,

$$(Ax, y) = (x, By). \tag{6.4.3}$$

(式中左方的 $(\cdot, \cdot)$ 表示 G 中的内积, 而右方的 $(\cdot, \cdot)$ 表示 H 中的内积.)

证　对任何 $y \in G$, 因为 $|(Ax, y)| \leqslant \|Ax\|\|y\| \leqslant \|A\|\|x\|\|y\|$, 所以

$$\varphi_y(x) = (Ax, y)$$

是 H 上的有界线性泛函, 因为 H 是完备的, 由 Riesz 定理, 有唯一的 $z \in H$, 使

$$(Ax, y) = (x, z) \quad (x \in H). \tag{6.4.4}$$

我们作 G 到 H 的算子 B 如下: 对于 $y \in G$, 就把使 (6.4.4) 式成立的 z 作为 By. 这样就作出了算子 B 使 (6.4.3) 式成立.

下面证明 B 是 $G \to H$ 的有界线性算子. 对于 y_1、$y_2 \in G$ 及数 α、β,

$$\begin{aligned}
(Ax, \alpha y_1 + \beta y_2) &= \overline{\alpha}(Ax, y_1) + \overline{\beta}(Ax, y_2) \\
&= \overline{\alpha}(x, By_1) + \overline{\beta}(x, By_2) \\
&= (x, \alpha By_1 + \beta By_2),
\end{aligned}$$

因此 $B(\alpha y_1 + \beta y_2) = \alpha By_1 + \beta By_2$, 即 B 是线性算子. 另外, 由 B 的定义, 可知对任何 $y \in G$, 有 $\|By\| = \|\varphi_y\| \leqslant \|A\|\|y\|$. 因此 B 是有界线性算子, 而且 $\|B\| \leqslant \|A\|$.

显然使 (6.4.3) 式成立的算子 B 是由 A 所唯一确定的.　　　　　证毕

定义 6.4.1　设 H 和 G 是两个内积空间, A 是 $H \to G$ 的有界线性算子, 又设 A^* 是 $G \to H$ 的有界线性算子适合

$$(Ax, y) = (x, A^*y), x \in H, y \in G, \tag{6.4.3'}$$

那么称 A^* 是 A 的**共轭算子**或**伴随算子**.

定理 6.4.2 说明当 H 是 Hilbert 空间时, 对任何 $A \in \mathfrak{B}(H \to G)$, 存在唯一的共轭算子 $A^* \in \mathfrak{B}(G \to H)$.

在前面第五章中, 对于 Banach 空间的有界线性算子, 曾引进过共轭算子的概念. 对于复空间, 现在的共轭算子与那里稍有不同. 这里当 A、$B \in \mathfrak{B}(H \to G), \alpha$、$\beta$ 是复数时 $(\alpha A + \beta B)^* = \overline{\alpha}A^* + \overline{\beta}B^*$, 但在 Banach 空间中, 按过去的共轭算子的概念应为 $(\alpha A + \beta B)^* = \alpha A^* + \beta B^*$. 可参看下面的定理 6.4.3 的 (iii) 和定理 5.3.6(ii) 的证明部分. 但在实空间中两者是完全一致的.

另外再指出一点: 这里伴随算子仅只是对于有界线性算子定义的. 以后 (在 §6.9 中) 我们还要讨论无界算子的伴随算子.

例 1　设 E^n 是 n 维复内积空间, $\{e_1, e_2, \cdots, e_n\}$ 是 E^n 的就范直交基. 设 A 是 E^n 到 E^n 的线性算子 (这时 A 必定是有界的). 由于 $e_1, e_2, \cdots, e_n$ 是 E^n

的基, A 是线性算子, 所以 $Ae_\mu(\mu = 1, 2, \cdots, n)$ 的值就决定了算子 A. 如果

$$Ae_\mu = \sum_{\nu=1}^{n} a_{\nu\mu}e_\nu, \tag{6.4.5}$$

当 $x \in E^n, y = Ax, x, y$ 用 $e_1, \cdots, e_n$ 表示时, 即 $x = \sum_{\nu=1}^{n} x_\nu e_\nu, y = \sum_{\nu=1}^{n} y_\nu e_\nu$, 由 (6.4.5) 式就得到

$$y = \sum_{\nu=1}^{n} y_\nu e_\nu = Ax = \sum_{\mu=1}^{n} x_\mu A e_\mu = \sum_{\mu=1}^{n}\sum_{\nu=1}^{n} x_\mu a_{\nu\mu} e_\nu$$
$$= \sum_{\nu=1}^{n}\sum_{\mu=1}^{n} x_\mu a_{\nu\mu} e_\nu,$$

比较系数即得

$$y_\nu = \sum_{\mu=1}^{n} a_{\nu\mu} x_\mu.$$

(参看 §5.1) 由上所述, E^n 中线性算子 A 由 $n \times n$ 的阵 $(a_{\nu\mu})(\mu, \nu = 1, 2, \cdots, n)$ 所决定. 而任何 n^2 个数 $a_{\nu\mu}$ 由 (6.4.5) 式决定了一个线性算子 A. 我们把 n 阶方阵 $(a_{\nu\mu})(\nu, \mu = 1, 2, \cdots, n)$ 称为线性算子 A 在就范直交基 $e_1, \cdots, e_n$ 下的表示阵. 由 (6.4.5) 式知道

$$a_{\nu\mu} = (Ae_\mu, e_\nu).$$

容易知道, 在取定的就范直交基下, 线性算子 A 与它的表示阵 $(a_{\nu\mu})$ 之间的这种对应关系是算子与 n 阶方阵之间的一一对应.

如果 A 在 $\{e_i\}$ 下的表示阵为 $(a_{\nu,\mu})$, 那么 $a_{\nu,\mu} = (Ae_\mu, e_\nu)$. A 的共轭算子 A^* 就使得

$$(A^*e_\mu, e_\nu) = \overline{(e_\nu, A^*e_\mu)} = \overline{(Ae_\nu, e_\mu)} = \overline{a_{\mu\nu}},$$

因此 A^* 在 $\{e_i\}$ 下的表示阵 $(\bar{a}_{\mu\nu})$ 就是 A 的表示阵 $(a_{\nu,\mu})$ 的共轭阵 (即先取转置阵, 再对每个元素取复共轭).

例 2 设 H 是 $L^2[a,b]$, A 是 Fredholm 型积分算子

$$Ax(t) = \int_a^b K(t,s)x(s)\mathrm{d}s, \quad x(s) \in L^2[a,b], \tag{6.4.6}$$

其中 $K(t,s)$ 是矩形 $R : a \leqslant t \leqslant b, a \leqslant s \leqslant b$ 上可测函数, 而且 $|K(t,s)|^2$ 在 R 上可积. A 是 $L^2[a,b]$ 上的有界线性算子.

现在我们证明由下式定义的算子 A^* 是 A 的共轭算子:

$$A^*x(t) = \int_a^b \overline{K(s,t)}x(s)\mathrm{d}s, \quad x(s) \in L^2[a,b], \tag{6.4.7}$$

由于 $\overline{K(s,t)}$ 在 R 上是可测而且绝对值平方可积, 因此, 由 (6.4.7) 式定义的算子 A^* 是有界线性算子, 要证明它确是 A 的共轭算子, 只要证明 (6.4.3) 式成立就可以了, 就是要证明对任何 x、$y \in L^2[a,b]$, 成立 $(Ax,y) = (x、A^*y)$. 对于 x、$y \in L^2[a,b], x = x(t), y = y(s)$, 那么显然函数 $x(t)y(s)$ 在 R 上是绝对平方可积的, 由 Fubini 定理

$$\begin{aligned}
(x, A^*y) &= \int_a^b x(t)\overline{\int_a^b \overline{K(s,t)}y(s)\mathrm{d}s}\mathrm{d}t \\
&= \int_a^b \int_a^b K(s,t)x(t)\overline{y(s)}\mathrm{d}s\mathrm{d}t \\
&= \int_a^b \int_a^b K(t,s)x(s)\overline{y(t)}\mathrm{d}s\mathrm{d}t = (Ax,y),
\end{aligned}$$

所以由 (6.4.7) 式定义的算子 A^* 是 A 的共轭算子.

显然 A^* 也是 Fredholm 型积分算子. 如果记

$$A^*x(t) = \int_a^b K^*(t,s)x(s)\mathrm{d}s$$

那么积分算子 A^* 的核是 $K^*(t,s) = \overline{K(s,t)}$, 称 $K^*(t,s)$ 是核 $K(t,s)$ 的共轭核.

由例 1 我们看到, 共轭算子是共轭矩阵概念的推广. 它具有许多与共轭矩阵相类似的性质. 参看 §5.3.

定理 6.4.3　共轭算子有下面的性质: 设 H 和 K 是 Hilbert 空间, G 是内积空间, $A, B \in \mathfrak{B}(H \to G), \alpha, \beta$ 是复数, 又 $C \in \mathfrak{B}(K \to H)$. 那么

(i) $(A^*)^* = A$;

(ii) $\|A^*\|^2 = \|A\|^2 = \|A^*A\|$;

(iii) $(\alpha A + \beta B)^* = \overline{\alpha}A^* + \overline{\beta}B^*$[①];

(iv) $(AC)^* = C^*A^*$;

(v) A 为正则算子[②]的充要条件是 A^* 为正则算子. 当 A 正则时, 有 $(A^*)^{-1} = (A^{-1})^*$.

如果 $A \in \mathfrak{B}(H \to H), H$ 是复空间. 那么

[①] 在 §5.3, 当 A, B 是 Banach 空间中的有界线性算子, α, β 是数时, $(\alpha A+\beta B)^* = \alpha A^* + \beta B^*$.

[②] 当 A^{-1} 是全空间定义的有界算子时称 A 是正则算子 (见 §5.4). 注意, 这时再由 H 是 Hilbert 空间的假设可以推出 G 必是 Hilbert 空间.

(vi) $\rho(A^*) = \{\overline{\lambda}|\lambda \in \rho(A)\}, \sigma(A^*) = \{\overline{\lambda}|\lambda \in \sigma(A)\}$.

(vii) 设 λ 是 A 的特征值, x 是相应的特征向量, 又设 μ 是 A^* 的特征值, y 是相应的特征向量, 那么当 $\lambda \neq \overline{\mu}$ 时, $x \perp y$.

证 (i) 对任何 $x \in H, y \in G$, 因为 $(Ax, y) = (x, A^*y)$, 所以 $(A^*y, x) = (y, Ax)$, 从而立即得到 $(A^*)^* = A$.

(ii) 定理 6.4.2 中已证明 $\|A^*\| \leqslant \|A\|$, 类似得 $\|A\| = \|(A^*)^*\| \leqslant \|A^*\|$. 因此, $\|A^*\| = \|A\|$. 根据 §5.1, 有不等式 $\|A^*A\| \leqslant \|A^*\|\|A\|$. 另一方面, 对任何 $x \in H, \|x\| = 1$, 由 Schwarz 不等式, 有

$$\|Ax\|^2 = (Ax, Ax) = (A^*Ax, x) \leqslant \|A^*Ax\|\|x\| \leqslant \|A^*A\|,$$

所以 $\|A\|^2 = \sup_{\|x\|=1} \|Ax\|^2 \leqslant \|A^*A\|$, 这就证明了 $\|A^*\|^2 = \|A\|^2 = \|A^*A\|$.

(iii) 对任何 $x \in H, y \in G$ 及复数 α, β, 由于

$$\begin{aligned} ((\alpha A + \beta B)x, y) &= \alpha(Ax, y) + \beta(Bx, y) \\ &= \alpha(x, A^*y) + \beta(x, B^*y) \\ &= (x, (\overline{\alpha}A^* + \overline{\beta}B^*)y), \end{aligned}$$

所以 $$(\alpha A + \beta B)^* = \overline{\alpha}A^* + \overline{\beta}B^*.$$

(iv) 对于任何 $x \in K, y \in G$

$$(ACx, y) = (Cx, A^*y) = (x, C^*A^*y),$$

所以 $$(AC)^* = C^*A^*.$$

(v) 当 A 是正则算子时, A^{-1} 是全空间定义的有界线性算子, $AA^{-1} = I_G$, $A^{-1}A = I_H(I_{(\cdot)}$ 是恒等算子, 显然 $I^*_{(\cdot)} = I_{(\cdot)})$. 由 (iv) 即知

$$(A^{-1})^*A^* = I_G, \quad A^*(A^{-1})^* = I_H,$$

因此 A^* 的逆算子就是 $(A^{-1})^*$, 它是全空间定义的有界线性算子. 所以 A^* 是正则算子. 反过来, 如果 A^* 是正则算子, 那么 $A = (A^*)^*$ 是正则算子.

(vi) 如果 λ 是 A 的正则点, 那么 $\lambda I - A$ 是正则算子. 所以由 (v) 及 (iii), $(\lambda I - A)^* = \overline{\lambda}I - A^*$ 是正则算子, 因此 $\overline{\lambda}$ 是 A^* 的正则点. 这就说明了 $\{\overline{\lambda}|\lambda \in \rho(A)\} \subset \rho(A^*)$, 同理 $\{\overline{\lambda}|\lambda \in \rho(A^*)\} \subset \rho((A^*)^*) = \rho(A)$. 再取复共轭就得到 $\rho(A^*) \subset \{\overline{\lambda}|\lambda \in \rho(A)\}$, 所以 $\rho(A^*) = \{\overline{\lambda}|\lambda \in \rho(A)\}$. 由于 $\sigma(A^*), \sigma(A)$ 分别是 $\rho(A^*), \rho(A)$ 的余集, 容易知道 $\sigma(A^*) = \{\overline{\lambda}|\lambda \in \sigma(A)\}$.

(vii) 由 $Ax = \lambda x$ 及 $A^*y = \mu y$, 得到

$$\lambda(x, y) = (Ax, y) = (x, A^*y) = (x, \mu y) = \overline{\mu}(x, y).$$

所以 $(\lambda - \overline{\mu})(x, y) = 0$, 由假设 $\lambda \neq \overline{\mu}$, 所以 $(x, y) = 0$, 即 $x \perp y$.　　　　证毕

下面再介绍共轭算子的一个重要性质.

定理 6.4.4　设 H、G 为 Hilbert 空间, A 是 $H \to G$ 的有界线性算子, $\mathscr{N}(A)$ 表示算子 A 的零空间[1](即 $\mathscr{N}(A) = \{x | Ax = 0\}$), $\mathscr{R}(A^*)$ 表示 A^* 的值域. 那么

$$\mathscr{N}(A) = \mathscr{R}(A^*)^{\perp}, \mathscr{N}(A^*) = \mathscr{R}(A)^{\perp}, \tag{6.4.8}$$

$$\overline{\mathscr{R}(A)} = \mathscr{N}(A^*)^{\perp}, \overline{\mathscr{R}(A^*)} = \mathscr{N}(A)^{\perp}. \tag{6.4.9}$$

证　由于对于 $x \in H, y \in G$, 有 $(Ax, y) = (x, A^*y)$, 因此, 当 $x \in \mathscr{N}(A)$ 时, $Ax = 0$, 所以 $(x, A^*y) = 0$ 对任何 $y \in G$ 成立. 这也就是 $\mathscr{N}(A) \subset \mathscr{R}(A^*)^{\perp}$. 任取 $x \in \mathscr{R}(A^*)^{\perp}$, 这时对任何 $y \in G, (x, A^*y) = 0$, 所以 $(Ax, y) = 0$ 对 $y \in G$ 成立, 取 $y = Ax$ 即知 $Ax = 0$ 所以 $\mathscr{R}(A^*)^{\perp} \subset \mathscr{N}(A)$. 这两点结合起来就得到 (6.4.8) 的第一式, 把 A 换成 A^* 就得到 (6.4.8) 的第二式.

再由定理 6.2.2 的系 2, 从 (6.4.8) 第一式两边取直交补就得到 $\mathscr{N}(A)^{\perp} = (\mathscr{R}(A^*)^{\perp})^{\perp} = \overline{\mathscr{R}(A^*)}$, 这就是 (6.4.9) 的第二式, 类似地可得到 (6.4.9) 的第一式.
　　　　证毕

4. 有界自共轭算子　现在我们考察一类重要的有界线性算子.

定义 6.4.2　设 A 是 Hilbert 空间 $H \to H$ 的有界线性算子, 如果 $A^* = A$, 就称 A 是**自共轭算子**或**自伴算子**.

自共轭算子是自共轭矩阵的推广.

定理 6.4.5　设 A 是复 Hilbert 空间 H 中的有界线性算子, 那么 A 是自共轭算子的充要条件是对一切 $x \in H, (Ax, x)$ 是实数.

证　必要性: 设 $A = A^*$, 那么由 (6.4.3′) 就知道 (Ax, x) 是实数.

充分性: 首先, 直接验算可知, 对复 Hilbert 空间 H 中任一有界线性算子 A 和 x、$y \in H$, 类似于 §6.1 中的极化恒等式, 有

$$\begin{aligned}(Ax, y) = \frac{1}{4}[&(A(x + y), x + y) - (A(x - y), x - y) \\ &+ \mathrm{i}(A(x + \mathrm{i}y), x + \mathrm{i}y) - \mathrm{i}(A(x - \mathrm{i}y), x - \mathrm{i}y)]\end{aligned} \tag{6.4.10}$$

这也称为极化恒等式. 如果对一切 $x \in H, (Ax, x)$ 是实数, 那么由 (6.4.10) 可知

$$(Ax, y) = \overline{(Ay, x)} = (x, Ay), x, y \in H,$$

由于满足 (6.4.3′) 的共轭算子 A^* 的唯一性即知 $A^* = A$.　　　　证毕

---

[1]参看 §5.5.

自共轭算子有如下简单性质.

定理 6.4.6 设 $A, B, A_n (n = 1, 2, 3, \cdots)$ 都是 Hilbert 空间 H 上有界自共轭算子, 那么

(i) 对任何实数 $\alpha, \beta, \alpha A + \beta B$ 是有界自共轭算子.

(ii) 当 $\{A_n\}$ 强 (或弱) 收敛于 A' 时, A' 必是有界自共轭算子.

证 由定理 6.4.5 知道 (i) 是显然的.

(ii) 当 $\{A_n\}$ 强收敛于 A' 时, 由 §5.4 共鸣定理知道 A' 必是有界的, 如果 $\{A_n\}$ 弱收敛于 A' 时, 由 §5.4 习题 2 知道 A' 也是有界的. 至于 A' 的自共轭性可直接由

$$(A'x, y) = \lim_{n \to \infty} (A_n x, y) = \lim_{n \to \infty} (x, A_n y) = (x, A'y) \tag{6.4.11}$$

得到. 证毕

习 题 6.4

1. 设 A 是 Hilbert 空间到内积空间 G 上有界线性算子, 并且是正则的. 证明 G 必是 Hilbert 空间.

2. 设 H 是复的 Hilbert 空间, A 是 H 上的有界线性算子. 证明 $A = -A^*$ 的充要条件是对一切 $x \in H, \operatorname{Re}(Ax, x) = 0$.

3. 设 A 是 l^2 上的有界线性算子. 当 $x = (x_\nu) \in l^2$ 时, 记 $Ax = (y_\nu)$,

$$y_\mu = \sum_{\nu=1}^{\infty} a_{\mu\nu} x_\nu, \mu = 1, 2, 3, \cdots,$$

设 $A^* x = (y_\nu^*), y_\mu^* = \sum_{\nu=1}^{\infty} a_{\mu\nu}^* x_\nu, \mu = 1, 2, 3, \cdots$, 证明 $a_{\mu\nu}^* = \bar{a}_{\nu\mu}$.

4. 设 λ 是复 Hilbert 空间 H 中有界线性算子 A 的特征值, 问 $\bar{\lambda}$ 是否为 A^* 的特征值?

5. 设 H 是复 Hilbert 空间, J 是 H 中的一个有界自共轭算子, 而且对一切 $x, (Jx, x) \geqslant c(x, x)$, 此地 c 是一个正常数, 在 H 中引入另一内积 $(x, y)_J = (Jx, y), x, y \in H$, 证明 H 按 $(\cdot, \cdot)_J$ 成为 Hilbert 空间 H_J. 证明 H 中一个有界线性算子 A 在 H_J 中 (关于内积 $(x, y)_J$) 自伴的充要条件是

$$JA = A^*J,$$

这里 A^* 表示在原来的 Hilbert 空间 H 中 (关于内积 (x, y)) 的共轭算子.

6. 设 H 是复 Hilbert 空间, J 是 H 中有界自共轭算子, 规定

$$[x, y] = (Jx, y), \quad x, y \in H,$$

那么 $(H, [\cdot, \cdot])$ 是不定内积空间.

7. 设 Π 是 Крейн 空间 (参见 §6.3 习题), A 是 Π 上有界 (只要对 Π 的某个正则分解所导出的范数是有界的) 线性算子, 证明必唯一地有 Π 上有界线性算子 $A^\dagger$, 使得

$$[Ax, y] = [x, A^\dagger y], x、y \in \Pi$$

(称 $A^\dagger$ 为 A 关于 $[\cdot, \cdot]$ 的伴随, 或共轭算子). 并且 $A^\dagger = JA^*J$, 其中 A^* 是在 Π 的某个正则分解 $\Pi = H_- \oplus H_+$ 所导出的内积 $(\cdot, \cdot)$ 下的 (按内积意义下的) 共轭算子, 而 J 是 $P_+ - P_-, P_\pm$ 是 Hilbert 空间 $(\Pi, (\cdot, \cdot))$ 在子空间 $H_\pm$ 上的投影.

8. A 是 Π 空间上有界线性算子. 证明: 对于 $A^\dagger$ 有完全类似定理 6.4.3 的 (i) — (vii) 的结果 (当然要将定理 6.4.3 中 H、G、K、换为 Π, "*" 换为 "†"). 同样, 定理 6.4.4 也对 $A^\dagger$ 成立.

定义 6.4.3　Π 空间上有界线性算子 A, 如果 $A = A^\dagger$, 称 A 是 Π 上的**自伴** (或**自共轭**) 算子.

9. 证明: 对于 Π 空间上有界自共轭算子有完全类似于定理 6.4.5 的结果.

定义 6.4.4　设 T 是 Hilbert 空间 H 到 Hilbert 空间 G 的线性算子, 如果存在 H 上一个完备就范直交系 $\{e_n\}$[①], 使得 $\sum_n \|Te_n\|^2 < \infty$, 称 T 是 $H \to G$ 的 Hilbert-Schmidt 算子 (简称 H.S. 算子). 如果对 H, G 中的一切完备就范直交系 $\{e_n\}(\subset H), \{f_n\}(\subset G)$, 存在常数 $M > 0$, 使得

$$\sup_{\{e_n\}\{f_n\}} \sum_n |(Te_n, f_n)| \leqslant M,$$

称 T 是 $H \to G$ 的**核算子** (或**迹类算子**).

(H.S. 算子和核算子是算子论中一类重要的算子, 在积分方程中也具有重要地位).

10. 如果 T 是 Hilbert 空间 H 到 Hilbert 空间 G 的 H.S. 算子或核算子, 那么 T 必是有界的, 并且当 T 是 H.S. 算子时, $\|T\| \leqslant \left(\sum_n \|Te_n\|^2\right)^{\frac{1}{2}}$, 当 T 是核算子时, $\|T\| \leqslant \sup_{\{e_n\}\{f_n\}} \sum_n |(Te_n, f_n)|$.

11. 设 T 是 Hilbert 空间 H 到 Hilbert 空间 G 的线性算子, 并且是有界的. 证明: 当 T 是有限秩算子时, T 必是 H.S. 算子, 也是核算子.

12. 设 H、G 都是 $l^2, \{e_n\}$ 是 l^2 的完备就范直交系. $\{T_{m,n} | m, n = 1, 2, 3, \cdots\}$ 是一族数. 证明: 当 $\sum_{m,n} |T_{m,n}|^2 < \infty$ 时, 下列 l^2 中线性算子

$$T_x = \sum \left(\sum_n T_{mn} x_m\right) e_m, x = \sum x_n e_n$$

是 H.S. 算子.

13. 设 T 是 Hilbert 空间 H 到 Hilbert 空间 G 的 H.S. 算子. 证明:

[①]因为不知 H 是否是可析空间, 所以这里 $\{e_n\}$ (包括以下习题) 可能是不可列的.

(i) T 必是全连续算子 (提示: 利用 $\sum_n \|Te_n\|^2 < \infty$ 证明 T 必将 H 中单位球映成完全有界集);

(ii) T^* 必是 $G \to H$ 的 $H.S.$ 算子, 并且对 H, G 中任何完备就范直交系 $\{e_n\}(\subset H), \{f_m\}(\subset G), \sum_m \|T^*f_m\|^2 = \sum_n \|Te_n\|^2 < \infty.$ (提示: 先取定 $\{e_n\}$ 满足 $\sum_n \|Te_n\|^2 < \infty$, 然后直接计算 $\sum_m \|T^*f_m\|^2 = \sum_m \sum_n |(T^*f_m, e_n)|^2 = \sum_m \sum_n |(f_m, Te_n)|^2 = \sum_n \|Te_n\|^2 < \infty.$)

(iii) (由 (ii) 立即得) 对 H 中任何两个完备就范直交系 $\{e_n\}, \{e'_m\}$,

$$\sum_n \|Te_n\|^2 = \sum_m \|Te'_m\|^2.$$

14. 记 Hilbert 空间 H 到 Hilbert 空间 G 的 $H.S.$ 算子全体为 $\mathscr{C}_2(H-G)$.

证明:(i) $\mathscr{C}_2(H \to G)$ 按通常算子的线性运算成为线性空间;

(ii) 对任何 $T \in \mathscr{C}_2(H \to G)$, 规定

$$\|T\|_{H.S.} = \left(\sum_n \|Te_n\|^2 \right)^{\frac{1}{2}},$$

这里 $\{e_n\}$ 是 H 中完备就范直交系. 那么 $\mathscr{C}_2(H \to G)$ 按 $\|\cdot\|_{H.S.}$ 成为 Hilbert 空间. (提示: 利用 $\|T\|_{H.S.} \geqslant \|T\|$, 先证任何按 $\|\cdot\|_{H.S.}$ 基本的算子序列 $\{T\}$ 必按算子范数收敛于某个算子 T, 然后证明 $\|T_k - T\|_{H.S.} \to 0$)

(iii) $\|T\|_{H.S.} = \|T^*\|_{H.S.}$.

(iv) 如果 A、B 分别是 H、G 上的有界线性算子, 那么当 $T \in \mathscr{C}_2(H \to G)$ 时, $TA, BT \in \mathscr{C}_2(H \to G)$, 并且 $\mathscr{C}_2(H \to G)$ 上的算子 $T \mapsto TA; T \mapsto BT$ 都是连续线性的.

(v) 如果 $T_1, T_2 \in \mathscr{C}_2(H \to H)$, 那么 $T_1 T_2$ 必是 $H \to H$ 的核算子.

15. 记 Hilbert 空间 H 到 Hilbert 空间 G 的核算子全体为 $\mathscr{C}_1(H \to G)$. 证明:

(i) 当 $T \in \mathscr{C}_1(H \to G)$ 时, $T^* \in \mathscr{C}_1(G \to H)$.

(ii) $\mathscr{C}_1(H \to G)$ 按通常算子的线性运算成为线性空间.

(iii) 对任何 $T \in \mathscr{C}_1(H \to G)$, 规定

$$\|T\|_K = \sup_{\{e_n\}\{f_n\}} \sum_n |(Te_n, f_n)|$$

其中 $\{e_n\}, \{f_n\}$ 分别是 H、G 中的完备就范直交系, 那么 $\|\cdot\|_K$ 必是 $\mathscr{C}_1(H \to G)$ 上范数 (称为**迹范数**), 并且按 $\|\cdot\|_K, \mathscr{C}_1(H \to G)$ 成为 Banach 空间. (提示: 利用 $\|T\|_K \geqslant \|T\|$, 先证明任何按 $\|\cdot\|_K$ 基本的算子序列 $\{T_k\}$ 必按算子范数收敛于某个算子 T, 然后证明 $\|T_k - T\|_K \to 0$.)

(iv) $\|T\|_K = \|T^*\|_K$.

($H.S.$ 算子和核算子还有一些最基本的性质可参见 §6.9 习题)

§6.5 投 影 算 子

1. 投影算子的定义和基本性质　在 §6.2 中, 我们证明了投影定理. 下面我们只考察空间 H 是 Hilbert 空间的情况, 这时投影定理可以改述如下: 如果 H 是一个 Hilbert 空间, L 是 H 中的闭线性子空间, 那么对于任何 $x \in H$, 必有相应的 $y \in L, z \perp L$, 使得 $x = y + z$. 这时我们称元素 y 为 x 在 L 上的**投影**, x 在 L 上的投影是由 x 唯一决定的.

定义 6.5.1　L 是 Hilbert 空间 H 中任意取定的一个闭子空间, 作一个算子 P 如下: 对 H 中元 x, 令 Px 是 x 在 L 上的投影, 这样定义的算子 P 称作 (由 H 到) L 上的**投影算子**. 有时为了标出 P 和 L 的关系, 记 P 为 P_L.

例 1　现在考察 n 维内积空间 E^n 中的投影算子. 设 L 是 E^n 的一个子空间, P_L 是 E^n 到 L 中的投影, 设 $e_1, e_2, \cdots, e_m$ 为 L 中的一组就范直交系. 我们在 $L^\perp$ 中再任意补充 $n - m$ 个就范直交向量 $e_{m+1}, \cdots, e_n$ 使 $e_1, \cdots, e_n$ 为 E^n 中一组就范直交基. 考察算子 P_L, 因为

$$P_L e_i = \begin{cases} e_i, & i \leqslant m, \\ 0, & i > m, \end{cases}$$

所以在基 e_1、$\cdots$、e_n 之下, 与算子 P_L 相应的矩阵 (a_{ij}) 为

$$a_{ij} = (P_L e_j, e_i) = \begin{cases} 0, & i \neq j, \\ 0, & i = j, i > m, \\ 1, & i = j, i \leqslant m, \end{cases}$$

因此 (a_{ij}) 形为

$$\overbrace{\begin{pmatrix} 1 & 0 & \cdots & 0 & 0 & \cdots & 0 \\ 0 & 1 & \cdots & 0 & 0 & \cdots & 0 \\ \vdots & \vdots & & \vdots & \vdots & & \vdots \\ 0 & 0 & \cdots & 1 & 0 & \cdots & 0 \\ 0 & 0 & \cdots & 0 & 0 & \cdots & 0 \\ \vdots & \vdots & & \vdots & \vdots & & \vdots \\ 0 & 0 & \cdots & 0 & 0 & \cdots & 0 \end{pmatrix}}^{m}.$$

例 2　设 H 为内积空间, $e_1, \cdots, e_n$ 为 H 中的就范直交向量, L 为由 $e_1, \cdots, e_n$ 所张成的子空间, 则

$$P_L x = \sum_{\nu=1}^{n} (x, e_\nu) e_\nu.$$

投影算子有下面一系列的性质:

(1) 投影算子必定是有界线性算子.

证 设 P 是 Hilbert 空间 H 到闭线性子空间 L 上的投影算子. 当 $x_1, x_2 \in H$ 时, 有 $x_1 = Px_1 + z_1, x_2 = Px_2 + z_2$, 这里 z_1、$z_2 \perp L$. 这时, $\alpha x_1 + \beta x_2 = (\alpha Px_1 + \beta Px_2) + (\alpha z_1 + \beta z_2)$, 而且

$$\alpha Px_1 + \beta Px_2 \in L, \quad \alpha z_1 + \beta z_2 \perp L,$$

所以

$$P(\alpha x_1 + \beta x_2) = \alpha Px_1 + \beta Px_2.$$

可见 P 是个线性算子, 另一方面, 当 $x \in H$ 时, $x = Px + (x - Px)$, 而 $Px \perp (x - Px)$. 由于勾股定理,

$$\|x\|^2 = \|Px\|^2 + \|x - Px\|^2,$$

所以

$$\|Px\| \leqslant \|x\|, x \in H,$$

因而 P 是个有界算子 (而且 $\|P\| \leqslant 1$).

(2) 投影算子的范数或是 0 或是 1.

证 如果 P 是 H 到 L 上的投影算子, 当 $L = \{0\}$ 时, 对一切 $x \in H, Px \in L, Px = 0, P$ 就是零算子, 所以 $\|P\| = 0$, 当 $L \neq \{0\}$ 时, 必有 $x \in L, x \neq 0$, 这时 $Px = x$, 所以必定 $\|P\| = 1$.

(3) 如果 P 是 H 到 L 的投影算子, 那么

$$L = PH = \{x | Px = x, x \in H\}.$$

证 因为 $P : H \to L$. 显然, 对任何 $x \in L, x$ 在 L 上投影就是 x 本身, 所以 $Px = x$, 即 $L \subset \{x | Px = x, x \in H\}$. 反之, 对任何 $y \in \{x | Px = x, x \in H\}$, 必有 $Py = y$, 而 P 是 $H \to L$ 的映照, 所以 $y \in L$, 即 $\{x | Px = x, x \in H\} \subset L$. 因而 $L = PH = \{x | Px = x, x \in H\}$.

(4) $P_L x = x$ 的充要条件是 $x \in L$. $P_L x = 0$ 的充要条件是 $x \perp L$.

这是显然的.

投影算子是一类比较简单的有界线性算子, 它是有限维空间中投影算子的推广. 下面的定理说明了投影算子的特征.

定理 6.5.1 设 P 是 Hilbert 空间 H 中在全空间定义的线性算子, 那么 P 成为投影算子的充要条件是: P 是自共轭 ($P = P^*$) 而且幂等 (即 $P^2 = P$) 的算子.

证　必要性: 设 P 是 L 上的投影算子, 对于 x_1、$x_2 \in H$, 有

$$x_1 = Px_1 + z_1, x_2 = Px_2 + z_2, z_1, z_2 \perp L,$$

那么由 $(Px_1, z_2) = (z_1, Px_2) = 0$ 得到

$$(Px_1, x_2) = (Px_1, Px_2 + z_2) = (Px_1, Px_2) = (Px_1 + z_1, Px_2)$$
$$= (x_1, Px_2),$$

因此 P 是自共轭算子.

又因为对于每个 $x \in H, Px \in L$, 所以 $P(Px) = Px$, 这就是

$$P^2 = P.$$

充分性: 设 P 是线性算子, 而且 $P = P^* = P^2$. 先证明 P 是有界的. 如果不对, 必有 $x \in H, \|x\| = 1$, 使得 $\|Px\| > 1$. 然而

$$\|Px\|^2 = (Px, Px) = (P^2x, x) = (Px, x) \leqslant \|Px\|\|x\| = \|Px\|,$$

因此与 $\|Px\| > 1$ 相矛盾. 从而 P 有界 (其实还得到 $\|P\| \leqslant 1$).

作

$$L = \mathscr{N}(I - P) = \{x | (I - P)x = 0\},$$

这里 I 是恒等算子. 由于 $I - P$ 是连续线性算子, 它的零空间 L 是 H 的闭线性子空间. 我们要证明 P 是 H 到 L 上的投影算子: 由于当 $x \in H$ 时, $(I - P)Px = 0$, 所以 $Px \in L$. 作分解 $x = Px + (x - Px)$ 如果 $y \in L$, 由于 $I - P$ 是自共轭的, $(x - Px, y) = (x, (I - P)y) = 0$, 所以 $x - Px \perp L$. 因此 Px 是 x 在 L 上的投影, 也就是说, P 是 H 到 L 上的投影算子.　　　　　　　　　　　证毕

如 P 是 H 到 L 上的投影算子, 称 L 为 P 的投影子空间.

由于投影算子 P 是幂等的自共轭算子, 因此对任何 $x \in H$, 有

$$(Px, x) = (P^2x, x) = (Px, Px) = \|Px\|^2$$

实际上, 对于复空间来说, 这是刻画投影算子的又一个特征.

定理 6.5.2　设 P 是复 Hilbert 空间 H 中的有界线性算子. 那么 P 成为投影算子的充要条件是

$$\|Px\|^2 = (Px, x),$$

对任何 $x \in H$ 成立.

证 只要证明条件的充分性. 设条件满足, 由定理 6.4.5 知道 P 是自共轭算子, 因此只要证明 P 具有幂等性, 由假设 $(Px, x) = \|Px\|^2 = (Px, Px) = (P^2 x, x)$, 记 $A = P - P^2$, 则对于 $x \in H, (Ax, x) = 0$. 由极化恒等式 (6.4.9) 得到 $(Ax, y) = 0, x$、$y \in H$, 取 $y = Ax$ 得到 $A = 0$, 因此 $P = P^2$. 证毕

2. 投影算子的运算 下面我们研究投影算子间的运算.

定理 6.5.3 设 P_L, P_M 是两个投影算子, 那么 $L \perp M$ 的充要条件是 $P_L P_M = 0$.

证 必要性: 如果 $L \perp M$, 那么对任何 $x \in H, P_M x \in M$, 因此 $P_M x \perp L$, 从而 $P_L(P_M x) = 0$, 这就是 $P_L P_M = 0$.

充分性: 如果 $P_L P_M = 0$, 那么对于任何 $x \in M$,

$$P_L x = P_L P_M x = 0,$$

所以 $x \perp L$, 也就是说 M 中任何元都与 L 直交, 这就说明 $L \perp M$.

定理 6.5.4 设 P_L, P_M 是两个投影算子, 则 $P_L + P_M$ 是投影算子的充要条件是 $P_L P_M = 0$, 且当 $P_L + P_M$ 是投影算子时, 它就是 $P_{L \oplus M}$.

证 必要性: 如果 $P_L + P_M$ 是投影算子, 那么它是幂等的, 即

$$\begin{aligned} P_L + P_M &= (P_L + P_M)^2 = P_L^2 + P_L P_M + P_M P_L + P_M^2 \\ &= P_L + P_L P_M + P_M P_L + P_M, \end{aligned}$$

即

$$P_L P_M + P_M P_L = 0, \tag{6.5.1}$$

这式子左 (右) 乘上 P_L 就得

$$P_L P_M + P_L P_M P_L = 0, P_L P_M P_L + P_M P_L = 0,$$

可见 $P_L P_M = P_M P_L$, 再由 (6.5.1) 式就得到 $P_L P_M = 0$.

充分性: 如果 $P_L P_M = 0$, 这时 $P_M P_L = (P_L P_M)^* = 0$. 因此

$$(P_L + P_M)^2 = P_L^2 + P_M^2 = P_L + P_M,$$

而 $P_L + P_M$ 显然是有界自共轭算子. 由定理 6.5.1 即知它是投影算子.

最后我们还要证明在 $P_L + P_M$ 是投影算子时, $P_L + P_M = P_{L \oplus M}$.
由定理 6.5.3, 这时 $L \perp M$, 故 $L \oplus M$ 这样写是合理的.

对于 $x \in L$, 则 $x \perp M$, 故 $(P_L + P_M)x = P_L x + P_M x = x$. 同样, 对于 $y \in M, (P_L + P_M)y = y$. 可见对于 $L \oplus M$ 中的向量, 经 $P_L + P_M$ 作用后仍为自身. 而对于 $z \perp L \oplus M$, 因为 $z \perp L, z \perp M$, 故

$$(P_L + P_M)z = P_L z + P_M z = 0,$$

所以 $P_L + P_M = P_{L \oplus M}$.　　　　　　　　　　　　　　　　　　　　　　　证毕

定义 6.5.2　如果两个投影算子 P 和 Q 满足 $PQ = 0$, 就称 P 和 Q 是直交的, 记为 $P \perp Q$.

上面的定理 6.5.3 及 6.5.4 的意思就是: 两个投影算子直交的充要条件是它们的投影子空间是直交的; 两个投影算子之和是投影算子的充要条件是它们直交, 这时它们的和就是投影子空间的直交和上的投影算子.

定理 6.5.4 可以推广成有限个两两直交的投影算子之和是投影算子, 下面将它推广到一列投影算子的情况.

定理 6.5.5　设 $P_n (n = 1, 2, 3, \cdots)$ 是 Hilbert 空间 H 中一列两两直交的投影算子, 则必有投影算子 P, 使得对任何 $x \in H$, 有

$$Px = \sum_{i=1}^{\infty} P_i x. \tag{6.5.2}$$

证　首先要说明 (6.5.2) 式的右端是有意义的, 记 $Q_n = \sum_{i=1}^{n} P_i$. 由上所述, $Q_n (n = 1, 2, 3, \cdots)$ 是投影算子. 对于任何 $x \in H$,

$$\|x\|^2 \geqslant \|Q_n x\|^2 = \left\| \sum_{i=1}^{n} P_i x \right\|^2 = \sum_{i=1}^{n} \|P_i x\|^2,$$

因此, 级数 $\sum_{i=1}^{\infty} \|P_i x\|^2$ 收敛, 所以知道 $\lim_{m,n \to \infty} \sum_{i=m}^{n} \|P_i x\|^2 = 0$.

又由勾股定理

$$\|Q_n x - Q_m x\|^2 = \left\| \sum_{i=m+1}^{n} P_i x \right\|^2 = \sum_{i=m+1}^{n} \|P_i x\|^2 \to 0 \; (\text{当 } n, m \to \infty \text{ 时}),$$

由此, $\{Q_n x\}$ 是个基本点列, 因而必定收敛于一个向量, 记作为 Px. 这样, 对于每个 $x \in H$, 我们用 $\lim_{n \to \infty} Q_n x = \sum_{i=1}^{\infty} P_i x$ 来作为 Px, 就作出了一个算子 P.

容易看到这样作出的算子 P 是线性算子. 而且由于

$$\|Px\| = \lim_{n \to \infty} \|Q_n x\| \leqslant \|x\|,$$

所以 P 是个有界线性算子. 还要证明的事情就是 P 确实是一个投影算子.

由 (6.5.2) 和 Q_n 是自共轭算子, 所以对任何 $x, y \in H$,

$$(Px, y) = \lim_{n \to \infty} (Q_n x, y) = \lim_{n \to \infty} (x, Q_n y)$$
$$= (x, Py),$$

即 $P = P^*$, 再注意到 $Q_n Q_m = Q_m^2 = Q_m (n \geqslant m)$, 所以

$$(P^2 x, y) = (Px, Py) = \lim_{\substack{n \to \infty \\ m \to \infty}} (Q_n x, Q_m y)$$
$$= \lim_{m \to \infty} (Q_m x, Q_m y) = \lim_{m \to \infty} (Q_m^2 x, y)$$
$$= \lim_{m \to \infty} (Q_m x, y) = (Px, y),$$

从而 $P^2 = P$. 根据定理 6.5.1, P 是投影算子. 证毕

定理 6.5.5 中的算子 P 也可记为 $\sum\limits_{i=1}^{\infty} P_i$, 这级数和就是部分和算子序列 $\left\{ \sum\limits_{i=1}^{n} P_i \mid n = 1, 2, 3, \cdots \right\}$ 的强收敛极限. P 的投影子空间是怎样的子空间呢?

定义 6.5.3 设 $\{L_n\}$ 是 Hilbert 空间 H 中一列两两互相直交的闭线性子空间. 作

$$L = \left\{ \sum_{i=1}^{\infty} x_i \mid x_i \in L_i (i = 1, 2, 3, \cdots), \sum_{i=1}^{\infty} \|x_i\|^2 < \infty \right\},$$

称 L 为 $\{L_n\}$ 的**直交和**, 记为 $L = \bigoplus\limits_{i=1}^{\infty} L_i$.

显然这时 L 是 H 的闭线性子空间. 其实, L 就是由 $\{L_n\}$ 张成的闭子空间.

系 设 $\{L_n\}$ 是 Hilbert 空间 H 中一列两两直交的闭线性子空间, 那么 $P_{\bigoplus\limits_{i=1}^{\infty} L_i} = \sum\limits_{i=1}^{\infty} P_{L_i}$ (式中右边级数是指算子的强收敛).

证 由定理 6.5.5, $\sum\limits_{i=1}^{\infty} P_{L_i}$ 确是投影算子, 把它记为 P. 当 $x \in H$ 时, 由于 (6.5.2) 式

$$\|Px\|^2 = \sum_{i=1}^{\infty} \|P_{L_i} x\|^2, \quad P_{L_i} x \in L_i,$$

所以 $Px \in L = \bigoplus_{i=1}^{\infty} L_i$, 因此 $\{x|Px = x\} \subset L$. 反过来对于 $x \in L$, 记 $x = \sum_{i=1}^{\infty} x_i$, 其中 $x_i \in L_i, \sum_{i=1}^{\infty} \|x_i\|^2 < \infty$. 由 $\{L_n\}$ 的相互直交性, 我们有

$$P_{L_k} x_n = \begin{cases} x_n, & k = n \text{ 时}, \\ 0, & k \neq n \text{ 时}, \end{cases}$$

所以 $P_{L_k} x = \sum_{n=1}^{\infty} P_{L_k} x_n = x_k$, 因此 $Px = \sum_{k=1}^{\infty} P_{L_k} x = \sum_{k=1}^{\infty} x_k = x$. 这就说明 P 是 L 上的投影算子. 证毕

现在我们讨论什么时候两个投影算子的乘积仍是投影算子的问题.

定理 6.5.6　设 P_L, P_M 是两个投影算子, 那么 $P_L P_M$ 成为投影算子的充要条件是 $P_L P_M = P_M P_L$. 而且在 $P_L P_M$ 是投影算子时, 它就是在 $L \bigcap M$ 上的投影算子.

证　必要性: 如果 $P_L P_M$ 是投影算子, 那么它是自共轭算子.
所以 $P_M P_L = P_M^* P_L^* = (P_L P_M)^* = P_L P_M$.

充分性: 如果 $P_L P_M = P_M P_L$, 那么

$$(P_L P_M)^* = (P_M P_L)^* = P_L^* P_M^* = P_L P_M,$$

$$(P_L P_M)^2 = P_L P_M P_L P_M = P_L P_L P_M P_M = P_L^2 P_M^2 = P_L P_M,$$

这两个式子说明 $P_L P_M$ 是幂等的自共轭算子, 由定理 6.5.1, $P_L P_M$ 是投影算子.

最后, 当 $P_L P_M$ 是投影算子时, 如果 $x \in L \bigcap M$, 那么

$$P_L P_M x = P_L x = x,$$

反过来, 如果向量 x 使 $x = P_L P_M x$, 那么 $x \in L$, 又因 $x = P_M P_L x$, 所以 $x \in M$, 因此 $x \in L \bigcap M$. 由投影算子性质 (3), $P_L P_M$ 是在 $L \bigcap M$ 上的投影算子.　证毕

定义 6.5.4　设 A 及 B 是 Hilbert 空间 H 上的有界自共轭算子, 如果对任何 $x \in H$ 都成立不等式

$$(Ax, x) \leqslant (Bx, x),$$

就说 A 小于或等于 B (也可以说 B 大于或等于 A), 记为

$$A \leqslant B \quad \text{或} \quad B \geqslant A.$$

定理 6.5.7 设 P_L 及 P_M 是 Hilbert 空间 H 中两个投影算子,那么下列命题是彼此等价的:

(i) $P_L \geqslant P_M$.

(ii) $\|P_L x\| \geqslant \|P_M x\|$ 对任何 $x \in H$ 成立.

(iii) $L \supset M$.

(iv) $P_L P_M = P_M$.

(v) $P_M P_L = P_M$.

证 (i)→(ii): 由 $P_L \geqslant P_M$, 对任何 $x \in H$,

$$\|P_L x\|^2 = (P_L x, P_L x) = (P_L x, x) \geqslant (P_M x, x) = \|P_M x\|^2.$$

(ii)→(iii): 由 $\|P_L x\| \geqslant \|P_M x\|$, 当 $x \in M$ 时,

$$\|P_L x\|^2 \geqslant \|P_M x\|^2 = \|x\|^2 = \|x - P_L x\|^2 + \|P_L x\|^2,$$

所以 $\|x - P_L x\| = 0$, 即 $x = P_L x$, 因此 $x \in L$. 这样就得到 $M \subset L$.

(iii)→(iv): 由 $M \subset L$, 对任何 $x \in H, P_M x \in M \subset L$, 所以

$$P_L(P_M x) = P_M x,$$

因此 $P_L P_M = P_M$.

(iv)→(v): 当 (iv) 成立时, $P_L P_M$ 是投影算子, 由定理 6.5.6,

$$P_M P_L = P_L P_M = P_M.$$

(v)→(i): 当 $P_M P_L = P_M$ 时, 对于 $x \in H$, 成立

$$(P_M x, x) = \|P_M x\|^2 = \|P_M P_L x\|^2 \leqslant \|P_M\| \|P_L x\|^2 \leqslant \|P_L x\|^2$$
$$= (P_L x, x),$$

这就是 $P_M \leqslant P_L$.   证毕

定义 6.5.5 设 L、M 是 H 的两个闭线性子空间, 而且 $L \supset M$, L 中与 M 直交的向量全体称为 M 在 L 中的**直交补**, 记为 $L \ominus M$, 即

$$L \ominus M = \{x \mid x \in L \text{ 而且 } x \perp M\} = L \bigcap M^\perp.$$

定理 6.5.8 设 P_L、P_M 是两个投影算子, 那么 $P_L - P_M$ 是投影算子的充要条件是 $L \supset M$. 当 $P_L - P_M$ 是投影算子时, $P_L - P_M = P_{L \ominus M}$.

证　必要性: 如果 $P_L - P_M$ 是投影算子, 由于 $P_L - P_M$ 与 P_M 之和 P_L 是投影算子, 由定理 6.5.4, $(P_L - P_M)P_M = 0$. 即 $P_L P_M = P_M$, 再由定理 6.5.7 立即得 $L \supset M$.

充分性: 如果 $L \supset M$, 由定理 6.5.7, $P_L P_M = P_M P_L = P_M$, 所以

$$(P_L - P_M)^2 = P_L^2 - P_L P_M - P_M P_L + P_M^2 = P_L - P_M - P_M + P_M$$
$$= P_L - P_M,$$

因此 $P_L - P_M$ 是幂等的, 但 $P_L - P_M$ 的自共轭性是显然的, 因此根据定理 6.5.1, $P_L - P_M$ 是投影算子.

最后, 如果 $P_L - P_M$ 是投影算子, 记它的投影子空间为 L_1, 即 $P_L - P_M = P_{L_1}$, 因而 $P_{L_1} + P_M = P_L$. 由定理 6.5.4, $L_1 \oplus M = L$. 这表明 L_1 是 L 中与 M 直交的元全体. 即 $L_1 = L \ominus M$.　　　　　　　　　　　证毕

系 1　设 P_L 是由 Hilbert 空间到它的闭线性子空间 L 上的投影算子, 那么 $I - P_L$ 是在 $L^\perp$ 上的投影算子.

系 2　设 P_L, P_M 是投影算子, 那么 $P_L P_M$ 成为投影算子的充要条件是 $(L \ominus (L \cap M)) \perp (M \ominus (L \cap M))$.

系 2 的证明留给读者.

系 3　设 P_L, P_M 是投影算子, 而且 $P_L P_M = P_M P_L$, 那么 $P_L - P_L P_M + P_M$ 是在 $(L \ominus (L \cap M)) \oplus M$ 上的投影算子.

证　因为 $P_L P_M = P_M P_L$, 所以由定理 6.5.6, $P_L P_M$ 是在 $L \cap M$ 上的投影算子. 由定理 6.5.8, $P_L - P_L P_M$ 是在 $L \ominus (L \cap M)$ 上的投影算子, 由于

$$(P_L - P_L P_M)P_M = P_L P_M - P_L P_M^2 = 0,$$

根据定理 6.5.4, $P_L - P_L P_M + P_M$ 是在 $(L \ominus (L \cap M)) \oplus M$ 上的投影算子. 证毕

下面是今后有用的系.

系 4　设 $\{P_n\}$ 是一列投影算子, 如果它是单调序列, 即

$$P_1 \leqslant P_2 \leqslant \cdots \leqslant P_n \leqslant \cdots (\text{单调上升}) \text{ 或}$$
$$P_1 \geqslant P_2 \geqslant \cdots \geqslant P_n \geqslant \cdots (\text{单调下降})$$

则 $\{P_n\}$ 必强收敛于一个投影算子.

证 设 $P_1 \leqslant P_2 \leqslant \cdots \leqslant P_n \leqslant \cdots$, 令 $Q_n = P_n - P_{n-1}(n \geqslant 2), Q_1 = P_1$. 由定理 6.5.8 易知 $\{Q_n\}$ 是一列相互直交的投影算子. 对 $\{Q_n\}$ 利用定理 6.5.5, 立即知道存在投影算子 P,

$$Px = \sum_{n=1}^{\infty} Q_n x = \lim_{m \to \infty} \sum_{n=1}^{m} Q_n x = \lim_{m \to \infty} P_m x, x \in H,$$

这就是说 $\{P_m\}$ 强收敛于 P.

当 $P_1 \geqslant P_2 \geqslant \cdots \geqslant P_n \geqslant \cdots$ 时, 令 $P'_n = I - P_n$, 那么 $\{P'_n\}$ 必是单调上升序列, 从而强收敛于投影算子 P', 也就是说 $\{P_n\}$ 强收敛于投影算子 $I - P'$. 证毕

例 3 我们考察 Hilbert 空间 $L^2(\Omega, \boldsymbol{R}, \mu)$ (此地 $\boldsymbol{R}$ 是 σ-代数, 见 §6.1 例 2). 设 $E \in \boldsymbol{R}, \chi_E(x)$ 是 E 的特征函数, P_E 表示 $L^2(\Omega, \boldsymbol{R}, \mu)$ 上的如下的算子[①]:

$$P_E f = \chi_E(x) f(x), \quad (f \in L^2[\Omega, \boldsymbol{R}, \mu]).$$

容易验证 P_E 是 $L^2(\Omega, \boldsymbol{R}, \mu)$ 的投影算子. 对于这种形式的投影算子, $P_E P_F = 0$ 相当于 $E \bigcap F$ 是 μ-零集. 当 $E \bigcap F$ 是 μ-零集时 $P_E + P_F = P_{E \bigcap F}$. P_E 与 P_F 总是可交换的, 且 $P_E P_F = P_{E \bigcap F}$. $P_E \geqslant P_F$ 相当于 $F - E$ 是 μ-零集, 这时 $P_E - P_F = P_{E-F}$. 如果 $E_n(n = 1, 2, 3, \cdots)$ 是有限个或可列个两两不交的 $(\Omega, \boldsymbol{R})$ 可测集, 那么

$$\sum_n P_{E_n} = P_{\bigcup_n E_n}.$$

上面这些都是可以直接验证的.

3. 投影算子与不变子空间 现在我们来考察对应于算子的不变子空间的投影算子.

定理 6.5.9 设 A 是 Hilbert 空间 H 上的有界线性算子, M 是 H 中的闭线性子空间. 那么 M 是 A 的不变子空间的充要条件是 $AP_M = P_M A P_M$.

证 必要性: 如果 M 是一个不变子空间, 那么当 $x \in M$ 时, $Ax \in M$. 由于对任何 $x \in H, P_M x \in M$, 所以 $AP_M x \in M$, 因此

$$P_M(AP_M x) = AP_M x,$$

这等式就说明 $P_M A P_M = AP_M$.

反过来, 如果 $P_M A P_M = AP_M$. 那么对任何 $x \in M$, 由

$$P_M A P_M x = AP_M x$$

[①]这里的记号 P_E 的下标 E 并不是 $L^2(\Omega, \boldsymbol{R}, \mu)$ 中的闭线性子空间, 这点与前面的记号用法不同.

得到 $P_M A x = A x$, 所以 $A x \in M$, 所以 M 是 A 的不变子空间. 证毕

定义 6.5.6 设 A 是 Hilbert 空间 H 上的有界线性算子, M 是 H 的闭线性子空间, 如果 M 及 $M^\perp = H \ominus M$ 都是 A 的不变子空间, 就称 M 是 A 的**约化子空间**, 或简称 M 约化 A.

由定理 6.5.9 可得下面的系.

系 1 M 约化 A 的充要条件是 $A P_M = P_M A$.

证 必要性: 由于 M 是 A 的不变子空间, 因此由定理 6.5.9, $P_M A P_M = A P_M$, 又因 $M^\perp = H \ominus M$ 也是 M 的不变子空间, 而且 $P_{H \ominus M} = I - P_M$. 所以

$$(I - P_M) A (I - P_M) = A (I - P_M),$$

由此即得 $P_M A = P_M A P_M$. 因此 $P_M A = A P_M$.

反过来, 如果 $P_M A = A P_M$, 那么 $P_M^2 A = P_M A P_M$, 所以 $A P_M = P_M A P_M$. 另外 $(I - P_M) A (I - P_M) = A (I - P_M) - P_M A (I - P_M) = A (I - P_M)$. 这就说明 M 及 $H \ominus M$ 都是 A 的不变子空间. 因此 M 约化 A. 证毕

系 2 M 约化 A 的充要条件是: M 同时是 A 及 A^* 的不变子空间. 特别当 A 是自共轭算子时, A 的不变子空间必定约化 A.

证 M 成为 A 及 A^* 的不变子空间的充要条件是

$$P_M A P_M = A P_M, \quad P_M A^* P_M = A^* P_M,$$

后一个式子通过两边取共轭可知它等价于 $P_M A P_M = P_M A$. 因此充要条件变成 $P_M A P_M = A P_M$ 与 $P_M A P_M = P_M A$ 同时成立. 但这两个式子等价于 $P_M A = A P_M$. 证毕

例 4 类似于例 1, 在 n 维内积空间 E^n 中, 取一组就范直交系 e_1、e_2、$\cdots$、e_n. 设自然数 l 适合 $1 \leqslant l < n$, 又取一个 $n \times n$ 阵 $(a_{\mu\nu})$ 如下:

$$(a_{\mu\nu}) = \begin{pmatrix} a_{11} & a_{12} & \cdots & a_{1l} & 0 & \cdots & 0 \\ \vdots & \vdots & & \vdots & \vdots & & \vdots \\ a_{l1} & a_{l2} & \cdots & a_{ll} & 0 & \cdots & 0 \\ 0 & 0 & \cdots & 0 & \alpha_{l+1,l+1} & \cdots & a_{l+1,n} \\ \vdots & \vdots & & \vdots & \vdots & & \vdots \\ 0 & 0 & \cdots & 0 & a_{n,l+1} & \cdots & a_{nn} \end{pmatrix} \tag{6.5.3}$$

根据 §5.1 知道, $(a_{\mu\nu})$ 在基 $\{e_1, \cdots, e_n\}$ 之下相应于 $E^n \to E^n$ 的一个有界线性算子 A.

由 $\{e_1, \cdots, e_l\}$ 及 $\{e_{l+1}, \cdots, e_n\}$ 分别张成 E^n 的 l 维和 $n-l$ 维子空间 M 及 M'. 显然它们都是 A 的不变子空间, 而且 $M' = E^n \ominus M$, 即 M 和 M' 都是 A 的约化子空间. 反之, 设 A 是 $E^n \to E^n$ 的任一个线性算子, 如果 A 有非平凡的约化子空间 M, 那么必定有一组就范直交基 $e_1, \cdots, e_n$, 使得在这组基之下, A 相应的阵有如 (6.5.3) 的形式.

事实上, 设 M 的维数为 l, 在 M 中可取就范直交基 $e_1, \cdots, e_l$. $M^\perp = E^n \ominus M$ 是 $n-l$ 维子空间. 在 $M^\perp$ 中又取一组就范直交基 $e_{l+1}, \cdots, e_n$, 在这组基 $e_1, e_2, \cdots, e_n$ 下. A 相应于阵 $(a_{\mu\nu})$. 由于 M 是 A 的不变子空间, 当 $i \leqslant l$ 时, $Ae_i \in M$, 当 $j > l$ 时, $e_j \perp M$, 这就立即得到当 $i \leqslant l, j > l$ 时, $(Ae_i, e_j) = a_{ji} = 0$. 类似地由于 $M^\perp$ 为 A 的不变子空间, 当 $i > l, j \leqslant l$ 时, 也成立此式, 所以阵 $(a_{\mu\nu})$ 是形如 (6.5.3) 式的阵.

习　题　6.5

1. 设 $\{L_i\}$ 是 Hilbert 空间 H 上一列相互直交的闭子空间. 证明: $\displaystyle\bigoplus_{i=1}^{\infty} L_i = \overline{\mathrm{span}}\{L_i\}$.

2. 设 P_L、P_M 是 Hilbert 空间 H 上两个投影算子. 证明 $P_L P_M$ 是投影算子的充要条件是 $[L \ominus (L \bigcap M)] \perp [M \ominus (L \bigcap M)]$.

3. 设 P_1 和 P_2 是 Hilbert 空间 H 中的两个投影算子, 而且 $P_1 + P_2 - P_1 P_2$ 也是投影算子. 问此时 $P_1 P_2 = P_2 P_1$ 是否成立?

4. 如果定理 6.5.2 中 H 改为实 Hilbert 空间, 问定理 6.5.2 是否仍然成立?

5. 设 $\{P_\lambda | \lambda \in \Lambda\}$ 是 Hilbert 空间 H 上一族 (可以不可列个) 相互直交的投影算子, P_λ 相应的投影子空间是 $L_\lambda = P_\lambda H$. 证明: 必存在 H 上投影算子 P, 使对一切 $x \in H$, 有

$$Px = \sum_\lambda P_\lambda x$$

(上式右边级数是强收敛); 如记 P 的投影子空间为 L, 那么

$$L = \bigoplus_\lambda L_\lambda,$$

其中 $\displaystyle\bigoplus_\lambda L_\lambda = \left\{ \sum_\lambda x_\lambda \,\middle|\, x_\lambda \in L_\lambda, \sum_\lambda \|x_\lambda\|^2 < \infty \right\}$, 即 $\displaystyle\bigoplus_\lambda L_\lambda = \overline{\mathrm{span}}\{L_\lambda\}$.

6. 设 H 是 Hilbert 空间, $\{P_\alpha | \alpha \in \Lambda\}$ 是 H 中的一族投影算子. 设 P 是 H 中的投影算子, 而且 $P \geqslant P_\alpha, \alpha \in \Lambda$, 同时对任何投影算子 Q, 当 $Q \geqslant P_\alpha, \alpha \in \Lambda$ 时必有 $Q \geqslant P$. 这时称 P 为 $\{P_\alpha | \alpha \in \Lambda\}$ 的上确界, 记为

$$P = \sup_{\alpha \in \Lambda} P_\alpha.$$

类似地可以定义投影算子族的下确界. 证明 H 中任何一族投影算子的上确界和下确界都存在.

7. 设 H 是可析的 Hilbert 空间, $\{P_\alpha | \alpha \in \Lambda\}$ 是一族投影算子. 证明必有 Λ 的有限或可列子集 Λ_0 使得

$$\sup_{\alpha \in \Lambda} P_\alpha = \sup_{\alpha \in \Lambda_0} P_\alpha.$$

8. 设 P 是 Hilbert 空间 $L^2[a,b]$ 中的投影算子. 如果对于 $[a,b]$ 上任何有界可测函数 φ, 都有

$$P(\varphi f) = \varphi P f, f \in L^2[a,b].$$

证明这时必有 $[a,b]$ 的可测子集 M 使 $PL^2[a,b] = \{f|$ 在 M 外 $f(t) = 0\}$.

9. 设 H 是 Hilbert 空间, $\{P_n\}$ 是 H 中一列两两直交的非零投影算子. 又设 $\{\lambda_n\}$ 是一个有界数列. 证明在 H 中必有有界线性算子 A 使得

$$A = (\text{强}) \lim_{N \to \infty} \sum_{\nu=1}^{N} \lambda_\nu P_\nu,$$

并且 $\{\lambda_\nu\}$ 是算子 A 的特征值, λ_ν 的相应的特征子空间是 $P_\nu H$, 而

$$\|A\| = \sup_\nu |\lambda_\nu|.$$

10. 对于任何幂等的有界线性算子 $A \neq 0$, 必有 $\|A\| \geqslant 1$.

11. 设 A 是 Hilbert 空间 H 上有界线性算子, L 是 H 的闭线性子空间, 如界 L 约化 A, 那么

(i) L 也必约化 A^*;

(ii) 如果 A^{-1} 存在, 并且是 H 上有界算子, 那么 L 也约化 A^{-1};

(iii) $A_L, A_{L^\perp}$ 分别表示 A 在 L、$L^\perp$ 上的限制, 那么

$$\sigma(A) = \sigma(A_L) \bigcup \sigma(A_{L^\perp}).$$

12. 设 A 是 Hilbert 空间 H 上有界线性算子, 满足 $A^*A - AA^* \geqslant 0$, 称 A 是 H 上的**亚正常算子**. 证明亚正常算子的零空间 $\mathscr{N}(A)$ 必约化 A; 又如果 λ 是 A 的特征值, 相应的特征子空间为 E. 那么 E_λ 也约化 A (提示: 当 A 是亚正常时, $A - \lambda I$ 也是亚正常的).

定义 6.5.7 设 Π 是 Крейн 空间 (参见 §6.3 习题), P 是 Π 上有界线性算子, 如果满足 $P^2 = P, P^\dagger = P$ 称 P 是 Π 上的**投影算子**.

13. 设 P 是 Π 上的投影算子, 记 $L = \{x | Px = x, x \in \Pi\}$. 证明:

(i) L 是 Π 的闭子空间;

(ii) $I - P$ 也是 Π 上的投影算子;

(iii) $\Pi = L \oplus L^\perp$, 这里 $L^\perp = \{x | (I - P)x = x, x \in \Pi\} = \{x | Px = 0, x \in \Pi\} = \{x | [x, y] = 0, y \in L\}$;

(iv) $_-L$ 必是 Π 中非退化的子空间 (即 L 中不存在非零 x, 使得 $[x, y] = 0$ 对一切 $y \in L$ 成立).

14. 设 L 是 Π 上线性子空间, 并且 $\Pi = L \oplus L^\perp$. 证明

(i) L 是 Π 的闭子空间, 并且是非退化的;

(ii) 对任何 $x \in \Pi$, 有唯一分解: $x = x_L + x_{L\perp}, x_L \in L, x_{L\perp} \in L^\perp$. 作 Π 上算子 $P : x \mapsto x_L$. 证明 P 是 Π 上的线性算子, 并且满足 $P^2 = P, P^\dagger = P$;

(iii) 在 (ii) 中定义的算子 P 必是 Π 上的有界算子 (提示: 证明 P 是全空间上定义的闭线性算子, 然后利用闭图像定理可得). (习题 14 是习题 13 的逆命题.)

§6.6 双线性 Hermite 泛函与自共轭算子

1. 双线性 Hermite 泛函 在本节我们要把内积进一步推广, 引入双线性 Hermite 泛函的概念. 以后将用双线性 Hermite 泛函来研究自共轭算子.

设 $(\varphi_{\mu\nu})_{(\mu,\nu=1,2,\cdots,n)}$ 是 $n \times n$ 方阵, 利用它我们作 E^n 上的一个函数 $\varphi(x, y)$ 如下: 当 $x = (x_1, x_2, \cdots, x_n) \in E^n, y = (y_1, y_2, \cdots, y_n) \in E^n$ 时, 规定

$$\varphi(x, y) = \sum \varphi_{\mu\nu} x_\mu \overline{y}_\nu,$$

显然 $\varphi(x, y)$ 对于变元 x 是线性的, 对于变元 y 是共轭线性的, 当方阵 $(\varphi_{\mu\nu})$ 是自共轭阵时, 显然 $\varphi(x, y) = \overline{\varphi(y, x)}$. 在线性代数中, $\varphi(x, y)$ 是用来研究方阵的一个工具. 现在我们把它推广到一般的 Hilbert 空间的情况.

定义 6.6.1 设 K 是实数域或复数域, H 是域 K 上的线性空间. $\varphi(\cdot, \cdot)$ 是取值于 K 中的 H 上的二元泛函. 如果对于任何 $x, y, z \in H$ 及 $\alpha, \beta \in K$, 都成立

$$\varphi(\alpha x + \beta y, z) = \alpha \varphi(x, z) + \beta \varphi(y, z), \tag{6.6.1}$$

$$\varphi(x, \alpha y + \beta z) = \overline{\alpha} \varphi(x, y) + \overline{\beta} \varphi(x, z), \tag{6.6.2}$$

那么称 $\varphi(\cdot, \cdot)$ 是 H 上的**双线性泛函**.

由定义可知, 在复空间上, $\varphi(\cdot, \cdot)$ 对于第二个变元来说, 并不是线性的, 而只是共轭线性的. 因此, 在复空间上严格地说不应该称为双线性泛函, 有些书上称它为 "一个半" 线性泛函.

定义 6.6.2 设 K 是实数域或复数域, H 是域 K 上的线性空间, $\varphi(\cdot, \cdot)$ 是 H 上的二元泛函. 如果对任何 $x, y \in H$, 都成立

$$\varphi(x, y) = \overline{\varphi(y, x)}, \tag{6.6.3}$$

就称 $\varphi(\cdot, \cdot)$ 是 H 上的 **Hermite 泛函**.

在 (6.6.3) 成立时, (6.6.1) 及 (6.6.2) 式只要成立一个就可以推出另一个, 但从 (6.6.1) 和 (6.6.2) 式并不能推出 (6.6.3) 式.

定义 6.6.3　设 H 是内积空间, A 是 H 上的线性算子, 那么称

$$\varphi(x, y) = (Ax, y) \tag{6.6.4}$$

是由算子 A 导出的泛函.

显然由算子 A 导出的泛函是 H 上的双线性泛函, 如果算子 A 又是自共轭的:

$$(Ax, y) = (x, Ay), \quad x \text{、} y \in H,$$

那么, 由算子 A 导出的泛函 φ 是双线性 Hermite 泛函.

下面先给出双线性泛函成为 Hermite 泛函的充要条件.

定理 6.6.1　设 H 是复线性空间, $\varphi(\cdot, \cdot)$ 是 H 上双线性泛函. 那么, φ 是 Hermite 泛函的充要条件是 $\varphi(x, x)$ 对一切 $x \in H$ 都是实数.

证　必要性是显然的. 今证明充分性: 由于 φ 是双线性的, 所以对任何 x、$y \in H$, 有

$$\begin{aligned}
\varphi(x, y) = \frac{1}{4}[&\varphi(x + y, x + y) - \varphi(x - y, x - y) \\
&+ i\varphi(x + iy, x + iy) - i\varphi(x - iy, x - iy)],
\end{aligned} \tag{6.6.5}$$

对调 x、y 的位置, 又有

$$\begin{aligned}
\varphi(y, x) = \frac{1}{4}[&\varphi(y + x, y + x) - \varphi(y - x, y - x) \\
&+ i\varphi(y + ix, y + ix) - i\varphi(y - ix, y - ix)],
\end{aligned}$$

由假设 $\varphi(x, x)$ 是实数, 易知 $\varphi(x, y), \varphi(y, x)$ 的实部相等; 由于等式

$$\begin{aligned}
\varphi(x + iy, x + iy) &= \varphi(i(y - ix), i(y - ix)) \\
&= \varphi(y - ix, y - ix), \\
\varphi(x - iy, x - iy) &= \varphi(-i(y + ix), -i(y + ix)) \\
&= \varphi(y + ix, y + ix),
\end{aligned}$$

易知 $\varphi(x, y), \varphi(y, x)$ 的虚部互为反号. 从而 $\varphi(x, y) = \overline{\varphi(y, x)}$.　　　　证毕

这个定理的证明与定理 6.4.4 的证明相似. 另外, 当 H 是实空间时, 本定理结论不再成立.

定义 6.6.4　设 φ 是内积空间 H 上的双线性泛函, 如果有正的常数 c 使得

$$|\varphi(x, y)| \leqslant c\|x\|\|y\|, \quad x, y \in H,$$

那么称 $\varphi(\cdot,\cdot)$ 是 H 上**有界的双线性泛函**. 当 φ 是有界的双线性泛函时, 记 $\|\varphi\| = \sup\limits_{\|x\|\leqslant 1, \|y\|\leqslant 1} |\varphi(x,y)|$, 称它为泛函 φ 的**范数**.

读者可以证明: 内积空间 H 上双线性泛函 $\varphi(\cdot,\cdot)$ 是有界的充要条件是 φ 是 H 上二元连续函数, 即当 $\|x_n - x\| \to 0$, $\|y_n - y\| \to 0$ 时, $\varphi(x_n, y_n) \to \varphi(x, y)$. 因此有界双线性泛函又称为**连续双线性泛函**.

因此, 如果 A 是有界线性算子, 那么由 A 导出的泛函 φ 是连续的双线性泛函. 这时, 因为 $|\varphi(x,y)| = |(Ax, y)| \leqslant \|A\|\|x\|\|y\|$, 所以 $\|\varphi\| \leqslant \|A\|$. 另一方面, 取 $y = Ax$, 那么 $\|Ax\|^2 = \varphi(x, Ax) \leqslant \|\varphi\|\|x\|\|Ax\|$, 当 $Ax \neq 0$ 时, $\|Ax\| \leqslant \|\varphi\|\|x\|$, 当 $Ax = 0$ 时, 显然仍成立. $\|Ax\| \leqslant \|\varphi\|\|x\|$. 因此又有 $\|A\| \leqslant \|\varphi\|$, 这样就得到 $\|\varphi\| = \|A\|$.

定理 6.6.2 设 $\varphi(\cdot,\cdot)$ 是内积空间 H 上的双线性 Hermite 泛函如果有常数 c 使得对任何 $x \in H$ 都成立

$$|\varphi(x, x)| \leqslant c\|x\|^2, \tag{6.6.6}$$

那么 φ 是有界的, 而且 $\|\varphi\| \leqslant c$.

证 对任何 $x, y \in H$, 当 $\varphi(x, y)$ 是实数时, 由 φ 的双线性, 成立

$$\varphi(x, y) = \frac{1}{4}[\varphi(x+y, x+y) - \varphi(x-y, x-y)], \tag{6.6.7}$$

因此 $|\varphi(x, y)| \leqslant \frac{1}{4}[c\|x+y\|^2 + c\|x-y\|^2] = \frac{c}{2}(\|x\|^2 + \|y\|^2)$. 当 $\varphi(x, y)$ 不是实数时, 记 $\lambda = \dfrac{\overline{\varphi(x, y)}}{|\varphi(x, y)|}, |\lambda| = 1$, 这时 $\varphi(\lambda x, y) = \lambda\varphi(x, y)$ 是实数, 所以

$$|\varphi(x, y)| = |\varphi(\lambda x, y)| \leqslant \frac{c}{2}(\|\lambda x\|^2 + \|y\|^2)$$
$$= \frac{c}{2}(\|x\|^2 + \|y\|^2),$$

对任何实数 $t \neq 0$, 由上面的不等式得到

$$|\varphi(x, y)| = \left|\varphi\left(tx, \frac{y}{t}\right)\right| \leqslant \frac{c}{2}\left(\|tx\|^2 + \frac{\|y\|^2}{t^2}\right). \tag{6.6.8}$$

因此, 对于 $x \neq 0, y \neq 0$, 在 (6.6.8) 式中取 $t^2 = \dfrac{\|y\|}{\|x\|}$ 就得到

$$|\varphi(x, y)| \leqslant c\|x\|\|y\|.$$

当 x, y 中有一个是零向量时, $\varphi(x, y) = 0$ (这可由 φ 的线性推出), 因此上式当然成立. 这就得知 φ 是有界的并且 $\|\varphi\| \leqslant c$. 证毕

由定理 6.6.1 及定理 6.6.2 立即可得下述推论.

系　设 H 是复的内积空间, $\varphi(\cdot, \cdot)$ 是 H 上双线性泛函, 而且对于 $x \in H, \varphi(x, x)$ 都是实数并有常数 c 使不等式

$$|\varphi(x, x)| \leqslant c\|x\|^2$$

成立, 那么对任何 $x, y \in H$, 都成立不等式 $|\varphi(x, y)| \leqslant c\|x\|\|y\|$.

现在给出由连续双线性泛函决定连续线性算子的一个条件.

定理 6.6.3　设 H 是 Hilbert 空间, $\varphi(\cdot, \cdot)$ 是 H 上有界的双线性泛函, 那么必有 H 上唯一的有界线性算子 A, 使 φ 就是由 A 导出的双线性泛函. 如果 φ 是 Hermite 的, 那么 A 是自共轭的.

证　由于 $\varphi(\cdot, \cdot)$ 是 H 上有界的双线性泛函, 对于任意固定的 $y \in H$, 我们考察 H 上的泛函 $\varphi_y : x \mapsto \varphi(x, y), (x \in H)$. 那么 φ_y 是线性泛函, 而由 φ 的有界性, $|\varphi(x, y)| \leqslant c\|x\|\|y\|$, 即得

$$\|\varphi_y\| \leqslant c\|y\|, \tag{6.6.9}$$

所以 φ_y 是连续线性泛函. 由 Riesz 定理 (定理 6.4.1), 必有 $y^* \in H$, 使得对任何 $x \in H$, 成立

$$\varphi_y(x) = \varphi(x, y) = (x, y^*), \tag{6.6.10}$$

y^* 是由 y 所唯一确定的, 而且 $\|y^*\| = \|\varphi_y\|$, 由 (6.6.9) 知 $\|y^*\| \leqslant c\|y\|$.

这样, 对于每个 $y \in H$, 我们把由 (6.6.10) 式决定的 y^* 记为 By, 于是就作出了在 H 上定义的映照 $B, B : y \mapsto y^*$, 而且 $\|By\| \leqslant c\|y\|$, B 是由方程

$$\varphi(x, y) = (x, By), \quad x, y \in H \tag{6.6.10'}$$

所决定的.

现在证明 B 是线性算子. 对于任何 $x, y, z \in H$ 及任何两个数 α, β, 由于

$$\varphi(x, y) = (x, By), \varphi(x, z) = (x, Bz),$$

因而

$$\varphi(x, \alpha y + \beta z) = \overline{\alpha}\varphi(x, y) + \overline{\beta}\varphi(x, z) = \overline{\alpha}(x, By) + \overline{\beta}(x, Bz)$$
$$= (x, \alpha By + \beta Bz),$$

由 (6.6.10') 式, 即知 $B(\alpha y + \beta z) = \alpha By + \beta Bz$. 所以 B 是有界线性算子.

记 B 的共轭算子为 A, 那么对任何 $x, y \in H$,

$$\varphi(x, y) = (x, By) = (Ax, y),$$

所以 φ 是由 A 导出的泛函, 前面已经指出, 这时 $\|\varphi\| = \|B\| = \|A\|$.

如果 φ 又是 Hermite 的, 那么对于 $x, y \in H$,

$$(Ax, y) = \varphi(x, y) = \overline{\varphi(y, x)} = \overline{(Ay, x)} = (x, Ay),$$

所以 A 是自共轭的. 算子 A 的唯一性是显然的.　　　　　　　证毕

由此可见, Hilbert 空间上的双线性有界泛函相当于一个有界线性算子. 而如果泛函又是 Hermite 的, 那么算子就是自共轭的.

2. 有界二次泛函　为了后面的应用方便, 我们再引进下面二次泛函的概念.

定义 6.6.5　设 K 是实数域或复数域, H 是 K 上的内积空间. $\varphi(\cdot)$ 是定义在 H 上的泛函, 它满足下面的条件:

(i) 二次齐性: 当 $\alpha \in K, x \in H$ 时, $\varphi(\alpha x) = |\alpha|^2 \varphi(x)$;

(ii) 平行四边形公式: 当 $x, y \in H$ 时, $\varphi(x + y) + \varphi(x - y) = 2(\varphi(x) + \varphi(y))$

那么称 φ 是 H 上的一个**二次泛函**. 如果二次泛函使 $\sup\limits_{\|x\|=1} |\varphi(x)|$ 是有限数, 就称 φ 是**有界**二次泛函. 而数 $\|\varphi\| = \sup\limits_{\|x\|=1} |\varphi(x)|$ 称为 φ 的**范数**. 如果对一切 $x \in H, \varphi(x)$ 是实数, 就称 φ 是**实二次泛函**.

如果 A 是内积空间 H 上的线性算了, 那么记

$$\varphi(x) = (Ax, x), x \in H, \tag{6.6.11}$$

容易验证 φ 是个二次泛函, 由 (6.6.11) 式定义的 φ 称为由 A 导出的二次泛函. 当 A 是有界线性算子时, 由 A 导出的泛函 φ 是有界二次泛函, 并且 $\|\varphi\| \leqslant \|A\|$.

设 $\varphi(\cdot, \cdot)$ 是内积空间 H 上的双线性泛函, 定义

$$\psi(x) = \varphi(x, x), x \in H,$$

易知 $\psi(\cdot)$ 是 H 上的二次泛函, 并称 $\psi(\cdot)$ 是由 $\varphi(\cdot, \cdot)$ 导出的二次泛函.

显然,

$$\|\psi\| \leqslant \|\varphi\|.$$

定理 6.6.4　设 H 是 Hilbert 空间, φ 是实的有界二次泛函, 那么必有 H 上唯一的有界线性的自共轭算子 A, 使得 φ 是由 A 导出的二次泛函. 而且这时 $\|\varphi\| = \|A\|$.

证 设 H 是复空间, 类似于定理 6.1.2 的证明, 在 H 上作二元泛函

$$\psi(x,y) = \frac{1}{4}[\varphi(x+y) - \varphi(x-y) + \mathrm{i}\varphi(x+\mathrm{i}y) - \mathrm{i}\varphi(x-\mathrm{i}y)], \tag{6.6.12}$$

这时, 由 ψ 的定义即知 $\psi(x,x) = \varphi(x)$.

现证由 (6.6.12) 式定义的二元泛函 ψ 是有界的双线性 Hermite 泛函. 与定理 6.1.2 的方法类似, 可以证明对任何 $x,y,z \in H$,

$$\psi(x,z) + \psi(y,z) = \psi(x+y,z),$$

从而对任何有理实数 $r, \psi(rx,z) = r\psi(x,y)$, 再利用 $\psi(x,y) = \overline{\psi(y,x)}$ 又得到对任何有理实数 $r_1, r_2, \psi(r_1 x, r_2 y) = r_1 r_2 \psi(x,y)$. 利用二次齐性及 (6.6.12) 式就得到

$$|r_1 r_2||\psi(x,y)| = |\psi(r_1 x, r_2 y)| \leqslant \|\varphi\|(r_1^2\|x\|^2 + r_2^2\|y\|^2),$$

如果 x,y 都不为零, 取两列 $\{r_1^{(n)}\}, \{r_2^{(n)}\}$, 使得 $r_1^{(n)} = \dfrac{1}{r_2^{(n)}} \to \sqrt{\dfrac{\|y\|}{\|x\|}}$, 那么

$$|\psi(x,y)| \leqslant 2\|\varphi\|\|x\|\|y\|,$$

如果 x,y 中有一个为零, 由 (6.6.12) 式易知此时必有 $\psi(x,y) = 0$, 显然上式也成立. 由上式立即知道 $\psi(x,y)$ 是二元连续函数, 再利用二元连续性以及对有理数 $r, r\psi(x,y) = \psi(rx,y)$ 的事实, 立即知道 $\psi(x,y)$ 是双线性泛函, 因此 $\psi(x,y)$ 是有界双线性泛函, 并且是 Hermite 泛函.

由定理 6.6.3, 有 H 上的有界线性自共轭算子 A, 使得

$$(Ax,y) = \psi(x,y), \quad x,y \in H$$

且 $\|\psi\| = \|A\|$. 所以 $\varphi(x) = \psi(x,x) = (Ax,x), \|\varphi\| = \|\psi\| = \|A\|$.

今证算子 A 的唯一性. 如果又有 B 使 $(Ax,x) = (Bx,x)$ 对 $x \in H$ 成立, 用类似于 (6.6.12) 的式子可知对一切 $x,y \in H, (Ax,y) = (Bx,y)$, 所以 $A = B$.

当 H 是实空间时只要把 (6.6.12) 改成

$$\psi(x,y) = \frac{1}{4}(\varphi(x+y) - \varphi(x-y)),$$

其余照旧可以证明. 证毕

从上述讨论中, 读者不难看出: 双线性泛函、二次泛函、算子之间的联系非常密切. 因此双线性泛函、二次泛函是研究算子时常用的工具之一. 其次还可以看出, 有些结论 (例如定理 6.6.1) 只在复空间中成立, 在实空间中就不成立. 在研究内积空间 (特别是 Hilbert 空间) 上算子时, 一般都讨论复空间.

习 题 6.6

1. 证明内积空间 H 上双线性泛函 $\varphi(\cdot,\cdot)$ 是有界的充要条件是 $\varphi(\cdot,\cdot)$ 是 H 上二元连续函数.

2. 证明 Hilbert 空间上双线性泛函 $\varphi(\cdot,\cdot)$ 有界的充要条件是固定一个变元时 $\varphi(\cdot,\cdot)$ 是另一个变元的连续函数.

3. 设 $\varphi(\cdot,\cdot)$ 是内积空间的双线性泛函, 如果

$$\sup_{\|x\|=1} |\varphi(x,x)| < +\infty,$$

问 φ 是否为有界的?

4. 设 $\varphi(\cdot,\cdot)$ 是复内积空间 H 的双线性泛函, 如果对一切 $x \in H, \mathrm{Re}\varphi(x,x) = 0$, 问是否成立等式:

$$\sup_{\|x\|=1,\|y\|=1} |\varphi(x,y)| = \sup_{\|x\|=1} |\varphi(x,x)|.$$

5. 设 $\varphi(\cdot,\cdot)$ 是线性空间 H 上的双线性泛函, 如果不存在非零 $x \in H$, 使得对一切 $y \in H, \varphi(x,y) = 0$, 或者 $\varphi(y,x) = 0$. 那么称 $\varphi(\cdot,\cdot)$ 是 H 上非退化的.

证明: Hilbert 空间 H 上有界双线性泛函 $\varphi(\cdot,\cdot)$ 是非退化的充要条件是 (按定理 6.6.3) 相应的有界线性算子 A (由它导出的双线性泛函是 φ) 满足条件: $\mathscr{N}(A) = \{0\}, \overline{\mathscr{R}(A)} = H$.

§6.7 谱系、谱测度和谱积分

1. 几个例 首先我们考察一下线性代数中的情况.

例 1 如果 H 是有限维的复欧几里得空间 E^n, A 是 E^n 中的自共轭算子 (或者是酉算子), 那么, 必有 H 中一组就范直交基 $e_1, e_2, \cdots, e_n$, 使得每个 e_i 都是 A 的特征向量:

$$Ae_i = \lambda_i e_i \quad (i = 1, 2, \cdots, n), \tag{6.7.1}$$

(6.7.1) 式中的 λ_i 都是实数 (或 $|\lambda_i| = 1$). 这件事相当于一个 Hermite 阵 (相应地是酉阵) 必可以经过酉变换后成为对角阵. 这就是矩阵或 n 维空间上算子的对角化.

我们记 $P_i (i = 1, 2, \cdots, n)$ 为 H 到由 e_i 所张成的一维子空间上的投影算子, 这时

$$P_i e_j = \delta_{ij} e_j \quad (i, j = 1, 2, \cdots, n) \tag{6.7.2}$$

式中的 δ_{ij} 是 Kronecker 记号. 由 (6.7.1) 及 (6.7.2) 式, 可知 A 有如下的谱分解形式

$$A = \sum_{i=1}^{n} \lambda_i P_i, \quad \sum_{i=1}^{n} P_i = I. \tag{6.7.3}$$

在有限维空间中, 任何一个自共轭算子 (或酉算子) 的形式都是 (6.7.3) 式, 但是对于无限维的 Hilbert 空间, 情况当然要复杂得多. 我们的目的是要找到一般的 Hilbert 空间中自共轭算子 (或酉算子) 的谱分解形式. 我们先看一下, 在无限维的空间中, 自共轭算子 (或酉算子) 会复杂到怎样的程度.

首先在一般无限维 Hilbert 空间中, (6.7.3) 式这种有限和式是完全不够用的.

例 2　我们考察 Hilbert 空间 l^2 中如下的算子: 我们取定一个有界实数列 $\{\lambda_n\}$, 作算子 A 如下: 当 $x = (x_n) \in l^2$ 时

$$A(x_n) = (\lambda_n x_n),$$

容易证明这是自共轭算子 (只要直接验证: 对一切 $x, y \in l^2, (Ax, y) = (x, Ay)$ 成立). 记 $\{e_n\}$ 是 l^2 中如下的就范直交基: $e_k = (\delta_{kn}), \delta_{kn}$ 是 Kronecker 记号. 又令 P_n 是投影算子

$$P_n x = (x, e_n) e_n,$$

容易看出这时

$$A = \sum_{n=1}^{\infty} \lambda_n P_n, \quad \sum_{n=1}^{\infty} P_n = I. \tag{6.7.4}$$

这是一种特殊 Hilbert 空间 l^2 上的自共轭算子, 下面的例子是在一般 Hilbert 空间上, 形式更广泛一些, 具有一定代表性的自共轭算子.

例 3　设 H 是 Hilbert 空间. 在 H 中任意取一列两两直交的投影算子 $P_i (i = 1, 2, 3, \cdots)$, 再任意取一个有界的实数列 $\{\lambda_i\}$, 然后作级数 $A = \sum_{i=1}^{\infty} \lambda_i P_i$. 由 §6.5 习题 9 知道, 级数 $\sum_{i=1}^{\infty} \lambda_i P_i$ 强收敛于一个有界线性算子 A, 并且 $\{\lambda_i\}$ 都是 A 的特征值, 而相应于 λ_i 的特征子空间是 $P_i H$, 而 $\|A\| = \sup_i |\lambda_i|$. 又由于对任何 $n, A_n = \sum_{i=1}^{n} \lambda_i P_i$ 是自共轭算子, 根据定理 6.4.6, A 也是自共轭算子.

如记 $E_n = \sum_{i=1}^{n} P_i, E_0 = 0$, 显然, (6.7.4) 还可写成

$$A = \sum_{i=1}^{\infty} \lambda_i \Delta E_i, \quad \sum_{i=1}^{\infty} \Delta E_i = I, \tag{6.7.4'}$$

其中 $\Delta E_i = E_i - E_{i-1} = P_i, \quad i = 1, 2, 3, \cdots$.

上面用 (6.7.3) 式或更一般地用 (6.7.4) 表示的算子都是自共轭算子. 但是我们不可能希望自共轭算子都会是这种级数形式的. 因为这种形式的算子至少

有一个特点: 它有特征值 $\{\lambda_n\}$. 然而确实有这样的自共轭算子, 它没有任何特征值.

下面的例子就是没有任何特征值的自共轭算子, 它是自共轭算子的另一重要典型.

例 4 在 $L^2[a,b](-\infty < a < b < +\infty)$ 中用下面式子定义算子 A:

$$(Af)(t) = tf(t) \quad (t \in [a,b], f(t) \in L^2[a,b]).$$

容易验证 A 确实是个自共轭算子 (只要直接验证: 对任何 $f, g \in L^2[a,b]$, $(Af, g) = (f, Ag)$). 但是 A 没有特征值. 因为如果 λ 是 A 的特征值, f 是相应的非零特征向量, 那么

$$(\lambda I - A)f = 0,$$

这就是 $(\lambda - t)f(t) \doteq 0$, 因而 $f(t) \doteq 0$, 这就说明 f 是 $L^2[a,b]$ 中的零向量. 这个矛盾就说明 A 不具有特征值.

对于例 4, 我们可继续作如下的考察:

对任何 $\lambda \in [a,b]$, 作 $L^2[a,b]$ 上算子

$$E_\lambda : f(t) \mapsto \chi_{[a,\lambda]}(t)f(t),$$

其中 $\chi_{[a,\lambda]}(t)$ 是 $[a,\lambda]$ 的特征函数. 显然 E_λ 是 $L^2[a,b]$ 上全部有定义的线性算子. 由于对任何 $f(t) \in L^2[a,b]$

$$(E_\lambda^2 f)(t) = E_\lambda(\chi_{[a,\lambda]}(t)f(t)) = \chi_{[a,\lambda]}^2(t)f(t)$$
$$= \chi_{[a,\lambda]}(t)f(t) = (E_\lambda f)(t),$$

即 $E_\lambda^2 = E_\lambda$. 再由于对任何 $f, g \in L^2[a,b]$,

$$(E_\lambda f, g) = \int_a^b \chi_{[a,\lambda]}(t)f(t)\overline{g(t)}\mathrm{d}t$$
$$= \int_a^b f(t)\overline{\chi_{[a,\lambda]}(t)g(t)}\mathrm{d}t$$
$$= (f, E_\lambda g),$$

即 $E_\lambda^* = E_\lambda$. 由定理 6.5.1 知 $E_\lambda(\lambda \in [a,b])$ 是 $L^2[a,b]$ 上投影算子.

对任何自然数 n, 作 $L^2[a,b]$ 上算子

$$A_n : f(t) \mapsto \left[\sum_{i=1}^n \lambda_i(\chi_{[a,\lambda_i]}(t) - \chi_{[a,\lambda_{i-1}]}(t))\right]f(t),$$
$$f(t) \in L^2[a,b],$$

其中 $\lambda_i = a + \dfrac{i(b-a)}{n}, i = 0, 1, 2, \cdots n.$ 显然

$$A_n = \sum_{i=1}^{n} \lambda_i \Delta E_{\lambda_i},$$

由于

$$\left| t - \sum_{i=1}^{n} \lambda_i (\chi_{[a,\lambda_i]}(t) - \chi_{[a,\lambda_{i-1}]}(t)) \right| \leqslant \frac{b-a}{n}, \quad t \in [a,b],$$

由此可知, 对任何 $f \in L^2[a,b]$,

$$\|(A - A_n)f\|^2 \leqslant \int_a^b \left| t - \sum_{i=1}^{n} \lambda_i (\chi_{[a,\lambda_i]}(t) - \chi_{[a,\lambda_{i-1}]}(t)) \right|^2 |f(t)|^2 \mathrm{d}t$$

$$\leqslant \left(\frac{b-a}{n} \right)^2 \|f\|^2,$$

即 $\|A - A_n\| \leqslant \dfrac{b-a}{n}, n = 1, 2, 3, \cdots$, 从而

$$A = \lim_{n \to \infty} \sum_{i=1}^{n} \lambda_i \Delta E_{\lambda_i}, \quad \left(\sum_{i=1}^{n} \Delta E_{\lambda_i} = I \right). \tag{6.7.5}$$

对照 $(6.7.5)$、$(6.7.4')$, 启发我们: 要研究 Hilbert 空间 (无限维) 上自共轭算子的一般形式, 就必须引入投影算子值的 "测度" 的积分. 本节主要就是要严格地定义投影算子值测度以及对这种测度的积分. 在本节的基础上, 在 §6.9 及 §6.8 中将分别证明 Hilbert 空间上自共轭算子、酉算子都必能表示成某个函数关于投影算子值测度的积分.

2. 谱测度　类似于第二章中的测度概念, 我们引进取值为 Hilbert 空间中投影算子的谱测度. 下面用 $\mathscr{P}$ 表示某个 Hilbert 空间 H 中的投影算子全体.

定义 6.7.1　设 X 是一个集, $\boldsymbol{R}$ 是 X 的某些子集所成的代数, E 是 $\boldsymbol{R} \to \mathscr{P}$ 的映照, 如果它满足下面两个条件:

(i) $E(X) = I$;

(ii) 可列可加性: 如果 $\{A_n\}$ 是 $\boldsymbol{R}$ 中一列互不相交的元, 而且 $\bigcup\limits_{n=1}^{\infty} A_n \in \boldsymbol{R}$, 那么就有

$$E \left(\bigcup_{n=1}^{\infty} A_n \right) = \sum_{n=1}^{\infty} E(A_n)^{①},$$

---

①这是指 $E \left(\bigcup\limits_{n=1}^{\infty} A_n \right) = (强) \lim\limits_{N \to \infty} \sum\limits_{n=1}^{N} E(A_n).$

这时, 称 E 是 $(X, \boldsymbol{R})$ 上 (H 中) 的**谱测度**. 当 $\boldsymbol{R}$ 是 σ-代数时, 称 $(X, \boldsymbol{R}, E)$ 是 H 中的**谱测度空间**.

引理 1　设 E 是 $(X, \boldsymbol{R})$ 上的谱测度, 那么

(i) $E(\varnothing) = 0$;

(ii) 有限可加性: 对 $A_i (i = 1, 2, \cdots, n) \in \boldsymbol{R}$ 且 $\{A_i\}$ 两两不交, 有

$$E\left(\bigcup_{i=1}^{n} A_i\right) = \sum_{i=1}^{n} E(A_i);$$

(iii) 如果 $A, B \in \boldsymbol{R}$, 而且 $A \bigcap B = \varnothing$, 那么, $E(A)E(B) = E(B)E(A) = 0$;

(iv) 对于 $A, B \in \boldsymbol{R}, E(A \bigcup B) = E(A) + E(B) - E(A \bigcap B)$;

(v) $\{E(A) | A \in \boldsymbol{R}\}$ 是交换算子族.

证　(i) 由 $E(\cdot)$ 的可列可加性, 取 $A_n = \varnothing (n = 1, 2, 3, \cdots)$, 得到

$$E(\varnothing) = E(\varnothing) + E(\varnothing) + E(\varnothing) + \cdots$$

显然使这式子成立的 $E(\varnothing)$ 只有零算子, 所以 $E(\varnothing) = 0$.

(ii) 对于有限个两两不交的 $A_i \in \boldsymbol{R} (i = 1, 2, \cdots, n)$, 只要令 $A_{n+1} = A_{n+2} = \cdots = \varnothing$, 由可列可加性即得有限可加性.

(iii) 当 A、$B \in \boldsymbol{R}$ 且 $A \bigcap B = \varnothing$ 时, 由有限可加性 $E(A \bigcup B) = E(A) + E(B)$. 但是 $E(A)$、$E(B)$、$E(A \bigcup B)$ 都是投影算子, 由定理 6.5.4 即得

$$E(A)E(B) = E(B)E(A) = 0.$$

(iv) 对于 $A, B \in \boldsymbol{R}$, 因为 $A \bigcup B = A \bigcup (B - A \bigcap B)$, 而且 A 与 $B - A \bigcap B$ 是不交的, 所以 $E(A \bigcup B) = E(A) + E(B - A \bigcap B)$. 另外 $B - A \bigcap B$ 和 $A \bigcap B$ 也是不交的, 它们的和集是 B, 所以 $E(B - A \bigcap B) + E(A \bigcap B) = E(B)$. 从而

$$E(A \bigcup B) = E(A) + E(B) - E(A \bigcap B). \tag{6.7.6}$$

(v) 设 $A, B \in \boldsymbol{R}$, 由 (iii), 如果 $A \bigcap B = \varnothing$ 时, $E(A)$ 与 $E(B)$ 是可交换的. 如果 $A \supset B$, 那么 $E(A) = E(B) + E(A - B)$. 由于 $E(B)$ 和 $E(A - B)$ 可交换, 所以 $E(A)$ 和 $E(B)$ 也是可交换的. 由 (6.7.6) 式 $E(A) = E(A \bigcup B) + E(A \bigcap B) - E(B)$. 因为式中右端三个算子都和 $E(B)$ 可交换, 因而 $E(A)E(B) = E(B)E(A)$.　证毕

如果 $(X, \boldsymbol{R}, E)$ 是一个谱测度空间, 那么对于任何 $x \in H$, 作 $\boldsymbol{R}$ 上的集函数

$$\mu_x(A) = (E(A)x, x) \quad (A \in \boldsymbol{R}), \tag{6.7.7}$$

由谱测度的定义立即就可以知道 $\mu_x(\cdot)$ 是 $\boldsymbol{R}$ 上全有限的测度. 另外, 对于任何 $x, y \in H, \boldsymbol{R}$ 上的集函数

$$\mu_{x,y}(A) = (E(A)x, y) \quad (A \in \boldsymbol{R}), \tag{6.7.8}$$

是 $\boldsymbol{R}$ 上的广义测度. 这是因为当 H 是实或是复空间时, $\mu_{x,y}$ 分别可表示成

$$\mu_{x,y} = \frac{1}{4}(\mu_{x+y} - \mu_{x-y})$$

或

$$\mu_{x,y} = \frac{1}{4}(\mu_{x+y} - \mu_{x-y} + \mathrm{i}\mu_{x+\mathrm{i}y} - \mathrm{i}\mu_{x-\mathrm{i}y}),$$

关于广义测度 (6.7.8) 的积分, 我们用记号

$$\int_X f(t)\mathrm{d}(E(t)x, y), \quad \int_X f(t)(E(\mathrm{d}t)x, y)$$

来表示.

我们用 $B(X, \boldsymbol{R})$ 表示可测空间 $(X, \boldsymbol{R})$ 上有界可测函数全体. 对于 $f \in B(X, \boldsymbol{R})$, 记 $\|f\| = \sup\limits_{t \in X} |f(t)|$.

定义 6.7.2　设 $(X, \boldsymbol{R}, E)$ 是谱测度空间, f 是 $(X, \boldsymbol{R})$ 上的可测函数, 如果存在 Hilbert 空间 H 上的有界线性算子 —— 这个算子记为 $\int f(t)\mathrm{d}E(t)$ —— 使得对任何 $x, y \in H$ 都成立

$$\left(\int f(t)\mathrm{d}E(t)x, y\right) = \int f(t)\mathrm{d}(E(t)x, y), \tag{6.7.9}$$

那么称 $\int f(t)\mathrm{d}E(t)$ 为函数 f 关于谱测度 E 的 **(弱) 谱积分**.

定理 6.7.1　设 $(X, \boldsymbol{R}, E)$ 是谱测度空间, $f \in B(X, \boldsymbol{R})$, 那么谱积分 $\int f(t)\mathrm{d}E(t)$ 唯一地存在, 而且谱积分有下列性质:

(i) 线性: 对 $f, g \in B(X, \boldsymbol{R})$ 及数 α, β,

$$\int (\alpha f + \beta g)(t)\mathrm{d}E(t) = \alpha \int f(t)\mathrm{d}E(t) + \beta \int g(t)\mathrm{d}E(t).$$

(ii) Hermite 性: 当 $f \in B(X, \boldsymbol{R})$ 时,

$$\left[\int f(t)\mathrm{d}E(t)\right]^* = \int \overline{f(t)}\mathrm{d}E(t),$$

特别当 f 是实值函数时, $\int f(t)\mathrm{d}E(t)$ 是自共轭算子;

(iii) 压缩性: 当 $f \in B(X, \boldsymbol{R})$ 时,

$$\left\| \int f(t)\mathrm{d}E(t) \right\| \leqslant \|f\|;$$

(iv) 如果 $A \in \boldsymbol{R}, \chi_A$ 是集 A 的特征函数, 那么

$$\int \chi_A(t)\mathrm{d}E(t) = E(A).$$

证 为了证明谱积分的存在, 不妨设 $f \in B(X, \boldsymbol{R})$ 是个实值函数. 作 H 上二元泛函 Φ 如下:

$$\Phi(x, y) = \int f(t)\mathrm{d}(E(t)x, y), \quad (x, y \in H) \tag{6.7.10}$$

显然 $\Phi(\cdot, \cdot)$ 是 H 上的双线性 Hermite 泛函. 而且

$$|\Phi(x, x)| = \left| \int f(t)\mathrm{d}(E(t)x, x) \right| \leqslant \|f\|(E(X)x, x)$$
$$= \|f\|\|x\|^2,$$

由定理 6.6.1, Φ 是有界的双线性 Hermite 泛函, 又由定理 6.6.4, 必定有 H 上的有界线性的自共轭算子 A, 形式地写 A 为 $\int f(t)\mathrm{d}E(t)$, 使得对任何 $x, y \in H$,

$$\left(\int f(t)\mathrm{d}E(t)x, y \right) = \Phi(x, y) = \int f(t)\mathrm{d}(E(t)x, y),$$

而且 $\left\| \int f(t)\mathrm{d}E(t) \right\| = \|\Phi\| \leqslant \|f\|$. 对于 f 是复值函数的情况, 只要分成实部和虚部加以讨论就可以了. 谱积分的唯一性是显然的. 至于谱积分的性质 (iii), 对于 f 为实有界可测函数已经证明过了, 对于 f 是复有界可测函数将放在定理 6.7.2 的系之后加以证明. 而 (i)、(ii)、(iv) 都是由 (6.7.9) 式直接可以得到的. **证毕**

我们也可以用类似于第三章中的方法来定义可测函数关于谱测度的积分.

定义 6.7.3 设 $(X, \boldsymbol{R}, E)$ 是谱测度空间, $f \in B(X, \boldsymbol{R})$, f 的值域在 (m, M) 中, 对于分点组 $D : m = y_0 < y_1 < y_2 < \cdots < y_n = M$, 作和式

$$S(D) = \sum_{i=1}^{n} \xi_i E(X(y_{i-1} \leqslant f < y_i)), y_{i-1} \leqslant \xi_i \leqslant y_i, \tag{6.7.11}$$

记 $\delta(D) = \max_{1 \leqslant i \leqslant n} (y_i - y_{i-1})$. 如果存在 H 中的有界线性算子 —— 仍把它记作 $\int f(t)\mathrm{d}E(t)$ —— 使得对任何 $\varepsilon > 0$, 都有 $\delta > 0$, 当分点组 D 满足 $\delta(D) < \delta$ 时,

不论 $\xi_i \in [y_{i-1}, y_i]$ 如何取, 总成立

$$\left\| \int f(t)\mathrm{d}E(t) - S(D) \right\| < \varepsilon,$$

那么就称 $\int f(t)\mathrm{d}E(t)$ 是函数 f 关于谱测度 E 的 **(一致) 谱积分**.

当 f 是复值函数时, 如果 f 的实部 f_1、虚部 f_2 的 (一致) 谱积分存在, 那么规定 f 的一致谱积分

$$\int f(t)\mathrm{d}E(t) = \int f_1(t)\mathrm{d}E(t) + \mathrm{i} \int f_2(t)\mathrm{d}E(t).$$

显然, 如果 f 关于谱测度 E 的一致谱积分存在, 那么一致谱积分必定就是弱谱积分.

定理 6.7.2　设 $(X, \boldsymbol{R}, E)$ 是谱测度空间, $f \in B(X, \boldsymbol{R})$ 是实值函数, 那么 f 关于 E 的弱谱积分就是一致谱积分.

证　我们用 $\int f(t)\mathrm{d}E(t)$ 表示弱谱积分. 对于分点组 $D: m = y_0 < y_1 < \cdots < y_n = M$ 及 $\xi_i \in [y_{i-1}, y_i](i = 1, 2, \cdots, n)$, 作函数 g 如下: 当 $t \in X(y_{i-1} \leqslant f(t) < y_i)$ 时

$$g(t) = \xi_i,$$

由定理 6.7.1 中弱谱积分的性质 (i) 及 (iv) 可知由 (6.7.11) 定义的 $S(D)$ 就是函数 g 关于 E 的弱谱积分. 所以

$$\|f(t)\mathrm{d}E(t) - S(D)\| = \left\| \int [f(t) - g(t)]\mathrm{d}E(t) \right\|,$$

但由 g 的作法, 可知 $\|f - g\| \leqslant \delta(D) \left(= \max_{1 \leqslant i \leqslant n} (y_i - y_{i-1}) \right)$. 因此由定理 6.7.1 的性质 (iii) 就知道, 对任何 $\varepsilon > 0$, 当分点组 D 使 $\delta(D) < \varepsilon$ 时, 对任何 $\xi_i \in [y_{i-1}, y_i](i = 1, 2, \cdots, n)$,

$$\left\| \int f(t)\mathrm{d}E(t) - S(D) \right\| \leqslant \delta(D) < \varepsilon,$$

因此, $\int f(t)\mathrm{d}E(t)$ 也就是 f 关于 E 的一致谱积分.　　　　证毕

系 1　对于 $f \in B(X, \boldsymbol{R})$, $\int f(t)\mathrm{d}E(t)$ 与所有的 $E(A)$, $A \in \boldsymbol{R}$ 可交换, 对于 $f, g \in B(X, \boldsymbol{R})$, $\int f(t)\mathrm{d}E(t)$ 和 $\int g(t)\mathrm{d}E(t)$ 可交换.

证 对于实值的 $f, g \in B(X, \boldsymbol{R})$, $\int f(t)\mathrm{d}E(t)$ 及 $\int g(t)\mathrm{d}E(t)$ 都是形为 (6.7.11) 的和式的极限, 而 $E(\cdot)$ 都是可交换的 (引理 1 的 (v)), 所以 $\int f(t)\mathrm{d}E(t)$ 和 $\int g(t)\mathrm{d}E(t)$ 可交换. 对复值函数可以分成实部和虚部来讨论. 系 1 的前一半结论由定理 6.7.1 的 (iv) 即得.

系 2 对于 $f, g \in B(X, \boldsymbol{R})$, 成立着

$$\int f(t)g(t)\mathrm{d}E(t) = \int f(t)\mathrm{d}E(t) \int g(t)\mathrm{d}E(t), \tag{6.7.12}$$

$$\left(\int f(t)\mathrm{d}E(t)x, \int g(t)\mathrm{d}E(t)y \right) = \int f(t)\overline{g(t)}\mathrm{d}(E(t)x, y). \tag{6.7.13}$$

证 先设 f, g 都是实值函数. 我们逐步来证明 (6.7.12) 式: 如果 f, g 都是 $\boldsymbol{R}$ 中元的特征函数, $f(t) = \chi_A(t), g(t) = \chi_B(t)$. 而 $f(t)g(t) = \chi_{A \bigcap B}(t)$, 由定理 6.7.1 的 (iv), (6.7.12) 式的左面是 $E(A \bigcap B)$, 右面是 $E(A)E(B)$, 而由引理 1(ii) 及 (iii), $E(A)E(B) = [E(A \bigcap B) + E(A - B)]E(B) = E(A \bigcap B)E(B) = E(A \bigcap B)$, 因此 (6.7.12) 式成立. 进一步, 如果 f 和 g 都是简单函数①, 就是说

$$f(t) = \sum_{i=1}^{n} \alpha_i \chi_{A_i}(t), \quad g(t) = \sum_{j=1}^{m} \beta_j \chi_{B_j}(t),$$

其中 $A_i(i = 1, 2, \cdots, n), B_j(j = 1, 2, \cdots, m)$ 是 $\boldsymbol{R}$ 中分别互不相交的元. 这时

$$\int f(t)\mathrm{d}E(t) = \sum_{i=1}^{n} \alpha_i E(A_i),$$

$$\int g(t)\mathrm{d}E(t) = \sum_{j=1}^{m} \beta_j E(B_j),$$

$$\int f(t)g(t)\mathrm{d}E(t) = \sum_{i=1}^{n}\sum_{j=1}^{m} \alpha_i\beta_j E(A_i \bigcap B_j), \tag{6.7.14}$$

由于 $E(A \bigcap B) = E(A)E(B)$, 由 (6.7.14) 式即知 (6.7.12) 式成立. 对于实值的 f, g, 如定理 6.7.2 证明中对 f 作函数 g 那样地, 可以作出 f_n 及 g_n 都是简单函数, 而且 f_n, g_n 分别一致收敛于 f 及 g. 这时, $f_n g_n$ 一致收敛于 fg. 注意到定理

---

①$\boldsymbol{R}$ 中有限个元的特征函数的线性组合称为简单函数, 它可以表示成 $\boldsymbol{R}$ 中有限个两两不交的元的特征函数的线性组合.

6.7.1 的 (iii), 得到

$$\int f(t)g(t)\mathrm{d}E(t) = \lim_{n\to\infty} \int f_n(t)g_n(t)\mathrm{d}E(t)$$

$$= \lim_{n\to\infty} \left[\int f_n(t)\mathrm{d}E(t) \int g_n(t)\mathrm{d}E(t) \right]$$

$$= \lim_{n\to\infty} \int f_n(t)\mathrm{d}E(t) \lim_{n\to\infty} \int g_n(t)\mathrm{d}E(t)$$

$$= \int f(t)\mathrm{d}E(t) \int g(t)\mathrm{d}E(t),$$

式中的极限都是指一致的极限. 所以 (6.7.12) 对实值函数成立. 对复值函数的情况, 只要分成实部和虚部来讨论就可以了. 由 (6.7.12) 立即可得 (6.7.13).　　证毕

我们现在再回到定理 6.7.1 的性质 (iii), 当时我们只是对实值的 $f \in B(X, \boldsymbol{R})$ 进行了证明. 当 f 是复值时, 由定理 6.4.3 的 (ii) 及 (6.7.12) 得到

$$\left\| \int f(t)\mathrm{d}E(t) \right\|^2 = \left\| \int \overline{f(t)}\mathrm{d}E(t) \int f(t)\mathrm{d}E(t) \right\|$$

$$= \left\| \int |f(t)|^2 \mathrm{d}E(t) \right\| \leqslant \|f\|^2,$$

这样就证明了 (iii) 对于复值函数 f 也是成立的.

系 2 的结论对于普通数值测度的积分是不成立的, 它是谱测度积分所特有的重要性质.

3. 谱系　直线上 Lebesgue-Stieltjes 测度是和单调增加右连续函数 (分布) 相对应的. 和 Lebesgue-Stieltjes 测度一样, 直线上的谱测度空间上的谱测度是和直线上单调增加右连续, 但取值是投影算子的函数相对应的. 为此, 下面我们讨论以 $\lambda \in (-\infty, +\infty)$ 为自变数, 取值为有界线性算子的算子值函数 E_λ. 当 $\lambda \to \lambda_0 + 0$ (即 λ 从 λ_0 的右方趋向于 λ_0) 时, 如果 E_λ 有强极限, 极限值就记为 E_{λ_0+0}, 类似地定义 E_{λ_0-0}.

定义 6.7.4　设 H 是 Hilbert 空间, $\{E_\lambda\}$ 是以 $\lambda \in (-\infty, +\infty)$ 为参数的一族投影算子, 如果它满足:

(i) 单调性: 对任何两个实数 λ、μ, 当 $\lambda \geqslant \mu$ 时, $E_\lambda \geqslant E_\mu$;

(ii) 右连续性: 对任何 $\lambda_0 \in (-\infty, +\infty)$, $E_{\lambda_0+0} = E_{\lambda_0}$;

(iii) (强) $\lim\limits_{\lambda\to-\infty} E_\lambda = 0$, (强) $\lim\limits_{\lambda\to+\infty} E_\lambda = I$,

那么就称 $\{E_\lambda\}$ 是一个**谱系**.

首先我们注意, 当 $\{E_\lambda | \lambda \in (-\infty, +\infty)\}$ 是谱系时, 对任何 $\lambda, \mu \in (-\infty, +\infty)$, $\lambda \geqslant \mu$, 由于 $E_\lambda \geqslant E_\mu$, 根据定理 6.5.7, $E_\lambda E_\mu = E_\mu E_\lambda = E_\mu$.

例 5 在 Hilbert 空间 H 中, 取 n 个两两直交的投影算子 $P_i(i=1,2,\cdots,n)$, 它们满足 $\sum_{i=1}^{n} P_i = I$, 再取 n 个实数 $\lambda_i(i=1,2,\cdots,n)$, 令

$$E_\lambda = \sum_{\lambda_i \leqslant \lambda} P_i$$

(当 $\lambda < \min_i \lambda_i$ 时, 规定 $E_\lambda = 0$), 那么可以直接验证 $\{E_\lambda | \lambda \in (-\infty, +\infty)\}$ 是谱系.

例 6 在 Hilbert 空间 H 中, 任意取一列两两直交的投影算子 $P_i(i=1,2,3,\cdots)$, 它满足 $\sum_{i=1}^{\infty} P_i = I$, 又任取一列实数 $\{\lambda_i\}$, 记

$$E_\lambda = \sum_{\lambda_i \leqslant \lambda} P_i$$

(当 $\lambda < \inf \lambda_i$ 时规定 $E_\lambda = 0$), 下面验证 $\{E_\lambda | \lambda \in (-\infty, +\infty)\}$ 是谱系.

首先, E_λ 是有限个或可列个两两直交的投影算子的和, 所以 E_λ 是投影算子.

(i) 当 $\lambda > \mu$ 时, $E_\lambda = \sum_{\lambda_i \leqslant \lambda} P_i = \sum_{\lambda_i \leqslant \mu} P_i + \sum_{\mu < \lambda_i \leqslant \lambda} P_i = E_\mu + \sum_{\mu < \lambda_i \leqslant \lambda} P_i$, 由于 $\sum_{\mu < \lambda_i \leqslant \lambda} P_i \geqslant 0$, 所以 $E_\lambda \geqslant E_\mu$.

(ii) 对于 $\lambda > \lambda_0, E_\lambda - E_{\lambda_0} = \sum_{\lambda_0 < \lambda_i \leqslant \lambda} P_i$. 所以要证明 E_λ 在 λ_0 处的右连续性, 只要证明 $\lim_{\lambda \to \lambda_0 + 0} \sum_{\lambda_0 < \lambda_i \leqslant \lambda} P_i = 0$ 就可以了.

实际上, 对任何 $x \in H$, 由于 $\{P_i\}$ 两两直交, 所以

$$\sum_{i=1}^{\infty} \|P_i x\|^2 \leqslant \|x\|^2,$$

记 $M_\lambda = \{i | \lambda_0 < \lambda_i \leqslant \lambda\}, m_\lambda = \min_{i \in M_\lambda} i$ (当 M_λ 是空集时规定 $m_\lambda = \infty$), 显然当 $\lambda < \lambda'$ 时, $M_\lambda \subset M_{\lambda'}$, 而且 $\bigcap_{\lambda > \lambda_0} M_\lambda = \varnothing$, 所以 m_λ 当 $\lambda \in (\lambda_0, \infty)$ 时是单调不增的函数, 而且 $\lim_{\lambda \to \lambda_0 + 0} m_\lambda = \infty$. 但由于

$$\left\| \sum_{\lambda_0 < \lambda_i \leqslant \lambda} P_i x \right\|^2 = \sum_{\lambda_0 < \lambda_i \leqslant \lambda} \|P_i x\|^2$$

$$= \sum_{i \in M_\lambda} \|P_i x\|^2 \leqslant \sum_{i=m_\lambda}^{\infty} \|P_i x\|^2,$$

当 $\lambda \to \lambda_0 + 0$ 时, 上式的右端趋于零, 所以

$$\lim_{\lambda \to \lambda_0 + 0} \left\| \sum_{\lambda_0 < \lambda_i \leqslant \lambda} P_i x \right\|^2 = 0,$$

这就说明当 $\lambda \to \lambda_0 + 0$ 时, $E_\lambda - E_{\lambda_0}$ 强收敛于零. 因此 E_λ 是右连续的.

(iii) 的证明与 (ii) 是类似的. 只要记 $\widetilde{M}_\lambda = \{i | \lambda_i \leqslant \lambda\}$ 及 $\widetilde{m}_\lambda = \min\limits_{i \in \widetilde{M}_\lambda} i$, 这时当 $\lambda \to -\infty$ 时有 $\widetilde{m}_\lambda \to \infty$, 由于对任何 $x \in H$,

$$\|E_\lambda x\|^2 = \left\| \sum_{\lambda_i \leqslant \lambda} P_i x \right\|^2 = \sum_{i \in \widetilde{M}_\lambda} \|P_i x\|^2 \leqslant \sum_{i=\widetilde{M}_\lambda}^{\infty} \|P_i x\|^2,$$

所以 $\lim\limits_{\lambda \to -\infty} \|E_\lambda x\|^2 = 0$, 即 $\lim\limits_{\lambda \to -\infty} E_\lambda = 0$. 同理可证 $\lim\limits_{\lambda \to +\infty} E_\lambda = I$.

由上所述, 可知 $\{E_\lambda | \lambda \in (-\infty, +\infty)\}$ 是谱系.

例 7 在 Hilbert 空间 $L^2[0,1]$ 中, 对实数 λ, 记 $(-\infty, \lambda]$ 上的特征函数 $\chi_{(-\infty, \lambda]}(t)$ 为 $e_\lambda(t)$, 作算子 E_λ 如下:

$$E_\lambda f = e_\lambda(t) f(t), \quad f \in L^2[0,1],$$

现在来验证这样作出的 $\{E_\lambda | \lambda \in (-\infty, +\infty)\}$ 是个谱系.

首先, 由于 $e_\lambda(t)$ 是有界的实值函数, 而且 $e_\lambda^2(t) = e_\lambda(t)$, 所以 E_λ 是幂等的自共轭算子, 即 E_λ 是投影算子.

(i) 当 $\lambda \geqslant \mu$ 时, $e_\lambda(t) e_\mu(t) = e_\mu(t) e_\lambda(t) = e_\mu(t)$, 所以 $E_\lambda E_\mu = E_\mu E_\lambda = E_\mu$, 由定理 6.5.7 可知 $E_\lambda \geqslant E_\mu$.

(ii) 因为对任何 $f(t) \in L^2[0,1]$, 由 Lebesgue 控制收敛定理,

$$\lim_{\lambda \to \lambda_0} \int_0^1 |e_\lambda(t) - e_{\lambda_0}(t)|^2 |f(t)|^2 \mathrm{d}t = 0,$$

也就是 $(E_\lambda - E_{\lambda_0}) f$ 收敛于零 $(\lambda \to \lambda_0$ 时$)$, 所以 E_λ 是强连续的.

(iii) 当 $\lambda \leqslant 0$ 时, $E_\lambda = 0$, 当 $\lambda \geqslant 1$ 时, $E_\lambda = I$.

这样就证明了 $\{E_\lambda | \lambda \in (-\infty, +\infty)\}$ 是 $L^2[0,1]$ 中的谱系.

上面我们举了一些谱系的例子. 现在再对它进行一些讨论. 首先我们可以把谱系定义中的强收敛改为弱收敛.

定理 6.7.3 设 $\{E_\lambda | \lambda \in (-\infty, +\infty)\}$ 是 Hilbert 空间 H 中一族投影算子, 满足如下的条件:

(i) 单调性: 当 $\lambda \geqslant \mu$ 时 $E_\lambda \geqslant E_\mu$;

(ii) 对一切 $\lambda_0 \in (-\infty, +\infty), E_{\lambda_0} = (\text{弱}) \lim_{\lambda \to \lambda_0 + 0} E_\lambda$;

(iii) (弱) $\lim_{\lambda \to -\infty} E_\lambda = 0$, (弱) $\lim_{\lambda \to +\infty} E_\lambda = I$;

那么 E_λ 是一个谱系.

证 由 (弱) $\lim_{\lambda \to \lambda_0 + 0} E_\lambda = E_{\lambda_0}$, 即知 $\lim_{\lambda \to \lambda_0 + 0} ((E_\lambda - E_{\lambda_0})x, x) = 0$. 但是因为 $\lambda > \lambda_0$ 时, $E_\lambda - E_{\lambda_0}$ 是投影算子, 所以

$$\|(E_\lambda - E_{\lambda_0})x\|^2 = ((E_\lambda - E_{\lambda_0})x, x),$$

因而弱收敛与强收敛是等价的, 所以 $\{E_\lambda | \lambda \in (-\infty, +\infty)\}$ 满足谱系的条件 (ii). 条件 (iii) 也可以类似地验证. 从而 $\{E_\lambda | \lambda \in (-\infty, +\infty)\}$ 是谱系.   证毕

定理 6.7.3′ 设 $\{E_\lambda | \lambda \in (-\infty, +\infty)\}$ 是 Hilbert 空间 H 上的一族投影算子, 那么 $\{E_\lambda | \lambda \in (-\infty, +\infty)\}$ 成为谱系的充要条件是对于任何 $x \in H$, 函数 $F_x(\lambda) = (E_\lambda x, x)$ 满足下列条件:

(i) F_x 是单调不减的, 即当 $\lambda > \mu$ 时 $F_x(\lambda) \geqslant F_x(\mu)$;

(ii) F_x 是右连续函数;

(iii) $\lim_{\lambda \to -\infty} F_x(\lambda) = 0, \lim_{\lambda \to +\infty} F_x(\lambda) = \|x\|^2$.

证 必要性: 是显然的. 由谱系的条件即可推出定理中的 (i) — (iii).

充分性: 如果投影算子族 $\{E_\lambda | \lambda \in (-\infty, +\infty)\}$ 使 $F_x(\lambda) = (E_\lambda x, x)$ 满足定理中的三个条件, 根据定理 6.5.7, 对每个 x, 由 F_x 的单调性就得到 $\{F_\lambda | \lambda \in (-\infty, +\infty)\}$ 的单调性. 又由 F_x 的右连续性可得

$$\lim_{\lambda \to \lambda_0 + 0} \|(E_\lambda - E_{\lambda_0})x\|^2 = \lim_{\lambda \to \lambda_0 + 0} ((E_\lambda - E_{\lambda_0})x, x)$$
$$= \lim_{\lambda \to \lambda_0 + 0} (E_\lambda x, x) - (E_{\lambda_0} x, x) = 0,$$

因此 $\{E_\lambda | \lambda \in (-\infty, +\infty)\}$ 是右连续的. 对于 $\lambda \to \pm\infty$ 的情形也由类似的计算可以说明. 所以 $\{E_\lambda | \lambda \in (-\infty, +\infty)\}$ 是谱系.   证毕

如果 $\{E_\lambda | \lambda \in (-\infty, +\infty)\}$ 是个谱系, 而且有有限数 m、M, 使得当 $\lambda < m$ 时 $E_\lambda = 0$ (E_m 可以不是 0), 当 $\lambda \geqslant M$ 时 $E_\lambda = I$, 就称 $\{E_\lambda | \lambda \in (-\infty, +\infty)\}$ 是在区间 $[m, M]$ 上的谱系. 区间 $[m, M]$ 上谱系又常写成 $\{E_\lambda | \lambda \in [m, M]\}$.

4. 谱系和谱测度的关系 前面我们已经分别讨论了谱系 $\{E_\lambda | \lambda \in (-\infty, +\infty)\}$ 及谱测度空间 $(X, \boldsymbol{R}, E)$. 现在我们讨论两者的关系. 设 X 是实数全体 E^1, $\boldsymbol{R}$ 取为直线上 Borel 集全体所成的 σ-代数 $\boldsymbol{B}$, 这时, $(E^1, \boldsymbol{B})$ 上的谱测度和谱系有密切的关系.

容易看到, 如果 $(E^1, \boldsymbol{B}, E)$ 是个谱测度空间, 那么我们利用谱测度 E 可以造出一个谱系如下: 对于 $\lambda \in (-\infty, +\infty)$, 令

$$E_\lambda = E((-\infty, \lambda]) \quad (\lambda \in (-\infty, +\infty)), \tag{6.7.15}$$

由谱测度的定义, 立即可推知由 (6.7.15) 所作的 $\{E_\lambda | \lambda \in (-\infty, +\infty)\}$ 是谱系. 称它为由谱测度 $E(\cdot)$ 导出的谱系.

下面我们要从一个谱系 $\{E_\lambda | \lambda \in (-\infty, +\infty)\}$ 出发来定义出在 $(E^1, \boldsymbol{B})$ 上的谱测度 $E(\cdot)$, 使得它导出的谱系 $\{E_\lambda | \lambda \in (-\infty, +\infty)\}$ 就是 $\{E_\lambda | \lambda \in (-\infty, +\infty)\}$, 即使得 (6.7.15) 式成立. 我们把直线 E^1 上的左开右闭区间 $(a, b]$ 全体, 再加上 $(-\infty, a], (-\infty, +\infty)$ 后的集类所张成的环记作 $\boldsymbol{B}_0$, 由于 $(-\infty, +\infty) \in \boldsymbol{B}_0$, 所以 $\boldsymbol{B}_0$ 是由 E^1 的子集所成的代数. 如果我们把 $(a, b]$、$(-\infty, a]$、$(-\infty, +\infty)$ 都称作 "左开右闭的区间", 那么 $\boldsymbol{B}_0$ 中元都可表示成有限个两两不交的左开右闭的区间的和集. 为方便起见, $(a, +\infty)$ 也记成 $(a, +\infty]$.

定义 6.7.5　设 $\{E_\lambda | \lambda \in (-\infty, +\infty)\}$ 是谱系, 而 E 是 $\boldsymbol{B}_0$ 上的谱测度, 如果 (6.7.15) 式成立, 就称 $E(\cdot)$ 是由 $\{E_\lambda | \lambda \in (-\infty, +\infty)\}$ 导出的**谱测度**.

引理 2　设 $\{E_\lambda | \lambda \in (-\infty, +\infty)\}$ 是谱系, 那么它必定在 $\boldsymbol{B}_0$ 上导出唯一的谱测度.

证　对于 $-\infty \leqslant a \leqslant b \leqslant +\infty$, 作

$$E((a, b]) = E_b - E_a,$$

上式中 $E_{+\infty}$、$E_{-\infty}$ 分别理解为 I 及 0.

对于任何 $\Delta \in \boldsymbol{B}_0$, 如果 $\Delta = \bigcup_{i=1}^{n} (a_i, b_i]$ 而且 $(a_i, b_i] (i = 1, 2, \cdots, n)$ 是两两不交的, 那么令 $E(\Delta) = \sum_{i=1}^{n} (E_{b_i} - E_{a_i})$. 和 §2.2 中 $\boldsymbol{R}_0$ 上测度 m 的情况相仿可证, 这里的 $E(\Delta)$ 与 $\Delta = \bigcup_{i=1}^{n} (a_i, b_i]$ 的分解形式无关.

显然 $E((-\infty, \lambda]) = E_\lambda$. 今证明 E 是 $(E^1, \boldsymbol{B}_0)$ 上的谱测度. 由于 $\{E_\lambda | -\infty < \lambda < +\infty\}$ 是谱系, 容易看出, 对每个 $A \in \boldsymbol{B}_0, E(A)$ 是投影算子, 而且 $E((-\infty, +\infty)) = I$. 因此只要证明 E 的可列可加性.

任意取定 $x \in H$, 作 E^1 上函数 $g_x(\lambda) = (E_\lambda x, x), -\infty < \lambda < +\infty$, 它是单调增加的右方连续函数. 和 §2.2 一样, 利用 $g_x(\lambda)$ 作 $\boldsymbol{B}_0$ 上的集函数 μ_x 如下: 当 $A \in \boldsymbol{B}_0$ 而且 A 表示成为有限个互不相交的 $(a_i, b_i]$ 的和时,

$$\mu_x(A) = \sum_{i=1}^{n} (g_x(b_i) - g_x(a_i)),$$

利用 §2.2 的方法可证 μ_x 是 $(E^1, \boldsymbol{B}_0)$ 上的测度, 因此当 $\{A_n\} \subset \boldsymbol{B}_0$ 是一族互不相交的集, 而且 $\bigcup\limits_{n=1}^{\infty} A_n \in \boldsymbol{B}_0$ 时,

$$\mu_x\left(\bigcup_{n=1}^{\infty} A_n\right) = \sum_{n=1}^{\infty} \mu_x(A_n),$$

这就证明了

$$\left(E\left(\bigcup_{n=1}^{\infty} A_n\right) x, x\right) = \sum_{n=1}^{\infty} (E(A_n)x, x).$$

利用类似于定理 6.6.5 的方法 (即用极化恒等式), 立即可知对任何 x、$y \in H$,

$$\left(E\left(\bigcup_{n=1}^{\infty} A_n\right) x, y\right) = \sum_{n=1}^{\infty} (E(A_n)x, y),$$

所以 E 是由 $\{E_\lambda | \lambda \in (-\infty, +\infty)\}$ 导出的谱测度. 证毕

谱测度和通常测度一样也有下面的延拓定理.

定理 6.7.4 设 E 是 $(X, \boldsymbol{R})$ ($\boldsymbol{R}$ 是一个代数) 上的谱测度. 设 $\boldsymbol{S}(\boldsymbol{R})$ 是包含 $\boldsymbol{R}$ 的最小 σ-代数. 那么必唯一地有 $(X, \boldsymbol{S}(\boldsymbol{R}))$ 上的谱测度 $\widetilde{E}$, 使得当 $A \in \boldsymbol{R}$ 时, $\widetilde{E}(A) = E(A)$.

证 对每个 $x \in H$, 作 $(X, \boldsymbol{R})$ 上的测度 μ_x 如下:

$$\mu_x(A) = (E(A)x, x), \quad A \in \boldsymbol{R}, \tag{6.7.16}$$

那么 $\mu_x(X) = \|x\|^2$. 根据 §2.4, 它必定可以唯一地延拓成 $\boldsymbol{S}(\boldsymbol{R})$ 上的一个测度 μ_x^*. 当 $A \in \boldsymbol{R}$ 时, 由 (6.7.16) 显然有

$$\mu_{x+y}(A) + \mu_{x-y}(A) = 2\mu_x(A) + 2\mu_y(A),$$

当我们把上式左右两边分别看作 $\boldsymbol{R}$ 上的测度, 并把它们分别延拓成 $\boldsymbol{S}(\boldsymbol{R})$ 上的测度时, 左右两边分别为 $\mu_{x+y}^*(A) + \mu_{x-y}^*(A), 2\mu_x^*(A) + 2\mu_y^*(A)$, 由延拓的唯一性, 可以知道, 当 $A \in \boldsymbol{S}(\boldsymbol{R})$ 时

$$\mu_{x+y}^*(A) + \mu_{x-y}^*(A) = 2\mu_x^*(A) + 2\mu_y^*(A),$$

类似地, 当 α 为数时

$$\mu_{\alpha x}^*(A) = |\alpha|^2 \mu_x^*(A),$$

又因为 $0 \leqslant \mu_x^*(A) \leqslant \mu_x^*(X) = \|x\|^2$. 因此当固定 $A \in \boldsymbol{S}(\boldsymbol{R})$ 时, H 上的泛函 $\mu_x^*(A)$ 是有界的实二次泛函. 由定理 6.6.4, 必有 H 中唯一的自共轭算子 —— 记它是 $\widetilde{E}(A)$ 使得

$$(\widetilde{E}(A)x, x) = \mu_x^*(A),$$

这样得到由 $\boldsymbol{S}(\boldsymbol{R})$ 到 H 上有界线性自共轭算子全体 $\mathscr{A}$ 中的一个映照 $\widetilde{E}$ (就是说, 当 $A \in \boldsymbol{S}(\boldsymbol{R})$ 时 $\widetilde{E}(A)$ 是自共轭算子). 由 $\mu_x^*(A)$ 对 A 的可列可加性得知, 当 $\{A_n\} \subset \boldsymbol{S}(\boldsymbol{R})$ 而且互不相交时, 对一切 $x, y \in H$ 有

$$\left(\widetilde{E}\left(\bigcup_{n=1}^{\infty} A_n\right)x, y\right) = \sum_{n=1}^{\infty} (\widetilde{E}(A_n)x, y), \tag{6.7.17}$$

我们只要证明 $\widetilde{E}(A) \in \mathscr{P}$($\mathscr{P}$ 表示空间 H 中的投影算子全体), 那么 $\widetilde{E}$ 就是谱测度. 我们令

$$\boldsymbol{M} = \{A \mid A \in \boldsymbol{S}(\boldsymbol{R}), \widetilde{E}(A) \in \mathscr{P}\},$$

由于 μ_x^* 是 μ_x 的延拓, 显然当 $A \in \boldsymbol{R}$ 时 $\widetilde{E}(A) = E(A)$, 所以 $\boldsymbol{R} \subset \boldsymbol{M}$. 我们证明 $\boldsymbol{M}$ 是单调类: 因为 $X \in \boldsymbol{M}$, 所以只要考察 $\boldsymbol{M}$ 是否对单调增加集列的极限运算封闭就可以了. 假设 $B_1 \subset B_2 \subset \cdots \subset B_n \subset \cdots$ 是 $\boldsymbol{M}$ 中一列集, 记 $A = \bigcup_{n=1}^{\infty}(B_n - B_{n-1})$. 因为

$$(\widetilde{E}(B_n)x, x) \geqslant (\widetilde{E}(B_{n-1})x, x),$$

所以 $\widetilde{E}(B_n) \geqslant \widetilde{E}(B_{n-1})$, 从而 $\widetilde{E}(B_n - B_{n-1}) = \widetilde{E}(B_n) - \widetilde{E}(B_{n-1}) \in \mathscr{P}$. 由 (6.7.17) 可知

$$\widetilde{E}(A) = (\text{弱})\sum_{n=1}^{\infty}(\widetilde{E}(B_n) - \widetilde{E}(B_{n-1})) + \widetilde{E}(B_1) = \lim_{n \to \infty} \widetilde{E}(B_n),$$

利用定理 6.5.5 的证明方法可以证明 $\widetilde{E}(A) \in \mathscr{P}$. 所以 $\bigcup_{n=1}^{\infty} B_n \in \boldsymbol{M}$ 因此 $\boldsymbol{M}$ 是单调类. 由定理 2.1.4 的系可知 $\boldsymbol{M} \supset \boldsymbol{S}(\boldsymbol{R})$, 所以 $\boldsymbol{M} = \boldsymbol{S}(\boldsymbol{R})$. 因此 $\widetilde{E}$ 是谱测度而且它是 E 的延拓. 唯一性是明显的. 证毕

当 $\{E_\lambda \mid \lambda \in (-\infty, +\infty)\}$ 是 H 中的谱系时, 根据引理 2 它导出 $(E^1, \boldsymbol{B}_0)$ 上的一个谱测度 E, 由于 $\boldsymbol{S}(\boldsymbol{B}_0)$ 是 E^1 上 Borel 集全体所成的 σ-代数 $\boldsymbol{B}$, 根据定理 6.7.4, E 延拓成 $(E^1, \boldsymbol{B})$ 上的谱测度. 我们仍然把它记为 E, 称它是由 $\{E_\lambda \mid \lambda \in (-\infty, +\infty)\}$ 在 $(E^1, \boldsymbol{B})$ 上导出的谱测度. 由定理 6.7.1, 当 $f \in \boldsymbol{B}(E^1, \boldsymbol{B})$

时, 存在谱积分 $\displaystyle\int f(\lambda)\mathrm{d}E(\lambda)$. 我们有时把 $\displaystyle\int f(\lambda)\mathrm{d}E(\lambda)$ 写成函数 $f(\cdot)$ 关于谱系 $\{E_\lambda | \lambda \in (-\infty, +\infty)\}$ 的积分的形式:

$$\int f(\lambda)\mathrm{d}E_\lambda.$$

定理 6.7.5 设 $\{E_\lambda | \lambda \in (-\infty, +\infty)\}$ 是 H 中的谱系, E 是由这个谱系导出的 $(E^1, \boldsymbol{B})$ 上的谱测度. 任取 E^1 中的非空开集 O, 设它的构成区间全体是 $\{(a_i, b_i)\}$, 那么

$$E(O) = \sum_i (E_{b_i - 0} - E_{a_i}), \tag{6.7.18}$$

其中 $E_{b_i - 0} = (\text{强}) \lim_{\substack{\lambda < b_i \\ \lambda \to b_i}} E_\lambda.$

证 由 E 的可列可加性, 只要对 $O = (a, b)$ 的情况来证明 (6.7.18) 好了. 取一列 $\{b_n\}, a < b_n < b, b_n \to b$, 那么 $(a, b_n], n = 1, 2, 3, \cdots$ 是一列单调增加的集列, 而且它的和集是 (a, b). 由 E 的可列可加性容易看出

$$\begin{aligned}
E((a,b)) &= (\text{强}) \lim_{n\to\infty} E((a, b_n]) \\
&= (\text{强}) \lim_{n\to\infty} (E_{b_n} - E_a) = E_{b-0} - E_a.
\end{aligned}$$

证毕

习 题 6.7

1. 设 $(X, \boldsymbol{R}, P)$ 是 Hilbert 空间 H 中的谱测度空间, 设有 $x_0 \in H$ 使 $\{P(E)x_0 | E \in \boldsymbol{R}\}$ 张成 H. 证明必有 $(X, \boldsymbol{R})$ 上的全有限测度 μ, 以及 H 到 $L^2(X, \boldsymbol{R}, \mu)$ 上的线性同构 U, 满足 $\|Ux\| = \|x\|, x \in H$, 并使得当 $E \in \boldsymbol{R}$ 时, $\widehat{P}(E) = UP(E)U^{-1}$ 是如下的投影算子: 对一切 $f \in L^2(X, \boldsymbol{R}, P)$

$$(\widehat{P}(E)f)(x) = \chi_E(x)f(x),$$

此地 $\chi_E(\cdot)$ 是集 E 的特征函数. (提示: 令 $U: P(E)x_0 \to \chi_E(x)$.)

2. 设 $(X, \boldsymbol{R}, E)$ 是复 Hilbert 空间 H 中的谱测度空间, f 是 $(X, \boldsymbol{R})$ 上的有界可测函数, $A = \displaystyle\int_X f(x)\mathrm{d}E(x)$. 那么 $\lambda \in \rho(A)$ 的充要条件是存在 $E_0 \in \boldsymbol{R}, E(E_0) = 0$, 使得 $\displaystyle\inf_{x \in X - E_0} |f(x) - \lambda| > 0$.

3. 记 H 为复 $L^2(-\infty, +\infty)$, 对每个实数 a, 作 H 上算子 $U(a)$、$V(a)$ 如下: 当 $f \in H$ 时,

$$(U(a)f)(x) = e^{iax}f(x),$$

$$(V(a)f)(x) = f(x + a),$$

设 $(E^1, \boldsymbol{B}, P)$ 是取值于 H 上的谱测度空间. 如果存在一个实常数 c, 对任何 $E \in \boldsymbol{B}, f \in H$,

$$P(E)f = \chi_{\tau-cE}(x)f(x), \tag{6.7.19}$$

此地 $\tau_a E = \{x - a | x \in E\}$. 证明: 对一切实数 a,

$$U(a)P(E) = P(E)U(a), \tag{6.7.20}$$

$$V(a)P(E) = P(\tau_a E)V(a). \tag{6.7.21}$$

4. 证明习题 3 的逆命题也成立, 即满足 (6.7.20)、(6.7.21) 的谱测度 P 必为 (6.7.19) 的形式. 证明时可分成下列几个命题逐步完成.

(i) 如果 $f \in P(E)H$, 那么对任何实数 $\alpha, e^{i\alpha x}f(x) \in P(E)H$;

(ii) 取 $E_n = (0, n]$ (n 为自然数), 又取 $\alpha : |\alpha| \geqslant n$, 那么

$$P(E_n)V(\alpha)P(E_n) = 0;$$

(iii) 对任何 $f, g \in P(E_n)H$, 当 $|\alpha| \geqslant n$ 时, 那么

$$\int_{-\infty}^{+\infty} e^{i\beta x}\overline{g(x)}f(x+\alpha)\mathrm{d}x = 0$$

对一切实数 β 成立;

(iv) 利用 (iii) 以及 $L^1(-\infty, +\infty)$ 中 Fourier 变换唯一性, 证明必存在仅依赖于 n 的正数 m_n, 一切 $P(E_n)H$ 中函数在 $[-m_n, m_n]$ 外几乎处处为零;

(v) 设 $\varphi \in H$, 并且 φ 是在 $[-k, k]$ (k 是自然数) 外为零的 Borel 可测函数, 记 $F = \{x | \varphi(x) \neq 0\}$. 证明由 $\{e^{i\alpha x}\varphi(x) | \alpha \in R^1\}$ 张成的线性子空间在 Hilbert 空间 $L^2(F, \boldsymbol{B} \bigcap F, m)$ 中稠密;

(vi) 对任何自然数 k, 记 H_k 为 H 中在 $[-k, k]$ 外为零的函数全体, 又记 $\varphi_{nk}(x) = P(E_n)\chi_{[-k,k]}(x), F_{nk} = \{x | \varphi_{nk}(x) \neq 0\}$. 利用 (iv)、(v) 证明 $\overline{P(E_n)H_k} = L^2(F_{nk}, \boldsymbol{B} \bigcap F_{n^2,k}, m)$;

(vii) 记 $F_n = \bigcup_{k=1}^{\infty} F_{nk}$, 证明 $P(E_n)H = L^2(F_n, \boldsymbol{B} \bigcap F_n, m), F_n \subset [-m_n, m_n]$;

(viii) 特别取 $E_1 = (0, 1]$, 记 $c = \sup\{r | m((-\infty, r] \bigcap F_1) = 0\}, d = \inf\{\delta | m(F_1 \bigcap [\delta, \infty)) = 0\}$ (显然, $P(E_1)H = L^2(F_1, \boldsymbol{B} \bigcap F_1, m) = L^2(F_1 \bigcap (c, d], \boldsymbol{B} \bigcap (F_1 \bigcap (c, d]), m)$). 利用 (6.7.21) 证明 $d \leqslant c + 1$.

(ix) 利用 (6.7.21) 和 P 的可列可加、$P(R') = I$, 证明 $m(F_1 \bigcap (c, d]) = 1$ (因此, 可取 $F_1 = (c, c+1]$)

(x) 证明一切区间 $E = (\alpha, \beta], P(E)H = L^2((\alpha+c, \beta+c), \boldsymbol{B} \bigcap (\alpha+c, \beta+c], m)$ 从而证明 P 必是 (6.7.19) 的形式.

5. 设 $(X, \boldsymbol{R}, E)$ 是 Hilbert 空间 H 上的谱测度空间. $f, g \in B(X, \boldsymbol{R})$, 并且 $f(x)g(x) = 1$. 证明算子 $A = \int f(x)\mathrm{d}E(x)$ 必是正则的, 并且 $A^{-1} = \int g(x)\mathrm{d}E(x)$.

6. 设 $(X, \boldsymbol{R}, E)$ 是 Hilbert 空间 H 上的谱测度空间, $f, g \in B(X, \boldsymbol{R})$. 如果存在 $S \in \boldsymbol{R}, E(S) = 0$, 并且当 $x \in S$ 时, $f(x) = g(x)$. 证明

$$\int f(x) \mathrm{d}E(x) = \int g(x) \mathrm{d}E(x).$$

7. 设 $(X, \boldsymbol{R}, E)$ 是 Hilbert 空间 H 上的谱测度空间, $f, g_n \in B(X, \boldsymbol{R}), n = 1, 2, 3, \cdots$, 并且

(i) 存在常数 M, 使得 $|g_n(x)| \leqslant M$ 对一切 $x \in X$ 成立;

(ii) $\lim\limits_{n \to \infty} g_n(x) = f(x)$ 处处成立.

证明算子序列 $\left\{ \int g_n(x) \mathrm{d}E(x) \right\}$ 必弱收敛于算子 $\int f(x) \mathrm{d}E(x)$.

§6.8 酉算子的谱分解

1. 酉算子的定义 在本节中, 我们将讨论酉算子, 特别是要研究它的谱分解.

定义 6.8.1 设 U 是由内积空间 H 的线性子空间 $\mathscr{D}(U)$ 到内积空间 G 的线性算子, 如果对任何 $x \in \mathscr{D}(U)$, 都有 $\|Ux\| = \|x\|$, 那么称 U 是**在 $\mathscr{D}(U)$ 上保范的**. 如果 $\mathscr{D}(U) = H$, 并且 U 是 $\mathscr{D}(U)$ 上保范的, 那么称 U 是 H 到 G 的**保距算子**, 当 $H = G$ 时, 简称 U 是 H 上的保距算子. 如果 $\mathscr{D}(U) = H, \mathscr{R}(U) = G$, 并且 U 是 $\mathscr{D}(U)$ 上保范的, 那么称 U 是 H 到 G 的**酉算子**, 当 $H = G$ 时, 简称 U 是 H 上的酉算子.

H 上的酉算子, 在物理学上习惯称为**幺正算子**.

如果 H 到 G 的线性算子 U, 是在 $\mathscr{D}(U)$ 上保范的, 那么当 $x \neq 0, x \in \mathscr{D}(U)$ 时, 由 $\|Ux\| = \|x\| \neq 0$, 立即知道 U 是连续且一对一的, 即 U 是可逆的. 特别就得到: 内积空间 H 到内积空间 G 的酉算子是有界的、可逆的, 并且 U^{-1} 也是 G 到 H 上的酉算子.

引理 1 设 H, G 是两个 Hilbert 空间, U 是 H 到 G 的线性算子, 那么
(i) U 是 $\mathscr{D}(U)$ 上的保范算子的充要条件是对任何 $x, y \in \mathscr{D}(U)$,

$$(Ux, Uy) = (x, y), \tag{6.8.1}$$

特别地, U 是 $H \to G$ 的保距算子的充要条件是对任何 $x, y \in H$, (6.8.1) 成立.

(ii) U 是 $H \to G$ 的酉算子的充要条件是

$$U^*U = I_H, UU^* = I_G^{①}, \tag{6.8.2}$$

---

①I_H, I_G 分别表示 H 及 G 上的恒等算子.

或者是

$$U^{-1} = U^*. \tag{6.8.3}$$

证　(i) 由于内积空间中的内积可以用范数表示 (见极化恒等式 (6.1.5)、(6.1.6)), 易知 $\mathscr{D}(U)$ 上的保范算子必保持内积不变, 即 (6.8.1) 成立.

反之, 如果 (6.8.1) 成立, 在 (6.8.1) 中特别取 $x = y$ 时, 便知 U 是保范的.

(ii) (6.8.2) 的必要性: 如果 U 是酉算子, 由 (6.8.1) 式可知, 对任何 $x, y \in H$, 有

$$(x, y) = (Ux, Uy) = (U^*Ux, y),$$

即对一切 $x, y \in H$,

$$((U^*U - I_H)x, y) = 0,$$

特别取 $y = (U^*U - I_H)x$ 时, 由上式立即得到对任何 $x \in H, (U^*U - I_H)x = 0$, 即 $U^*U = I_H$.

又因为 $\mathscr{R}(U) = G$, 所以从 $U^*U = I_H$ 可知 U^* 就是 U 的逆算子 (即 $U^{-1} = U^*$), 因此 U^* 是 $G \to H$ 的酉算子, 对 U^* 应用已被证明的 (6.8.2) 的第一式, 我们又得到 $(U^*)^*U^* = I_G$, 即 $UU^* = I_G$.

(6.8.2) 的充分性: 由于 $U^*U = I_H$, 因此对任何 $x, y \in H$,

$$(x, y) = (U^*Ux, y) = (Ux, Uy),$$

即 (6.8.1) 成立, 从而 U 是保距算子. 又从 $UU^* = I_G$ 可知 $\mathscr{R}(U) = G$, 所以 U 是 $H \to G$ 的酉算子.

显然 (6.8.2) 成立的充要条件是 (6.8.3).　　　　　　　　　　　　　　证毕

系　设 $(X, \boldsymbol{R}, E)$ 是 Hilbert 空间 H 中的谱测度空间, 函数 $f \in B(X, \boldsymbol{R})$ 而且 $|f| = 1$. 那么谱积分

$$U = \int f \mathrm{d}E$$

是酉算子.

证　由定理 6.7.1 的 (ii), $U^* = \int \overline{f} \mathrm{d}E$. 又由定理 6.7.2 系 2,

$$U^*U = UU^* = \int |f|^2 \mathrm{d}E = \int \mathrm{d}E = E(X) = I,$$

因此 U 是 H 中的酉算子.　　　　　　　　　　　　　　　　　　　证毕

下面我们要研究 Hilbert 空间 H 上的酉算子 (即 $H \to H$ 上的酉算子).

2. 酉算子的谱分解 在 §6.7 的第 1 段中我们说过, 如果 H 是复 n 维空间, 那么 (见 (6.7.3) 式) H 中的酉算子 U 有形式

$$U = \sum_{j=1}^{n} \lambda_j P_j, \quad \sum_{j=1}^{n} P_j = I,$$

其中 $|\lambda_j| = 1, P_j (j = 1, 2, \cdots, n)$ 是相互直交的投影算子. 把 λ_j 记成为 $e^{i\theta_j}, (0 < \theta_j \leqslant 2\pi)$. 然后按 §6.7 例 5 的方法, 由 $\{P_j\}$ 及 $\{\theta_j\}(j = 1, 2, \cdots, n)$ 可以作出一个谱系 $\{E_\lambda | \lambda \in [0, 2\pi]\}$. 这个谱系是 $[0, 2\pi]$ 上的谱系. 而 U 的表示式也可以写成积分的形式

$$U = \int e^{i\lambda} \mathrm{d}E_\lambda.$$

现在再看一个无限维的 Hilbert 空间中酉算子的例.

例 1 考虑复 Hilbert 空间 $L^2[0, 2\pi], U$ 是如下的算子:

$$(Uf)(t) = e^{it} f(t), f \in L^2[0, 2\pi],$$

容易知道算子 U 是 $L^2[0, 2\pi]$ 中的酉算子.

对于 $[0, 2\pi]$ 中的每个 Borel 集 A, 作算子 $E(A)$ 如下:

$$E(A)f = \chi_A(t)f(t), f \in L^2[0, 2\pi],$$

其中 χ_A 是 A 的特征函数. 这时, 对于任何 $[0, 2\pi]$ 中 Borel 集 $A, E(A)$ 都是投影算子, 而 E 是 $[0, 2\pi]$ 中 Borel 集全体所成的 σ-代数 $\boldsymbol{B}_{[0,2\pi]}$ 上的谱测度. 就是说 $([0, 2\pi], \boldsymbol{B}_{[0,2\pi]}, E)$ 是个谱测度空间. 由于 $(E(A)f, g) = \int_A f(t)\overline{g(t)}\mathrm{d}t$, 根据 §3.8, 对于任何 $f, g \in L^2[0, 2\pi]$

$$\int_0^{2\pi} e^{it}\mathrm{d}(E(t)f, g) = \int_0^{2\pi} e^{it} f(t)\overline{g(t)}\mathrm{d}t = (Uf, g),$$

因此

$$U = \int_0^{2\pi} e^{it}\mathrm{d}E(t). \tag{6.8.4}$$

本节的主要目的是要证明 (6.8.4) 是酉算子的一般形式. 也就是说, 对于复 Hilbert 空间 H 中的酉算子 U, 必定有 $([0, 2\pi], \boldsymbol{B}_{[0,2\pi]})$ 上的谱测度 E 使 (6.8.4) 式成立.

引理 2　设 $P(e^{it}) = \sum\limits_{\nu=-N}^{n} c_\nu e^{i\nu t}$ 是一个三角多项式, 而且对任何实数 t,

$P(e^{it}) > 0$, 那么必有三角多项式 $Q(e^{it}) = \sum\limits_{\nu=0}^{m} \alpha_\nu e^{i\nu t}$ 使

$$P(e^{it}) = |Q(e^{it})|^2. \tag{6.8.5}$$

证　因为有理函数 $P(z) = \sum\limits_{\nu=-N}^{N} c_\nu z^\nu$ 在 $|z| = 1$ 上取实数值, 由复变函数中

的 Schwarz 反照原理可知 $P(z) = \overline{P\left(\dfrac{1}{\bar{z}}\right)}$. 又因为 $P(e^{it}) > 0, P(z)$ 在单位圆周

上没有零点. 设 $P(z)$ 在单位圆 $|z| < 1$ 内的零点是 $\alpha_1, \alpha_2, \cdots, \alpha_n$, 其重数分别

为 $m_1, m_2, \cdots, m_n$. 由于 $P\left(\dfrac{1}{\bar{\alpha}_\nu}\right) = \overline{P(\alpha_\nu)} = 0$, 因而 $\dfrac{1}{\bar{\alpha}_\nu}$ 也是 $P(z)$ 的零点. 由

$P(z) = \overline{P\left(\dfrac{1}{\bar{z}}\right)}$ 容易说明零点 $\dfrac{1}{\bar{\alpha}_\nu}$ 也是 m_ν 次的. 因此

$$P(z) = c \prod_{\nu=1}^{n} (z - \alpha_\nu)^{m_\nu} \left(\frac{1}{z} - \bar{\alpha}_\nu\right)^{m_\nu},$$

所以就得到

$$P(e^{it}) = c \prod_{\nu=1}^{n} |e^{it} - \alpha_\nu|^{2m_\nu} \, (c > 0),$$

记 $Q(z) = \sqrt{c} \prod\limits_{\nu=1}^{n} (z - \alpha_\nu)^{m_\nu}$, 那么 (6.8.5) 式成立.　　　　证毕

定理 6.8.1　设 U 是复 Hilbert 空间 H 上的酉算子, 那么必有 H 中唯一的
谱系 $\{E_\theta | \theta \in [0, 2\pi]\}$ 满足 $E_0 = 0$, 并使

$$U = \int_0^{2\pi} e^{i\theta} \mathrm{d}E_\theta. \tag{6.8.6}$$

在证明定理 6.8.1 前, 我们先回忆一些事实: $C_{2\pi} = \{f | f \in C[0, 2\pi], f(0) = f(2\pi)\}$, 它是 Banach 空间 $C[0, 2\pi]$ 的闭线性子空间. 对于 $f \in C_{2\pi}, \|f\| = \max\limits_{t \in [0, 2\pi]} |f(t)|$. $T_{2\pi}$ 表示三角多项式全体. $T_{2\pi}$ 是 $C_{2\pi}$ 中的线性子空间, 而且 $T_{2\pi}$ 在 $C_{2\pi}$ 中稠密.

下面我们再谈一下定理 6.8.1 的证明的思路. 如果 E_θ 是 $[0, 2\pi]$ 上的谱系, 根据引理 1 的系, 由 (6.8.6) 式定义的算子 U 是个酉算子. 现在的问题是反过来, 对于给定的酉算子 U, 要说明一定有这样的谱系. 这个谱系应该怎样去找呢? 我

们设想对于酉算子 U, 如果确有谱系 E_θ 使 (6.8.6) 式成立. 那么由定理 6.7.2 的系 2 可知

$$U^n = \int_0^{2\pi} e^{in\theta} dE_\theta (n = 0, \pm 1, \pm 2, \cdots),$$

因而对于任何三角多项式 $P(e^{i\theta})$, $\int_0^{2\pi} P(e^{i\theta}) dE_\theta$ 就代表算子 $P(U)$, 这样, 对于任何两个元 $x, y \in H$,

$$(P(U)x, y) = \int_0^{2\pi} P(e^{i\theta}) d(E_\theta x, y). \tag{6.8.7}$$

但是在 (6.8.7) 式中, 对于给定的三角多项式 P 及 $x, y \in H$, 左端是已知的. 而三角多项式全体 $T_{2\pi}$ 在 $C_{2\pi}$ 中是稠密的. 如果能够应用 $C_{2\pi}$ 上连续线性泛函的表示定理, 那么对于 $x, y \in H, (E_\theta x, y)$ 就可以确定下来了. 由此可见, E_θ 确实是可以根据 U 来确定的. 下面我们就把这个想法具体化.

定理 6.8.1的证明 对于三角多项式 $P(e^{i\theta}) = \sum_{\nu=-N}^{N} c_\nu e^{i\nu\theta}$, 称三角多项式 $\sum_{\nu=-N}^{N} \bar{c}_\nu e^{-i\nu\theta}$ 为 P 的共轭三角多项式, 记为 $\overline{P}(e^{i\theta})$, 算子 $\sum_{\nu=-N}^{N} c_\nu U^\nu$ 简记为 $P(U)$, 这时 $\overline{P}(U) = P(U)^*$, 两个三角多项式 $P_1(e^{i\theta})$ 与 $P_2(e^{i\theta})$ 的乘积 $P_3(e^{i\theta})$ 显然仍是三角多项式, 而且 $P_3(U) = P_1(U)P_2(U)$. 这些都是可以直接验证的.

对任何 $P \in T_{2\pi}$ 及任何 $x, y \in H$, 记

$$\varphi(P, x, y) = (P(U)x, y), \tag{6.8.8}$$

由 (6.8.8) 式, 对任何固定 $x, y \in H, \varphi_{x,y}: P \mapsto \varphi(P, x, y)$ 是 $T_{2\pi}$ 上的线性泛函. 下面我们证明它是连续的.

如果 P 是在 $[0, 2\pi]$ 上只取正值的三角多项式, 由引理 2, 有三角多项式 Q 使 $P(e^{i\theta}) = |Q(e^{i\theta})|^2$. 所以

$$\varphi_{x,x}(P) = (P(U)x, x) = (\overline{Q}(U)Q(U)x, x) = \|Q(U)x\|^2 \geqslant 0. \tag{6.8.9}$$

如果 P 是实值三角多项式, 那么对于任何 $c > \|P\|, P_1 = c - P$ 是正值的, 由 (6.8.9) 式,

$$\varphi_{x,x}(P_1) = (cx, x) - \varphi_{x,x}(P) \geqslant 0,$$

这就得到 $\varphi_{x,x}(P) \leqslant c(x, x)$. 令 c 趋于 $\|P\|$, 就有 $\varphi_{x,x}(P) \leqslant \|P\|\|x\|^2$. 再用 $-P$ 代替 P, 就有 $-\varphi_{x,x}(P) \leqslant \|P\|\|x\|^2$. 因此

$$|\varphi_{x,x}(P)| \leqslant \|P\|\|x\|^2. \tag{6.8.10}$$

对于复值的三角多项式 P, 它的实部和虚部是实值的三角多项式: $P = P_1 + \mathrm{i}P_2$. 由 (6.8.10) 式对于 P_1、P_2 都成立, 以及 $\|P_1\| \leqslant \|P\|, \|P_2\| \leqslant \|P\|$,

$$|\varphi_{x,x}(P)| \leqslant |\varphi_{x,x}(P_1)| + |\varphi_{x,x}(P_2)| \leqslant 2\|P\|\|x\|^2,$$

所以对 $x \in H, \varphi_{x,x}(\cdot)$ 是 $T_{2\pi}$ 上的连续线性泛函. 但由 (6.8.8) 式, 我们得到极化恒等式

$$\varphi_{x,y} = \frac{1}{4}\left(\varphi_{x+y,x+y} - \varphi_{x-y,x-y} + \mathrm{i}\varphi_{x+\mathrm{i}y,x+\mathrm{i}y} - \mathrm{i}\varphi_{x-\mathrm{i}y,x-\mathrm{i}y}\right),$$

因此对任何 $x, y \in H, \varphi_{x,y}(\cdot)$ 是 $T_{2\pi}$ 上的连续线性泛函. 因此由定理 5.2.4 的系, 必定存在唯一的 $\psi(\cdot, x, y) \in V_{2\pi}$ —— 即函数 $\theta \mapsto \psi(\theta, x, y), \theta \in [0, 2\pi]$, 是 $[0, 2\pi]$ 上的有界变差函数, 它在 $[0, 2\pi)$ 中每点是右连续的, 而且 $\psi(0, x, y) = 0$ —— 使得对任何 $P \in T_{2\pi}$,

$$\varphi_{x,y}(P) = \varphi(P, x, y) = \int_0^{2\pi} P(e^{\mathrm{i}\theta})\mathrm{d}\psi(\theta, x, y). \tag{6.8.11}$$

下面考察 $\psi(\theta, x, y)(\theta \in [0, 2\pi], x, y \in H)$ 的性质:

(i) $\psi(\theta, x, y)$ 关于 x, y 分别是线性和共轭线性的.

事实上, 由于 φ 关于 x 是线性的, 因而对于 $x_1, x_2, y \in H$ 及任何两个复数 λ_1, λ_2, 由 (6.8.11) 式得到

$$\varphi(P, x_1, y) = \int_0^{2\pi} P(e^{\mathrm{i}\theta})\mathrm{d}\psi(\theta, x_1, y), \tag{6.8.12}$$

$$\varphi(P, x_2, y) = \int_0^{2\pi} P(e^{\mathrm{i}\theta})\mathrm{d}\psi(\theta, x_2, y), \tag{6.8.13}$$

$$\varphi(P, \lambda_1 x_1 + \lambda_2 x_2, y) = \int_0^{2\pi} P(e^{\mathrm{i}\theta})\mathrm{d}\psi(\theta, \lambda_1 x_1 + \lambda_2 x_2, y), \tag{6.8.14}$$

由于 $x \mapsto \varphi(P, x, y)$ 是线性的, 由 (6.8.12 — 6.8.14) 得到

$$\int_0^{2\pi} P(e^{\mathrm{i}\theta})\mathrm{d}\psi(\theta, \lambda_1 x_1 + \lambda_2 x_2, y)$$
$$= \int_0^{2\pi} P(e^{\mathrm{i}\theta})\mathrm{d}[\lambda_1\psi(\theta, x_1, y) + \lambda_2\psi(\theta, x_2, y)], \tag{6.8.15}$$

由于等式 (6.8.15) 对任何 $P \in T_{2\pi}$ 成立, 由定理 5.2.4 即得

$$\psi(\theta, \lambda_1 x_1 + \lambda_2 x_2, y) = \lambda_1\psi(\theta, x_1, y) + \lambda_2\psi(\theta, x_2, y),$$

这就证明了 $\psi(\theta, x, y)$ 关于 x 是线性的. 关于 y 的共轭线性也可以类似地证明.

(ii) 对于 $x \in H, \psi(\theta, x, x)$ (关于 θ) 是单调上升的.

由于对取正值的 $P \in T_{2\pi}, \varphi(P, x, x) \geqslant 0$ (见 (6.8.9) 式), 也就是当 $P(e^{i\theta}) > 0$ 时 $\int_0^{2\pi} P(e^{i\theta}) \mathrm{d}\psi(\theta, x, x) \geqslant 0$. 根据 §3.8 即知 $\psi(\theta, x, x)$ 关于 θ 是单调上升的.

(iii) 在 (6.8.11) 式中取 $P = 1$, 得到

$$(x, y) = \psi(2\pi, x, y) - \psi(0, x, y) = \psi(2\pi, x, y),$$

再由上面的 (ii), 当 $\theta \in [0, 2\pi]$ 时, $0 \leqslant \psi(\theta, x, x) \leqslant (x, x) = \|x\|^2$.

综上所述, $\psi(\theta, x, y)$ 当固定 $\theta \in [0, 2\pi]$ 时, 是 H 上双线性的泛函, 当 $x = y$ 时, $0 \leqslant \psi(\theta, x, x) \leqslant \|x\|^2$. 因此由定理 6.6.2 及定理 6.6.4 可知必有唯一的 H 中自共轭算子 E_θ, 使

$$(E_\theta x, y) = \psi(\theta, x, y). \tag{6.8.16}$$

由性质 (iii) 即知 $E_{2\pi} = I$, 而 $E_0 = 0$ 是显然的. E_θ 的右连续性是由于 $\psi(\theta, x, y)$ 的右连续性. 因此只要说明 $\{E_\theta\}$ 都是投影算子, 那么根据定理 6.7.3′ 就知道 $\{E_\theta\}$ 是谱系了.

对于任意两个取实值的 $P, Q \in T_{2\pi}$, 以及任何 $x, y \in H$, 由 (6.8.8), (6.8.11), (6.8.16),

$$(P(U)x, Q(U)y) = \int_0^{2\pi} P(e^{i\theta}) \mathrm{d}(E_\theta x, Q(U)y), \tag{6.8.17}$$

但由于 $Q(U)$ 是自共轭的, 所以

$$(E_\theta x, Q(U)y) = (Q(U)E_\theta x, y) = \int_0^{2\pi} Q(e^{it}) \mathrm{d}(E_t E_\theta x, y).$$

另一方面, (6.8.17) 式的左边又可以化成

$$\begin{aligned}
(P(U)x, Q(U)y) &= (Q(U)P(U)x, y) \\
&= \int_0^{2\pi} P(e^{i\theta}) Q(e^{i\theta}) \mathrm{d}(E_\theta x, y),
\end{aligned}$$

根据定理 3.8.6 的系 1, 这个积分又等于

$$\int_0^{2\pi} P(e^{i\theta}) \mathrm{d} \left[\int_0^\theta Q(e^{it}) \mathrm{d}(E_t x, y) \right],$$

所以 (6.8.17) 式就变成

$$\begin{aligned}
&\int_0^{2\pi} P(e^{i\theta}) \mathrm{d} \left[\int_0^\theta Q(e^{it}) \mathrm{d}(E_t x, y) \right] \\
&= \int_0^{2\pi} P(e^{i\theta}) \mathrm{d} \left[\int_0^{2\pi} Q(e^{it}) \mathrm{d}(E_t E_\theta x, y) \right],
\end{aligned}$$

由于上式对任何 $P \in T_{2\pi}$ 成立, $T_{2\pi}$ 在 $C_{2\pi}$ 中稠密. 由 §5.2 Riesz 定理中泛函表示的唯一性, 就得到

$$\int_0^\theta Q(e^{it})\mathrm{d}(E_t x, y) = \int_0^{2\pi} Q(e^{it})\mathrm{d}(E_t E_\theta x, y). \tag{6.8.18}$$

我们作函数 $g_\theta(t)$ 如下: 当 $t \leqslant \theta$ 时 $g_\theta(t) = (E_t x, y)$, 当 $t > \theta$ 时 $g_\theta(t) = (E_\theta x, y)$. 这样 (6.8.18) 式就是

$$\int_0^{2\pi} Q(e^{it})\mathrm{d}g_\theta(t) = \int_0^{2\pi} Q(e^{it})\mathrm{d}(E_t E_\theta x, y),$$

因此, 由于这式子对任何 $Q \in T_{2\pi}$ 成立, 仍由 Riesz 定理所述的泛函表示的唯一性,

$$g_\theta(t) = (E_t E_\theta x, y),$$

所以当 $t \leqslant \theta$ 时, $(E_t x, y) = (E_t E_\theta x, y)$. 取 $t = \theta$, 即知 $E_\theta = E_\theta^2$. 所以 E_θ 是投影算子. 因此 $\{E_\theta | \theta \in [0, 2\pi]\}$ 是谱系, 在 (6.8.11) 中取 $P(e^{i\theta}) = e^{i\theta}$, 就得到 $(Ux, y) = \int_0^{2\pi} e^{i\theta}\mathrm{d}(E_\theta x, y)$, 因此 (6.8.6) 式成立.

从定理的证明过程可知使 (6.8.6) 成立的谱系是唯一的.　　　　　　证毕

定理 6.8.1 只是在复空间中成立. 在实空间中, (6.8.6) 右边的谱积分一般没有意义. 另一方面, 即使在有限维实空间中, 酉算子也不一定有特征值 (例如 n 维实欧几里得空间的旋转变换就没有特征值), 所以就谈不上谱系了.

定理 6.8.1 称作酉算子的谱分解定理, 定理中的谱系 $\{E_\theta | \theta \in [0, 2\pi]\}$ 称为酉算子 U 的谱系.

现在我们指出谱分解定理的一些应用.

系 1　如果复数 $\xi, |\xi| \neq 1$, 则 ξ 是酉算子 U 的正则点.

证　因为 $U - \xi I = \int_0^{2\pi} (e^{i\theta} - \xi)\mathrm{d}E_\theta$, 而 $\dfrac{1}{e^{i\theta} - \xi}$ 是 $[0, 2\pi]$ 上连续函数, 由定理 6.7.2 系 2 即可验算 $\int_0^{2\pi} \dfrac{1}{e^{i\theta} - \xi}\mathrm{d}E_\theta$ 是 $U - \xi I$ 的逆算子. 所以 ξ 是 U 的正则点.

系 2　数 $e^{i\theta_0}(0 < \theta_0 < 2\pi)$ 是酉算子 U 的正则点的充要条件是有正数 δ, 使得 U 的谱系 E_θ 在 $[\theta_0 - \delta, \theta_0 + \delta]$ 中是常算子 (即 E_θ 在 $(\theta_0 - \delta, \theta_0 + \delta)$ 中取值与 θ 无关). 1 为 U 的正则点的充要条件是有正数 δ, 使得当 $\theta \in (0, \delta)$ 时 $E_\theta = 0$, 当 $\theta \in (2\pi - \delta, 2\pi)$ 时 $E_\theta = I$.

证　我们讨论 $\theta_0 \in (0, 2\pi)$ 的情况.

充分性: 如果 U 的谱系在 θ_0 的某个邻域 $[\theta_0 - \delta, \theta_0 + \delta]$ 中是常算子, 取 $[0, 2\pi]$ 上的一个连续函数 $f(\theta)$, 使它在这邻域之外等于 $e^{i\theta}$, 而这邻域中的函数值不等于 $e^{i\theta_0}$, 这当然是可以的. 这时, 由于 $\int_{\theta_0 - \delta}^{\theta_0 + \delta} e^{i\theta} dE_\theta = \int_{\theta_0 - \delta}^{\theta_0 + \delta} f(\theta) dE_\theta = 0$, 所以

$$U = \int_0^{2\pi} e^{i\theta} dE_\theta = \int_0^{2\pi} f(\theta) dE_\theta,$$

而因为 $\dfrac{1}{f(\theta) - e^{i\theta_0}} \in C[0, 2\pi], \displaystyle\int_0^{2\pi} \dfrac{1}{f(\theta) - e^{i\theta_0}} dE_\theta$ 是有界线性算子, 它是 $\displaystyle\int_0^{2\pi} (f(\theta) - e^{i\theta_0}) dE_\theta = U - e^{i\theta_0} I$ 的逆算子. 所以 $e^{i\theta_0}$ 是 U 的正则点.

必要性: 用反证法. 设在 θ_0 的任何环境中 E_θ 不是常算子. 那么必有 $\theta_n \to \theta_0, E_{\theta_n} \neq E_{\theta_0}$. 不妨认为 $\theta_n > \theta_0$. 这时可取 x_n, 使 $\|x_n\| = 1, x_n \in (E_{\theta_n} - E_{\theta_0})H (= E_{\theta_n} H \ominus E_{\theta_0} H)$, 于是当 $\theta \geqslant \theta_n$ 时, $x_n \in E_{\theta_n} H \subset E_\theta H$, 而当 $\theta \leqslant \theta_0$ 时, 因 $x_n \perp E_{\theta_0} H, E_{\theta_0} H \supset E_\theta H$, 所以 $x_n \perp E_\theta H_0$ 这样,

$$(E_\theta x_n, x_n) = \begin{cases} 1, & \text{当 } \theta \geqslant \theta_n, \\ 0, & \text{当 } \theta \leqslant \theta_0, \end{cases}$$

所以

$$\|(U - e^{i\theta_0} I)x_n\|^2 = \int_0^{2\pi} |e^{i\theta} - e^{i\theta_0}|^2 d(E_\theta x_n, x_n)$$

$$\int_{\theta_0}^{\theta_n} |e^{i\theta} - e^{i\theta_0}|^2 d(E_\theta x_n, x_n) \leqslant c_n \|x_n\|^2 = c_n,$$

其中 $c_n = \sup\limits_{\theta \in [\theta_0, \theta_n]} |e^{i\theta} - e^{i\theta_0}|^2$. 当 $n \to \infty$ 时, 显然 $c_n \to 0$, 但如果 $e^{i\theta_0}$ 是 U 的正则点, 那么 $\|x_n\| \leqslant \|(U - e^{i\theta_0} I)^{-1}\| \|(U - e^{i\theta_0} I)x_n\|$, 当 $n \to \infty$ 时就导出 $1 \leqslant 0$ 的矛盾, 即 $e^{i\theta_0}$ 不可能是 U 的正则点.

同样可证 1 为 U 的正则点的充要条件. 证毕

系 3 数 $e^{i\theta_0} (0 < \theta_0 \leqslant 2\pi)$ 是酉算子 U 的特征值的充要条件是 $E_{\theta_0} \neq E_{\theta_0 - 0}$.

证 充分性: 如果 $E_{\theta_0 - 0} \neq E_{\theta_0}$, 那么有 $x_0 \in E_{\theta_0} H, x_0 \perp E_{\theta_0 - 0} H, x_0 \neq 0$, 那么当 $\theta \geqslant \theta_0$ 时 $E_\theta x_0 = E_{\theta_0} x_0 = x_0$, 当 $\theta < \theta_0$ 时 $E_\theta x_0 = 0$. 因此

$$(Ux_0, y) = \int_0^{2\pi} e^{i\theta} d(E_\theta x_0, y) = (e^{i\theta_0} x_0, y) \quad (y \in H),$$

所以 $Ux_0 = e^{i\theta_0} x_0$.

必要性: 如果 $e^{i\theta_0}$ 是 U 的特征值而且 x_0 是相应的特征向量, 那么 $Ux_0 = e^{i\theta_0}x_0$. 所以由 (6.7.13) 我们得到

$$0 = \|(U - e^{i\theta_0}I)x_0\|^2 = \int_0^{2\pi} |e^{i\theta} - e^{i\theta_0}|^2 \mathrm{d}(E_\theta x_0, x_0),$$

但在上式的积分中, 被积函数除去在 $\theta = \theta_0$ 处等于 0 外是正值的连续函数, $\mu(A) = (E(A)x_0, x_0)$ 是 $([0, 2\pi], \boldsymbol{B}[0, 2\pi])$ 上的测度, 因此要积分为 0, 必须测度 $\mu(A)$ 集中在单点集 $\{\theta_0\}$ 上. 由 E_θ 的右连续性可知 $(E_\theta x_0, x_0)$ 在 $[\theta_0, 2\pi]$ 上是常数, 在 $[0, \theta_0)$ 上也是常数. 所以

$$(E_\theta x_0, x_0) = \begin{cases} (E_{2\pi}x_0, x_0) = \|x_0\|^2, & \text{当 } \theta \in [\theta_0, 2\pi], \\ (E_0 x_0, x_0) = 0, & \text{当 } \theta \in [0, \theta_0), \end{cases}$$

因此当 $\theta \in [\theta_0, 2\pi]$ 时 $E_\theta x_0 = x_0$, 当 $\theta \in [0, \theta_0)$ 时 $E_\theta x_0 = 0$. 这就得到

$$E_{\theta_0 - 0}x_0 = 0 \neq x_0 = E_{\theta_0}x_0.$$

证毕

从系 3 的证明中还知道, 对于 $\theta_0 \in [0, 2\pi]$, U 的相应于特征值 $e^{i\theta_0}$ 的特征子空间是

$$\{x | Ux = e^{i\theta_0}x\} = (E_{\theta_0} - E_{\theta_0 - 0})H.$$

我们再要指出谱系的一个重要性质.

系 4 设 U 是复 Hilbert 空间中的酉算子, $\{E_\theta | \theta \in [0, 2\pi]\}$ 是 U 的谱系, 设 $([0, 2\pi], \boldsymbol{B} \bigcap [0, 2\pi], E)$ 是谱测度空间, E 是由谱系 $\{E_\theta | \theta \in [0, 2\pi]\}$ 决定的谱测度, 那么对于任何与 U 可交换[①]的有界线性算子 A, E_θ 以及 $E(M)(M \in \boldsymbol{B} \bigcap [0, 2\pi])$ 都与 A 可交换.

证 由于 $AU = UA$, 容易证明 $AU^n = U^n A (n = 0, \pm 1, \pm 2, \cdots)$. 因此对任何一个三角多项式 $P(e^{i\theta}) = \sum_{\nu=-N}^{N} c_\nu e^{i\nu\theta}$, 总有 $AP(U) = P(U)A$. 所以对于一切 $x, y \in H$

$$\int_0^{2\pi} P(e^{i\theta})\mathrm{d}(E_\theta Ax, y) = (P(U)Ax, y) = (AP(U)x, y) = (P(U)x, A^*y)$$

$$= \int_0^{2\pi} P(e^{i\theta})\mathrm{d}(E_\theta x, Ay^*) = \int_0^{2\pi} P(e^{i\theta})\mathrm{d}(AE_\theta x, y),$$

[①]两个有界线性算子成立 $AB = BA$ 时称 A 与 B 可交换.

由 §5.2 泛函表示的唯一性定理可知 $(E_\theta A x, y) = (A E_\theta x, y)$ 对一切 x、$y \in H$ 成立, 由此即得 $E_\theta A = A E_\theta$. 令 $\boldsymbol{M} = \{M | M \in \boldsymbol{B} \bigcap [0, 2\pi], E(M) A = A E(M)\}$, 那么易知环 $(\boldsymbol{R}_0^{①} \bigcap [0, 2\pi]) \subset \boldsymbol{M}$. 又易知 $\boldsymbol{M}$ 成为单调类, 所以 $\boldsymbol{M} \supset \boldsymbol{S}(\boldsymbol{R}_0 \bigcap [0, 2\pi])$ $= \boldsymbol{S}(\boldsymbol{R}_0) \bigcap [0, 2\pi] = \boldsymbol{B} \bigcap [0, 2\pi]$, 即对一切 $M \in \boldsymbol{B} \bigcap [0, 2\pi], E(M)$ 与 A 可交换.

证毕

3. 相应于酉算子的谱测度　我们注意复 Hilbert 空间 H 中酉算子 U 的谱 $\sigma(U)$ 是复平面上单位圆周上的一个闭集. 令 $\boldsymbol{B}_{\sigma(U)}$ 表示 $\sigma(U)$ 中的 (平面)Borel 集全体.

设 $(X, \boldsymbol{R})$ 是可测空间, E 是 $(X, \boldsymbol{R})$ 上谱测度 (或数值测度), 如果 $S \in \boldsymbol{R}, E(X - S) = 0$, 那么称 E **集中在** S 上.

定理 6.8.2 (酉算子的谱分解定理)　设 U 是复 Hilbert 空间 H 上的酉算子, 那么必有 $(\sigma(U), \boldsymbol{B}_{\sigma(U)})$ 上唯一的谱测度 F 使得

$$U = \int_{\sigma(U)} \lambda \mathrm{d} F(\lambda), \tag{6.8.19}$$

而且 F 有如下的性质: 对于任何 $M \in \boldsymbol{B}_{\sigma(U)}$ 及 H 中任何一个与 U 可交换的有界线性算子 $A, F(M)$ 与 A 也是可交换的.

证　对于酉算子 U 的谱系 $\{E_\theta | \theta \in [0, 2\pi]\}$, 我们作出它的谱测度 E. 由于 $E_{0+} = E_0 = 0$, 显然 $E((0, 2\pi]) = I$, 因此谱测度集中在 $(0, 2\pi]$ 上. 而 $(0, 2\pi]$ 的余集的谱测度为 0. 我们可以把谱测度限制在 $X = (0, 2\pi]$ 上. 令 C_1 表示复平面上的单位圆周 $\{\lambda | |\lambda| = 1\}$, 作 $(0, 2\pi] \to C_1$ 的一一对应 $T : \theta \mapsto e^{\mathrm{i}\theta}$. 记 $\boldsymbol{B}_{C_1} = \{T A | A \in \boldsymbol{B}, A \subset (0, 2\pi]\}$ ($\boldsymbol{B}$ 表示直线上 Borel 集全体). $\boldsymbol{B}_{C_1}$ 中的元称为 C_1 中的 Borel 集 (参见 §4.4 习题 17、18). 利用 T 可以把 $(E^1, \boldsymbol{B})$ 上的谱测度 E 变换成 $(C_1, \boldsymbol{B}_{C_1})$ 上的谱测度 F 如下:

$$F(TA) = E(A), A \in \boldsymbol{B}, A \subset (0, 2\pi],$$

那么当 $f \in B(C_1, \boldsymbol{B}_{C_1})$ 时可以证明

$$\int_{C_1} f(\lambda) \mathrm{d} F(\lambda) = \int_{(0, 2\pi]} f(e^{\mathrm{i}\theta}) \mathrm{d} E(\theta). \tag{6.8.20}$$

事实上, 当 f 是实值函数时, 由 $\{\lambda | y_{i-1} \leqslant f(\lambda) < y_i, \lambda \in C_1\} = T\{\theta | y_{i-1} \leqslant f(e^{\mathrm{i}\theta}) < y_i, \theta \in (0, 2\pi]\}$ 立即得到

$$F(C_1(y_{i-1} \leqslant f(\lambda) < y_i)) = E(X(y_{i-1} \leqslant f(e^{\mathrm{i}\theta}) < y_i)),$$

---

① $\boldsymbol{R}_0$ 是 $(-\infty, +\infty)$ 上由左开右闭区间张成的环, 参见 §2.1.

由此就得到 (6.8.20). 由定理 6.8.1 和 (6.8.20) 我们知道

$$U = \int_{C_1} \lambda \mathrm{d} F(\lambda),$$

所以只要证明谱测度 F 集中在 $\sigma(U)$ 上好了. 由定理 6.8.1 的系 2, 如果 $e^{i\theta_0} \in \rho(U)(0 < \theta_0 < 2\pi)$ 那么 E_θ 在 θ_0 的某个邻域中是常算子, 因此有正数 ε, 使 $E((\theta_0 - \varepsilon, \theta_0 + \varepsilon)) = 0$. 所以有单位圆周上一段包含 $e^{i\theta_0}$ 的开弧 $O(e^{i\theta_0})$, 使得 $F(O(e^{i\theta_0})) = 0$. 当 $1 \in \rho(U)$ 时, 同样可证明有 C_1 上开弧 $O(1)$ 包含 1, 而使 $F(O(1)) = 0$. 利用 F 的可列可加性, 对于单位圆周 C_1 上任一含在 $\rho(U)$ 中的开弧 γ 可证 $F(\gamma) = 0$. 由于 $\sigma(U)$ 是闭集, 类似于直线上开集的构成区间, 可以证明 $\rho(U) \bigcap C_1$ 可以表示成 C_1 上至多可列条两两不交的开弧的和集 (参见 §4.4 习题 16), 而在每段开弧 F 的值为 0, 因此 $F(\rho(U) \bigcap C_1) = 0$. 所以谱测度 F 集中在 $\sigma(U)$ 上. 　　　　　　　　　　　　　　　　　　　　　　　　　　　证毕

有时, 我们也称 $(C_1, \boldsymbol{B}_{C_1}, F)$ 或 $(\sigma(U), \boldsymbol{B}_{\sigma(U)}, F)$ 为由酉算子决定的谱测度空间.

定义 6.8.2　设 A 是复 Hilbert 空间 H 上的一个线性算子, 如果存在 $B(\sigma(A), \boldsymbol{B}_{\sigma(A)})$[①] $\to \mathfrak{B}(H \to H)$ 的映照 $f \mapsto f(A)$ 满足如下条件:

(i) 线性: 当 α, β 为复数, $f, g \in B(\sigma(A), \boldsymbol{B}_{\sigma(A)})$ 时

$$(\alpha f + \beta g)(A) = \alpha f(A) + \beta g(A).$$

(ii) 可乘性: 当 $f, g \in B(\sigma(A), \boldsymbol{B}_{\sigma(A)})$ 时,

$$(fg)(A) = f(A)g(A).$$

(iii) 当 $f \equiv 1$ 时, $f(A) = I$.

(iv) 当 $f(\lambda) \equiv \lambda$ 时, $f(A) = A$.

那么就称 $f \mapsto f(A)$ 是算子演算.

由谱积分的定理, 立即可以得到

定理 6.8.3　设 U 是复 Hilbert 空间 H 中的酉算子, $(\sigma(U), \boldsymbol{B}_{\sigma(U)}, E)$ 是相应于 U 的谱测度空间, 对于 $f \in B(\sigma(U), \boldsymbol{B}_{\sigma(U)})$, 令

$$f(U) = \int_{\sigma(U)} f(\lambda) \mathrm{d} E(\lambda),$$

那么 $f \mapsto f(U)$ 是算子演算.

[①]这里 $\boldsymbol{B}_{\sigma(A)}$ 表示复平面上含在 $\sigma(A)$ 中的 Borel 集全体, 即 $\boldsymbol{B}_{\sigma(A)} = \boldsymbol{B} \bigcap \sigma(A)$.

4. L^2-Fourier 变换 前面我们曾介绍过 L^1-Fourier 变换, 现在我们要用酉算子的观念介绍 L^2-Fourier 变换.

定理 6.8.4 (Plancherel) 对任何 $f \in L^2(-\infty, +\infty)$, 存在 $L^2(-\infty, +\infty)$ 中函数

$$(Uf)(x) = (强) \lim_{\lambda \to +\infty} \frac{1}{\sqrt{2\pi}} \int_{-\lambda}^{\lambda} e^{ixy} f(y) \mathrm{d}y, \tag{6.8.21}$$

而且 $U : f \mapsto Uf$ 是 $L^2(-\infty, +\infty)$ 中的酉算子, 它的逆算子的形式是

$$(U^{-1}f)(x) = (强) \lim_{\lambda \to +\infty} \frac{1}{\sqrt{2\pi}} \int_{-\lambda}^{\lambda} e^{-ixy} f(y) \mathrm{d}y. \tag{6.8.22}$$

证 把有限区间的特征函数全体记为 χ, χ 中有限个函数的线性组合全体记为 $\mathcal{M}$. 那么对 $f \in \mathcal{M}$, 记 $U_1 f = \dfrac{1}{\sqrt{2\pi}} \displaystyle\int_{-\infty}^{+\infty} e^{ixy} f(y) \mathrm{d}y$, $U_2 f = \dfrac{1}{\sqrt{2\pi}} \displaystyle\int_{-\infty}^{+\infty} e^{-ixy} f(y) \mathrm{d}y$, 显然它们都属于 $L^2(-\infty, +\infty)$, 当 $f, g \in \chi$ 时, 利用积分公式

$$\int_{-\infty}^{+\infty} \frac{1 - \cos \alpha x}{x^2} \mathrm{d}x = \pi |\alpha|,$$

可以直接算出

$$(U_1 f, U_1 g) = (f, g), (U_2 f, U_2 g) = (f, g), (U_1 f, g) = (f, U_2 g), \tag{6.8.23}$$

而 U_1、U_2 显然是线性的, 因此 (6.8.23) 式对于 $f, g \in \mathcal{M}$ 也成立.

因为 $\mathcal{M}$ 在 $L^2(-\infty, +\infty)$ 中稠密, U_1, U_2 是 $\mathcal{M}$ 上的有界线性算子, 所以 U_1, U_2 可以唯一地延拓成为 $L^2(-\infty, +\infty)$ 上的有界线性算子. 延拓之后的算子仍记为 U_1 及 U_2, 由内积的连续性可知, (6.8.23) 式对 $f, g \in L^2(-\infty, +\infty)$ 也成立. 由 U_1, U_2 的保范性即知 $U_1^* U_1 = U_2^* U_2 = I$. 再由 $U_2 = U_1^*$ 得到 $U_1 U_1^* = I$, 因此由引理 1 知 U_1 是酉算子, 从而 $U_2 = U_1^* = U_1^{-1}$ 也是酉算子.

对 $\lambda > 0$, 令 $N_\lambda = \{f | f \in L^2(-\infty, +\infty),$ 当 $|x| > \lambda$ 时 $f(x) = 0\}$, 那么当 $f \in N_\lambda (\alpha > 0)$ 时, 由 $U_1^* = U_2$ 和

$$U_2 \chi_{[0,\alpha]} = \frac{1}{\sqrt{2\pi}} \frac{1}{-ix} (e^{-i\alpha x} - 1)(\alpha > 0)$$

得到

$$\int_0^\alpha (U_1 f)(x) \mathrm{d}x = (U_1 f, \chi_{[0,\alpha]}) = (f, U_2 \chi_{[0,\alpha]})$$

$$= \frac{1}{\sqrt{2\pi}} \int_{-\lambda}^{\lambda} \frac{e^{i\alpha x} - 1}{ix} f(x) \mathrm{d}x,$$

两边对 α 求导数并利用 §3.4 对 $L^1(-\infty, +\infty)$ 的 Fourier 变换讨论的方法, 得到当 $f \in N_\lambda$ 时

$$(U_1 f)(\alpha) = \frac{1}{\sqrt{2\pi}} \int_{-\lambda}^{\lambda} e^{\mathrm{i}\alpha x} f(x) \mathrm{d}x, \tag{6.8.24}$$

类似地当 $f \in N_\lambda$ 时

$$(U_2 f)(\alpha) = \frac{1}{\sqrt{2\pi}} \int_{-\lambda}^{\lambda} e^{-\mathrm{i}\alpha x} f(x) \mathrm{d}x, \tag{6.8.25}$$

对于 $f \in L^2(-\infty, +\infty)$, 因为 $f = (强)\lim\limits_{\lambda \to +\infty}(\chi_{[-\lambda, \lambda]} f)$, 由 (6.8.24)、(6.8.25) 及 U_1、U_2 的连续性就知道 $U = U_1, U^{-1} = U_2$. 　　　　　证毕

定义 6.8.3　设 $f \in L^2(-\infty, +\infty)$, 函数

$$\widetilde{f}(\alpha) = (强)\lim_{\lambda \to +\infty} \frac{1}{\sqrt{2\pi}} \int_{-\lambda}^{\lambda} e^{\mathrm{i}\alpha x} f(x) \mathrm{d}x$$

称为 f 的 **L^2-Fourier 变换**. 又称 $U : f \mapsto \widetilde{f}$ 为 L^2-Fourier 变换. 类似地, 函数

$$\widetilde{f}(\alpha) = (强)\lim_{\lambda \to +\infty} \frac{1}{\sqrt{2\pi}} \int_{-\lambda}^{\lambda} e^{-\mathrm{i}\alpha x} f(x) \mathrm{d}x$$

称为 f 的 L^2-Fourier 逆变换, 也称 $f \mapsto \widetilde{f}$ 为 L^2-Fourier 逆变换. 公式 $(\widetilde{f}, \widetilde{g}) = (f, g)$ 称为 **Parseval 公式**.

这里 L^2-Fourier 变换比第三章中的 L^1-Fourier 变换多一个常数因子 $\dfrac{1}{\sqrt{2\pi}}$ 是为了使它成立 Parseval 公式, 同时也是为了使 Fourier 变换公式和逆变换公式之间具有对称性.

例 2　现在我们研究 L^2-Fourier 变换 U 这个酉算子的谱分解, 为此, 我们引进 $L^2(-\infty, +\infty)$ 中的算子 J 如下:

$$(Jf)(x) = f(-x), \quad f \in L^2(-\infty, +\infty),$$

显然 J 是酉算子, 而且在 (6.8.21)、(6.8.22) 中由变数替换 $x \mapsto -x$ 可以看到

$$U^{-1} J = U,$$

因此 $U^2 = J$. 但 $J^2 = I$, 所以 $U^4 = I$. 由 §5.5 引理 2 得

$$\sigma(I) = \{\lambda^4 | \lambda \in \sigma(U)\},$$

但 $\sigma(I) = \{1\}$, 所以 $\sigma(U) \subset \{1, \mathrm{i}, -1, -\mathrm{i}\}$. 因而由酉算子的谱分解定理, 必有 $L^2(-\infty, +\infty)$ 中谱测度 E, 它集中在 $\{1, \mathrm{i}, -1, -\mathrm{i}\}$ 上而且

$$I = E(\{1\}) + E(\{-1\}) + E(\{\mathrm{i}\}) + E(\{-\mathrm{i}\}),$$
$$U = E(\{1\}) - E(\{-1\}) + \mathrm{i}E(\{\mathrm{i}\}) - \mathrm{i}E(\{-\mathrm{i}\}),$$

实际上 $\pm 1, \pm \mathrm{i}$ 都是 U 的特征值.

5. 平稳随机序列　为了介绍酉算子谱分解理论在随机过程中的应用, 首先我们介绍一下概率论中的基本概念.

定义 6.8.4　设 $X = (\Omega, \boldsymbol{B}, p)$ 是一个测度空间, 如果 $\Omega \in \boldsymbol{B}$, 且 $p(\Omega) = 1$. 就称 X 是个**概率测度空间**, 而 p 就称为**概率测度**. 可测空间 $(\Omega, \boldsymbol{B})$ ($\boldsymbol{B}$ 是 σ-代数) 上的可测函数 f 称为概率测度空间 $X = (\Omega, \boldsymbol{B}, p)$ 上的一个**随机变量**. 如果 $f \in L(\Omega, \boldsymbol{B}, p)$ 就称

$$E(f) = \int_{\Omega} f \mathrm{d}p$$

是随机变量 f 的**数学期望**. 设 $x_n (n = 0, \pm 1, \pm 2, \cdots)$ 是 X 上的随机变量, 而且 $x_n \in L^2(\Omega, \boldsymbol{B}, p)$, 如果 $E(x_n)$ 和 n 无关, 而且 $E(x_n \overline{x}_m)$ 只和 $n - m$ 有关 —— 这个数记为 $r(n-m)$, 称为**相关数** —— 就称 $\{x_n\}$ 是一个 (弱) **平稳随机序列**.

下面我们考察满足 $E(x_n) = 0$ 的平稳随机序列. 记 $A = \{x_n | n = 0, \pm 1, \cdots\}$ 由于 $\{x_n\}$ 的平稳性, 按平稳的定义有

$$(x_n, x_m) = r(n-m), \tag{6.8.26}$$

其中 $(\cdot, \cdot)$ 表示 $L^2(\Omega, \boldsymbol{B}, p)$ 的内积. 作 A 到 A 上的算子 U 和 V:

$$Ux_n = x_{n+1}, Vx_n = x_{n-1},$$

由 (6.8.26) 式即知对于 A 中任何两个元 x, y,

$$(Ux, y) = (x, Vy), (Ux, Uy) = (x, y) = (Vx, Vy), \tag{6.8.27}$$

利用线性把 U, V 两个算子延拓到由 A 张成的线性空间 M 上, 容易看出, 这时 (6.8.27) 对 $x, y \in M$ 仍成立. 易见 U, V 是 M 到 M 上的保范算子. 用 H 表示 M 在 $L^2(\Omega, \boldsymbol{B}, p)$ 中的闭包, 这时 H 是一个 Hilbert 空间. 由延拓定理 5.2.1, U, V 可以延拓成 H 到 H 的线性算子, 即 (6.8.27) 对 $x, y \in H$ 都成立. 由此易知 U, V 都是酉算子而且 $U = V^{-1}$.

根据酉算子的谱分解定理, 有 H 中的 $[0, 2\pi]$ 上的谱系 $\{E_\theta | \theta \in [0, 2\pi]\}$ 使得 $U = \int_0^{2\pi} e^{i\theta} \mathrm{d} E_\theta$, 这时对任何 $n = 0, \pm 1, \pm 2, \cdots$

$$U^n = \int_0^{2\pi} e^{in\theta} \mathrm{d} E_\theta, \tag{6.8.28}$$

对每个 $\theta \in [0, 2\pi]$, 记 $z(\theta) = E_\theta x_0 \in H, z(\theta)$ 是随机变量, 这时由 (6.8.28) 得到

$$U^n x_0 = \int_0^{2\pi} e^{in\theta} \mathrm{d} E_\theta x_0, \quad x_n = \int_0^{2\pi} e^{in\theta} \mathrm{d} z(\theta), \tag{6.8.29}$$

当区间 $(a_1, b_1]$ 和 $(a_2, b_2]$ 不交时, $E((a_1, b_1]) E((a_2, b_2]) = 0$. 因此

$$(z(b_1) - z(a_1), z(b_2) - z(a_2))$$
$$= (E((a_1, b_1]) x_0, E((a_2, b_2]) x_0) = 0,$$

所以在 $(a_1, b_1] \bigcap (a_2, b_2] = \varnothing$ 时,

$$E((z(b_1) - z(a_1)) \overline{(z(b_2) - z(a_2))}) = 0,$$

满足上述条件的随机函数 $z(\theta)$ 就称为直交增量函数 (因为 $z(b) - z(a)$ $(b \geqslant a)$ 是增量), 也称为直交增量随机过程 (θ 是参数). 这种把平稳随机序列用直交增量函数表达的 (6.8.29) 式也称作平稳随机序列的谱展开式. 又由

$$(x_n, x_0) = (U^n x_0, x_0) = \int_0^{2\pi} e^{in\theta} \mathrm{d}(E_\theta x_0, x_0),$$

立即得到

$$r(n) = \int_0^{2\pi} e^{in\theta} \mathrm{d} F(\theta), \tag{6.8.30}$$

其中 $F(\theta) = \|E_\theta x_0\|^2 = E(|z(\theta)|^2)$ 是 $[0, 2\pi]$ 上单调增加的右连续函数, 称为平稳随机序列的谱函数. (6.8.30) 式称为平稳随机序列的相关数的谱展开式.

对于连续参数的 (弱) 平稳随机过程 $x_t (-\infty < t < +\infty)$ 有完全类似的结果.

6. 平移算子　我们还要介绍一种典型的酉算子和一种典型的不是酉算子的保距算子. 它们分别是双向平移算子和单向平移算子.

定义 6.8.5　设 H 是复可析 Hilbert 空间 $\{e_n | n = 0, \pm 1, \pm 2, \cdots\}$ 是 H 中完备的就范直交系, 又设 U 是 H 中的有界线性算子, 它具有性质

$$U e_n = e_{n+1}, n = 0, \pm 1, \pm 2, \cdots,$$

那么称 U 是**双向平移算子**.

设 $\{\xi_n | n = 0, 1, 2, \cdots\}$ 是 H 中的完备就范直交系, 又设 V 是 H 中的有界线性算子, 它具有性质

$$V\xi_n = \xi_{n+1}, n = 0, 1, 2, 3, \cdots,$$

那么称 V 是**单向平移算子**.

容易看出: 双向平移算子 U 由上述完备就范直交系所唯一地确定. 事实上, 对任何 $x \in H$, 由 Fourier 展开式

$$x = \sum_{n=-\infty}^{+\infty} (x, e_n) e_n,$$

因此由 U 的连续性, 即得

$$Ux = \sum_{n=-\infty}^{+\infty} (x, e_n) e_{n+1},$$

由此立即可知

$$\|Ux\|^2 = \sum_{n=-\infty}^{+\infty} |(x, e_n)|^2 = \|x\|^2,$$

所以 U 是保距的, 显然 $UH = H$, 因此 U 是酉算子. 而且这时

$$U^{-1}e_n = e_{n-1},$$

因此 U^{-1} 也是 (关于完备就范直交系 $\{e_{-n} | n = 0, \pm 1, \pm 2, \cdots\}$) 双向平移算子. 同样地, 单向平移算子也是由完备就范直交系 $\{\xi_n | n = 0, 1, 2, \cdots\}$ 所唯一确定, 而且它是保距算子. 但是 V 不是酉算子, 因为由 $Vx = V\left(\sum_{n=0}^{\infty} (x, \xi_n)\xi_n\right) = \sum_{n=0}^{\infty} (x, \xi_n)\xi_{n+1}$, 容易验证 $V^*x = \sum_{n=1}^{\infty} (x, \xi_n)\xi_{n-1}$, 即

$$V^*\xi_n = \begin{cases} \xi_{n-1}, & n = 1, 2, \cdots, \\ 0 & n = 0, \end{cases}$$

因此 $VH = H \ominus M_0$, 此地 M_0 为由 ξ_0 张成的一维子空间.

例 3　在复 $L^2[0, 2\pi]$ 中取完备就范直交系 $\left\{\dfrac{e^{int}}{\sqrt{2\pi}} \,\middle|\, n = 0, \pm 1, \cdots\right\}$, 设 U_0 为乘法算子: $(U_0 f)(t) = e^{it} f(t)$, 这时

$$U_0 e^{int} = e^{i(n+1)t}, \quad n = 0, \pm 1, \pm 2, \cdots,$$

所以 U_0 是双向平移算子.

现在我们考察 $L^2[0,2\pi]$ 的子空间 H^2, 它是由 $L^2[0,2\pi]$ 中形如

$$f(t) = \sum_{n=0}^{\infty} c_n e^{int}$$

(上式右边的级数是按 $L^2[0,2\pi]$ 中范数收敛于 f), 而 $\sum_{n=0}^{\infty} |c_n|^2 < \infty$ 的函数 f 全体. H^2 作为 $L^2[0,2\pi]$ 的闭线性子空间, 它也成为一个 Hilbert 空间, 称它为 Hardy(哈代) 空间. 记上述双向平移算子 U_0 在 H^2 上的限制为 V_0, 注意到 $\{e^{int}|n = 0,1,2,\cdots\}$ 是 H^2 中的完备就范直交系, 于是 V_0 就是 H^2 中的单向平移算子.

我们现在引进酉等价的概念.

定义 6.8.6　设 H 和 G 是内积空间, A 是 H 中的线性算子, U 是 H 到 G 上的酉算子, 称算子 UAU^{-1} 和 A 是**酉等价的**.

上面例 3(Hardy 空间) 中的双 (单) 向平移算子 $U_0(V_0)$ 是一般的双 (单) 向平移算子的典型形式. 事实上, 对任何复 Hilbert 空间 H 中的双 (单) 向平移算子 $U(V)$, 必有 H 到 $L^2[0,2\pi](H^2)$ 的酉算子 W 使得

$$WUW^{-1} = U_0 \quad (WVW^{-1} = V_0),$$

实际上, 对于双向平移的情况, W 取为如下的酉算子: $We_n = \dfrac{1}{\sqrt{2\pi}}e^{int}$, 对于单向平移的情况, W 取为如下的酉算子: $W\xi_n = \dfrac{1}{\sqrt{2\pi}}e^{int}$. 因此在 "酉等价" 的意义下, 可以把 $U(V)$ 看成 $U_0(V_0)$. 所以下面我们对双 (单) 向平移算子, 只要讨论它的典型形式 $U_0(V)$ 好了.

对于酉算子 U_0, 它的谱分解已见 (6.8.4) 式, U_0 的谱系是 $\{E_\theta|\theta \in [0,2\pi]\}$, 而且 $(E_\theta f)(t) = \chi_{[0,\theta]}(t)f(t)$. 由 $\{E_\theta|\theta \in [0,2\pi]\}$ 所决定的谱测度空间是 $([0,2\pi], \boldsymbol{B}_{[0,2\pi]}, E)$, 其中 E 是这样的算子: 当 $A \in \boldsymbol{B}_{[0,2\pi]}$ 时, $(E(A)f)(t) = \chi_A(t)f(t)(f \in L^2[0,2\pi])$. 我们现在要来求出 U_0 的一切约化子空间 L.

更一般地, 我们有如下结果.

定理 6.8.5　设 $([0,2\pi], \boldsymbol{B}_{[0,2\pi]}, \mu)$ 是全有限的 Lebesgue-Stieltjes 测度空间, U_0 是 $H = L^2([0,2\pi], \boldsymbol{B}_{[0,2\pi]}, \mu)$ 上的酉算子[①]:

$$(U_0 f)(t) = e^{it}f(t), \quad f \in H,$$

那么, U_0 的一切约化子空间正是集 $\{E(A)H|A \in B_{[0,2\pi]}\}$, 这里 $E(A)$ 为投影算子:

$$(E(A)f)(t) = \chi_A(t)f(t), \quad f \in H.$$

[①]可仿例 1 直接证明 U_0 是酉算子.

证 证 $E(A)H(A \in \boldsymbol{B}_{[0,2\pi]})$ 是 U_0 的约化子空间: 因为对任何 $f \in H$,

$$(U_0 E(A)f)(t) = e^{it}\chi_A(t)f(t) = (E(A)U_0 f)(t),$$

即投影算子 $E(A)$ 与 U_0 可交换. 由定理 6.5.9 的系 1 可知 $E(A)H$ 是 U_0 的约化子空间.

反之, 设 L 是 U_0 的一个约化子空间, P 是 H 在 L 上的投影算子, 因此 P 和 U_0 可交换.

另一方面, 显然 $([0,2\pi], \boldsymbol{B}_{[0,2\pi]}, E)$ 是谱测度空间, 由它决定的谱系为 $\{E_\theta | \theta \in [0,2\pi]\}(E_\theta = E([0,\theta]))$, 易知 (请读者严格证明)

$$U_0 = \int_0^{2\pi} e^{i\theta} \mathrm{d}E_\theta,$$

由谱分解的唯一性以及定理 6.8.1 的系 4 知道 P 必与 $E_\theta(\theta \in [0,2\pi])$、$E(A)(A \in \boldsymbol{B}_{[0,2\pi]})$ 可交换.

令 $f_0(t) \equiv 1$, 记 $f_1 = Pf_0$. 那么, 对任何 $A \in \boldsymbol{B}_{[0,2\pi]}$ 有

$$P\chi_A = PE(A)f_0 = E(A)Pf_0 = E(A)f_1,$$

即

$$(P\chi_A)(t) = \chi_A(t)f_1(t) = f_1(t)\chi_A(t). \tag{6.8.31}$$

现在证 $|f_1(t)| \underset{\mu}{\leqslant} 1$: 任取 $\alpha > 1$, 作集 $A_\alpha = \{t | t \in [0,2\pi], |f_1(t)| \geqslant \alpha\}$. 由 (6.8.31) 式及 $\|P\| \leqslant 1$, 即得

$$\alpha^2 \mu(A_\alpha) \leqslant \int_0^{2\pi} |\chi_{A_\alpha}(t)f_1(t)|^2 \mathrm{d}\mu \leqslant \|P\chi_A\|^2 \leqslant \|\chi_{A_\alpha}\|^2$$
$$= \int_0^{2\pi} |\chi_{A_\alpha}(t)|^2 \mathrm{d}\mu = \mu(A_\alpha),$$

因此 $\mu(A_\alpha) = 0$. 因为 α 是任意的, 所以 $|f_1(t)| \underset{\mu}{\leqslant} 1$.

作 H 上算子 Q 如下:

$$Q : f(t) \mapsto f_1(t)f(t), \quad f \in H, \tag{6.8.32}$$

显然, Q 是 H 上有界线性算子. 由 (6.8.31)、(6.8.32) 可知, 对任何 $A \in \boldsymbol{B}_{[0,2\pi]}$,

$$P\chi_A = Q\chi_A.$$

因为 P, Q 都是有界线性算子, 而 $\overline{\mathrm{span}}\{\chi_A | A \in \boldsymbol{B}_{[0,2\pi]}\} = H$, 所以

$$P = Q,$$

即投影算子 P 由 (6.8.32) 式所表达. 由于 $P^2 = P$, 所以 $f_1(t)^2 = f_1(t)$, 即 $f_1(t)$ (关于 μ) 几乎处处等于 0 或 1. 记 $A = \{t|f_1(t) = 1\}$, 那么 $f_1(t) \doteq_\mu \chi_A(t)$, 这就是说, 存在 $A \in \boldsymbol{B}_{[0,2\pi]}$, 使得

$$(Pf)(t) = f(t)\chi_A(t) = (E(A)f)(t), \quad f \in H,$$

即 $P = E(A)$. 　　　　　　　　　　　　　　　　　　　　　　　　　证毕

特别, 对于例 3 中的双向平移算子 U_0, 它的一切约化子空间就是 $\{E(A)L^2[0, 2\pi]|A \in \boldsymbol{B}_{[0,2\pi]}\}$.

定理 6.8.6 H^2 中单向平移算子 V_0 没有非平凡的约化子空间.

证 设 L 是 V_0 的一个约化子空间, P 是 $H^2 \to L$ 的投影算子. 由定理 6.5.9 系 1, P 与 V_0 可交换, 所以 $PV_0^n = V_0^n P(n = 0, 1, 2, \cdots)$. 记 $f_1 = Pf_0(f_0 \equiv 1)$, 那么对任何代数多项式 $Q(\lambda)$,

$$Q(e^{it})f_1 = Q(V_0)Pf_0 = PQ(V_0)f_0 = PQ(e^{it}),$$

由于 $\|P\| \leqslant 1$, 所以

$$\int_0^{2\pi} |Q(e^{it})f_1(t)|^2 \mathrm{d}t \leqslant \int_0^{2\pi} |Q(e^{it})|^2 \mathrm{d}t. \tag{6.8.33}$$

对于任何三角多项式 $R(e^{it}) = \sum_{\nu=-n}^{n} c_\nu e^{i\nu t}$, 由于 $R(e^{it}) = e^{-int}Q(e^{it})$, 其中 Q 是一个代数多项式, 而且 $|R(e^{it})| = |Q(e^{it})|$, 因此由 (6.8.33) 式, 可知对任何三角多项式 $R(e^{it})$,

$$\int_0^{2\pi} |R(e^{it})f_1(t)|^2 \mathrm{d}t \leqslant \int_0^{2\pi} |R(e^{it})|^2 \mathrm{d}t,$$

由于对任何 $A \in \boldsymbol{B}_{[0,2\pi]}, \chi_A(t)$ 是一列一致有界的三角多项式 $\{R_k(e^{it})\}$ 的几乎处处收敛的极限[①]. 因此根据 Lebesgue 控制收敛定理,

$$\int_0^{2\pi} |\chi_A(t)f_1(t)|^2 \mathrm{d}t \leqslant \int_0^{2\pi} |\chi_A(t)|^2 \mathrm{d}t,$$

所以 $|f_1(t)| \leqslant 1$. 类似于定理 6.8.5 对 U_0 的约化子空间的证明, 可知对任何 $f \in H^2, Pf(t) = f_1(t)f(t)$. 由于 $P^2 = P$, 所以 $f_1(t)^2 \doteq f_1(t)$, 因此有 $A \in \boldsymbol{B}_{[0,2\pi]}$, 使 $f_1(t) \doteq \chi_A(t)$. 但由于 $\chi_A \in H^2$, 因此在 $L^2[0, 2\pi]$ 中, χ_A 与 $e^{int}(n = -1, -2, -3, \cdots)$ 都直交, 即

$$\int_0^{2\pi} \chi_A(t)e^{-int}\mathrm{d}t = 0, (n = -1, -2, \cdots)$$

[①] 参见 §3.2.

在上式中取复共轭, 因为 χ_A 是实值的, 因此知道上式对于 $n = 1, 2, \cdots$ 也成立, 所以 χ_A 与 $e^{int}(n = 1, 2, 3, \cdots)$ 也直交. 因此, χ_A 关于 H^2 中的完备就范直交系 $\{e^{int}\}(n = 0, 1, 2, \cdots)$ 的 Fourier 系数只有一项 (即关于 $e^{i0t} \equiv 1$ 的 Fourier 系数) 不等于零, 所以 χ_A 就是常数函数. 显然只有 $\chi_A \doteq 0$ 或 $\chi_A \doteq 1$. 因此, P 或是零算子, 或是恒等算子, 所以 V_0 的约化子空间只能是零空间或全空间 H^2.   证毕

但是我们注意, V_0 却有丰富的不变子空间. 例如任取一个在单位圆内有零点的多项式 $Q(\lambda)$, 那么

$$L_Q = \{Q(e^{it})f(t)|f \in H^2\}.$$

就是 V_0 的一个非平凡的不变子空间. 而且可以证明当多项式 Q_1 和 Q_2 在单位圆内的零点的位置不一致时, $L_{Q_1} \neq L_{Q_2}$, 因此对算子结构的研究不能只限于研究约化子空间, 还应该研究不变子空间. 关于 V_0 的不变子空间的研究引起了 Hilbert 空间中的算子调和分析理论. 但这些已超出本书范围, 请参考 [7].

习 题 6.8

1. 设 V 是内积空间 H 的线性子空间 $\mathscr{D}(V)$ 上到内积空间 G 的保范算子. 证明:

(i) 当 G 是 Hilbert 空间时, V 必可唯一地延拓成 $\overline{\mathscr{D}(V)}$ 上 (到 G 的) 保范算子;

(ii) 视 V 为内积空间 $\mathscr{D}(V)$ 到内积空间 G 的线性算子时, V^* 是 V 的共轭算子, 那么 V 是 $\mathscr{D}(V)$ 上保范算子的充要条件是

$$V^*V - I_{\mathscr{D}(V)}, VV^* = I_{\mathscr{D}(V)}.$$

2. 仿例 1 方法, 证明: 在 Lebesgue-Stieltjes 平方可积的空间 $L^2([0, 2\pi], \boldsymbol{B}_{[0,2\pi]}, \mu)$ 上定义的算子

$$U : f(t) \mapsto e^{it}f(t), f(t) \in L^2([0, 2\pi], \boldsymbol{B}_{[0,2\pi]}, \mu)$$

是酉算子, 并且

$$U = \int_0^{2\pi} e^{it}\mathrm{d}E_t,$$

其中 $\{E_t|t \in [0, 2\pi]\}$ 是由谱测度

$$\{E(A)|A \in \boldsymbol{B}_{[0,2\pi]}\}(E(A) : f(t) \mapsto \chi_A(t)f(t))$$

决定的谱系.

3. 设 A 是 Hilbert 空间 H 到 H 中的保距线性算子. 证明必有 Hilbert 空间 $\widehat{H} \supset H$, 使得 A 能延拓成 $\widehat{H}$ 到 $\widehat{H}$ 上的酉算子.

4. 设 U 是 Hilbert 空间中的酉算子, 而且 $U - I$ 是全连续的, 证明必有单位圆周上的有限个或可列个数 $\{\lambda_\nu\}$ 以及互相直交的投影算子 $\{P_\nu\}$ 使 $I = \sum_\nu P_\nu, U = \sum_\nu \lambda_\nu P_\nu$, 并且 $\{\lambda_\nu\}$ 只以 1 为极限点.

5. 设 U 是 Hilbert 空间 H 上酉算子. 证明:(i) $\sigma(U) = \sigma_\alpha(U)(\sigma_\alpha(U)$ 意义可见 §5.5);
(ii) 当 $\lambda \in \rho(U)$ 时,

$$\|(U - \lambda I)^{-1}\| \leqslant 1/\inf_{\lambda' \in \sigma(U)} |\lambda - \lambda'|.$$

6. 设 H 是复 Hilbert 空间, $\{E_\lambda | -\infty < \lambda < +\infty\}$ 是 H 中的谱系. 对每个实数 t, 作 H 中的算子

$$U(t) = \int_{-\infty}^{+\infty} e^{\mathrm{i}t\lambda} \mathrm{d}E_\lambda,$$

那么 $U(t)$ 是 H 中的酉算子, 而且 $\{U(t)| -\infty < t < +\infty\}$ 是 H 中的单参数群, 即

$$U(t_1 + t_2) = U(t_1)U(t_2), -\infty < t_1, t_2 < +\infty,$$

并且 $U(t)$ 是强连续的, 即对任何 $t_0 \in (-\infty, +\infty)$, 满足下列条件: 对任何 $x \in H$,

$$\lim_{t \to t_0} \|(U(t) - U(t_0))x\| = 0.$$

7. 设 $U(t)(t \in (-\infty, +\infty))$ 是复 Hilbert 空间 H 上单参数酉算子族, 并且成为单参数群: $U(t_1 + t_2) = U(t_1)U(t_2), -\infty < t_1, t_2 < +\infty$. 如果 $U(t)$ 是弱连续的, 即对任何 $x, y \in H, f(t) = (U(t)x, y)$ 是 t 的连续函数. 证明 $U(t)$ 必是强连续的.

8. 设 U 是复 Hilbert 空间 $L^2(a, b)(-\infty \leqslant a < 0 < b \leqslant +\infty)$ 中的酉算子, 那么有两个函数 $K(\xi, x)$ 和 $H(\xi, x), a < \xi < b, a < x < b$, 当固定 ξ 时, x 的函数 $K(\xi, x)$ 及 $H(\xi, x$ 都属于 $L^2(a, b)$ 而且适合条件

(i) $\displaystyle\int_a^b \overline{K(\xi, x)}K(\eta, x)\mathrm{d}x = \int_a^b \overline{H(\xi, x)}H(\eta, x)\mathrm{d}x$

$$= \begin{cases} \min\{|\xi|, |\eta|\}, & \text{当 } \xi\eta \geqslant 0 \text{ 时,} \\ 0, & \text{当 } \xi\eta < 0 \text{ 时;} \end{cases}$$

(ii) $\displaystyle\int_0^\eta K(\xi, x)\mathrm{d}x = \int_0^\xi \overline{H(\eta, x)}\mathrm{d}x;$

这时对任何 $f \in L^2(a, b)$ 有

$$(Uf)(x) = \frac{\mathrm{d}}{\mathrm{d}x}\int_a^b \overline{K(x, \xi)}f(\xi)\mathrm{d}\xi, \quad (U^{-1}f)(x) = \frac{\mathrm{d}}{\mathrm{d}x}\int_a^b \overline{H(x, \xi)}f(\xi)\mathrm{d}\xi.$$

9. 设 U 是复 Hilbert 空间 H 上的酉算子, 证明必存在 H 上的酉算子 U_0, 使得 $U_0^3 = U$; 又证明存在 H 上的酉算子 U_1, 使得 $\sigma(U_1)$ 落在下半圆周上, 且 $U_1^2 = U$.

10. (Wold 分解) 设 V 是 Hilbert 空间 H 上保距算子, 记 $L = H \ominus VH$. 证明

(i) $\{V^n L\}(n = 0, 1, 2, \cdots)$ 彼此互相直交;

(ii) $\displaystyle\bigoplus_{n=0}^\infty V^n L$ 必约化 V;

(iii) V 在 $H \ominus \left(\displaystyle\bigoplus_{n=0}^\infty V^n L\right)$ 上是酉算子. (特别, 如果 $\dim L = 1, V$ 便是 $H_0 = \displaystyle\bigoplus_{n=0}^\infty V^n L$ 上单向平移算子, $\dim L \neq 1$ 时, 又称 V 是 H_0 上多重单向平移算子.Wold 分解在预测理论和控制论中很重要)

定义 6.8.7 设 V 是 (不定内积空间) Π (见 §6.3 习题) 上线性算子, 如果对一切 $x, y \in \Pi, [Vx, Vy] = [x, y]$, 称 V 是 Π 上**保度规算子**; 如果 V 是一对一的保度规算子, 称 V 是 Π 上**保距算子**; 如果 V 是 Π 上保距算子, 并且 $\mathscr{R}(V) = \Pi$, 称 V 为 Π 上**酉算子**.

11. 证明下列命题:

(i) Π 上保度规算子必是保距算子.

(ii) Π 上算子 V 为保距的充要条件是对一切 $x \in \Pi$,

$$[Vx, Vx] = [x, x].$$

(iii) Π 上算子 V 为酉算子的充要条件是

$$VV^\dagger = I, V^\dagger V = I \quad (\text{记号 } \dagger \text{ 参见 §6.4 习题 7})$$

(注意 Π 上酉算子必是有界的, 这可由 §6.3 习题 10 所指出的 "Π 空间上任何两个正则分解的导出范数必等价" 事实推出, 或直接证明 $V^\dagger$ 是全空间定义的稠定闭算子, 从而用共鸣定理推出).

(iv) Π 上酉算子的谱 $\sigma(U)$ 关于单位圆周对称, 即满足 $\sigma(U) = \dfrac{1}{\overline{\sigma(U)}}$, 这里 $\dfrac{1}{\overline{\sigma(U)}} = \left\{ \dfrac{1}{\bar\lambda} \middle| \lambda \in \sigma(U) \right\}$ (注意 Hilbert 空间上酉算子所有的谱仅分布在单位圆周上). 读者能举一个在单位圆周外确有谱点的 Π 上的酉算子吗?

(v) 设 V 是从 Π 的闭线性子空间 L 到 Π 的线性算子, 并且

$$[Vx, Vy] = [x, y], \quad x, y \in \Pi,$$

V 是否必连续?

§6.9 自共轭算子的谱分解

1. 引言 在前面各章节中, 我们所考察的都是有界线性算子, 定义域一般也认为是全空间. 然而在许多具体问题中, 特别是在量子力学和微分方程理论中, 我们经常碰到并不是在全空间上定义的而且不是有界的线性算子.

例 1 在 Hilbert 空间 $L^2(-\infty, +\infty)$ 中, 考察线性子空间

$$\mathscr{D} = \left\{ f \middle| f \in L^2(-\infty, +\infty), \int_{-\infty}^{+\infty} |tf(t)|^2 \mathrm{d}t < \infty \right\}$$

以及以 $\mathscr{D}$ 为定义域的算子 A: 当 $f \in \mathscr{D}$ 时,

$$(Af)(t) = tf(t), \tag{6.9.1}$$

A 是由 $\mathscr{D}$ 到 $L^2(-\infty, +\infty)$ 中的算子, 这是一种**乘法算子**. 如果要保留算子 A 的形式 (6.9.1), 同时要求 A 把 $L^2(-\infty, +\infty)$ 中元仍变到 $L^2(-\infty, +\infty)$ 中, 那么

A 的定义域最大只能是 $\mathscr{D}$ 了. A 是个线性算子, 但它不是有界算子. 因为如果 $f_n(t)$ 是区间 $[n, n+1]$ 的特征函数, 那么 $\|f_n\| = 1$. 但是

$$\|Af_n\|^2 = \int_n^{n+1} t^2\mathrm{d}t = \frac{1}{3}((n+1)^3 - n^3),$$

因此当 $n \to \infty$ 时, $\|Af_n\| \to +\infty$.

设 K 为实数域或复数域, H 和 G 是 K 上线性空间, A, B 分别是以 H 的线性子空间 $\mathscr{D}(A), \mathscr{D}(B)$ 为定义域的取值于 G 的线性算子, $\alpha, \beta \in K$. 我们规定算子的一些运算如下:

(i) 以 $\mathscr{D}(A)$ 为定义域的算子 $x \mapsto \alpha Ax$ 称为 α 与 A 的乘积, 记为 αA;

(ii) 以 $\mathscr{D}(A) \bigcap \mathscr{D}(B)$ 为定义域的算子 $x \mapsto Ax + Bx$ 称为 A 与 B 的和, 记为 $A + B$;

(iii) 设 H, G, L 是 K 上线性空间, A 是以 $\mathscr{D}(A)(\supset H)$ 为定义域的取值于 G 的线性算子, B 是以 $\mathscr{D}(B)(\subset G)$ 为定义域的取值于 L 的线性算子. 那么以 $\mathscr{D} = \{x | x \in \mathscr{D}(A), Ax \in \mathscr{D}(B)\}$ 为定义域的算子 $x \mapsto B(Ax)$ 称为 B 与 A 的积, 记为 BA.

设 A, B 都是 H 到 G 的线性算子, 它们的定义域分别是 $\mathscr{D}(A)$ 和 $\mathscr{D}(B)$, 如果 $\mathscr{D}(A) \subset \mathscr{D}(B)$ 而且对于 $x \in \mathscr{D}(A), Ax = Bx$, 就说 B 是 A 的延拓, 记为 $A \subset B$, 如果 $A \subset B$ 而且 $B \subset A$ 才认为两个算子 A 和 B 是相等的.

例 2　设 A 是例 1 中的乘法算子, I 表示 $L^2(-\infty, +\infty)$ 中的恒等算子, $A + I$ 的定义域仍为 $\mathscr{D}$, 而且 $(A + I)f = (t + 1)f(t)(f \in \mathscr{D})$. 我们注意 $0A$ (数 0 乘上算子 A) 并不就是零算子 0, 因为零算子是在全空间定义的, 而 $0A$ 的定义域是 $\mathscr{D}$. 所以 $0A \neq 0$, 而是 $0A \subset 0$, 但是 $A0 = 0$, 又易知算子 $A^n = \overbrace{AA \cdots A}^{n \text{ 个}}$ 的定义域

$$\mathscr{D}(A^n) = \left\{ f \,\middle|\, f \in L^2(-\infty, +\infty), \int_{-\infty}^{+\infty} |t^n f(t)|^2 \mathrm{d}t < \infty \right\},$$

而　　　　$A^n f = t^n f(t) \quad (f \in \mathscr{D}(A^n)).$

2. 共轭算子　现在我们要把 §6.4 中有界算子的共轭算子的概念推广到定义域不一定是全空间的线性算子上去.

首先我们注意下面的命题.

引理 1　设 H 和 G 是 Hilbert 空间, T 是 $\mathscr{D}(T)(\subset H)$ 到 G 中的线性算子, 那么对 G 中某一个向量 y, 满足

$$(Tx, y) = (x, y^*), \quad (x \in \mathscr{D}(T)) \tag{6.9.2}$$

的 H 中向量 y^* 最多只有一个的充要条件是 $\mathscr{D}(T)$ 在 H 中稠密.

证 设 $\overline{\mathscr{D}(T)} = H$, 那么如果 H 中向量 y_1^* 及 y_2^* 都使 (6.9.2) 式成立, 即

$$(Tx, y) = (x, y_1^*), (Tx, y) = (x, y_2^*) \quad (x \in \mathscr{D}(T)),$$

就得到 $(x, y_1^* - y_2^*) = 0$ 对任何 $x \in \mathscr{D}(T)$ 成立, 即 $y_1^* - y_2^* \perp \mathscr{D}(T)$. 但由于 $\overline{\mathscr{D}(T)} = H$, 根据 §6.1 中定理, 可知 $y_1^* = y_2^*$, 所以使 (6.9.2) 式成立的 y^* 至多只有一个.

另一方面, 如果 $\overline{\mathscr{D}(T)} \neq H$, 那么必有 $z \in H, z \neq 0, z \perp \overline{\mathscr{D}(T)}$. 因此对于 $y = 0$, 取 $y^* = 0$ 及 $y^* = z$ 都使 (6.9.2) 式成立, 因此使 (6.9.2) 式成立的 y^* 可以不止一个. 所以使 (6.9.2) 式成立的 y^* 至多只有一个时, 必定 $\overline{\mathscr{D}(T)} = H$. 证毕

但我们注意, 引理 1 只是讨论了唯一性, 即使 $\overline{\mathscr{D}(T)} = H$, 也并不保证对于一切 $y \in G$, 都能够找到使 (6.9.2) 式成立的 y^*. 另一方面, 在 $\overline{\mathscr{D}(T)} \neq H$ 时, 对于某些 $y \in G$, 仍然可能没有使 (6.9.2) 式成立的 y^*, 但如果 $y \in G$ 使得 (6.9.2) 式有解时, 解就必定不止一个. 为了保证相应于 y 的 y^* 的唯一性, 就需要 $\mathscr{D}(T)$ 在 H 中的稠密性, 因此引进下面的定义.

定义 6.9.1 如果算子定义域在全空间中稠密, 就称它是**稠定算子**.

设 H、G 是 Hilbert 空间, T 是 H 到 G 的稠定线性算子, 任取 $y \in G$, 这时 $\varphi_y : x \mapsto (Tx, y)$ 是以 $\mathscr{D}(T)$ 为定义域的线性泛函. 由于 $\mathscr{D}(T)$ 在 H 中稠密, 利用 Riesz 的表示定理不难知道; 线性泛函 φ_y 在 $\mathscr{D}(T)$ 上连续的充要条件是存在 (唯一的) y^*, 使得 $\varphi_y(x) = (x, y^*), \mathscr{D}(T)$ 在 H 中稠密就保证了 y^* 的唯一性. 当 T 是全空间定义的有界线性算子时, 对任何 y, φ_y 是连续的, 因而都有相应的 y^*, 而映照 $y \mapsto y^*$ 就是 §6.4 中所定义的 T 的共轭算子 T^*. 对于一般的稠定的线性算子, 就不一定对每个 $y \in G, \varphi_y$ 都是连续的, 而我们只能挑选那些使 φ_y 连续, 即使得 y^* 存在的 y, 作为共轭算子 T^* 的定义域中的向量. 我们就是用这样的方法来定义共轭算子的.

定义 6.9.2 设 H 和 G 是 Hilbert 空间, T 是 H 到 G 的稠定线性算子. 它的定义域为 $\mathscr{D}(T)$, 记

$$\mathscr{D}(T^*) = \{y | y \in G, 存在 y^* \in H 使 (Tx, y) = (x, y^*) 对一切 x \in \mathscr{D}(T) 成立\},$$

并在 $\mathscr{D}(T^*)$ 上作算子 $T^* : y \mapsto y^*(y \in \mathscr{D}(T^*))$. 那么称 T^* 为 T 的**共轭算子** (或**伴随算子**).

由上所述, T 的共轭算子 T^* 的意义是完全确定的, 从共轭算子的定义可知, 对于任何 $x \in \mathscr{D}(T)$ 及 $y \in \mathscr{D}(T^*)$ 成立着等式

$$(Tx, y) = (x, T^*y). \tag{6.9.3}$$

引理 2　设 H、G 是两个 Hilbert 空间. 共轭算子有下列性质.

(i) H 到 G 的稠定线性算子 T 的共轭算子 T^* 是线性算子;

(ii) 设 T_1, T_2 是 H 到 G 的稠定线性算子, 而且 $\mathscr{D}(T_1) \bigcap \mathscr{D}(T_2)$ 也是 H 中稠密集, 那么 $(T_1 + T_2)^* \supset T_1^* + T_2^*$;

(iii) 设 T_1, T_2 都是 H 到 G 的稠定线性算子, 且 $T_1 \subset T_2$, 那么 $T_1^* \supset T_2^*$;

(iv) 设 T 是 H 到 G 的稠定线性算子. 那么

$$\mathscr{N}(T) \subset \mathscr{R}(T^*)^\perp, \quad \mathscr{N}(T) \supset \mathscr{R}(T^*)^\perp \bigcap \mathscr{D}(T),$$
$$\mathscr{N}(T^*) = \mathscr{R}(T)^\perp.$$

证　(i) 如果 $y_1, y_2 \in \mathscr{D}(T^*), \alpha, \beta$ 是数, 那么对任何 $x \in \mathscr{D}(T)$, 由 (6.9.3) 式,

$$(Tx, y_1) = (x, T^*y_1), \quad (Tx, y_2) = (x, T^*y_2),$$

所以得到

$$(Tx, \alpha y_1 + \beta y_2) = \overline{\alpha}(Tx, y_1) + \overline{\beta}(Tx, y_2)$$
$$= \overline{\alpha}(x, T^*y_1) + \overline{\beta}(x, T^*y_2) = (x, \alpha T^*y_1 + \beta T^*y_2),$$

因为上式对任何 $x \in \mathscr{D}(T)$ 成立, 由共轭算子的定义, 即知

$$\alpha y_1 + \beta y_2 \in \mathscr{D}(T^*), \quad T^*(\alpha y_1 + \beta y_2) = \alpha T^*y_1 + \beta T^*y_2,$$

所以 T^* 是线性算子.

(ii) 如果 $y \in \mathscr{D}(T_1^*) \bigcap \mathscr{D}(T_2^*) = \mathscr{D}(T_1^* + T_2^*)$, 那么对任何 $x \in \mathscr{D}(T_1) \bigcap \mathscr{D}(T_2)$ $= \mathscr{D}(T_1 + T_2)$

$$(T_1 x, y) = (x, T_1^* y), \quad (T_2 x, y) = (x, T_2^* y),$$

所以 $((T_1 + T_2)x, y) = (x, T_1^* y + T_2^* y) = (x, (T_1^* + T_2^*)y)$. 由共轭算子定义即知 $y \in \mathscr{D}((T_1 + T_2)^*)$ 而且 $(T_1 + T_2)^* y = (T_1^* + T_2^*)y$, 因此

$$(T_1 + T_2)^* \supset T_1^* + T_2^*.$$

(iii) 由共轭算子定义显然可得.

(iv) 证明完全仿定理 6.4.4.　　　　　　　　　　　　　　　　证毕

系　如果 T_1, T_2 中有一个是全空间定义的有界线性算子, 那么 (ii) 中的结论可改成 $(T_1 + T_2)^* = T_1^* + T_2^*$.

证 设 T_1 是全空间定义的有界线性算子. 把 (ii) 的结论用于 $T_1 + T_2$ 和 $-T_1$, 可得 $\mathscr{D}([(T_1 + T_2) - T_1]^*) \supset \mathscr{D}((T_1 + T_2)^* + (-T_1^*))$, 即

$$\mathscr{D}((T_1 + T_2)^*) \subset \mathscr{D}(T_2^*) = \mathscr{D}(T_1^* + T_2^*),$$

因此 $(T_1 + T_2)^*$ 和 $T_1^* + T_2^*$ 的定义域相同, 所以等式成立. 证毕

引理 3 设 T 是 H 到 G 的稠定线性算子, 那么 T^* 是闭算子.

证 设 $\{x_n\} \subset \mathscr{D}(T^*), x_n \to x_0 \in G, T^* x_n \to y_0 \in H$, 今证 $x_0 \in \mathscr{D}(T^*)$ 而且 $T^* x_0 = y_0$. 事实上, 对任何 $x \in \mathscr{D}(T)$, $(Tx, x_n) = (x, T^* x_n)$. 令 $n \to \infty$, 就得到 $(Tx, x_0) = (x, y_0)$. 因而由 T^* 的定义得知 $x_0 \in \mathscr{D}(T^*)$ 且 $T^* x_0 = y_0$. 证毕

例 3 在复 Hilbert 空间 $L^2[0,1]$ 中, 记

$$\mathscr{D} = \{f | f(t) \text{ 是 } [0,1] \text{ 上全连续函数而且}$$
$$f(0) = f(1) = 0, f'(t) \in L^2[0,1]\},$$

显然 $\mathscr{D}$ 是 $L^2[0,1]$ 中稠密的线性子空间, 作以 $\mathscr{D}$ 为定义域的 $L^2[0,1]$ 中算子 T 如下:

$$(Tf)(t) = \mathrm{i} f'(t), \quad f \in \mathscr{D},$$

现在我们来求 T 的共轭算子 T^*.

设 g 和 $g^* \in L^2[0,1]$ 使得

$$(Tf, g) = (f, g^*), \quad f \in \mathscr{D}, \tag{6.9.4}$$

也就是 $\int_0^1 \mathrm{i} f'(t) \overline{g(t)} \mathrm{d}t = \int_0^1 f(t) \overline{g^*(t)} \mathrm{d}t$ 对任何 $f \in \mathscr{D}$ 成立. 记 $g^{**}(t) = \int_0^t g^*(\tau) \mathrm{d}\tau$. 利用分部积分公式 (见 §3.8)

$$(f', -g^{**}) = (f, g^*), \tag{6.9.5}$$

由 (6.9.4) 及 (6.9.5) 式即得 $(f', -\mathrm{i}g + g^{**}) = 0$,

我们注意, 虽然 $\{f' | f \in \mathscr{D}\}$ 并不在 $L^2[0,1]$ 中稠密, 但它和 $L^2[0,1]$ 只相差一维. 事实上, 由于对任何 $\varphi \in L^2[0,1]$, 函数

$$f(t) = \int_0^t \varphi(t') \mathrm{d}t' - t \int_0^1 \varphi(t') \mathrm{d}t'$$

属于 $\mathscr{D}$, 而且 $f'(t) = \varphi(t) - \int_0^1 \varphi(t)\mathrm{d}t(= \varphi - (\varphi, 1)1)$, 反之, 对任何 $f \in \mathscr{D}$, 作
$\varphi(t) = f'(t) - \int_0^1 f'(t)\mathrm{d}t$, 便知

$$\{f'|f \in \mathscr{D}\} \equiv \left\{ \varphi - \int_0^1 \varphi(t)\mathrm{d}t \cdot 1 | \varphi \in L^2[0,1] \right\},$$

这里 1 是 $L^2[0,1]$ 中元. 于是

$$\{f'|f \in \mathscr{D}\}^{\perp} = \{c \cdot 1\},$$

因为 $-\mathrm{i}g + g^{**} \in \{f'|f\mathscr{D}\}^{\perp}$ 故存在复数 c, 使得 $-\mathrm{i}g + g^{**} = c$, 即

$$g = -ig^{**} + \mathrm{i}c = -\mathrm{i}\int_0^t g^*(\tau)\mathrm{d}\tau + \mathrm{i}c, \tag{6.9.6}$$

记

$$\mathscr{D}^* = \{\widetilde{g}|\widetilde{g} \in L^2[0,1], \widetilde{g} \text{ 是 } [0,1] \text{ 上全连续函数, 而且}$$
$$\widetilde{g}'(t) \in L^2[0,1]\},$$

由 (6.9.6), 可知 $g \in \mathscr{D}^*$, 且 $g^* = \mathrm{i}g'$. 反过来, 当 $g \in \mathscr{D}^*, g^* = \mathrm{i}g'$ 时, 用分部积分法可以说明 (6.9.4) 式成立. 因此, $\mathscr{D}(T^*) = \mathscr{D}^*$, 而且

$$T^*g = \mathrm{i}g', \quad (g \in \mathscr{D}^*).$$

3. 对称算子与自共轭算子　在例 3 中, $T \subset T^*$. 但因为 $\mathscr{D} \neq \mathscr{D}^*$, 所以 $T \neq T^*$. 我们引进下面的概念.

定义 6.9.3　H 中的稠定线性算子 T, 如果有 $T \subset T^*$, 就称 T 是**对称**的 (或 Hermite 的), 又如果成立 $T = T^*$, 就称 T 是**自共轭**的或**自伴**的.

显然自共轭算子必是对称算子, 但对称算子不一定是自共轭的, 例如例 3 中的算子 T. 显然由于 $\mathscr{D}(T^*) = \mathscr{D}^* \supset \mathscr{D} = \mathscr{D}(T)$, 并且当 $f \in \mathscr{D}$ 时, $Tf = T^*f = \mathrm{i}f'$, 所以 T 是对称算子. 但是, $\mathscr{D}^* \neq \mathscr{D}$, 所以 T 并不是自共轭算子. 如果将 $T = \mathrm{i}\dfrac{\mathrm{d}}{\mathrm{d}t}$ 的定义域适当扩大, 就成为自共轭算子了.

例 3 (续)　在例 3 中取

$$\mathscr{D}' = \{f|f(t) \text{ 在 } [0,1] \text{ 上全连续, 且 } f'(t) \in L^2[0,1],$$
$$f(0) = f(1)\},$$

取 $T' : (T'f)(t) = \mathrm{i}f'(t), f \in \mathscr{D}'$. 那么 T' 是 $L^2[0,1]$ 上的自共轭算子.

事实上, 首先容易直接验证 (更方便的是用下面引理 4 验证) T' 是对称算子, 因此 $T' \subset T'^*$. 又由于例 3 中的 $\mathscr{D} \subset \mathscr{D}'$, 因此 $T \subset T'$, 由引理 2, 就得到 $T'^* \subset T^*$. 从而

$$T \subset T' \subset T'^* \subset T^*,$$

因为

$$\mathscr{D}(T^*) = \{f | f(t) \text{ 是 } [0,1] \text{上全连续, 而且 } f'(t) \in L^2[0,1]\}.$$

并且 $T^*g = \mathrm{i}g'(g \in \mathscr{D}(T^*))$, 因而当 $g \in \mathscr{D}(T'^*)(\subset \mathscr{D}(T^*))$ 时,

$$T'^*g = T^*g = \mathrm{i}g',$$

根据全连续函数的分部积分公式, 对任何 $f \in \mathscr{D}(T'), g \in \mathscr{D}(T'^*)$, 有

$$(T'f, g) = \int_0^1 \mathrm{i}f'(t)\overline{g(t)}\mathrm{d}t = \mathrm{i}f(t)\overline{g(t)}\Big|_0^1 - \int_0^1 \mathrm{i}f(t)\overline{g'(t)}\mathrm{d}t$$
$$= \mathrm{i}(f(1)\overline{g(1)} - f(0)\overline{g(0)}) + (f, T'^*g),$$

因为 $f(1) = f(0)$, 由上式可知必有 $f(1)(\overline{g(1)} - \overline{g(0)}) = 0$, 即 $\overline{g(1)} = \overline{g(0)}$, 从而 $\mathscr{D}(T'^*) = \mathscr{D}(T')$, 这就是说 T' 是自共轭算子.

定理 6.9.1 设 H 是 Hilbert 空间. 如果 T 是定义在整个 H 上的对称算子, 那么 T 必是 H 上的有界的自共轭算子.

证 因为 T 是对称算子, 即 $T \subset T^*$, 并且 $\mathscr{D}(T) = H$, 所以 $T = T^*$. 由引理 3, T 是 H 上的闭算子. 再由 §5.4 的闭图像定理, T 是 H 上的有界算子. 证毕

引理 4 H 中稠定线性算子 T 是对称算子的充要条件是对任何 x、$y \in \mathscr{D}(T)$, 都成立 $(Tx, y) = (x, Ty)$.

证 如果 T 是对称的, 由 (6.9.3) 式即知结论成立. 反过来, 如对任何 x、$y \in \mathscr{D}(T)$, $(Tx, y) = (x, Ty)$. 由 T^* 的定义, 可知 $y \in \mathscr{D}(T^*)$ 而且 $T^*y = Ty$, 所以 $T \subset T^*$. 证毕

例 4 我们再考察例 1 中的乘法算子 A. 我们证明它是个自共轭算子. 由引理 4 容易验证 A 是个对称算子. 下面再证 $A^* \subset A$. 设 $g \in \mathscr{D}(A^*)$ 而且 $A^*g = g^*$. 那么就有 $(Af, g) = (f, g^*)$, 即

$$\int_{-\infty}^{+\infty} tf(t)\overline{g(t)}\mathrm{d}t = \int_{-\infty}^{+\infty} f(t)\overline{g^*(t)}\mathrm{d}t \quad (f \in \mathscr{D}),$$

因此, $\int_{-\infty}^{+\infty} f(t)[t\overline{g(t)} - \overline{g^*(t)}]\mathrm{d}t = 0$, 特别当取 $f(t)$ 是有界 Lebesgue 可测集的特征函数时, 得知函数 $t\overline{g(t)} - \overline{g^*(t)}$ 在任何有界 Lebesgue 可测集上的积分为零, 可

见它必定几乎处处为零. 因此

$$tg(t) \doteq g^*(t),$$

所以 $g \in \mathscr{D}(A)$. 这样就证明了 $A = A^*$.

引理 5　设 A 是 Hilbert 空间 H 中的自共轭算子, B 是 H 上对称算子, 如果 $A \subset B$, 那么 $A = B$.

证　由 $A \subset B$ 即得 $A^* \supset B^*$, 这就是 $A = A^* \supset B^* \supset B \supset A$. 所以 $A = B$.

引理 6　设 H 和 G 是 Hilbert 空间, A 是 H 中自共轭算子, $U(\mathscr{D}(U) = H)$ 是 H 到 G 上的酉算子, 那么 UAU^{-1} 是 G 中的自共轭算子.

证　记 $T = UAU^{-1}$, 显然 $\mathscr{D}(T) = U\mathscr{D}(A)$, 因此 T 是 G 中稠定的线性算子. 当 x、$y \in \mathscr{D}(T)$ 时, $U^{-1}x$、$U^{-1}y \in \mathscr{D}(A)$ 而且

$$(Tx, y) = (UAU^{-1}x, y) = (AU^{-1}x, U^{-1}y) = (U^{-1}x, AU^{-1}y)$$
$$= (x, UAU^{-1}y) = (x, Ty),$$

所以 T 是对称的. 另一方面, 如果 $y \in \mathscr{D}(T^*)$, 那么由 (6.9.3) 就有

$$(Tx, y) = (x, T^*y), \quad x \in \mathscr{D}(T),$$

于是 $(UAU^{-1}x, y) = (x, T^*y)$, 因而

$$(AU^{-1}x, U^{-1}y) = (x, T^*y) = (U^{-1}x, U^{-1}T^*y),$$

但 $U^{-1}\mathscr{D}(T) = \mathscr{D}(A)$, 因此 $U^{-1}y \in \mathscr{D}(A^*)$, 且 $A^*U^{-1}y = U^{-1}T^*y$, 由 $A^* = A$, 可见 $y \in \mathscr{D}(T), T^*y = UAU^{-1}y$, 这就证明了 $T^* \subset T$. 因而 T 是自共轭的. 证毕

当 A 是全空间定义的有界算子时, $(UAU^{-1})^* = (U^{-1})^*A^*U^* = UAU^{-1}$, 这时引理 6 是显然的.

定义 6.9.4　设 H 和 G 是内积空间, A 是由 H 的子空间 $\mathscr{D}(A)$ 到 H 的算子, U 是 H 到 G 上的酉算子. 那么称算子 UAU^{-1} 和 A 是**酉等价**的.

这种酉等价的关系是算子的表示理论的基础. 我们常常把抽象空间中的算子表示成另一个具体空间中与原来抽象算子酉等价的具体算子 (见后面定理 6.9.5), 即通过酉等价关系把 H 和 G 同一化, 把 A 和 UAU^{-1} 同一化.

例 5　在复空间 $L^2(-\infty, +\infty)$ 中, 记 $\mathscr{D}_1 = \{f | f \in L^2(-\infty, +\infty), f$ 在任何有限区间上全连续,

$$f' \in L^2(-\infty, +\infty)\}$$

作以 $\mathscr{D}_1$ 为定义域的 $L^2(-\infty, +\infty)$ 中算子 D 如下：

$$Df = \frac{1}{i} f', \quad f \in \mathscr{D}_1.$$

U 表示 $L^2(-\infty, +\infty)$ 的 L^2-Fourier 变换，它是酉算子. A 表示例 4 中的乘法算子，它是自共轭算子，它的定义域为 $\mathscr{D}$. 下面我们要证明

$$D = UAU^{-1}. \tag{6.9.7}$$

首先我们证明 $U\mathscr{D} = \mathscr{D}_1$. 设 $f \in \mathscr{D}$，记 $\varphi = Af \in L^2(-\infty, +\infty)$，那么

$$\widetilde{f}(\alpha) = (强) \lim_{\lambda \to +\infty} \frac{1}{\sqrt{2\pi}} \int_{-\lambda}^{\lambda} e^{i\alpha t} f(t) dt,$$

$$\overline{\varphi}(\alpha) = (强) \lim_{\lambda \to +\infty} \frac{1}{\sqrt{2\pi}} \int_{-\lambda}^{\lambda} e^{i\alpha t} t f(t) dt, \tag{6.9.8}$$

由 §4.3, 平均收敛的函数列必有几乎处处收敛的子列，所以可以取 $\lambda_n \to \infty$，使 (6.9.8) 中两式右边的函数列几乎处处收敛于左边函数.

取 α_0 和 α 是收敛点，那么

$$\begin{aligned}
\int_{\alpha_0}^{\alpha} \overline{\varphi}(x) dx &= \lim_{n \to \infty} \frac{1}{\sqrt{2\pi}} \int_{\alpha_0}^{\alpha} \int_{-\lambda_n}^{\lambda_n} e^{ixt} t f(t) dt dx \\
&= \lim_{n \to \infty} \frac{1}{i} \frac{1}{\sqrt{2\pi}} \int_{-\lambda_n}^{\lambda_n} (e^{i\alpha t} - e^{i\alpha_0 t}) f(t) dt \\
&= -i(\widetilde{f}(\alpha) - \widetilde{f}(\alpha_0)),
\end{aligned}$$

因而 $\widetilde{f}(\alpha) = \int_{\alpha_0}^{\alpha} i\overline{\varphi}(x) dx + \widetilde{f}(\alpha_0)$. 由此 $\widetilde{f} \in \mathscr{D}_1$，也就是 $U\mathscr{D} \subset \mathscr{D}_1$，而且我们还得到了对 $f \in \mathscr{D}, DUf = D\widetilde{f}(\alpha) = \overline{\varphi}(\alpha) = UAf$.

类似地不难证明 $U^{-1}\mathscr{D}_1 \subset \mathscr{D}$. 这样就说明 $DU = UA$，所以

$$D = UAU^{-1},$$

由引理 6 即知 D 是个自共轭算子.

4. Cayley 变换 下面我们讨论自共轭算子和酉算子之间的关系. 它是通过这样的类比而来的：如果我们把算子 A 看成复变数 z, A^* 看成复变数 $\overline{z}$，那么自共轭算子相当于实变数，酉算子相当于模为 1 的复变数. 因为由分式线性变换可以自然地把实变数变成模为 1 的复变数. 因此就考虑利用分式线性变换把自共轭算子变为酉算子. 下面我们更一般地对对称算子建立 Cayley 变换的理论.

引理 7 设 A 是复 Hilbert 空间 H 上对称算子，那么

(i) 算子 $A \pm \mathrm{i}I$ 将 $\mathscr{D}(A)$ 一对一地映到 $\mathscr{R}(A \pm \mathrm{i}I)$ 上, 并且 $(A \pm \mathrm{i}I)^{-1}$ 是 $\mathscr{R}(A \pm \mathrm{i}I)$ 到 $\mathscr{D}(A)$ 的有界线性算子;

(ii) 当 A 是闭对称算子时, $\mathscr{R}(A \pm \mathrm{i}I)$ 是 H 中的闭线性子空间;

(iii) 如果 A 是 H 上自共轭算子, 则 $\mathscr{R}(A \pm \mathrm{i}I) = H$.

证 (i) 显然, $\mathscr{D}(A \pm \mathrm{i}I) = \mathscr{D}(A)$. 由于 A 是对称的, 所以对任何 $f \in \mathscr{D}(A), (Af, f) = (f, Af)$, 从而 (Af, f) 是实数. 由此得到

$$\begin{aligned}
\|(A \pm \mathrm{i}I)f\|^2 &= ((A \pm \mathrm{i}I)f, (A \pm \mathrm{i}I)f) = (Af, Af) + (\mathrm{i}f, \mathrm{i}f) \\
&= \|Af\|^2 + \|f\|^2,
\end{aligned} \tag{6.9.9}$$

因此 $\|(A \pm \mathrm{i}I)f\| \geqslant \|f\|$ $(f \in \mathscr{D}(A))$. 可见 $A \pm \mathrm{i}I$ 是可逆的, 即 $(A \pm \mathrm{i}I)^{-1}$ 是 $\mathscr{R}(A \pm \mathrm{i}I) \to \mathscr{D}(A)$ 上的算子, 且 $\|(A \pm \mathrm{i}I)^{-1}\| \leqslant 1$.

(ii) 对任何 $g \in \overline{\mathscr{R}(A \pm \mathrm{i}I)}$, 存在 $g_n \in \mathscr{R}(A \pm \mathrm{i}I)$, 使得 $g_n \to g (n \to \infty)$. 从而存在 $f_n \in \mathscr{D}(A), (A \pm \mathrm{i}I)f_n = g_n$. 由于

$$\|f_n - f_m\| = \|(A \pm \mathrm{i}I)^{-1}(g_n - g_m)\| \leqslant \|g_n - g_m\| \to 0,$$

$$(n, m \to \infty)$$

所以 $\{f_n\}$ 有极限 $f \in H$. 但算子 A 是闭的, 所以 $f \in \mathscr{D}(A)$, 且 $(A \pm \mathrm{i}I)f = g$, 即 $g \in \mathscr{R}(A \pm \mathrm{i}I)$, 因此 $\mathscr{R}(A \pm \mathrm{i}I)$ 是闭的.

(iii) 当 A 是自共轭算子时, 由引理 3, $A(= A^*)$ 是闭算子. 再由引理 2 的系, $(A \pm \mathrm{i}I)^* = A \mp \mathrm{i}I$. 由于本引理的 (i) 已证明 $\mathscr{N}(A \mp \mathrm{i}I) = \{0\}$, 利用引理 2 的 (iv), $\mathscr{R}(A \pm \mathrm{i}I)$ 在 H 上稠密. 但根据本引理的 (ii), $\mathscr{R}(A \pm \mathrm{i}I)$ 是闭线性空间, 所以 $\mathscr{R}(A \pm \mathrm{i}I) = H$. 证毕

定义 6.9.5 A 是复 Hilbert 空间上对称算子, 称 $\mathscr{R}(A + \mathrm{i}I) \to \mathscr{R}(A - \mathrm{i}I)$ 的算子

$$U = (A - \mathrm{i}I)(A + \mathrm{i}I)^{-1}, \tag{6.9.10}$$

是 A 的 **Cayley (凯莱) 变换**.

定理 6.9.2 设 A 是复 Hilbert 空间上对称算子, U 是 A 的 Cayley 变换, 那么

(i) U 是 $\mathscr{R}(A + \mathrm{i}I) \to \mathscr{R}(A - \mathrm{i}I)$ 上的保范算子;

(ii) $1 \in \sigma_p(U)(\sigma_p(U)$ 是 U 的特征值全体);

(iii) $\mathscr{R}(I - U) = \mathscr{D}(A)$, 且

$$A = \mathrm{i}(I + U)(I - U)^{-1},$$

特别地, 当 A 是自共轭算子时, U 还是 H 上酉算子.

证　(i) 由于 $(A+\mathrm{i}I)^{-1}$ 是定义在 $\mathscr{R}(A+\mathrm{i}I)$ 上, 值域为 $\mathscr{D}(A)$ 的有界线性算子, 而 $\mathscr{D}(A-\mathrm{i}I) = \mathscr{D}(A)$, 可见 (6.9.10) 是有确定意义的, 并且 $\mathscr{D}(U) = \mathscr{R}(A+\mathrm{i}I), \mathscr{R}(U) = \mathscr{R}(A-\mathrm{i}I)$.

对于 $f \in \mathscr{D}(U)$, 记 $g = (A+\mathrm{i}I)^{-1}f$, 因此 $g \in \mathscr{D}(A)$, 于是

$$Uf = (A-\mathrm{i}I)g, \quad f = (A+\mathrm{i}I)g, \tag{6.9.11}$$

由 (6.9.9) 知

$$\|Uf\|^2 = \|Ag\|^2 + \|g\|^2, \|f\|^2 = \|Ag\|^2 + \|g\|^2,$$

所以 $\|Uf\| = \|f\|$　$(f \in \mathscr{D}(U))$. 因而 U 是 $\mathscr{R}(A+\mathrm{i}I)$ 到 $\mathscr{R}(A-\mathrm{i}I)$ 上保范算子.

(ii) 对 $f \in \mathscr{D}(U)$, 有 $g \in \mathscr{D}(A)$, 使 (6.9.11) 成立. 如果 $Uf = f$, 必有 $(A+\mathrm{i}I)g = (A-\mathrm{i}I)g$, 即 $g = 0$, 从而 $f = 0$, 可见 $1 \bar{\in} \sigma_p(U)$.

(iii) 反解方程 (6.9.11) 立即得到

$$(I-U)f = 2\mathrm{i}g, \quad (I+U)f = 2Ag, \tag{6.9.12}$$

当 f 在 $\mathscr{R}(A+\mathrm{i}I)$ (即 $\mathscr{D}(U)$) 中变化时, g 将取遍 $\mathscr{D}(A)$ 中元, 所以 $\mathscr{R}(I-U) = \mathscr{D}(A)$. 而且当 $g \in \mathscr{D}(A)$ 时,

$$(I+U)(I-U)^{-1}g = \frac{1}{2\mathrm{i}}(I+U)f = \frac{1}{\mathrm{i}}Ag,$$

所以 $A = \mathrm{i}(I+U)(I-U)^{-1}$.

特别地, 当 A 是自共轭算子时, 由引理 7 的 (iii) 知 $\mathscr{D}(U) = \mathscr{R}(U) = H$, 所以 U 还是 H 上酉算子.　　　　　　　　　　　　　　　　证毕

系　当 A 是全空间上定义的有界自共轭算子时, 那么 1 必是 A 的 Cayley 变换 U 的正则点.

证　在定理 6.9.2 证明中, 对于 $g \in \mathscr{D}(A) = H$, 记 $f = (A+\mathrm{i}I)g, (I-U)f = 2\mathrm{i}g$, 因此 $\mathscr{R}(I-U) = H$. 由逆算子定理便得到 $(I-U)^{-1}$ 是定义在 H 上的有界算子.　　　　　　　　　　　　　　　　　　　　　　证毕

现在我们证明定理 6.9.2 的逆也成立.

定理 6.9.3　设 U 是 Hilbert 空间 H 上 $\mathscr{D}(U) \to \mathscr{R}(U)$ 的保范算子, 如果 $\mathscr{R}(I-U)$ 在 H 中稠密, 那么

(i) 1 必不是 U 的特征值;

(ii) 线性算子

$$A = \mathrm{i}(I+U)(I-U)^{-1} \tag{6.9.13}$$

是定义在 $\mathscr{R}(I-U)$ 上的对称算子, 并且 A 的 Cayley 变换就是 U;

(iii) 如果 $\mathscr{D}(U)$ 还是闭子空间, 那么 A 是闭对称算子;

(iv) 如果 U 还是 H 上酉算子, 那么 A 是自共轭算子.

证　(i) 对任何 $x \in \mathscr{R}(I-U)$ 必有 $z \in \mathscr{D}(U)$, 使得 $x = (I-U)z$. 如果有 $y \in \mathscr{D}(U)$, 使得 $(U-I)y = 0$, 那么

$$(y, x) = (y, (I-U)z) = (Uy, Uz) - (y, Uz)$$
$$= (Uy - y, Uz) = 0,$$

注意到 $\overline{\mathscr{R}(I-U)} = H$, 因此 $y = 0$.

(ii) 显然, 从 (6.9.13) 可知 $\mathscr{D}(A) = \mathscr{R}(I-U)$, 因而 A 是稠定的. 为证 A 是对称算子, 只需证明: 对任何 $g_1, g_2 \in \mathscr{D}(A), (Ag_1, g_2) = (g_1, Ag_2)$. 设 $g_1 、 g_2 \in \mathscr{D}(A)$, 则存在 $f_1, f_2 \in \mathscr{D}(U)$, 使得 $g_i = (I-U)f_i (i = 1, 2)$. 利用 U 的保范性直接计算便有

$$(Ag_1, g_2) = \mathrm{i}((I+U)f_1, (I-U)f_2) = \mathrm{i}[(Uf_1, f_2) - (f_1, Uf_2)]$$
$$= (g_1, Ag_2),$$

即 A 是对称的.

从 (6.9.13) 可知, 在 $\mathscr{D}(A)(= \mathscr{R}(I-U))$ 上,

$$A + \mathrm{i}I = \mathrm{i}(I+U)(I-U)^{-1} + \mathrm{i}(I-U)(I-U)^{-1} = 2\mathrm{i}(I-U)^{-1},$$
$$A - \mathrm{i}I = \mathrm{i}(I+U)(I-U)^{-1} - \mathrm{i}(I-U)(I-U)^{-1}$$
$$= 2\mathrm{i}U(I-U)^{-1},$$

由于 $(I-U)^{-1}$ 是 $\mathscr{R}(I-U)$ 到 $\mathscr{D}(U)$ 上的一一对应, 由上面第一式可知 $\mathscr{D}(U) = \mathscr{R}(A+\mathrm{i}I)$, 并且 $(A+\mathrm{i}I)^{-1} = \dfrac{1}{2\mathrm{i}}(I-U)$. 再由上面第二式可知 $U = (A-\mathrm{i}I)(A+\mathrm{i}I)^{-1}$. 这表明 A 的按 (6.9.10) 所定义的 Cayley 变换正是 U.

(iii) 设 $\mathscr{D}(U)$ 是闭的. 由 U 的保范性易知 $\mathscr{R}(U)$ 也是闭的. 现在证明 A 是闭算子: 设有 $\{g_n\} \subset \mathscr{D}(A), g_n \to g$, 并且 $Ag_n \to f$. 显然 $(A \pm \mathrm{i}I)g_n \to f \pm \mathrm{i}g$. 因为 U 是对称算子 A 的 Cayley 变换, 所以 $(A+\mathrm{i}I)g_n \in \mathscr{D}(U), U(A+\mathrm{i}I)g_n = (A-\mathrm{i}I)g_n$. 再令 $n \to \infty$, 得到

$$U(f + \mathrm{i}g) = f - \mathrm{i}g,$$

从而

$$(I-U)(f+\mathrm{i}g) = 2\mathrm{i}g, (I+U)(f+\mathrm{i}g) = 2f,$$

这说明 $g \in \mathscr{R}(I - U) = \mathscr{D}(A)$, 且 $Ag = f$. 因此 A 是闭算子.

(iv) 如果 U 是酉算子, 那么从 (6.9.13) 可知

$$(A - \mathrm{i}I) = 2\mathrm{i}U(I - U)^{-1}, (A + \mathrm{i}I) = 2\mathrm{i}(I - U)^{-1},$$

因为 $\mathscr{D}(A^*) = \mathscr{D}((A + \mathrm{i}I)^*)$, 要证明 A 是自共轭算子, 只要证明 $\mathscr{D}((A + \mathrm{i}I)^*) \subset \mathscr{D}(A)$ 即可. 今证明如下:

因为 $(I - U)^{-1}(I - U) = I, (I - U)^{-1}$ 是稠定的, 并且 $I - U$ 是全 H 上定义的有界线性算子, 易知对任何 $y \in \mathscr{D}((I - U)^{-1*}), x \in H$, 有

$$(x, y) = ((I - U)^{-1}(I - U)x, y) = ((I - U)x, (I - U)^{-1*}y)$$
$$= (x, (I - U)^*(I - U)^{-1*}y),$$

即对任何 $y \in \mathscr{D}((I - U)^{-1*}), (I - U)^*(I - U)^{-1*}y = y$. 但是 $(I - U)^* = I - U^* = (U - I)U^{-1}$, 由此可知 $(U - I)U^{-1}(I - U)^{-1*}y = y$, 即 $y \in \mathscr{R}(I - U) = \mathscr{D}(A)$, 从而 $\mathscr{D}((A + \mathrm{i}I)^*) \subset \mathscr{D}(A)$. 证毕

(iv) **的另一证明** 设 $y \in \mathscr{D}(A^*)$, 那么存在 $y^* \in H$, 使得

$$((I + U)(I - U)^{-1}x, y) = (x, y^*), \quad x \in \mathscr{R}(I - U),$$

令 $z = (I - U)^{-1}x$, 从上式可知对一切 $z \in H$,

$$((I + U)z, y) = ((I - U)z, y^*).$$

因为 U 是酉算子, 下式成立

$$((I + U)z, y) = (Uz, (I + U)y),$$
$$((I - U)z, y^*) = (Uz, (U - I)y^*),$$

所以, 对一切 $z \in H$,

$$(Uz, (I + U)y) = (Uz, (U - I)y^*),$$

因为 $UH = H$, 从上式就得到

$$(I + U)y = (U - I)y^*,$$

即 $y = \dfrac{1}{2}(I - U)(y - y^*) \in \mathscr{R}(I - U)$, 从而 $\mathscr{D}(A^*) \subset \mathscr{D}(A)$. 证毕

由 (6.9.13) 式所定义的对称算子 A 称为保范算子 U 的 Cayley 变换, 或称为 Cayley 变换 (6.9.10) 的**逆变换**. 定理 6.9.2、6.9.3 就是沟通对称算子和保范算子, 特别是自共轭算子和酉算子之间的桥梁. 由此可以利用保范算子的保范扩张或酉扩张来讨论对称算子的对称扩张或自共轭扩张.

定义 6.9.6　A 是复 Hilbert 空间 H 上对称算子, 记 $m = \dim(H \ominus \mathscr{R}(A - \mathrm{i}I))$, $n = \dim(H \ominus \mathscr{R}(A + \mathrm{i}I))$ (这里空间维数是指完备就范直交系的势[①]), 称数对 (m, n) 为 A 的**亏指数**. 如果 U 是 H 上的保范算子, 记 $m = \dim(H \ominus \mathscr{R}(U))$, $n = \dim(H \ominus \mathscr{D}(U))$, 称 (m, n) 为 U 的亏指数. 并称 $H \ominus \mathscr{R}(A - \mathrm{i}I)$、$H \ominus \mathscr{R}(A + \mathrm{i}I)$ 和 $H \ominus \mathscr{R}(U)$、$H \ominus \mathscr{D}(U)$ 分别为 A 和 U 的**亏子空间**.

显然, 自共轭算子的亏指数 $(m, n) = (0, 0)$.

定理 6.9.4　设 A 是复 Hilbert 空间上对称算子, 那么

(i) 必存在 A 的最小闭对称扩张, 即存在闭对称算子 $\overline{A} : \overline{A} \supset A$, 且对任何闭对称扩张 $\widetilde{A}$, 总有 $\widetilde{A} \supset \overline{A}$;

(ii) A 有自共轭扩张的充要条件是 A 的亏指数 (m, n) 满足 $m = n$.

证　(i) 如果 A 是闭的, 显然取 $\overline{A} = A$. 如果 A 不是闭的, 显然 $\mathscr{R}(A \pm \mathrm{i}I)$ 就不闭. U 是 A 的 Cayley 变换, $\mathscr{D}(U) = \mathscr{R}(A + \mathrm{i}I)$, $\mathscr{R}(U) = \mathscr{R}(A - \mathrm{i}I)$, 显然 U 可唯一地扩张成 $\overline{\mathscr{R}(A + \mathrm{i}I)} \to \overline{\mathscr{R}(A - \mathrm{i}I)}$ 上保范算子 $\overline{U}$, 由于 $\overline{\mathscr{R}(U - I)} = H$, 自然更有 $\overline{\mathscr{R}(\overline{U} - I)} = H$. 由定理 6.9.3, 可作 $\overline{U}$ 的 Cayley 变换. 记 $\overline{A}$ 是 $\overline{U}$ 的 Cayley 变换, 由于 $U \subset \overline{U}$, 易知 $A \subset \overline{A}$. 由于 $\mathscr{D}(\overline{U})$ 是闭的, 根据定理 6.9.3 的 (iii), $\overline{A}$ 是闭的对称算子.

如果再有闭对称算子 $\widetilde{A} \supset A$, 令 $\widetilde{U}$ 是 $\widetilde{A}$ 的 Cayley 变换, 由 $\widetilde{A} \supset A$, 易知 $\widetilde{U} \supset U$. 因为 $\widetilde{A}$ 闭, 所以 $\mathscr{D}(\widetilde{U})$ 是闭的, 从而 $\mathscr{D}(\widetilde{U}) \supset \overline{\mathscr{D}(U)}$. 但是在 $\mathscr{D}(U)$ 上, $\widetilde{U} = U$, 所以在 $\overline{\mathscr{D}(U)}$ 上也有 $\widetilde{U} = \overline{U}$. 由此可知 $\widetilde{U} \supset \overline{U}$, 从而 $\widetilde{A} \supset \overline{A}$.

(ii) 按定义, 显然 A 的亏指数就是 U 的亏指数, 也就是 $\overline{U}$ 的亏指数, 从而也是 $\overline{A}$ 的亏指数. 因为自共轭算子是闭算子, 所以 A 有自共轭扩张的充要条件是 $\overline{A}$ 有自共轭的扩张. 而 $\overline{A}$ 有自共轭扩张的充要条件是相应的 Cayley 变换 $\overline{U}$ 有酉扩张. 因为 $\dim \mathscr{D}(\overline{U})^\perp = m$, $\dim \mathscr{R}(\overline{U})^\perp = n$, 所以 $\overline{U}$ 有酉扩张时必有 $m = n$.

反之, 如果 $m = n$, 那么我们就可在 $\mathscr{D}(\overline{U})^\perp$, $\mathscr{R}(\overline{U})^\perp$ 上分别取完备就范直交系 $\{f_\lambda\}$、$\{g_\lambda\}$, $\lambda \in \Lambda$, 而 $\overline{\overline{\Lambda}} = m = n$. 只要对算子 $\overline{U}$, 补充定义一个 $\mathscr{D}(\overline{U})^\perp$ 到 $\mathscr{R}(\overline{U})^\perp$ 上的酉算子 U_0, 例如可取

$$U_0 : \quad f_\lambda \mapsto g_\lambda, \lambda \in \Lambda$$

作 H 上算子

$$\widetilde{U} = \begin{cases} \overline{U}, & \text{在 } \mathscr{D}(\overline{U}) \text{ 上}; \\ U_0, & \text{在 } \mathscr{D}(\overline{U})^\perp \text{ 上}. \end{cases}$$

[①] 利用任何无限势 α 满足 $\aleph_0^\alpha = \alpha$ 这个事实可以证明空间维数不依赖于完备就范直交系的选取.

显然, $\widetilde{U}$ 是 H 上酉算子, 并且 $\widetilde{U} \supset \overline{U}$. 由于 $\overline{\mathscr{R}(\overline{U} - I)} = H$, 所以 $\overline{\mathscr{R}(\widetilde{U} - I)} = H$. 因此由 $\widetilde{U}$ 经 Cayley 变换所产生的自共轭算子 $\widetilde{A} \supset A$. 证毕

在本章的最后一节 (§6.11) 中还将对算子理论中常见的几种算子扩张进行介绍. 下面将根据后面的需要, 介绍自共轭算子与它的 Cayley 变换的谱之间的关系.

引理 8 设 A 是复 Hilbert 空间 H 中的自共轭算子, U 是 A 的 Cayley 变换. 那么在映照

$$L : z \to w = \frac{z - \mathrm{i}}{z + \mathrm{i}}$$

下, $\sigma(A)$ 映照成 $\sigma(U) - \{1\}$ (即 $L(\sigma(A)) = \sigma(U) - \{1\}$).

证 设 $z \in \rho(A)$, 并且 $z \neq -\mathrm{i}$, 记 $w = \frac{z - \mathrm{i}}{z + \mathrm{i}}$, 这时

$$
\begin{aligned}
wI - U &= \frac{z - \mathrm{i}}{z + \mathrm{i}} I - (A - \mathrm{i}I)(A + \mathrm{i}I)^{-1} \\
&= \frac{1}{z + \mathrm{i}} [(z - \mathrm{i})I - (z + \mathrm{i})(A - \mathrm{i}I)(A + \mathrm{i}I)^{-1}] \\
&= \frac{1}{z + \mathrm{i}} [(z - \mathrm{i})(A + \mathrm{i}I) - (z + \mathrm{i})(A - \mathrm{i}I)](A + \mathrm{i}I)^{-1} \\
&= \frac{2\mathrm{i}}{z + \mathrm{i}} (zI - A)(A + \mathrm{i}I)^{-1},
\end{aligned}
$$

由于 z 是 A 的正则点, 因此

$$(wI - U)^{-1} = \frac{z + \mathrm{i}}{2\mathrm{i}} (A + \mathrm{i}I)(zI - A)^{-1}$$

是全空间定义的有界线性算子, 即 $w \in \rho(U)$. 从而 $L(\rho(A) - \{-\mathrm{i}\}) \subset \rho(U) - \{1\}$.

反过来, 如果 $w \in \rho(U), w \neq 1$. 记 $z = \mathrm{i}\frac{1 + w}{1 - w}$ (这是 $L^{-1}w$), 那么

$$
\begin{aligned}
(zI - A) &= \mathrm{i} \left[\frac{1 + w}{1 - w} I - (I + U)(I - U)^{-1} \right] \\
&= \frac{\mathrm{i}}{1 - w} [(1 + w)(I - U) - (1 - w)(I + U)](I - U)^{-1} \\
&= \frac{2\mathrm{i}}{1 - w} (wI - U)(I - U)^{-1},
\end{aligned}
$$

所以 $(zI - A)^{-1} = \frac{1 - w}{2\mathrm{i}} (I - U)(wI - U)^{-1}$, 从而

$$L^{-1}(\rho(U) - \{1\}) \subset \rho(A) - \{-\mathrm{i}\}.$$

如果再注意到 $L(\{-\mathrm{i}\}) = \infty, L(\infty) = 1$, 由上面可知

$$L(\sigma(A)) = \sigma(U) - \{1\}.$$

证毕

系　复 Hilbert 空间 H 中自共轭算子的谱点分布在实轴上.

5. 无界函数谱积分　利用 Cayley 变换, 就不难从酉算子的谱分解定理得到自共轭算子的谱分解定理了. 为了研究无界自共轭算子的谱分解, 我们要用到无界函数谱积分. 首先给出下面的构造自共轭算子的两个引理.

引理 9　设 $\{A_n\}(n = 1, 2, 3, \cdots)$ 是 Hilbert 空间 H 的全空间上定义的有界自共轭算子, 而且 A_n 的值域彼此直交, 记

$$\mathscr{D} = \left\{ x \,\middle|\, x \in H, \sum_{n=1}^{\infty} \|A_n x\|^2 < \infty \right\},$$

又作以 $\mathscr{D}$ 为定义域的算子 A 如下:

$$Ax = \sum_{n=1}^{\infty} A_n x \quad (x \in \mathscr{D}), \tag{6.9.14}$$

(级数 (6.9.14) 按强极限收敛) 那么 A 是自共轭算子.

证　记 A_n 的值域的闭包为 R_n, 在 R_n 上的投影算子记为 P_n. 由假设 $P_n(n = 1, 2, 3, \cdots)$ 是一列两两直交的投影算子. 根据定理 6.4.4, A_n 在 $R_n^\perp$ 上为零. 记 $P = \sum_{n=1}^{\infty} P_n$, 这也是投影算子, $P_0 = I - P$ 也是投影算子, 这时 $I = \sum_{n=0}^{\infty} P_n$, 显然 $\mathscr{D}$ 是线性子空间, 又 $P_n H \subset \mathscr{D}(n = 0, 1, 2, \cdots)$, 所以 $\mathscr{D}$ 在 H 中是稠密的. 当 $x \in \mathscr{D}$ 时, $\{A_n x\}$ 是两两直交的, 又因 $\sum_{n=1}^{\infty} \|A_n x\|^2 < \infty$, 所以 $\sum_{n=1}^{\infty} A_n x$ 是强收敛的, 由 (6.9.14) 定义的算子 A 是确定的. 对任何 x、$y \in \mathscr{D}$, 由内积的连续性, A_n 的自共轭性即得

$$\begin{aligned}
(Ax, y) &= \left(\sum_{n=1}^{\infty} A_n x, y \right) = \sum_{n=1}^{\infty} (A_n x, y) \\
&= \sum_{n=1}^{\infty} (x, A_n y) = \left(x, \sum_{n=1}^{\infty} A_n y \right) = (x, Ay),
\end{aligned}$$

所以 A 是对称的, $A \subset A^*$. 因此只要证明 $\mathscr{D}(A^*) \subset \mathscr{D}$ 就可以了. 设 $y \in \mathscr{D}(A^*)$, 显然 $x_N = \sum_{n=1}^{N} A_n y \in \mathscr{D}$, 因此

$$(Ax_N, y) = (x_N, A^* y),$$

但是当 $n > N$ 时, $A_n y \perp x_N$, 所以

$$(Ax_N, y) = \lim_{m \to \infty} \left(\sum_{\nu=1}^{m} A_\nu x_N, y \right) = \lim_{m \to \infty} \left(x_N, \sum_{\nu=1}^{m} A_\nu y \right)$$

$$= \left(x_N, \sum_{\nu=1}^{N} A_\nu y \right) = \|x_N\|^2,$$

由 Schwarz 不等式, $\|x_N\|^2 = (x_N, A^*y) \leqslant \|x_N\| \|A^*y\|$, 所以 $\|x_N\| \leqslant \|A^*y\|$. 而
$\|x_N\|^2 = \sum_{n=1}^{N} \|A_n y\|^2$, 因此 $\sum_{n=1}^{N} \|A_n y\|^2 \leqslant \|A^*y\|^2$, 即得 $y \in \mathscr{D}$. 　　　证毕

引理 10　设 $\{E_\lambda | \lambda \in (-\infty, +\infty)\}$ 是 Hilbert 空间 H 上的谱系, $f(\lambda)$ 是
Baire 函数. 记 $\mathscr{D} = \{x | x \in H, \int_{-\infty}^{+\infty} |f(\lambda)|^2 \mathrm{d}\|E_\lambda x\|^2 < \infty\}$, 那么, 必有 $\mathscr{D}$ 上定义
的算子 A, 使得当 $x, y \in \mathscr{D}$ 时

$$(Ax, y) = \int_{-\infty}^{+\infty} f(\lambda) \mathrm{d}(E_\lambda x, y), \tag{6.9.15}$$

而且当 $x \in \mathscr{D}$ 时, $\sum_{n=1}^{\infty} \int_{n-1 \leqslant |f(\lambda)| < n} f(\lambda) \mathrm{d}E_\lambda x$ 强收敛于 Ax. 当 f 是实值函数时
A 是自共轭的.

证　我们由谱系 $\{E_\lambda | \lambda \in (-\infty, +\infty)\}$ 作 $(E^1, \boldsymbol{B})$ 上的谱测度 E, 那么当
$x, y \in H$ 时, $A \mapsto (E(A)x, y)$ 是 $(E^1, \boldsymbol{B})$ 上的广义测度.

下面只证明 $f(\lambda)$ 是实值函数的情况 (如果 $f(\lambda)$ 是复值的, 只要化成实部、
虚部分别加以讨论就可以了). 令

$$f_n(\lambda) = \begin{cases} f(\lambda), & \text{当 } n-1 \leqslant |f(\lambda)| < n \text{ 时}; \\ 0, & \text{其他}. \end{cases}$$

那么 $f_n(\lambda)$ 是直线上有界 Baire 函数. 作 H 中的有界自共轭算子

$$A_n = \int f_n(\lambda) \mathrm{d}E_\lambda,$$

由定理 6.7.2 的系 2, $\|A_n x\|^2 = \int |f_n(\lambda)|^2 \mathrm{d}\|E_\lambda x\|^2$. 因此

$$\mathscr{D} = \left\{ x | x \in H, \sum_{n=1}^{\infty} \|A_n x\|^2 < \infty \right\}.$$

根据引理 9, 有自共轭算子 A, 满足 (6.9.14), 从而当 $x \in \mathscr{D}$ 时,

$$(Ax, x) = \sum_{n=1}^{\infty} (A_n x, x) = \sum_{n=1}^{\infty} \int f_n(\lambda) \mathrm{d}\|E_\lambda x\|^2, \qquad (6.9.16)$$

因为 $\displaystyle\int_{-\infty}^{+\infty} \mathrm{d}\|E_\lambda x\|^2 = \|x\|^2 < \infty$, 所以当 $x \in \mathscr{D}$ 时, 由 Schwartz 不等式有

$\displaystyle\int_{-\infty}^{+\infty} |f(\lambda)| \mathrm{d}\|E_\lambda x\|^2 < \infty$. 再由 $\displaystyle\sum_{n=1}^{\infty} |f_n(\lambda)| = |f(\lambda)|$ 以及 Lebesgue 积分的控制

收敛定理, 从 (6.9.16) 就得到: 对任何 $x \in \mathscr{D}$, $(Ax, x) = \displaystyle\int f(\lambda) \mathrm{d}(E_\lambda x, x)$. 再利用

极化恒等式就得到对任何 $x, y \in \mathscr{D}$, (6.9.15) 成立.　　　　　　　证毕

定义 6.9.7　在引理 10 条件下, 称定义在

$$\mathscr{D} = \{x | x \in H, \int_{-\infty}^{+\infty} |f(\lambda)|^2 \mathrm{d}\|E_\lambda x\|^2 < \infty\}$$

上算子 $A : Ax = \displaystyle\lim_{n \to \infty} \int_{|f(\lambda)| \leqslant n} f(\lambda) \mathrm{d}E_\lambda x$ 为 $f(\lambda)$ 关于谱系 $\{E_\lambda | \lambda \in (-\infty, +\infty)\}$

的 (强) 谱积分, 记为 $A = \displaystyle\int f(\lambda) \mathrm{d}E_\lambda$.

系　设 $\{E_\lambda | \lambda \in (-\infty, +\infty)\}$ 是 Hilbert 空间 H 上的谱系, 那么以 $\mathscr{D}(A) = \left\{x | x \in H, \displaystyle\int \lambda^2 \mathrm{d}\|E_\lambda x\|^2 < \infty\right\}$ 为定义域的算子 $A = \displaystyle\int \lambda \mathrm{d}E_\lambda$ 是自共轭算子.

例 6　我们仍考虑 $L^2(-\infty, +\infty)$ 中的乘法算子 $A : f \mapsto tf(t), \mathscr{D}(A) = \{f | f \in L^2(-\infty, +\infty), \displaystyle\int_{-\infty}^{+\infty} t^2 |f(t)|^2 \mathrm{d}t < \infty\}$ (参看例 1) 对每个实数 λ, 作 $L^2(-\infty, +\infty)$ 中投影算子 E_λ 如下: $(E_\lambda f)(t) = \chi_{(-\infty, \lambda]}(t) f(t) (f \in L^2(-\infty, +\infty))$, 其中 $\chi_{(-\infty, \lambda]}$ 是 $(-\infty, \lambda]$ 的特征函数. 显然 $\{E_\lambda | \lambda \in (-\infty, +\infty)\}$ 是 $L^2(-\infty, +\infty)$ 中的谱系. 由于当 $f, g \in \mathscr{D}(A)$ 时

$$(Af, g) = \int tf(t) \overline{g(t)} \mathrm{d}t,$$

而对于 $\{E_\lambda | \lambda \in (-\infty, +\infty)\}$

$$\int_{-\infty}^{+\infty} \lambda \mathrm{d}(E_\lambda f, g) = \int_{-\infty}^{+\infty} \lambda \mathrm{d} \int_{-\infty}^{\lambda} f(t) \overline{g(t)} \mathrm{d}t = \int_{-\infty}^{+\infty} tf(t) \overline{g(t)} \mathrm{d}t,$$

所以有 $(Af, g) = \displaystyle\int_{-\infty}^{+\infty} \lambda \mathrm{d}(E_\lambda f, g)$. 又当 $f \in \mathscr{D}(A)$ 时, 有

$$Af = (强) \lim_{n \to +\infty} \int_{-n}^{n} \lambda \mathrm{d}E_\lambda f.$$

如果我们令 $B = A^2$, 那么 $\mathscr{D}(B) = \{f | f \in \mathscr{D}(A), Af \in \mathscr{D}(A)\}$. 所以

$$\mathscr{D}(B) = \left\{ f | f \in L^2(-\infty, +\infty), \int_{-\infty}^{+\infty} |t^2 f(t)|^2 \mathrm{d}t < \infty \right\},$$

当 $\lambda > 0$ 时, 作算子 F_λ 如下:

$$(F_\lambda f)(t) = \chi_{[-\mu, \mu]}(t) f(t), f \in L^2(-\infty, +\infty), \mu = \sqrt{\lambda},$$

这时 $F_\lambda = E_\mu - E_{-\mu}$. 当 $\lambda \leqslant 0$ 时令 $F_\lambda = 0$, 那么得到一个谱系 $\{F_\lambda | \lambda \in (-\infty, +\infty)\}$, 这个谱系的谱测度集中在 $[0, \infty)$ 上, 容易看出

$$B = \int \lambda \mathrm{d}F_\lambda.$$

例 7 我们再考察例 5 的微分算子. 由于 $D = UAU^{-1}$, 作 $W_\lambda = UE_\lambda U^{-1}$, 那么 $\{W_\lambda | \lambda \in (-\infty, +\infty)\}$ 是 $L^2(-\infty, +\infty)$ 中的谱系, 这时

$$D = \int \lambda \mathrm{d}W_\lambda.$$

当 $\lambda > 0$ 时令 $G_\lambda = W_\mu - W_{-\mu}, \mu = \sqrt{\lambda}$, 当 $\lambda \leqslant 0$ 时令 $G_\lambda = 0$, 那么 $\{G_\lambda | \lambda \in (-\infty, +\infty)\}$ 也是 $L^2(-\infty, +\infty)$ 中的谱系, 这时有

$$D^2 = \int \lambda \mathrm{d}G_\lambda.$$

6. 自共轭算子的谱分解定理 现在我们利用酉算子的谱分解定理和 Cayley 变换来建立自共轭算子的谱分解.

定理 6.9.5 (自共轭算子谱分解定理) 设 H 是复 Hilbert 空间, A 是以 $\mathscr{D}(A)$ 为定义域的自共轭算子, 那么必有 H 中谱系 $\{E_\lambda | \lambda \in (-\infty, +\infty)\}$, 使得

$$A = \int_{-\infty}^{+\infty} \lambda \mathrm{d}E_\lambda.$$

证 先作 A 的 Cayley 变换, 得到酉算子 $U = (A - \mathrm{i}I)(A + \mathrm{i}I)^{-1}$. 这时 $A = \mathrm{i}(I + U)(I - U)^{-1}$. 根据酉算子的谱分解定理, 对于 U 有相应的在 $[0, 2\pi]$ 上的谱系 E_θ, 使得

$$U = \int_0^{2\pi} e^{\mathrm{i}\theta} \mathrm{d}E_\theta.$$

由定理 6.9.2, 1 不是 U 的特征值, 因而由酉算子谱分解定理的系, 有

$$E_{2\pi-0} = \lim_{\theta \to 2\pi-0} E_\theta = I.$$

我们作 $(0, 2\pi)$ 到 $(-\infty, +\infty)$ 的映照 $\theta \mapsto \lambda = -\cot\dfrac{\theta}{2} = \mathrm{i}\dfrac{1 + e^{\mathrm{i}\theta}}{1 - e^{\mathrm{i}\theta}}$, 这是一一对应, 把 $\lambda = -\cot\dfrac{\theta}{2}$ 看成 θ 的函数时, 它是严格单调上升的连续函数, 它的反函数当然也是严格单调上升的连续函数. 利用这个映照, 我们由谱系 $\{E_\theta | \theta \in (0, 2\pi)\}$ 作出谱系 $\{F_\lambda | \lambda \in (-\infty, +\infty)\}$ 如下:

$$F_\lambda = E_\theta \quad \left(\lambda = -\cot\frac{\theta}{2}\right),$$

由于 $\lambda \mapsto \theta$ 是严格单调上升, 又是连续的, 因此 F_λ 是单调的, 右连续的, 由 $E_{+0} = 0$ 及 $E_{2\pi-0} = I$, 可知 F_λ 当 $\lambda \to \pm\infty$ 时分别趋于 I 及 0. 因此 $\{F_\lambda | \lambda \in (-\infty, +\infty)\}$ 是 H 中的谱系. 我们把 θ 看成 λ 的函数, 由 $E_{0+} = 0$ 及 $E_{2\pi-0} = I$, 容易证明

$$\begin{aligned}
U &= \int_0^{2\pi} e^{\mathrm{i}\theta} \mathrm{d}E_\theta = (\text{强}) \lim_{\varepsilon \to 0} \int_\varepsilon^{2\pi-\varepsilon} e^{\mathrm{i}\theta} \mathrm{d}E_\theta = (\text{强}) \lim_{x \to \infty} \int_{-x}^x e^{\mathrm{i}\theta} \mathrm{d}F_\lambda \\
&= \int_{-\infty}^{+\infty} e^{\mathrm{i}\theta} \mathrm{d}F_\lambda,
\end{aligned}$$

作算子 $B = \displaystyle\int_{-\infty}^{+\infty} \lambda \mathrm{d}F_\lambda$. 根据引理 10 的系, B 是 H 中自共轭算子, B 的定义域是

$$\mathscr{D} = \left\{ x \Big| x \in H, \int_{-\infty}^{+\infty} \lambda^2 \mathrm{d}\|F_\lambda x\|^2 < \infty \right\},$$

现在证明: $B = A$.

事实上, 由于 $\left|\dfrac{1}{1 - e^{\mathrm{i}\theta}}\right| \leqslant \max(1, |\lambda|)^{①}$ $\left(\lambda = -\cot\dfrac{\theta}{2}\right)$, 因此对任何 $g \in \mathscr{D}$,

$$\int \left|\frac{1}{1 - e^{\mathrm{i}\theta}}\right|^2 \mathrm{d}\|F_\lambda g\|^2 < \infty,$$

根据引理 10, 存在 h, 使得

$$h = (\text{强}) \lim_{n \to \infty} 2\mathrm{i} \int_{\frac{1}{|1 - e^{\mathrm{i}\theta}|} \leqslant n} \frac{1}{1 - e^{\mathrm{i}\theta}} \mathrm{d}F_\lambda g,$$

---

① 由于当 $\left|\cos\dfrac{\theta}{2}\right| \leqslant \dfrac{1}{2}$ 时, $\left|\sin\dfrac{\theta}{2}\right| \geqslant \dfrac{1}{2}\sqrt{3}$, 即 $\left|\dfrac{1}{1 - e^{\mathrm{i}\theta}}\right| = \dfrac{1}{2\left|\sin\dfrac{\theta}{2}\right|} \leqslant \dfrac{1}{\sqrt{3}} < 1$. 而当 $\left|\cos\dfrac{\theta}{2}\right| \geqslant \dfrac{1}{2}$ 时, $\left|\dfrac{1}{1 - e^{\mathrm{i}\theta}}\right| = \left|\cot\dfrac{\theta}{2}\right| \dfrac{1}{\left|2\cos\dfrac{\theta}{2}\right|} \leqslant |\lambda|$. 所以 $\left|\dfrac{1}{1 - e^{\mathrm{i}\theta}}\right| \leqslant \max(1, |\lambda|)$.

从而利用 $(I-U)$ 是连续的以及定理 6.7.2 的系 2 得到

$$(I-U)h = (强)2\mathrm{i}\lim_{n\to\infty}\int(1-e^{\mathrm{i}\theta})\mathrm{d}F_\lambda\int_{\frac{1}{|1-e^{\mathrm{i}\theta}|}\leqslant n}\frac{1}{1-e^{\mathrm{i}\theta}}\mathrm{d}F_\lambda g$$

$$= (强)\lim_{n\to\infty}2\mathrm{i}\int_{\frac{1}{|1-e^{\mathrm{i}\theta}|}\leqslant n}\mathrm{d}F_\lambda g = 2\mathrm{i}g,$$

即 $g \in \mathscr{R}(I-U) = \mathscr{D}(A)$. 根据 Cayley 变换 (见 (6.9.12) 式) 必有 $(I+U)h = 2Ag$.

另一方面, 我们可用谱积分直接计算 $(I+U)h$: 利用 $\lambda = \mathrm{i}\dfrac{1+e^{\mathrm{i}\theta}}{1-e^{\mathrm{i}\theta}}$ 又得到

$$(I+U)h = (强)\lim_{n\to\infty}2\int_{-n}^{n}\lambda\mathrm{d}F_\lambda g = 2Bg.$$

因此 $Bg = \dfrac{1}{2}(I+U)h = Ag$, 所以 $B \subset A$. 再根据引理 5 即得 $A = B$. 证毕

我们称由自共轭算子 A 决定的谱系 $\{F_\lambda | \lambda \in (-\infty, +\infty)\}$ 所产生的谱测度 $(R^1, \boldsymbol{B}, F)$ 为由 A 决定的谱测度.

定理 6.9.6   设 A 是复 Hilbert 空间 H 中自共轭算子, 那么由 A 所决定的谱测度 $(E^1, \boldsymbol{B}, F)$ 集中在 $\sigma(A)$ 上, 即 $F(\sigma(A)) = I$. 而且 F 不能集中在比 $\sigma(A)$ 更小的闭集上.

证   由引理 8, 映照 $l = L^{-1} : w \mapsto \lambda = \mathrm{i}\dfrac{1+w}{1-w}$ 把 $\sigma(U) - \{1\}$ 映照成 $\sigma(A)$, 又由于 l 把 $\widehat{C} = \{w | |w| = 1, w \neq 1\}$ 一对一地双方连续地映照成 E^1. 而且在此映照下 $F_{l(e^{\mathrm{i}\theta})} = E_\theta$. 由此容易看出, $\widehat{C}$ 中的 Borel 集变成 R^1 上的 Borel 集, 反之亦然. 而且对 $\widehat{C}$ 中任何 Borel 集 M,

$$F(l(M)) = E(M),$$

由 $E_{2\pi-0} = I, E_\theta = 0$, 所以 $E(\{1\}) = 0$, 因此

$$F(\sigma(A)) = E(\sigma(U) - \{1\}) = E(\sigma(U)),$$

再根据定理 6.8.2, $E(\sigma(U)) = I$, 所以

$$F(\sigma(A)) = I.$$

如果 F 集中在闭集 σ_1 上, $\sigma_1 \subset \sigma(A)$ 而且 $\sigma_1 \neq \sigma(A)$, 那么必有 $\lambda_0 \in \sigma(A) - \sigma_1$. 由于 σ_1 是闭集, 必有正数 ε 使得 $(\lambda_0 - \varepsilon, \lambda_0 + \varepsilon)$ 与 σ_1 不相交. 这样一来, 函数 $\dfrac{1}{\lambda_0 - \lambda}$ 是 σ_1 中的有界连续函数. 作算子

$$A_1 = \int_{\sigma_1}\frac{1}{\lambda_0 - \lambda}\mathrm{d}F_\lambda,$$

易知 $\lambda_0 I - A = \int_{\sigma_1} (\lambda_0 - \lambda) \mathrm{d}F_\lambda$, 并且 $x \in \mathscr{D}(\lambda_0 I - A)$ 的充要条件是

$$\lim_{n \to \infty} \left\| \int_{\sigma_1 \cap [-n,n]} (\lambda_0 - \lambda) \mathrm{d}F_\lambda x \right\|^2 < \infty.$$

利用这些事实容易证明对任何 $x, A_1 x \in \mathscr{D}(\lambda_0 I - A)$ 且

$$(\lambda_0 I - A)A_1 = \int_{\sigma_1} (\lambda_0 - \lambda) \mathrm{d}F_\lambda \int_{\sigma_1} \frac{1}{\lambda_0 - \lambda} \mathrm{d}F_\lambda = \int_{\sigma_1} \mathrm{d}F_\lambda = I.$$

类似地可以证明当 $x \in \mathscr{D}(A)$ 时

$$A_1(\lambda_0 I - A)x = x,$$

因此 $\lambda_0 I - A$ 是 $\mathscr{D}(A)$ 到 H 上的一一对应, 且 $(\lambda_0 I - A)^{-1} = A_1$ 是有界算子, 这就是说 $\lambda_0 \in \rho(A)$, 这就得到了矛盾, 因此 F 不可能集中在比 $\sigma(A)$ 更小的闭集上. 证毕

系 1　设 A 是复 Hilbert 空间 H 中有界的自共轭算子, 那么

$$\sup_{\lambda \in \sigma(A)} \lambda = \sup_{\|x\|=1} (Ax, x),$$

$$\inf_{\lambda \in \sigma(A)} \lambda = \inf_{\|x\|=1} (Ax, x). \tag{6.9.17}$$

证　我们只证 (6.9.17) 中的第一式. 记 $M = \sup\limits_{\lambda \in \sigma(A)} \lambda$. 由于

$$A = \int_{\sigma(A)} \lambda \mathrm{d}F_\lambda,$$

所以当 $\|x\| = 1$ 时,

$$(Ax, x) = \int_{\sigma(A)} \lambda \mathrm{d}(F_\lambda x, x) \leqslant M \int_{\sigma(A)} \mathrm{d}(F_\lambda x, x) = M\|x\|^2 = M,$$

因此 $\sup\limits_{\|x\|=1} (Ax, x) \leqslant M$.

另一方面, 由于 $\sigma(A)$ 是闭集, 所以 $M \in \sigma(A)$, 对于任何正数 ε, 必然有 $F((M-\varepsilon, M]) \neq 0$ 否则 F 将集中在 $\sigma_1 = \sigma(A) \cap (-\infty, M-\varepsilon]$ 上, 与上面所证明的结论相矛盾. 任取 $\|x\| = 1, x \in F((M-\varepsilon, M])H$, 那么, 由于 $x \perp F_{M-\varepsilon}$, 因此当 $\lambda \leqslant M - \varepsilon$ 时, $F_\lambda x = 0$, 所以

$$(Ax, x) = \int \lambda \mathrm{d}(F_\lambda x, x) = \int_{(M-\varepsilon, M]} \lambda \mathrm{d}(F_\lambda x, x) \geqslant M - \varepsilon,$$

因此, 又得到 $\sup\limits_{\|x\|=1}(Ax,x)\geqslant M-\varepsilon$, 由 ε 的任意性即知

$$\sup_{\|x\|=1}(Ax,x)\geqslant M,$$

这样就证明了 (6.9.17) 第一式. 同理可证 (6.9.17) 的第二式. 证毕

系 2 设 A 是复 Hilbert 空间 H 中任一有界自共轭算子. $(\sigma(A),\boldsymbol{B}_{\sigma(A)},F)$ 是 A 所决定的谱测度空间. 设 B 是任一与 A 可交换的有界线性算子, 那么对任何 $M\in\boldsymbol{B}_{\sigma(A)}$, B 与 $F(M)$ 可交换.

证 这时, B 与 A 的 Cayley 变换 U 可交换. 因此由定理 6.8.2, B 与 U 所决定的谱测度的投影算子 $E(M),M\in\boldsymbol{B}_{\sigma(U)}$, 可交换, 因此通过线性变换 l 可知 B 与 $F(l(M))$ 可交换. 证毕

系 3 设 A 是 Hilbert 空间 H 上的自共轭算子, F 是 A 所决定的谱测度. 令 $\mathscr{B}(\sigma(A))$ 为 $\sigma(A)$ 上的有界 Baire 函数全体, 对每个 $f\in\mathscr{B}(\sigma(A))$, 作有界线性算子

$$f(A)=\int_{\sigma(A)}f(\lambda)\mathrm{d}F(\lambda),$$

那么映照 $f\mapsto f(A)$ 有如下的性质:

(i) Hermite 性: $\overline{f}(A)=(f(A))^*$. 特别地, 当 f 是实函数时, $f(A)$ 是自共轭的;

(ii) 线性: 设 α,β 是数, $f,g\in\mathscr{B}(\sigma(A))$, 那么

$$(\alpha f+\beta g)(A)=\alpha f(A)+\beta g(A);$$

(iii) 可乘性: 设 $f,g\in\mathscr{B}(\sigma(A))$, 那么 $(fg)(A)=f(A)g(A)$.

这个系可以由定理 6.9.2 直接推出. 证毕

系 3 中的映照 $f\mapsto f(A)$ 即为自共轭算子 A 的算子演算. 显然, 还有如下范数估计:

系 4 $f\in\mathscr{B}(\sigma(A))$, F 为由 A 决定的谱测度, 那么

$$\|f(A)\|\leqslant\sup_{t\in\sigma(A)}|f(t)|.$$

系 5 A 是复 Hilbert 空间 H 上有界自共轭算子, 如果 $A\geqslant0$, 那么必存在唯一的有界线性算子 $A_1:A_1\geqslant0$, 且 $A_1^2=A$ (常记 $A_1=A^{\frac{1}{2}}$).

证 $A\geqslant0$ 等价于对一切 $x\in H,(Ax,x)\geqslant(0x,x)=0$.

由系 1, 这等价于 $\sigma(A) \subset [0, \infty)$. 令

$$A = \int_{\sigma(A)} \lambda \mathrm{d}F_\lambda$$

是 A 的谱分解, 取 $A_1 = \int_{\sigma(A)} \sqrt{\lambda} \mathrm{d}F_\lambda$, 易知 $A_1 \geqslant 0$, 并且 $A_1^2 = A$.

再证唯一性: 如果又有 $A' \geqslant 0, A'^2 = A$. 那么对任何 $x \in H$, 记 $y = (A_1 - A')x$. 因为 $A'^2 = A$, 所以 A' 与 A'^2 (即 A) 可交换, 从而 A' 与 F_λ 可交换, 因此 A' 与 A_1 也可交换. 由于

$$(A_1 + A')y = (A_1 + A')(A_1 - A')x = (A_1^2 - A'^2)x = 0,$$

因此 $A_1 y = -A'y$. 由 $A_1 \geqslant 0, A' \geqslant 0$ 立即得到 $(A_1 y, y) = -(A'y, y) = 0$. 据此, 再由 A_1, A' 的谱分解可知 $y \in \mathscr{N}(A_1) \bigcap \mathscr{N}(A')$. 从而 $(A_1 - A')(A_1 - A')x = 0$, 即

$$0 = ((A_1 - A')(A_1 - A')x, x) = \|(A_1 - A')x\|^2.$$

证毕

7. 函数模型　　下面我们考察自共轭算子的函数模型. 先引入如下的概念.

定义 6.9.8　　设 X 是赋范线性空间, A 是 $\mathscr{D}(A) \subset X$ 到 X 中的线性算子. 如果在 $\mathscr{D}(A)$ 中有向量 $x_0 \in \mathscr{D}(A)$, 使得 $\{A^n x_0 | n = 0, 1, 2, \cdots\}$ 张成的闭线性子空间就是 X, 那么称 x_0 是 A 的**生成元**或**循环元**.

我们先考察有生成元的有界自共轭算子.

引理 11　　设 A 是复 Hilbert 空间中有界自共轭算子, 它有生成元 x_0, 那么必有可测空间 $(\sigma(A), \boldsymbol{B}_{\sigma(A)})$ 上全有限测度 μ, 又有 H 到 $L^2(\sigma(A), \boldsymbol{B}_{\sigma(A)}, \mu)$ 的酉算子 U, 使得 $\widehat{A} = UAU^{-1}$ 是 $L^2(\sigma(A), \boldsymbol{B}_{\sigma(A)}, \mu)$ 中如下的乘法算子:

$$(\widehat{A}f)(t) \doteq_{\mu} tf(t), f \in L^2(\sigma(A), \boldsymbol{B}_{\sigma(A)}, \mu), \tag{6.9.18}$$

而且 $Ux_0 = 1$.

证　　令 $E(\cdot)$ 是算子 A 所决定的谱测度. 它集中在 $\sigma(A)$ 上. 作 $\boldsymbol{B}_{\sigma(A)}$ 上的集函数 μ 如下: 当 $M \in \boldsymbol{B}_{\sigma(A)}$ 时,

$$\mu(M) = (E(M)x_0, x_0),$$

显然 μ 是全有限的测度. L 表示 H 的线性子空间 $\{p(A)x_0 | p$ 是多项式$\}$. 又作 L 到 $L^2(\sigma(A), \boldsymbol{B}_{\sigma(A)}, \mu)$ 中的算子 U 如下: $Up(A)x_0 = p(\cdot)$. 由于

$$(p(A)x_0, p(A)x_0) = (p(A)\overline{p}(A)x_0, x_0) = \int |p(t)|^2 \mathrm{d}\mu(t)$$
$$= (Up(A)x_0, Up(A)x_0),$$

所以 U 是 L 到 $L^2(\sigma(A), \boldsymbol{B}_{\sigma(A)}, \mu)$ 中的保范算子, 这也顺便证明了算子 U 的定义的确定性, 就是说如果又有多项式 q 使 $q(A)x_0 = p(A)x_0$, 那么容易算出

$$\|p(\cdot) - q(\cdot)\| = \|p(A)x_0 - q(A)x_0\| = 0,$$

因此多项式 q 和 p 关于测度 μ 几乎处处相等, 它们可以看成 $L^2(\sigma(A), \boldsymbol{B}_{\sigma(A)}, \mu)$ 中同一向量. 由于 x_0 是生成元, L 在 H 中稠密. 根据定理 5.2.1, U 可以唯一地延拓到 H 上成为 H 到 $L^2(\sigma(A), \boldsymbol{B}_{\sigma(A)}, \mu)$ 中的保范算子. 由 U 的保范性和 H 是完备的可知, UH 是 $L^2(\sigma(A), \boldsymbol{B}_{\sigma(A)}, \mu)$ 中的完备子空间, 也就是闭子空间. 但是 UH 至少包含 $L^2(\sigma(A), \boldsymbol{B}_{\sigma(A)}, \mu)$ 中的多项式全体. 由定理 4.6.5 的系可证 UH 在 $L^2(\sigma(A), \boldsymbol{B}_{\sigma(A)}, \mu)$ 中是稠密的. 因此 $UH = L^2(\sigma(A), \boldsymbol{B}_{\sigma(A)}, \mu)$, U 是酉算子.

显然 $Ux_0 = 1$. 又因为 $Up(A)x_0 = p(t), UAp(A)x_0 = tp(t)$, 所以对任何多项式 f, (6.9.18) 成立. 由于 $\hat{A}$ 是有界线性算子. 而且多项式全体在 $L^2(\sigma(A), \boldsymbol{B}_{\sigma(A)}, \mu)$ 中稠密, 不难证明对一切 $f \in L^2(\sigma(A), \boldsymbol{B}_{\sigma(A)}, \mu)$, (6.9.18) 成立.   证毕

引理 11 说明对于复 Hilbert 空间 H 上任何具有生成元 (循环元) 的有界自共轭算子 A, 除了一个酉等价外, 它是全有限测度空间 $(\sigma(A), \boldsymbol{B}_{\sigma(A)}, \mu)$ 的 $L^2(\sigma(A), \boldsymbol{B}_{\sigma(A)}, \mu)$ 中乘自变量算子. 对于不具生成元的情况也有类似推广.

引理 12 设 H 是可析复 Hilbert 空间, A 是 H 中有界自共轭算子, 那么必有 A 的有限个或可列个互相直交的约化子空间 H_n, 使得 $H = \bigoplus_n H_n$, 而且 A 在每个 H_n 上有生成元.

证 由于 H 是可析的, 必有一列向量 $\{x_n | n = 1, 2, 3, \cdots\}$ 在 H 中稠密. 我们用归纳的方法作 $\{H_n\}$ 如下: 首先在 $\{x_n\}$ 中取不为零的向量 x_{n_1}, 我们作 H_1 为 $\{A^m x_{n_1} | m = 0, 1, 2, \cdots\}$ 所张成的闭线性子空间. 容易看出 H_1 是 A 的不变子空间 (参看 §5.5), 根据定理 6.5.9 的系 2, 自共轭算子的一切不变子空间都是约化的, 所以 H_1 是 A 的约化子空间. A 在 H_1 上的限制 $A|_{H_1}$ 以 x_{n_1} 为生成元. 如果 $H = H_1$, 引理已证好了, 如果 $H \neq H_1$, 记 x_{n_1} 为 x'_{n_1}, 并用下面的方法继续作下去. 假定对自然数 m 已作好 $H_1, H_2, \cdots, H_m$, 它们是 A 的相互直交的约化子空间, 分别以 $x'_{n_1}, x'_{n_2}, \cdots, x'_{n_m}$ 为生成元 $(n_1 < n_2 < n_3 < \cdots < n_m)$, 而且对于一切 $n \leqslant n_m$, x_n 都属于 $M_m = \bigoplus_{k=1}^m H_k$. 如果 $M_m = H$, 那么就作到 H_m 为止, 如果 $M_m \neq H$, 我们就在 $\{x_{n_m+1}, x_{n_m+2}, \cdots\}$ 中挑选首先一个不在 M_m 中的向量, 设为 $x_{n_{m+1}}$, 这时, 当 $n < n_{m+1}$ 时, $x_n \in M_m$, 记 $x_{n_{m+1}}$ 在 M_m 上的投影为 $x''_{n_{m+1}}$. 又记 $x'_{n_{m+1}} = x_{n_{m+1}} - x''_{n_{m+1}}$, 那么 $x'_{n_{m+1}} \perp M_m$ 而且由于 $x_{n_{m+1}} \overline{\in} M_m, x'_{n_{m+1}} \neq 0$, 作 H_{m+1} 为由 $\{A^n x'_{n_{m+1}} | n = 0, 1, 2, \cdots\}$ 所张成的闭线性子空间. 易知这样作出的 H_{m+1} 是 A 的约化子空间, 且 A 在 H_{m+1} 上的限制以 $x'_{n_{m+1}}$ 为生成元.

因为 $M_m^\perp$ 是 A 的不变子空间, $x'_{n_{m+1}} \in M_m^\perp$, 所以 $H_{m+1} \subset M_m^\perp$, 即 H_{m+1} 与 $H_1, H_2, \cdots, H_m$ 是直交的. 同时由于 $x_{n_{m+1}} = x'_{n_{m+1}} + x''_{n_{m+1}} \in \bigoplus\limits_{k=1}^{m+1} H_k$, 由上所述, 我们可以依次作出 $H_1, H_2, \cdots$, 它们的个数或者是有限个 (这时, H 就是这有限个闭线性子空间的直交和), 或者可以作出一列 $\{H_m\}$. 每个 H_m 都是 A 的约化子空间, 它们是两两直交的, 而且都有生成元. 在有限个 H_m 的情况下, $H = \bigoplus\limits_m H_m$ 成立, 引理已证完, 在一列的情况下, 对任何自然数 m, 当 $n \leqslant n_m$ 时, $x_n \in \bigoplus\limits_{k=1}^{m} H_k$, 因此一切 x_n 都属于 $\bigoplus\limits_{k=1}^{\infty} H_k$, 由于 $\{x_n\}$ 在 H 中稠密, 而 $\bigoplus\limits_{k=1}^{\infty} H_k$ 是闭线性子空间, 所以 $H = \bigoplus\limits_{k=1}^{\infty} H_k$.   证毕

下面我们建立有界自共轭算子的函数模型.

设 Λ 是一个指标集, 它或是有限集 $\{1, 2, \cdots, m\}$, 或是自然数全体[1]. 对每个 $n \in \Lambda, (X_n, \boldsymbol{B}_n, \mu_n)$ 是测度空间. 这样, 就有 Hilbert 空间 $L^2(X_n, \boldsymbol{B}_n, \mu_n)$. 对于每个 $n \in \Lambda$, 取 $f_n \in L^2(X_n, \boldsymbol{B}_n, \mu_n)$, 使得 $\sum\limits_{n \in \Lambda} \|f_n\|^2 < \infty$. 这样的函数组记为 f:

$$f = \{f_1, f_2, \cdots\},$$

所有这样的 f 全体记为 $\bigoplus\limits_{n \in \Lambda} L^2(X_n, \boldsymbol{B}_n, \mu_n)$. 在其中规定线性运算及内积如下:

$$\alpha\{f_1, f_2, \cdots\} + \beta\{g_1, g_2, \cdots\} = \{\alpha f_1 + \beta g_1, \alpha f_2 + \beta g_2, \cdots\}$$

$$(\{f_1, f_2, \cdots\}, \{g_1, g_2, \cdots\}) = \sum_{n \in \Lambda} (f_n, g_n)$$

$$= \sum_{n \in \Lambda} \int_{x_n} f_n(x) \overline{g_n(x)} \mathrm{d}\mu_n(x),$$

这时 $\bigoplus\limits_{n \in \Lambda} L^2(X_n, \boldsymbol{B}_n, \mu_n)$ 称为空间族 $L^2(X_n, \boldsymbol{B}_n, \mu_n)(n \in \Lambda)$ 的直交和, 它是一个 Hilbert 空间.

定理 6.9.7   设 H 是可析的复 Hilbert 空间, A 是 H 中的有界自共轭算子, 那么必有有限个或可列个测度空间 $(X_n, \boldsymbol{B}_{X_n}, \mu_n)$, 其中每个 X_n 是 $\sigma(A)$ 中的闭集, $\boldsymbol{B}_{X_n}$ 是 X_n 中的 Borel 集全体, 并有 H 到直交和 $\bigoplus\limits_n L^2(X_n, \boldsymbol{B}_{X_n}, \mu_n)$ 上的酉算子 U, 使得 $\widehat{A} = UAU^{-1}$ 是 $\bigoplus\limits_n L^2(X_n, \boldsymbol{B}_{X_n}, \mu_n)$ 中如下的乘法算子: 对于

---

[1] 参见下面定理 6.9.7 后的一段说明.

任何 $f = \{f_1, f_2, \cdots\} \in \bigoplus_n L^2(X_n, \boldsymbol{B}_{X_n}, \mu_n)$

$$\widehat{A}f = \widehat{A}\{f_1, f_2, \cdots\} = \{tf_1(t), tf_2(t), \cdots\}$$

(此定理中的 Hilbert 空间 $\bigoplus_n L^2(X_n, \boldsymbol{B}_{X_n}, \mu_n)$ 以及乘法算子 $\widehat{A}$ 称为 Hilbert 空间 H 及自共轭算子 A 的函数模型).

证 由引理 12, 存在 A 的有限个或可列个互相直交的约化子空间 H_n 使 $\bigoplus_n H_n = H$, 而且 A 在 H_n 上的限制 $A_n = A|_{H_n}$ 有生成元. 根据引理 11, 对每个 H_n, 有 $(\sigma(A_n), \boldsymbol{B}_{\sigma(A_n)})$ 上的测度 μ_n 以及 H_n 到 $L^2(\sigma(A_n), \boldsymbol{B}_{\sigma(A_n)}, \mu_n)$ 上的酉算子 U_n, 使得 $\widehat{A}_n = U_n A_n U_n^{-1}$ 形如

$$(\widehat{A}_n f)(t) = tf(t) \quad (f \in L^2(\sigma(A_n), \boldsymbol{B}_{\sigma(A_n)}, \mu_n)).$$

由于 H_n 是 A 的约化子空间, 当 $\lambda \in \rho(A)$ 时, 容易证明 (可参见 §6.5 习题 11) $(\lambda I - A)^{-1}$ 在 H_n 上的限制即为 $(\lambda I_{H_n} - A_n)^{-1}$, 因此 $\rho(A) \subset \rho(A_n)$, 这就推出 $\sigma(A_n) \subset \sigma(A)$, 就取 $X_n = \sigma(A_n)$.

现在作 H 到 $\bigoplus_n L^2(X_n, \boldsymbol{B}_{X_n}, \mu_n)$ 上的酉算子如下: 当 $x \in H, x = \sum_n x_n$ 时规定

$$Ux = \{U_1 x_1, U_2 x_2, \cdots\},$$

容易验证这个 U 就满足定理中的要求. 证毕

完全同样地, 对于酉算子及对于 §6.10 中的更一般的正常算子都可以给出函数模型, 这些我们就不详述了. 此外, 这里空间的可析性和算子的有界性的限制都可以除去. 在空间不可析的时候, 全空间 H 可以分成不可列个两两直交的约化子空间的直交和, 而函数模型中的空间是 $\bigoplus_{\alpha \in \Lambda} L^2(X_\alpha, \boldsymbol{B}_{X_\alpha}, \mu_\alpha)$, 只是指标集 Λ 是一个不可列集 $\bigoplus_{\alpha \in \Lambda} L^2(X_\alpha, \boldsymbol{B}_{X_\alpha}, \mu_\alpha)$ 中的向量 f 的形状是 $\{f_\alpha\}(\alpha \in \Lambda)$, 即

$$\bigoplus_{\alpha \in \Lambda} L^2(X_\alpha, \boldsymbol{B}_{X_\alpha}, \mu_\alpha) = \{f \mid f = \{f_\alpha, \alpha \in \Lambda\}, f_\alpha \in L^2(X_\alpha, \boldsymbol{B}_{X_\alpha}, \mu_\alpha),$$

$$\sum_{\alpha \in \Lambda} \|f_\alpha\|^2 < \infty\},$$

有了算子的函数模型, 可以更深入地研究算子的性质, 也便于在其他数学分支以及物理学中应用.

8. 全连续自共轭算子　下面我们利用谱分解再来研究 Hilbert 空间上全连续自共轭算子的结构.

定理 6.9.8　设 H 是复 Hilbert 空间, A 是 H 中自共轭的全连续算子, $\{\lambda_n | n = 1, 2, 3, \cdots\}$ 是 A 的非零特征值全体, P_n 是 H 到相应于特征值 λ_n 的特征子空间 (只有有限维) 的投影算子. $P_0 = I - \sum_n P_n$, 那么 $P_0 H$ 必是相应于特征值为零的特征子空间, 这时 A 的一切非零谱点都是实的特征值, 而且

$$A = \sum_n \lambda_n P_n, \tag{6.9.19}$$

令 $\{e_k^{(n)} | k = 1, 2, \cdots, m_n\}$ 是 $P_n H (n \geqslant 1)$ 中的完备就范直交系, 那么

$$Ax = \sum_{n,k} \lambda_n (x, e_k^{(n)}) e_k^{(n)}. \tag{6.9.20}$$

证　设 $F(\cdot)$ 是算子 A 的谱测度, 它集中在 $\sigma(A)(\subset E^1)$ 上. 由于 A 是全连续的, 由定理 5.6.5 (也可利用谱分解和全连续算子定义直接证明), $\sigma(A) - \{0\}$ 中的数全是 A 的特征值, 而且它们最多是可列个, 只能以 0 为极限点. 记它们是 $\{\lambda_n\}$. 又记 $P_n = F(\{\lambda_n\})$. 这时

$$P_0 = I - \sum_n P_n = F(\sigma(A)) - \sum_n F(\{\lambda_n\}) = F(\sigma(A)) - F\left(\bigcup_n \{\lambda_n\}\right) = F(\{0\}).$$

$$AP_n = \int \lambda \mathrm{d}F(\lambda) P_n = \lambda_n P_n,$$

$$AP_0 = \int \lambda \mathrm{d}F(\lambda) P_0 = 0.$$

由此易知 $P_n H$ 是相应于特征值 $\lambda_n (\lambda_0 = 0)$ 的特征子空间. 再由 $A = \int \lambda \mathrm{d}F(\lambda)$ 和 F 的可列可加性得到 (6.9.19). 由 (6.9.19) 立即可知 (6.9.20) 是显然的.　证毕

例 8　设 R 是正方形 $[a, b] \times [a, b]$, $K(\cdot, \cdot) \in L^2(R)$, 而且 $K(s, t) = \overline{K(t, s)}$, 作 $L^2[a, b]$ 中的线性有界算子 K 如下:

$$(Kf)(s) = \int_a^b K(s, t) f(t) \mathrm{d}t,$$

容易验证这是 $L^2(R)$ 中的有界自共轭算子, 又由 §5.6 可知 K 是全连续的. 设 $\{\lambda_n\}$ 是 K 的特征值全体, $\lambda_0 = 0$, 我们取 λ_n 的特征子空间中的完备就范直交系 $\{e_k^{(n)}(\cdot) | n = 0, 1, 2, \cdots, k = 1, 2, \cdots, m_n \ (m_n \ 可能是无限的)\}$, 那么

$$Kf = \sum_n \lambda_n \sum_{k=1}^{m_n} (f, e_k^{(n)}) e_k^n.$$

习 题 6.9

1. 设 A 是复 Hilbert 空间 H 到 Hilbert 空间 G 的有界线性算子. 证明

(i) A^*A, AA^* 分别是 H、G 上的自共轭算子, 而且 $A^*A \geqslant 0, AA^* \geqslant 0$;

(ii) 必有 $\overline{\mathscr{R}(A^*)}$ 到 $\overline{\mathscr{R}(A)}$ 上的酉算子 U, 使得 $A = U(A^*A)^{\frac{1}{2}}$ (称为算子 A 的极坐标分解, 简称为极分解).

2. 设 A 是复 Hilbert 空间 H 的子集 $\mathscr{D}(A)$ 到 H 中的自共轭算子, $\{E_\lambda | -\infty < \lambda < +\infty\}$ 是 A 的谱系, 证明 $\overline{[\mathscr{R}(A)]} = [(I - E_0) + E_{0-}]H, \mathscr{N}(A) = (E_0 - E_{0-})H$, 此地 $E_{0-} = \lim\limits_{\substack{\varepsilon < 0 \\ \varepsilon \to 0}} E_\varepsilon$.

3. 设 A 是复 Hilbert 空间 H 的线性子空间 $\mathscr{D}(A)$ 到 H 中的自共轭算子, 设 B 是 H 中任何一个与 A 可交换的有界线性算子 (即在 $\mathscr{D}(A)$ 上 $AB = BA$), 设 $\{E_\lambda | \lambda \in (-\infty, +\infty)\}$ 是 A 的谱系, 证明 $BE_\lambda = E_\lambda B$. (提示: 证明 B 与 A 的 Cayley 变换 U 可交换).

4. 设 A 是复 Hilbert 空间 H 中的有界自共轭算子, E 是 A 的谱测度, $f(\lambda) = \sum\limits_{n=0}^{\infty} a_n \lambda^n$ 是 $|\lambda| < r(A) + \varepsilon$ ($r(A)$ 是 A 的谱半径) 上的解析函数, 证明

$$f(A) = \sum_{n=0}^{\infty} a_n A^n = \int_{\sigma(A)} f(\lambda) \mathrm{d}E_\lambda.$$

5. 把定理 6.9.7 推广到空间 H 不一定可析, 以及一般自共轭算子 (不一定有界) 的情况.

6. 求出复 Hilbert 空间 H 上全连续自共轭算子 A 的豫解式 $R(A, \lambda)$, 以及对每个 $x \in H, R(A, \lambda)x$ 的表达式.

7. 设 T 是 Hilbert 空间 H 上有界线性算子. 证明

(i) 对任何多项式 $p(t), Tp(I - T^*T) = p(I - TT^*)T$;

(ii) 对任何实直线 E^1 上有界 Borel 可测函数 $f(t)$,

$$Tf(I - T^*T) = f(I - TT^*)T;$$

(iii) 对任何实直线 E^1 上 Borel 可测函数 $f(t)$,

$$Tf(I - T^*T) = f(I - TT^*)T;$$

(iv) E^+、$E^-(E'^+$、$E'^-)$ 分别是 $I - TT^*(I - T^*T)$ 所有正、负谱部分的投影. 那么, 对任何 $x \in E'^{\pm}$, 必有 $Tx \in E^{\pm}$.

8. 设 A, B 是复 Hilbert 空间上两个可交换的有界自共轭算子, 且 $A \geqslant 0, B \geqslant 0$. 证明 $AB \geqslant 0$. 举例说明可交换这个条件不能少.

9. 复 Hilbert 空间上有界线性算子 A 是全连续的充要条件是下面二者之一.

(i) $\{x_n\}$ 弱收敛于零必可推出 $\{Tx_n\}$ 强收敛于零.

(ii) $\{x_n\}$ 弱收敛于零必可推出 $(Tx_n, x_n) \to 0$.

10. 设 A、B 是复 Hilbert 空间中有界线性算子, 且 $0 \leqslant A \leqslant B$. 证明对一切 $\alpha \in [0, 1], A^\alpha \leqslant B^\alpha$. (利用 §5.5 习题 7 的 (i) 证明 $A^\alpha \leqslant B^\alpha$ 的 α 全体是 $[0, 1]$ 中闭凸集, 并不妨在假设 $0 < \varepsilon I \leqslant A \leqslant B$ 情况下证明, 然后令 $\varepsilon \to 0$.)

11. 设 A 是复 Hilbert 空间 H 上对称算子, 记 $H^{\pm} = H \ominus \mathscr{R}(A \pm \mathrm{i}I)$. 证明 $\mathscr{D}(A^*) = \mathscr{D}(A) \dotplus H^- \dotplus H^+$.

12. 证明下面三件事是等价的.

(i) T 是复 Hilbert 空间 H 到复 Hilbert 空间 G 的 H.S. 算子 (见 §6.4 习题);

(ii) $(T^*T)^{\frac{1}{2}}$ 是 $H \to H$ 的 H.S. 算子;

(iii) 存在正数列 $\{\lambda_n\}$ (可能只有有限个), $\sum_{n=1}^{\infty} \lambda_n^2 < \infty$ 以及 H, G 中的就范直交系 $\{x_n\} \subset H, \{y_n\} \subset G$, 使得一切 $x \in H$

$$Tx = \sum_{n=1}^{\infty} \lambda_n(x, x_n) y_n.$$

13. 设 A 是复 Hilbert 空间 H 上有界自共轭算子, 如果存在常数 $M > 0$, 使得对于 H 中任意有限个 $x_i (i = 1, 2, \cdots, n)$ 适合

$$(x_i, x_j) = \delta_{ij}; k \neq l \text{ 时}, \ (Ax_k, x_l) = 0,$$

总有

$$\sum_{k=1}^{n} (Ax_k, x_k)^2 \leqslant M,$$

那么 A 必是 H 上 H.S. 算子.

14. 证明下面几件事是等价的.

(i) T 是复 Hilbert 空间 H 到复 Hilbert 空间 G 上的核算子 (见 §6.4 习题);

(ii) 存在正数列 $\{\lambda_n\}$, (可能只有有限个), $\sum_{n=1}^{\infty} \lambda_n < \infty$ 以及 H, G 中就范直交系 $\{x_n\} \subset H, \{y_n\} \subset G$, 使得对一切 $x \in H$

$$Tx = \sum_{n=1}^{\infty} \lambda_n(x, x_n) y_n;$$

(iii) $T = T_1 T_2, T_1, T_2$ 分别是 $H \to G$ 和 $H \to H$ 的 H.S. 算子.

(iv) $T = T_1 T_2, T_1, T_2$ 分别是 $G \to G$ 和 $H \to G$ 的 H.S. 算子.

15. 设 T 是 $H \to G$ 的 H.S. 算子 (或 $H \to G$ 的核算子), $\{\lambda_n\}$ 是 $(T^*T)^{\frac{1}{2}}$ 的特征值. 证明

$$\|T\|_{H.S.} = \left(\sum_n \lambda_n^2 \right)^{\frac{1}{2}} \left(\text{或 } \|T\|_k = \sup_{\{x_n\}, \{y_n\}} \sum_n |(Tx_n, y_n)| = \sum_n \lambda_n \right)$$

(这里 $\| \cdot \|_{H.S.}$、$\| \cdot \|_k$ 参见 §6.4 习题 14、15)

16. 设 A 是复 Hilbert 空间 H 上有界自共轭算子, 如果存在常数 $M > 0$, 使对 H 中任何有限个 $x_i (i = 1, 2, \cdots n)$ 适合

$$(x_i, x_j) = \delta_{ij}; k \neq l \text{ 时}, (Ax_k, x_l) = 0,$$

总有

$$\sum_{k=1}^{n} |(Ax_k, x_k)| \leqslant M,$$

那么 A 是 $H \to H$ 的核算子.

§6.10　正常算子的谱分解

在本节中将讨论比酉算子、自共轭算子更为广泛的一类算子的谱分解. 和前几节一样, 我们将在复 Hilbert 空间上讨论.

1. 正常算子　在有限维 (复) 内积空间中, 除去酉阵、自共轭阵外, 还有正常阵 (自共轭、酉阵是它的特例) 也是可以对角化的. 现在就是要把正常阵的概念推广到无限维 Hilbert 空间中去.

定义 6.10.1　设 N 是复 Hilbert 空间 H 上的有界线性算子. 如果 N 与它的共轭算子 N^* 可交换: $NN^* = N^*N$. 那么称 N 是 H 上的**正常算子**, 或**正规算子**.

下面先举一个正常算子的典型例子.

例 1　设 Ω 是复平面上的一个有界闭集, $\boldsymbol{B}_\Omega$ 是 Ω 中的 Borel 集全体, μ 是 $(\Omega, \boldsymbol{B}_\Omega)$ 上一个全有限测度. 作 $L^2(\Omega, \boldsymbol{B}_\Omega, \mu)$ 上乘法算子:

$$N : f(z) \mapsto zf(z), f(z) \in L^2(\Omega, \boldsymbol{B}_\Omega, \mu).$$

显然, N 是 $L^2(\Omega, \boldsymbol{B}_\Omega, \mu)$ 上有界线性算子. 容易验证, N^* 也是 $L^2(\Omega, \boldsymbol{B}_\Omega, \mu)$ 上的乘法算子, 并且

$$N^* : f(z) \mapsto \overline{z}f(z), f(z) \in L^2(\Omega, \boldsymbol{B}_\Omega, \mu),$$

因此, 当 $f \in L^2(\Omega, \boldsymbol{B}_\Omega, \mu)$ 时,

$$(NN^*f)(z) = |z|^2 f(z) = (N^*Nf)(z),$$

即 $NN^* = N^*N$, 所以 N 是正常算子.

容易验证: 当测度 μ 不能集中在比 Ω 更小的闭集上时, $\sigma(N) = \Omega$. 还易于验证: 当 μ 不集中在实轴上时, N 不是自共轭算子; 当 μ 不集中在单位圆周上时, N 不是酉算子.

类似于复数的直角坐标分解, 对于 H 上有界线性算子 A, 也可作出如下分解

$$A_R = \frac{1}{2}(A + A^*), \quad A_I = \frac{1}{2\mathrm{i}}(A - A^*).$$

显然, 它们都是 (有界) 自共轭算子, 分别称 A_R、A_I 为 A 的**实部**、**虚部**.

引理 1　设 N 是复 Hilbert 空间 H 上有界线性算子, 那么下列命题等价.

(i) N 是正常算子;

(ii) N^* 是正常算子;

(iii) N 的实部与虚部可交换.

由正常算子的定义立即可以得到引理 1 的结论.

定义 6.10.2　设 $(X_j, \boldsymbol{R}_j, E_j)(j = 1, 2)$ 是 Hilbert 空间 H 上的两个谱测度空间, 如果对一切 $M_j \in \boldsymbol{R}_j (j = 1, 2)$, $E_1(M_1)$ 与 $E_2(M_2)$ 可交换, 那么称谱测度 E_1 与 E_2 **可交换**.

引理 2　复 Hilbert 空间上的正常算子的实部、虚部分别决定的两个谱测度是可交换的.

证　设正常算子 N 的实部、虚部分别是 N_1、N_2, 它们分别决定的谱测度空间是 $(X_j, \boldsymbol{R}_j, E_j)(j = 1, 2)$. 由引理 1, N_1 与 N_2 可以交换. 又由定理 6.9.6 的系 2, N_2 与一切 $E_1(M_1)(M_1 \in \boldsymbol{R}_1)$ 可交换. 再利用定理 6.9.6 的系 2, 就得到 $E_1(M_1)$ 与一切 $E_2(M_2)(M_2 \in \boldsymbol{R}_2)$ 可交换.　　　　　　证毕

例 2　考察例 1 中的正常算子 N. 令 x_1, x_2 分别表示复数 z 的实部和虚部, N_1, N_2 分别表示算子 N 的实部和虚部. 显然, 当 $f \in L^2(\Omega, \boldsymbol{B}_\Omega, \mu)$ 时,

$$(N_j f)(z) = x_j f(z), j = 1, 2,$$

我们取 X_1, X_2 都是实数直线, $\boldsymbol{R}_j (j = 1, 2)$ 都是直线上的 Borel 集类. 在可测空间 $(X_j, \boldsymbol{R}_j)$ 上给谱测度 E_j 如下: 对任何 $M \in \boldsymbol{R}_j$, $E_j(M)$ 是 $L^2(\Omega, \boldsymbol{B}_\Omega, \mu)$ 上的如下投影算子: 当 $f \in L^2(\Omega, \boldsymbol{B}_\Omega, \mu)$ 时,

$$(E_j(M)f)(z) = \chi_M(x_j)f(z), z \in \Omega,$$

其中 χ_M 是直线上子集 M 的特征函数. 容易看出 $(X_j, \boldsymbol{R}_j, E_j)$ 是自共轭算子 N_j 所决定的谱测度空间, 并且还可直接验证两个谱测度是可交换的.

今作可测空间 $(X_1 \times X_2, \boldsymbol{B}_{X_1 \times X_2})$[①] 上谱测度如下: 当 $M \in \boldsymbol{B}_{X_1 \times X_2}$ 时, 取

$$E(M): f(z) \mapsto \chi_M(z)f(z), f \in L^2(\Omega, \boldsymbol{B}_\Omega, \mu),$$

此地 χ_M 是定义在 $X_1 \times X_2$ 的子集 M 上的特征函数. 容易从谱积分的定义直接验证谱测度 E 集中在 $(\Omega, \boldsymbol{B}_\Omega)$ 上, 而且

$$N = \int_\Omega z \mathrm{d}E(z).$$

[①]这里 $\boldsymbol{B}_{X_1 \times X_2} = \boldsymbol{R}_1 \times \boldsymbol{R}_2$, 即 $\boldsymbol{B}_{X_1 \times X_2}$ 是平面上 Borel 集类.

此外, 还容易看出, 谱测度 E_1, E_2 与 E 之间有如下关系:

$$E(M_1 \times M_2) = E_1(M_1)E_2(M_2), M_j \in \boldsymbol{R}_j, j = 1, 2,$$

这说明谱测度 E 是 E_1, E_2 的 "乘积" 测度.

2. 乘积谱测度 为了讨论正常算子的谱分解, 受例 2 的启发, 自然需要引入下面的概念.

定义 6.10.3 设 $(X_j, \boldsymbol{R}_j, E_j)(j = 1, 2)$ 是谱测度空间. 又设 E 是 $(X_1 \times X_2, \boldsymbol{R}_1 \times \boldsymbol{R}_2)$ 上的谱测度. 如果对任何 $M_j \in \boldsymbol{R}_j$,

$$E(M_1 \times M_2) = E_1(M_1)E_2(M_2), \tag{6.10.1}$$

那么称 E 是 E_1, E_2 的**乘积 (谱) 测度**, 有时记 E 为 $E_1 \times E_2$, 而且称 $(X_1 \times X_2, \boldsymbol{R}_1 \times \boldsymbol{R}_2, E_1 \times E_2)$ 为 $(X_1, \boldsymbol{R}_1, E_1)$ 与 $(X_2, \boldsymbol{R}_2, E_2)$ 的**乘积 (谱) 测度空间**.

定理 6.10.1 设 $(X_1, \boldsymbol{R}_1), (X_2, \boldsymbol{R}_2)$ 是直线上两个 Borel 可测空间, $E_j(j = 1, 2)$ 是 $(X_j, \boldsymbol{R}_j)$ 上的谱测度. 那么在 $(X_1 \times X_2, \boldsymbol{R}_1 \times \boldsymbol{R}_2)$[①]上存在 E_1 与 E_2 的乘积谱测度 $E_1 \times E_2$ 的充要条件是 E_1 与 E_2 可交换.

证 必要性: 设 E 是 E_1 与 E_2 的乘积测度, 那么当 $M_j \in \boldsymbol{R}_j$ 时, 由 (6.10.1) 式知 $E_1(M_1)E_2(M_2)$ 是投影算子. 根据定理 6.5.6, $E_1(M_1)$ 与 $E_2(M_2)$ 是可交换的.

充分性: 设 E_1 与 E_2 可交换, 现在要直接构造出它们的乘积测度 E, 为此分以下几步来做 (和第三章构造数值测度的乘积测度的方法相似).

(1) 令 $\mathscr{P}$ 表示 H 上投影算子全体, $\boldsymbol{P} = \{M_1 \times M_2 | M_j \in \boldsymbol{R}_j, j = 1, 2\}$ (即 $\boldsymbol{P}$ 是 $X_1 \times X_2$ 中可测矩形全体). 作 $\boldsymbol{P} \to \mathscr{P}$ 的映照 E: 对任何 $M_1 \times M_2 \in \boldsymbol{P}$, 规定 $E(M_1 \times M_2) = E_1(M_1)E_2(M_2)$.

(2) 作集类

$$\widehat{\boldsymbol{R}_1 \times \boldsymbol{R}_2} = \left\{ \bigcup_{j=1}^{n} M_j \Big| n \text{ 为有限数而且 } M_j \in \boldsymbol{P}, M_1, \cdots, M_n \text{ 两两不交} \right\}$$

正如 §3.5 所证明的, 这是个代数, 我们把 E 从 $\boldsymbol{P}$ 延拓到 $\widehat{\boldsymbol{R}_1 \times \boldsymbol{R}_2}$ 上: 当 $M = \bigcup_{j=1}^{n} M_j, M_j \in \boldsymbol{P}$ 而且 $M_j(j = 1, 2, \cdots, n)$ 彼此不交时 —— 这时称 $M = \bigcup_{j=1}^{n} M_j$ 是一个初等分解 —— 规定

$$E(M) = \sum_{j=1}^{n} E(M_j), \tag{6.10.2}$$

[①]$\boldsymbol{R}_1 \times \boldsymbol{R}_2$ 是由 $X_1 \times X_2$ 中的集类 $\{M_1 \times M_2 | M_j \in \boldsymbol{R}_j, j = 1, 2\}$ 张成的 σ-代数, 即平面上 Borel 集类, 详见 §3.5.

我们只要证明当 $j \neq j'$ 时, $E(M_j) \perp E(M_{j'})$, 那么根据定理 6.5.4 就知道 $E(M) \in \mathscr{P}$. 事实上, 设 $M_j = S_j^{(1)} \times S_j^{(2)}$, 由于当 $j \neq j'$ 时 $M_j \bigcap M_{j'} = \varnothing$, 所以 $S_j^{(1)} \bigcap S_{j'}^{(1)} = \varnothing$ 或 $S_j^{(2)} \bigcap S_{j'}^{(2)} = \varnothing$, 这样一来

$$
\begin{aligned}
& E(S_j^{(1)} \times S_j^{(2)}) E(S_{j'}^{(1)} \times S_{j'}^{(2)}) \\
= {} & E_1(S_j^{(1)}) E_2(S_j^{(2)}) E_1(S_{j'}^{(1)}) E_2(S_{j'}^{(2)}) \\
= {} & E_1(S_j^{(1)}) E_1(S_{j'}^{(1)}) E_2(S_j^{(2)}) E_2(S_{j'}^{(2)}) \\
= {} & E_1(S_j^{(1)} \bigcap S_{j'}^{(1)}) E_2(S_j^{(2)} \bigcap S_{j'}^{(2)}) = 0,
\end{aligned}
$$

所以 $E(M_j)$ 与 $E(M_{j'})$ 直交, 因此 $E(M)$ 是投影算子. 还可以证明 (请读者自己证明) $E(M)$ 的定义 (6.10.2) 与 M 的初等分解 $M = \bigcup\limits_{j=1}^{n} M_j$ 的取法无关, 即如果

$$M = \bigcup_{i=1}^{n} M_i^{(1)} = \bigcup_{i=1}^{m} M_i^{(2)}, \text{ 且 } M_k^{(1)} \bigcap M_l^{(1)} = \varnothing (k \neq l), M_{k'}^{(2)} \bigcap M_{l'}^{(2)} = \varnothing (k' \neq l')$$

必有

$$\sum_{i=1}^{n} E(M_i^{(1)}) = \sum_{i=1}^{m} E(M_i^{(2)}),$$

这样 E 就延拓成为 $\widehat{\boldsymbol{R}_1 \times \boldsymbol{R}_2} \to \mathscr{P}$ 的映照, 而且 $E(\cdot)$ 在 $\widehat{\boldsymbol{R}_1 \times \boldsymbol{R}_2}$ 上是有限可加的.

(3) 证 E 是代数 $\widehat{\boldsymbol{R}_1 \times \boldsymbol{R}_2}$ 上的谱测度. 显然, 只要证明 E 具有可列可加性就可以了.

对任何 $f \in H$, 令

$$
\begin{aligned}
\varphi_f(x_1, x_2) &= (E((-\infty, x_1] \times (-\infty, x_2]) f, f) \\
&= (E_1((-\infty, x_1]) E_2((-\infty, x_2]) f, f), \quad\quad (6.10.3)
\end{aligned}
$$

显然, 当固定 f 时, 二元函数 $\varphi_f(x_1, x_2)$ 在固定一个变元后是关于另一个变元右连续的. 并且对任何 $x_1 < x_1', x_2 < x_2'$,

$$
\begin{aligned}
& \varphi_f(x_1', x_2') - \varphi_f(x_1', x_2) - \varphi_f(x_1, x_2') + \varphi_f(x_1, x_2) \\
= {} & (E_1((x_1, x_1']) E_2((x_2, x_2']) f, f) \\
= {} & \| E_1((x_1, x_1']) E_2((x_2, x_2']) f \|^2 \geqslant 0,
\end{aligned}
$$

由此可知 $\varphi_f(x_1, x_2)$ 可以产生 $\widehat{\boldsymbol{R}_1 \times \boldsymbol{R}_2}$ 上可列可加的数值测度. 从而对任何 $\widehat{\boldsymbol{R}_1 \times \boldsymbol{R}_2}$ 中一列互不相交的集 $\{M_n\}$, 如果 $\bigcup\limits_{n=1}^{\infty} M_n \in \widehat{\boldsymbol{R}_1 \times \boldsymbol{R}_2}$ 时,

$$\left(E\left(\bigcup_n M_n \right) f, f \right) = \sum_n (E(M_n) f, f), \quad\quad (6.10.4)$$

固定序列 $\{M_n\}$, 上式对一切 $f \in H$ 成立, 再用极化恒等式, 便知对一切 f、$g \in H$,

$$\left(E\left(\bigcup_n M_n \right) f, g \right) = \sum_n (E(M_n)f, g), \tag{6.10.5}$$

从而

$$E\left(\bigcup_n M_n \right) = \sum_n E(M_n), \tag{6.10.6}$$

即 E 是 $\widehat{\boldsymbol{R}_1 \times \boldsymbol{R}_2}$ 上测度.

(4) 根据定理 6.7.4, $(X_1 \times X_2, \widehat{\boldsymbol{R}_1 \times \boldsymbol{R}_2})$ 上的谱测度 E 必唯一地延拓成 $(X_1 \times X_2, \boldsymbol{R}_1 \times \boldsymbol{R}_2)$ 上的谱测度. 证毕

定理 6.10.2 设 $(X_j, \boldsymbol{R}_j, E_j)(j = 1, 2)$ 是 Hilbert 空间 H 上的两个谱测度空间, 而且 E_1、E_2 是可交换的谱测度, 那么在 $(X_1 \times X_2, \boldsymbol{R}_1 \times \boldsymbol{R}_2)$ 上 E_1 与 E_2 的乘积谱测度是唯一的. 设 A 是 H 中任一有界线性算子, 如果 A 与 $E_j(j = 1, 2)$ 可交换[①], 那么 A 与它们的乘积谱测度可交换.

证 设在 $(X_1 \times X_2, \boldsymbol{R}_1 \times \boldsymbol{R}_2)$ 上有两个谱测度 E 和 F 都是 E_1 与 E_2 的乘积谱测度, 作

$$\boldsymbol{M} = \{M | M \in \boldsymbol{R}_1 \times \boldsymbol{R}_2, E(M) = F(M)\},$$

当 $M = M_1 \times M_2 \in \boldsymbol{P}$ 时, $E(M) = E_1(M_1)E_2(M_2) = F(M)$, 因此 $\boldsymbol{P} \subset \boldsymbol{M}$. 容易证明 $\boldsymbol{M}$ 是一个 σ-代数, 但是 $\boldsymbol{R}_1 \times \boldsymbol{R}_2$ 是包含 $\boldsymbol{P}$ 的最小 σ-代数, 所以 $\boldsymbol{M} = \boldsymbol{R}_1 \times \boldsymbol{R}_2$, 即 $E = F$, 这就得到乘积谱测度的唯一性.

类似地, 设 A 与 $E_j(j = 1, 2)$ 可交换, 作

$$\boldsymbol{R} = \{M | M \in \boldsymbol{R}_1 \times \boldsymbol{R}_2, AE(M) = E(M)A\},$$

由 (6.10.1) 易知 $\boldsymbol{P} \subset \boldsymbol{R}$, 同样易知 $\boldsymbol{R}$ 是 σ-代数, 所以 $\boldsymbol{R} = \boldsymbol{R}_1 \times \boldsymbol{R}_2$. 证毕

我们现在要讨论乘积谱测度的谱积分.

定理 6.10.3 设 $(X_j, \boldsymbol{R}_j, E_j)(j = 1, 2)$ 是 Hilbert 空间 H 上的两个谱测度空间, 而 E_1、E_2 是可交换谱测度, E 是 $(X_1 \times X_2, \boldsymbol{R}_1 \times \boldsymbol{R}_2)$ 上 E_1 与 E_2 的乘积谱测度. $B(X_j, \boldsymbol{R}_j)$ 是 $(X_j, \boldsymbol{R}_j)$ 上的有界可测函数全体, 那么当 $f_j \in B(X_j, \boldsymbol{R}_j)$ 时,

$$\int_{X_1 \times X_2} f_1(x_1) f_2(x_2) \mathrm{d}E(x_1, x_2)$$
$$= \int_{X_1} f_1(x_1) \mathrm{d}E(x_1) \int_{X_2} f_2(x_2) \mathrm{d}E(x_2). \tag{6.10.7}$$

[①] 即对一切 $M \in \boldsymbol{R}_j, E_j(M)A = AE_j(M)$.

证　设 $|f_j(x_j)| < K, x_j \in X_j, j = 1, 2$. 对任何正数 ε, 作 $[-K, K]$ 中的分点组 y_0、y_1、$\cdots$、y_n, 使 $\max\limits_j (y_j - y_{j-1}) < \varepsilon$, 作

$$M_j^{(k)} = X_j(y_{k-1} \leqslant f_j(x_j) < y_k) \in \boldsymbol{R}_j, j = 1, 2,$$

那么由 §6.8 谱积分的定理可知

$$\left\| \int_{X_j} f_j(x_j)\mathrm{d}E(x_j) - \sum_{k=1}^n y_k E_j(M_j^{(k)}) \right\| < \varepsilon, j = 1, 2,$$

再利用 $|f_j(x_j)| < K$ 可以得到估计式

$$\left\| \int_{X_1} f_1(x_1)\mathrm{d}E_1(x_1) \int_{X_2} f_2(x_2)\mathrm{d}E_2(x_2) - \sum_{k=1}^n y_k E_1(M_1^{(k)}) \sum_{l=1}^n y_l E_2(M_2^{(l)}) \right\|$$
$$< 2K\varepsilon, \tag{6.10.8}$$

但是

$$\sum_{k=1}^n y_k E_1(M_1^{(k)}) \sum_{l=1}^n y_l E_2(M_2^{(l)}) = \sum_{k,l=1}^n y_k y_l E(M_1^{(k)} \times M_2^{(l)}), \tag{6.10.9}$$

另一方面, 由于当 $(x_1, x_2) \in M_1^{(k)} \times M_2^{(l)}$ 时,

$$|f_1(x_1)f_2(x_2) - y_k y_l| < 2K\varepsilon,$$

因此

$$\left\| \int_{X_1 \times X_2} f_1(x_1)f_2(x_2)\mathrm{d}E(x_1, x_2) - \sum_{k,l} y_k y_l E(M_1^{(k)} \times M_2^{(l)}) \right\|$$
$$= \left\| \sum_{k,l} \int_{M_1^{(k)} \times M_2^{(l)}} (f_1(x_1)f_2(x_2) - y_k y_l)\mathrm{d}E(x_1, x_2) \right\| \leqslant 2K\varepsilon, \tag{6.10.10}$$

把 (6.10.8 — 6.10.10) 结合起来, 就得到 (6.10.7) 式左、右两边的差的范数不超过 $4K\varepsilon$. 再令 $\varepsilon \to 0$, 即知 (6.10.7) 式成立.　　　　　　　　　　证毕

3. 正常算子的谱分解　利用自共轭算子的谱分解定理和乘积谱测度可以得到正常算子的谱分解定理.

定理 6.10.4 (正常算子的谱分解)　设 H 是复 Hilbert 空间, N 是 H 上的正常算子, 那么必有 $(\sigma(N), \boldsymbol{B}_{\sigma(N)})$ 上唯一的谱测度 E, 使得

$$N = \int_{\sigma(N)} z\mathrm{d}E(z),$$

并且, 对 H 上任何有界线性算子 A, 当 A 与 N 和 N^* 都可交换时[①], A 必与 $E(M)(M \in \boldsymbol{B}_{\sigma(N)})$ 可交换.

证　令 N_1, N_2 分别是 N 的实部和虚部. 设 $(X_j, \boldsymbol{B}, E_j)$ 是 N_j 的谱测度空间, 其中 X_j 是数直线, $\boldsymbol{B}$ 是直线上 Borel 集类. 由引理 2, E_1 与 E_2 可交换. 根据定理 6.10.1, 在 $(X_1 \times X_2, \boldsymbol{B} \times \boldsymbol{B})$ 上存在 E_1、E_2 的乘积谱测度 $E = E_1 \times E_2$. 由于

$$N_j = \int_{X_j} x_j \mathrm{d}E_j(x_j), \quad I = \int_{X_j} \mathrm{d}E_j(x_j),$$

取 $f_1(x_1) = x_1, f_2(x_2) \equiv 1$, 又取 $f_1(x_1) \equiv 1, f_2(x_2) = x_2$, 两次应用定理 6.10.3 就得到

$$N_j = \int_{X_1 \times X_2} x_j \mathrm{d}E(x_1, x_2). \tag{6.10.11}$$

我们将点 (x_1, x_2) 写成复数形式: $z = x_1 + \mathrm{i}x_2$, 那么由 $N_1 + \mathrm{i}N_2 = N$ 以及 (6.10.11) 立即就得到

$$N = \int_{X_1 \times X_2} z \mathrm{d}E(z), \quad I = \int_{X_1 \times X_2} \mathrm{d}E(z).$$

当 A 是与 N, N^* 都可交换的有界线性算子时, 显然 A 与 N_j 可交换. 由定理 6.9.6 的系 2, A 与 E_j 可交换. 再由定理 6.10.2 知 A 与 E 可交换.

再证谱测度 E 集中在 $\sigma(N)$ 上: 令 $S(\lambda, r)$ 是复平面上以 λ 为中心, r 为半径的闭圆. 对任何 $\lambda \in \rho(N)$, 今证必有正数 r, 使得

$$E(S(\lambda, r)) = 0, \tag{6.10.12}$$

如果不对, 必有 $r_n > 0, r_n \to 0(n \to \infty)$, 而且 $E(S(\lambda, r_n)) \neq 0$, 因此有 $x_n \in E(S(\lambda, r_n))H, \|x_n\| = 1, n = 1, 2, 3, \cdots$, 由定理 6.7.2 的系 2 得到

$$\begin{aligned}
&\|(\lambda I - N)x_n\|^2 \\
&= \int_{X_1 \times X_2} |\lambda - z|^2 \mathrm{d}\|E(z)x_n\|^2 \\
&= \int_{S(\lambda, r_n)} |\lambda - z|^2 \mathrm{d}\|E(z)x_n\|^2 \leqslant r_n^2 \|E(S(\lambda, r_n)x_n\|^2 = r_n^2,
\end{aligned}$$

当 $n \to \infty$ 时, 上式右边 $r_n^2 \to 0$, 从而 $\|(\lambda I - N)x_n\| \to 0(n \to \infty)$, 这和 $\lambda \in \rho(N)$ 的假设相矛盾. 由此可知, 对每个 $\lambda \in \rho(N)$, 必有正数 r, 使 (6.10.12) 成立. 再利用谱测度的可列可加性, 易知

$$E(\rho(N)) = 0,$$

[①]其实, 只要假设 A 与 N 可交换. 因为由这个假设可以推出 A 与 N^* 也可交换.

所以 E 只能集中在 $\sigma(N)$ 上.

关于谱测度的唯一性是容易证得的, 留给读者作为练习.　　　　　证毕

定理 6.10.4 中的谱测度称为由 N 决定的谱测度, 或称为相应于 N 的谱测度.

系 1　设 N 是复 Hilbert 空间 H 上的正常算子, 那么由 N 决定的谱测度不可能集中在比 $\sigma(N)$ 更小的闭集上.

这个系的证明与定理 6.9.6 中相应部分的证法类似, 所以把它的证明略去.

系 2　设 N 是复 Hilbert 空间 H 上的正常算子, $(\sigma(N), \boldsymbol{B}_{\sigma(N)}, E)$ 是由 N 决定的谱测度, 对于每个 $f \in \boldsymbol{B}(\sigma(N), \boldsymbol{B}_{\sigma(N)})$[①]作

$$f(N) = \int_{\sigma(N)} f(z)\mathrm{d}E(z),$$

那么 $f \mapsto f(N)$ 是算子演算.

4. 算子代数　关于复 Hilbert 空间正常算子谱分解理论的进一步发展是和算子代数密切相关的. 我们先叙述有关的一些概念.

定义 6.10.4　设 $\mathfrak{A}$ 是复 Hilbert 空间 H 中某些可交换的有界线性算子族, 按通常的代数运算及算子乘法运算组成的 Banach 代数[②], $I \in \mathfrak{A}$ 而且当 $A \in \mathfrak{A}$ 时, $A^* \in \mathfrak{A}$, 那么称 $\mathfrak{A}$ 为 H 中的**交换对称 Banach 代数**.

设 f 是 $\mathfrak{A}$ 上的连续线性泛函, 满足如下的条件: (i) $f(I) = 1$; (ii) 当 A、$B \in \mathfrak{A}$ 时, $f(AB) = f(A)f(B)$; (iii) 当 $A \in \mathfrak{A}$ 时, $f(A^*) = \overline{f(A)}$. 那么称 f 是 $\mathfrak{A}$ 上的**对称可乘线性泛函**. $\mathfrak{A}$ 上的对称可乘线性泛函全体记为 $\mathfrak{M}_{\mathfrak{A}}$, 或简记为 $\mathfrak{M}$.

我们在 $\mathfrak{M}_{\mathfrak{A}}$ 上取弱 $*$ 拓扑, 即对任何正数 ε, 任何 $A_1, \cdots, A_n \in \mathfrak{A}$ 及 $f_0 \in \mathfrak{M}_{\mathfrak{A}}$, 作

$$U(f_0; A_1, A_2, \cdots, A_n, \varepsilon) = \{f | f \in \mathfrak{M}_{\mathfrak{A}}, |f(A_j) - f_0(A_j)| < \varepsilon,$$
$$j = 1, 2, \cdots, n\},$$

以这种形状的集全体作为 f_0 的环境基所导出的拓扑. $\mathfrak{M}_{\mathfrak{A}}$ 按这个拓扑所成的拓扑空间称为 $\mathfrak{A}$ 的谱空间.

由 $\mathfrak{M}_{\mathfrak{A}}$ 中的开集全体所张成的 σ-代数记为 $\boldsymbol{B}$, 其中的集称为 $\mathfrak{M}_{\mathfrak{A}}$ 中的 Borel 集.

[①] $\boldsymbol{B}(\sigma(N), \boldsymbol{B}_{\sigma(N)})$ 是 $\sigma(N)$ 上复变数、复值的有界 Baire 函数全体.
[②] 即 $\mathfrak{A}$ 按通常算子的线性运算和范数成为 Banach 空间, 而且 $\mathfrak{A}$ 对算子的乘法运算也是封闭的. 见 §5.1.

定理 6.10.5 设 $\mathfrak{A}$ 是复 Hilbert 空间 H 中算子组成的交换对称 Banach 代数, $\mathfrak{M}_{\mathfrak{A}}$ 是 $\mathfrak{A}$ 的谱空间, $\boldsymbol{B}$ 是 $\mathfrak{M}_{\mathfrak{A}}$ 中 Borel 集全体, 那么必有 $(\mathfrak{M}_{\mathfrak{A}}, \boldsymbol{B})$ 上唯一的谱测度 E, 使得对每个 $A \in \mathfrak{A}$

$$A = \int_{\mathfrak{M}_{\mathfrak{A}}} f(A)\mathrm{d}E(f). \tag{6.10.13}$$

这个定理的证明要利用交换 Banach 代数的理论和紧拓扑空间上连续函数空间的连续线性泛函表示定理, 所以把它略去. 关于这方面更进一步的发展可以参看 [14].

例 3 设 $\mathfrak{M}$ 是复平面上的有界闭集, $\boldsymbol{B}$ 是 $\mathfrak{M}$ 中 Borel 集全体所成的 σ-代数. μ 是 $(\mathfrak{M}, \boldsymbol{B})$ 上的一个全有限测度, 而且 μ 不能集中在比 $\mathfrak{M}$ 更小的闭集上. 令 $C(\mathfrak{M})$ 表示 $\mathfrak{M}$ 上的连续函数全体, 对每个 $f \in C(\mathfrak{M})$ 作 $L^2(\mathfrak{M}, \boldsymbol{B}, \mu)$ 上的有界线性算子 A_f 如下:

$$(A_f g)(z) = f(z)g(z), \quad g \in L^2(\mathfrak{M}, \boldsymbol{B}, \mu),$$

显然 $\mathfrak{A} = \{A_f | f \in C(\mathfrak{M})\}$ 成为 $L^2(\mathfrak{M}, \boldsymbol{B}, \mu)$ 中的交换对称 Banach 代数, 而且可以证明对每个 $F \in \mathfrak{M}_{\mathfrak{A}}$, 必有唯一的 $z \in \mathfrak{M}$, 使得

$$F(A_f) = f(z),$$

我们把 z 与 F 一致化, 那么 $\mathfrak{M}_{\mathfrak{A}}$ 与 $\mathfrak{M}$ 一致. 对每个 $M \in \boldsymbol{B}$ 作 $E(M)$ 如下: 当 $f \in L^2(\mathfrak{M}, \boldsymbol{B}, \mu)$ 时

$$(E(M)g)(z) = \chi_M(z)g(z).$$

(χ_M 是 M 的特征函数), 那么容易证明

$$A_f = \int_{\mathfrak{M}} f(z)\mathrm{d}E(z).$$

这就是在这个具体情况下的 (6.10.13) 式.

习 题 6.10

1. 证明: 在例 1 中, 当测度 μ 不能集中在比 Ω 更小的闭集上时, $\sigma(N) = \Omega$; 当 μ 不集中在实轴上时, N 不是自共轭算子; 当 μ 不集中在单位圆周上时, N 不是酉算子.

2. 证明引理 1.

3. 证明相应于正常算子的谱测度是唯一的, 并且谱测度不能集中在比 $\sigma(N)$ 更小的闭集上.

4. 设 N 是复 Hilbert 空间 H 上有界线性算子.

(1) 证明 N 是正常算子的充要条件是存在 H 上酉算子 U, 以及半正 (自共轭) 算子 R (即对一切 $x \in H, (Rx, x) \geqslant 0$), 并且 U 和 R 可交换, 使得 $N = UR$.

(2) 问: 当 N 是正常算子时, 上述分解 $N = UR$ (称为极分解) 是否唯一?

5. 将定理 6.9.7 推广到正常算子情况.

6. 设 N 是复 Hilbert 空间 H 上正常算子, N_1、N_2 分别是 N 的实部和虚部.

证明 (i) $\|N\|^2 = \|N_1^2 + N_2^2\|$;

(ii) 当 n 是自然数时, $\|N^n\| = \|N\|^n$;

(iii) 当 $\lambda \in \rho(N)$ 时,

$$\|(\lambda I - N)^{-1}\| = \frac{1}{\min\limits_{z \in \sigma(N)} |\lambda - z|}.$$

7. 设 $S, S_n (n = 1, 2, \cdots)$ 都是复 Hilbert 空间上正常算子. 证明: 如果 (强) $\lim\limits_{n \to \infty} S_n = S$, 那么 (强) $\lim\limits_{n \to \infty} S_n^* = S^*$.

§6.11　算子的扩张[①]与膨胀

对于复 Hilbert 空间上酉算子、自共轭算子以及正常算子都能写成谱积分的形式, 这样算子的结构就相当清楚了. 对于更一般的算子, 自然不能企求它们都具有谱分解式. 例如单向平移算子 (见 §6.8 末) 应该说还是比较简单的一种算子, 但连一个约化子空间也没有. 对非正常算子就得从其他方面加以考察. 其中之一就是给定的算子能否扩张或膨胀成为性质良好的算子, 以此用性质良好的算子近似地 (在某种意义下) 描述原来的算子. 在 §6.9 的第四小节中我们就利用 Cayley 变换研究过对称算子的自共轭扩张. 这一节我们将对算子理论中常见的几种扩张和膨胀作一初步介绍.

1. 闭扩张　在无界线性算子的讨论中, 算子是不是闭的是很重要的 (闭性与连续性关系很密切), 这里要讨论算子的闭扩张, 讨论这类扩张的基本方法是用图像方法 (图像方法本身在算子理论是常用的).

设 H, G 同是实或复内积空间, $(\cdot, \cdot)_H, (\cdot, \cdot)_G$ 分别为 H, G 的内积, 在乘积空间 $H \times G$ 上引入内积: 当 $\{x, y\}, \{x', y'\} \in H \times G$ 时, 规定

$$(\{x, y\}, \{x', y'\})_{H \times G} = (x, x')_H + (y, y')_G, \tag{6.11.1}$$

易知 $H \times G$ 按 $(\cdot, \cdot)_{H \times G}$ 成为内积空间; 当 H, G 是 Hilbert 空间时, $H \times G$ 也成为 Hilbert 空间 (反之也真), 并且 $(H \times G)^* = H \times G$.

同样, 在 $G \times H$ 上也可类似地引入内积 $(\cdot, \cdot)_{G \times H}$.

为了简便起见, 今后常将各个空间上内积的空间下标省掉.

[①]扩张即延拓.

再引入 $H \times G \to G \times H$ 的算子 U、V 如下: 对任何 $\{x、y\} \in H \times G$

$$U\{x,y\} = \{y,x\}, V\{x,y\} = \{-y,x\}, \tag{6.11.2}$$

易知 U、V 都是 $H \times G \to G \times H$ 的酉算子. 当 $H = G$ 时, U、V 不仅是 $H \times H$ 上酉算子, 而且

$$V^2 = -I, U^2 = I, UV = -VU. \tag{6.11.3}$$

引理 1　设 H、G 是内积空间, T 是 H 到 G 的线性算子, 定义域为 $\mathscr{D}(T)$, 那么

(i) T 是闭算子的充要条件是 T 的图像 $G(T)$ 是 $H \times G$ 的闭线性子空间.

(ii) L 是 $H \times G$ 的线性子空间, L 是某个 H 到 G 的线性算子 T 的图像的充要条件是 L 中不含形为 $\{0,y\}(y \neq 0)$ 的向量.

(iii) 设 H、G 是 Hilbert 空间, T 是 H 到 G 的稠定算子的充要条件是 $(\boldsymbol{V}G(T))^\perp$ 中不含形为 $\{0,x\}(x \neq 0)$ 的向量. 同样, S 是 G 到 H 的稠定算子的充要条件是 $(\boldsymbol{V}^{-1}G(S))^\perp$ 中不含形为 $\{0,y\}(y \neq 0)$ 的向量.

证　(i) 显然, 线性算子的图像是 $H \times G$ 的线性子空间, 由闭算子的定义 (见 §4.5) 易知 (i) 成立.

(ii) 如果 $L = G(T)$, 由于 T 是线性算子, 所以 $0 \in \mathscr{D}(T)$, 从而 $T0 = 0$, 因此 L 中不含有任何 $\{0,y\}(y \neq 0)$.

反之, 如果 L 中不含有形为 $\{0,y\}(y \neq 0)$ 的向量, 这时由 L 作 H 到 G 的线性算子 T_L 如下: 当 $\{x,y\} \in L$ 时,

$$T_L x = y, \quad \mathscr{D}(T_L) = \{x | \{x,y\} \in L\}, \tag{6.11.4}$$

由于 L 是线性子空间, 并且不含 $\{0,y\}(y \neq 0)$, 易知 T_L 是 $\mathscr{D}(T_L)$ 到 G 的单值映照, 并且是线性的算子.

(iii) 显然 $\{y,x'\} \in (\boldsymbol{V}G(T))^\perp$ 的充要条件是对一切 $x \in \mathscr{D}(T)$,

$$0 = (\{y,x'\}, \{-Tx, x\}) = -(y, Tx) + (x', x), \tag{6.11.5}$$

如果 T 是稠定的, 由 (6.11.5) 易知 $(\boldsymbol{V}G(T))^\perp$ 中不可能含有向量 $\{y,x'\}(y = 0, x' \neq 0)$.

反之, 如果 $\overline{\mathscr{D}(T)} \neq H$, 那么取 $y = 0, x' \in H \ominus \overline{\mathscr{D}(T)}$, 并且 $x' \neq 0$, 由 (6.11.5) 易知 $\{0,x'\} \in (\boldsymbol{V}G(T))^\perp$, 这与假设相矛盾. 所以 $\overline{\mathscr{D}(T)} = H$.

调换 G 和 H 地位就可得到相应于 S 的结论.　　　　证毕

定义 6.11.1　设 H, G 是内积空间, T, T' 是 H 到 G 的线性算子. 如果 T' 是闭的, 并且 $T \subset T'$, 称 T' 是 T 的**闭扩张 (闭延拓)**. 如果 $\overline{T}$ 是 T 的一个闭扩张, 而且对一切 T 的闭扩张 T', 都有 $\overline{T} \subset T'$, 称 $\overline{T}$ 是 T 的**最小闭扩张**.

引理 2　设 H、G 是内积空间, T 是 H 到 G 的线性算子, 那么

(i) $T \subset T'$ 的充要条件是 $G(T) \subset G(T')$;

(ii) T 存在闭扩张的充要条件是 $G(T) \subset L$, 而 L 是 $H \times G$ 中的不含形为 $\{0, y\}(y \neq 0)$ 的向量的闭线性子空间;

(iii) T 有最小闭扩张的充要条件是 $\overline{G(T)}$ 中不含形为 $\{0, y\}(y \neq 0)$ 的向量.

证　从引理 1 知 (i)、(ii) 是显然的, 利用 (ii) 就很容易证明 (iii), 证略.

设 H、G 是 Hilbert 空间, T 是 H 到 G 的稠定线性算子, 那么 T^* 便是 $\mathscr{D}(T^*)(\subset G) \to H$ 的线性算子.

定理 6.11.1　设 H, G 是 Hilbert 空间. 那么

(i) 当 T 是 H 到 G 的稠定线性算子时,

$$G(T^*) = (\boldsymbol{V}G(T))^{\perp} = V(G(T)^{\perp}); \tag{6.11.6}$$

(ii) 稠定线性算子 T 具有闭扩张的充要条件是 T^* 是 G 到 H 的稠定线性算子, 并且 T^{**} 是 T 的最小闭扩张. 特别地, 当 T 是稠定闭算子时, 有 $T = T^{**}$.

证　(i) 根据 (稠定算子的) 共轭算子的定义 (参见 §6.9), $G \times H$ 中向量 $\{y, z\} \in G(T^*)$ (即 $y \in \mathscr{D}(T^*), z = T^* y$) 的充要条件是对一切 $x \in \mathscr{D}(T)$,

$$-(Tx, y) + (x, z) = 0, \tag{6.11.7}$$

由此可知 (6.11.6) 第一等号成立. 再利用 $\boldsymbol{V}$ 是酉算子, 知第二等号成立.

(ii) 首先, 对任何线性算子 T, 有

$$H \times G = \overline{G(T)} \oplus G(T)^{\perp}, \tag{6.11.8}$$

又因为 $\boldsymbol{V}$ 是酉算子, 所以

$$G \times H = \boldsymbol{V}\overline{G(T)} \oplus \boldsymbol{V}(G(T)^{\perp}), \tag{6.11.9}$$

又因, $\boldsymbol{V}(G(T)^{\perp}) = (\boldsymbol{V}G(T))^{\perp}$, 所以

$$G \times H = \boldsymbol{V}\overline{G(T)} \oplus (\boldsymbol{V}G(T))^{\perp}, \tag{6.11.10}$$

当 T 是稠定算子时, 由 (i) 得到

$$G \times H = \boldsymbol{V}\overline{G(T)} \oplus G(T^*), \tag{6.11.11}$$

即

$$H \times G = \boldsymbol{V}^{-1}(G \times H) = \overline{G(T)} \oplus \boldsymbol{V}^{-1}G(T^*), \tag{6.11.12}$$

因此

$$\overline{G(T)} = (\boldsymbol{V}^{-1}G(T^*))^{\perp}. \tag{6.11.13}$$

如果 T 具有闭扩张 T', 因此 $\overline{G(T)} \subset G(T')$. 由于图像 $G(T')$ 中决不会含有形为 $\{0,y\}(y \neq 0)$ 的向量, 因而 $\overline{G(T)}$ 中也不含此类向量. 由引理 1 的 (iii) 和 (6.11.13) 立即知道 T^* 必是 G 到 H 的稠定线性算子.

反之, 如果 T^* 是稠定算子, 那么 $(T^*)^*$ 存在, 但 $T \subset T^{**}$, 并且 $T^{**} = (T^*)^*$ 是闭的, 所以 T 有闭扩张.

当 T^* 稠定时. 由于 (6.11.6) 式 (在 (6.11.6) 式中将 T^* 代替 T, 相应 $\boldsymbol{V}^{-1}$ 代替 $\boldsymbol{V}$)

$$G(T^{**}) = (\boldsymbol{V}^{-1}G(T^*))^{\perp},$$

由 (6.11.13) 可知 $G(T^{**}) = \overline{G(T)}$, 从而 T^{**} 还是 T 的最小闭扩张.

特别地, 当 T 本身是稠定的闭算子时, T 是自身的最小闭扩张, 即 $T = T^{**}$.

证毕

系 (i) A 是 Hilbert 空间 H 上自共轭算子的充要条件是

$$G(A) = \boldsymbol{V}(G(A)^{\perp}); \tag{6.11.14}$$

(ii) A 是 Hilbert 空间 H 上自共轭算子, 如果 A 是一对一的, 那么 A^{-1} 也是 H 上自共轭算子.

证 由定理 6.11.1 的 (6.11.6) 式可知 (i) 是显然的. 关于 (ii) 可以直接用自共轭算子的谱分解定理加以证明. 这里将用图像方法来证明.

显然 $G(A^{-1}) = UG(A)(= \boldsymbol{V}G(-A))$. 由 (6.11.14)、(6.11.3) 有

$$\begin{aligned}
G(A^{-1}) &= UG(A) = U\boldsymbol{V}(G(A)^{\perp}) = -\boldsymbol{V}U(G(A))^{\perp}\\
&= -\boldsymbol{V}(UG(A))^{\perp} = -\boldsymbol{V}(G(A^{-1}))^{\perp}\\
&= \boldsymbol{V}(G(A^{-1})^{\perp}),
\end{aligned}$$

由本系的 (i) 可知 A^{-1} 是自共轭算子. 证毕

利用上面一些事实, 就得到稠定闭算子的一个重要性质.

定理 6.11.2 设 H, G 是 Hilbert 空间, T 是 H 到 G 的稠定闭线性算子, 那么 T^*T, TT^* 分别是 H, G 上的自共轭算子.

证 证 T^*T 是自共轭算子: 因为 T 是稠定闭算子, 所以由 (6.11.11)、(6.11.12) 得到

$$H \times G = G(T) \oplus \boldsymbol{V}^{-1}G(T^*), \tag{6.11.15}$$

从而对任何 $h \in H, g \in G$ (因而 $\{h, g\} \in H \times G$) 必有唯一的 $x \in \mathscr{D}(T^*T), y \in \mathscr{D}(T^*)$, 使得

$$\begin{cases} x + T^*y = h, \\ Tx - y = g. \end{cases} \tag{6.11.16}$$

特取 $g = 0$, 由 (6.11.16) 得到

$$(I + T^*T)x = h, \tag{6.11.17}$$

即 $I + T^*T$ 将 $\mathscr{D}(T^*T)$ 映射成整个 H. 由于对任何 $x \in \mathscr{D}(T^*T)$,

$$\|x\|^2 \leqslant \|x\|^2 + (Tx, Tx) \leqslant ((I + T^*T)x, x)$$
$$\leqslant \|(I + T^*T)x\|\|x\|,$$

由此可知 $(I+T^*T)^{-1}$ 是全空间 H 上有定义的有界线性算子 (其实, 还有 $\|(I+T^*T)^{-1}\| \leqslant 1$). 下面证明 $(I+T^*T)^{-1}$ 是自共轭算子. 对任何 $h_i \in H$, 记 $x_i = (I + T^*T)^{-1}h_i, i = 1, 2$. 注意到 $x_i \in \mathscr{D}(T^*T)$, 因而

$$\begin{aligned} ((I + T^*T)^{-1}h_1, h_2) &= (x_1, (I + T^*T)x_2) \\ &= (x_1, x_2) + (x_1, T^*Tx_2) \\ &= (x_1, x_2) + (Tx_1, Tx_2) \\ &= (x_1, x_2) + (T^*Tx_1, x_2) \\ &= ((I + T^*T)x_1, x_2) = (h_1, (I + T^*T)^{-1}h_2), \end{aligned}$$

即 $(I+T^*T)^{-1}$ 是自共轭算子. 再由定理 6.11.1 的系得到 $(I+T^*T)$ 是自共轭的. 完全类似地可以证明 TT^* 是 G 上自共轭算子. 证毕

2. 半有界算子的自共轭扩张　§6.9 中曾用 Cayley 变换从原则上解决了对称算子的自共轭扩张问题 (即归结为相应的保范算子能否有酉扩张), 那里主要的判断依据是对称算子的亏指数. 这里提供的扩张定理 (在微分方程中更为常用, 有兴趣的读者可参见米赫林的书 [18]) 的证明方法的本质是在于改变内积. 先给出如下引理.

引理 3　设 $(H, (\cdot, \cdot))$[①]是复 Hilbert 空间, G 是 $(H, (\cdot, \cdot))$ 的稠密的线性子空间. 又设在 G 上又有一个复内积 $[\cdot, \cdot]$, 相应的范数为 $|\cdot|$, 并且在 G 上, $|\cdot|$ 强于 $\|\cdot\|$, 即存在 $\alpha > 0$, 使得

$$\alpha\|x\| \leqslant |x|, x \in G, \tag{6.11.18}$$

[①]因为在这里会出现在同一个线性空间上同时赋有不同的内积, 因而 "有界"、"稠密" 等都要标明按什么拓扑, 因此这里需要标明内积空间中的内积.

那么 G 按 $[\cdot,\cdot]$ 成为 Hilbert 空间的充要条件是存在 $(H,(\cdot,\cdot))$ 上稠定闭线性算子 $B:\mathscr{D}(B)=G, G\to\mathscr{R}(B)$ 上可逆, $\|B^{-1}\|\leqslant\dfrac{1}{\alpha}$, 并且对任何 $x,y\in G$,

$$[x,y]=(Bx,By)\ (\text{即}\ |x|=\|Bx\|, x\in G). \tag{6.11.19}$$

证 充分性: 设满足条件的 B 存在, 易知按 (6.11.19) 定义的 $[\cdot,\cdot]$ 是 G 上的双线性、Hermite 泛函. 特别在 (6.11.19) 中令 $y=x$, 由假设 $\|B^{-1}\|\leqslant\dfrac{1}{\alpha}$ 得到

$$|x|^2=\|Bx\|^2\geqslant\alpha^2\|x\|^2, \tag{6.11.20}$$

即在 G 上, 范数 $|\cdot|$ 强于 $\|\cdot\|$.

今证 G 按 $[\cdot,\cdot]$ 成为 Hilbert 空间: 设 $\{x_n\}\subset G$, 并且是按 $|\cdot|$ 的基本序列, 由 (6.11.20) 知道 $\{x_n\},\{Bx_n\}$ 都必是 $(H,(\cdot,\cdot))$ 上基本序列, 由于 $(H,(\cdot,\cdot))$ 完备, 所以存在 $x_0,y_0\in H$ 使得 $x_0=\lim\limits_{n\to\infty}x_n, y_0=\lim\limits_{n\to\infty}Bx_n$. 由假设 B 是 $(H,(\cdot,\cdot))$ 上闭算子, 所以

$$x_0\in\mathscr{D}(B)=G, \quad Bx_0=y. \tag{6.11.21}$$

又由 (6.11.20) 有

$$|x_n-x_0|=\|B(x_n-x_0)\|=\|Bx_n-y_0\|\to 0, (n\to\infty)$$

这说明 x_0 按 $|\cdot|$ 是 $\{x_n\}$ 的极限点, 所以 $(G,[\cdot,\cdot])$ 是 Hilbert 空间.

必要性: 任取 $y\in H$, 作 $(H,(\cdot,\cdot))$ 上连续线性泛函

$$f(x)=(x,y), \tag{6.11.22}$$

特别地, 将 f 视为空间 $(G,[\cdot,\cdot])$ 上线性泛函, 由于

$$\begin{aligned}|f(x)|&=|(x,y)|\leqslant\|x\|\|y\|\\&\leqslant\frac{1}{\alpha}\|y\||x|, x\in G,\end{aligned} \tag{6.11.23}$$

由此可知 f 是 $(G,[\cdot,\cdot])$ 上连续泛函. 因 G 按 $[\cdot,\cdot]$ 是 Hilbert 空间, 由 Riesz 的表示定理, 必存在 G 中唯一的 y_1, 使得

$$f(x)=[x,y_1], \tag{6.11.24}$$

令 $y\mapsto y_1$ 的映照为 T, 易知 T 是 $H\to G$ 的线性算子, 当然将 T 仅限在 G 上时, T 便是 $G\to G$ 的线性算子.

由于 G 在 $(H,(\cdot,\cdot))$ 中稠密, 当 $y \neq 0$ 时, f 便是非零泛函, 从 (6.11.24) 易知 $y_1 \neq 0$, 即 T 是一对一的.

在 (6.11.22) 中分别取 $x = Ty(\in G)$ 和 $y = x$, 利用 (6.11.24) 就得到

$$(Ty, y) = [Ty, y_1] = [Ty, Ty], y \in H, \tag{6.11.25}$$

$$(x, x) = [x, Tx], x \in G, \tag{6.11.26}$$

由 (6.11.25)、(6.11.26) 知道 T 既是全空间 $(H,(\cdot,\cdot))$ 上对称算子, 又是全空间 $(G,[\cdot,\cdot])$ 上对称算子, 从而 T 既是 $(H,(\cdot,\cdot))$ 上有界自共轭算子, 又是 $(G,[\cdot,\cdot])$ 上有界自共轭算子. 并且同时是两个空间上的半正算子 (即 $T \geqslant 0$).

记 $T^{\frac{1}{2}}$ 是 T 在 $(G,[\cdot,\cdot])$ 上的一个半正平方根 (见定理 6.9.6 的系 5), 对任何 $x \in G$, 由 (6.11.26) 和假设 $|x| \geqslant \alpha\|x\|$ 得到

$$\|T^{\frac{1}{2}}x\|^2 \leqslant \frac{1}{\alpha^2}|T^{\frac{1}{2}}x|^2 = \frac{1}{\alpha^2}[x, Tx] = \frac{1}{\alpha^2}\|x\|^2, \tag{6.11.27}$$

即 $T^{\frac{1}{2}}$ 作为 $(H,(\cdot,\cdot))$ 上线性算子时, 是定义在稠密集 G 上的有界线性算子, 且

$$\|T^{\frac{1}{2}}\| \leqslant \frac{1}{\alpha}, \tag{6.11.28}$$

由此可知, $T^{\frac{1}{2}}$ 能唯一地延拓成整个 $(H,(\cdot,\cdot))$ 上到 $(H,(\cdot,\cdot))$ 的有界线性算子 $\widetilde{T}$.

$$\|\widetilde{T}\| \leqslant \frac{1}{\alpha}, \tag{6.11.29}$$

由于 $T, T^{\frac{1}{2}}, \widetilde{T}$ 都是 $(H,(\cdot,\cdot))$ 上有界线性算子, 而且在稠密集 G 上有 $T = T^{\frac{1}{2}}T^{\frac{1}{2}}$, 自然 $T = \widetilde{T}\widetilde{T}$ 在 H 上成立. 又由于 T 是一对一的, 所以 $\widetilde{T}$ 在 H 上也是一对一的, 从而 $\widetilde{T}^{-1}$ 是闭算子. 由于 $T^{\frac{1}{2}}G$ 在 $(G,[\cdot,\cdot])$ 上稠密, $|\cdot|$ 强于 $\|\cdot\|$, 立即推知 $T^{\frac{1}{2}}G$ 在 $(H,(\cdot,\cdot))$ 上稠密. 由此可知 $\widetilde{T}^{-1}$ 是 $(H,(\cdot,\cdot))$ 上稠定闭线性算子.

令 B 是 $T^{-\frac{1}{2}}$ 在 $(H,(\cdot,\cdot))$ 上的最小闭扩张, 显然

$$T^{-\frac{1}{2}} \subset B \subset \widetilde{T}^{-1}, \text{ 且图像 } G(B) = \overline{G(T^{-\frac{1}{2}})},$$

对任何 $x \in G$, 记 $z = T^{\frac{1}{2}}x, z \in T^{\frac{1}{2}}G \subset G$, 由 (6.11.26)

$$
\begin{aligned}
\|Bz\|^2 &= (T^{-\frac{1}{2}}z, T^{-\frac{1}{2}}z) = (x, x) \\
&= [x, Tx] = \left[T^{-\frac{1}{2}}z, TT^{-\frac{1}{2}}z\right] \\
&= \left[T^{-\frac{1}{2}}z, T^{\frac{1}{2}}z\right] = [z, z] = |z|^2.
\end{aligned}
\tag{6.11.30}
$$

但 $T^{\frac{1}{2}}G$ 在 $(G,[\cdot,\cdot])$ 上稠密, B 是 $(H,(\cdot,\cdot))$ 上稠定闭算子, 由此易知 (6.11.30) 对 $(G,[\cdot,\cdot])$ 中一切 z 都成立, 即 $\mathscr{D}(B) \supset G$. 反之, 因为 $G(B) = \overline{G(T^{-\frac{1}{2}})}$, 所以对任

何 $z_0 \in \mathscr{D}(B)$, 必有 $z_n \in \mathscr{D}\left(T^{-\frac{1}{2}}\right)$, 使得

$$\|z_n - z_0\| \to 0, \|T^{-\frac{1}{2}}z_n - Bz_0\| \to 0, (n \to \infty)$$

从而

$$|z_n - z_m| = \|B(z_n - z_m)\| \to 0, (n, m \to \infty)$$

因此存在 $z_0' \in (G, [\cdot, \cdot])$, 使得 $|z_n - z_0'| \to 0 (n \to \infty)$, 即 $\|T^{-\frac{1}{2}}z_n - T^{-\frac{1}{2}}z_0'\| \to 0 (n \to \infty)$, 由极限的唯一性得到 $Bz_0 = T^{-\frac{1}{2}}z_0' = Bz_0'$, 再由 B 是一对一的, 便得到 $z_0 = z_0' \in G$, 因此 $\mathscr{D}(B) \subset G$. 这样就得到 $\mathscr{D}(B) = G$. 证毕

为了讨论空间不一定完备情况, 我们引入

定义 6.11.2 设 G 是线性空间, $(\cdot, \cdot), [\cdot, \cdot]$ 是定义在 G 上的两个内积, 由它们所导出的范数分别是 $\|\cdot\|, |\cdot|$, 如果任何既按 $|\cdot|$, 也按 $\|\cdot\|$ 为基本的点列 $\{x_n\}$, 都能由按一个范数收敛于零推出按另一个范数收敛于零, 那么称 $|\cdot|$ 与 $\|\cdot\|$ **符合**[①].

这里的符合性主要是用来保证按 $|\cdot|$ 和 $\|\cdot\|$ 都是基本的点列, 如果按 $|\cdot|$ 有极限 x (可能不一定有), 按 $\|\cdot\|$ 有极限 x' (可能不一定有), 那么 x 和 x' 之间的对应是一对一的. 它是研究同一空间上引入不同范数 (拓扑) 之间关系或不同空间的嵌入时常用的概念.

特别地, 当 $|\cdot|$ 在 G 上强于 $\|\cdot\|$ 时, 按 $|\cdot|$ 基本的点列必按 $\|\cdot\|$ 基本. 但 $|\cdot|$ 与 $\|\cdot\|$ 可以不符合.

例 1 取 $(H, (\cdot, \cdot))$ 为复 l^2. $a \in l^2$ 时, 有表示式 $a = (a_1, a_2, \cdots)$ 且 $\sum |a_i|^2 < \infty$. 令 l_0 为 l^2 中有限个坐标不为零的向量全体, 又令 $f = \left(1, \frac{1}{2}, \cdots, \frac{1}{n}, \cdots\right) \in l^2$. 取

$$G = \{\alpha f + \beta\varphi | \varphi \in l_0, \alpha, \beta \text{ 是复数}\}, \qquad (6.11.31)$$

在 G 上引入新内积 $[\cdot, \cdot]$ (读者不难验证是内积):

$$[\alpha f + \beta\varphi, \gamma f + \delta\varphi'] = \alpha\tilde{\gamma}(f, f) + \beta\overline{\delta}(\varphi, \varphi'), \qquad (6.11.32)$$

因此

$$|\alpha f + \beta\varphi|^2 = |\alpha|^2\|f\|^2 + |\beta|^2\|\varphi\|^2, \qquad (6.11.33)$$

[①]这里的 "符合" 概念比 §5.4 习题 16 中的 "符合" 概念要求弱.

由于

$$
(\alpha f + \beta \varphi, \alpha f + \beta \varphi)
$$
$$
= |\alpha|^2 \|f\|^2 + |\beta|^2 \|\varphi\|^2 + (\alpha f, \beta \varphi) + (\beta \varphi, \alpha f)
$$
$$
\leqslant 2(|\alpha|^2 \|f\|^2 + |\beta|^2 \|\varphi\|^2) = 2|\alpha f + \beta \varphi|^2, \tag{6.11.34}
$$

由 (6.11.34) 可知 $|\cdot|$ 强于 $\|\cdot\|$，并且对任何 $x \in G$，

$$
|x| \geqslant \frac{1}{\sqrt{2}} \|x\|,
$$

取 $\varphi_n = \left(1, \dfrac{1}{2}, \cdots, \dfrac{1}{n}, 0, 0, \cdots\right), n = 1, 2, 3, \cdots$，易知 G 中点列 $\{f - \varphi_n\}$ 按 $|\cdot|$ 是基本的, 并且 $\|f - \varphi_n\| \to 0$, 然而

$$
|f - \varphi_n|^2 = \|f\|^2 + \|\varphi_n\|^2 \to 2\|f\|^2 \neq 0,
$$

所以 $|\cdot|$ 与 $\|\cdot\|$ 并不符合

引理 4　设 G_0 是 Hilbert 空间 $(H, (\cdot, \cdot))$ 的线性子空间, 在 G_0 上又有一个新内积 $[\cdot, \cdot]$, 由它导出的范数 $|\cdot|$ 在 G_0 上强于 $\|\cdot\|$. 如果 $|\cdot|$ 与 $\|\cdot\|$ 是符合的, 那么必存在 H 的线性子空间 $G \supset G_0$, 使得 $[\cdot, \cdot]$ 可以延拓到 G 上, 并且 $(G, [\cdot, \cdot])$ 是 Hilbert 空间.

证　设 $\{x_n\}$ 是内积空间 $(G_0, [\cdot, \cdot])$ 上的基本点列, 由于 $|\cdot|$ 强于 $\|\cdot\|$, 所以 $\{x_n\}$ 按 $\|\cdot\|$ 是基本的, 因而存在唯一的 $z \in H$, 使得 $\|x_n - z\| \to 0 (n \to \infty)$. 规定

$$
|z|' = \lim_{n \to \infty} |x_n|, \tag{6.11.35}
$$

如果另有 $(G_0, [\cdot, \cdot])$ 上基本点列 $\{x_n'\}$, 并且按 $\|\cdot\|$ 也收敛于 z 时, 那么 $(G_0, [\cdot, \cdot])$ 上基本点列 $\{x_n - x_n'\}$ 将按 $\|\cdot\|$ 收敛于零. 由于假设 $|\cdot|$ 与 $\|\cdot\|$ 是符合的, 所以 $\|x_n - x_n'\| \to 0$, 即

$$
|z|' = \lim_{n \to \infty} |x_n| = \lim_{n \to \infty} |x_n'|. \tag{6.11.36}
$$

这就是说 z 的函数 $|z|'$ 不依赖于 $(G_0, [\cdot, \cdot])$ 上基本点列的选取.

令

$$
G = \{z| \text{ 存在 } (G_0, [\cdot, \cdot]) \text{ 中基本点列 } \{x_n\},
$$
$$
\text{使得 } \|x_n - z\| \to 0\},
$$

显然, 对任何 $z \in G_0, |z|' = |z|$, 而 $|\cdot|'$ 是定义在 G 上的泛函, 因而 $|\cdot|'$ 是 $|\cdot|$ 在 G 上的延拓.

由于 $|\cdot|'$ 是由 $|\cdot|$ 按极限 (6.11.35) 方式定义的, 而 $|\cdot|$ 是 G_0 上由内积 $[\cdot,\cdot]$ 产生的, 并且强于 $\|\cdot\|$, 因此下列事实成立.

(i) G 是线性空间;

(ii) $|\cdot|'$ 是 G 上的范数;

(iii) $|\cdot|'$ 在 G 上满足平行四边形公式, 从而由 $|\cdot|'$ 可以产生 G 上唯一的内积 $[\cdot,\cdot]'$, 由 $[\cdot,\cdot]'$ 导出的范数是 $|\cdot|'$;

(iv) $|x|' \geqslant \alpha\|x\|$ 在 G 上成立.

显然, 剩下的只要证明 $(G,[\cdot,\cdot]')$ 是完备空间就可以了.

先证 G_0 在 $(G,[\cdot,\cdot]')$ 中稠密: 对任何 $z \in G$, 按定义存在 $(G_0,[\cdot,\cdot])$ 中基本点列 $\{x_n\}$, 并且有 $\|x_n - z\| \to 0$. 由此可知对任何固定的自然数 k, 点列 $\{x_n - x_k\}$ 是 $(G_0,[\cdot,\cdot])$ 中的基本点列, 并且 $\|(x_n - x_k) - (z - x_k)\| \to 0(n \to \infty)$, 按定义 (6.11.35) 有

$$|z - x_k|' = \lim_{n\to\infty} |x_n - x_k|, \tag{6.11.37}$$

由于 $\{x_n\}$ 是 $(G_0,[\cdot,\cdot])$ 中基本点列, 因此对任何 $\varepsilon > 0$, 必存在 k_0, 当 $k \geqslant k_0$ 时, $|x_n - x_k| < \varepsilon$. 再由 (6.11.37) 可知存在 $x_k \in G_0$, 使得

$$|z - x_k|' \leqslant \varepsilon, \tag{6.11.38}$$

这就是说 G_0 在 $(G,[\cdot,\cdot]')$ 上稠密.

再证 $(G,[\cdot,\cdot]')$ 的完备性: 设 $\{z_n\}$ 是 $(G,[\cdot,\cdot]')$ 中的基本点列, 对每个 n, 取 $\varepsilon = \dfrac{1}{n}, z = z_n \quad (n = 1,2,3,\cdots)$, 由 (6.11.38) 存在 $y_n \in G_0$, 使得

$$|z_n - y_n|' \leqslant \frac{1}{n}, \tag{6.11.39}$$

由于

$$|y_n - y_m| = |y_n - y_m|'$$
$$\leqslant |y_n - z_n|' + |z_n - z_m|' + |z_m - y_m|'$$
$$\leqslant \frac{1}{n} + \frac{1}{m} + |z_n - z_m|',$$

立即知道 $\{y_n\}$ 是 $(G_0,[\cdot,\cdot])$ 上基本点列, 记 $\{y_n\}$ 按 $\|\cdot\|$ 的极限为 z, 由 (6.11.38) (x_k 被这里的 y_k 代替) 就得到

$$\lim_{k\to\infty} |z - y_k|' = 0, \tag{6.11.40}$$

再用 (6.11.39) 立即就有

$$\lim_{n\to\infty} |z_n - z|' = 0,$$

这就是说 $(G,[\cdot,\cdot]')$ 是完备的. 证毕

显然, 引理 4 的实质不过是将内积空间 $(G_0, [\cdot, \cdot])$ 的完备化空间与 $(G, [\cdot, \cdot])$ 同构.

利用引理 3、4, 不难证明 "半有界" 算子必有自共轭扩张.

定义 6.11.3　设 A 是 Hilbert 空间 H 上稠定算子, 如果存在实数 α, 使对一切 $x \in \mathscr{D}(A)$,

$$(Ax, x) \geqslant \alpha(x, x), (或 (Ax, x) \leqslant \alpha(x, x))$$

称 A 是**下半** (或**上半**) **有界**. 如果 $\alpha > 0$, 称 A 为**正定算子** (或如果 $\alpha < 0$, 称为**负定算子**), 并称 α 为 A 的**下界** (或**上界**).

定理 6.11.3 (K.Friedrichs)　复 Hilbert 空间 $(H, (\cdot, \cdot))$ 上任何下 (上) 半有界算子必有自共轭扩张, 并且可以做到保持下 (上) 界不变.

证　当 A 是上半有界时, $-A$ 便是下半有界, 又显然 A 有自共轭扩张的充要条件是 $-A$ 有自共轭扩张, 因此, 只要在 A 为下半有界的假设下证明定理成立即可. 又如果 α 是 A 的一个下界, 任取 γ, 使得 $\gamma + \alpha > 0$, 那么 $A + \gamma I$ 便是正定算子. 又因为 A 有自共轭扩张的充要条件是 $A + \gamma I$ 有自共轭扩张, 所以我们又不妨假设 A 的下界 α 是正数.

记 $G_0 = \mathscr{D}(A)$, 在 G_0 上引入新内积 $[\cdot, \cdot]$:

$$[x, y] = (Ax, y), \quad x、y \in G_0, \tag{6.11.41}$$

由于 $\alpha > 0$, 易知 $[\cdot, \cdot]$ 是内积, 而且由它产生的范数 $|\cdot|$ 在 G_0 上强于 $\|\cdot\|$, 并且

$$|x| \geqslant \sqrt{\alpha} \|x\|, \quad x \in G_0. \tag{6.11.42}$$

现证 $|\cdot|$ 与 $\|\cdot\|$ 符合: 设 $\{x_n\}$ 是 $(G_0, [\cdot, \cdot])$ 上的基本点列, 如果 $\|x_n\| \to 0$, 那么, 对一切 $x \in G_0$,

$$[x, x_n] = (Ax, x_n) \to 0 \quad (n \to \infty), \tag{6.11.43}$$

并且对任何 $\varepsilon > 0$, 存在 n_0, 当 $n, m \geqslant n_0$ 时,

$$|[x_n, x_n - x_m]| \leqslant M|x_n - x_m| < \frac{\varepsilon}{2}, \tag{6.11.44}$$

其中 $M = \sup_n |x_n| < \infty$. 就对上述 $\varepsilon > 0$, 并且对每个固定的自然数 $n (\geqslant n_0)$, 由 (6.11.43) 知道必存在 $m(n)$, 当 $m \geqslant m(n)$ 时,

$$|[x_n, x_m]| < \frac{\varepsilon}{2}, \tag{6.11.45}$$

因此当 $n \geqslant n_0$ 时,

$$|x_n|^2 = [x_n, x_n] \leqslant |[x_n, x_n - x_m]| + |[x_n, x_m]| < \varepsilon, \tag{6.11.46}$$

即 $\lim\limits_{n \to \infty} |x_n|^2 = 0$.

而由 $|x_n| \to 0$ 推出 $\|x_m\| \to 0$ 是显然的. 所以 $|\cdot|$ 与 $\|\cdot\|$ 符合.

证 A 有自共轭扩张: 根据引理 4, $[\cdot, \cdot]$ 可以延拓到 G 上, 并使 $(G, [\cdot, \cdot])$ 成为 Hilbert 空间, 在 G 上仍成立 $|x| \geqslant \sqrt{\alpha} \|x\|$. 再由引理 3, 存在以 G 为定义域的闭算子 B, B^{-1} 是全空间 $(H, (\cdot, \cdot))$ 定义的有界线性算子, 并且

$$[x, y] = (Bx, By), \quad x, y \in G,$$

$$\|B^{-1}\| \leqslant \frac{1}{\sqrt{\alpha}}, \tag{6.11.47}$$

由于对任何 x、$y \in G_0(= \mathscr{D}(A)), (Ax, y) = [x, y]$, 而 G_0 在 $(G, [\cdot, \cdot])$ 中是稠密的, 所以对任何 $y \in G$, 总有 $\{y_n\} \subset G_0$, 使得 $|y_n - y| \to 0$, 自然更有 $\|y_n - y\| \to 0$. 利用连续性, 便得到

$$(Ax, y) = \lim_{n \to \infty} (Ax, y_n) = \lim_{n \to \infty} [x, y_n] = [x, y],$$
$$x \in G_0, \quad y \in G,$$

从而对一切 $x \in G_0, y \in G$,

$$(Ax, y) = (Bx, By), \tag{6.11.48}$$

特别取 $y \in \mathscr{D}(B^*B)$, 由 (6.11.48) 得到

$$(Ax, y) = (x, B^*By), x \in \mathscr{D}(A), y \in \mathscr{D}(B^*B),$$

这说明 $x \in \mathscr{D}(B^*B)$, 并且 $Ax = (B^*B)^*x = B^*Bx$, 所以 $A \subset B^*B$, 即 A 有自共轭扩张.

再证下界不变: 由于 $\|B^{-1}\| \leqslant \frac{1}{\sqrt{\alpha}}$, 所以对任何 $y \in \mathscr{D}(B^*B)$,

$$(B^*By, y) = \|By\|^2 \geqslant \alpha \|y\|^2 = \alpha(y, y),$$

即 α 仍是 B^*B 的下界. 证毕

3. 广义谱系的扩张谱系 现在考察另外的一种扩张.

设 S 是复 Hilbert 空间 H 上的对称算子, (m, n) 是 S 的亏指数 (可以是无限的), 并且 $m \neq n$, 这时, S 在 H 上不可能有自共轭扩张. 但是如果允许空间 H

可以扩大成 H', 即 $H' \supset H$ (为简单起见, H' 上内积仍用 $(\cdot,\cdot)$), S 在 H' 上就可能有自共轭的扩张. 例如取 $H' = H \oplus H$, 在 H' 上作算子

$$S' : \{x, y\} \mapsto \{Sx, -Sy\}, \{x, y\} \in H' = H \oplus H^{①},$$

易知 S' 是 H' 上的稠定线性算子, 并且是对称的, 而亏指数是 $(m+n, m+n)$, 所以 S' 在 H' 上必有自共轭扩张 A, 因此 $S \subset S' \subset A$.

如果令

$$A = \int \lambda \mathrm{d}E_\lambda,$$

是 A 在 H' 上的谱分解, P 是 H' 到 H 的投影算子. 那么, 对任何 $x \in \mathscr{D}(S), \eta \in H$, 我们有

$$\begin{aligned}
(Sx, y) = (Ax, Py) &= \int \lambda \mathrm{d}(E_\lambda x, Py) \\
&= \int \lambda \mathrm{d}(PE_\lambda x, y),
\end{aligned}$$

$$\|Sx\|^2 = \|Ax\|^2 = \int \lambda^2 \mathrm{d}(E_\lambda x, x) = \int \lambda^2 \mathrm{d}(PE_\lambda x, x),$$

如记 $B_\lambda = PE_\lambda(\lambda \in (-\infty, +\infty))$, 并把 B_λ 仅限制定义在 H 上, 那么 $\{B_\lambda | \lambda \in (-\infty, +\infty)\}$ 便是 H 上一族有界自共轭算子 (B_λ 的自共轭性可以直接验证), 并且还满足

(i) $B_\lambda \leqslant B_\mu, \lambda \leqslant \mu$;

(ii) $B_{\lambda+0} = B_\lambda$;

(iii) (强) $\lim\limits_{\lambda \to -\infty} B_\lambda = 0$, (强) $\lim\limits_{\lambda \to +\infty} B_\lambda = I$.

通常称 Hilbert 空间 H 上具有性质 (i) — (iii) 的一族范数不超过 1 的自共轭算子 $\{B_\lambda | \lambda \in (-\infty, +\infty)\}$ 为 H 上的**广义谱系**.

这样, 复 Hilbert 空间 H 上的任何对称算子 S, 总存在 H 上的广义谱系 $\{B_\lambda | \lambda \in (-\infty, +\infty)\}$ 使得

$$(Sx, y) = \int \lambda \mathrm{d}(B_\lambda x, y), \|Sx\|^2 = \int \lambda^2 \mathrm{d}(B_\lambda x, x),$$

$$x \in \mathscr{D}(S), y \in H. \tag{6.11.49}$$

现在要问: 是否任何满足 (6.11.49) 的广义谱系 $\{B_\lambda | \lambda \in (-\infty, +\infty)\}$ 必是 S 的某个自共轭扩张 (允许空间扩大)A 的 (投影算子) 谱系在 H 上投影所得到的? 这个问题已被 M. A.Наймарк 解决了, 并且这一事实也被推广成所谓 *-半群的表示定理, 它是更具有普遍意义的定理 (下面我们将能看到这一点).

---

①这里把直交和 $x + y(x \in H, y \in H)$ 写成二维形式 $\{x, y\}$ 是为了叙述上的方便.

定义 6.11.4 设 Γ 是一集合, 在 Γ 上有两个运算:

$$乘法: (\xi, \eta) \mapsto \xi\eta, \xi \,\text{、}\, \eta \in \Gamma,$$

$$*运算: \xi \mapsto \xi^*, \xi \in \Gamma,$$

其中乘法满足结合律, $*$ 运算满足

$$\xi^{**} = \xi, \quad (\xi\eta)^* = \eta^*\xi^*, \quad \xi \,\text{、}\, \eta \in \Gamma,$$

称 Γ 是 $*$-**半群**.

此外, 我们总假定所讨论的 $*$-半群是具有幺元 (也称单位元) e 的:

$$e^* = e, \quad e\xi = \xi e = \xi, \quad \xi \in \Gamma.$$

例如 Γ 是一个群, 规定 $\xi^* = \xi^{-1}$ 时, Γ 就是具有幺元的 $*$-半群. 又如 $\Gamma = \mathfrak{B}(H \to H)$, 其中 H 是 Hilbert 空间, 规定 Γ 上乘法、$*$ 运算就是普通算子的乘法和 $*$ 运算, 这时 Γ 也是具有幺元的 $*$-半群.

定义 6.11.5 设 Γ 是具有幺元的 $*$-半群, $\{D_\xi | \xi \in \Gamma\}$ 是 Hilbert 空间 H' 上一族有界线性算子, 如果对任何 $\xi \,\text{、}\, \eta \in \Gamma$, 满足

$$D_e = I, \quad D_{\xi\eta} = D_\xi D_\eta, \quad D_{\xi^*} = D_\xi^*,$$

称 $\{D_\xi | \xi \in \Gamma\}$ (简记为 D_ξ) 是 $*$-半群 Γ 在 H' 上的一个**表示**.

显然, 一个 $*$-半群的表示 D_ξ 具有如下性质:

(i) 当 $\xi^*\xi = \xi\xi^*$ 时, D_ξ 是 H' 上的正常算子;

(ii) 当 $\xi = \xi^*$ 时, D_ξ 是 H' 上的自共轭算子;

(iii) 当 $\xi = \xi^* = \xi^2$ 时, D_ξ 是 H' 上的投影算子;

(iv) 当 $\xi^*\xi = \xi\xi^* = e$ 时, D_ξ 是 H' 上的酉算子.

如果 H 是 H' 的闭子空间, D_ξ 是 $*$-半群 Γ 在 H' 上的表示, P 是 H' 到 H 的投影, 对每个 $\xi \in \Gamma$, 作 $H' \to H$ 的算子 T_ξ:

$$T_\xi = PD_\xi,$$

易知 T_ξ 满足

(i)$'$ $T_e = I, T_{\xi^*} = T_\xi^*$;

(ii)$'$ (正定性) 对任一族 $\{x_\xi | \xi \in \Gamma$, 但最多只有有限个 $\xi_1 \,\text{、}\, \cdots \,\text{、}\, \xi_n$, 使得 $x_{\xi_i} \neq 0(i = 1, 2, \cdots, n)\}$, 必有

$$\sum_{\xi, \eta} (T_{\xi^*\eta}x_\eta, x_\xi)^{①} \geqslant 0,$$

① 因为除有限个 $\xi_1 \,\text{、}\, \cdots \,\text{、}\, \xi_n, x_{\xi_i} \neq 0(i = 1, 2, \cdots, n)$, 所以和式实质上是有限项和.

事实上, 如记 $x = \sum_\xi D_\xi x_\xi$, 那么

$$\sum_{\xi,\eta} (T_{\xi^*\eta} x_\eta, x_\xi) = \sum_{\xi,\eta} (D_{\xi^*\eta} x_\eta, x_\xi)$$

$$= \sum_{\xi,\eta} (D_\xi^* D_\eta x_\eta, x_\xi) = (x, x) \geqslant 0;$$

(iii)′ 对任何一族 $\{x_\xi | \xi \in \Gamma\}$, 但除去有限个 $\xi_i (i = 1, 2, \cdots, n)$ 外, $x_\xi = 0$, 以及任何 $\alpha \in \Gamma$, 必有仅依赖于 α 的常数 C_α, 使得

$$\sum_{\xi,\eta} (T_{\xi^*\alpha^*\alpha\eta} x_\eta, x_\xi) \leqslant C_\alpha^2 \sum_{\xi,\eta} (T_{\xi^*\eta} x_\eta, x_\xi).$$

事实上, 用 (ii)′ 中记号, 易于算得

$$\sum_{\xi,\eta} (T_{\xi^*\alpha^*\alpha\eta} x_\eta, x_\xi) = (D_\alpha x, D_\alpha x) \leqslant \|D_\alpha\|^2 (x, x),$$

取 $C_\alpha = \|D_\alpha\|$ 就可以了.

下面证明上述事实的逆也成立, 即有如下的 *-半群表示定理.

定理 6.11.4　设 Γ 是具有幺元的 *-半群, $\{T_\xi | \xi \in P\}$ 是 Hilbert 空间 H 上一族有界线性算子, 并满足条件[①] (i)′ — (iii)′, 那么必存在 Hilbert 空间 $H' \supset H$, 以及在 H' 上的表示 D_ξ, 使得在 H 上成立

$$T_\xi = P D_\xi, \tag{6.11.50}$$

如果 H' 还是极小的扩张空间 (即 $\overline{\mathrm{span}}\{D_\xi f | \xi \in \Gamma, f \in H\} = H'$), H'、D_ξ 在除去一个酉同构外完全由 $\{T_\xi | \xi \in \Gamma\}$ 唯一确定, 并且还成立下列结论

1° $\|D_\alpha\| \leqslant C_\alpha, \alpha \in \Gamma$;

2° 如果 $T_{\xi\alpha\eta} = T_{\xi\beta\eta} + T_{\xi\gamma\eta}$ 对固定的 α、β、γ 和一切 ξ、$\eta \in \Gamma$ 成立时, 那么就有

$$D_\alpha = D_\beta + D_\gamma;$$

3° 如果 (弱) $\lim\limits_{n\to\infty} T_{\xi\alpha_n\eta} = T_{\xi\alpha\eta}$ 对一切 ξ、$\eta \in \Gamma$ 成立, 并且 $\varlimsup\limits_{n\to\infty} C_{\alpha_n} < \infty$, 那么就有

$$(弱) \lim\limits_{n\to\infty} D_{\alpha_n} = D_\alpha.$$

[①] 在 H 是复空间情况下, (i)′ 中条件 $T_{\xi^*} = T_\xi^*$ 可由 (ii)′ 推得. 事实上, 对任何 $\xi \in \Gamma$, 取 x_η: 当 $\eta = e$ 时, $x_\eta = x$; 当 $\eta = \xi$ 时, $x_\eta = \lambda y$; 其余的 $\eta, x_\eta = 0$. 由 (ii)′ 得到

$$(x, x) + \bar\lambda (T_{\xi^*} x, y) + \lambda (T_\xi y, x) + \lambda\bar\lambda (T_{\xi^*\xi} y, y) \geqslant 0.$$

特别取 $x = 0$, 就得到对任何 $y \in H, (T_{\xi^*\xi} y, y) \geqslant 0$. 再令 $\lambda = 1, \mathrm{i}$, 分别得到 $\mathrm{Im}(T_{\xi^*} x, y) = -\mathrm{Im}(T_\xi y, x), \mathrm{Re}(T_{\xi^*} x, y) = \mathrm{Re}(T_\xi y, x)$. 从而 $(T_{\xi^*} x, y) = (x, T_\xi y)$, 即 $T_{\xi^*} = T_\xi^*$.

证 将分成几步来证明.

(I) 作空间 H' X 表示 H 上向量族 $f = \{x_\xi | \xi \in \Gamma\}$ 的全体, x_ξ 称为 f 的第 ξ 坐标, 又常记为 f_ξ. 在 X 中规定两个元 $f, g \in X$ 的线性组合 $\alpha f + \beta g$(α、β 是任意的两个数) 为

$$(\alpha f + \beta g)_\xi = \alpha f_\xi + \beta g_\xi,$$

易知 X 成为线性空间. X_0 表示 X 中除有限个坐标不是零外, 其余都是零向量族全体, 显然 X_0 是 X 的线性子空间.

对于 $x \in H$, 我们把 x 和 X 中向量族

$$\{x_\eta | x_e = x, x_\eta = 0 (\eta \neq e)\}$$

相对应, 易知这种对应是 H 到 X_0 的一对一的线性映照, 在这种线性同构下, H 可以视为 X 的线性子空间.

X 中一切下列 $f = \{f_\xi | \xi \in \Gamma\}$ 的全体记为 $\widehat{X_0}$,

$$f_\xi = \sum_\eta T_{\xi^*\eta} x_\eta, \quad \{x_\eta | \eta \in \Gamma\} \in X_0,$$

显然 $\widehat{X_0}$ 是 X 的线性子空间. 又记 $f = \{\widehat{x_\eta}\}$. 在 $\widehat{X_0}$ 中引入泛函 $[\cdot, \cdot]$: 当 $f = \{\widehat{x_\eta}\}, g = \{\widehat{y_\eta}\}$ 时, 规定

$$\begin{aligned}
[f, g] &= \sum_\xi (f_\xi, y_\xi) = \sum_{\xi, \eta} (T_{\xi^*\eta} x_\eta, y_\xi) \\
&= \sum_{\xi, \eta} (x_\eta, T_{\eta^*\xi} y_\xi) = \sum_\eta (x_\eta, g_\eta),
\end{aligned} \tag{6.11.51}$$

由 (6.11.51) 易知 $[\cdot, \cdot]$ 不依赖于 $f = \{\widehat{x_\eta}\}, g = \{\widehat{y_\eta}\}$ 中 $\{x_\eta\}, \{y_\eta\}$ 的选取, 即 $[f, g]$ 的值由 f, g 完全确定. 显然 $[\cdot, \cdot]$ 是双线性泛函. 但由于条件 (2°), 对一切 $f \in \widehat{X_0}$ 有

$$[f, f] = \sum_{\xi, \eta} (T_{\xi^*\eta} x_\eta, x_\xi) \geqslant 0, \tag{6.11.52}$$

因而在 $\widehat{X_0}$ 上可用 Schwartz 不等式, 得到

$$|[f, g]|^2 \leqslant [f, f][g, g], \quad f, g \in \widehat{X_0}, \tag{6.11.53}$$

如果 $[f, f] = 0$, 那么对一切 $g \in \widehat{X_0}, [f, g] = 0$, 从 (6.11.51) 便知道只有 $f = 0$, 即 $[\cdot, \cdot]$ 是 $\widehat{X_0}$ 上的内积.

记 $\widehat{X_0}$ 的完备化空间为 H', H' 上内积仍记为 $[\cdot, \cdot]$, 相应的范数记为 $|\cdot|$.

(II) 视 H' 为 H 的扩张空间　对任何 $x \in H(\subset X_0)$, 作 H' 中元 f_x:

$$f_x = \{f_\xi | f_\xi = T_{\xi^*}x, \xi \in \Gamma\}.$$

显然, $f_x \in \widehat{X_0}$, 并且

$$x \mapsto f_x \tag{6.11.54}$$

是 $H \to H'$ 的一对一的线性映照, 而且对任何 $x 、 y \in H(\subset X_0)$

$$[f_x, f_y] = \sum_{\xi,\eta}(T_{\xi^*\eta}x_\eta, y_\xi) = (x, y),$$

即 $x \to f_x$ 是 H 到 $\widehat{X_0}$ 的子集保范同构, 今后不再区分 x 和 f_x, 这样便有

$$H \subset \widehat{X_0} \subset H' \tag{6.11.55}$$

(III) 算出 H' 在 H 上的投影　令 P 表示 H' 在 H 上投影, 对任何 $g \in \widehat{X_0}, g = \{\widehat{y_\eta}\}, x \in H$,

$$[Pg, x] = [g, x] = \sum_{\xi,\eta}(T_{\xi^*\eta}y_\eta, x_\xi)$$
$$= \sum_{\eta}(T_{e\eta}y_\eta, x) = (g_e, x) = [g_e, x],$$

因此, 对任何 $g \in \widehat{X_0}$,

$$Pg = g_e. \tag{6.11.56}$$

(IV) 作 D_ξ　设 $f \in \widehat{X_0}, f = \{\widehat{x_\eta}\}$, 即

$$f = \left\{f_\xi | f_\xi = \sum_{\eta} T_{\xi^*\eta}x_\eta, \xi \in P\right\},$$

因而对任何 $\alpha \in \Gamma$,

$$f_{\alpha^*\xi} = \sum_{\eta} T_{\xi^*\alpha\eta}x_\eta = \sum_{\zeta} T_{\xi^*\zeta}x_\zeta^\alpha, \quad x_\zeta^\alpha = \sum_{\alpha\eta=\zeta} x_\eta.$$

如果不存在 η, 使得 $\alpha\eta = \zeta$, 那么对这个 ζ, 规定 $x_\zeta^\alpha = 0$. 由于 $\{x_\eta\} \in X_0$, 易知 $\{x_\zeta^\alpha\} \in X_0$, 从而 $\{f_{\alpha^*\xi} | \xi \in \Gamma\} \in \widehat{X_0}$. 这就是说 $\widehat{X_0}$. 关于 "移动 $\alpha(\alpha \in \Gamma)$" 是不变的. 在 $\widehat{X_0}$ 中定义 "移动" 算子

$$D_\alpha : \{f_\xi | \xi \in \Gamma\} \mapsto \{f_{\alpha^*\xi} | \xi \in \Gamma\}, \alpha \in \Gamma,$$

显然, 对每个 α, D_α 是 $\widehat{X_0}$ 上的线性算子, 并且满足

a) $D_e\{f_\xi|\xi\in\Gamma\}=\{f_{e^*\xi}|\xi\in\Gamma\}=\{f_\xi|\xi\in\Gamma\}$;

b) $D_\alpha D_\beta\{f_\xi|\xi\in\Gamma\}=D_\alpha\{f_{\beta^*\xi}|\xi\in\Gamma\}=\{f_{\beta^*\alpha^*\xi}|\xi\in\Gamma\}$

$$=D_{\alpha\beta}\{f_\xi|\xi\in\Gamma\};$$

c) 当 $f=\{\widehat{x_\eta}\},g=\{\widehat{y_\eta}\}$ 时,

$$[D_\alpha f,g]=\sum_\xi(f_{\alpha^*\xi},y_\xi)=\sum_{\xi,\eta}(T_{\xi^*\alpha\eta}x_\eta,y_\xi)$$

$$=\sum_{\xi,\eta}(x_\eta,T_{\eta^*\alpha^*\xi}y_\xi)=[f,D_{\alpha^*}g];$$

d) 利用条件 (iii)′, 有

$$[D_\alpha f,D_\alpha f]=[D_{\alpha^*}D_\alpha f,f]=[D_{\alpha^*\alpha}f,f]$$

$$=\sum_{\xi,\eta}(T_{\xi^*\alpha^*\alpha\eta}x_\eta,x_\xi)\leqslant C_\alpha^2\sum_{\xi,\eta}(T_{\xi^*\eta}x_\eta,x_\xi)$$

$$=C_\alpha^2[f,f].$$

性质 d) 说明 D_α 是 $\widehat{X_0}$ 上有界算子, 并且

$$\|D_\alpha\|\leqslant C_\alpha.$$

利用 $\widehat{X_0}$ 在 H' 中的稠密性, D_α 可唯一地延拓 (并且保持范数不变) 到 H' 上, 并且在 H' 上仍具有 a) — d) 四个性质, 这就是说 D_α 是 Γ 在 H' 上的一个表示.

(V) 证明 $PD_\alpha=T_\alpha$ 对任何 $x\in H$, 作为 H' 中元, x 就是 $f_x=\{T_{\xi^*}x|\xi\in\Gamma\}$, 因而

$$PD_\alpha f_x=PD_\alpha\{T_{\xi^*}x|\xi\in\Gamma\}=P\{T_{(\alpha^*\xi)^*}x|\xi\in\Gamma\}$$

$$=P\{T_{\xi^*\alpha}x|\xi\in\Gamma\}$$

$$=T_\alpha x,$$

所以在 H 上, $PD_\alpha=T_\alpha$.

(VI) 证明 H' 的极小性 对一切 $f=\{\widehat{x_\eta}\}\in\widehat{X_0}$, 由于

$$f_\xi=\sum_\eta T_{\xi^*\eta}x_\eta=\sum_\eta(D_\eta f_{x_\eta})_\xi=\left(\sum_\eta D_\eta f_{x_\eta}\right)_\xi,$$

即 $f=\{f_\xi|\xi\in\Gamma\}=\sum_\eta D_\eta f_{x_\eta}$, 换句话说, f 是集 $\{D_\eta f_{x_\eta}|\eta\in\Gamma,f_{x_\eta}\in H\}$ 中有限个元的线性组合, 从而 $H'=\overline{\mathrm{span}}\{D_\eta f_{x_\eta}|\eta\in\Gamma,f_{x_\eta}\in H\}$, 即 H' 是极小的扩张空间.

(Ⅶ) 证明 (1°) — (3°) 成立　由 d) 可直接得到 (1°). 设 $T_{\xi\alpha\eta} = T_{\xi\beta\eta} + T_{\xi\gamma\eta}$ 成立, 因此对任何 $f = \{\widehat{x_\eta}\}, g = \{\widehat{y_\eta}\}, \alpha \in \Gamma$,

$$[D_\alpha f, g] = \sum_{\xi,\eta} (T_{\xi^*\alpha\eta} x_\eta, y_\xi)$$
$$= \sum_{\xi,\eta} ((T_{\xi^*\beta\eta} + T_{\xi^*\gamma\eta}) x_\eta, y_\xi) = [D_\beta f, g] + [D_\gamma f, g],$$

利用 $\widehat{X}_0$ 在 H' 中的稠密性以及 (1°) 成立, 由上式立即知道 (2°) 成立.

假设 (弱) $\lim\limits_{n\to\infty} T_{\xi\alpha_n\eta} = T_{\xi\alpha\eta}(\xi, \eta \in \Gamma)$, 并且 $\overline{\lim\limits_{n\to\infty}} C_{\alpha_n} < \infty$, 因此对任何 $f = \{\widehat{x_\eta}\}, g = \{\widehat{y_\eta}\}$,

$$\lim_{n\to\infty} (D_{\alpha_n} f, g) = (D_\alpha, f, g),$$

再由 $\overline{\lim\limits_{n\to\infty}} \|D_{\alpha_n}\| < \infty$ 立即推知上式对一切 f、$g \in H'$ 成立, 即 (3°) 成立.

(Ⅷ) 证明极小扩张必酉同构　假设 $H \subset H', H \subset H'', \Gamma$ 在 H', H'' 上分别有表示 D'_α、$D''_\alpha(\alpha \in \Gamma)$, 并且 H' 对 (H, D'_α) 是极小的, H'' 对 (H, D''_α) 也是极小的, 并且 $P'D'_\alpha = T_\alpha = P''D''_\alpha$ 在 H 上成立, 此地 P'、P'' 分别是 H'、H'' 在 H 上的投影. 对任何 $\{x_\eta | \eta \in \Gamma\}$、$\{y_\eta | \eta \in \Gamma\} \in X_0$, 分别记

$$f' = \sum_\eta D'_\eta x_\eta, \quad f'' = \sum_\eta D''_\eta x_\eta,$$
$$g' = \sum_\eta D'_\eta y_\eta, \quad g'' = \sum_\eta D''_\eta y_\eta,$$

$[\cdot, \cdot]', [\cdot, \cdot]''$ 分别表示 H'、H'' 上内积, 那么

$$[f', g']' = \sum_{\xi,\eta} [D'_\eta x_\eta, D'_\xi y_\xi]' = \sum_{\xi,\eta} [D'_{\xi^*} D'_\eta x_\eta, y_\xi]'$$
$$= \sum_{\xi,\eta} [D'_{\xi^*\eta} x_\eta, y_\xi]' = \sum_{\xi,\eta} [P' D'_{\xi^*\eta} x_\eta, y_\xi]'$$
$$= \sum_{\xi,\eta} (T_{\xi^*\eta} x_\eta, y_\xi), \tag{6.11.57}$$

同样可证

$$[f'', g'']'' = \sum_{\xi,\eta} (T_{\xi^*\eta} x_\eta, y_\xi). \tag{6.11.58}$$

如果令 H' 中 f' 与 H'' 中 f'' 相对应, 显然从 (6.11.57)、(6.11.58) 知道这是单值

映照并且是保范的, 从而是一对一的. 再由于

$$\overline{\operatorname{span}}\left\{f'|f' = \sum_\eta D'_\eta x_\eta, \{x_\eta|\eta \in \Gamma\} \in X_0\right\} = H',$$

$$\overline{\operatorname{span}}\left\{f''|f'' = \sum_\eta D''_\eta x_\eta, \{x_\eta|\eta \in \Gamma\} \in X_0\right\} = H'',$$

因此 $f' \mapsto f''$ 可以延拓成 $H' \to H''$ 上的酉算子, 记它为 U. 因此对任何 $f' = \sum_\eta D'_\eta x_\eta, \alpha \in \Gamma$,

$$U^{-1}D''_\alpha U f' = U^{-1}D''_\alpha\left(\sum_\eta D''_\eta x_\eta\right) = U^{-1}\sum_\eta D''_{\alpha\eta} x_\eta$$

$$= U^{-1}\sum_\zeta D''_\zeta x^\alpha_\zeta = \sum_\zeta D'_\zeta x^\alpha_\zeta$$

$$= \sum_\eta D'_{\alpha\eta} x_\eta = D'_\alpha f'$$

$\left(\text{其中 } x^\alpha_\zeta = \sum_{\alpha\eta=\zeta} x_\eta\right)$, 即 $U^{-1}D''_\alpha U = D'_\alpha$ 在 H' 的稠密集上成立, 再由 D'_α、D''_α ($\alpha \in \Gamma$) 的连续性便得到

$$U^{-1}D''_\alpha U = D'_\alpha, \quad \alpha \in \Gamma,$$

在 H' 上成立, 即 (D'_α, H') 与 (D''_α, H'') 是酉等价. 证毕

下面是一个重要的特例.

系 1 设 Γ 是一个群, $*$ 运算是: $\xi^* = \xi^{-1}(\xi \in \Gamma)$. 当 $T_\xi(\xi \in \Gamma)$ 满足 (i)′、(ii)′ 条件时, 必存在扩张空间 $H' \supset H$, 以及 Γ 在 H' 上的酉表示 D_ξ (即 D_ξ 是 H' 上酉算子), 使得定理 5.11.5 的结论成立.

证 当 Γ 是群, 并取 $\xi^* = \xi^{-1}$ 时, (iii)′ 将自动地被满足 (其实, 取 $C_\alpha = 1$, 此时 (iii)′ 变成等式). 由定理 6.11.4 立即就得到本系. 证毕

假设 Γ 是拓扑群 (即 Γ 既是群, 又是 Hausdorff 拓扑空间, 并且群运算关于拓扑是连续的). $p(\xi)$ 是定义在 Γ 上的函数, 如果对任意有限个复数 z_1、$\cdots$、z_n 和 Γ 中的元 ξ_1、$\cdots$、ξ_n, 都有

$$\sum_{i,j} p(\xi_i^{-1}\xi_j)z_i\bar{z}_j \geqslant 0, \tag{6.11.59}$$

称 $p(\cdot)$ 是 Γ 上的**正定函数**.

系 2　对于拓扑群 Γ 上任何一个非零正定连续函数 $p(\cdot)$, 必存在复 Hilbert 空间 H, 使得

$$p(\xi) = (U_\xi f_0, f_0),$$

其中 f_0 是某个复 Hilbert 空间 H 中的向量, U_ξ 是 Γ 在 H 上的酉表示, 并且 $\overline{\mathrm{span}}\{U_\xi f_0 | \xi \in \Gamma\} = H$. 除去一个酉等价的差别外, (U_ξ, H) 是由 $p(\cdot)$ 唯一确定的.

证　取 $n = 2; z_1 = 1, z_2 = \lambda; \xi_1 = e, \xi_2 = \xi$. 由 (6.11.59) 得到

$$p(e) + p(\xi)\overline{\lambda} + p(\xi^{-1})\lambda + \lambda\overline{\lambda} p(e) \geqslant 0, \tag{6.11.60}$$

再在 (6.11.60) 中取 λ 分别为 $1, \mathrm{i}$, 就得到

$$\overline{p(\xi)} = p(\xi^{-1}), \xi \in \Gamma, \tag{6.11.61}$$

当取 $\lambda = 0$ 时, 由 (6.11.60) 得到 $p(e) \geqslant 0$. 其实,

$$p(e) > 0. \tag{6.11.62}$$

事实上, 如果 $p(e) = 0$, 那么当在 (6.11.60) 中取 $\overline{\lambda} = -\overline{p(\xi)}$ 时, 便得到 $-2|p(\xi)|^2 \geqslant 0$. 从而对一切 $\xi \in \Gamma, p(\xi) = 0$, 这与 $p(\cdot)$ 是非零的假设相矛盾, 所以 (6.11.62) 成立.

可用正定函数 $p(\cdot)/p(e)$ 代替 $p(\cdot)$, 所以下面不妨设正定函数 $p(\cdot)$ 满足 $p(e) = 1$. 令 H_0 是一维复欧几里得空间. 对每个 $\xi \in \Gamma$, 视 $T_\xi = p(\xi)$ 为 H_0 上线性算子, 易知 $\{T_\xi | \xi \in \Gamma\}$ 在 H_0 上满足 (i)′—(iii)′. 按定理 6.11.4, 存在 Hilbert 空间 H (即定理 6.11.4 中 H') 和 U_ξ, 使本系所有结论成立.　　　　证毕

特别地, 当 Γ 是实直线 R^1 (视为加法群, 拓扑取为通常的拓扑), 利用单参数酉算子群的一般形式 (例如参见 [16]), 存在直线上谱系 $\{E_\lambda | \lambda \in (-\infty, +\infty)\}$, 使得

$$U_\xi = \int_{-\infty}^{+\infty} e^{\mathrm{i}\xi\lambda} \mathrm{d}E_\lambda, \quad \xi \in (-\infty, +\infty), \tag{6.11.63}$$

由此立即又可得到经典调和分析中下面极为重要的结果 (也是随机过程理论的重要基础之一) —— Bochner 定理

系 3 (Bochner)　$p(\cdot)$ 是直线 R^1 上正定连续函数的充要条件是存在 $(-\infty, +\infty)$ 上全有限的 Lebesgue-Stieltjes 测度 g, 使得

$$p(\xi) = \int_{-\infty}^{+\infty} e^{\mathrm{i}\xi\lambda} \mathrm{d}g(\lambda), \tag{6.11.64}$$

且使 (6.11.64) 成立的测度 g 是唯一的

证 充分性: 直接验证 $p(\cdot)$ 是正定、连续的是很容易的, 又显然还有 $p(0) = g(+\infty) - g(-\infty)$[1].

必要性: 当 $p(\xi) \equiv 0$ 时, 取 $g(x) \equiv 0$ 即可. 而当 $p(\cdot)$ 不是零函数时, 由系 2 和 (6.11.63) 式得到

$$\frac{p(\xi)}{p(0)} = \int_{-\infty}^{+\infty} e^{\mathrm{i}\xi\lambda} \mathrm{d}(E_\lambda f_0, f_0),$$

取 $g(\lambda) = p(0)(E_\lambda f_0, f_0)$ 即可.

测度 g 的唯一性 (当然作为点函数的 $g(\lambda)$ 可以相差一个常数) 由系 2 中的唯一性容易得到. 证毕

在历史上, 是先有系 3, 然后有系 2, 最后才有 Nagy 所证明的定理 6.11.4.

现在再利用定理 6.11.4 给出 Наймарк 的广义谱系的扩张定理.

定理 6.11.5 (Наймарк) 设 $\{B_\lambda | \lambda \in (-\infty, +\infty)\}$ 是 Hilbert 空间 H 上广义谱系. 那么必存在 Hilbert 空间 $H'(\supset H)$ 上的谱系 $\{E_\lambda | \lambda \in (-\infty, +\infty)\}$, 使得

$$B_\lambda = PE_\lambda, \quad \lambda \in (-\infty, +\infty),$$

其中 P 是 H' 在 H 上的投影. 如果 H' 是极小扩张空间, 即 $H' = \overline{\mathrm{span}}\{E_\lambda f | \lambda \in (-\infty, +\infty), f \in H\}$, 那么除去一个酉等价之外, $(H', \{E_\lambda | \lambda \in (-\infty, +\infty)\})$ 是由 $\{B_\lambda | \lambda \in (-\infty, +\infty)\}$ 唯一确定的.

证 令 $B_\infty = I, B_{-\infty} = 0, \widehat{\boldsymbol{R}}_0$ 是 $E^1 = (-\infty, +\infty)$ 上有限个互不相交区间 $(a, b] (-\infty \leqslant a < b \leqslant +\infty)$ 的和所生成的 F^1 上代数.

对任何 $E \in \widehat{\boldsymbol{R}}_0$, 假设 $E = \bigcup_{i=1}^{n} \Delta_i, \Delta_i \bigcap \Delta_j = \varnothing (i \neq j), \Delta_i = (a_i, b_i] (i, j = 1, 2, \cdots, n)$, 规定

$$B_E = \sum_i B_{\Delta i}, B_{\Delta i} = B_{b_i} - B_{a_i} \geqslant 0,$$

又规定 $B_\varnothing = 0, B_{E^1} = I$. 这样 B_E 是 $\widehat{\boldsymbol{R}}_0$ 上有限可加的算子值集函数, 并且

$$0 \leqslant B_E \leqslant I, \quad B_\varnothing = 0, \quad B_{E^1} = I,$$

当 $E \bigcap F = \varnothing$ 时, $B_{E \bigcup F} = B_E + B_F$. (6.11.65)

视 $\widehat{\boldsymbol{R}}_0$ 为 *-半群 在 $\widehat{\boldsymbol{R}}_0$ 上规定乘法、* 运算如下:

$$EF = E \bigcap F, \quad E^* = E,$$

---

[1] 这里 $g(\pm\infty) = \lim_{x \to \pm\infty} g(x)$. 在 $g(x)$ 是 R^1 上单调增加, 并且由 g 产生的 Lebesgue-Stieltjes 测度是全有限的条件下, 易知 $\lim_{x \to \pm\infty} g(x)$ 是存在的.

容易验证它们分别成为 $\widehat{R}_0$ 中乘法和 $*$ 运算, 显然 $\widehat{R}_0$ 中元 E^1 是乘法的幺元.

取 $T_E = B_E (E \in \widehat{R}_0)$. 现来验证满足条件 (i)′ — (iii)′. 条件 (i)′ 是显然满足的, 因此只要验证 $B_E(E \in \widehat{R}_0)$ 满足 (ii)′、(iii)′.

对任意 $E_1, \cdots, E_n \in \widehat{R}_0, x_1, \cdots, x_n \in H$, 作集

$$\prod = E_1^{\pm} \bigcap E_2^{\pm} \bigcap \cdots \bigcap E_n^{\pm}, \tag{6.11.66}$$

其中 $E^+ = E, E^- = E^1 - E$. 对每个 $i(i = 1, 2, \cdots, n)$, 取定 E^+、E^- 中的一个, 由 (6.11.66) 就产生一个集, 称为 Π 型集. 显然, 任何两个不同 Π 型集必互不相交, 并且每个 $E_i \bigcap E_j$ 都可分解成 E_i、E_j 都取 $+$ 号的 Π 型集的和. 固定某个 Π 型集, 记适合 $E_i \supset \Pi$ 的 i 为 $i_1, \cdots, i_r$, 那么

$$S_\pi = \sum_{k,h} (B_\pi x_{i_k}, x_{i_h}) = (B_\pi x, x), x = \sum_k x_{i_k},$$

从而 $S_\pi \geqslant 0$. 因此

$$\sum_{i,j} (B_{E_i \bigcap E_j} x_i, x_j) = \sum_\pi S_\pi \geqslant 0,$$

即满足 (ii)′.

任取 $E \in \widehat{R}_0$, 令

$$E_i' = E_i \bigcap E, \quad E_i'' = E_i \bigcap (E^1 - E), \quad i = 1, 2, \cdots, n,$$

由于 $B_{E_i \cap E_j} = B_{E_i' \cap E_j'} + B_{E_i'' \cap E_j''}$ 以及

$$S' = \sum_{i,j} (B_{E_i' \bigcap E_j'} x_i, x_j) \geqslant 0,$$

$$S'' = \sum_{i,j} (B_{E_i'' \bigcap E_j''} x_i, x_j) \geqslant 0$$

立即得到 $0 \leqslant S' \leqslant S' + S''$, 即

$$0 \leqslant \sum_{i,j} (B_{E_i \bigcap E \bigcap E \bigcap E_j} x_i, x_j)$$

$$\leqslant \sum_{i,j} (B_{E_i \bigcap E_j} x_i, x_j),$$

即 (iii)′ 被满足, 而且可取 $C_E = 1$.

根据定理 6.11.4, 存在 $H' \supset H$, 以及 $\widehat{R}_0$ 在 H' 上的表示 $D_E(E \in \widehat{R}_0)$, 使得对任何 $E \in \widehat{R}_0$,

$$B_E = PD_E,$$

并且 $H' = \overline{\text{span}}\{D_E x | E \in \widehat{\boldsymbol{R}}_0, x \in H\}$.

证 $\{D_E | E \in \widehat{\boldsymbol{R}}_0\}$ 是 H' 上投影算子族: 由于

$$D_E = D_E^* = D_{E \cap E} = D_E^2,$$

所以 D_E 是 H' 上的投影算子.

作出谱系 $\{E_\lambda | \lambda \in (-\infty, +\infty)\}$: 由于

$$D_E = D_{E \cap E^1} = D_{E^1} D_E,$$

从而对任何 $x \in H, D_E x = D_{E^1} D_E x$, 再从 H' 的极小性可知 $D_{E^1} = I$. 当 $E, F \in \widehat{\boldsymbol{R}}_0$, 并且 $E \cap F = \varnothing$ 时, 对任何 $K \in \widehat{\boldsymbol{R}}_0$.

$$B_{(E \cup F) \cap K} = B_{E \cap K} + B_{F \cap K},$$

利用定理 6.11.4 的 $(2°)$ $(\alpha = (E \cup F) \cap K, \beta = E \cap K, \gamma = F \cap K)$ 得到

$$D_{(E \cup F) \cap K} = D_{E \cap K} + D_{F \cap K},$$
$$(\text{或 } D_{E \cup F} D_K = D_E D_K + D_F D_K), \tag{6.11.67}$$

又根据 H' 的极小性, 从 (6.11.67) 得到

$$D_{E \cup F} = D_E + D_F (E \cap F = \varnothing), \tag{6.11.68}$$

特别地, 当 $E = F = \varnothing$ 时, $D_\varnothing = D_\varnothing + D_\varnothing$, 从而 $D_\varnothing = 0$. 令

$$E_\lambda = D_{(-\infty, \lambda]}, \quad -\infty < \lambda < +\infty,$$

由 (6.11.68) 得到 $E_\lambda \leqslant E_\mu (\lambda < \mu)$. 因为 $B_{(-\infty, \lambda]} = B_\lambda - B_{-\infty} = B_\lambda$, 所以在 H 上

$$B_\lambda = P E_\lambda, \quad -\infty < \lambda < +\infty,$$

剩下仅需证明

$$\lim_{\lambda \to \mu+0} E_\lambda = E_\mu, \lim_{\lambda \to -\infty} E_\lambda = 0, \lim_{\lambda \to \infty} E_\lambda = I, \tag{6.11.69}$$

为此, 我们只要注意到: 对任何 $F \in \widehat{\boldsymbol{R}}_0$,

$$(\text{弱}) \lim_{\lambda \to \mu+0} B_{(-\infty, \lambda] \cap F} = B_{(-\infty, \mu] \cap F},$$

$$(\text{弱}) \lim_{\lambda \to -\infty} B_{(-\infty, \lambda] \cap F} = 0 = B_{\varnothing \cap F},$$

$$(\text{弱}) \lim_{\lambda \to \infty} B_{(-\infty, \lambda] \cap F} = B_{E^1 \cap F},$$

应用定理 6.11.5 的 (3°) 以及 H' 的极小性, 易知 (6.11.69) 成立, 这样就完成了 $\{E_\lambda | \lambda \in (-\infty, +\infty)\}$ 是谱系的证明.

除去一个酉等价外, 显然 (H', E_λ) 是由 $\{B_\lambda | \lambda \in (-\infty, +\infty)\}$ 唯一确定的.

　　　　　　　　　　　　　　　　　　　　　　　　　　　　　　　证毕

4. 压缩算子的酉膨胀　　设 T 是 Hilbert 空间 H 上有界线性算子, 如果 $\|T\| \leqslant 1$, 称 T 是 H 上的**压缩算子**①. 显然, 压缩算子就是把每个向量 x, 照出的像 Tx 的 "长度" 不变长. P.R.Halmos 曾提出并解决了如下的问题: 是否存在空间 $H' \supset H$, 以及 H' 上的酉算子 U, 使得

$$T = PU|_H. \tag{6.11.70}$$

这里 P 是 H' 在 H 上的投影.

如果上述 H', U 存在, 通常称 (H', U) 是 H 上压缩算子 T 的**酉膨胀**. 这种酉膨胀, 后来也被 Nagy 推广, 并在此基础上建立了一般压缩算子的理论.

定理 6.11.6 (Halmos)　　复 Hilbert 空间上压缩算子必存在酉膨胀.

证　　取 $H' = H \oplus H$. 将 H' 上算子表示成 2×2 阵的形式, 取

$$U = \begin{pmatrix} T & (I - TT^*)^{\frac{1}{2}} \\ (I - T^*T)^{\frac{1}{2}} & -T^* \end{pmatrix},$$

由于 $I - T^*T \geqslant 0, I - TT^* \geqslant 0$, 所以正平方根 $(I - T^*T)^{\frac{1}{2}}$、$(I - TT^*)^{\frac{1}{2}}$ 都存在, 易知

$$U^* = \begin{pmatrix} T^* & (I - T^*T)^{\frac{1}{2}} \\ (I - TT^*)^{\frac{1}{2}} & -T \end{pmatrix},$$

经直接计算后立即可得

$$U^*U = I, UU^* = I,$$

从而 U 是 H' 上酉算子, 并且 (6.11.70) 成立.　　　　　　　　　证毕

习　题　6.11

1. 设 A 是 Hilbert 空间 H 上闭对称算子, 证明: 如果 $\mathscr{R}(A) = H$, 那么 A^{-1} 必是 H 上有界的自共轭算子 (从而 A 是自共轭算子).

---

①在 Hilbert 空间理论中, "压缩算子" 通常指 $\|T\| \leqslant 1$. 而不是指 $\|T\| \leqslant \alpha < 1$(见 §4.8 的压缩映照).

2. 设 A 是 Hilbert 空间 H 上自共轭算子, 并满足 $0 \leqslant A \leqslant I$. 证明必存在 Hilbert 空间 $H' \supset H$, 以及 H' 上投影算子 E, 使得

$$A = PE|_H,$$

其中 P 是 H' 在 H 上的投影.

(提示: 取 $H' = H \oplus H, E = \begin{pmatrix} A & B \\ B & I - A \end{pmatrix}, B = [A(I - A)]^{\frac{1}{2}}$.)

3. 设 $\{A_n\}$ 是 Hilbert 空间 H 上自共轭算子序列, 如果 $A_n \geqslant 0, n = 1, 2, 3, \cdots$, $\sum\limits_{n=1}^{\infty} A_n = I$, 那么必存在 Hilbert 空间 $H' \supset H$, 以及 H' 上一列彼此可交换的投影算子 $\{E_n\}$, 使得

$$A_n = PE_n|_H, n = 1, 2, 3, \cdots, \sum_{n=1}^{\infty} E_n = I,$$

此处 P 是 H' 在 H 上的投影 (提示: 本题可用习题 2 来证, 也可直接作为 Наймарк 定理推论).

4. 设 $\{A_n\}$ 是复 Hilbert 空间 H 上一列有界线性算子, 那么必存在 Hilbert 空间 $H' \supset H$, 以及 H' 上一列有界的正常算子 $\{N_n\}$, 使得

$$A_n = PN_n|_H, n = 1, 2, 3, \cdots$$

并且 $\{N_n, N_m^*|n, m = 1, 2, 3, \cdots\}$ 彼此可交换, P 是 H' 在 H 上投影. 如果 $\{A_n\}$ 是自共轭的, 那么 $\{N_n\}$ 也是一列自共轭的 (提示: 对于 $\{A_n\}$ 是自共轭的序列时, 作 $A'_n = \dfrac{A_n - m_n I}{2^n(M_n - m_n + 1)}(n = 1, 2, 3, \cdots)$, 其中 $M_n = \sup\limits_{\|x\|=1} (A_n x, x), m_n = \inf\limits_{\|x\|=1} (A_n x x)$, 对 $\{A'_n\}$ 可用习题 3. 对于一般的 $\{A_n\}$ 可化为序列 $\{\mathrm{Re}A_n, \mathrm{Im}A_n\}$ 考虑).

定义 6.11.6 设 T 是复 Hilbert 空间 H 上有界线性算子, 如果存在复 Hilbert 空间 $H' \supset H$, 以及 H' 上正常算子 N, 使得

$$T = N|_H,$$

称 T 是 H 上**次正常算子**.

显然, 在分解 $H' = H \oplus (H' \ominus H)$ 下, $N = \begin{pmatrix} T & T_1 \\ 0 & T_2 \end{pmatrix}$.

5. 设 T 是复 Hilbert 空间 H 上次正常算子, 那么 T 必是 H 上亚正常算子, 即对任何 $x \in H, \|Tx\| \geqslant \|T^*x\|$ (提示: 用 $N = \begin{pmatrix} T & T_1 \\ 0 & T_2 \end{pmatrix}$ 的形式直接算出 $NN^* = N^*N$ 成立的条件).

6. 设 $T, \widetilde{T}$ 分别是 Hilbert 空间 H、$H'(\supset H)$ 上有界线性算子. P 是 H' 在 H 上的投影. 证明下面三个命题等价.

(i) $T \subset \widetilde{T}$.

(ii) $T = P\widetilde{T}|_H, T^*T = P\widetilde{T}^*\widetilde{T}|_H$ 同时成立.

(iii) 对一切 $i, k = 0, 1, 2, \cdots, T^{*i}T^k = P\widetilde{T}^{*i}\widetilde{T}^k|_H$ 成立.

7. (Halmos) 设 T 是复 Hilbert 空间 H 上有界线性算子. 证明存在 Hilbert 空间 $H' \supset H$, 以及 H' 上正常算子 N, 使得 $T = N|_H$ 成立 (即 T 是次正常) 的充要条件是

(i) 对任何有限个向量 $x_0, \cdots, x_n \in H$,

$$\sum_{i,j=0}^{n} (T^i x_j, T^j x_i) \geqslant 0,$$

(ii) 存在正数 c, 对任何有限个向量 $x_0, \cdots, x_n \in H$,

$$\sum_{i,j=0}^{n} (T^{i+1} x_j, T^{j+1} x_i) \leqslant \mathrm{e}^2 \sum_{i,j=0}^{n} (T^i x_j, T^j x_i)$$

(必要性是显然的, 充分性证明的提示: 考察 $*$-半群 $\Gamma = \{\{i,j\}|i, j$ 是非负整数 $\}; \{i,j\} \cdot \{i',j'\} = \{i+i', j+j'\}, \{i,j\}^* = \{j,i\}$. 利用定理 6.11.5 及习题 6).

8. (Nagy) 设 T 是复 Hilbert 空间 H 上压缩算子, 那么必存在 Hilbert 空间 $H' \supset H$, 以及 Hilbert 空间 H' 上酉算子 U, 使得

$$T^n = PU^n|_H, T^{*n} = PU^{*n}|_H, n = 0, 1, 2, \cdots$$

其中 P 是 H' 在 H 上投影 (这种膨胀定理在滤波理论中有应用. 证明的提示: 令 $H = \bigoplus_{i=-\infty}^{\infty} H_i, H_i = H, i = 0, \pm 1, \pm 2, \cdots$, 作出如下算子 U

$$
U = \begin{pmatrix}
\ddots & & & & & & \\
& 0 & & & & & \\
& 1 & 0 & & & & \\
& 0 & 1 & 0 & & & \\
& & & 0 & (T - TT^*)^{\frac{1}{2}} & T & \\
& & & & -T & (I - \widetilde{T}^*T)^{\frac{1}{2}} & 0 & \\
& & & & & & 1 & 0 & \\
& & & & & & 0 & 1 & 0 \\
& & & & & & & & \ddots
\end{pmatrix}
\begin{matrix}
\\ \\ H_{-2} \\ H_{-1} \\ H_0 \\ H_1 \\ H_2 \\ \\
\end{matrix}
$$

直接验证 U 满足要求).

9. T 是 Hilbert 空间 H 上压缩算子, 如果 $Tx = x$, 那么必有 $T^*x = x$.

10. (遍历定理) 设 T 是复 Hilbert 空间 H 上压缩算子, 那么对一切 $x \in H$, 极限

$$(强) \lim_{\substack{n>m\geqslant 0 \\ n-m\to\infty}} \frac{1}{n-m} \sum_{k=m}^{n-1} T^k x$$

存在 (用习题 8 以及西算子的谱分解定理).

(注: 习题 8 可以推广成连续参数形式, 从而习题 10 也可推广成连续参数形式.)

11. (von-Neumann 和 Heinz) 设 $u(z) = \sum_{i=0}^{\infty} c_i z^i$ 是绝对收敛级数 $\sum_{i=0}^{\infty} c_i$ 产生的解析函数, T 是复 Hilbert 空间上的压缩算子. 记 $u(T) = \sum_{i=0}^{\infty} c_i T^i$. 如果 $u(z)$ 在 $|z| \leqslant 1$ 上满足 $|u(z)| \leqslant 1$ (或 $\operatorname{Re} u(z) \geqslant 0$), 那么 $\|u(T)\| \leqslant 1$ (或 $\operatorname{Re} u(T) \geqslant 0$, 这里 $\operatorname{Re} u(T)$ 是 $u(T)$ 的实部).

(提示: 用习题 8 和西算子谱分解定理.)

12. (Nagy) 设 $\{A_n\}$ 是 Hilbert 空间 H 上的有界自共轭算子序列, 满足

(i) 对每个实系数, 而在 $[-M, M]$ 上非负的多项式 $p(t) = \sum_{i=0}^{n} a_i t^i$, $\sum_{i=0}^{n} a_i A_i \geqslant 0$;

(ii) $A_0 = I$,

那么必存在 Hilbert 空间 $H'(\supset H)$ 以及 H' 上有界自共轭算子 A, 使得

$$A_n = PA^n|_H, n = 0, 1, 2, \cdots,$$

此处 P 是 H' 在 H 上的投影. 如果要求 H' 是极小的, 即 $H' = \overline{\operatorname{span}}\{A^n f | f \in H, n = 0, 1, 2, \cdots\}$, 那么除去一个西等价外, (H', A) 是由 $\{A_n\}$ 唯一确定的, 并且 $\|A\| \leqslant M$. (提示: 取 $N = \{0, 1, 2, \cdots\}$ 为 Γ, 普通加法作为 Γ 上的乘法, 并取 $n^* = n$.)

第七章　广义函数

---

§7.1　基本函数与广义函数

1. 引言　在经典数学分析和通常的应用中, 实变数的实函数是这样来定义的: 它是实数集到实数集的映照. 这样定义函数在某种程度上确是反映了现实世界中两个变量之间的关系. 然而在许多场合, 这种把函数理解为实数对应于实数的概念已经不够用了. 例如, 对给定的质量分布, 它的密度函数就不能完全容纳在通常的函数概念中, 我们详述如下.

设在实数直线上给定了一个质量分布 (它的总质量是有限的). 我们用 $F(x)$ 表示区间 $(-\infty, x]$ 中的质量, 它是直线上单调增加右方连续的函数. 由于 $F(x_0 + h) - F(x_0 - h)$ 是长度为 $2h$ 的区间 $(x_0 - h, x_0 + h]$ 中的质量, 当函数 $F(x)$ 在点 x_0 的导数存在时, $\lim\limits_{h \to 0} \dfrac{F(x_0 + h) - F(x_0 - h)}{2h} = F'(x_0)$ 表示这个质量分布在 x_0 点的密度. 这样, 质量分布的密度函数 $\rho(x)$ 只是在 $F'(x)$ 存在的点有定义. 如果在整个直线上只是在原点有一单位质量, 别处无质量, 那么

$$F(x) = \begin{cases} 1, & \text{当 } x \geqslant 0, \\ 0, & \text{当 } x < 0, \end{cases} \tag{7.1.1}$$

显然, 在 $x \neq 0$ 处密度 $\rho(x)$ 为 0 而在 $x = 0$ 处密度 $\rho(x)$ 为 ∞, 这样的密度函数 $\rho(x)$ 就不能容纳在经典数学分析的函数概念中. 简单地认为 $\rho(x)$ 几乎处处等于 0 是不行的, 对这种函数进行通常的微积分运算将导致错误. 例如它的积分

$\displaystyle\int_{-\infty}^{+\infty}\rho(x)\mathrm{d}x$ 按通常 Lebesgue 积分的意义当然是零, 但是从直观上来说这个积分明明应该等于总质量 1. 矛盾的产生说明函数概念必须推广, $\rho(x)$ 不是几乎处处等于 0 的函数, 而是一种新的意义下的 "函数".

其次, 在经典数学分析中许多分析运算受到较大的限制. 例如对求导函数的运算, 我们知道连续函数不一定能求导, 即使存在一次导函数也不一定存在高阶导函数. 又如对于函数列, 求导函数的运算与求极限的运算一般不一定能交换, 就是说, 当在某区间上 $\lim\limits_{m\to\infty}F_m(x)$ 存在而且 $F_m'(x)$ 存在时, $\big(\lim\limits_{m\to\infty}F_m(x)\big)'$ 与 $\lim\limits_{m\to\infty}F_m'(x)$ 这两个函数不一定都存在, 即使它们都存在时也不一定相等, 除非加上相当强的条件, 如一致收敛之类. 还有积分运算的限制也很大, 例如常数函数 1 的 Fourier 变换是发散的反常积分 $\displaystyle\int_{-\infty}^{+\infty}e^{ixt}\mathrm{d}x$, 它一般是无意义的, 因此 Fourier 变换等一些有力的分析工具在应用时受到较大的限制. 总之, 经典分析中分析运算的灵活性不能显示出来. 因此需要冲破经典分析数学中函数概念的框架.

本世纪 40 年代左右建立起来的广义函数论就是为了解决上述一些问题. 它起源于量子力学中的 Dirac δ-函数. 而现在广义函数论已经在理论物理、工程技术、微分方程论、随机过程论、群表示论与泛函分析中有了广泛的应用.

另外, 广义函数的概念也有进一步的扩充, 如超函数、微函数等, 这些在本书中将不进行讨论.

广义函数的概念可以粗略地阐述如下. 例如, 设 $T(x)$ 表示某个一维的温度分布. 由于温度是经过在一个小范围中平均而得的数量概念, 讲在某点 x 处的温度是没有直观意义的, 而且也难以实际测量到它的精确值. 如果我们要通过测量确定这个温度分布的情况, 那么在每一次测量时仪器所 "接触" 的部位不是一点而是在该点周围某个范围内的各点, 而测得的数值是一定范围内各点温度值的 "加权平均". 如果我们用 $T(x)$ 表示 x 点温度分布的状况, 用 $\varphi(x)$ 表示在一次测量中 x 点的温度对这次测量所得的数值影响程度的一个 "权", 那么用这个仪器进行一次测量所得的数值并不是在某点处的 $T(x)$ 值, 而是与分布 $T(x)$ 有关的一个数值, 例如是

$$(T,\varphi)=\int_{-\infty}^{+\infty}T(x)\varphi(x)\mathrm{d}x \tag{7.1.2}$$

进行各式各样的测量相当于让 $\varphi(x)$ 经历某个函数类 $\mathscr{F}$. 相应于这个函数类 $\mathscr{F}$ 中每个 φ, 测得的温度值是 (T,φ) (见 (7.1.2)). 再设法由 (T,φ) 的值定出 T 的分布情况.

总之, 要确定函数 $T(x)$, 不一定能直接确定它在每点 x 的函数值, 而是使函数 $T(x)$ 和某个函数集 $\mathscr{F}$ 中函数 φ 发生 "关联". 对 $\mathscr{F}$ 中每个 φ 按某种方式

(不一定就是 (7.1.2)) 定出一个值 (T, φ) 与 φ 对应. 就是说用泛函 $\varphi \mapsto (T, \varphi)$ 来确定 T. 最简单的泛函是连续线性泛函, 它类似于 (7.1.2). 这样得到的函数概念就是广义函数. 为了避免求导等分析运算受到限制, 我们选取 $\mathscr{F}$ 是 "足够好" 的函数所成的函数类, 使对其中每个函数能无限制地进行求导等分析运算, 而后利用类似于 "分部积分" 的技巧 (见 §7.2 第一段) 使得对广义函数也能无限次求导以及进行各种分析运算.

2. 基本函数空间　　首先我们引进一些记号与概念. 我们对 n 维欧几里得空间 E^n 中的点 $x = (x_1, x_2, \cdots, x_n)$, 记 $|x| = \sqrt{x_1^2 + \cdots + x_n^2}$.

设 $\varphi(x)$ 是定义在 n 维欧几里得空间 E^n 上的函数, $x = (x_1, \cdots, x_n)$. 我们用 S_φ 表示集 $\{x | \varphi(x) \neq 0\}$ 的闭包, 把它称作函数 $\varphi(x)$ 的**支集**. 设 $p = (p_1, p_2, \cdots, p_n), p_j$ 为非负整数, 记 $N(p) = p_1 + \cdots + p_n$, 记偏微分运算 $\dfrac{\partial^{N(p)}}{\partial x_1^{p_1} \cdots \partial x_n^{p_n}}$ 为 D^p. 当 $p_j = 0$ 时就表示不对变数 x_j 求偏导数. 特别记 $(0, 0, \cdots, 0)$ 为 $0, D^0 \varphi$ 就是函数 φ 本身, 它又称作 φ 的零阶导函数.

基本函数空间 K　　下面我们选择一类性质 "足够好" 的函数, 使得广义函数能够作为这类函数组成的函数空间上的泛函.

定义 7.1.1　　设 K 是 E^n 上无限次可微而且支集有界的复函数的全体. 函数集 K 按照通常函数的线性运算成为复线性空间. 在 K 中引进如下的极限概念. 设 $\{\varphi_m\} \subset K, m = 1, 2, 3, \cdots, \varphi \in K$. 如果 (i) 存在一个有界集 A 使得 $S_{\varphi_m} \subset A, m = 1, 2, 3, \cdots$ (这时说函数列 $\{\varphi_m\}$ 的支集是**一致有界**的), 而且 (ii) 函数列 $\{\varphi_m\}$ 的各阶 (包括零阶) 导函数列 $\{D^p \varphi_m\}$ 都 (在 E^n 上) 一致收敛于 $D^p \varphi$, 那么称函数列 $\{\varphi_m\}$ 在 **K 中收敛**于 φ, 记为 $\varphi_m \xrightarrow{K} \varphi$. 按上述线性运算与极限运算, 称空间 K 是一个**基本函数空间**, 其中的函数 φ 称作 (K 中的) **基本函数**.

K 中的极限概念有下面的基本性质: 显然, 当 $\varphi_m \xrightarrow{K} \varphi, \psi_m \xrightarrow{K} \psi, \alpha$ 和 β 是数时, $\alpha \varphi_m + \beta \psi_m \xrightarrow{K} \alpha \varphi + \beta \psi$. 也就是说线性运算是连续的.

首先我们来说明 K 中有不恒等于零的函数.

例 1　　对任何固定的正数 a, 作函数

$$\varphi(x, a) = \begin{cases} e^{-\frac{a^2}{a^2 - |x|^2}}, & \text{当 } |x| < a, \\ 0, & \text{当 } |x| \geqslant a, \end{cases} \tag{7.1.3}$$

它是无限次可微的函数, 它的支集就是闭球 $\{x \,|\, |x| \leqslant a\}$. 所以 $\varphi(\cdot, a)$[1]$\in K$.

----
[1] $\varphi(\cdot, a)$ 表示 E^n 上的函数 $x \mapsto \varphi(x, a)$.

其次我们再举例来说明 K 中的极限概念.

例 2 设 $\{b_m\} \subset E^n, b_m \to 0$. 那么 $\varphi(\cdot - b_m, a)^{①} \xrightarrow{K} \varphi(\cdot, a)$. 但是如果 $b_m \to \infty$, 作 $\varphi_m(\cdot) = \dfrac{1}{m}\varphi(\cdot - b_m, a)$. 这时尽管对一切 $p, \{D^p\varphi_m\}$ 在 E^n 上一致收敛于 0, 但是它不满足 K 中函数列收敛定义中的条件 (i). 因为这时 S_{φ_m} 是以 b_m 作中心 a 作半径的闭球, 由于 $b_m \to \infty$, 这些闭球当然不能容纳在一个有界集中, 所以 $\{\varphi_m\}$ 在 K 中不收敛于任何函数.

为了更细致地刻画 K 中的极限概念, 我们考察 K 的子空间. 设 Ω 是 E^n 中以原点作中心, 有限正数 r 作半径的闭球. 我们把 K 中支集含在 Ω 内的函数全体记作 $K(\Omega)$. 它是 K 的线性子空间. 我们按 §4.1 的办法在 $K(\Omega)$ 中引进距离, 例如

$$\rho(f, g) = \sum_p \frac{1}{N(p)!2^{N(p)}} \frac{\max\limits_x |D^p(f(x) - g(x))|}{1 + \max\limits_x |D^p(f(x) - g(x))|}, f 、 g \in K(\Omega), \quad (7.1.4)$$

那么当 $\{\varphi_m\} \subset K(\Omega), \varphi \in K(\Omega)$ 时, $\rho(\varphi_m, \varphi) \to 0$ 的充要条件是对一切 $p, \{D^p\varphi_m\}$ 在 E^n 上 (实际只要在 Ω 上) 一致收敛于 $D^p\varphi$. 设 $\{\varphi_m\} \subset K$, 显然 $\{\varphi_m\}$ 的支集一致有界的充要条件是存在前述闭球 Ω 使 $S_{\varphi_m} \subset \Omega, m = 1, 2, 3, \cdots$. 因此, 当 $\{\varphi_m\} \subset K, \varphi \in K$ 时, $\varphi_m \xrightarrow{K} \varphi$ 的充要条件是: (i) 存在有限闭球 Ω, 使 $\{\varphi_m\} \subset K(\Omega), \varphi \in K(\Omega)$; (ii) 在 $K(\Omega)$ 中 $\{\varphi_m\}$ 按距离收敛于 φ. 但是由于有条件 (i), $\varphi_m \xrightarrow{K} \varphi$ 不能简单地归结为按上述距离收敛. 事实上可以证明: 不可能在 K 中定义距离, 使 $\varphi_m \xrightarrow{K} \varphi$ 等价于按距离收敛. 但是可以在 K 中引进拓扑, 使 K 成为拓扑线性空间, 从而使上述收敛为按拓扑收敛. 参见 [15].

由于在 K 中要进行各种分析运算, 我们类似于 §4.5 引进 K 中算子或泛函的连续性概念.

定义 7.1.2 设 A 是 $K \to K$ 的算子 (或 $K \to$ 复数全体的泛函), 又设 $\varphi \in K$, 如果对一切 $\{\varphi_m\} \subset K, \varphi_m \xrightarrow{K} \varphi$ 都有 $A\varphi_m \xrightarrow{K} A\varphi$ (或数列 $A\varphi_m \to A\varphi$), 就称算子 (或泛函) A 在 φ 点都连续, 如果 A 在 K 中每点都连续, 就称 A 是**连续算子** (泛函). 显然, 当 A 是线性算子 (泛函) 时, A 成为连续算子 (泛函) 的充要条件是 A 在 0 点连续.

例如, 对任意一个 p, 求导运算

$$D^p : \varphi \mapsto \frac{\partial^{N(p)}}{\partial x_1^{p_1} \cdots \partial x_n^{p_n}} \varphi$$

是 $K \to K$ 的连续线性算子.

---

①$\varphi(\cdot - b_m, a)$ 表示函数 $x \mapsto \varphi(x - b_m, a)$.

3. 局部可积函数空间　我们再来考察普通的函数.

定义 7.1.3　设 $f(\cdot)$ 是 E^n 上的函数, 如果对于任何有界可测集 $M, f(\cdot)$ 在 M 上是 Lebesgue 可积的 (见 §3.3), 那么称 $f(\cdot)$ 是**局部** (Lebesgue) **可积函数**. 我们用 L^* 表示 E^n 上的局部 Lebesgue 可积函数全体, 在 L^* 中把几乎处处相等的两个函数看成同一个向量或者就简直看成同一函数, L^* 按通常的线性运算成为线性空间. 这是 "普通函数" 空间. 显然 E^n 上函数 $f(\cdot)$ 成为局部可积函数的充要条件是 $f(\cdot)$ 在 E^n 上是 Lebesgue 可测而且对每个正数 $a < \infty, \int_{|x|\leqslant a} |f(x)|\mathrm{d}x < \infty$[①].

定义 7.1.4　当 $f \in L^*$ 时, 我们可以利用 f 在 K 上定义一个泛函:

$$T(f) : \varphi \mapsto (f, \varphi) = \int f(x)\varphi(x)\mathrm{d}x, \varphi \in K, \tag{7.1.5}$$

称 $T(f)$ 为相应于 f 的泛函.

由于 f 是局部可积的而且 φ 的支集是有界的, 所以上述积分 (7.1.5) 是有限数. $T(f)$ 显然是 K 上的线性泛函. 由于当 $\varphi_m \xrightarrow{K} \varphi$ 时, 一切 φ_m 的支集必含在一有限球 Ω 中且在 Ω 中 $\{\varphi_m\}$ 一致收敛于 φ, 所以 $(f, \varphi_m) \to (f, \varphi)$. 因此泛函 $T(f)$ 又是连续的. 故对每个 $f \in L^*$ 相应于 f 的泛函 $T(f)$ 是一个线性连续泛函. 下面我们要证明映照 $T : f \mapsto T(f)$ 是可逆的. 为此先考察下述事实.

引理 1　设 $f \in L^*$, 而且对一切 $\varphi \in K$

$$\int f(x)\varphi(x)\mathrm{d}x = 0, \tag{7.1.6}$$

那么 $f(x) \doteq 0$.

证　(1) 首先证明 K 中的函数有 "足够多"; 就是说对于任何一个支集有界的连续函数 φ (不一定属于 K), 必有 K 中一列 $\{\varphi_m\}$, 它们的支集是一致有界的而且 $\{\varphi_m\}$ 在 E^n 上一致收敛于 φ. 事实上, 利用 (7.1.3) 中函数 $\varphi(\cdot, a)$, 我们作函数 (**Weierstrass 奇异积分的核**)

$$K_m(x) = \frac{\varphi\left(x, \dfrac{1}{m}\right)}{\int \varphi\left(x, \dfrac{1}{m}\right)\mathrm{d}x} (m = 1, 2, 3, \cdots), \tag{7.1.7}$$

[①] 局部 Lebesgue 可积函数在整个 E^n 上未必可积, 例如非零的常数函数就是如此.

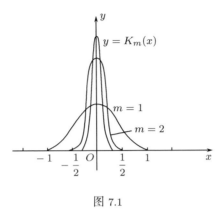

图 7.1

又作函数

$$\varphi_m(x) = \int_{E^n} \varphi(x-y)K_m(y)\mathrm{d}y$$
$$= \int_{E^n} \varphi(z)K_m(x-z)\mathrm{d}z^{①},\qquad (7.1.8)$$

如果 $\varphi(\cdot)$ 的支集在 $\{x\,|\,|x|\leqslant a\}$ 中, 那么, 由于 $K_m(\cdot)$ 的支集是 $\left\{X\,\Big|\,|x|\leqslant\dfrac{1}{m}\right\}$, 可以断定 $S_{\varphi_m}\subset\{x\,|\,|x|\leqslant a+1\}$, 所以 $\{\varphi_m\}$ 的支集是一致有界的. 另一方面, 由于 $\displaystyle\int K_m(x)\mathrm{d}x=1,K_m(x)\geqslant 0$, 从

$$\varphi_m(x) - \varphi(x) = \int_{|y|\leqslant\frac{1}{m}} (\varphi(x-y)-\varphi(x))K_m(y)\mathrm{d}y,$$

我们得到

$$|\varphi_m(x) - \varphi(x)| \leqslant \int_{|y|\leqslant\frac{1}{m}} |\varphi(x-y)-\varphi(x)|K_m(y)\mathrm{d}y$$
$$\leqslant \max_{|y|\leqslant\frac{1}{m}} |\varphi(x-y)-\varphi(x)|.$$

因为函数 $\varphi(\cdot)$ 的支集有界而且 $\varphi(\cdot)$ 是连续的, 所以 $\varphi(\cdot)$ 在 E^n 上是一致连续的, 因此由上式 $\{\varphi_m\}$ 在 E^n 上一致收敛于 φ, 这就满足我们的要求.

(2) 对任一支集有界的连续函数 $\varphi(\cdot)$, 作上述 $\{\varphi_m\}\subset K$, 由于定理中的假设 $\displaystyle\int f(x)\varphi_m(x)\mathrm{d}x=0$, 令 $m\to\infty$ 就知道 (7.1.6) 对于任一支集有界的连续函数 φ 也成立.

①这时 $\varphi*K_m = K_m*\varphi$, 这里 "$*$" 表示卷积, 参看 §3.5 习题或 §7.3. 下面证明了 $\varphi*K_m = K_m*\varphi\to\varphi$, 因此 $\{K_m\}$ 可以看成卷积的近似单位元.

(3) 对任一支集有界的有界可测函数 $\varphi(\cdot)$, 利用 §3.2 中类似于证明鲁津定理的方法就知道, 必可作一列支集一致有界的而且本身也是一致有界的连续函数列 $\{\varphi_m(\cdot)\}$, 使得它概收敛于 $\varphi(\cdot)$. 由于对 $\varphi_m,(7.1.6)$ 成立, 即 $\int f(x)\varphi_m(x)\mathrm{d}x = 0$, 所以, 令 $m \to \infty$, 利用 Lebesgue 积分的控制收敛定理就知道 (7.1.6) 对一切支集有界的有界可测函数 $\varphi(\cdot)$ 也成立.

(4) 对任一有限闭球 Ω, 作有界可测函数

$$\varphi(x) = \begin{cases} \mathrm{sgn}f(x), & \text{当 } x \in \Omega \text{ 时,} \\ 0, & \text{当 } x \overline{\in} \Omega \text{ 时,} \end{cases}$$

那么 $\varphi(x)$ 的支集含在 Ω 中, 由 (3) 可知, 对这个 $\varphi(7.1.6)$ 成立, 即

$$\int_\Omega |f(x)|\mathrm{d}x = 0,$$

这就证明了 $f(x)$ 几乎处处等于零.　　　　　　　　　　　　　证毕

现在来证明映照 T 的可逆性: 设 f_1、$f_2 \in L^*$ 且 $T(f_1) = T(f_2)$, 那么 $T(f_1 - f_2) = 0$, 由引理 1, 可知 $f_1 - f_2 = 0$, 即 $f_1 = f_2$. 这样一来, 连续线性泛函 $T(f)$ 就完全地刻画出 f. 因而以后我们就可以用 $T(f)$ 来代替 f 了.

4. 广义函数空间

定义 7.1.5　设 F 是基本函数空间 K 上的连续线性泛函, 称 F 是 (K 空间上的) **广义函数**.

有些著作中称这里的广义函数为**分布**.

利用上一段对 $T(f)$ 的讨论, 我们得到

定理 7.1.1　当 $f \in L^*$ 时, 相应于 f 的泛函

$$T(f) = \int f\varphi\mathrm{d}x, \quad \varphi \in K$$

是广义函数. 而且映照 $T : f \mapsto T(f)(f \in L^*)$ 是可逆的线性映照.

定义 7.1.6　我们把函数 $f \in L^*$ 与广义函数 $T(f)$ 一致化, 也称 f 为广义函数. 但是这是一种特别的广义函数, 称它们是 "**正则**" [①] 的**广义函数**.

对于一般的广义函数 $F : \varphi \mapsto (F, \varphi)$, 我们也形式地把 (F, φ) 写成

$$(F, \varphi) = \int F(x)\varphi(x)\mathrm{d}x, \tag{7.1.9}$$

[①]这里术语 "正则" 是借用的, 它和解析函数论中的术语 "正则" 在意义上并没有关系.

但是这里的 $F(x)$ 实际上可能并不是局部可积函数, 即可能不是通常的 "实数与实数对应" 的函数, 这里的函数 $F(x)$ 及 (7.1.9) 中的积分完全是形式而已.

下面给出常用到的不是正则的广义函数.

例 3　设 $a \in E^n$, 作 K 空间上的泛函 $\delta_a : \varphi \mapsto (\delta a, \varphi)$ 如下:

$$(\delta_a, \varphi) = \varphi(a), \quad \varphi \in K, \tag{7.1.10}$$

它显然是广义函数. 称 δ_a 为 Dirac 的 δ-**函数**. 特别当 $a = 0$ 时又记 $\delta_0 = \delta$. 我们把 (7.1.10) 形式地写成

$$(\delta(\cdot - a), \varphi) = \int \delta(x - a)\varphi(x)\mathrm{d}x = \varphi(a), \tag{7.1.11}$$

因此 Dirac 的 δ-函数 δ_a 又可以形式地写为 $\delta(x - a)$, 特别当 $a = 0$ 时为 $\delta(x)$.

现在我们来证明 L^* 中不存在满足等式 (7.1.11) 的函数 $\delta(\cdot - a)$. 用反证法. 如果有函数 $\delta(\cdot - a) \in L^*$ 使得 (7.1.11) 满足, 那么对一切 $\varphi \in K$, 当 $\varphi(a) = 0$ 时

$$\int \delta(x - a)\varphi(x)\mathrm{d}x = 0, \tag{7.1.12}$$

仿照引理 1 的证法可以证明: 这时函数 $\delta(x - a)$ 除去 $x = a$ 点外几乎处处为零, 这样一来 $\delta(x - a) \doteq 0$. 所以, 等式 (7.1.12) 对一切 $\varphi \in K$ 都成立, 这和 (7.1.11) 矛盾. 因此 $\delta(\cdot - a) \bar{\in} L^*$. 它是一个非正则的广义函数.

我们知道通常函数列的各种收敛概念中最简单的是处处收敛. 现在广义函数作为连续线性泛函, 对于广义函数, 类似于上述处处收敛概念的应该是泛函序列在基本空间上的处处收敛.

定义 7.1.7　我们用 K' 表示 K 上的连续线性泛函全体. 它就是 K 的共轭 (伴随) 空间. 它按照通常线性泛函的线性运算成为线性空间. 在 K' 中引进极限概念如下: 设 $\{F_m\} \subset K', F \in K'$, 如果对一切 $\varphi \in K$ 有[①]

$$\lim_{m \to \infty} (F_m, \varphi) = (F, \varphi), \tag{7.1.13}$$

就称 $\{F_m\}$ 在 K' 中收敛于 F, 记为 $F_m \xrightarrow{K'} F$. 称空间 K' (按上述线性运算和极限运算) 是一个**广义函数空间**.

K' 空间中的这种收敛概念类似于 §5.3 中的弱 * 收敛, 事实上它也称为**弱 * 收敛**.

---

①我们这里用 (F, φ) 表示泛函 F 在 φ 处的值, 它就是第五章的记号 $F(\varphi)$ 的另一种表达形式.

容易知道, 当 $\{F_m\}$、$\{G_m\} \subset K'$, F、$G \in K'$, α、β 为数且 $F_m \xrightarrow{K'} F$, $G_m \xrightarrow{K'} G$ 时, $\alpha F_m + \beta G_m \xrightarrow{K'} \alpha F + \beta G$. 这就是说在广义函数空间 K' 中线性运算是连续的.

和 K 的情况相仿地可以在 K' 上定义算子或泛函的连续性.

定义 7.1.8　设 A 是 K' 到 K' 的算子, 如果对一切 $\{F_m\} \subset K'$, $F \in K'$ 当 $F_m \xrightarrow{K'} F$ 时始终有 $AF_m \xrightarrow{K'} AF$, 那么称算子 A 是**连续的**.

设 A 是 K 空间到 K 空间中的连续线性算子. A' 是 K' 到 K' 的连续线性算子, 满足如下条件: 对一切 $\varphi \in K$, $F \in K'$ 有 $(A'F, \varphi) = (F, A\varphi)$, 那么称 A' 是 A 的**共轭 (伴随) 算子**. 这里的共轭算子的概念完全类似于 §5.3 中相应的概念. (但与 §6.4 的共轭算子是有区别的, 这里我们没有取复共轭.) 当 A 是 $K \to K$ 的连续线性算子时, 必然存在 A 的共轭算子 A'. 事实上, 任取 $F \in K'$, 作 K 上泛函 F_1 如下:

$$F_1 : \varphi \mapsto (F, A\varphi) \quad \varphi \in K,$$

由于 A 是连续线性算子, F 是连续线性泛函, 容易知道, 这时 F_1 也是 K 上的连续线性泛函, 我们记 F_1 为 $A'F$. 那么我们又得到 K' 到 K' 的一个线性算子 $A' : F \mapsto F_1 = A'F$. 容易验证 A' 是 $K' \to K'$ 的连续线性算子而且是算子 A 的共轭 (伴随) 算子[①]. A' 是由 A 唯一确定的.

我们附带地说一下, 虽然我们这里引进的广义函数的概念从某一方面来说是 "足够广" 的, 但是还是有限制的. 例如通常的 "点与点对应" 的函数, 如果它不是局部可积的, 甚至是不可测的话, 它仍不能纳入这里的广义函数概念中. 换句话说, 广义函数概念并没有全部包括通常的函数. 事实上, 这里引进的广义函数空间是从局部 Lebesgue 可积函数出发通过求各阶广义导函数以及广义函数列的极限运算所能得到的一切广义函数 (参看后面 §7.2 的有关定理). 换句话说, K' 是包含 L^* 而且对求导函数运算以及求函数列的极限运算封闭的最小子空间.

习　题　7.1

1. 设 m 是一正整数, $f(x)$ 是 E^n 上的函数, 它本身及其直到 m 阶的一切偏导函数都存在而且连续. 证明存在一列 $\{\varphi_k\} \subset K$ 对一切非负整数组 $p = (p_1, \cdots, p_n)$ 当 $p_1 + \cdots + p_n \leqslant m$ 时, $\{D^p \varphi_k\}$ 在 E^n 的任一有界域上一致收敛于 $D^p f$.

2. 设 $\{f_m\} \subset L^*$, $f \in L^*$, 举出 $f_m \xrightarrow{K'} f$ 的一些充分条件.

[①]在广义函数论中, A 的共轭算子常用 A' 表示, 这与 K 上连续线性泛函全体用 K' 表示相对应.

3. 如果 K 空间中的极限概念改为 $\varphi_m \to \varphi$ 的充要条件是对一切 p, $\{D^p\varphi_m\}$ 一致收敛于 $D^p\varphi$ (即取消对 $\{\varphi_m\}$ 的支集一致有界的要求), 这时, 是否任一局部可积函数仍为 K 上的连续线性泛函?

§7.2 广义函数的性质与运算

1. 广义函数的导函数和广义函数列的极限 引进广义函数的概念可以使求导运算畅通无阻. 这个想法的来源在于分部积分. 为简单起见, 我们先考察一元函数. 设 $f(x)$ 和 $\varphi(x)$ 都是一个自变数 x 的连续可微分函数, 而且 $\varphi(x)$ 的支集是有界的. 利用分部积分 —— 由于积出的项为零 —— 立即可得

$$\int_{-\infty}^{+\infty} f'(x)\varphi(x)\mathrm{d}x = -\int_{-\infty}^{+\infty} f(x)\varphi'(x)\mathrm{d}x,$$

这个公式就是利用积分把对一个函数求导的运算转嫁到另外一个上去 —— 这是广义函数论中的一个基本技巧. 因此, 当 $\varphi \in K$ 而且 f 具有连续导函数时, f 作为正则的广义函数成立着

$$\left(\frac{\mathrm{d}}{\mathrm{d}x}f, \varphi\right) = -\left(f, \frac{\mathrm{d}}{\mathrm{d}x}\varphi\right), \quad \varphi \in K, \tag{7.2.1}$$

换句话说, 当把 $\dfrac{\mathrm{d}}{\mathrm{d}x}$ 看成 K 空间上的线性算子时, 它的共轭算子是 $\left(\dfrac{\mathrm{d}}{\mathrm{d}x}\right)' = -\dfrac{\mathrm{d}}{\mathrm{d}x}$. 这个公式启发我们给出广义函数的导函数的定义:

定义 7.2.1 设 F 是 K 空间上的广义函数. 称泛函

$$\varphi \mapsto -\left(F, \frac{\partial}{\partial x_j}\varphi\right) \tag{7.2.2}$$

是广义函数 F 的 (对 x_j 的) **偏导函数**, 记为 $\dfrac{\partial}{\partial x_j}F$, 即

$$\left(\frac{\partial}{\partial x_j}F, \varphi\right) = -\left(F, \frac{\partial}{\partial x_j}\varphi\right), \quad \varphi \in K. \tag{7.2.3}$$

由 §7.1 第二段, $\dfrac{\partial}{\partial x_j}$ 是连续线性算子. 由此容易知道泛函 $\dfrac{\partial}{\partial x_j}F$ (即 (7.2.2)) 确实是连续线性泛函, 就是说 $\dfrac{\partial}{\partial x_j}F$ 也是广义函数. 这样, 求导运算就可以继续进行下去, 因此有

定理 7.2.1 (广义函数基本性质 I) 广义函数的各阶偏导函数都存在, 而且都是广义函数.

反复利用 (7.2.3), 又可得到一般偏导函数的定义公式:

$$(D^p F, \varphi) = (-1)^{N(p)}(F, D^p \varphi), \quad \varphi \in K. \tag{7.2.4}$$

利用类似于 (7.2.1) 式的证明, 我们可以得到这样的结论: 如果 F 是局部 Lebesgue 可积函数, 而且当 $k = (k_1, \cdots, k_n), 0 \leqslant k_j \leqslant p_j$ 时 F 的通常偏导函数 $D^k F$ 存在并且是连续函数, 那么 (7.2.4) 式确实成立. 这就是说, 这里定义的广义函数的偏导函数确和通常的偏导函数意义一致. 这说明了广义函数的偏导函数定义的合理性.

例 1　我们考察一元局部可积函数 (Heaviside 函数) $\theta(x)$ (参看 §6). 照通常的求导函数的概念, 它在 $x = 0$ 点的导数不存在, 而在别的 x 点有 $\theta'(x) = 0$. 但是当 $\varphi \in K$ 时

$$(\theta, \varphi') = \int_0^\infty \varphi'(x)\mathrm{d}x = -\varphi(0) = -(\delta, \varphi),$$

所以, 按照 (7.2.3), θ 作为广义函数, 它的导函数是

$$\theta' = \delta. \tag{7.2.5}$$

在广义函数论未出现以前, 一些数学家曾经用 Stieltjes 积分来解释 Dirac 提出的 δ-函数, 就是把 $\int \delta(x)\varphi(x)\mathrm{d}x$ 用 $\int \varphi(x)\mathrm{d}\theta(x)$ 来解释, 这样, 遇到有关积分问题是能够解决了, 然而对于 $\delta'(x), \delta''(x), \cdots$ 等就没有办法解释, 这促使了广义函数理论的出现.

例 2　函数 $\ln|x|$ 是局部可积的. 当 $\varphi \in K$ 时, 利用分部积分我们得到

$$\int_{-\infty}^{+\infty} \varphi'(x)\ln|x|\mathrm{d}x = \lim_{\varepsilon \to 0+} \left(\int_{-\infty}^{-\varepsilon} + \int_\varepsilon^{+\infty} \right) \varphi'(x)\ln|x|\mathrm{d}x$$

$$= -\lim_{\varepsilon \to 0+} \left(\int_{-\infty}^{-\varepsilon} + \int_\varepsilon^{+\infty} \right) \frac{1}{x}\varphi(x)\mathrm{d}x.$$

我们用 $\mathbf{P} \cdot \int$ 表示柯西主值积分 $\lim\limits_{\varepsilon \to 0+} \left(\int_{-\infty}^{-\varepsilon} + \int_\varepsilon^{+\infty} \right)$, 那么由 (7.2.3) 可知 $\ln|\cdot|$ 的导函数 (广义函数) 存在而且

$$((\ln|x|)', \varphi) = \mathbf{P} \cdot \int \frac{1}{x}\varphi(x)\mathrm{d}x,$$

因为函数 $\dfrac{1}{x}$ 在 $x = 0$ 附近不是 Lebesgue 可积的, 所以 $\dfrac{1}{x}$ 不是局部 Lebesgue 可积函数. 但是如果我们定义

$$\left(\frac{1}{x}, \varphi \right) = \mathbf{P} \cdot \int \frac{1}{x}\varphi(x)\mathrm{d}x,$$

容易证明 $\varphi \mapsto \mathbf{P} \cdot \displaystyle\int \frac{1}{x}\varphi(x)\mathrm{d}x$ 是 K 上的广义函数, 我们把这个广义函数看成是 $\dfrac{1}{x}$, 那么有求导公式

$$(\ln|x|)' = \frac{1}{x}, \tag{7.2.6}$$

这里自然也是把 (7.2.6) 式两边的函数都看成广义函数.

我们还可以用另一种方式来定义广义函数的导函数. 但是为了方便起见, 只叙述一元函数的情况. 我们知道, 当 $F \in L^*$, 而且通常的导函数存在时,

$$F'(x) = \lim_{t \to 0} \frac{F(x+t) - F(x)}{t}. \tag{7.2.7}$$

我们现在对广义函数的导函数也要证明它也有类似于 (7.2.7) 的公式. 为此我们在一元函数的 K 空间里定义平移变换 τ_t (t 是任一给定的实数) 如下

$$\tau_t : \varphi(\cdot) \mapsto \varphi(\cdot + t), \quad \varphi \in K,$$

显然 τ_i 是 K 空间的连续线性算子, 按照共轭算子的定义, τ_t 的共轭算子 τ_t' 满足

$$(\tau_t'F, \varphi) = (F, \tau_t\varphi), \quad F \in K', \quad \varphi \in K,$$

由于当 $t_n \neq 0, t_n \to 0$ 时 $\displaystyle\lim_{n\to\infty} \frac{\tau_{t_n}\varphi - \varphi}{t_n} \xrightarrow{K} \varphi'$, 所以

$$\lim_{n\to\infty}\left(\frac{\tau_{-t_n}'F - F}{t_n}, \varphi\right) = \lim_{n\to\infty}\left(F, \frac{\tau_{-t_n}\varphi - \varphi}{t_n}\right) = -(F, \varphi') = (F', \varphi),$$

$F \in K', \varphi \in K$. 因此, 由 (7.2.2) 式定义的广义函数 F 的导函数 F' 有这样的性质: 对任何数列 $\{t_n\}, t_n \to 0, t_n \neq 0$ 有 $F' = \displaystyle\lim_{n\to\infty}\frac{\tau_{-t_n}'F - F}{t_n}$. 我们把这件事简写成

$$F' = \lim_{\substack{t\to 0 \\ t\neq 0}}\frac{\tau_{-t}'F - F}{t}, F \in K', \tag{7.2.8}$$

另一方面, 因为当 $F \in L^*, \varphi \in K$ 时, 显然

$$\int F(x+t)\varphi(x)\mathrm{d}x = \int F(x)p(x-t)\mathrm{d}x,$$

因此当 $F \in L^*$ 时 $(\tau_{-t}'F)(\cdot) = F(\cdot + t)$. 这启发我们, 对一切 $F \in K'$, 可以把 $\tau_{-t}'F$ 形式地理解为 $F(x+t)$. 所以 (7.2.8) 就是 (7.2.7) 在广义函数方面的推广. 当然 (7.2.8) 也可以作为广义函数导函数的另一种定义.

定理 7.2.2 (广义函数的基本性质 II) 设 $\{F_m\} \subset K', F \in K'$ 而且 $F_m \xrightarrow{K'} F$. 那么对任一求导运算 D^p 有 $D^p F_m \xrightarrow{K'} D^p F$.

简单地说: 广义函数列的求导运算和求极限运算是可以交换的.

证 当 $\varphi \in K$ 时, $D^p \varphi \in K$. 因此由 (7.1.12) 和 (7.2.4) 得到

$$\lim_{m \to \infty}(D^p F_m, \varphi) = (-1)^{N(p)} \lim_{m \to \infty}(F_m, D^p \varphi)$$
$$= (-1)^{N(p)}(F, D^p \varphi)$$
$$= (D^p F, \varphi).$$

证毕

定理 7.2.1 和 7.2.2 很重要, 它说明广义函数的出现解除了经典数学分析中对求导运算和求函数列极限运算的种种限制.

δ-式函数列 设函数列 $\{f_n\} \subset L^*$, 而且 $f_n \xrightarrow{K'} \delta(n \to \infty)$, 那么称 $\{f_n\}$ 是 δ-式函数列.

下面给出 L^* 中函数列 $\{f_n\}$ 成为 δ-式函数列的一个充分条件.

例 3 设 $\{f_\nu(\cdot)\}$ 是一列一元的局部可积函数, 满足条件:

(i) 对任何正数 m, 存在常数 c_m, 使得对一切 a, b, ν, 当 $|a| \leqslant m, |b| \leqslant m$ 时

$$\left|\int_a^b f_\nu(x)\mathrm{d}x\right| \leqslant c_m;$$

(ii) 对任何两个固定的 $a, b (a < 0 < b)$ 都有

$$\lim_{\nu \to \infty}\int_a^b f_\nu(x)\mathrm{d}x = 1,$$

那么 $\{f_\nu(\cdot)\}$ 是 δ-式函数列.

证 我们作函数 $F_\nu(x) = \int_{-1}^x f_\nu(\xi)\mathrm{d}\xi$. 显然 $F_\nu(\cdot)$ 作为广义函数也有 $F_\nu' = f_\nu$. 由条件 (ii), 对一切 $x \neq 0$ 有 $\lim_{\nu \to \infty} F_\nu(x) = \theta(x)$. 再由条件 (i) 和 Lebesgue 积分的控制收敛定理有

$$\lim_{\nu \to \infty}\int_{-\infty}^{+\infty} F_\nu(x)\varphi(x)\mathrm{d}x = \int_{-\infty}^{+\infty} \theta(x)\varphi(x)\mathrm{d}x, \varphi \in K,$$

即 $F_\nu \xrightarrow{K'} \theta$. 由广义函数的基本性质 II 就知道, 当 $\nu \to \infty$ 时

$$f_\nu = F_\nu' \xrightarrow{K'} \theta' = \delta.$$

证毕

下面考察更加具体的情况: 例如, 当 $\varepsilon > 0, \varepsilon \to 0$ 时,

$$f_\varepsilon(x) \equiv \frac{1}{\pi}\frac{\varepsilon}{x^2 + \varepsilon^2} \xrightarrow{K'} \delta(x), \tag{7.2.9}$$

这就是说, 对于任意一列 $\varepsilon_n > 0, \varepsilon_n \to 0, f_{\varepsilon_n}(\cdot)$ 是 δ-式函数列. 事实上, 由于

$$\int_a^b f_\varepsilon(x)\mathrm{d}x = \frac{1}{\pi}\left[\arctan\frac{b}{\varepsilon} - \arctan\frac{a}{\varepsilon}\right],$$

立刻知道 $\{f_\varepsilon(\cdot)\}$ 满足条件 (i) 和 (ii).

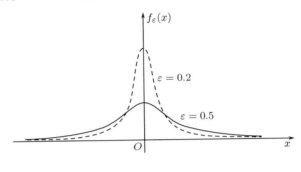

图 7.2

利用 (7.2.9) 我们得到一个重要的公式如下.

Cauchy (柯西)-Plemelj (泼莱迈涅) 公式: 当 $\varepsilon > 0, \varepsilon \to 0$ 时,

$$\frac{1}{x \pm \mathrm{i}\varepsilon} \xrightarrow{K'} \frac{1}{x \pm \mathrm{i}0} = \frac{1}{x} \mp \pi\mathrm{i}\delta(x), \tag{7.2.10}$$

这里 $\dfrac{1}{x + \mathrm{i}0}$ 表示 $\lim\limits_{\varepsilon \to 0} \dfrac{1}{x + \mathrm{i}\varepsilon}$.

证 由于 $\dfrac{1}{x \pm \mathrm{i}\varepsilon} = \dfrac{x}{x^2 + \varepsilon^2} \mp \mathrm{i}\dfrac{\varepsilon}{x^2 + \varepsilon^2}$ 和 (7.2.9), 我们只需要再证明 $\dfrac{x}{x^2 + \varepsilon^2}$ $\xrightarrow{K'} \dfrac{1}{x}$ 好了, 但这点可以从 $\dfrac{1}{2}\ln(x^2 + \varepsilon^2) \xrightarrow{K'} \ln|x|$ 再取导函数得到.

又如 §7.1 引理 1 中函数列 $\{K_m(\cdot)\}$ 也是 δ-式函数列.

广义函数空间具有完备性.

定理 7.2.3 (广义函数的基本性质 III) 设 $\{F_m\} \subset K'$ 而且对每个 $\varphi \in K$, $\lim\limits_{m\to\infty} (F_m, \varphi)$ 存在而且是有限的, 那么必有 $F \in K'$ 使得 $F_m \xrightarrow{K'} F$.

这个定理的证明要用到一些拓扑线性空间理论, 我们将它略去 (参看 [15], §1.1,1.8). 但是定理 7.2.1 — 7.2.3 说明, 广义函数空间关于求导运算和极限运算是封闭的, 因此由这两种运算不能产生出新的广义函数.

2. 广义函数的原函数 为简单起见, 我们这里只讨论一元函数. 设 F、$G \in K'$, 如果 $G' = F$, 就称 G 是 F 的原函数. 一个广义函数 F 的原函数的一般形式就称为 F 的不定积分.

定理 7.2.4 (广义函数的基本性质 IV) 一元的广义函数 F 必存在原函数 G, 它的不定积分必然形如 $G + C$ (C 为常数).

证　分两步.

(1) 先证明原函数的存在性. 我们只要在 K 上找一个连续线性算子 J, 使得 $J\dfrac{\mathrm{d}}{\mathrm{d}x} = I$ (I 为恒等算子). 再利用 J 作 K 上的连续线性泛函

$$G : \varphi \mapsto -(F, J\varphi),$$

(换句话说, $(G, \varphi) = -(F, J\varphi)$) 显然就有

$$(G', \varphi) = -(G, \varphi') = \left(F, J\dfrac{\mathrm{d}}{\mathrm{d}x}\varphi\right) = (F, \varphi),$$

那么 G 就是原函数了.

J 的作法如下: 任意取定 K 中满足条件 $\displaystyle\int_{-\infty}^{+\infty} \varphi_0(x)\mathrm{d}x = 1$ 的函数 φ_0. 当 $\varphi \in K$ 时记

$$(J\varphi)(x) = \int_{-\infty}^{x} \left[\varphi(t) - \left(\int_{-\infty}^{+\infty} \varphi(\tau)\mathrm{d}\tau\right) \varphi_0(t)\right] \mathrm{d}t,$$

今证 $J\varphi \in K$. 显然 $J\varphi$ 是无限次可微分的. 由于有正数 c 使当 $|t| \geqslant c$ 时 $\varphi(t) = \varphi_0(t) = 0$, 所以当 $x \leqslant -c$ 时, $(J\varphi)(x) = 0$, 而 $x \geqslant c$ 时, $(J\varphi)(x) =$ 常数 c_1, 然而

$$\lim_{x\to\infty} (J\varphi)(x) = \int_{-\infty}^{+\infty} \left(\varphi(t) - \int_{-\infty}^{+\infty} \varphi(\tau)\mathrm{d}\tau\varphi_0(t)\right) \mathrm{d}t = 0,$$

所以 $c_1 = 0$, 这就是说 $J\varphi \in K$. 又算子 $J : \varphi \mapsto J\varphi$ 显然是线性的, 而且也容易证明它是连续的. 另一方面, 由于 $\displaystyle\int_{-\infty}^{+\infty} \varphi'(\tau)\mathrm{d}\tau = 0$, 可知 $J\dfrac{\mathrm{d}}{\mathrm{d}x}\varphi = \varphi$. 所以这个 J 满足我们的要求.

(2) 再来研究不定积分, 我们还需要下面的引理.

引理 1　设 $u \in K', u' = 0$, 那么 $u =$ 常数.

证　对于上述 J, 当 $\varphi \in K$ 时, 显然有

$$\dfrac{\mathrm{d}}{\mathrm{d}x}J\varphi = \varphi - \int_{-\infty}^{+\infty} \varphi(\tau)\mathrm{d}\tau\varphi_0,$$

因此

$$(u, \varphi) = \left(u, \dfrac{\mathrm{d}}{\mathrm{d}x}J\varphi + \int_{-\infty}^{+\infty} \varphi(x)\mathrm{d}x\varphi_0\right)$$

$$= -(u', J\varphi) + \int_{-\infty}^{+\infty} \varphi(t)\mathrm{d}t(u, \varphi_0).$$

由于 $u' = 0$, 所以

$$(u, \varphi) = \int_{-\infty}^{+\infty} (u, \varphi_0) \varphi(t) \mathrm{d}t,$$

这就表明 u 是常数 (u, φ_0). 证毕

设 H 是 F 的另一原函数, 作 $u = H - G$, 那么 $u' = 0$. 由引理 1 得到 $u = C$, 也就是 $H = G + C$. 证毕

对于一般的广义函数, "函数在一点的值" 是没有意义的. 例如 $\delta(x)$ 在 $x = 0$ 的值或 $\delta'(x)$ 在 $x = 0$ 的值等都是没有意义的, 因此对一般的广义函数没有定积分理论.

3. 广义函数的乘法运算 对于一般的广义函数, 我们可以定义它和无限次可微函数的乘积. 设 E 是 n 个变元的无限次可微分函数全体. 由于 $E \subset L^* \subset K'$, E 中的函数可以看成 K' 中的广义函数. 显然, 当 $\psi \in E$ 时, 对一切 $\varphi \in K$, 仍然有 $\psi\varphi \in K$. 称 ψ 为 K 上的一个**乘子**, E 称作 K 的一个**乘子空间**.

定义 7.2.2 设 $\psi \in E, F \in K'$. 规定 ψ 和 F 的乘积 ψF 是满足条件

$$(\psi F, \varphi) = (F, \psi\varphi), \quad \varphi \in K, \tag{7.2.11}$$

的广义函数. ψF 也可以写成 $F\psi$.

容易看出, 当 $F \in L^*$ 时, 这里的乘积定义与通常的乘积一致, 因而我们这里定义是合理的. 但是我们这里只定义了一般广义函数 F 与特殊的广义函数 $\psi \in E$ 的乘积. 对于任何两个广义函数之间就难以规定它的积. 例如, 我们就不能有效地定义 δ 同它自身的乘积 $\delta\delta$. 关于如何定义两个广义函数之间的乘法问题是广义函数论中还在继续研究的问题之一.

例 4 对于一元广义函数 $\delta^{(n)}$, 当 $\psi \in E$ 时,

$$\psi\delta^{(n)} = \sum_{k=0}^{n} \frac{n!}{k!(n-k)!} (-1)^{n-k} \psi^{(n-k)}(0) \delta^{(k)}. \tag{7.2.12}$$

4. 广义函数的支集 我们先来引进广义函数在某个 "开集上等于零" 的概念. 设 F 是 n 个变元的局部可积函数, O 是 E^n 中的一个开集. 类似于 §7.1 引理 1, 可以证明函数 F 在 O 上等于零的充要条件是对于 K 中一切支集含在 O 中的函数 φ 成立着 $(F, \varphi) = 0$. 因此, 我们引进如下概念.

定义 7.2.3 设 $F \in K', O$ 是 E^n 中的开集, 如果对 K 中一切支集含在 O 中的函数 φ 始终有 $(F, \varphi) = 0$, 那么我们就说**广义函数 F 在 O 中等于零**. 如果广义函数 F_1 同 F_2 的差 $F_1 - F_2$ 在 O 中等于零, 我们就说 F_1 同 F_2 **在 O**

中相等. 如果广义函数 F 在开集 O 中等于零, 而且不存在另一个更大的开集 $G \supset O, G \neq O$ 使 F 在 G 中等于零 (即 O 为使 F 在其中等于零的最大开集), 那么就称闭集 $E^n - O$ 是广义函数 F 的**支集**, 记为 S_F.

显然当 F 是连续函数时, 这里的支集概念和通常的一致. 又如广义函数 δ_a 的支集为单元素集 $\{a\}$. 还可以证明, 当 $F \in K', D$ 为任一微分运算时, DF 的支集含在 F 的支集中.

定理 7.2.5　任何一个广义函数 F 必是一列支集有界的广义函数 $\{F_m\}$ 的极限.

证　任取一列函数 $\{\varphi_m(\cdot)\} \subset K$, 使得 $\varphi_m(\cdot)$ 的支集在球 $S_{m+1} = \{x | x \in E^n, |x| \leqslant m+1\}$ 中, 而且 $\varphi_m(x)$ 在球 S_m 上恒为 1. 这样的 $\varphi_m(\cdot)$ 确实存在. 事实上, 只要取

$$\varphi_m(x) = \int_{|y| \leqslant m+\frac{1}{2}} \varphi\left(x - y, \frac{1}{2}\right) \mathrm{d}y \Big/ \int_{|y| \leqslant \frac{1}{2}} \varphi\left(y, \frac{1}{2}\right) \mathrm{d}y ,$$

其中 $\varphi\left(\cdot, \dfrac{1}{2}\right)$ 是 (7.1.3) 中的函数. 作广义函数 $F_m = \varphi_m F$, 显然 F_m 的支集是有界的. 由于对任一个 $\varphi \in K$, 它的支集是有界的, 总有 $\varphi_m \varphi \xrightarrow{K} \varphi$, 因此, $(F_m, \varphi) = (F, \varphi_m \varphi) \longrightarrow (F, \varphi)$. 所以 $F_m \xrightarrow{K'} F$.　　　　　　证毕

5. 有限级广义函数的构造　我们首先在基本函数空间 K 中引进一列内积如下: 当 $p = 0, 1, 2, \cdots$ 时

$$(\varphi, \psi)_p = \sum_{N(q) \leqslant p} \int (D^q \varphi(x)) \overline{(D^q \psi(x))} \mathrm{d}x, \quad \varphi, \psi \in K,$$

又记

$$\|\varphi\|_p = \sqrt{(\varphi, \varphi)_p}, \quad \varphi \in K,$$

显然, 当 $\{\varphi_m\} \subset K, \varphi \in K$ 而且 $\varphi_m \xrightarrow{K} \varphi$ 时, 对每个 p 都有

$$\lim_{m \to \infty} \|\varphi_m - \varphi\|_p = 0.$$

记 K 按内积 $(\cdot, \cdot)_p$ 所成的内积空间为 K_p.

定义 7.2.4　设 $F : \varphi \mapsto (F, \varphi)$ 是 K 上线性泛函, 而且关于 $\|\cdot\|_p$ 为连续的, 就是说, 当 $\{\varphi_m\} \subset K, \varphi \in K$, 而且 $\|\varphi_m - \varphi\|_p \to 0$ 时恒有 $(F, \varphi_m) \to (F, \varphi)$ (这时, 显然 $F \in K'$). 那么称 F 是 p **级的广义函数**.

例如, 当 f 是平方可积函数时, f 是零级广义函数. 如果 F 是 m 级广义函数, 那么 $D^q F$ 是 $m + N(q)$ 级的广义函数.

定理 7.2.6 设 $F \in K'$, 那么 F 成为 p 级的广义函数的充要条件是对每个满足条件 $N(q) \leqslant p$ 的整数组 q 有相应的 (按 Lebesgue 测度) 平方可积的函数 F_q, 使 $F = \sum\limits_{N(q) \leqslant p} D^q F_q$.

证 条件的充分性由

$$\left(\sum_{N(q) \leqslant p} D^q F_q, \varphi \right) = \sum_{N(q) \leqslant p} (-1)^{N(q)} (F_q, D^q \varphi)$$

立即可以得到. 今证必要性. 为了叙述简单一些起见, 我们只考察实函数空间. 作 Hilbert 空间 H_p 如下: 令

$$\Omega_p = \{q | q = (q_1, \cdots, q_n), q_j \geqslant 0, q_j \text{ 为整数}, q_1 + \cdots + q_n \leqslant p\},$$

我们把函数组 $\{\varphi_q(\cdot) | \varphi_q \in L^2(E^n), q \in \Omega_p\}$ (简记为 $\{\varphi_q\}$) 看成 H_p 中的一个向量. 当 $\{\varphi_q(\cdot)\}$、$\{\psi_q(\cdot)\} \in H_p$ 时, 我们作

$$\xi_q(\cdot) = \alpha \varphi_q(\cdot) + \beta \psi_q(\cdot),$$

并定义 $\{\xi_q(\cdot)\} = \alpha \{\varphi_q(\cdot)\} + \beta \{\psi_q(\cdot)\}$. 又规定 H_p 中的内积是

$$(\{\varphi_q(\cdot)\}, \{\psi_q(\cdot)\})_p = \sum_{q \in \Omega_p} \int \varphi_q(x) \psi_q(x) \mathrm{d}x,$$

那么这时 H_p 成为 Hilbert 空间. 记 $\|\{\varphi_q\}\|_p = \sqrt{(\{\varphi_q\}, \{\varphi_q\})_p}$, 我们把 K_p 空间线性地嵌入 H_p, 就是说作 $K_p \to H_p$ 的线性算子

$$U : \varphi \to U\varphi = \{D^q \varphi\},$$

那么 $\|\varphi\|_p = \|U\varphi\|_p$, 所以 U 是 K_p 到 H_p 中的保范算子. 设 F 是 K 上的 p 级广义函数, 那么必有常数 c 使得

$$|(F, \varphi)| \leqslant c\|\varphi\|_p \leqslant c\|U\varphi\|_p,$$

作 UK_p 上的线性泛函 $G : \psi \mapsto (F, U^{-1}\psi), \psi \in UK_p$. 那么

$$|G(\psi)| \leqslant c\|\psi\|_p, \quad \psi \in UK_p, \tag{7.2.13}$$

记 $\widetilde{H}_p$ 为 UK_p 在 H_p 中的闭包, 这时 $\widetilde{H}_p$ 也成为 Hilbert 空间, 由于 UK_p 在 $\widetilde{H}_p$ 中稠密, 由 (7.2.13), 我们把 G 唯一地延拓成 $\widetilde{H}_p$ 上的连续线性泛函, 我们把延拓

后的泛函仍然记作 G. 对 $\widetilde{H}_p$ 及 G 应用泛函表示定理 (见定理 6.4.1), 立即可知有 $\{G_p(\cdot)\} \in \widetilde{H}_p$ 使得

$$G(\psi) = (\psi, \{G_p(\cdot)\})_p = \sum_{q \in \Omega_p} \int G_q(x)\psi \mathrm{d}x, \quad \psi \in \widetilde{H}_p,$$

特别当 $\psi = U\varphi, \varphi \in K$ 时, 上式化成

$$(F, \varphi) = \sum_{q \in \Omega_p} \int G_q(x) D^q \varphi(x) \mathrm{d}x,$$

只要取 $F_q = (-1)^{N(q)} G_q$, 就得到 $F = \sum_{N(q) \leqslant p} D^q F_q$ 了.　　　　　　证毕

记 $\widetilde{D} = \dfrac{\partial^n}{\partial x_1 \cdots \partial x_n}$, 那么当 F 为局部可积时显然

$$F(x) = \widetilde{D} \int_0^{x_1} \int_0^{x_2} \cdots \int_0^{x_n} F(y)\mathrm{d}y_1 \cdots \mathrm{d}y_n,$$

因此对每个 $F_q \in L^2(E)$ 必有连续函数 G_q 使得 $F_q = \widetilde{D}G_q$. 这样立即得到

系　设 F 是 p 级广义函数, 那么必有连续函数族 G_q 使得

$$F = \sum_{N(q) \leqslant p+n} D^q G_q.$$

例 5　我们来考察一元广义函数 $\delta^{(n)}(x)$, 任意取定 K 中满足条件 $\psi(0) = 1$ 的函数 ψ, 容易看出,

$$\delta(x) = \psi(x)\delta(x) = \frac{\mathrm{d}}{\mathrm{d}x}(\theta(x)\psi(x)) - \theta(x)\psi'(x),$$

由于 $\theta(x)\psi(x) \in L^2(-\infty, +\infty), \theta(x)\psi'(x) \in L^2(-\infty, +\infty)$, 所以 $\delta(x)$ 是一级广义函数. 因此

$$\delta^{(n)}(x) = \frac{\mathrm{d}^{n+1}}{\mathrm{d}x^{n+1}}[\theta(x)\psi(x)] - \frac{\mathrm{d}^n}{\mathrm{d}x^n}[\theta(x)\psi'(x)].$$

是 $n+1$ 级的. 由于

$$\delta(x) = \frac{\mathrm{d}}{\mathrm{d}x}\theta(x), \delta^{(n)}(x) = \frac{\mathrm{d}^{n+1}}{\mathrm{d}x^{n+1}}\theta(x),$$

我们作

$$x_+ = \begin{cases} x, & x > 0, \\ 0, & x \leqslant 0, \end{cases}$$

它是连续函数, 那么 $\delta^{(n)}(x) = -\dfrac{\mathrm{d}^{n+2}}{\mathrm{d}x^{n+2}}x_+$. 它是连续函数 x_+ 的 $n+2$ 次广义导函数.

定理 7.2.7 任一具有有界支集的广义函数必是有限级的.

这个定理的证明要用到拓扑线性空间理论, 因此把它略去. 参看 [15].

根据定理 7.2.5、7.2.6、7.2.7, 可以知道, 任何一个广义函数可以表示成一列连续函数的广义导函数的极限.

例 6 设 F 是一元的广义函数, 它的支集为 $\{a\}$, 那么必有正整数 p, 及常数组 $c_q, q = 0, 1, 2, \cdots, p$ 使得

$$F = \sum_{q=0}^{p-1} c_q \delta_a^{(q)}. \tag{7.2.14}$$

证 为书写简单起见, 不妨设 $a = 0$. 根据定理 7.2.7, 必有自然数 p 使 F 是 p 级的. 由定理 7.2.6 的系, 必有 $p+2$ 个连续函数 $G_q, q = 0, \cdots, p+1$ 使 $F = \sum_{q=0}^{p+1} \left(\dfrac{\mathrm{d}}{\mathrm{d}x}\right)^q G_q$. 因此, 这时有连续函数 f 使

$$F = \left(\frac{\mathrm{d}}{\mathrm{d}x}\right)^{p+1} f$$

$\left(\text{事实上}, f = \sum\limits_{q=0}^{p+1} H_q, \text{这里 } H_q \text{ 为 } G_q \text{ 的 } p+1-q \text{ 次不定积分}\right)$. 由于在 $(-\infty, 0)$ 和 $(0, +\infty)$ 中 F 等于零, 根据本节习题 4,

$$f(x) = \begin{cases} \displaystyle\sum_{q=0}^{p} a_q x^q, & x > 0, \\ \displaystyle\sum_{q=0}^{p} b_q x^q, & x < 0, \end{cases}$$

(由 $f(x)$ 的连续性 $a_0 = b_0$) 这样 $f(x)$ 又可以写成

$$f(x) = \sum_{q=0}^{p} x^q [b_q + (a_q - b_q)\theta(x)],$$

再根据本节习题 7 可知 F 形如 (7.2.14).

6. 自共轭算子的广义特征展开 现在我们要用广义函数论来叙述自共轭算子的广义特征展开的概念. 当然这里的讨论全部可以推广到正常算子上去.

我们首先注意, 设 A 是复 Hilbert 空间 H 中的自共轭全连续算子, 根据定理 6.9.8, 必有 H 中由 A 的特征向量组成的完备就范直交系 $\{e_n\}$, 以及相应的特

征值 $\{\lambda_n\}$, 使得对一切 $\varphi \in H$, 有展开式

$$\varphi = \sum (\varphi, e_n)e_n, \tag{7.2.15}$$

$$A\varphi = \sum \lambda_n(\varphi, e_n)e_n. \tag{7.2.16}$$

(7.2.15 — 16) 是相应于算子 A 的特征展开. 对于一般的自共轭算子可能不存在特征展开. 事实上, §6.7 中已经举出过不存在任何特征向量的非零自共轭算子, 这样的算子当然不存在特征展开. 虽然对一般的自共轭算子, 有相当于特征展开式的谱分解式

$$I = \int dE(\lambda), \quad A = \int \lambda dE(\lambda),$$

然而在量子力学及微分方程理论中, 特征展开式将比谱分解式更为简单而方便. 因此就希望有类似于 (7.2.15 — 16) 的广义特征展开式.

我们这里不准备讨论一般情况, 而是去考察在量子力学和微分方程理论中常见的一种微分算子的情况.

设 $L^2(E^n)$ 是 n 维复欧几里得空间上关于 Lebesgue 测度平方可积的复函数全体所成的 Hilbert 空间. 设 A 是 $L^2(E^n)$ 中的一个自共轭算子, 其定义域 $\mathscr{D}(A)$ 包含基本函数空间 K, 而且 A 是 K 到 K 中连续算子. 同时又设 A 是实算子, 即当 $\varphi \in \mathscr{D}(A)$ 时的一个 $\varphi \in \mathscr{D}(A)$ 而且 $A\varphi = \overline{(A\overline{\varphi})}$ (例如 $A = \sum\limits_{N(q) \leqslant k} \alpha_q D^q$, 其中 α_q 为实数, 而且当 $N(q)$ 为奇数时 $\alpha_q = 0$), 这时我们考察 §7.1 中所说的由 A 产生的 K' 中的共轭算子 A', 即当 $F \in K'$ 时令 $A'F$ 为如下的泛函:

$$(A'F, \varphi) = (F, A\varphi)^{①}, \varphi \in K,$$

特别地, 当 $F \in \mathscr{D}(A)$ 时, F 作为正则的广义函数应有

$$(A'F, \varphi) = (F, A\varphi) = \int F(x)(A\varphi)(x)dx, \varphi \in K,$$

由于 A 是实的自共轭算子, 上式又等于

$$\int (AF)(x)\varphi(x)dx = (AF, \varphi),$$

所以, 当 $F \in \mathscr{D}(A)$ 时 $A'F = AF$, 因此共轭算子 A' 是 A 在 K' 上的延拓: $A \subset A'$

如果对于数 λ, 有 $F \in K', F \neq 0$ 使

$$A'F = \lambda F,$$

_____
① 这里 (F, φ) 表示泛函 F 在 φ 处的值而不是 F 与 φ 的内积.

就称 F 是 A 的 (相应于特征值 λ 的) 广义特征向量, 当 F 又属于 $\mathscr{D}(A)$ 时, 广义特征向量 (广义特征值) 就相应地还原为通常特征向量 (特征值).

如果存在有限个或可列个特征值 $\{\lambda_n\}$, 和相应的就范直交特征向量系 $\{f_{\lambda_n}\} \subset \mathscr{D}(A)$, 又对每个自然数 n, 有直线上的 Borel 集 B_n, 这些 B_n 中有些或全部可以是空集, 而且可以彼此相交, 使得对每个 $\lambda \in B_n$, 有 A 的相应于广义特征值 λ 的广义特征向量 f_λ, 使得对每个 $\varphi \in K, (f_\lambda, \varphi)$ 是 $\lambda \in B_n$ 上的 Borel 可测函数, 而且对一切 $\varphi, \psi \in K$ 成立着

$$\int \varphi(x)\overline{\psi(x)}\mathrm{d}x = \sum_n (f_{\lambda_n}, \varphi)\overline{(f_{\lambda_n}, \psi)}$$
$$+ \sum_n \int_{B_n} (f_\lambda, \varphi)\overline{(f_\lambda, \psi)}\mathrm{d}\lambda, \tag{7.2.17}$$

那么就称 $\{f_{\lambda_n}\} \bigcup \{f_\lambda | \lambda \in B_n, n = 1, 2, 3, \cdots\}$ 组成 A 的完备的就范直交广义特征向量系, 这时有如下的广义特征展开式[①]: 当 $\varphi \in K$ 时,

$$\varphi = \sum_n (f_{\lambda_n}, \varphi)f_{\lambda_n} + \sum_n \int_{B_n} (f_\lambda, \varphi)f_\lambda \mathrm{d}\lambda, \tag{7.2.18}$$

$$A\varphi = \sum_n (f_{\lambda_n}, \varphi)\lambda_n f_{\lambda_n} + \sum_n \int_{B_n} (f_\lambda, \varphi)\lambda f_\lambda \mathrm{d}\lambda, \tag{7.2.19}$$

(7.2.19) 显然是可以由 (7.2.18) 立即推出来的.

我们这里不准备给出关于 $L^2(E^n)$ 上实的自共轭算子存在完备就范直交广义特征向量系的条件, 对于具体的微分算子要具体地判断, 我们只给出如下的简单的例来说明广义特征展开的概念.

例 7　设 A 是 $L^2(E^1)$ 中如下的乘法算子: 当 $f \in L^2(E^1)$ 时

$$(Af)(x) = xf(x), \quad x \in E^1,$$

这时容易验证 $\{\delta(\cdot, -\lambda) | \lambda \in (-\infty, +\infty)\}$ 是 A 的完备就范直交广义特征向量系.

习　题　7.2

1. 设 e_ν 是 E^n 中的向量, $e_\nu = (\delta_{1\nu}, \delta_{2\nu}, \cdots, \delta_{n\nu}), \nu = 1, 2, \cdots, n$ (当 $\mu \neq \nu$ 时 $\delta_{\mu\nu} = 0, \delta_{\mu\mu} = 1$). 设 $\tau_t^{(\nu)}$ 是 E^n 中平移变换

$$\tau_t^{(\nu)} : x \mapsto x + te_\nu, x \in E^n.$$

[①]这里 (7.2.18) 应理解为 (7.2.17), 而 (7.2.19) 即理解为对任何 $\psi \in K, A\varphi$ 与 ψ 的内积为
$$(A\varphi, \psi) = \sum_n (f\lambda_n, \varphi)\lambda_n\overline{(f\lambda_n, \psi)} + \sum_n \int_{B_n} \overline{(f\lambda, \varphi)}\lambda(f\lambda, \psi)\mathrm{d}\lambda.$$

证明: 当 F 是 n 元的广义函数时, $\dfrac{\partial F}{\partial x_\nu} = \lim\limits_{n\to\infty} n(\tau^{(\nu)}_{-\frac{1}{n}} F - F)$.

2. 设 $t > 0$ 是参数, 考察 E^1 上的函数

$$f_t(x) = \frac{1}{2\sqrt{\pi t}} e^{-\frac{x^2}{4t}}$$

证明: 当 $t \to 0$ 时 $f_t(\cdot) \xrightarrow{K'} \delta(\cdot)$.

3. 证明函数列 $\left\{ \dfrac{1}{\pi} \dfrac{\sin nx}{x} \,\middle|\, n = 1, 2, 3, \cdots \right\}$ 是 δ-式函数列.

4. 设 F 是一元广义函数, m 是一个非负整数, 而且在一个开区间 (a, b) 中 $\dfrac{\mathrm{d}^m}{\mathrm{d}x^m} F = 0$. 证明 F 在 (a, b) 上等于一个次数小于 m 的多项式.

5. 设 $f \in L^*$ 是一元函数, $F \in K'$ 是一元广义函数, 而且存在一组常数 $c_1, \cdots, c_p$ 使

$$\frac{\mathrm{d}^p}{\mathrm{d}x^p} F + c_1 \frac{\mathrm{d}^{p-1}}{\mathrm{d}x^{p-1}} F + \cdots + c_p F = f.$$

证明: $F \in L^*$, 而且 F 就是上述常微分方程的普通解.

6. 证明 (7.2.12) 式.

7. 设 u_q、$v_q (q = 0, 1, 2, \cdots, p)$ 是常数, 将

$$\frac{\mathrm{d}^{p+1}}{\mathrm{d}x^{p+1}} \sum_{q=0}^{p} x^q (u_q + v_q \theta(x))$$

表示成 δ 函数及其导数的线性组合的表达式.

§7.3　广义函数的 Fourier 变换

在本节中关于概念和结果的陈述都是对于多元函数来进行的. 但是证明只限于一元函数的情况, 读者可自行推广到多元函数.

1. 基本函数的 Fourier 变换　我们先来考察 K 空间中函数的 Fourier 变换. 为了书写简单起见, 当 $x = (x_1, \cdots, x_n)$ 时, 记 $\mathrm{d}x = \mathrm{d}x_1 \cdots \mathrm{d}x_n$; 如果 $\sigma = (\sigma_1, \cdots, \sigma_n)$, 那么记 $x \cdot \sigma = \sum\limits_{j=1}^{n} x_j \sigma_j$; 当 $q = (q_1, \cdots, q_n)$ 时, 记 $\sigma^q = \sigma_1^{q_1} \cdots \sigma_n^{q_n}$.

定义 7.3.1　设 $\varphi(\cdot) \in K$, 作

$$\psi(\sigma) = \int_{E^n} \varphi(x) e^{\mathrm{i}\sigma \cdot x} \mathrm{d}x, \tag{7.3.1}$$

称它是 $\varphi(\cdot)$ 的 Fourier 变换[①], 记为 $\widetilde{\varphi}(\cdot)$ 或 $F(\varphi)$. 也称映照 $F: \varphi \mapsto \widetilde{\varphi}$ 为 Fourier 变换. 又称它的逆映照 F^{-1} 为 Fourier 逆变换. 我们把 K 中函数的 Fourier 变换全体所成的线性空间记为 $Z = FK$. 又在 Z 中引进极限概念如下: 设 $F(\varphi_n) \in$

[①] 我们这里定义的 Fourier 变换是 L^1-Fourier 变换 (参见 §3.4).

$Z, F(\varphi) \in Z$ 那么当 $\varphi_n \xrightarrow{K} \varphi$ 时, 称函数列 $\{F(\varphi_n)\}$ 在 Z 中收敛于 $F(\varphi)$, 记为 $F(\varphi_n) \xrightarrow{z} F(\varphi)$.

定理 7.3.1 (基本函数的 Fourier 变换的基本性质)

(1) 对任一多项式 p 和 $\varphi \in K$, 有[①]

$$p(D)F(\varphi) = F(p(\mathrm{i}(\cdot))\varphi), \tag{7.3.2}$$

$$p(\cdot)F(\varphi) = F(p(\mathrm{i}D)\varphi); \tag{7.3.3}$$

(2) 当 $\varphi, \psi \in K$ 时, 记 $(\varphi, \psi)_K = \int \varphi \widetilde{\varphi} \mathrm{d}x$, 当 $f, g \in Z$ 时, 记 $(f, g)_Z = \int f\overline{g}\mathrm{d}\sigma$, 那么

$$(2\pi)^n (\varphi, \psi)_K = (F(\varphi), F(\psi))_Z; \tag{7.3.4}$$

(3) F 的逆映照 $F^{-1} : Z \to K$ 有表达式

$$F^{-1}(f) = \frac{1}{(2\pi)^n} \int f(\sigma)e^{-\mathrm{i}\sigma \cdot x}\mathrm{d}\sigma; \tag{7.3.5}$$

(4) 设 $t = (t_1, \cdots, t_n)$, 算子 $\tau_t : \varphi(\cdot) \mapsto \varphi((\cdot) + t)$ 既可以看成是 $K \to K$ 的算子, 又可以看成 $Z \to Z$ 的算子, 而且

$$F(\tau_t \varphi) = e^{-\mathrm{i}(\cdot) \cdot t}F(\varphi), \quad \tau_t F(\varphi) = F(e^{\mathrm{i}t \cdot (\cdot)}\varphi). \tag{7.3.6}$$

证 (7.3.2)、(7.3.6) 可以通过直接计算而得, (7.3.3) 可以通过分部积分得到 (参见 §3.8),(7.3.4) 是 §6.8 中的推论. 证毕

现在我们来研究基本函数空间 Z.

定理 7.3.2 函数 $\psi(\cdot) \in Z$ 的充要条件是 ψ 可以解析开拓为 n 维复空间上的整函数[②], 而且有正数 a, 使得对一切非负整数组 $q = (q_1, \cdots, q_n)$,

$$|s^q \psi(s)| \leqslant c_q e^{a|\tau|}, \tag{7.3.7}$$

[①]如果 $p(s) = \sum\limits_{N(q) \leqslant p} C_q s^q$, 那么 $p(D)$ 表示求导运算 $\sum\limits_{N(q) \leqslant p} C_q D^q$.

[②]对于多元复变函数 $\psi(s_1, \cdots, s_n)$, 如果

$$\lim_{h \to 0} \frac{\psi(s_1, \cdots, s_k + h, \cdots, s_n) - \psi(s_1, \cdots, s_n)}{h}$$

存在, 则称 $\dfrac{\partial \psi}{\partial s_k}$ 存在, 如果在一个 n 维的复区域 D 中函数 ψ 是连续的, 而且 $\dfrac{\partial \psi}{\partial s_k}(k = 1, 2, \cdots, n)$ 存在, 则称 ψ 在此区域中是解析的. 这时整函数、解析开拓等概念和单复变情况相仿.

其中 c_q 为与 q 和 ψ 有关的常数, $s = \sigma + \mathrm{i}\tau$ ①. 又 $\psi_m \xrightarrow{z} 0$ 的充要条件是存在正数 a, 使得对每个非负整数组 $q = (q_1, \cdots, q_n)$, 存在常数 c_q 满足不等式

$$|s^q \psi_m(s)| \leqslant c_q e^{a|\tau|}, \quad m = 1, 2, 3, \cdots, \quad s = \sigma + \mathrm{i}\tau, \tag{7.3.8}$$

同时函数列 $\{\psi_m(\sigma)\}$ 在 E^n 的任一有界区域中一致收敛于零.

证　只讨论一元函数情况. 设 $\psi \in Z$, 就是说有 $\varphi \in K$ 使得 $\psi = F(\varphi)$. 又设 φ 的支集在 $|x| \leqslant a$ 中. 由于 $\psi(\sigma) = \int_{-a}^{a} \varphi(x) e^{\mathrm{i}\sigma x} \mathrm{d}x$, 而 $\psi(s) = \int_{-a}^{a} \varphi(x) e^{\mathrm{i}sx} \mathrm{d}x$ 显然是复变数 $s = \sigma + \mathrm{i}\tau$ 的整函数, 因此 $\psi(\sigma)$ 可以解析开拓为整函数 $\psi(s)$. 由 (7.3.3) 容易知道, 对任何非负整数 q, 有

$$|s^q \psi(s)| = \left| \int_{-a}^{a} \mathrm{i}^q \varphi^{(q)}(x) e^{\mathrm{i}xs} \mathrm{d}x \right| \leqslant \int_{-a}^{a} |\varphi^{(q)}(x)| e^{-x\tau} \mathrm{d}\tau$$
$$\leqslant \int_{-a}^{a} |\varphi^{(q)}(x)| \mathrm{d}x e^{a|\tau|},$$

因此 (7.3.7) 成立, 其中 $c_q = \int_{-a}^{a} |\varphi^{(q)}(x)| \mathrm{d}x$.

反过来, 如果整函数 $\psi(s)$ 满足 (7.3.7), 记 $c = c_0 + c_2$, 那么由 (7.3.7) 可知

$$|\psi(s)| \leqslant \frac{c}{1 + |s|^2} e^{a|\tau|}, \quad s = \sigma + \mathrm{i}\tau, \tag{7.3.9}$$

我们作函数

$$\varphi(x) = \frac{1}{2\pi} \int_{-\infty}^{+\infty} \psi(\sigma) e^{-\mathrm{i}\sigma x} \mathrm{d}\sigma,$$

利用围道积分和 (7.3.9), 容易证明对任何 τ

$$\varphi(x) = \frac{1}{2\pi} \int_{-\infty}^{+\infty} \psi(\sigma + \mathrm{i}\tau) e^{-\mathrm{i}(\sigma + \mathrm{i}\tau)x} \mathrm{d}\sigma, \tag{7.3.10}$$

取 τ 使 $\tau x = -|\tau x|$, 再利用 (7.3.9) 就得到估计式

$$|\varphi(x)| \leqslant \frac{c e^{\tau x + a|\tau|}}{2\pi} \int_{-\infty}^{+\infty} \frac{\mathrm{d}\sigma}{1 + |\sigma + \mathrm{i}\tau|^2} \leqslant c' e^{-|\tau|(|x| - a)},$$

此地 $c' = \dfrac{c}{2\pi} \displaystyle\int_{-\infty}^{+\infty} \dfrac{\mathrm{d}\sigma}{1 + \sigma^2}$ 是和 τ、x 都无关的常数. 令 $|\tau| \to +\infty$, 就知道当 $|x| > a$ 时 $\varphi(x) = 0$. 因此 $\varphi(x)$ 的支集是有界的. 利用 (7.3.7) 和 (7.3.10) 可证明

$$\varphi^{(q)}(x) = \frac{1}{2\pi} \int_{-\infty}^{+\infty} (-\mathrm{i}s)^q \psi(s) e^{-\mathrm{i}sx} \mathrm{d}\sigma,$$

_____

① $s = (s_1, \cdots, s_n)$ 是复数组, $\sigma = (\sigma_1, \cdots, \sigma_n)$ 和 $\tau = (\tau_1, \cdots, \tau_n)$ 是实数组.

因此函数 $\varphi(\cdot)$ 是无限次可微的, 这样便有 $\varphi \in K$. 容易证明这时 $F(\varphi) = \psi$, 因此 $\psi \in Z$.

由以上证明过程可以看出, 如果 $\{\psi_m\} \subset Z, \psi_m = F(\varphi_m)$ 而且 (7.3.8) 成立, 那么 $\{\varphi_m\}$ 的支集都含在 $|x| \leqslant a$ 中. 因为

$$\begin{aligned}
|\varphi_m^{(q)}(x)| &= \frac{1}{2\pi} \left| \int_{-\infty}^{+\infty} \sigma^q \psi_m(\sigma) e^{-\mathrm{i}\sigma x} \mathrm{d}\sigma \right| \\
&\leqslant \frac{1}{2\pi} \int_{|\sigma| \geqslant R} c_{q+2} \frac{\mathrm{d}\sigma}{\sigma^2} + \frac{1}{2\pi} \int_{-R}^{R} \sigma^q |\psi_m(\sigma)| \mathrm{d}\sigma,
\end{aligned}$$

对任何 $\varepsilon > 0$, 取 R 使 $\frac{1}{2\pi} c_{q+2} \frac{2}{R} < \frac{\varepsilon}{2}$, 如果 $\{\psi_m(\sigma)\}$ 又在有界区间中一致收敛于零, 再取 m 充分大, 使 $\int_{-R}^{R} \sigma^q |\psi_m(\sigma)| \mathrm{d}\sigma < \frac{\varepsilon}{2} 2\pi$, 就知道 $\{\varphi_m^{(q)}(x)\}$ 一致收敛于零. 即 $\varphi_m \xrightarrow{K} 0$. 反过来, 当 $\varphi_m \xrightarrow{K} 0$ 时记 $\psi_m = F(\varphi_m)$ 也容易证明 ψ_m 应当满足定理中的条件. 证毕

2. Z 空间上的连续线性泛函 由于 Z 空间也是一个线性空间, 其中有极限运算而且线性运算是连续的, 因此我们可以像对 K 空间那样考察 Z 空间上的连续线性泛函 —— 广义函数.

定义 7.3.2 称 Z 空间上的连续线性泛函是 Z 空间上的广义函数, 其全体也称为广义函数空间, 记为 Z'.

在 Z' 中可以仿照 K' 中一样地定义线性运算、求导运算和极限运算. 这些我们不详细叙述, 由读者自行补充. 我们仿照空间 K' 中的情况, 设 $g \in Z'$, 如果存在局部 Lebesgue 可积函数 $g(\sigma)$, 使得对每个 $\psi \in Z$, 函数 $\psi(\cdot) g(\cdot)$ 在 E^n 上是 Lebesgue 可积的, 而且

$$(g, \psi) = \int g(\sigma) \psi(\sigma) \mathrm{d}\sigma, \quad \psi \in Z,$$

那么称 g 是**正则泛函**.

Z 空间有与 K 不同的地方. 对于 $\psi \in Z$, 由定理 7.3.2, 可以视 ψ 是定义域为复空间的整函数, 我们可以把广义函数表示成复空间上解析函数的积分.

例 1 考察 n 元函数: 设 s_0 是任意一组复数 $(s_{01}, s_{02}, \cdots, s_{0n})$ 记 $\delta(\cdot - s_0)$ 为泛函

$$(\delta(\cdot - s_0), \psi) = \psi(s_0), \psi \in Z,$$

这个泛函显然属于 Z'. 也称它是 δ-函数. 当 s_0 是一组实数时, $\delta(\cdot - s_0)$ 显然不是正则泛函. 但一般说来, 对任何 $s_0, \delta(\cdot - s_0)$ 可以用复空间中函数的积分来表

达. 我们只就一元函数来说明这点. 设 s_0 是一个复数. 任取一个以 s_0 为中心的正向的圆周形围道, 由柯西积分公式就得到

$$(\delta(\cdot - s_0), \psi) = \frac{1}{2\pi i} \int_L \frac{\psi(s)}{s - s_0} \mathrm{d}s.$$

现在我们考虑更一般的用复空间上积分表示的广义函数.

设 L 是 n 维复空间中的一个光滑的 n 维曲面, 这曲面以 $u = (u_1, \cdots, u_n)$ 为参数, 设 $s = s(u)$ 为曲面的参数方程, 记 $\det\left(\dfrac{\partial s_i}{\partial u_j}\right)(i, j = 1, 2, \cdots, n)$ 是变换 $(u_1, \cdots, u_n) \mapsto (s_1, \cdots, s_n)$ 的 Jacobian. 令 $\mathrm{d}s = \det\left(\dfrac{\partial s_i}{\partial u_j}\right)\mathrm{d}u_1 \cdots \mathrm{d}u_n$. 设 g 是 L 上的一个函数, 它使得函数 $u \mapsto g(s(u))$ 是 Lebesgue 可测的, 而且对每个 $\psi \in Z, \psi(s(\cdot))g(s(\cdot))$ 是 E^n 上的 Lebesgue 可积函数, 那么当

$$(g, \psi) = \int_L g(s)\psi(s)\mathrm{d}s, \quad \psi \in Z$$

是 Z 上的连续线性泛函时就称这个泛函是**解析泛函**. 如例 1 中所述 $\delta(\cdot - s_0)$ 是解析泛函, 正则泛函也是解析泛函. 下面我们将看出解析泛函可以用来表达微分方程的解.

例 2 现在讨论一元函数组的一类解析函数, 设 $p(s)$ 是一个复变数 s 的 m 次多项式, 设 $\alpha_1, \cdots, \alpha_m$ 是它的 m 个零点 (为简单起见设 $\alpha_i \neq \alpha_j (i \neq j)$), 记 $r_k = \mathrm{Im}\alpha_k, k = 1, 2, \cdots, m$. 任取实数 $\tau, \tau \neq r_k, k = 1, 2, \cdots, m$, 我们作一元基本函数空间 Z 上的解析泛函 g_τ 如下:

$$(g_\tau, \psi) = \int_{-\infty}^{+\infty} \frac{\psi(\sigma + i\tau)}{p(\sigma + i\tau)} \mathrm{d}\sigma,$$

我们注意这个解析泛函和 τ 的位置有关. 如果 $r_1 < r_2 < \cdots < r_m$ 利用围道积分可知, 当 $r_k < \tau < r_{k+1}$ 时, g_τ 与 τ 无关, 把这个泛函记为 $g_{(k)}, g_{(0)}$ 表示当 $\tau < r_1$ 时的 $g_\tau, g_{(m)}$ 表示当 $\tau > r_m$ 时的 g_τ, 这时

$$(g_{(k+1)}, \psi) - (g_{(k)}, \psi)$$
$$= \int_{-\infty}^{+\infty} \frac{\psi(\sigma + i\tau_{k+1})}{p(\sigma + i\tau_{k+1})} \mathrm{d}\sigma - \int_{-\infty}^{+\infty} \frac{\psi(\sigma + i\tau_k)}{p(\sigma + i\tau_k)} \mathrm{d}\sigma,$$

其中 $r_k < \tau_k < r_{k+1} < \tau_{k+1} < r_{k+2}$. 由于在直线 $\tau = \tau_k$ 与 $\tau = \tau_{k+1}$ 之间, 函数 $\dfrac{\psi(s)}{p(s)}, (s = \sigma + i\tau)$ 只可能有一次极点 α_{k+1}, 利用留数定理可知

$$(g_{(k+1)}, \psi) - (g_{(k)}, \psi) = -2\pi i \frac{\psi(\alpha_{k+1})}{p'(\alpha_{k+1})},$$
$$g_{(k+1)} - g_{(k)} = -2\pi i \frac{1}{p'(\alpha_{k+1})} \delta(\cdot - \alpha_{k+1}),$$

也就是说, 它不为零. 因此, 尽管相应于同一函数 $\dfrac{1}{p(s)}$, 由于积分路径不一样, 所得的解析泛函一般也不一样. 这个例暂时讨论到这里.

现在来讨论 Z' 空间上的乘法运算. 我们令 $\xi(s)$ 为 n 维复空间上的整函数, 而且存在正数 a、b 和 c, 使得

$$|\xi(s)| \leqslant c(|s|^b + 1)e^{a|\tau|}, \quad s = \sigma + \mathrm{i}\tau,$$

其中 $|s| = \sqrt{|s_1|^2 + \cdots + |s_n|^2}$. 这种函数全体记为 Y. 显然当 $\xi \in Y, \psi \in Z$ 时, $\xi\psi \in Z$, 即 ξ 是 Z 的一个乘子, Y 是 Z 空间的乘子空间. 完全类似于 K' 与 E 的乘法运算, 可以定义 Z' 与 Y 的乘法运算. 显然任一多项式都在 Y 中, 因此多项式是 Z' 的乘子.

例 2 (续) 容易看出, 对任何 k,

$$(pg_{(k)}, \psi) = (g_{(k)}, p\psi) = \int_{-\infty}^{+\infty} \psi(\sigma + \mathrm{i}\tau_k)\mathrm{d}\sigma = \int_{-\infty}^{+\infty} 1 \cdot \psi(\sigma)\mathrm{d}\sigma,$$

因此

$$pg_{(k)} = 1, k = 0, 1, 2, \cdots, m. \tag{7.3.11}$$

所以对给定的 p, 代数方程 $pg = 1$ 在 Z' 中至少有 m 个线性无关的解

$$g = g_{(0)} + \sum_{k=1}^{m} c_k(g_{(k)} - g_{(0)}). \tag{7.3.12}$$

事实上, 可以证明这就是方程 $pg = 1$ 在 Z' 中的通解.

3. 广义函数的 Fourier 变换的概念 在这一段中, 当 $f, g \in L^2(E^n)$ (复空间) 时, 不管 f, g 是实的还是复的, 我们用 (f, g) 表示积分

$$\int f(x)g(x)\mathrm{d}x,$$

我们又作 $L^2(E^n)$ 中的算子

$$J : \varphi(\cdot) \mapsto \varphi(-(\cdot)).$$

我们首先注意当 $f \in K$ 时, f 可以看成 K' 中的广义函数, 这时由 (7.3.4) 得到

$$\begin{aligned}
(2\pi)^n(f, J\varphi) &= (2\pi)^n \int f(x)J\varphi(x)\mathrm{d}x = (2\pi)^n(f, \overline{J\varphi})_k \\
&= (F(f), F(\overline{J\varphi}))_Z = (F(f), \overline{F(J\varphi)}) \\
&= (F(f), F(\varphi)),
\end{aligned}$$

因此, 如果把 $F(f)$ 看成 Z 空间上的连续线性泛函, 那么有公式

$$(2\pi)^n(f, J\varphi) = (F(f), F(\varphi)), \quad \varphi \in K, \tag{7.3.13}$$

事实上, 这个公式对一切 $f \in L^2(E^n)$ 也成立. 利用这个公式我们定义广义函数的 Fourier 变换如下:

定义 7.3.3　设 $f \in K'$, 作 Z 上的连续线性泛函

$$F(f) : \psi \mapsto (2\pi)^n(f, JF^{-1}(\psi)), \quad \psi \in Z, \tag{7.3.14}$$

称它是广义函数 f 的 Fourier 变换, 有时也记为 $\tilde{f}$. 我们也把映照 $F : f \mapsto F(f), f \in K'$ 称作 (广义函数空间 K' 上的) Fourier 变换, 它的逆映照 F^{-1} 称作 (广义函数空间 Z' 上的) Fourier 逆变换.

　　显然 (7.3.14) 等价于 (7.3.13). 因此, 我们也可以把 (7.3.13) 看成广义函数 Fourier 变换的定义公式. 另外, 对于任何 $g \in Z'$, 我们可以作 K' 中的广义函数

$$f : \varphi \mapsto (2\pi)^{-n}(g, F(J\varphi)),$$

这时 $(f, J\varphi) = (g, F(\varphi)), \varphi \in K$, 因此 $g = F(f)$. 所以有

　　定理 7.3.3 (广义函数的 Fourier 变换的基本性质)　K' 中的 Fourier 变换

$$F : f \mapsto F(f), f \in K'$$

是 K' 到 Z' 上的一对一的连续线性算子. 它有如下的性质:

　　(1) 对任一多项式 p 及 $f \in K'$ 有

$$p(D)F(f) = F(p(\mathrm{i}(\cdot))f), \tag{7.3.2'}$$

$$p(\cdot)F(f) = F(p(\mathrm{i}D)f), \tag{7.3.3'}$$

　　(2) 设 $t = (t_1, \cdots, t_n)$, 作 τ_t 的共轭算子 $\tau_t' : f \mapsto \tau_t'f$, 其中

$$(\tau_t'f, \varphi) = (f, \tau_t\varphi),$$

那么　　$F(\tau_t'f) = e^{+\mathrm{i}(\cdot)\cdot t}F(f), \tau_t'F(f) = F(e^{-\mathrm{i}(\cdot)\cdot t}f), \quad f \in K'. \tag{7.3.6'}$

　　证　我们只证 (7.3.2'), 其余留给读者证明. 当 $\varphi \in K$ 时, 由 (7.2.4)、(7.3.2)

和 (7.3.13), 我们有

$$
\begin{aligned}
(p(D)F(f), F(\varphi)) &= (F(f), p(-D)F(\varphi)) \\
&= (F(f)F(p(-\mathrm{i}(\cdot))\varphi)) \\
&= (2\pi)^n (f, J[p(-\mathrm{i}(\cdot))\varphi]) \\
&= (2\pi)^n (f, p(+\mathrm{i}(\cdot))J\varphi) \\
&= (2\pi)^n (p(\mathrm{i}(\cdot))f, J\varphi) \\
&= (F(p(\mathrm{i}(\cdot))f), F(\varphi)),
\end{aligned}
$$

因此 (7.3.2′) 成立. 证毕

下面先来考察 n 元广义函数的 Fourier 变换的例.

例 3 $$F(\delta) = 1, \quad F(1) = (2\pi)^n \delta. \tag{7.3.15}$$

证 事实上, 如果记 $\psi(\cdot) = F(\varphi), \varphi \in K$, 那么由 (7.3.13)

$$(F(\delta), \psi) = (2\pi)^n (\delta, J\varphi) = (2\pi)^n (J\varphi)(0) = (2\pi)^n \varphi(0),$$

但另一方面, 由普通函数的 Fourier 逆变换的公式有

$$\varphi(0) = \frac{1}{(2\pi)^n} \int_{-\infty}^{+\infty} \psi(\sigma) \mathrm{d}\sigma,$$

因此 $(F(\delta), \psi) = (1, \psi)$, 这就得到 $F(\delta) = 1$. 另一方面, 又有

$$
\begin{aligned}
(F(1), \psi) &= (2\pi)^n (1, J\varphi) = (2\pi)^n \int_{-\infty}^{+\infty} \varphi(x) \mathrm{d}x \\
&= (2\pi)^n \psi(0) = ((2\pi)^n \delta, \psi).
\end{aligned}
$$

证毕

利用 (7.3.15) 和 (7.3.2′)、(7.3.3′) 可知对于多项式 $p(\cdot)$ 成立着

$$F(p(x)) = (2\pi)^n p(-\mathrm{i}D)\delta(\sigma), F(p(D)\delta(x)) = p(-\mathrm{i}\sigma). \tag{7.3.16}$$

我们又可以把 (7.3.15) 中的第二式推广成

$$F(e^{b \cdot x}) = (2\pi)^n \delta(s - \mathrm{i}b). \tag{7.3.17}$$

事实上, 由于 $e^{b \cdot x} = \sum_{n=0}^{\infty} \frac{(b \cdot x)^n}{n!}$, 这个级数是在任一有限区域上一致收敛的, 因此, 作为广义函数级数, 它也是收敛的. 当 $\psi = F(\varphi), \varphi \in K$ 时, 利用

(7.3.13)、(7.3.16) 得到

$$(F(e^{b \cdot x}), \psi) = (2\pi)^n (e^{b \cdot x}, J\varphi) = (2\pi)^n \left(\sum_{m=0}^{\infty} \frac{(b \cdot x)^m}{m!}, J\varphi \right)$$

$$= (2\pi)^n \sum_{m=0}^{\infty} \frac{1}{m!} ((b \cdot x)^m, J\varphi) = \sum_{m=0}^{\infty} \frac{1}{m!} (F((b \cdot x)^m), \psi)$$

$$= (2\pi)^n \sum_{m=0}^{\infty} \frac{1}{m!} ((-\mathrm{i}b \cdot D)^m \delta(\sigma), \psi(\sigma))$$

$$= (2\pi)^n \sum_{m=0}^{\infty} \frac{1}{m!} (\mathrm{i}b \cdot D)^m \psi(s)|_{s=0},$$

利用多元解析函数的 Taylor 公式, 上式又等于

$$(2\pi)^n \psi(\mathrm{i}b) = (2\pi)^n (\delta(s - \mathrm{i}b), \psi(s)).$$

证毕

下面我们写出常用的一元广义函数的 Fourier 变换的一个简表.

编号	广义函数 $f(x) \in K'$	Fourier 变换 $\widetilde{f}(\sigma) \in Z'$
0	$f(x) \in L(-\infty, +\infty)$	$\widetilde{f}(\sigma) = \displaystyle\int_{-\infty}^{+\infty} f(x) e^{\mathrm{i}x\sigma} \mathrm{d}x$
1	$\delta(x - a)$	$e^{\mathrm{i}a\sigma}$
2	e^{bx}	$2\pi\delta(s - \mathrm{i}b)$
3	$x^n, n = 0, 1, 2, \cdots$	$2\pi \left(-\mathrm{i}\dfrac{\mathrm{d}}{\mathrm{d}\sigma} \right)^n \delta(\sigma)$
4	$\dfrac{1}{x}$	$\mathrm{i}\pi \operatorname{sgn} \sigma$
5	$\dfrac{1}{x^2}$	$-\pi|\sigma|$
6	$\ln|x|$	$\mathrm{i}\left[(\sigma + \mathrm{i}0)^{-1} \left(c + \mathrm{i}\dfrac{\pi}{2} - \ln(\sigma + \mathrm{i}0) \right) - (\sigma - \mathrm{i}0)^{-1} \left(c - \mathrm{i}\dfrac{\pi}{2} - \ln(\sigma - \mathrm{i}0) \right) \right]$ [①]
7	$\theta(x)$	$\dfrac{\mathrm{i}}{\sigma} + \pi\delta(\sigma)$
8	$\sin x$	$\mathrm{i}\pi[\delta(\sigma - 1) - \delta(\sigma + 1)]$
9	$\cos x$	$\pi[\delta(\sigma + 1) + \delta(\sigma - 1)]$

① 其中 $e = \displaystyle\int_0^{\infty} \ln x e^{-x} \mathrm{d}x.$

4. 广义函数的卷积　在经典分析数学中经常用到两个函数的卷积. 设 $f, g \in L^*$, 而且 f 的支集是有界的, 那么容易知道 (参看 §3.5 习题 5) 函数

$$h(x) = \int f(x - t) g(t) \mathrm{d}t \tag{7.3.18}$$

也是局部 Lebesgue 可积的. 我们称 h 为函数 f 和 g 的卷积, 记为 $h = f * g$. 我们还可以知道, 如果 $f, g \in L^*, g$ 具有有界支集, 那么 (7.3.18) 中积分也存在, 而且函数 h 仍然属于 L^*; 如果 $f, g \in L^1$, 那么 $h \in L^1$, 同时 $f * g = g * f$. 当 $\varphi \in K$ 时, 利用 Fubini 定理, 我们又得到

$$(f * g, \varphi) = \iint f(x - t) g(t) \varphi(x) \mathrm{d}x \mathrm{d}t$$
$$= \int g(t) \left(\int f(x - t) \varphi(x) \mathrm{d}x \right) \mathrm{d}t,$$

由 Lebesgue 积分的平移不变性, 它又等于 $\int g(t) \left(\int f(x) \varphi(x + t) \mathrm{d}x \right) \mathrm{d}t$, 因此

$$(f * g, \varphi) = (g(t), (f, \tau_t \varphi)), \varphi \in K, \tag{7.3.19}$$

我们现在要利用 (7.3.19) 来定义广义函数的卷积.

设 $\varphi \in K, f \in K'$, 而且 f 的支集有界, 我们首先证明 E^n 上的函数 $u : t \mapsto u(t) = (f, \tau_t \varphi)(t = (t_1, \cdots, t_n) \in E^n)$ 属于 K. 我们注意函数 $\tau_t \varphi(x) = \varphi(x + t)$ 的支集 S_t 可以由 φ 的支集经过平移 $x \mapsto x - t$ 而得到, 由于广义函数 f 的支集 S_f 有界, 因此当 $|t| = (t_1^2 + \cdots + t_n^2)^{1/2}$ 充分大时, S_t 和 S_f 不交, $u(t) = 0$. 另一方面, 容易证明

$$\frac{\partial u(t)}{\partial t_\nu} = \left(f, \frac{\partial}{\partial t_\nu} \tau_t \varphi \right) = \left(f, \tau_t \frac{\partial \varphi}{\partial x_\nu} \right),$$

因此函数 $u(\cdot) \in K$. 我们把函数 $u(\cdot)$ 写成 $(f, \tau_{(\cdot)} \varphi)$. 当 $g \in K'$ 时, 我们把 (g, u) 写成 $(g, (f, \tau_{(\cdot)} \varphi))$. 那么, 容易证明 $\varphi \mapsto (g, (f, \tau_{(\cdot)} \varphi))$ 是 K' 中的广义函数.

定义 7.3.4　设 $f, g \in K'$ 而且 f 是具有有界支集的, 称广义函数

$$f * g : \varphi \mapsto (g, (f, \tau_{(\cdot)} \varphi)), \varphi \in K \tag{7.3.20}$$

为广义函数 f 与 g 的**卷积**.

我们可以把 (7.3.20) 写成 (7.3.19), 因此 (7.3.19) 就是广义函数的卷积的定义公式. 前面已经证明, 当 $f, g \in L^*, f$ 的支集有界时, (7.3.19) 也成立. 因此这里广义函数的卷积是通常函数卷积的推广.

我们可以把卷积看成广义函数空间的某种乘法运算, 那么, δ-函数是这种乘法的单位元. 就是说, 当 $g \in K'$ 时,

$$\delta * g = g. \tag{7.3.21}$$

事实上, 由卷积定义可知, 当 $\varphi \in K$ 时

$$(\delta * g, \varphi) = (g, (\delta, \tau_{(\cdot)}\varphi)) = (g, \varphi(\cdot)),$$

立即得到 (7.3.21). 可以证明当 $\{f_\nu\}$ 是支集均匀有界的 δ-式函数列时, $f_\nu * g = g * f_\nu \to g$. 所以 δ-式函数列可以看成卷积的近似单位元.

容易证明, 这种乘法服从分配律, 就是当 $f, g, h \in K', \alpha, \beta$ 为数, f 的支集有界时

$$f * (\alpha g + \beta h) = \alpha f * g + \beta f * h.$$

定理 7.3.4 (Fourier 变换的卷积定理) 设 $f, g \in K', f$ 的支集是有界的, $F(f)$ 是正则广义函数而且 $F(f)(\sigma)$ 是 Z 的乘子, 那么

$$F(f * g) = F(f)F(g). \tag{7.3.22}$$

证 设 $\psi = F(\varphi), \varphi \in K$, 那么由 (7.3.13)、(7.3.20) 或 (7.3.19) 有

$$\begin{aligned}
(F(f * g), \psi) &= (2\pi)^n (f * g, J\varphi) = (2\pi)^n (g, (f, \tau_{(\cdot)} J\varphi)) \\
&= (2\pi)^n (g, J(f, \tau_{-(\cdot)}(J\varphi))) \\
&= (F(g), F(f, \tau_{-(\cdot)} J\varphi)) \\
&= \frac{1}{(2\pi)^n} (F(g), F(F(f), F(J\tau_{-(\cdot)} J\varphi))), \tag{7.3.23}
\end{aligned}$$

然而

$$F(J\tau_{-t} J\varphi) = \int e^{ix\sigma} \varphi(t+x) \mathrm{d}x = e^{-it\sigma} \psi(\sigma),$$

所以

$$(F(f), F(J\tau_{-t} J\varphi)) = \int e^{-it\sigma} F(f)(\sigma) \psi(\sigma) \mathrm{d}\sigma.$$

由于 $F(f)$ 为 Z 的乘子, 所以 $F(f)(\cdot)\psi(\cdot) \in Z$, 因此

$$(F(f), F(J\tau_{-(\cdot)} J\varphi)) = (2\pi)^n F^{-1}(F(f)\psi),$$

把它代入 (7.3.23), 我们得到

$$(F(f * g), \psi) = (F(g), F(f)\psi),$$

然而由于 $F(f)$ 也是 Z' 的乘子, 所以

$$(F(f * g), \psi) = (F(g)F(f), \psi),$$

这就是 (7.3.22). 证毕

卷积在下述意义下服从交换律.

系 设 f、$g \in K'$, f、g 的支集都是有界的而且 $F(f)$ 和 $F(g)$ 都是正则广义函数, 同时 $F(f)(\sigma)$ 和 $F(g)(\sigma)$ 都是 Z 空间中的乘子, 那么

$$f * g = g * f. \tag{7.3.24}$$

证 由 (7.3.22) 可知

$$F(f * g) = F(g)F(f) = F(f)F(g) = F(g * f),$$

即 $F(f * g - g * f) = 0$, 由此立即可知 (7.3.24) 成立. 证毕

例 4 设 p 是任一多项式, $g \in K'$ 那么

$$(p(D)\delta) * g = p(D)g.$$

证 当 $\varphi \in K$ 时, 由于 $p(D)\tau_{-t}\varphi = \tau_{-t}p(D)\varphi$, 从 (7.3.19) 我们得到

$$((p(D)\delta) * g, \varphi) = (g, (p(D)\delta, \tau_{(\cdot)}\varphi))$$
$$= (g, (\delta, p(-D)\tau_{(\cdot)}\varphi)) = (g, p(-D)\varphi(\cdot))$$
$$= (p(D)g, \varphi).$$

证毕

5. 常系数线性偏微分方程的基本解 现在我们要应用广义函数理论, 特别是广义函数的 Fourier 变换理论来研究常系数偏微分方程的求解问题.

定义 7.3.5 设 p 是 n 个变元的多项式, $g \subset K'$, 如果

$$p(D)g = \delta, \tag{7.3.25}$$

那么就称 g 是常系数偏微分方程

$$p(D)h = f \tag{7.3.26}$$

的基本解.

定理 7.3.5 设 g 是常系数偏微分方程 (7.3.26) 的基本解, 又设 $f \in K'$, f 具有有界支集, 而且 $F(f)$ 是正则广义函数又是 Z 空间中的乘子, 那么 $h = f * g$ 是 (7.3.26) 的解.

证 作 $h = f * g$, 我们利用 Fourier 变换来验证 (7.3.26). 由 (7.3.2′)、(7.3.3′)、(7.3.15) 和 (7.3.22) 立刻得到

$$F(p(D)h) = p(-\mathrm{i}(\cdot))F(h) = p(-\mathrm{i}(\cdot))F(g)F(f)$$
$$= F(p(D)g)F(f) = F(\delta)F(f) = F(f),$$

因此 $F(p(D)h - f) = 0$, 由此即得 (7.3.26). 　　　　　　　　　　　　　　　　证毕

例如, 当 (7.3.26) 的右端 $f \in K$ 时, f 满足定理 7.3.5 中的条件, 利用上述定理 7.3.5, 我们可以知道, 为了求解微分方程 (7.3.26), 只要求它的基本解好了.

现在利用广义函数的 Fourier 变换来作出基本解.

设 $\xi = F(g)$, 根据 (7.3.3) 和 (7.3.15) 知, (7.3.25) 等价于

$$p(-\mathrm{i}\sigma)\xi = 1, \tag{7.3.25'}$$

因此求基本解 g 化成求 Z' 中适合方程 (7.3.25') 的广义函数 ξ. 这样就把求解偏微分方程的问题化成一个广义函数的除法问题. 就是要设法给出广义函数 $\dfrac{1}{p(-\mathrm{i}\sigma)}$ 的意义.

在一些特殊情况下, 例如 $p(\mathrm{i}\sigma) = 1 + \sigma^2$ 时, $\dfrac{1}{p(\mathrm{i}\sigma)}$ 是一个正则的广义函数, 因为这时

$$(\xi, \psi) = \int \frac{1}{p(\mathrm{i}\sigma)} \psi(\sigma)\mathrm{d}\sigma$$

是正则的广义函数, 而且容易知道, ξ 适合方程 (7.3.25'), 因此作 Fourier 逆变换, $g = F^{-1}(\xi)$ 就可以求得基本解. 但一般说来 $\dfrac{1}{p(\mathrm{i}\sigma)}$ 不是一个正则的广义函数; 虽然如此, 我们还是可以用解析泛函的概念来写出这个广义函数.

定理 7.3.6 (线性偏微分方程基本解的存在定理)　　设 p 为一 n 元多项式, 那么必存在常系数偏微分方程

$$p(D)g = \delta \tag{7.3.25}$$

的基本解 $g \in K'$. 而且这时可取 g, 使得 $F(g)$ 是解析泛函.

证　　记 $Q(\sigma) = p(-\mathrm{i}\sigma)$, 由前所说, 只要作出 Z' 中解析泛函 ξ 满足方程

$$Q\xi = 1 \tag{7.3.25''}$$

好了, 分下面几步来作.

(1) 设 $Q(s)$ 是如下的特殊形式

$$Q(s) = cs_1^m + \sum_{k=0}^{m-1} Q_k(s_2, \cdots, s_n)s_1^k, c \neq 0.$$

我们作 n 维复空间 $C^n = \{(\sigma_1 + \mathrm{i}\tau_1, \cdots, \sigma_n + \mathrm{i}\tau_n) | \sigma_j, \tau_k$ 是实数$\}$ 的实 $n+1$ 维子空间, $R^{n+1} = \{(\sigma_1 + \mathrm{i}\tau_1, \sigma_2, \cdots, \sigma_n) | \sigma_1, \cdots, \sigma_n, \tau_1$是实数$\}$, 又作 $n-1$ 维实空间 R^{n-1}, 其中点的坐标形式是 $(\sigma_2, \cdots, \sigma_n)$. 对于多项式 Q, 这时必有一

个正数 a, R^{n-1} 必可分解成最多可列个互不相交的可测集 $\Delta_1, \cdots, \Delta_m, \cdots$ 的和, $R^{n-1} = \bigcup\limits_{m=1}^{\infty} \Delta_m$, 而且对每个 Δ_j 有相应的 $\tau_1^{(j)}, |\tau_1^{(j)}| \leqslant M (M$ 是常数, $j = 1, 2, 3, \cdots)$, 这样得到 R^{n+1} 中的 n 维 "面" $T_Q = \{(\sigma_1 + \mathrm{i}\tau_1^{(j)}, \sigma_2, \cdots, \sigma_n) | (\sigma_2, \cdots, \sigma_n) \in \Delta_j, j = 1, 2, 3, \cdots\}$, 使得当 $(\sigma_1 + \mathrm{i}\tau_1, \sigma_2, \cdots, \sigma_n) \in T_Q$ 时

$$|Q(\sigma_1 + \mathrm{i}\tau_1, \sigma_2, \cdots, \sigma_n)| \geqslant a. \tag{7.3.27}$$

关于 "面" T_Q 的存在性以后再证明.

(2) 利用 T_Q 我们来作解析泛函

$$(\xi, \psi) = \int_{T_Q} \frac{\psi(\sigma_1 + \mathrm{i}\tau_1, \sigma_2, \cdots, \sigma_n)}{Q(\sigma_1 + \mathrm{i}\tau_1, \sigma_2, \cdots, \sigma_n)} \mathrm{d}\sigma_1 \mathrm{d}\sigma_2 \cdots \mathrm{d}\sigma_n, \psi \in Z, \tag{7.3.28}$$

(7.3.28) 式中积分详细地写出来就是

$$\sum_j \int_{\Delta_j} \left(\int_{-\infty}^{+\infty} \frac{\psi(\sigma_1 + \mathrm{i}\tau_1^{(j)}, \sigma_2, \cdots, \sigma_n)}{Q(\sigma_1 + \mathrm{i}\tau_1^{(j)}, \sigma_2, \cdots, \sigma_n)} \mathrm{d}\sigma_1 \right) \mathrm{d}\sigma_2 \cdots \mathrm{d}\sigma_n,$$

由于 (7.3.27), $\left| \dfrac{1}{Q} \right| \leqslant \dfrac{1}{a}$, 由 (7.3.7) 可以证明

$$|\psi(s)| \leqslant \frac{c' e^{a|\tau|}}{(1 + |s|^2)^n},$$

又因当 $s \in T_Q$ 时, $\mathrm{Im}\, s$ 必然等于某个 $|\tau_1^{(j)}|$, 因此, $|\tau| \leqslant M$, 所以有常数 c'', 使得

$$|\psi(s)| \leqslant \frac{c''}{(1 + |s|^2)^n}, \quad s \in T_Q, \tag{7.3.29}$$

由此容易看出, (7.3.28) 所定义的 $\xi \in Z'$. 这时

$$
\begin{aligned}
(Q\xi, \psi) &= \int_{T_Q} \psi(s) \mathrm{d}\sigma_1 \cdots \mathrm{d}\sigma_n \\
&= \sum_j \int_{\Delta_j} \left[\int_{-\infty}^{+\infty} \psi(\sigma_1 + \mathrm{i}\tau_1^{(j)}, \sigma_2, \cdots, \sigma_n) \mathrm{d}\sigma_1 \right] \mathrm{d}\sigma_2 \cdots \mathrm{d}\sigma_n, \quad (7.3.30)
\end{aligned}
$$

但是由柯西积分定理和 (7.3.29), 可以证明

$$
\begin{aligned}
&\int_{-\infty}^{+\infty} \psi(\sigma_1 + \mathrm{i}\tau_1^{(j)}, \sigma_2, \cdots, \sigma_n) \mathrm{d}\sigma_1 \\
&= \int_{-\infty}^{+\infty} \psi(\sigma_1, \sigma_2, \cdots, \sigma_n) \mathrm{d}\sigma_1,
\end{aligned}
$$

由这个等式和 (7.3.30) 得到

$$(Q\xi, \psi) = \sum_j \int_{\Delta_j} \left[\int_{-\infty}^{+\infty} \psi(\sigma_1, \cdots, \sigma_n) \mathrm{d}\sigma_1 \right] \mathrm{d}\sigma_2 \cdots \mathrm{d}\sigma_n$$

$$= \int \cdots \int \psi(\sigma_1, \cdots, \sigma_n) \mathrm{d}\sigma_1 \cdots \mathrm{d}\sigma_n = (1, \psi),$$

因此, $Q\xi = 1$, 所以 $g = F^{-1}(\xi)$ 确是基本解.

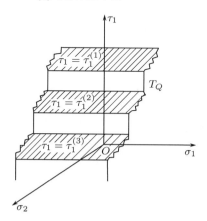

图 7.3

(3) 因此问题化为作出 T_Q, 对任何固定的 $(\sigma_2, \cdots, \sigma_n) \in R^{n-1}$, 必有 m 个根 $s_1^{(1)}, \cdots, s_1^{(m)}$ 使得

$$Q(s_1, \sigma_2, \cdots, \sigma_m) = c(s_1 - s_1^{(1)}) \cdots (s_1 - s_1^{(m)}),$$

在 $s_1 = \sigma_1 + \mathrm{i}\tau_1$ 的复平面中必有带域 $|\tau_1| \leqslant m + 1$ 中的一根直线 $\tau_1 = \tau_1^{(1)}$, 使此直线与 m 个点 $s_1^{(1)}, \cdots, s_1^{(m)}$ 的距离大于 1 (如图 7.4). 因此在这根直线上

$$|Q(s)| > |c|,$$

当 $(\sigma_2, \cdots, \sigma_n)$ 作微小变化时, $s_1^{(1)}, \cdots, s_1^{(m)}$ 也只作微小变化, 因此存在 $(\sigma_2, \cdots, \sigma_n)$ 的一个环境 Δ_1, 使得当 $(\sigma_2, \cdots, \sigma_n) \in \Delta_1$ 时

$$|Q(\sigma_1 + \mathrm{i}\tau_1, \sigma_2, \cdots, \sigma_n)| \geqslant |c|,$$

利用这个方法容易知道, 可以作出 R^{n-1} 中可列个互不相交的可测集 $\{\Delta_j\}$ 使满足前述要求.

(4) 现在设 $Q(\sigma)$ 是一般的多项式. 今证必有非退化的实系数线性变换

$$\sigma_j = \sum_{k=1}^{n} b_{jk} \eta_k, \tag{7.3.31}$$

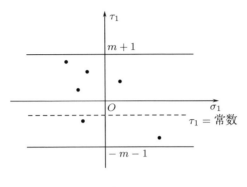

图 7.4

其中 $\det(b_{jk}) \neq 0$ —— 把这个变换简记为 $\sigma = b\eta$ —— 使得

$$Q(\sigma) = Q(b\eta) = a\eta_1^m + \sum_{k=0}^{m-1} Q_k(\eta_2, \cdots, \eta_n)\eta_1^k, a \neq 0.$$

事实上, 设 Q 是 m 次的多项式, 如果 Q 中的所有 m 次单项式的和是

$$\sum_r \alpha_r \sigma_1^{q_{1r}} \sigma_2^{q_{2r}} \cdots \sigma_n^{q_{nr}},$$

在上式中, 以 (7.3.31) 代入, 得到 η 的 m 次齐次多项式, 它的 η_1^m 的系数是

$$a = \sum_r \alpha_r b_{11}^{q_{1r}} b_{21}^{q_{2r}} \cdots b_{n1}^{q_{nr}}, \tag{7.3.32}$$

因此, 我们可取 $b_{11}, \cdots, b_{n1}$ 不恒为零, 使 $a \neq 0$, 再挑选 $b_{21}, b_{22}, \cdots, b_{n1}, \cdots, b_{nn}$ 使得 $\det(b_{jk}) \neq 0$. 这样挑选出的 b_{jk} 就满足要求.

对于多项式 $Q_1(\eta) = Q(b\eta)$, 我们作出前述的面 T_{Q_1}, 我们作 T'_{Q_1}, 它是 T_{Q_1} 在映照 $s \mapsto bs$ 下的像, 又作泛函 ξ 如下:

$$(\xi, \psi) = \int_{T'_{Q_1}} \frac{\psi(s)}{Q(s)} \mathrm{d}\sigma, \tag{7.3.33}$$

在上式积分中, 作变换 $s = bs', \sigma = b\sigma'$, 那么上式积分化为

$$\int_{T_{Q_1}} \frac{\psi(bs')}{Q_1(s')} \det(b) \mathrm{d}\sigma'$$

是收敛的, 而且确为 Z' 中的连续线性泛函. 所以 (7.3.33) 定义了一个解析泛函, 而且利用上述变换, 容易证明

$$\int_{T'_Q} \psi(s)\mathrm{d}\sigma = \int_{T_{Q_1}} \psi(bs') \det(b)\mathrm{d}\sigma' = \int_{R^n} \psi(b\sigma') \det(b)\mathrm{d}\sigma'$$

$$= \int_{R^n} \psi(\sigma')\mathrm{d}\sigma,$$

因此, $Q\xi = 1$. 证毕

　　我们注意, 对于给定的多项式 p, 基本解一般不是唯一的. 例如对于单变量的多项式 p, (7.3.11 — 7.3.12) 已经给出了具体的基本解不唯一的例. 对于多变量的情况, 也完全类似地可以举出例子. 在定理 7.3.6 的证明中, 适当地选取不同的 T_Q, 就得到不同的基本解.

　　下面我们举出具体的常系数线性偏微分方程基本解的例.

　　例 5　　Laplace 方程 $\Delta^m u = f$.

　　这里, 我们记 $\Delta = \dfrac{\partial^2}{\partial x_1^2} + \cdots + \dfrac{\partial^2}{\partial x_n^2}$, m 是一自然数, 设 E 为基本解:

$$\Delta^m E(x) = \delta(x), \tag{7.3.34}$$

$E \in K'$. 如果记 $V = \widetilde{E} \in Z'$, 那么上式经 Fourier 变换后变成

$$(-1)^m \rho^{2m} V = 1, \tag{7.3.35}$$

其中 $\rho = |\sigma| = \left(\displaystyle\sum_{j=1}^n \sigma_j^2\right)^{\frac{1}{2}}$. 我们只考察当 $2m < n$ 时的情况. 这时函数

$$V(\sigma) = \frac{(-1)^m}{\rho^{2m}}$$

是局部 Lebesgue 可积的, 而且我们可以作 Z 上的正则广义函数

$$(V, \psi) = \int V(\sigma)\psi(\sigma)\mathrm{d}\sigma,$$

这个 V 确实满足方程 (7.3.35). 现在的问题是要求 K' 中 $E = F^{-1}(V)$, 使得我们对局部 Lebesgue 可积函数 $V(\sigma)$ 直接作它的 Fourier 逆变换

$$E(x) = \frac{1}{(2\pi)^n} \int V(\sigma) e^{-\mathrm{i}x\cdot\sigma}\mathrm{d}\sigma = \frac{(-1)^m}{(2\pi)^n} \int \frac{e^{-\mathrm{i}x\cdot\sigma}}{\rho^{2m}}\mathrm{d}\sigma,$$

为此, 我们要计算广义函数

$$g_\lambda(x) = \frac{1}{(2\pi)^n} \int \frac{e^{-\mathrm{i}x\cdot\sigma}}{\rho^\lambda}\mathrm{d}\sigma,$$

我们对任何正数 t, 在下面积分中作变数代换 $\sigma' = t\sigma$, 并且记 $\rho' = \sigma'|$, 那么

$$\begin{aligned}
g_\lambda(tx) &= \frac{1}{(2\pi)^n} \int \frac{e^{-\mathrm{i}(tx)\cdot\sigma}}{\rho^\lambda}\mathrm{d}\sigma = \frac{t^{\lambda-n}}{(2\pi)^n} \int \frac{e^{-\mathrm{i}x\cdot\sigma'}}{\rho'^\lambda}\mathrm{d}\sigma' \\
&= t^{\lambda-n} g_\lambda(x),
\end{aligned}$$

因此, $g_\lambda(tx)$ 是 x 的 $\lambda - n$ 次齐次函数; 另一方面, 当 O 是 $E^n \to E^n$ 的正交变换时, 作 $\sigma' = O^{-1}\sigma$, 就可以得到

$$g_\lambda(Ox) = \frac{1}{(2\pi)^n} \int \frac{e^{-\mathrm{i}(Ox)\cdot\sigma}}{\rho^\lambda} \mathrm{d}\sigma = \frac{1}{(2\pi)^n} \int \frac{e^{-\mathrm{i}x\cdot O^{-1}\sigma}}{\rho^\lambda} \mathrm{d}\sigma$$

$$= \frac{1}{(2\pi)^n} \int \frac{e^{-\mathrm{i}x\cdot\sigma'}}{|\sigma'|^\lambda} \mathrm{d}\sigma' = g_\lambda(x),$$

因此 $g_\lambda(x)$ 只和 $|x|$ 有关. 这样一来

$$g_\lambda(x) = c_\lambda |x|^{\lambda-n},$$

其中 c_λ 是常数. 为了计算 c_λ, 我们注意取适当的 φ, 就应有 $(\rho^{-\lambda}, \widetilde{\varphi}) = (2\pi)^n(g_\lambda, J\varphi)$. 取 $\varphi = e^{-\frac{r^2}{2}} = \prod_{j=1}^{n} e^{-\frac{x^2_j}{2}}$, 那么

$$\widetilde{\varphi} = (2\pi)^{n/2} \prod_{j=1}^{n} e^{-\frac{1}{2}\sigma^2_j} = (2\pi)^{n/2} e^{-\frac{\rho^2}{2}},$$

因此

$$(2\pi)^{n/2} \int \rho^{-\lambda} e^{-\frac{\rho^2}{2}} \mathrm{d}\sigma = c_\lambda \int r^{\lambda-n} e^{-\frac{r^2}{2}} \mathrm{d}x,$$

经过计算可得

$$c_\lambda = 2^{n-\lambda} \pi^{\frac{n}{2}} \frac{\Gamma\left(\dfrac{n-\lambda}{2}\right)}{\Gamma\left(\dfrac{\lambda}{2}\right)},$$

因此

$$E(x) = c_{2m} |x|^{2m-n} \tag{7.3.36}$$

是局部 Lebesgue 可积函数, 这是 (7.3.34) 的基本解. 以上的推导过程虽然是不严格的, 但是我们 "猜出" 基本解后, 自然容易直接验证它.

6. 基本函数空间 S   前面我们挑选 K 为基本函数空间后显示出一个好处, 就是广义函数相当多, 因为 K 中函数的支集是有界的, 所以对广义函数在自变数趋向于无限大时函数增长情况没有任何限制. 但是从 Fourier 变换的角度来看, K 空间就有一个不足之处, 其中函数的 Fourier 变换不在 K 中而在另一空间 Z 中. 此外在研究偏微分方程理论时也需要用到别的基本函数空间和广义函数空间. 在本节中我们将介绍另一种常用的基本函数空间 S 和广义函数空间 S'.

定义 7.3.6　设 $\varphi(x)$ 是 E^n 上的无限次可微分函数, 而且对任何非负整数组 $k = (k_1, \cdots, k_n)$ 以及非负整数组 $q = (q_1, \cdots, q_n)$,

$$\|\varphi\|_{k,q} = \sup_x |x^k D^q \varphi(x)|^{①}$$

是有限数, 这种函数 φ 的全体记为 S.

在 S 中规定极限概念如下: 当函数列 $\{\varphi_\nu\} \subset S, \varphi \in S$, 而且 (i) 对每个非负整数组 k 和 q

$$\sup_\nu \|\varphi_\nu\|_{k,q} < \infty; \tag{7.3.37}$$

(ii) 在 E^n 上 φ_ν 及其各阶偏导数都一致收敛于 φ 及其相应的偏导数, 那么就称 $\{\varphi_\nu\}$ 在 S 中收敛于 φ, 记为 $\varphi_\nu \xrightarrow{S} \varphi(\nu \to \infty)$. S 按通常的线性运算以及这个极限概念成为**基本函数空间**.

容易看出, 每个微分算子 D^q 是 $S \to S$ 的连续线性算子, 即当 $\varphi_\nu \xrightarrow{S} \varphi$ 时, $D^q \varphi_\nu \xrightarrow{S} D^q \varphi$.

现在考察基本函数空间 S 和 K 之间的关系.

引理 1　基本函数空间 S 和 K 有如下的关系: (1) $K \subset S$; (2) 如果 $\{\varphi_\nu\} \subset K, \varphi \in K$, 而且 $\varphi_\nu \xrightarrow{K} \varphi$, 那么 $\varphi_\nu \xrightarrow{S} \varphi$; (3) K 在 S 中稠密 (即对每个 $\varphi \in S$ 必有一列 $\{\varphi_\nu\} \subset K$ 使 $\varphi_\nu \xrightarrow{S} \varphi$).

证　(1) 和 (2) 可以直接从定义导出. 今证 (3). 当 $\varphi \in S$ 时, 我们利用奇异核 $K_m(x)$(见 (7.1.7)) 作出

$$\varphi_m(x) = (\widehat{\varphi}_m^* K_m)(x) = \int_{B^n} \widehat{\varphi}_m(x+y) K_m(y) \mathrm{d}y,$$

$$\widehat{\varphi}_m(x) = \begin{cases} \varphi(x), & x \in S_m(0), \\ 0, & x \,\overline{\in}\, S_m(0), \end{cases}$$

其中 $S_m(0)$ 是 E^n 中半径为 m 的球, 显然 $\varphi_m \in K$, 并且对任何非负整数组 k 及 q

$$\sup_x |x^k D^q \varphi_m(x)| \leqslant \int \sup_x |x^k D^q \varphi(x+y)| K_m(y) \mathrm{d}y$$

$$\leqslant \int \sum_{j \leqslant k} |c_j^k| \sup_x |(x+y)^j D^q \varphi(x+y)| |y^{k-j}|$$

$$|K_m(y)| \mathrm{d}y, \tag{7.3.38}$$

---

①此地 $|x| = \left(\sum_{\nu=1}^n x_\nu^2 \right)^{\frac{1}{2}}$.

上式中 c_j^k 是多项式展开 $x^k = \sum\limits_{j \leqslant k} c_j^k (x+y)^j (-y)^{k-j}$ 中常系数, $j = (j_1, \cdots, j_n)$ 也是非负整数组, 而 $j \leqslant k$ 表示相应的 $j_l \leqslant k_l, l = 1, 2, \cdots, n$. 由于 $K_m(y)$ 的支集是 $|y| \leqslant \dfrac{1}{m}$, 而对这些 $y, |y^{k-j}| \leqslant 1$, 又因为 $\int K_m(y)\mathrm{d}y = 1$, 所以由 (7.3.38) 得到

$$\|\varphi_m\|_{k,q} \leqslant \sum_{j \leqslant k} |c_j^k| \sup_x |x^j D^q \varphi(x)| < \infty,$$

这就是说 $\varphi_m \in S$ 而且 $\{\varphi_m\}$ 满足条件 (7.3.37).

另一方面, 由 (7.3.37) 以及 $\varphi \in S$, 容易知道, 对任何 $\varepsilon > 0$ 以及非负整数组 q, 必有正数 R 使得当 $|x| > R$ 时

$$|D^q \varphi_m| < \varepsilon, |D^q \varphi| < \varepsilon.$$

由于

$$D^q \varphi_m(x) = \int D^q \widehat{\varphi}_m(z) K_m(z-x)\mathrm{d}z,$$

和 §7.1 引理 1 的证明一样地可知 $\{D^q \varphi_m\}$ 在 E^n 的任一有界集 (例如 $\{x | |x| \leqslant R\}$) 上一致收敛于 $D^q \varphi$, 因此 $D^q \varphi_m$ 在 E^n 上一致收敛于 $D^q \varphi$, 所以 $\varphi_m \overset{S}{\longrightarrow} \varphi$.

证毕

现在我们来研究 S 空间中的 Fourier 变换: 我们仍和 K 空间一样地用 (7.3.1) 来定义 S 空间中函数的 Fourier 变换, 这时容易看出, 对于 $\varphi \in S$, (7.3.2)、(7.3.3) 仍成立.

定理 7.3.7 Fourier 变换 $F : \varphi \mapsto \widetilde{\varphi}$ 是 $S \to S$ 的一对一的连续线性算子, 它的逆算子 F^{-1} (Fourier 逆变换) 也是连续的, 而 $F^{-1} = \left(\dfrac{1}{2\pi}\right)^n JF$, 此地 J 是 S 中算子: $\varphi(x) \mapsto \varphi(-x)$.

证 当 $\varphi \in S$ 时, 利用相应于 S 中函数的 (7.3.2) 和 (7.3.3) 式可知, 对任何非负整数组 k 和 q 有

$$\sigma^k D^q \widetilde{\varphi}(\sigma) = \mathrm{i}^{N(k)+N(q)} F D^k(x^q \varphi) = \sum_{\lambda,\mu} c_{\lambda,\mu} F(x^\lambda D^\mu \varphi),$$

其中 $c_{\lambda,\mu}$ 是常数, 它由 $D^k(x^q \varphi)$ 运算产生的, $\sum\limits_{\lambda,\mu}$ 表示对所产生的各项求和. 由于

$$\begin{aligned}
|F(x^\lambda D^\mu \varphi)| &\leqslant \int |x^\lambda D^\mu \varphi(x)|\mathrm{d}x \\
&\leqslant \int \frac{|x^\lambda(1+|x|^{2n})D^\mu \varphi(x)|}{(1+|x|^{2n})}\mathrm{d}x,
\end{aligned} \tag{7.3.39}$$

因此由 $\varphi \in S$ 立即可知 $\widetilde{\varphi} \in S$, 而且易知 F 是一对一的线性算子. 又 $F^{-1} = \left(\dfrac{1}{2\pi}\right)^n JF$ 也是显然的.

现在证明 F 是连续的: 设 $\varphi_m \xrightarrow{S} \varphi$, 这时由 (7.3.39), 有

$$|\sigma^k D^q \widetilde{\varphi}_m(\sigma)| \leqslant \sum_{\lambda,\mu} |c_{\lambda,\mu}||F(x^\lambda D^\mu \varphi_m)|$$
$$\leqslant \sum_{\lambda,\mu} |c_{\lambda,\mu}|a(\|\varphi_m\|_{\lambda',\mu} + \|\varphi_m\|_{\lambda,\mu}),$$

其中 $a = \displaystyle\int \frac{1}{1+|x|^{2n}}\mathrm{d}x, \lambda' = \lambda + 2n$. 因此对每组 k、q, 有

$$\sup_m \|\widetilde{\varphi}_m\|_{k,q} < \infty.$$

另一方面, 由 (7.3.39) 可知

$$|D^q \widetilde{\varphi}_m(\sigma) - D^q \widetilde{\varphi}(\sigma)| \leqslant |F(x^q(\varphi_m - \varphi))| \leqslant \int_{|x|\leqslant R} |x^q(\varphi_m(x) - \varphi(x))|\mathrm{d}x +$$
$$\frac{1}{(2\pi)^{n/2}} \int_{|x|>R} |x|^q(|\varphi_m(x)| + |\varphi(x)|)\mathrm{d}x. \tag{7.3.40}$$

由上述证明过程可知, 上式右边第二个积分不超过 $a(\|\varphi_m\|_{q',0} + \|\varphi\|_{q',0})$, 其中 $0 = (0, \cdots, 0), q' = (q_1 + 2, \cdots, q_n + 2)$. 由 $\varphi_m \xrightarrow{S} \varphi$ 可知, 我们取 R 充分大可使第二个积分小于 $\dfrac{\varepsilon}{2}$. 再由 $\varphi_m(x)$ 在球 $\{x\|x\| \leqslant R\}$ 中一致收敛于 φ, 可取 m 充分大, 使 (7.3.40) 的不等式右边第一项不超过 $\varepsilon/2$, 因此 $\{D^q \widetilde{\varphi}_m\}$ 在 E^n 上一致收敛于 $D^q \widetilde{\varphi}$. 所以 $\widetilde{\varphi}_m \xrightarrow{S} \widetilde{\varphi}$, 这就证明了算子 F 是连续的.

显然 J 也是连续算子, 因此 $F^{-1} = \left(\dfrac{1}{2\pi}\right)^n JF$ 是连续的.　　　　　证毕

定理 7.3.7 说明, 在研究 Fourier 变换时用 S 空间比用 K 空间更为方便. 和引理 1 一样地, S 和 Z 有如下关系:

引理 2　基本函数空间 S 和 Z 有如下关系: (i) $Z \subset S$; (ii) 如果 $\{\psi_\nu\} \subset Z, \psi \in Z$ 而且 $\psi_\nu \xrightarrow{Z} \psi$, 那么 $\psi_\nu \xrightarrow{S} \psi$; (iii) Z 在 S 中稠密.

证　引理 2 可由引理 1 通过 Fourier 变换 F 再利用定理 7.3.7 得到.

(i) 由于 $K \subset S$, 由定理 7.3.7, 当 $\varphi \in K$ 时 $F(\varphi) \in S$. 但 $Z = \{F(\varphi)|\varphi \in K\}$, 因此 $Z \subset S$.

(ii) 设 $\psi_\nu \xrightarrow{Z} \psi$. 这时必有 φ、$\varphi_\nu \in K$, 使 $F(\varphi) = \psi, F(\varphi_\nu) = \psi_\nu$, 由 F^{-1} 的连续性得到 $\varphi_\nu \xrightarrow{K} \varphi$, 再由引理 1 得到 $\varphi_\nu \xrightarrow{S} \varphi$, 因此再由 F 在 S 中的连续性得到 $\psi_\nu \xrightarrow{S} \psi$.

(iii) 任取 $\psi \in S$, 由定理 7.3.7, $\varphi = F^{-1}(\psi) \in S$. 由引理 1 必有 $\{\varphi_\nu\} \subset K$ 使 $\varphi_\nu \xrightarrow{S} \varphi$, 因此再利用 F 的连续性, $F(\varphi_\nu) \xrightarrow{S} \psi$, 但 $F(\varphi_\nu) \in Z$, 这就证明了 Z 的稠密性. 证毕

我们注意, 尽管 $K \subset S, Z \subset S$, 但 S 并不等于 $K \bigcup Z$.

例 6 任取非零的 $\varphi \in K$, 非零的 $\psi \in Z$, 显然 $\varphi + \psi \in S$, 但 $\varphi + \psi$ 的支集不有界, 所以 $\varphi + \psi \bar{\in} K$, 由于 φ 不是解析函数, 所以 $\varphi + \psi$ 也不是解析函数, 因此 $\varphi + \psi \bar{\in} Z$, 这就说明了 $S \neq K \bigcup Z$.

7. 广义函数空间 S'

定义 7.3.7 基本函数空间 S 上的连续线性泛函也称为 (S 上) 广义函数, 它的全体也称为广义函数空间, 记为 S'. 当 $\{F_m\} \subset S', F \in S'$ 而且对每个 $\varphi \in S, \lim\limits_{m \to \infty}(F_m, \varphi) = (F, \varphi)$, 那么就称 F_m 在 S' 中收敛于 F, 记为 $F_m \xrightarrow{S'} F$.

我们现在考察 S' 与 K' 之间的关系: 根据引理 1 的 (i) 和 (ii), 容易看出: 对每个 $F \in S'$, 如果把 F 限制在 K 上时, $F|_k \in K'$, 因此映照 $F \mapsto F|_K$ 为 $S' \to K'$ 的算子. 这个算子显然是线性的. 而且如果 F_1、F_2 是 S' 中两个泛函, 如果 $F_1|_K = F_2|_K$, 根据 K 在 S 中的稠密性, 立即可知在 S 上也有 $F_1 = F_2$, 因此映照 $F \mapsto F|_K$ 是可逆的. 另一方面, 当 $\{F_m\} \subset S', F \in S'$ 时, 如果 $F_m \xrightarrow{S'} F$, 那么显然有 $F_m|_K \xrightarrow{K'} F|_K$. 因此映照 $F \mapsto F|_K$ 把 S' 嵌入 K', 并且保持线性运算和极限关系. 今后为了方便起见就把 S' 中的 F 与 K' 中的 $F|_K$ 一致化. 这样就得到关系式 $S' \subset K'$, 同样地可以把 S' 嵌入 Z', 因此又有关系式 $S' \subset Z'$.

我们注意, L^* 中的局部 Lebesgue 可积函数未必是 Z' 中的泛函.

例 7 函数 $e^{|x|^2}$ 属于 L^*, 因此也属于 K', 但是它不属于 Z', 因为它在无限远附近的增长程度很高, 当它和 Z 中某些非负函数相乘时的积分是发散的.

所以 L^* 中函数也未必属于 S', 但是容易证明, 当 $f \in L^2(E^n)$ 时, 对一切 $\varphi \in S$

$$(f, \varphi) = \int f(x)\varphi(x)\mathrm{d}x$$

存在, 而且 $\varphi \mapsto (f, \varphi)$ 是 S 上的广义函数, 我们把这个广义函数与 f 一致化就知道 $L^2(E^n) \subset S'$, 在 $L^2(E^n)$ 中采用按范数收敛来规定极限概念, 容易看出, 当 $\{f_\nu\} \subset L^2(E^n), f \in L^2(E^n)$, 而且 $f_\nu \xrightarrow{L^2(E^n)} f$ 时, $f_\nu \xrightarrow{S'} f$. 总结起来, 对所讨论的一些空间我们有如下的关系.

定理 7.3.8　函数空间及广义函数空间 K、Z、S、L^2、K'、Z'、S' 等之间有如下的关系: (i)

$$K \subset S \subset L^2(E^n) \subset S' \subset K' \qquad (7.3.41)$$

而且

$$Z \subset S \subset L^2(E^n) \subset S' \subset Z'; \qquad (7.3.42)$$

(ii) 在 (7.3.41 — 42) 的小空间中函数 (广义函数) 列的收敛蕴涵着按大空间的极限概念也收敛[①]; (iii) (7.3.41 — 42) 中小空间 (按大空间的极限概念) 在大空间中稠密.

对于 S' 中广义函数也和 K' 一样具有定理 7.2.1 — 4 那样的一些基本性质. 在定理 7.2.1 — 4 的叙述中, 换 K' 为 S', 那么这几个定理仍然成立. 这些我们就不详述了.

S' 中广义函数的构造比 K' 中广义函数的构造要简单些.

定理 7.3.9 (S' 广义函数的构造)　设 $f \in S'$, 则必有非负整数组 q 以及 E^n 上的连续函数 g, 它具有如下的性质: 存在一个自然数 k

$$\sup_x \frac{|g(x)|}{(1 + |x|)^k} < \infty,$$

使得 $f = D^q g$.

我们略去这个定理的证明.

关于 S' 广义函数, 我们可以仿照 (7.3.14) 定义它的 Fourier 变换.

定义 7.3.8　设 $f \in S'$, 作 S 上的连续线性泛函

$$F(f) : \varphi \mapsto (2\pi)^n (f, F(\varphi)), \varphi \in S,$$

称它是广义函数 f 的 Fourier 变换, 有时也记为 $\widetilde{f}$.

由定理 7.3.7, 容易看出有

定理 7.3.10　Fourier 变换 $\boldsymbol{F}$ 是广义函数空间 S' 到 S' 自身的一对一的连续线性算子, 而且 $\boldsymbol{F}^{-1}$ 也是连续的, 同时 $\boldsymbol{F}^{-1} = \left(\dfrac{1}{2\pi}\right)^n J\boldsymbol{F}$.

此处 J 是 S' 中如下的算子, 当 $f \in S'$ 时

$$(Jf, \varphi(\cdot)) = (f, \varphi(-(\cdot))), \varphi \in S.$$

[①]换句话说, 任取 (7.3.41 — 42) 中满足关系 $\Phi \subset \Psi$ 的两空间 (例如 $\Phi = K, \Psi = S$) 当 $\{\varphi_\nu\} \subset \Phi, \varphi \in \Phi$ 时, 如果 $\varphi_\nu \xrightarrow{\Phi} \varphi$, 那么 $\varphi_\nu \xrightarrow{\Psi} \varphi$.

关于 S' 广义函数的 Fourier 变换也有类似于定理 7.3.4 的定理, 这些就不再详述了.

为了适应分析数学的不同需要, 除去 K、Z、S 外, 有时还要采用别的基本函数空间 Φ 以及相应的广义函数空间 Φ', 通常在选择 Φ 和 Φ 中极限概念 $\varphi_\nu \xrightarrow{\Phi} \varphi$ 时, 至少要求它满足如下的三个条件: (i) $K \subset \Phi \subset L^*$; (ii) 当 $\{\varphi_\nu\} \subset K, \varphi \in K$, 且 $\varphi_\nu \xrightarrow{K} \varphi$ 时 $\varphi_\nu \xrightarrow{\Phi} \varphi$; (iii) 按 Φ 中的极限概念, K 在 Φ 中稠密.

这时记 Φ' 为 Φ 上的连续线性泛函全体, 在其中取弱 * 收敛作为极限概念, 这样一来, 也就同样有下面的关系: (i)

$$K \subset \Phi \subset L^* \subset \Phi' \subset K'; \tag{7.3.43}$$

(ii) (7.3.43) 中小空间中函数列的收敛蕴涵按大空间极限概念也收敛; (iii) 小空间在大空间中 (按大空间的极限) 稠密.

为了适应分析数学的要求, 有时往往要求 Φ 中函数性质足够好, 使得能对 Φ 中函数进行某些微分运算, 并且对 Φ 中函数在无限远附近函数值趋于零的情况有一定的限制, 在偏微分方程中为了研究边值问题, 有时还要考察支集在某个特定区域中的基本函数空间, 这些我们就不详述了.

习 题 7.3

1. 验证公式 (7.3.2 — 6).

2. 证明 (7.3.12) 是方程 $pg = 1$ 在 Z' 中的通解.

3. 验证 §7.3 第三段中 Fourier 变换公式表中的第 4 — 9 行.

4. 求出当 $2m \geqslant n$ 时方程 $\Delta^m E = \delta$ 的基本解的表达式.

5. 设 f、$g \in K'$, 而且 f 的支集是有界的, p 是任一多项式, 证明

$$p(D)(f * g) = (p(D)f) * g = f * (p(D)g).$$

6. 证明 $\varphi_\nu \xrightarrow{S} \varphi$ 的充要条件是: (i) 对任何非负整数 k、q, (7.3.37) 成立; (ii) 在 E^n 的任一有界闭集上, φ_ν 及其各阶偏导函数都一致收敛于 φ 及相应的偏导数.

参考文献

[1] 复旦大学数学系主编. 数学分析 (下册). 第二版. 上海: 上海科学技术出版社, 1978.

[2] 柯朗, 希尔伯特. 数学物理方法 (卷 I). 钱敏, 郭敦仁译. 北京: 科学出版社, 1959.

[3] Carleson, L.. On convergence and growth of partial sums of Fourier series. Acta Math., 1966, 116: 135—157.

[4] Dunford, N., Schwartz, J.. Linear Operators, Part I: General theory. New York: Interscience publishers, 1958.

[5] Hunt, R.A.. Comments on Lusin's conjecture and Carleson's proof for L^2 Fourier series, Proceedings of the Conference on linear operators and approximation II. Basel und Stuttgart: Birkhäuser Verlag, 1974: 235—245.

[6] Lusin, N.. Sur la convergence des séries trigonométriques de Fourier. C.R. Acad. Sci. Paris, 1913: 156.

[7] Sz-Nagy, B., Foias, C.. Harmonic analysis of operators on Hilbert space. Amsterdam: North-Holland, 1970.

[8] Schauder, J.. Der Fixpunktsatz in Funktionalraumen. Studia Math., 1930, 2: 171—180.

[9] 夏道行等. 实变数函数论与泛函分析概要. 上海: 上海科技出版社, 1963.

[10] Натансон. Й. П.. Теория Функций Вещественной Переменной. йзд. 2-ое., Москва, 1957.

[11] Aronszajn, N., Smith, K. T.. Invariant Subspaces of Completely Continous Operators. Ann. of Math, 1954, 60(2): 345—350.

[12] Radjavi, H., Rosenthal, P.. Invariant Subspaces. Berlin-Heidelberg-New York: Springer, 1974.

[13] Aström, K. J.. Introduction to Stochastic Control Theory. New York and London: Academic press 1970.

[14] Наймарк, М. А.. Нормированные Кольца. Гос. Изд. Техникотеор. Литературы, Москва, 1956.

[15] Гельфанд, И. М., Шилов, Г. Е., Обобшенные функции и действия над ними. Гос изд. физико-Мат. Литературы, Москва, 1958.

[16] 关肇直. 泛函分析讲义. 北京: 高等教育出版社, 1959.

[17] 关肇直. 拓扑空间概论. 北京: 科学出版社, 1958.

[18] Михлин, С. Г.. Проблема минимума квадратичного функционала, 1952.

索　引

一、二、三画

四　　　画

五　　画

六　　画

七　　画

八　　画

十　一　画

十　二　画

十　五　画

部分习题答案

习题 4.1

1. 证明例 6 中按距离收敛等价于各阶导数均匀收敛.

证 $C^\infty[a,b]$ 是区间内无限次可微函数全体, 定义

$$\rho(f,g) = \sum_{\nu=0}^{\infty} \frac{1}{2^\nu} \max_{t\in[a,b]} \frac{|f^{(\nu)}(t) - g^{(\nu)}(t)|}{1 + |f^{(\nu)}(t) - g^{(\nu)}(t)|}.$$

设 $\{f_n\}, f \in C^\infty[a,b]$, 如果 $\rho(f_n, f) \to 0$, 则 $\max\limits_{t\in[a,b]} |f_n^{(\nu)}(t) - f^{(\nu)}(t)| \to 0 (\nu = 1, 2, 3, \cdots)$, 即知 $f_n^{(\nu)}$ 在 $[a,b]$ 上均匀收敛于 $f^{(\nu)}$.

反之, 如果 $f_n^{(\nu)} \to f (\nu = 1, 2, 3, \cdots)$, 其中 $f_n^{(\nu)}$ 是在 $[a,b]$ 上均匀收敛于 $f^{(\nu)}$ 的. 于是对任何 $\varepsilon > 0$, 先取 N, 使 $\sum\limits_{\nu=N+1}^{\infty} \frac{1}{2^\nu} < \varepsilon$, 从而

$$\rho(f_n, f) < \sum_{\nu=1}^{N} \max_{t\in[a,b]} \frac{|f_n^{(\nu)}(t) - f^{(\nu)}(t)|}{1 + |f_n^{(\nu)}(t) - f^{(\nu)}(t)|} + \varepsilon.$$

由于 $f_n^{(\nu)}$ 在 $[a,b]$ 上均匀收敛于 $f^{(\nu)} (\nu = 1, 2, \cdots, N)$. 又有 N_1, 当 $n \geqslant N_1$ 时,

$$\max_{t\in[a,b]} |f_n^{(\nu)}(t) - f^{(\nu)}(t)| < \frac{\varepsilon}{N} \quad (\nu = 1, 2, \cdots, N).$$

令 $N_2 = \max(N, N_1)$, 则当 $n \geqslant N_2$ 时, $\rho(f_n, f) < N \cdot \dfrac{\varepsilon}{N} + \varepsilon = 2\varepsilon$, 即 $f_n \to f(\rho)$.

3. 设 R 是一度量空间, 距离为 $\rho(x, y)$. 试证: 对于固定的 x_0, 函数 $\rho(x_0, x)$ 是 R 上的连续函数. (即当 $\rho(x_n, x) \to 0 (n \to \infty)$ 时, $\rho(x_0, x_n) \to \rho(x_0, x)(n \to \infty)$)

证 由三点不等式, $|\rho(x_n, x_0) - \rho(x, x_0)| \leqslant \rho(x_n, x)$, 并由 $\rho(x_n, x) \to 0$, 即知 $|\rho(x_n, x_0) - \rho(x, x_0)| \to 0 (n \to \infty)$, 从而 $\rho(x_n, x_0) \to \rho(x, x_0)(n \to \infty)$.

5. 设 R 是 n 维空间 E^n 中一族函数, 其中每个函数 $\varphi(x)$ 在区域 $|x| \geqslant a > 0$ 上等于零, 并且 $\varphi(x)$, 在 E^n 上是任意次可微的, 令

$$\rho(\varphi, \psi) = \sum_p \frac{1}{N(p)!} \frac{\max |D^p(\varphi - \psi)|}{1 + \max |D^p(\varphi - \psi)|}, (\varphi, \psi) \in R,$$

这里, $D^p = \dfrac{\partial^{N(p)}}{\partial x_1^{p_1} \cdots \partial x_n^{p_n}}, p = (p_1, p_2, \cdots, p_n), N(p) = p_1 + \cdots + p_n$, 而且 $p_1, \cdots,$ $p_n \geqslant 0$ 都是整数, 证明 R 是一个度量空间; 在 R 中 $\{\varphi_n\}$ 收敛的概念等价于 φ_n 及其各阶偏导数 $D^p\varphi_n(x)$ 均匀收敛.

证 与题 1 类似, 如果 $\varphi_n \to \varphi(\rho)$. 则 $\max\limits_x |D^p(\varphi_n - \varphi)| \to 0 (n \to \infty)$ (对任何 $p = (p_1, p_2, \cdots, p_n)$), 即

$$\max_x |D^p(\varphi_n) - D^p(\varphi)| \to 0,$$

即 φ_n 的各阶偏导数都均匀收敛于 φ 的相应偏导数.

反之, 如果 $D^p(\varphi_n) \to D^p(\varphi)$, 其中收敛是指均匀收敛, 且对任何 $p = (p_1, \cdots,$ $p_n)$ 都是一致的, 则对任何 $\varepsilon > 0$, 先取 N, 当 $N(p) \geqslant N$ 时, $\sum\limits_{N > N(p)} \dfrac{1}{N(p)!} < \varepsilon$. 再可取 N_1, 使当 $n \geqslant N_1$ 时,

$$\max_x |D^p(\varphi_n) - D^p(\varphi)| < \varepsilon/\widetilde{N},$$

其中 $\widetilde{N}$ 表示 $N(p) \leqslant N$ 的 p 的项数, 于是当 $n \geqslant \max(N, N_1)$ 时,

$$|\rho(\varphi_n) - \rho(\varphi)| < 2\varepsilon,$$

即知 $\rho(\varphi_n, \varphi) \to 0 (n \to \infty)$.

7. R 是非空集, $\rho(x, y)$ 是 R 上两元非负函数, 如果满足

1° $\rho(x, x) = 0, x \in R$;

2° $\rho(x, y) \leqslant \rho(x, z) + \rho(y, z) \quad (x, y, z \in R)$;

称 ρ 是 R 上的拟距离, 如果 $\rho(x, y) = 0$, 记 $x \sim y$, 证明: $\sim$ 是 R 上的一个等价关系. 设商类 (即等价类全体) 为 $\mathscr{D} = R/\sim$. 在 $\mathscr{D}$ 上作二元函数 $\widetilde{\rho}$: 对任何 $\widetilde{x}, \widetilde{y} \in \mathscr{D}$, 规定

$$\widetilde{\rho}(\widetilde{x}, \widetilde{y}) = \rho(x, y) \quad (x \in \widetilde{x}, y \in \widetilde{y}).$$

证明: $\tilde{\rho}$ 是 $\widetilde{\mathscr{D}}$ 上的距离 (通常称 $(\widetilde{\mathscr{D}}, \tilde{\rho})$ 为按拟距离 ρ 导出的商度量空间).

证 $\tilde{\rho}(\tilde{x}, \tilde{y}) \geqslant 0$ 及 $\tilde{\rho}(\tilde{x}, \tilde{y}) \leqslant \tilde{\rho}(\tilde{x}, \tilde{z}) + \tilde{\rho}(\tilde{y}, \tilde{z})$ 是易见的. 要证明的是由 $\tilde{\rho}(\tilde{x}, \tilde{y}) = 0$ 可推出 $\tilde{x} = \tilde{y}$. 如果 $\tilde{\rho}(\tilde{x}, \tilde{y}) = 0$. 则 $\rho(x, y) = 0 (x \in \tilde{x}, y \in \tilde{y})$. 即 x, y 属于同一个等价类, 即 $\tilde{x} = \tilde{y}$.

实际上, $\sim$ 是个等价关系是明显的. ($\rho(x, x) = 0$ 说明 $x \sim x, \rho(x, y) = \rho(y, x)$ 即知 $x \sim y$ 时 $y \sim x$. 而由三角不等式, 由 $\rho(x, z) = \rho(y, z) = 0$ 可知 $\rho(x, y) = 0$, 即 $x \sim z, y \sim z$ 可得 $x \sim y$.)

习题 4.2

1. 在二维空间 R^2 中, 对每一点 $z = (x, y)$, 令

$$\|z\| = \max\{|x|, |y|\},$$

证明 $\| \cdot \|$ 是 R^2 中的一个范数. 问

(i) 点集 $k = \{z \mid \|z\| < 1\}$ 是什么点集?

(ii) 置 $e_1 = (1, 0), e_2 = (0, 1)$, 证明以原点 $O = (0, 0)$ 及 e_1, e_2 为顶点的三角形在此范数所确定的距离之下是等边三角形.

证 $z = (x, y). \|z\| = 0 \Leftrightarrow x = y = 0$, 即 $z = (0, 0)$. 又 $z = (x, y), \alpha \in R$ 时, $\alpha z = (\alpha x, \alpha y). \|\alpha z\| = \max\{|\alpha x|, |\alpha y|\} = |\alpha| \max\{|x|, |y|\} = |\alpha| \cdot \|z\|$, 又若 $z = (z_1, z_2), x = (x_1, x_2), y = (y_1, y_2), z = x + y$, 即 $z_1 = x_1 + y_1, z_2 = x_2 + y_2$,

$$\|x + y\| = \max\{|x_1 + y_1|, |x_2 + y_2|\} \leqslant \max\{|x_1|, |x_2|\} + \max\{|y_1|, |y_2|\} = \|x\| + \|y\|.$$

所以 $\| \cdot \|$ 是范数.

(i) $k = \{z \mid \|z\| < 1\}$ 即 $\{(x, y) \mid |x| < 1$ 且 $|y| < 1\}$, 它表示以原点为中心, 边长为 2 的正方形内部 (不包括边界).

(ii) 以 $O(0, 0)$ 及 $e_1 = (1, 0), e_2(0, 1)$ 为顶点的三角形的三条边长为 $\|(1, 0)\|$, $\|(0, 1)\|, \|e_1 - e_2\|$. 由定义它们都等于 1. 从而是等边三角形.

3. 设 $C(0, 1]$ 表示在半开半闭区间 $(0, 1]$ 上处处连续并且有界的函数 $x(t)$ 的全体. 对于每个 $x \in C(0, 1]$, 令

$$\|x\| = \sup_{0 < t \leqslant 1} |x(t)|.$$

证明:

(i) $\|x\|$ 是 $C(0, 1]$ 空间上的范数, $C(0, 1]$ 按 $\| \cdot \|$ 成一线性赋范空间;

(ii) 在 $C(0, 1]$ 中点列 $\{x_n\}$ 按范数 $\| \cdot \|$ 收敛于 x_0 的充要条件是 $\{x_n(t)\}$ 在 $(0, 1]$ 上均匀收敛于 $x_0(t)$.

证　在 $C(0,1]$ 中的相加及数乘理解为函数的逐点相加及数乘, 即 $(x+y)(t) = x(t) + y(t), (\alpha x)(t) = \alpha x(t)$. $(x, y \in C(0,1], t \in (0,1], \alpha \in R)$. 它当然是个线性空间, 对于 $x, y, \in C(0,1]$.

$\|x\| \geqslant 0, \|x\| = 0$ 即 $\sup\limits_{t \in (0,1]} |x(t)| = 0$, 也就是 $x(t) = 0$ $(t \in (0,1])$, 即 x 是 $C(0,1]$ 中零元素. $\|\alpha x\| = \sup\limits_{t \in (0,1]} |(\alpha(x))(t)| = \sup\limits_{t \in (0,1]} |\alpha x(t)| = |\alpha| \cdot \sup\limits_{t \in (0,1]} |x(t)| = |\alpha| \cdot \|x\|$. 及

$$\|x + y\| = \sup\limits_{t \in (0,1]} |x(t) + y(t)| \leqslant \sup\limits_{t \in (0,1]} |x(t)| + \sup\limits_{t \in (0,1]} |y(t)| = \|x\| + \|y\|,$$

所以 $\|\cdot\|$ 是 $C(0,1]$ 的范数.

又对于 $\{x_n\}$ 及 $x \in C(0,1], x_n \to x$ 即为

$$\|x_n - x_0\| \to 0 \Leftrightarrow \sup\limits_{t \in (0,1]} |x_n(t) - x_0(t)| \to 0 \Leftrightarrow x_n(t)$$ 在 $(0,1]$ 上均匀收敛于 $x_0(t)$.

5. R 是赋范线性空间, 它称为严格赋范的, 如果三角不等式 $\|x+y\| \leqslant \|x\| + \|y\|$ 中等号成立仅仅只有 $x = 0$ 或 $y = \alpha x (\alpha \geqslant 0)$. 证明欧几里得空间 E^2 是严格赋范的 (分析上常用的严格赋范空间之一是 $L^p (p > 1)$, 可见 §4.3, 严格赋范空间的作用参见 §4.4, 习题 14), 举例说明 $C[a,b], L[a,b]$ 不是严格赋范的.

证　E^2 中对 $z = (x, y)$, 范数定义为 $\|z\| = \sqrt{x^2 + y^2}$, 实际上这就是平面几何中向量的模长. 在平面几何中, 两个向量 $\vec{a}, \vec{b}$ 满足 $|\vec{a} + \vec{b}| = |\vec{a}| + |\vec{b}|$, 仅当这两个向量中有一个是零向量或这两个向量方向相同, 也即 $y = ax (a > 0)$. 所以 E^2 是严格赋范的.

在 $C[a,b]$ 中, 例如 $f(x)$ 是恒等于 1 的函数, $g(x)$ 是函数 $\dfrac{x-a}{b-a}$. 这时 $\|f\| = 1, \|g\| = 1, \|f+g\| = 2$. 但 $f \neq ag (a \geqslant 0)$. 在 $L[a,b]$ 中仍用上面的两个函数, 这两个函数都是非负值的, $\|f+g\| = \displaystyle\int_{[a,b]} (f+g)\mathrm{d}m = \displaystyle\int_{[a,b]} f\mathrm{d}m + \displaystyle\int_{[a,b]} g\mathrm{d}m = \|f\| + \|g\|$. 这说明 $C[a,b], L[a,b]$ 都不是严格赋范的.

7. $(X, \boldsymbol{B})$ 是可测空间, $V(X, \boldsymbol{B})$ 是 $(X, \boldsymbol{B})$ 上(有限值)实或复广义 (带符号) 测度全体, 在 $V(X, \boldsymbol{B})$ 上定义加法和数乘为

$$(\mu + \nu)(A) = \mu(A) + \nu(A), \quad (\mu, \nu \in V(X, \boldsymbol{B}), A \in \boldsymbol{B})$$
$$(a\mu)(A) = a\mu(A) \quad (\mu \in V(X, \boldsymbol{B}) A \in \boldsymbol{B})$$

并规定 $\|\mu\| = \sup \left\{ \displaystyle\sum_{i=1}^{n} |\mu(E_i)| \Big| E_i \in \boldsymbol{B}, E_i \bigcap E_j = \varnothing (i \neq j), \bigcup_{i=1}^{n} E_i = X \right\}$. 证明 $\|\cdot\|$ 是 $V(X, \boldsymbol{B})$ 上的范数.

证　仅就实值广义测度的情况来证, 此处 $\boldsymbol{B}$ 是 X 的 σ-代数 (即 $X \in \boldsymbol{B}$) 在规定的加法及数乘下, $V(X, \boldsymbol{B})$ 易见是个线性空间, 零元素是在 $\boldsymbol{B}$ 上取值恒为 0

的测度. 只要验证 $\|\cdot\|$ 满足范数的条件. $\|\mu\| \geqslant 0$, 当 $\mu = 0$ 时, $\|\mu\| = 0$. 如果 $\|\mu\| = 0$. 易见对任何 $E \in \boldsymbol{B}, \mu(E) = 0$. 即 μ 是取值恒为 0 的广义测度, 即 μ 是 $V(X, \boldsymbol{B})$ 中零元素, $\|\alpha\mu\| = |\alpha| \cdot \|\mu\|$ 由定义即知, 又当 $\mu, \nu \in V(X, \boldsymbol{B})$ 时, 对任何 $\varepsilon > 0$, 即 $\boldsymbol{B}$ 中互不相交的 $E_1, \cdots, E_n$ 使

$$\sum_{i=1}^{n} |(\mu + \nu)(E_i)| > \|\mu + \nu\| - \varepsilon. \quad \left(\bigcup_{i=1}^{n} E_i = X \right)$$

而 $\displaystyle\sum_{i=1}^{n} |(\mu+\nu)(E_i)| \leqslant \sum_{i=1}^{n}(|\mu(E_i)| + |\nu(E_i)|) = \sum_{i=1}^{n} |\mu(E_i)| + \sum_{i=1}^{n} |\nu(E_i)| \leqslant \|\mu\| + \|\nu\|$.
由 ε 的任意性, $\|\mu + \nu\| \leqslant \|\mu\| + \|\nu\|$. 因此, $\|\cdot\|$ 是 $V(X, \boldsymbol{B})$ 上范数.

9. 证明线性空间 X 中任何一族凸集的交仍是凸集, 对任何 $x_0 \in X$, 凸集 A "移动" x_0 后所得的集 $A + x_0 = \{y + x_0 | y \in A\}$ 仍是凸集.

证 设 A_λ 是一族凸集, 记 $A = \displaystyle\bigcap_{\lambda \in \Lambda} A_\lambda$, 若 $x, y \in A$, 即 $x, y \in A_\lambda (\lambda \in \Lambda)$, 由 A_λ 是凸集, $\alpha x + (1 - \alpha)y \in A_\lambda (0 \leqslant \alpha \leqslant 1)$, 从而 $\alpha x + (1 - \alpha)y \in A$. 所以 A 是凸集.

设 A 是 X 中凸集, $x_0 \in X$. 于是, $A + x_0$ 中任何两个元素有形式 $x + x_0$ 及 $y + x_0 (x, y \in A)$. 对 $0 \leqslant \alpha \leqslant 1. \alpha(x + x_0) + (1 - \alpha)(y + x_0) = \alpha x + (1 - \alpha)y + x_0$, 因为 $\alpha x + (1 - \alpha)y \in A$. 所以 $\alpha(x + x_0) + (1 - \alpha)(y + x_0) \in A + x_0$, 即 $A + x_0$ 是凸集.

习题 4.3

1. 证明 Hölder 和 Minkowski 不等式成为等式的充要条件分别是 $c_1|f(x)|^p \doteq c_2|g(x)|^q, c_1 f(x) \doteq c_2 g(x)$.

其中 c_1, c_2 是非负常数 (这说明 L^p 是严格赋范空间, 参见 §4.2 习题 5).

证 如果 $f(x)$ 与 $g(x)$ 中有一个 $\doteq 0$, 则显然 Hölder 不等式及 Minkowski 不等式都成为等式, 因此设 f, g 都不几乎处处为 0, 令 $\varphi(x) = f(x)/\|f\|_p, \psi(x) = g(x)/\|g\|_q$, 并记 $|\varphi(x)|^p$ 及 $|\psi(x)|^q$ 分别为 A 及 B (都与 x 有关). 由 Young 不等式 $A^{\frac{1}{p}} \cdot B^{\frac{1}{q}} \leqslant \dfrac{1}{p}A + \dfrac{1}{q}B$. 即

$$|\varphi(x)\psi(x)| \leqslant \frac{1}{p}|\varphi(x)|^p + \frac{1}{q}|\psi(x)|^q$$

这个不等式成为等式只有在 $|\psi(x)| = |\varphi(x)|^{p-1}$ 时成立.

由此得到 $\displaystyle\int_E |\varphi(x)\psi(x)| \mathrm{d}\mu \leqslant \frac{1}{p} \int_E |\varphi(x)|^p \mathrm{d}\mu + \frac{1}{q} \int_E |\psi(x)|^q \mathrm{d}\mu = 1$.
而这不等式要成为等式, 即是 $|\varphi(x)\psi(x)| \doteq \dfrac{1}{p}|\varphi(x)|^p + \dfrac{1}{q}|\psi(x)|^q$.

($f \leqslant g$ 可知 $\displaystyle\int_E f\mathrm{d}\mu \leqslant \int_E g\mathrm{d}\mu$, 而要 $\displaystyle\int_E f\mathrm{d}\mu = \int_E g\mathrm{d}\mu$ 即为 $\displaystyle\int_E (g-f)\mathrm{d}\mu = 0$, 从而 $g - f \doteq 0$, 也即 $f \doteq g$.)

这样, 在 f, g 都不几乎处处为 0 的条件下, 要使 Hölder 不等式成为等式, 条件是 $|\psi(x)| \doteq |\varphi(x)|^{p-1}$. 也就是 $|f(x)|^{p-1}$ 与 $|g(x)|$ 的比值几乎处处等于一个正数. 即 $|f(x)|^{(p-1)q}$ 与 $|g(x)|^q$ 的比值几乎处处等于一个正数, 可见有两个正数使 $c_1|f(x)|^p \doteq c_2|g(x)|^q$. 这是使 Hölder 不等式成为等式的充要条件.

再看 Minkowski 不等式, 同样, 如果 f, g 中有一个几乎处处为 0, 当然是成立等式的, 所以可设都不是 $\doteq 0$ 的, 由于

$$\int_E |f(x)| \cdot |f(x) + g(x)|^{p/q}\mathrm{d}\mu \leqslant \left(\int_E |f(x)|^p\mathrm{d}\mu\right)^{1/p} \left(\int_E |f(x) + g(x)|^p\mathrm{d}\mu\right)^{1/q},$$

$$\int_E |g(x)||f(x) + g(x)|^{p/q}\mathrm{d}\mu \leqslant \left(\int_E |g(x)^p\mathrm{d}\mu\right)^{1/p} \left(\int_E |f(x) + g(x)|^p\mathrm{d}\mu\right)^{1/q},$$

而得到

$$\int_E (|f(x) + g(x)|)^p\mathrm{d}\mu$$

$$= \int_E |(f(x) + g(x)|^{1+p/q}\mathrm{d}\mu \leqslant \int_E (|f(x)| + |g(x)|) \cdot |f(x) + g(x)|^{p/q}\mathrm{d}\mu$$

$$\leqslant \left(\int_E |f(x)|^p\mathrm{d}\mu\right)^{1/p} + \left(\int_E |g(x)|^p\mathrm{d}\mu\right)^{1/p} \left(\int_E |f(x) + g(x)|^p\mathrm{d}\mu\right)^{1/q},$$

在 $f + g \neq 0$ 时, 就得到 Minkowski 不等式, 所以要使 Minkowski 不等式成为等式, 各部分的 $\leqslant$ 都要成为等式, 也就是: 有两个正数 c_1, c_2 使 $c_1|f(x)|^p \doteq c_2|f(x) + g(x)|^p$. 又有两个正数 c_1', c_2', 使 $c_1'|g(x)|^p \doteq c_2'|f(x) + g(x)|^p$. 并且 $|f(x) + g(x)| \doteq |f(x)| + |g(x)|$, 也就是 f 与 g 几乎处处是符号相同的. 从而必定有两个正数 c_1'' 及 c_2'' 使 $c_1''f \doteq c_2''g$. 结合 f, g 中有一个几乎处处为 0 的情况. 可知 Minkowski 不等式成为等式的条件是: 存在两个非负数 c_1, c_2 使 $c_1 f \doteq c_2 g$.

3. 对于 $0 < p < 1$, 在 l^p 中, 规定

$$\|x\|_p = \sum_{i=1}^{\infty} |x_i|^p \quad (x = (x_1, x_2, \cdots)).$$

证明: $\|\cdot\|_p$ 是 $l^p(0 < p < 1)$ 上的准范数.

证 易见 $\|x\|_p \geqslant 0$, 且 $\|x\|_p = 0$ 等价于 $x = 0$ (即 $x = (0, 0, 0, \cdots)$). 对于两个非负实数 $x, y, (x+y)^p \leqslant x^p + y^p$ (因 $0 < p < 1$) 从而对 $x, y \in l^p$. $\|x + y\|_p = \sum_{i=1}^{\infty} |x_i + y_i|^p \leqslant \sum_{i=1}^{\infty} (|x_i|^p + |y_i|^p) = \sum_{i=1}^{\infty} |x_i|^p + \sum_{i=1}^{\infty} |y_i|^p = \|x\|_p + \|y\|_p$.

$\| - x\|_p = \|x\|_p$ 当然成立, 实际上 $\|\alpha x\|_p = |\alpha|^p \cdot \|x\|_p$, 而由此即知 $\lim\limits_{\alpha_n \to 0} \|\alpha_n x\| = 0$ 及 $\lim\limits_{\|x_n\|_p \to 0} \|\alpha x_n\| = 0$.

习题 4.4

1. 设 B 是度量空间中的闭集, 证明必有一列开集 $O_1, O_2, \cdots, O_n, \cdots$ 包含 B 而且 $\bigcap\limits_{n=1}^{\infty} O_n = B$.

证 对 $n = 1, 2, 3, \cdots$, 令 $O_n = \left\{ y \middle| \text{ 有 } x \in B \text{ 使 } \rho(x, y) < \dfrac{1}{n} \right\} = \bigcup\limits_{x \in B} O\left(x, \dfrac{1}{n}\right)$.

易见 $O_n \supset B (n = 1, 2, 3, \cdots)$, 从而 $\bigcap\limits_{n=1}^{\infty} O_n \supset B$, 反之, 若 $y \in \bigcap\limits_{n=1}^{\infty} O_n$, 可证 $y \in B$. 因为 $y \in O_n$ 从而有 $x_n \in B$ 使 $\rho(x_n, y) < \dfrac{1}{n}$. 由于 B 是闭集, 由 $x_n \to y$ 可知 $y \in B$. 由此 $\bigcap\limits_{n=1}^{\infty} O_n = B$. ($B$ 为空集时, 取 $O_n (n = 1, 2, 3, \cdots)$ 为空集即可)

3. 设 $B \subset [a, b]$, 证明度量空间 $C[a, b]$ 中的集

$$\{x | \text{ 当 } t \in B \text{ 时 } x(t) = 0\}$$

是 $C[a, b]$ 中的闭集, 而

$$\{x | \text{ 当 } t \in B \text{ 时 } |x(t)| < \alpha\} \quad (\alpha > 0)$$

为开集的充要条件是: B 为闭集.

证 可设 B 非空, 对于每个 $t \in [a, b]$. 记 $F_t = \{x \in C[a, b] | x(t) = 0\}$. 则 F_t 是 $C[a, b]$ 中闭集, 因为当 $x_n \to x (x_n$ 是 $C[a, b]$ 中点到 x 也是 $C[a, b]$ 中元, $x_n \to x$ 是指 $C[a, b]$ 中收敛, 即在 $[a, b]$ 上均匀收敛) 且 $x_n \in F_t$ 时, $x \in F_t$. $\{x |$ 当 $t \in B$ 时 $x(t) = 0\} = \bigcap\limits_{t \in B} F_t$ 是闭集.

对于 $\alpha > 0$, 记 $G_\alpha = \{x | \text{ 当 } t \in B \text{ 时 } |x(t)| < \alpha\}$. 如果 B 是闭集, 则 对于 G_α 中的 x, 由于 $|x(t)|$ 是 $[a, b]$ 上连续函数. 在闭集 B 上取到最大值. 由 $|x(t)| < \alpha (t \in B$ 时), 因此 $\sup\limits_{t \in B} |x(t)| < \alpha$. 记 $\varepsilon = \alpha - \sup\limits_{t \in B} |x(t)|$. 则 $\varepsilon > 0$, 它 使 $O(x, \varepsilon) \subset G_\alpha$. 因此 G_α 是开集. 反之若 G_α 是开集, 要证 B 是闭集, 用反 证法, 这时有 t_0 是 B 的极限点但 $t_0 \notin B$. 这时作函数 x 如下: $x(t_0) = \alpha$. 在 $[a, t_0], [t_0, b]$ 上都是直线且 $x(a) = x(b) = 0$ (如果 t_0 本身是 a 时, x 是在 b 取值 0, 在 a 取值 α 的直线 $t_0 = b$ 时类似). 易见这样的函数 $x(t)$ 使 $x \in G_\alpha$. 但对任 何 $\varepsilon > 0, B$ 中总有 t 使 $x(t) > \alpha - \varepsilon$. 从而函数 $x(t) + \varepsilon \notin G_\alpha$ 即 x 不会是 G_α 的 内点, 与 G_α 是开集矛盾!

5. 证明 A 为闭集的充要条件是 $A = \overline{A}$.

证 因为 $\overline{A}$ 是 R 中所有包含 A 的闭集的通集, 是包含 A 的最小闭集. 当 A 是闭集时, $\overline{A} = A$. 而 $\overline{A} = A$ 时 A 当然是闭集.

7. 设 A 是度量空间中点集, 证明 $K(A) = R - \overline{(R - A)}$.

证 若 $x_0 \in K(A)$, 则有 $\varepsilon > 0$ 使 $O(x_0, \varepsilon) \subset A$. 所以 $R - A \subset R - O(x_0, \varepsilon)$. 由于 $R - O(x_0, \varepsilon)$ 是闭集. $\overline{(R - A)} \subset R - O(x_0, \varepsilon), O(x_0, \varepsilon) \subset R - \overline{(R - A)}$. 可见 $x_0 \in R - \overline{(R - A)}$. 反过来, 若 $x_0 \in R - \overline{(R - A)}$. 即 $x_0 \notin \overline{(R - A)}$. 因此 $x_0 \in A$ 且 x_0 不是一列不在 A 中的元素 x_n 的极限. 即有 $\varepsilon > 0$ 使 $O(x_0, \varepsilon)$ 中没有不在 A 中的元素, 也就是 $O(x_0, \varepsilon) \subset A$. 从而 $x_0 \in K(A)$. 综上两部分,

$$K(A) = R - \overline{(R - A)}.$$

9. 对于度量空间 R 中的点集 E 上的实函数 $f(x)$, 如果对于每点 $x_0 \in E$ 有

$$\lim_{r \to 0} \sup_{x \in O(x_0, r) \bigcap E} f(x) \leqslant f(x_0),$$

称 $f(x)$ 在 x_0 是上半连续的, 试证: 当 $f(x)$ 是 E 上的上半连续函数 (即 f 在 E 的每个点都上半连续) 时, 对任何常数 α,

$$E(f(x) \geqslant \alpha) = \{x | f(x) \geqslant \alpha\}$$

是相对于 E 的闭集, 反之也真.

证 相对于 E 的闭集就是 R 中闭集与 E 的通集, 也就是把 E 本身作为度量空间看时的闭集. 这也就是 f 的定义域认为是全空间时的情况 (所以, 下面就设 $E = R$, 就可以免去相对于这样的字样, 而上半连续的定义中就成为 $\lim_{r \to 0} \sup_{x \in O(x_0, r)} f(x) \leqslant f(x_0)$.

设 f 是 R 上的上半连续函数, 即对每个 $x_0 \in R$,

$$\lim_{r \to 0} \sup_{x \in O(x_0, r)} f(x) \leqslant f(x_0),$$

从而对任何 $\varepsilon > 0$. 有 $r > 0$ 使 $f(x) < f(x_0) + \varepsilon$ (当 $x \in O(x_0, r)$ 时).

于是, 对任何常数 α. 考虑集 $E(f(x) < \alpha) = \{x | f(x) < \alpha\}$. 若某个元 $x_0 \in E(f(x) < \alpha)$, 即 $f(x_0) < \alpha$, 由上所述, 有 $r > 0$ 使 $f(x) < \alpha$ (当 $x \in O(x_0, r)$ 时), 可见 $E(f(x) < \alpha)$ 中每个点是内点, 即 $E(f(x) < \alpha)$ 是开集, 从而 $E(f(x) \geqslant \alpha)$ 是闭集.

反之, 如果对任何 $\alpha, E(f(x) \geqslant \alpha)$ 是闭集, 则 $E(f(x) < \alpha)$ 是开集. 即如果 $f(x_0) < \alpha$, 则有 x_0 的邻域 (从而有 $r > 0)O(x_0, r)$ 使 $f(x) < \alpha$ (当 $x \in O(x_0, r)$ 时). 这就说明, 对任何一个 $x_0 \in R$ 及任何一个 $> f(x_0)$ 的数 α, 必有 x_0 的邻域 $O(x_0, r)$ 使 $f(x) < \alpha (x \in O(x_0, r))$ 这就说明 $\lim_{r \to 0} \sup_{x \in O(x_0, r)} f(x) \leqslant f(x_0)$.

11. 设 R 是度量空间, A 是 R 中的点集, 如果对于 A 中任何两点 x, y, 有 A 的联络子集包含这两点, 那么 A 是联络点集.

证 用反证法, 如果 A 不是联络点集, 则 A 本身作为度量空间有两个非空闭集 $F_1, F_2, F_1 \bigcap F_2 = \varnothing, F_1 \bigcup F_2 = A$. 即 F_1, F_2 都是 A 的开集, 取 $x \in F_1, y \in F_2$. 那么包含 x, y 的 A 的子集 B 不会是联络的 ($F_1 \bigcap B, F_2 \bigcap B$ 是 B 本身作为度量空间看时的闭集, 是两个非空集且并集为 B). 与假设矛盾!

13. 设 F 是度量空间 R 上的有界闭集, $x_0 \notin F$. 问是否存在 $y_0 \in F$ 使 $\rho(x_0, y_0) = \rho(x_0, F)$, 为什么?

解 未必. 本题中未要求度量空间的完备性, 例如实数的子空间 $\{0\} \bigcup (1.2)$, 这时 $(1, 2)$ 是闭集, $\rho(0, (1, 2)) = 1$.

但即使要求空间的完备性成立, 结论也不一定成立. 例如 $R = \{0, 1, 2, 3, 4, \cdots\}$. 距离 ρ 定义为 $\rho(m, n) = 2(m, n$ 是正整数, $m \neq n) \rho(0, n) = \dfrac{n+1}{n} (n$ 是正整数) $(\rho(x, x) = 0$, 对任何 $x \in R)$, 这是完备的度量空间, 而 $F = \{1, 2, 3, 4, \cdots\}$, $x_0 = 0$ 时, $\rho(x_0, F) = 1$. 不存在 $y_0 \in F$ 使 $\rho(x_0, y_0) = 1$.

15. 设 R 是赋准范线性空间, E 是闭线性子空间, 仿本节第七小节, 证明 R/E 也是赋准范线性空间.

证 设 R 是赋准范线性空间, p 是 R 上准范数, 即 p 满足 (i) $p(x) \geqslant 0, p(x) = 0$ 等价于 $x = 0$. (ii) $p(x + y) \leqslant p(x) + p(y)$. (iii) $p(-x) = p(x)$ 且 $\lim\limits_{\alpha_n \to 0} p(\alpha_n x) = 0$, $\lim\limits_{p(x_n) \to 0} p(\alpha x_n) = 0$. E 是 R 的闭线性子空间. 对于 $x, y \in R$ 如果 $x - y \in E$, 称 x 与 y 等价. 记为 $x \sim y$. $\sim$ 是 R 中等价关系 (即 $x \sim x, x \sim y$ 时 $y \sim x, x \sim y, y \sim z$ 时 $x \sim z$). $\widetilde{x}$ 是与 x 等价的元全体. 当 $x, y \in R$ 时, $\widetilde{x} = \widetilde{y} \Leftrightarrow x - y \in E$. 在 $\widetilde{R} = \{\widetilde{x} | x \in R\}$ 中, 规定 $\widetilde{x} + \widetilde{y} = \widetilde{x + y}$ 及 $\alpha \widetilde{x} = \widetilde{\alpha x}$. 它也是线性空间, 也就是 R/E. (这是一个线性空间关于它的一个线性子空间 E 的商空间的作法.).

现 E 是 R 的闭线性子空间, 对于 $\widetilde{x} \in R/E$, 令 $\widetilde{p}(\widetilde{x}) = \inf\limits_{x \in \widetilde{x}} p(x)$. 下面证明 $\widetilde{p}$ 是 R/E 中的准范数.

(i) $\widetilde{p}(\widetilde{x}) \geqslant 0, \widetilde{p}(\widetilde{0}) = 0$ 是显然的. 若 $\widetilde{p}(\widetilde{x}) = 0$. 即 $\inf\limits_{x \in \widetilde{x}} p(x) = 0$. $\widetilde{x}$ 表示 $\{x - y | y \in E\}$, 即有一列 E 中元 $\{y_n\}$ 使 $p(x - y_n) \to 0$. 由 E 是闭的. $x \in E$ 即 $\widetilde{x} = E = \widetilde{0}$ 是 R/E 中的零元素.

(ii) 对任何 $\widetilde{x}, \widetilde{y} \in R/E. \widetilde{p}(\widetilde{x}) = \inf\limits_{x \in \widetilde{x}} p(x) = \inf\limits_{z \in E} p(x - z), \widetilde{p}(\widetilde{y}) = \inf\limits_{z \in E} p(y - z)$. 而 $\widetilde{p}(\widetilde{x} + \widetilde{y}) = \inf\limits_{z \in E} p(x + y - z)$, 对任何 $\varepsilon > 0$, 有 $z_1 \in E$, 使 $p(x - z_1) < \widetilde{p}(\widetilde{x}) + \varepsilon$. 又有 $z_2 \in E$, 使 $p(y - z_2) < \widetilde{p}(\widetilde{y}) + \varepsilon$. 从而 $p(x + y - (z_1 + z_2)) < \widetilde{p}(\widetilde{x}) + \widetilde{p}(\widetilde{y}) + 2\varepsilon$. 从而 $\widetilde{p}(\widetilde{x + y}) < \widetilde{p}(\widetilde{x}) + \widetilde{p}(\widetilde{y}) + z\varepsilon$. 由 ε 的任意性, $\widetilde{p}(\widetilde{x + y}) \leqslant \widetilde{p}(\widetilde{x}) + \widetilde{p}(\widetilde{y})$.

(iii) $\widetilde{p}(-\widetilde{x}) = \widetilde{p}(\widetilde{x})$ 由 $p(x) = p(-x)$ 即得 $(\widetilde{-x} = -\widetilde{x})$.

由于 $\widetilde{\alpha x} = \alpha \widetilde{x}, \widetilde{\alpha x} = \{\alpha y | y \in \widetilde{x}\}$. $\widetilde{p}(\widetilde{\alpha x}) = \inf\limits_{y \in \widetilde{x}} p(\alpha y) \leqslant p(\alpha x)$. 因此对 $\alpha_n \to 0$ 及 $x \in R, \widetilde{p}(\widetilde{\alpha_n x}) \leqslant p(\alpha_n x) \to 0$. 所以 $\widetilde{p}(\alpha_n \widetilde{x}) \to 0$ 另一极限式类似可证.

习题 4.5

1. 设 R 是赋范线性空间, $R \times R$ 为形如

$$(x, y) \quad (x, y \in R)$$

的向量组全体, 按照线性运算及范数

$$\alpha(x, y) + \alpha'(x', y') = (\alpha x + \alpha' x', \alpha y + \alpha' y'),$$
$$\|(x, y)\| = \sqrt{\|x\|^2 + \|y\|^2}$$

所成的赋范线性空间, 证明 $R \times R$ 到 R 的映照 $(x, y) \mapsto x + y$ 是连续的.

证 记这映照为 φ. 即 $\varphi((x, y)) = x + y$, 在 $R \times R$ 中, 点列 $\{(x_n, y_n)\}$ 及 (x_0, y_0) 使 $(x_n, y_n) \to (x_0, y_0)$ 等价于 $x_n \to x_0, y_n \to y_0$ 这时 $x_n + y_n \to x_0 + y_0$ 因此 φ 是 $R \times R \to R$ 的连续映照.

3. 设 R 是赋范线性空间, 在 $R \times R$ 中赋以两个范数 $\|\cdot\|$ 及 $\|\cdot\|_1, \|(x, y)\| = \sqrt{\|x\|^2 + \|y\|^2}, \|(x, y)\|_1 = \max(\|x\|, \|y\|). f$ 是 $(R \times R, \|\cdot\|)$ 到 $(R \times R, \|\cdot\|_1)$ 上映照

$$f((x, y)) = (x_1, y_1), \quad \begin{pmatrix} x_1 \\ y_1 \end{pmatrix} = \begin{pmatrix} a & b \\ c & d \end{pmatrix} \begin{pmatrix} x \\ y \end{pmatrix},$$

即 $x_1 = ax + by, y_1 = cx + dy$. 而数字阵 $\begin{pmatrix} a & b \\ c & d \end{pmatrix}$ 是非奇的. 证明 f 是拓扑映照.

证 $f((x, y)) = (ax + by, cx + dy)$. 若 $(x_n, y_n) \to (x_0, y_0)(\|\cdot\|)$ 即 $x_n \to x_0, y_n \to y_0$. 于是 $ax_n + by_n \to ax_0 + by_0, cx_n + dy_n \to cx_0 + dy_0$. 所以 $(ax_n + by_n, cx_n + dy_n) \to (ax_0 + by_0, cx_0 + dy_0)(\|\cdot\|_1)$. 即 $f((x_n, y_n)) \to f((x_0, y_0))(\|\cdot\|_1)$. 由此 f 是连续映照. 由 $\begin{pmatrix} a & b \\ c & d \end{pmatrix}$ 是非奇的. f^{-1} 是同样形式的映照. $f^{-1}((x, y)) = (a_1 x + b_1 y, c_1 x + d_1 y)$ 其中 $\begin{pmatrix} a_1 & b_1 \\ c_1 & d_1 \end{pmatrix}$ 是 $\begin{pmatrix} a & b \\ c & d \end{pmatrix}$ 的逆阵. 同样可证明 f^{-1} 是 $(R \times R, \|\cdot\|_1) \to (R \times R, \|\cdot\|)$ 的连续映照. 即 f 是拓扑映照.

5. 设 $(X, \rho), (Y, \rho), (Z, \rho)$ 是距离空间, f 是 $(X, \rho) \to (Y, \rho)$ 的连续映照, g 是 $(Y, \rho) \to (Z, \rho)$ 的连续映照, 证明 $g(f)$ 是 $(X, \rho) \to (Z, \rho)$ 的连续映照.

证　若 $\{x_n\}, x_0$ 是 X 中的元, $x_n \to x_0$, 则 $f(x_n) \to f(x_0)$, 从而 $g(f(x_n)) \to g(f(x_0))$. 可见 $g(f)$ 是 $(X, \rho) \to (Z, \rho)$ 的连续映照.

7. 欧几里得空间 E^n 中的开集 A 成为联络点集的充要条件是 A 中任何两点 x, y 都有 A 中的连续曲线通过它们.

证　设对 A 中任何两点 x, y, 都有 A 中的连续曲线通过它们, 下证 A 是联络点集, 用反证法, 若 A 可以分成两个闭集 F_1, F_2. 即 F_1, F_2 是两个闭集, F_1, F_2 非空, $F_1 \bigcup F_2 = A$, 取 $x \in F_1, y \in F_2$. 这时有 $[a, b]$ 上连续的 φ (φ 取值在 A 中) 这时 $\varphi^{-1}(F_1), \varphi^{-1}(F_2)$ 是闭集. $\varphi^{-1}(F_1), \varphi^{-1}(F_2)$ 都非空, $\varphi^{-1}(F_1) \bigcup \varphi^{-1}(F_2) = [a, b]$. 与 $[a, b]$ 是联络集矛盾.

反之, 设 A 是 E^n 中的开集, 且 A 是个联络点集, 要证对于 A 中任何两个点 x, y, 都有 A 中的连续曲线通过这两点. 用反证法, 如果在 A 中有两个点 x_0, y_0, 设有 A 中连续曲线通过 x_0 及 y_0. 考虑 $B = \{x \in A, \text{有 } A \text{ 中连续曲线通过 } x_0 \text{ 及 } x\}$. 由于 A 是开集, 有 x 的 ε 邻域 $O(x, \varepsilon) \subset A$. 而 $O(x, \varepsilon)$ 中任何两点, 都有 A 中连续曲线通过它们, 从而 B 是个开集, 同理记 $C = \{y | y \in A, \text{设有 } A \text{ 中连续曲线通过 } x_0 \text{ 及 } y\}$, C 是开集. B, C 非空. 矛盾!

9. 证明 $[a, b]$ 上有界实函数 f 是连续的充要条件是集 $G_f = \{(x, f(x)) | x \in [a, b]\}$ 是 E^2 上闭集.

证　设 f 是连续的 G_f 中点列 $(x_n, f(x_n)) \to (x_0, y_0)$. 即得 $x_n \to x_0$, $f(x_n) \to y_0$. 由连续性 $y_0 = f(x_0)$. 所以 $(x_0, y_0) \in G_f$. 即 G_f 是 E^2 中闭集.

反过来, 若 G_f 是 E^2 中闭集, 任取 $[a, b]$ 中收敛点列 $\{x_n\}, x_n \to x_0$, 由于 $\{f(x_n)\}$ 是有界的, 有子列 $f(x_{n_k})$ 收敛于 y_0, 当然 $x_{n_k} \to x_0$, 于是 $(x_{n_k}, f(x_{n_k})) \in G_f, (x_{n_k}, f(x_{n_k})) \to (x_0, y_0)$, 由 G_f 是闭集, $(x_0, y_0) \in G_f$, 即 $f(x_0) = y_0$, 可见当 $x_n \to x_0$ 时, $\{f(x_n)\}$ 的任何收敛子数列都收敛于 $f(x_0)$, 从而 $f(x_n) \to f(x_0)$ (不收敛的数列必有两个子列收敛于不同的极限), 所以 f 是 $[a, b]$ 上连续函数.

11. 设 G_1, G_2 是度量空间 R 中两个子集, 并且

$$d(G_1, G_2) = \inf_{x \in G_1, y \in G_2} \rho(x, y) > 0,$$

证明必有 R 上连续函数 f, 使得 $0 \leqslant f(x) \leqslant 1$ 且

$$f(x) = 0 \ \text{当} \ x \in G_1, \quad f(x) = 1 \ \text{当} \ x \in G_2.$$

证　作 R 上函数 $f(x) = \dfrac{d(x, G_1)}{d(x, G_1) + d(x, G_2)}$, 其中 $d(x, G_i) = \inf_{y \in G_i} d(x, y) (i = 1, 2)$. 易见 $0 \leqslant f(x) \leqslant 1$, 且 $f(x) = 0$ (当 $x \in G_1$ 时), $f(x) = 1$ (当 $x \in G_2$ 时), 当 $x_n \to x_0$ 时, $f(x_n) \to f(x_0)$, 所作的 f 满足一切要求 (由于 $\rho(x, y_1) + \rho(x, y_2) \geqslant \rho(y_1, y_2), d(x, G_1) + d(x, G_2) \geqslant d(G_1, G_2) > 0.$).

习题 4.6

1. 设 $f(x)$ 为全直线上的函数, 但在一有限区间外为零, 称 $f(x)$ 是具有有界支集的. 以 $B^0(-\infty,+\infty)$ 表示直线上具有有界支集的有界可测函数全体, $\tau_0(-\infty,+\infty)$ 表示直线上具有有界支集的阶梯函数全体, $C_0^0(-\infty,+\infty)$ 表示直线上具有有界支集的连续函数全体, 证明 $B^0(-\infty,+\infty), \tau_0(-\infty,+\infty), C_0^0(-\infty,+\infty)$, 在 $L^p(-\infty,+\infty)(1 \leqslant p < \infty)$ 中稠密, 但都不在 $L^\infty(-\infty,+\infty)$ 中稠密.

证 对任何 $f \in L^p(-\infty,+\infty)$ 及任何 $\varepsilon > 0$, 取 N 充分大, 并令

$$f_N(x) = \begin{cases} f(x), & \text{当 } x \in [-N, N] \text{ 时}, \\ 0, & \text{当 } |x| > N \text{ 时}, \end{cases}$$

则 $\|f_N - f\|_p \to 0$, 从而当 N 充分大时, $\|f_N - f\|_p < \varepsilon$, 这说明 $L^p(-\infty,+\infty)$ 中具有有界支集的函数全体在 $L^p(-\infty,+\infty)$ 中稠密.

而对于上述的 f. 又令 $[f]_n^{(x)} = \begin{cases} f(x), & \text{当 } |f(x)| \leqslant n \text{ 时}, \\ 0, & \text{当 } |f(x)| > n \text{ 时}, \end{cases}$ 又有 $\|[f]_n - f\|_p \to 0$, 这说明具有有界支集的有界可测函数全体, 即 $B^0(-\infty,+\infty)$ 在 L^p 中稠密.

对于 $f \in B^0(-\infty,+\infty)$, (设在 $[-n,n]$ 外为零, 且 $|f(x)| \leqslant n$ (当 $x \in [-n,n]$ 时)) 可取 $[-n,n]$ 外为零的连续函数 h 使 $\|f - h\|_p < \varepsilon$ (ε 是任意给定的正数), 这说明 $C_0^0(-\infty,+\infty)$ 在 $L^p(-\infty,+\infty)$ 中稠密.

最后, 对于 $f \in C_0^0(-\infty,+\infty)$, 由 f 的一致连续性, 又可作 $\tau_0(-\infty,+\infty)$ 中函数 h 使 $|f(x) - h(x)| < \varepsilon (x \in (-\infty,+\infty))$ 其中 ε 是任意给定的正数. 这就说明 $\tau_0(-\infty,+\infty)$ 在 $L^p(-\infty,+\infty)$ 中是稠密的.

$L^\infty(-\infty,+\infty)$ 表示本性有界函数全体, 对 $f \in L^\infty(-\infty,+\infty) \|f\|_\infty$ 表示 f 的本性上界. $f(x)$ 在 $(-\infty,+\infty)$ 上恒等于 1 这时上述的函数集中每个函数 h 都使 $\|h - f\|_\infty \geqslant 1$. 因此这三个函数集都不在 $L^\infty(-\infty,+\infty)$ 中稠密.

3. $L^p(\Omega, \boldsymbol{B}, \mu)$ 是不是可析空间? 为什么? 证明 $L^p(-\infty,+\infty), (1 \leqslant p < \infty)$ 是可析空间.

证 考虑端点为有理数的有限区间的特征函数 (这样的函数是可列个), 以有理数为系数的上述有限个函数的线性组合全体 (这样的函数的个数仍是可列个). 它们构成 $L^p(-\infty,+\infty)$ 中的稠密集, 所以 $L^p(-\infty,+\infty)$ 是可析空间.

$L^p(\Omega, \boldsymbol{B}, \mu)$ 的可析性是与测度空间有关的, 一般并不能保证它的可析性. 例如, $\Omega = E^1$, $\boldsymbol{B}$ 是 Ω 的有限或可列子集全体.

$$\mu(A) = \begin{cases} A \text{ 中元素个数}, & \text{当 } A \text{ 是有限集}, \\ \infty, & \text{当 } A \text{ 是无限集}. \end{cases}$$

$L^1(\Omega, \boldsymbol{B}, \mu)$ 是 Ω 上如下函数 $f: f$ 在至多可列个数上取值不为零且 $\sum\limits_{x\in E^1} |f(x)| < \infty$ 这时对任何一列 $L^1(\Omega, \boldsymbol{B}, \mu)$ 中 $\{f_n\}$ 至多只能在一列数上有函数在其上取值不为零. 从而必有 $t \in E^1$, 记 f_t 为 $\{t\}$ 的特征函数时, $\|f_n - f_t\| \geqslant 1$.

5. 设 $C_{2\pi}$ 表示周期为 2π 的连续函数全体按通常线性运算所成的线性空间, 并按范数 $\|x\| = \max\limits_{t\in[0,2\pi]} |x(t)|$ 成一赋范空间, 证明三角多项式全体 $T_{2\pi}$ 在 $C_{2\pi}$ 中稠密.

证 以 2π 为周期的连续函数在 $[0, 2\pi]$ 上可用多项式函数一致逼近, 而适当光滑的函数的 Fourier 级数是一致收敛于这个函数的, 因此三角多项式全体在 $C_{2\pi}$ 中稠密.

7. 将 $C_{2\pi}$ 中函数视为 $[0, 4\pi]$ 上函数, 证明 $C_{2\pi}$ 在 $L^p[0, 4\pi](p \geqslant 1)$ 中并不稠密.

证 $C_{2\pi}$ 中函数在 $[0, 4\pi]$ 上看时, $[0, 2\pi]$ 与 $[2\pi, 4\pi]$ 上 $f(t+2\pi) = f(t)(t \in [0, 2\pi])$, 取 h 为 $\chi_{[0,2\pi]}$ (在 $[0, 2\pi]$ 上为 1, 在 $(2\pi, 4\pi]$ 上为 0 的函数) 对于 $C_{2\pi}$ 中的 f. $\int_{[0,4\pi]} |f - h|^p \mathrm{d}m = \int_{[0,2\pi]} |f - h|^p \mathrm{d}m + \int_{[2\pi,4\pi]} |f - h|^p \mathrm{d}m = \int_{[0,2\pi]} |f - 1|^p \mathrm{d}m + \int_{[0,2\pi]} |f|^p \mathrm{d}m \geqslant \left(\frac{1}{2}\right)^p \cdot 2\pi$, 所以 $C_{2\pi}$ 在 $L^p[0, 4\pi]$ 中不稠密.

9. $C_0(-\infty, +\infty)$ 表示 $(-\infty, +\infty)$ 上连续并且 $\lim\limits_{t\to\pm\infty} x(t) = 0$ 的函数全体规定 $\|x\| = \sup\limits_{t\in(-\infty,+\infty)} |x(t)|$, 证明 $C_0(-\infty, +\infty)$ 是赋范线性空间, 并且是可析的.

证 $C_0(-\infty, +\infty)$ 成为赋范线性空间是易见的, 要证明 $C_0(-\infty, +\infty)$ 的可析性, 只要证明有可列个 $C_0(-\infty, +\infty)$ 中元构成 $C_0(-\infty, +\infty)$ 中稠密集. 令 P 表示有理系数多项式全体 (P 中元并不在 $C_0(-\infty, +\infty)$ 中) 对于正整数 n, f_n 表示在 $[-n, n]$ 上为 1, 在 $[n, n+1]$ 中为直线段的, 在 $n+1$ 处取值为 0, 并在 $(n+1, \infty)$ 处为 0(在 $(-\infty, -n)$ 中对称定义) 的函数. 并记 $A = \{h \cdot f_n | h \in P, n = 1, 2, 3, \cdots\}$. A 是 $C_0(-\infty, +\infty)$ 的可列子集, 这个集在 $C_0(-\infty, +\infty)$ 中是稠密的. 因为对任何 $f \in C_0(-\infty, +\infty)$ 及正数 ε, 由于 $\lim\limits_{x\to\pm\infty} f(x) = 0$, 有 N, 使 $|f(x)| < \varepsilon$ 当 $|x| > N$ 时成立. 然后又可取 $p \in P$ 使 $|p(x) - f(x)| < \varepsilon$ (当 $x \in [-(N+1), N+1]$ 时) 函数 $p(x) \cdot f_N(x) \in A$. 比较 $f(x)$ 及 $p(x)f_N(x)$, 即考虑 $|f(x) - p(x)f_N(x)|$. 当 $x \in [-N, N]$ 时, $|f(x) - p(x)f_N(x)| < \varepsilon$. 当 $x \notin [-(N+1), N+1]$ 时, $|f(x) - p(x)f_N(x)| < \varepsilon$. 当 $x \in [N, N+1]$ 及 $x \in [-(N+1), -N]$ 时, 由于 $|f(x)| < \varepsilon, |p(x)| \leqslant 2\varepsilon, 0 \leqslant f_N(x) \leqslant 1$, 可以得证 $\|f - pf_N\| \leqslant 3\varepsilon$.

11. 证明在有限区间 $(a, b]$ (或 $[a, b]$) 上有限个互不相交的左开右闭区间 (在 $[a, b]$ 的情况下, 须补充单点区间 $[a, a]$) 上取常数的函数全体在 $L^p((a, b], \boldsymbol{B}, g)$ (或 $L^p([a, b], \boldsymbol{B}, g)$ 上稠密. 这里 $\infty > p \geqslant 1$. g 是定义在 Borel 集 $\boldsymbol{B}$ 上的 Lebesgue-

Stieltjes 测度.

证 设 g 是 $[a,b]$ 上单调上升的右连续函数, 就可以确定一个 Lebesgue-Stieltjes 测度 (这时 $\mu_g(\{a\}) = 0$. 若要 $\mu_g(\{a\}) > 0, g$ 要在左端更小的区间上定义, 且 $g(a) > g(a-0)$, 这里 $g(a-0)$ 表示函数 g 在 a 处的左极限, 即 $\lim\limits_{x \to a-0} g(x)$. 为简单起见, 只考虑 $(a,b]$ 上的 Lebesgue-Stieltjes 测度)

按 Lebesgue-Stieltjes 测度的定义, 对 $(a,b]$ 中的每个左开右闭区间 $(\alpha, \beta]$. 令 $\mu_g((\alpha, \beta]) = g(\beta) - g(\alpha)$. 按可加性把 μ_g 延拓成 $\boldsymbol{R}$ 上的测度 ($\boldsymbol{R}$ 表示有限个互不相交的左开右闭区间的并集全体)

然后由 $\boldsymbol{R}$ 上的 μ_g 作出外测度 μ_g^*. 因为 $\boldsymbol{H}(\boldsymbol{R})$ 是 $(a,b]$ 的子集全体. 对任何 $B \subset (a,b]$,

$$\mu_g^*(B) = \inf \sum_{i=1}^\infty \mu_g(A_i),$$

其中 inf 是对于 $\boldsymbol{R}$ 中满足 $\bigcup\limits_{i=1}^\infty A_i \supset B$ 的 $\{A_i\}$ 来取的. 而对于一列这样的 $\{A_i\}$. 令 $\widetilde{A}_1 = A_1, \widetilde{A}_2 = A_2 - A_1, \widetilde{A}_3 = A_3 - (A_1 \bigcup A_2), \cdots, \widetilde{A}_n = A_n - (A_1 \bigcup A_2 \bigcup \cdots \bigcup A_{n-1}), \cdots$ 时. $\{\widetilde{A}_n\}$ 是互不相交的 $\boldsymbol{R}$ 中元, 而每个 $\widetilde{A}_i$ 是有限个互不相交的左开右闭区间的并集, 所以

$$\mu_g^*(B) = \inf \sum_{i=1}^\infty (g(\beta_i) - g(\alpha_i)) \quad \{(\alpha_i, \beta_i]\}$$

是一列互不相交的左开右闭区间, 且 $\bigcup\limits_{i=1}^\infty (\alpha_i, \beta_i] \supset B$.

接下来, 某些 B (满足 Caratheodory 条件的 B) 称为 μ_g^* 可测集, 这种集全体是 σ-代数, 它包含了 $\boldsymbol{R}, \mu_g^*$ 在其上是测度. 仍记为 μ_g. (μ_g^* 可测集就是相应于 g 的 Lebesgue-Stieltjes 可测集, 对不同的 g, 可测集的概念可以不同, 但都包含了 Borel 集.)

所以, 对任何一个 g 及任何一个 Borel 集 B (实际上, 当 g 给定后, 对任何一个相应于 g 的 Lebesgue-Stieltjes 可测集 B 也是对的), 有

$$\mu_g(B) = \inf \sum_{i=1}^\infty (g(\beta_i) - g(\alpha_i)),$$

其中 $\{(\alpha_i, \beta_i]\}$ 是一列互不相交的左开右闭区间, 且 $\sum\limits_{i=1}^\infty (\alpha_i, \beta_i] \supset B$.

于是, 对任何 $\varepsilon > 0$, 有一列 $(\alpha_i, \beta_i], \bigcup_{i=1}^{\infty}(\alpha_i, \beta_i] \supset B.$ 使

$$\sum_{i=1}^{\infty}(g(\beta_i) - g(\alpha_i)) < \mu_g(B) + \varepsilon.$$

左边显然 $\geqslant \mu_g(B)$, 因为它等于 $\mu_g\left(\bigcup_{i=1}^{\infty}(\alpha_i, \beta_i]\right)$,

从而取 n 足够大时, 可使 $\sum_{i=1}^{n}(g(\beta_i) - g(\alpha_i)) > \mu_g(B) - \varepsilon.$

记 $B, \bigcup_{i=1}^{\infty}(\alpha_i, \beta_i], \bigcup_{i=1}^{n}(\alpha_i, \beta_i]$ 这三个集的特征函数为 $\chi_1, \chi_2, \chi_3.$

$$\int_{(a,b]}\chi_1 \mathrm{d}\mu_g = \mu_g(B), \int_{(a,b]}\chi_2 \mathrm{d}\mu_g < \mu_g(B) + \varepsilon, \int_{(a,b]}\chi_3 \mathrm{d}\mu_g > \mu_g(B) - \varepsilon.$$

注意到 $\chi_1 \leqslant \chi_2, \chi_3 \leqslant \chi_2$, 就有

$$\int_{(a,b]}|\chi_1 - \chi_3|\mathrm{d}\mu_g \leqslant \int_{(a,b]}(\chi_2 - \chi_1)\mathrm{d}\mu_g + \int_{(a,b]}(\chi_2 - \chi_3)\mathrm{d}\mu_g < 2\varepsilon.$$

于是在 $(a, b]$ 上的任何关于 μ_g 可积的 f, 可取有界的函数 $([f]_N, N$ 足够大. $[f]_N(x) = f(x)$ (当 $|f(x)| \leqslant N$ 时), $[f]_N(x) = N$ (当 $f(x) > N$ 时) $[f]_N(x) = -N$ (当 $f(x) < -N$ 时).) 可使 $\int_{(a,b]}|f - [f]_N|\mathrm{d}\mu_g < \varepsilon(\varepsilon$ 是事先给定的任何正数).

对于 $(a, b]$ 上有界函数 h (当然要可测的), 函数值在 $(c, d]$ 中, 把 $(c, d]$ 分成一串小区间: $y_0 = c < y_1 = y_2 \cdots < y_n = d.$ 记 $B_i = \{x | h(x) \in (y_{i-1}, y_i]\}(i = 1, 2, \cdots, n).$ 称 $\sum_{i=1}^{n} y_i \mu_g(B_i)$ 为上和. 上和其实是函数 $\widetilde{h}$ 在 $(a, b]$ 上的积分, 其中 $\widetilde{h}(x) = y_i$ (当 $x \in B_i$ 时, $i = 1, 2, \cdots, n$). 当分法足够细时, 成立 $\int_{(a,b]}(\widetilde{h} - h)\mathrm{d}\mu_g < \varepsilon.$

由于 $\widetilde{h} = \sum_{i=1}^{n} y_i \chi_{B_i}.$ 由上所述, 对于 χ_{B_i} 有 $\boldsymbol{R}$ 中集 A_i 的特征函数使 $\int_{(a,b]}|\chi_{B_i} - \chi_{A_i}|\mathrm{d}\mu_g < \dfrac{\varepsilon}{nM}$ (n 是 $\widetilde{h}$ 中 χ_{B_i} 的个数, M 是所有 $|y_i|$ 中最大的, 即 $|h|$ 的上界, 而 $\sum_{i=1}^{n} y_i \chi_{A_i}$ 使得 $\int_{(a,b]}|\sum{}' y_i \chi_{A_i} - h|\mathrm{d}\mu_g < \varepsilon.$

形为 $\sum_{i=1}^{n} y_i \chi_{A_i}(A_i \in \boldsymbol{R})$ 的函数就是在 $(a, b]$ 的有限个互不相交的区间上取常数的函数. 这就说明这种函数在 $L^1((a, b], \boldsymbol{B}, \mu_g)$ 中稠密. 对 L^p 的情况完全相同. (在作 $\widetilde{h}$ 时可能要分得更细些, 而 M 要换成 $M^p.$)

习题 4.7

1. 证明基本点列是有界的.

证 设 $\{x_n\}$ 是基本点列, 则对 $\varepsilon > 0$, 有 N, 当 $m, n \geqslant N$ 时. $\rho(x_m, x_n) < \varepsilon$. 特别地, 当 $n \geqslant N$ 时, $\rho(x_n, x_N) < \varepsilon$. 但 $\rho(x_1, x_N), \rho(x_2, x_N) \cdots, \rho(x_{N-1}, x_N)$ 是有限个数, 从而 $\{\rho(x_n, x_N)\}(n = 1, 2, 3, \cdots)$ 是有界的.

3. 证明 $c, V[a, b]$ 是完备的度量空间.

证 仅就 c 来证明, c 表示有界数列 $(a_1, a_2, \cdots, a_n, \cdots)$ 全体, 加法及数乘按通常定义, $\|a\| = \sup\limits_{n} |a_n|(a = (a_1, a_2, \cdots))$.

设 $\{x^{(n)}\}$ 是 c 中基本点列, $x^{(n)} = (x_1^{(n)}, x_2^{(n)}, \cdots, x_k^{(n)}, \cdots)$. 于是对任何 $\varepsilon > 0$, 有 N, 当 $m, n \geqslant N$ 时, $\|x^{(m)} - x^{(n)}\| < \varepsilon$, 即 $\sup\limits_{j} |x_j^{(m)} - x_j^{(n)}| < \varepsilon$. 从而 $|x_j^{(m)} - x_j^{(n)}| < \varepsilon(j = 1, 2, 3, \cdots)$, 由此对每个 $j = 1, 2, \cdots, \{x_j^{(n)}\}$ 是基本数列. 记 $\lim\limits_{n \to \infty} x_j^{(n)}$ 为 $x_j^{(0)}$, 并记 $x^{(0)} = (x_1^{(0)}, x_2^{(0)}, \cdots)$. 从而当 $n \geqslant N$ 时, $\sup\limits_{j} |x_j^{(n)} - x_j^{(0)}| \leqslant \varepsilon$ 由于基本点列是有界的. 即 $\sup\limits_{n,j} |x_j^n| < \infty$. 可见 $x^{(0)} \in c$, 上面已证明对任何 $\varepsilon > 0$ 有 N, 当 $n \geqslant N$ 时 $\|x^{(n)} - x^{(0)}\| \leqslant \varepsilon$. 因而 c 是完备的.

5. 设 R 是完备的度量空间, $\{O_n\}(n = 1, 2, 3, \cdots)$ 是 R 中一列稠密的开集, 证明 $\bigcap\limits_{n=1}^{\infty} O_n$ 也是稠密集.

证 用反证法. 设 $\{O_n\}$ 是 R 中一列稠密的开集, 但 $\bigcap\limits_{n=1}^{\infty} O_n$ 不是稠密集. 于是有 $x_0 \notin \overline{\left(\bigcap\limits_{n=1}^{\infty} O_n\right)}$. 于是有 $\varepsilon_0 > 0$ 使 $S(x_0, \varepsilon_0) \bigcap \overline{\left(\bigcap\limits_{n=1}^{\infty} O_n\right)} = \varnothing$. 其中 $S(x_0, \varepsilon_0) = \{y | \rho(x_0, y_0) \leqslant \varepsilon_0\}$. 由于 O_1 是稠密的开集, 从而 $O(x_0, \varepsilon_0)$ 中有 O_1 中元 x_1. 由 O_1 是开集, 有 x_1 的邻域 $O(x_1) \subset O_1$, 所以有 $\varepsilon_1 > 0$ 使 $O(x_1, \varepsilon_1) \subset O_1$, 只要 ε_1 取得较小 (但要 > 0), 可使 $S(x_1, \varepsilon_1)$ 且 $S(x_1, \varepsilon_1) \subset S(x_0, \varepsilon_0)$. 同样由于 O_2 是稠密开集. $O(x_1, \varepsilon_1) \bigcap O_2$, 非空, 其中取元 x_2, 可取正数 ε_2 足够小, 可使 $S(x_2, \varepsilon_2) \subset O(x_1, \varepsilon_1) \bigcap O_2$ (每次取正数是为下一次再能取), 由 $O(x_2, \varepsilon_2) \bigcap O_3$ 非空, 其中有元 x_3, 只有正数 ε_3 使 $S(x_3, \varepsilon_3) \subset O(x_2, \varepsilon_2) \bigcap O_3$, 这样得到一列 R 中元 x_n 及一列正数 $\varepsilon_1, \varepsilon_2, \cdots$, 可使 $\varepsilon_{n+1} \leqslant \dfrac{\varepsilon_n}{2}$ 且

$$S(x_0, \varepsilon_0) \supset S(x_1, \varepsilon_1) \supset S(x_2, \varepsilon_2) \supset \cdots$$

$$S(x_n, \varepsilon_n) \subset O(x_{n-1}, \varepsilon_{n-1}) \bigcap O_n \quad (n = 1, 2, 3, 4, \cdots)$$

由闭球套定理, 这一列闭球有公共元 $x, x \in \bigcap\limits_{n=1}^{\infty} O_n$ 与 $S(x_0, \varepsilon_0) \bigcap \overline{\left(\bigcap\limits_{n=1}^{\infty} O_n\right)} = \varnothing$

矛盾!

7. 设 $\{F_n\}$ 是完备度量空间 R 中一列单调下降的非空闭集. 且 F_n 的直径 $d_n = \sup\limits_{x,y\in F_n} \rho(x,y) \to 0$, 则 $\bigcap\limits_{n=1}^{\infty} F_n$ 不空.

证 由于 $F_1 \supset F_2 \supset \cdots \supset F_n \supset \cdots$, 每个都是非空闭集. 取 $x_n \in F_n(n = 1,2,3,\cdots)$, 当正整数 $m \geqslant n$ 时, $\rho(x_m, x_n) \leqslant d_n$, 所以 $\{x_n\}$ 是基本点列, 从而 $x_n \to x_0 \in R$. 由于 $x_n, x_{n+1}, \cdots$ 都在 F_n 中, 因此 $x_0 \in F_n(n = 1,2,\cdots)$ 即 $x_0 \in \bigcap\limits_{n=1}^{\infty} F_n$.

本题中, F_n 非空是使 d_n 有意义 (空集的直径是无意义的) 又条件 $d_n \to 0$ 是不可省的. 书中例 5 的度量空间是个 "离散" 的空间. 基本点列只有从某一项起是同一元素的点列, 从而当然是完备的. 且单元集都是开集, 因此任何集都是开集 (也都是闭集). 而一列下降的非空闭集的交集可以是空集.

9. 证明任何赋范线性空间必可完备化成为 Banach 空间.

证 下面简单地叙述完备化的作法而不对每一步都作详细的证明.

设 R 是个赋范线性空间 (其中加法, 数乘, 范数都已定义). $\widetilde{R}$ 表示 R 中的基本点列全体, 即

$$\widetilde{R} = \{\widetilde{x} = (x_1, x_2, \cdots, x_n, \cdots) | \{x_n\} \text{ 是 } R \text{ 中基本点列}\}.$$

对于 $\widetilde{x}, \widetilde{y} \in \widetilde{R}, \widetilde{x} = (x_1, x_2, \cdots), \widetilde{y} = (y_1, y_2, \cdots)$. 规定

$$\widetilde{x} + \widetilde{y} = (x_1 + y_1, x_2 + y_2, x_3 + y_3, \cdots),$$
$$\alpha\widetilde{x} = (\alpha x_1, \alpha x_2, \cdots), (\alpha \text{ 是数})$$

及
$$\|\widetilde{x}\| = \lim\limits_{n\to\infty} \|x_n\|.$$

这时 $\|\cdot\|$ 并不是 $\widetilde{R}$ 中的范数, 只是拟范数, 再规定: 当 $\widetilde{x}, \widetilde{y} \in \widetilde{R}, \widetilde{x} = (x_1, x_2, \cdots), \widetilde{y} = (y_1, y_2, \cdots)$ 如果 $\lim\limits_{n\to\infty} \|x_n - y_n\| = 0$, 则 $\widetilde{x}, \widetilde{y}$ 称为等价的, 等价的 $\widetilde{x}, \widetilde{y}$ 看作为 $\widetilde{R}$ 中的同一个元.

这样作出的 $\widetilde{R}$ 就是 R 的完备化. 对于 $x \in R$, 令

$$\varphi(x) = (x, x, x, x, \cdots),$$

φ 是 $R \to \widetilde{R}$ 的线性保范映照, $\varphi(R)$ 在 $\widetilde{R}$ 中稠密.

如果把等价的 $\widetilde{x}, \widetilde{y}$ 看作 $\widetilde{R}$ 中同一元这点再作说明, 对于 $\widetilde{x} \in \widetilde{R}$ 记 $S(\widetilde{x})$ 为 $\widetilde{R}$ 中与 $\widetilde{x}$ 等价的元全体, 这是 R 中某些基本点列所成的集. 对于 $\widetilde{R}$ 中 $\widetilde{x}, \widetilde{y}$, 可能

$S(\widetilde{x}) = S(\widetilde{y})$. (例如, 如果 $\widetilde{x} = (x_1, x_2, x_3, \cdots)$, 那么 $(x_2, x_3, x_4, \cdots), (x_3, x_4, x_5, \cdots)$ 等都在 $S(\widetilde{x})$ 中.) 以 $S(\widetilde{x})(\widetilde{x} \in \widetilde{R})$ 为元的集记为 $\widetilde{\widetilde{R}}$, $\widetilde{\widetilde{R}}$ 中规定运算为

$$S(\widetilde{x}) + S(\widetilde{y}) = S(\widetilde{x} + \widetilde{y}),$$

$$\alpha S(\widetilde{x}) = S(\widetilde{\alpha x}),$$

范数则为
$$\|S(\widetilde{x})\| = \|\widetilde{x}\|.$$

实际上, 这也就是商空间 $\widetilde{R}/S(\widetilde{O})$ (其中 $\widetilde{O} = (0, 0, 0, 0, \cdots)$).

至于赋准范空间完备化成为 Frechet 空间的过程与此是类似的.

习题 4.9

1. 下面复数集中哪些是致密集?

(i) $\{z | |z| \geqslant 1\}$;　　(ii) $\{z | z\bar{z} = 2\}$;　　(iii) $\{z | e^z = 1\}$;

(iv) $\{z | |z|$ 是不大于 1 的有理数$\}$.

解　在复数集中, 致密集与有界集是一样的. (ii), (iv) 是致密集但是 (i)(iii) 不是致密集.

3. 举一个度量空间, 在它上面有一个完全有界集不是致密的.

解　这当然是由于空间不完备所引起的, 例如 $R = (0, 1), \rho(x, y) = |x - y| (x, y \in (0, 1))$. $A = \left\{\dfrac{1}{2}, \dfrac{1}{3}, \dfrac{1}{4}, \cdots\right\}$ 它是完全有界集但不是致密集.

5. 设 R 是可析的度量空间, $A \subset R, \{O_\lambda\}(\lambda \in \Lambda)$ 是一族开集, $\bigcup\limits_{\lambda \in \Lambda} O_\lambda \supset A$. 证明在 $\{O_\lambda\}$ 中可选出最多可列个 $\{O_{\lambda_n}\}$ 使 $\bigcup\limits_{n=1}^{\infty} O_{\lambda_n} \supset A$.

证　R 是可析的度量空间, 故有一列元 $\{x_n\}$ 在 R 中稠密. 对每个 $x \in A$, 总有一个 O_λ 含有 x. 从而 O_λ 包含了一个开球 $O(x, \varepsilon) \varepsilon$ 可取成为有理数. 当然 $O_\lambda \supset O\left(x, \dfrac{\varepsilon}{2}\right)$. 由 $\{x_n\}$ 是 R 中稠密的一列点其中总有其中某一点 x_{n_0}. 于是 $O_\lambda \supset O\left(x_{n_0}, \dfrac{\varepsilon}{2}\right)$ 且 $x \in O\left(x_{n_0}, \dfrac{\varepsilon}{2}\right)$. 于是对每个 $x \in A$ 有开球 $O\left(x_{n_0}, \dfrac{\varepsilon}{2}\right)$ 包含 x 且这开球在某个 $O_\lambda(\lambda \in \Lambda)$ 中, 但这样的开球只有可列个. (ε 是正有理数). 因而有一列这样的开球, 并集包含了 A. 从而至多只要可列个 $\{O_{\lambda_n}\}$ 使 $\bigcup\limits_{n=1}^{\infty} O_{\lambda_n} \supset A$.

7. 设 X 是赋范线性空间, A 是 X 的有界子集. 证明 A 是完全有界的充要条件是: 对任何 $\varepsilon > 0$ 必有 X 的有限维子空间 M_ε, 使 A 中每个点与 M_ε 的距离都小于 ε.

证 若 A 是完全有界集, 则对任何 $\varepsilon > 0$, 有有限个元 $x_1, x_2, \cdots x_n$, 使 $\bigcup\limits_{k=1}^{n} O(x_k, \varepsilon) \supset A$. 记这些元生成的线性子空间为 M_ε, 它就符合要求 (由条件可知对任何 $x \in A$. $\min\limits_{1 \leqslant k \leqslant n} \|x - x_k\| < \varepsilon$. 当然更有 $d(x, M_\varepsilon) < \varepsilon$)

反过来, 设 A 是有界集, 且对任何 $\varepsilon > 0$, 有有限维子空间 M_ε 使 $d(x, M_\varepsilon) < \varepsilon$ (对任何 $x \in A$). 设 A 中元的范数 $\leqslant N$, 对 $\varepsilon > 0$ (可设 $\varepsilon < 1$). 记 $B = \{x \in M_\varepsilon \big| \|x\| \leqslant N + 1\}$. 由于 M_ε 是有限维的, 因此 B 是完全有界集, 从而有有限个元 $x_1, x_2, \cdots, x_n$ 使 $\bigcup\limits_{k=1}^{n} O(x_k, \varepsilon) \supset B$. 对于任何 $x \in A$, 有 M_ε 中元 y 使 $\|x - y\| < \varepsilon$. 从而有一个 $k(1 \leqslant k \leqslant n)$ 使 $\|x_k - y\| < \varepsilon$. 可见 $\{x_1, x_2, \cdots, x_n\}$ 是 A 的有限 2ε-网. 由 ε 的任意性即知 A 是完全有界集.

9. 如果在度量空间 R 中采用下述的相对闭的概念: B, A 是 R 中两个子集, 如果 $B \bigcap A$ 是度量空间 A 的闭子集, 则称 B 相对于 A 是闭的.

证明集 A 是 R 中紧集的充要条件是对 R 中任何相对于 A 的闭集族 $\{F_\lambda\}$, 总能从 $\{F_\lambda\}$ 的有限交在 A 中非空推出 $\bigcap\limits_{\lambda} F_\lambda \bigcap A$ 不空.

举例说明: 存在度量空间 R 以及 R 中非紧集 A 满足下面性质: 对 R 中任意一族闭集 $\{F_\lambda\}$. 总能从 $\{F_\lambda\}$ 的有限交在 A 中非空推出 $\bigcap\limits_{\lambda} F_\lambda$ 非空, 但 $\left(\bigcap\limits_{\lambda} F_\lambda \right) \bigcap A$ 是空集.

证 先证明下面的结论: 设 R 是度量空间, $A \subset R$. 则 A 是紧集的充要条件是: 对于 R 中任何一族闭集 $\{F_\lambda\}$, 如果 $\bigcap\limits_{\lambda} (F_\lambda \bigcap A)$ 是空集, 则其中必有有限个 $\lambda_1, \cdots, \lambda_n$ 使 $\bigcap\limits_{i=1}^{n} (F_{\lambda_i} \bigcap A) = \varnothing$.

必要性: 设 A 是紧集, $\{F_\lambda\}(\lambda \in \Lambda)$ 是一族 R 中闭集, 且 $\bigcap\limits_{\lambda \in \Lambda} (F_\lambda \bigcap A) = \varnothing$. 记 $O_\lambda = R - F_\lambda$, 由和通关系式. $\bigcap\limits_{\lambda} O_\lambda \supset A$, 因此有有限个 $\lambda_1, \lambda_2, \cdots, \lambda_n \in \Lambda$. 使 $\bigcup\limits_{i=1}^{n} O_{\lambda_i} \supset A$. 即 $\bigcap\limits_{i=1}^{n} (F_{\lambda_i} \bigcap A) = \varnothing$.

充分性: 设 A 具有这一性质, 于是对任何一族满足 $\bigcap\limits_{\lambda \in \Lambda} O_\lambda \supset A$ 的开集 $\{O_\lambda\}$, 记 $F_\lambda = R - O_\lambda$ 时, $\bigcap\limits_{\lambda \in \Lambda} F_\lambda \bigcap A = \varnothing$. 从而其中有有限个 $F_{\lambda_1}, F_{\lambda_2}, \cdots, F_{\lambda_n}$ 使 $\bigcap\limits_{i=1}^{n} F_{\lambda_i} \bigcap A = \varnothing$, 相应的 $\bigcup\limits_{i=1}^{n} O_{\lambda_i} \supset A$. 因为 A 是紧集.

换成逆否命题, 可知 A 是 R 中紧集的充要条件是: 对 R 中任何一族闭集 $\{F_\lambda\}$, 如果其中任何有限个, $\bigcap\limits_{i=1}^{n} F_{\lambda_i} \bigcap A$ 不空, 则 $\bigcap\limits_{\lambda \in \Lambda} F_\lambda \bigcap A$ 不空.

由于 A 是 R 中紧集等价于当把 A 本身作为度量空间时是个紧空间. 按定义, B 是相对于 A 的闭集是指 $B \bigcap A$ 是 A 本身作为度量空间看时的闭集, 因此本题结论是正确的.

作为例子, 只要 R 是紧空间, A 不是 R 中闭集. 例如 $R = [0,1], A = (0,1), F_n = \left[0, \dfrac{1}{n}\right] (n = 1, 2, 3, \cdots)$ 即可.

11. 设 X 是无限维的 Banach 空间, 证明必不存在一列有限维的子空间 $\{X_n\}$, 使得 $X = \bigcup\limits_{n=1}^{\infty} X_n$ (从而可析无限维 Banach 空间中不存在可列个向量 $\{e_i\}$ 构成 Hamel 基)

证 设 X 是无限维的 Banach 空间, X_0 是 X 的有限维子空间, 则 X_0 本身是完备的, 从而 X_0 是 X 的闭集, 对于任何 $x \in X$ 及任何 $\varepsilon > 0, O(x, \varepsilon) \not\subset X_0 (x \notin X_0$ 时当然, 当 $x \in X_0$ 时, 取不在 X_0 中的 y_0 对足够小的正数 $t, x + ty_0 \in O(x, \varepsilon)$, 但 $x + ty_0 \notin X_0$) 即 X_0 不在任何一个开球中稠密, 所以 X_0 是 X 中的疏朗集, 由于 X 是完备的, X 是第二类型的. 它不可能是一列疏朗集的和集, 从而不会是一列有限维子空间的和集.

13. 设 R 和 R_1 是度量空间, $D \subset R, f$ 是 $D \to R_1$ 中的映照, 如果对任何正数 ε, 有正数 δ 使当 $x, x' \in D$, 且 $\rho(x, x') < \delta$ 时, $\rho(f(x), f(x')) < \varepsilon$. 便称 f 在 D 上是均匀连续 (一致连续) 的. 证明: 紧集 D 上的连续映照是均匀连续的.

证 设 D 是 R 中紧集, f 是 $D \to R_1$ 的连续映照, 把 D 本身作为度量空间, D 是紧的度量空间, f 仍是连续的.

对任给的 $\varepsilon > 0, x \in D$, 由 f 在 x 处的连续性, 有正数 δ (它与 ε, x 都有关, 记为 $\delta(\varepsilon, x)$), 使当 $\rho(y, x) < \delta(\varepsilon, x)$ 时, $\rho(f(y), f(x)) < \varepsilon$.

于是 $\left\{O\left(x, \dfrac{\delta(\varepsilon, x)}{2}\right)\right\} (x \in D)$ 覆盖了 D, 由 D 的紧性, 其中有有限个也覆盖了 D, 这有限个为 $O\left(x_1, \dfrac{\delta(\varepsilon, x_1)}{2}\right) \cdots, O\left(x_n, \dfrac{\delta(\varepsilon, x_n)}{2}\right)$. 这 n 个开球的半径中最小的记为 δ.

于是, 对于 D 中任何两个元 x, x', 若 $\rho(x, x') < \delta$, 由于上述 n 个球覆盖了 D, 故 x' 在某一个球中, 不妨设 $x' \in O\left(x_1, \dfrac{\delta(\varepsilon, x_1)}{2}\right)$. 由 $\rho(x, x') < \delta \leqslant \dfrac{\delta(\varepsilon, x_1)}{2}, \rho(x, x_1) < \delta(\varepsilon, x_1)$. 即 x, x' 都在 $O(x_1, \delta(\varepsilon, x_1))$ 中, 从而 $\rho(f(x), f(x_1)) < \varepsilon, \rho(f(x'), f(x_1)) < \varepsilon$. 得 $\rho(f(x), f(x')) < 2\varepsilon$.

综上所述, 对任何 $\varepsilon > 0$, 有 $\delta > 0$, 使当 D 中两个元 x, x' 满足 $\rho(x, x') < \delta$

时, $\rho(f(x), f(x')) < \alpha\varepsilon$. 这就说明 f 在 D 上均匀连续.

习题 5.1

1. 在例 1 中, 如果规定向量 $x = \sum_{\nu=1}^{n} x_\nu e_\nu$ 的范数为 $\|x\| = \max_\nu |x_\nu|$ 算子 $T = (t_{\mu\nu})(\mu, \nu = 1, 2, \cdots, n)$, 求 T 的范数, 如果规定 x 的范数为 $\|x\| = \left(\sum_{\nu=1}^{n} |x_\nu|^2\right)^{1/2}$. 证明算子 T 的范数适合

$$\max_\nu \left(\sum_{\mu=1}^{n} |t_{\mu\nu}|^2\right)^{1/2} \leqslant \|T\| \leqslant \left(\sum_{\mu=1}^{n}\sum_{\nu=1}^{n} |t_{\mu\nu}|^2\right)^{1/2}$$

证 本题中记 $x = \sum_{\nu=1}^{n} x_\nu e_\nu$ 为列向量 $\begin{pmatrix} x_1 \\ \vdots \\ x_n \end{pmatrix}$ 时, T_x 即为矩阵 T 与列向量的乘积.

若 $x = \sum_{\nu=1}^{n} x_\nu e_\nu$ 的范数为 $\max_\nu |x_\nu|$. 对任何 x, 若 $\|x\| \leqslant 1$, 则

$$\|Tx\| = \max_\mu \left(\left|\sum_{\nu=1}^{n} t_{\mu\nu}x_\nu\right|\right) \leqslant \max_\mu \left(\sum_{\nu=1}^{n} |t_{\mu\nu}|\right)$$

反过来, 取 n 个元 $x_1, x_2, \cdots, x_n$ 如下, $x_1 = (\operatorname{sgn} t_{11})e_1 + (\operatorname{sgn} t_{12})e_2 + \cdots + (\operatorname{sgn} t_{1n})e_n, x_2 = (\operatorname{sgn} t_{21})e_1 + (\operatorname{sgn} t_{22})e_2 + \cdots + (\operatorname{sgn} t_{2n})e_n, \cdots, x_\mu = (\operatorname{sgn} t_{\mu 1})e_1 + \cdots + (\operatorname{sgn} t_{\mu n})e_n$. 则 $x_1, \cdots, x_n$ 的范数都 $\leqslant 1$, 而 $\|Tx_1\| \geqslant \sum_{\nu=1}^{n} |t_{1\nu}|, \|Tx_2\| \geqslant \sum_{\nu=1}^{n} |t_{2\nu}|, \cdots$.

所以 T 的范数 $\|T\| = \max_\mu \left(\sum_{\nu=1}^{n} |t_{\mu\nu}|\right)$.

若 $x = \sum_{\nu=1}^{n} x_\nu e_\nu$ 的范数规定为 $\|x\| = \left(\sum_{\nu=1}^{n} |x_\nu|^2\right)^{1/2}$, 则当 $\|x\| \leqslant 1$, 即 $x = \sum_{\nu=1}^{n} x_\nu e_\nu$ 时, $\sum_{\nu=1}^{n} |x_\nu|^2 \leqslant 1$ 时, $Tx = \sum_{\nu=1}^{n} y_\nu e_\nu$ $\left(\text{其中 } y_\mu = \sum_{\nu=1}^{n} t_{\mu\nu}x_\nu\right)$, 而

$$\|Tx\| = \left(\sum_{\mu=1}^{n} |y_\mu|^2\right)^{1/2},$$

由 Cauchy 不等式, $|y_\mu|^2 = \left|\sum_{\nu=1}^n t_{\mu\nu}x_\nu\right|^2 \leqslant \sum_{\nu=1}^n |t_{\mu\nu}|^2 \cdot \sum_{\nu=1}^n |x_\nu|^2 \leqslant \sum_{\nu=1}^n |t_{\mu\nu}|^2$, 从而

$$\|Tx\|^2 = \sum_{\mu=1}^n |y_\mu|^2 \leqslant \sum_{\mu=1}^n \sum_{\nu=1}^n |t_{\mu\nu}|^2 \text{ 可见 } \|T\| \leqslant \left(\sum_{\mu=1}^n \sum_{\nu=1}^n |t_{\mu\nu}|^2\right)^{1/2}$$

另一方面, 取 $x = e_1, e_2, \cdots, e_n$ 时, (它们的每个元范数为 1) $Te_1 = t_{11}e_1 + t_{21}e_2 + \cdots + t_{n1}e_n, \cdots, Te_\mu = t_{\mu 1}e_1 + t_{\mu 2}e_2 + \cdots + t_{\mu n}e_n(\mu = 1, 2, \cdots, n)$

$$\|Te_\mu\| = \left(\sum_{\nu=1}^n |t_{\mu\nu}|^2\right)^{\frac{1}{2}},$$

即知 $\|T\| \geqslant \max_\mu \left(\sum_{\nu=1}^n |t_{\mu\nu}|^2\right)^{1/2}$.

(式中 sgn t 表示 t 的符号, 即当 $t < 0, t = 0, t > 0$ 时 sgn t 分别为 $-1, 0, 1$. 在复空间时, $t = 0$ 时仍为 0, 而 $t \neq 0$ 时应换成 $\bar{t}/|t|$)

3. 设 $K(x,y) \in L^q(R^2, m), f(y) \in L^p(R^1, m)$, 且 $\dfrac{1}{p} + \dfrac{1}{q} = 1, p > 1$. 证明 $T: f(x) \mapsto \varphi(x) = \displaystyle\int_R K(x,y)f(y)\mathrm{d}y$ 是 $L^p(R, m) \to L^q(R, m)$ 的有界线性算子.

证 由 $K(x,y) \in L^q(R^2, m)$ (这里 m 是平面上 Lebesgue 测度, 即 $m \times m$). $\displaystyle\iint_{R^2} |K(x,y)|^q \mathrm{d}m \times m < \infty$. 由 Fubini 定理 $\displaystyle\int_R \left(\int_R |K(x,y)|^q \mathrm{d}m(x)\right) \mathrm{d}m(y) = \displaystyle\int_R \left(\int_R |K(x,y)|^q \mathrm{d}m(y)\right) \mathrm{d}m(x) = \displaystyle\iint_{R^2} |K(x,y)|^q \mathrm{d}m \times m$. 从而几乎对所有的 $x, K(x,y)$ 是 L^q 中元 (作为 y 的函数) 又因 $f(y) \in L^p(R, m)$.

$$\varphi(x) = \int_R K(x,y)f(y)\mathrm{d}m(y)$$

有意义. (可能在某些零集上无意义) 且是可测函数, 由 Hölder 不等式, 可得 $|\varphi(x)| \leqslant \displaystyle\int_R |K(x,y)f(y)|\mathrm{d}m(y) \leqslant \left(\int_R |K(x,y)|^q \mathrm{d}m(y)\right)^{\frac{1}{q}} \cdot \left(\int_R |f(y)|^p \mathrm{d}m(y)\right)^{\frac{1}{p}}$. 即

$$|\varphi(x)|^q \leqslant \int_R |K(x,y)|^q \mathrm{d}m(y) \left(\int_R |f(y)|^p \mathrm{d}m(y)\right)^{\frac{q}{p}}$$

$$\int_R |\varphi(x)|^q \mathrm{d}m(x) \leqslant \int_R \int_R |K(x,y)|^q \mathrm{d}m(y)\mathrm{d}m(x) \left(\int_R |f(y)|^p \mathrm{d}m(y)\right)^{\frac{q}{p}}$$

$$\left(\int_R |\varphi(x)|^q \mathrm{d}m(x)\right)^{\frac{1}{q}} \leqslant \left(\iint_R |K(x,y)|^q \mathrm{d}m(y)\mathrm{d}m(x)\right)^{\frac{1}{q}} \left(\int_R |f(y)|^p \mathrm{d}m(y)\right)^{\frac{1}{p}}$$

即 $\|\varphi\|_q \leqslant \|k\|_q \cdot \|f\|_p$. 所以 $f \to \varphi$ 是 $L^p(R,m) \to L^q(R,m)$ 的有界线性算子.

5. 设 T 是 $C[a,b]$ 上有界线性算子, 记

$$T(t^n) = f_n(t) \ (n = 0, 1, 2, \cdots),$$

证明 T 由函数列 $\{f_n(t)\}$ 唯一确定.

证 由于 T 是有界线性算子, 如已知 T 在 $t^n(n = 0, 1, 2, \cdots)$ 上的取值. 那么对于这些函数所张成的线性子空间中的元, T 的取值就确定了, 又 T 是连续的, 对于这种函数的函数列如果收敛 (按 $C[a,b]$ 中的收敛) 于 y, 则 y 上 T 的取值也确定了, 因为多项式全体在 $C[a,b]$ 中稠密. 因此 T 由在 $t^n(n = 0, 1, 2, \cdots)$ 上的值唯一确定.

7. 证明 $\dfrac{\mathrm{d}}{\mathrm{d}x}$ 是 $C^{(k)}[a,b]$ (k 是自然数, 参见 §4.1 的例 3 和 §4.2 的例 12) 到 $C[a,b]$ 的连续线性算子, 并求出它的范数.

证 $C^k[a,b](k \geqslant 1)$ 是 $[a,b]$ 上有 k 阶连续导函数的函数全体. 范数定义为 $\|f\| = \max\limits_{l=0,1,\cdots,k} \sup\limits_{t \in [a,b]} |f^{(l)}(t)|$. 对 $f \in C^k[a,b]$. 当然 $f' \in C[a,b]$ 映照 $Tf = f'(f \in C^k[a,b])$ 当然是线性的. 连续性从有界性即可以推出, 因为 $\|f'\|_{C[a,b]} \leqslant \|f\|_{C^k[a,b]}$.

这个算子的范数等于 1, 例如 $C^k[0,1] \to C[0,1]$ 的算子 $f \mapsto f'$ 从 $f(x) = x$ 这个函数即知 (如果区间较长, 取 $f(x) = \sin x$ 即可)

9. 令 $K^{(n)}$ 表示次数不超过 n 的复系数多项式 $x = \sum\limits_{k=0}^{n} a_k t^k$ 全体, 加法, 数乘运算如通常的, 但乘时出现超过 n 次的项当作零, 取 $\|x\| = \sum\limits_{k=0}^{n} |a_k|$. 证明 $K^{(n)}$ 是具有单位元的 Banach 代数.

证 由于 $K^{(n)}$ 是个 $n + 1$ 维的线性空间. $\|\cdot\|$ 确实是范数, 从而它是个 Banach 空间. 只要证明所规定的乘法满足条件 $\|xy\| \leqslant \|x\| \cdot \|y\|$.

由乘法规定, 当两多项式乘积中出现次数 $> n$ 的项时, 这些项就去掉 (例如 $n = 10, (t^7 + 2t^5 + 3t + 4)(t^6 + 3t) = 3t^7 + 4t^6 + 3t^8 + 2t^6 + 9t^2 + 12t = 3t^8 + 3t^7 + 6t^6 + 9t^2 + 12t$). 因为多项式的乘法与加法满足分配律、乘法满足结合律等, 在这规定下这些依然成立. 设 $x(t) = \sum\limits_{k=0}^{n} a_k t^k . y(t) = \sum\limits_{k=0}^{n} b_k t^k$, 按照普通的乘法, $x(t)y(t)$ 是个次数不超过 $2n$ 的多项式 $x(t)y(t) = \sum\limits_{k=0}^{2n} c_k t^k$, 其中

$$c_k = \sum_{i+j=k} a_i b_j,$$

从而 $\|xy\| = \sum_{k=0}^{n} |c_k| \leqslant \sum_{k=0}^{2n} |c_k| = \sum_{i=0}^{n} |a_i| \cdot \sum_{j=0}^{n} |b_j| = \|x\| \cdot \|y\|.$

$K^{(n)}$ 中有单位元 $x \equiv 1$ 就是单位元.

所以 $K^{(n)}$ 是个有单位元的 Banach 代数.

11. 在 l^1 空间定义乘法如下: 当 $a = \{\alpha_n\}, b = \{\beta_n\} \in l^1$ 时,

$$ab = \{\alpha_n \beta_n\}.$$

证明 l' 是 Banach 代数, 但没有单位元, 并求出 $\lim_{n\to\infty} \sqrt[n]{\|a^n\|}$

证 l^1 是绝对收敛的数列全体, $a = \{\alpha_n\} \in l^1$ 时, 范数是 $\|a\| = \sum_{n=1}^{\infty} |\alpha_n|,$ 它是个 Banach 空间. 在规定上述乘法后, 代数性质是易见的, 并且 $\|ab\| = \sum_{n=1}^{\infty} |\alpha_n \beta_n| \leqslant \sum_{n=1}^{\infty} |\alpha_n| \cdot \sum_{n=1}^{\infty} |\beta_n| = \|a\| \cdot \|b\|,$ 因此 l^1 成为 Banach 代数.

如果其中有单位元 $e = \{e_1, e_2, \cdots\}$. 取 $a = \{0, 0, \cdots, 0, 1, 0, \cdots, 0 \cdots\}$ (只有第 n 项为 1, 其余都是 0) 由 $ea = a$, 可知 $e_n = 1(n = 1, 2, 3, \cdots)$ 但 $(1, 1, 1, 1, \cdots) \notin l^1$, 所以 l^1 是没有单位元的 Banach 代数.

设 $a = \{\alpha_n\} \in l^1$, 要计算 $\lim_{n\to\infty} \sqrt{\|a^n\|}$. 对任何 $\varepsilon > 0$, 有 N, 使得 $\sum_{n=N+1}^{\infty} |\alpha_n| < \varepsilon$. 于是 $\sqrt[k]{\sum_{n=N+1}^{\infty} |\alpha_n|^k} < \varepsilon (k = 1, 2, 3, \cdots)$ (相当于对 $(0, \cdots 0, \alpha_{N+1}, \alpha_{N+2}, \cdots)$ 来说, $\sqrt[k]{\|a^k\|} \leqslant \|a\|$.) 为此, 考虑

$$\lim_{n\to\infty} \sqrt[n]{|\alpha_1|^n + |\alpha_2|^n + \cdots + |\alpha_N|^n}.$$

记 $\max(|\alpha_1|, |\alpha_2|, \cdots, |\alpha_N|)$ 为 c. 于是上面根号中数.

$$c^n \leqslant |\alpha_1|^n + |\alpha_2|^n + \cdots + |\alpha_N|^n \leqslant Nc^n,$$

从而 $$c \leqslant \sqrt[n]{|\alpha_1|^n + \cdots + |\alpha_N|^n} \leqslant c \cdot \sqrt[n]{N},$$

由此 $$\lim_{n\to\infty} \sqrt[n]{|\alpha_1|^n + |\alpha_2|^n + \cdots + |\alpha_N|^n} = c = \max(|\alpha_1|, \cdots, |\alpha_N|),$$

所以 $$\lim_{n\to\infty} \sqrt[n]{\|a^n\|} = \sup_m (|\alpha_m|).$$

13. 设 T 是线性空间 X 到线性空间 Y 的线性算子. $A \subset \mathscr{D}(T)$ 并且 A 是凸集, 证明 TA 是 Y 的凸集. 如果 X, Y 是赋范线性空间, T 是连续线性算子. $(\mathscr{D}(T) = X)$. 问当 A 是凸闭集时, TA 是否是闭集.

证明略.

习题 5.2

1. 证明: 对任何 $F \in L^p(-\infty, +\infty)^* (\infty > p > 1)$, 必有唯一的 $\beta \in L^q(-\infty, +\infty) \left(\frac{1}{p} + \frac{1}{q} = 1 \right)$, 使得 $F(f) = \int f(t)\beta(t)\mathrm{d}t$ (对任何 $f \in L^p(-\infty, +\infty)$ 成立) 并且映照 $F \mapsto \beta$ 是 $L^p(-\infty, +\infty)^*$ 到 $L^q(-\infty, +\infty)$ 的线性保范同构, 即在这个意义下 $L^p(-\infty, +\infty)^* = L^q(-\infty, +\infty)$ (提示: 视 $L^p[-n, n]$ 为 $L^p(-\infty, +\infty)$ 的闭线性子空间 $L_n = \{f | f \in L^p(-\infty, +\infty), f$ 在 $[-n, n]$ 的余集上为 $0\}$. 因而每个 $F \in L^p(-\infty, +\infty)^*$ 必有 $F \in L^p[-n, n]^*$ 利用 $L^p[-n, n]^* = L^q[-n, n]$ 来证明结论. 或作 $(0, 1)$ 到 $(-\infty, +\infty)$ 的可微拓扑映照, 将 $L^p(-\infty, +\infty)$ 的问题化为 $L^p(0, 1)$ 来考虑.)

证 把 F 限制在 $L^p[-n, n]$ 上时, 是 $L^p[-n, n]$ 上线性有界泛函. 因此在 $[-n, n]$ 上的函数 $\beta_n(t)$, 它是 $[-n, n]$ 上的 q 次可积函数, 使 $F(f) = \int f(t)\beta_n(t)\mathrm{d}t$ (当 $f \in L^p[-n, n]$ 时). 由于这样的函数是唯一的, 当 $n \geqslant l$ 时, $\beta_n(t)$ 与 $\beta_l(t)$ 在 $[-l, l]$ 上几乎处处相等. (即使考虑所有的 β_n, 也只要在一个零集上改变函数值, 就可认为在 $[-l, l]$ 上, $\beta_n(t) = \beta_l(t)$. 令 $\beta(t)$ 是这样的函数: $\beta(t) = \beta_n(t)$ (当 $t \in [-n, n]$ 时). 由作法, 在任何 $[-n, n]$ 上, $\beta(t)$ 是 q 次可积的, 且 $\left(\int_{[-n, n]} |\beta(t)|^q \mathrm{d}t \right)^{1/q} \leqslant \|F\|$ 由 Levi 引理, 可知 $\beta \in L^q(-\infty, +\infty)$, $\int_{(-\infty, +\infty)} |\beta|^q \mathrm{d}t = \lim_{n \to \infty} \int_{[-n, n]} |\beta|^q \mathrm{d}t$, 由于 $\int_{[-n, n]} |\beta|^q \mathrm{d}t = \|F_n\|^q (F_n$ 表示 F 限制在 $L^p[-n, n]$ 上时的泛函) 所以 $\sqrt[q]{\int_{(-\infty, +\infty)} |\beta|^q \mathrm{d}t} = \|F\|$. β 的唯一性及 $F \mapsto \beta$ 是 $L^p(-\infty, +\infty)^*$ 到 $L^q(-\infty, +\infty)$ 的线性保范同构是显然的.

3. (i) 设 X, Y 是两个赋范线性空间, 在 $X \times Y$ 上规定 $\|(x, y)\| = \max(\|x\|, \|y\|)$. 证明对任何 $F \in (X \times Y)^*$, 必存在唯一的一对 $f \in X^*, g \in Y^*$, 使得 $F(x, y) = f(x) + g(y)$, 如果在 $X^* \times Y^*$ 上规定 $\|(f \cdot g)\| = \|f\| + \|g\|$ 那么 $F \mapsto (f, g)$ 是 $(X \times Y)^*$ 到 $X^* \times Y^*$ 的保范线性同构, 即在这个意义下, $(X \times Y)^* = X^* \times Y^*$.

(ii) $\| \cdot \|_1, \| \cdot \|_2$ 是线性空间 X 上的两个范数. 记 $(X, \| \cdot \|_i)(i = 1, 2)$ 的共轭空间为 X_i^*. 并在 X 上赋以范数 $\|x\| = \sqrt{\|x\|_1^2 + \|x\|_2^2}$ (或 $\max(\|x\|_1, \|x\|_2)$) 等. 证明 $F \in (X, \| \cdot \|)^*$ 的充要条件是存在 $f_i \in X_i^*(i = 1, 2)$ 使 $F = f_1 + f_2$.

证 (i) 设 $F \in (X \times Y)^*, X$ 可以看成 $X \times Y$ 的子空间 $X \times \{0\}$ (0 表示 Y 的零元素), Y 可以看成 $X \times Y$ 的子空间 $\{0\} \times Y, F$ 限制在 $X \times \{0\}$ 上时, 就是 X^* 中的元 f, 即 $F((x, 0)) = f(x)$ $(x \in X)$. F 限制在 $\{0\} \times Y$ 时, 就是 Y^* 中的 g. 于是 $F((x, y)) = F((x, 0)) + F((0, y)) = f(x) + g(y)$. 易见 $F \mapsto (f, g)$ 是 $(X \times Y)^*$ 到 $X^* \times Y^*$ 的线性同构.

对于 $(x, y) \in X \times Y$, 若 $\|(x, y)\| \leqslant 1$, 即 $\|x\| \leqslant 1, \|y\| \leqslant 1$. $|F(x, y)| \leqslant |f(x)| + |g(y)| \leqslant \|f\| + \|g\|$. 反过来, 对任何 $\varepsilon > 0$, 有 $x \in X, \|x\| = 1$, 使 $|f(x)| > \|f\| - \varepsilon$, 同样有 $y \in Y, \|y\| = 1$ 使 $|g(y)| > 1 - \varepsilon$. 且可使 $f(x)$、$g(y)$ 都是正数. 因而对任何 $f \in X^*, g \in Y^*$. 由 $F(x, y) = f(x) + g(y)$ 所作的 F 使 $F((x, y)) = f(x) + g(y) > \|f\| + \|g\| - 2\varepsilon$. 从而 $\|F\| \geqslant \|f\| + \|g\|$. 从而 $F \mapsto (f, g)$ 是保范的.

因此可认为 $(X \times Y)^* = X^* \times Y^*$

(ii) 留给读者证明.

9. 设 $C_0(-\infty, +\infty)$ 是全直线上满足 $\lim\limits_{|x| \to \infty} f(x) = 0$ 的连续函数全体按照通常运算所成的线性空间, 当 $x \in C_0(-\infty, +\infty)$ 时, 规定

$$\|x\| = \max_{-\infty < t < +\infty} |x(t)|.$$

这时 $C_0(-\infty, +\infty)$ 成为 Banach 空间, 设 F 是 $C_0(-\infty, +\infty)$ 上线性有界泛函, 证明必有全直线上有界变差函数 $\alpha(t)$, 使得对一切 $x \in C_0(-\infty, +\infty)$,

$$F(x) = \int_{-\infty}^{+\infty} x(t) \mathrm{d}\alpha(t).$$

证 考虑全直线上的有界函数全体按通常运算及范数

$$\|x\| = \sup_{-\infty < t < +\infty} |x(t)|$$

所成的空间. $C_0(-\infty, +\infty)$ 是它的线性闭子空间, 因此 $C_0(-\infty, +\infty)$ 上的泛函可以保持范数地延拓成这个空间上的有界线性泛函 F. 对任何 $t \in (-\infty, +\infty)$, 令 $\alpha(t) = F(\chi_{(-\infty, t)})$, 下证这样作出的 $\alpha(t)$ 满足要求.

对于任何一组分点 $t_0, t_1, t_2, \cdots, t_n (t_0 < t_1 < t_2 < \cdots < t_n)$ 作 x 为如下函数: 在 $(-\infty, t_0)$ 上为 0, 在 $[t_0, t_1)$ 上为 $\mathrm{sgn}(\alpha(t_1) - \alpha(t_0))$, 在 $[t_1, t_2)$ 上为 $\mathrm{sgn}(\alpha(t_2) - \alpha(t_1))$, $\cdots$ 在 $[t_{n-1}, t_n)$ 上为 $\mathrm{sgn}(\alpha(t_n) - \alpha(t_{n-1}))$, 在 $[t_n, \infty)$ 上为 0. 易见 $\|x\| \leqslant 1$. $F(x) = F(\mathrm{sgn}(\alpha(t_1) - \alpha(t_0))\chi_{[t_0, t_1)} + \cdots + \mathrm{sgn}(\alpha(t_n) - \alpha(t_{n-1}))\chi_{[t_{n-1}, t_n)}) = \sum\limits_{k=1}^{n} \mathrm{sgn}(\alpha(t_k) - \alpha(t_{k-1})) \cdot F(\chi_{[t_{k-1}, t_k)}) = \sum\limits_{k=1}^{n} |\alpha(t_k) - \alpha(t_{k-1})|$

可见它 $\leqslant \|F\|$. 这说明 $\alpha(t)$ 是有界变差函数. (在 $(-\infty, +\infty)$ 上的有界变差函数应理解为 $\overset{b}{\underset{a}{V}} x$ 对任何 $a, b (a < b)$ 是有界的).

设 $x \in C_0(-\infty, +\infty)$, 对任何 $\varepsilon > 0$, 可取 a, b 使 $t < a$ 时, $|x(t)| < \varepsilon, t \geqslant b$ 时, $|x(t)| < \varepsilon$. 在 $[a, b]$ 中, 由 x 的一致连续性, 有 $\delta > 0$, 当 t, t' 满足 $|t - t'| < \delta$ 时, $|x(t) - x(t')| < \varepsilon$. 当 $t_0 = a < t_1 < t_2 < \cdots < t_n = b$ 且每个小区间长度都 $< \delta$ 时, 在每个小区间中取点 $\xi_i (i = 1, 2, \cdots, n)$. 以 x_ε 表示在 $[t_0, t_1), \cdots, [t_{n-1}, t_n)$ 上取值为 $x(\xi_1), x(\xi_2), \cdots, x(\xi_n)$ 的函数, 就有 $|F(x - x_\varepsilon)| \leqslant \varepsilon \cdot \|F\|$ (因为 $\|x - x_\varepsilon\| \leqslant \varepsilon$), 但 $F(x_\varepsilon)$ 就是

$$\sum_{i=1}^{n} x(t_{\xi_i})(\alpha(t_i) - \alpha(t_{i-1}))$$

即 $F(x) = \displaystyle\int_{-\infty}^{+\infty} x(t) \mathrm{d}\alpha(t)$.

11. 设 c_0 表示收敛于零的序列 $x = \{x_n\}$ 全体. 按通常线性运算和范数 $\|x\| = \sup_n |x_n|$ 所成的 Banach 空间. 证明 $c_0^* = l^1$.

证 记 e_n 为第 n 个数为 1, 其余都是 0 的数列, 即

$$e_1 = (1, 0, 0, 0 \cdots), \quad e_2 = (0, 1, 0, 0, \cdots), \quad e_3 = (0, 0, 1, 0, 0, 0, \cdots). \quad \text{等等.}$$

易见 $\|e_n\| = 1 (n = 1, 2, 3, \cdots)$. 记 $F(e_n) = y_n$, 由于 $\{e_n\}$ 所张成的线性子空间在 c_0 中是稠密的. 所以 $F \in c_0^*$ 由数列 $\{y_n\}$ 所决定.

对于 $x = \{x_n\} \in c_0$, 记 $x^{(n)}$ 为 $\displaystyle\sum_{i=1}^{n} x_i e_i$ (即 $x^{(n)} = (x_1, x_2, \cdots, x_n, 0, 0, 0, \cdots)$) 由 c_0 中范数的定义. $\|x - x^{(n)}\| \to 0$, 所以 $F(x) = \displaystyle\lim_{n \to \infty} F(x^{(n)})$ 及 $F(x^{(n)}) = \displaystyle\sum_{i=1}^{n} x_i y_i$. 特别地, 取 $x_n = \mathrm{sgn}(y_n) (n = 1, 2, 3, \cdots)$ 时, 由于 $x_1 e_1, x_1 e_1 + x_2 e_2, x_1 e_1 + x_2 e_2 + x_3 e_3, \cdots$ 都是 c_0 中范数 $\leqslant 1$ 的元素, 而

$$F\left(\sum_{i=1}^{n} x_i e_i\right) = \sum_{i=1}^{n} |y_i|,$$

因此级数 $\displaystyle\sum_{i=1}^{\infty} |y_i|$ 收敛且 $\leqslant \|F\|$. 所以 $F \mapsto \{y_n\}$ 是 c_0^* 到 l^1 的映照, 这映照是线性的. 反之, 对于 l^1 中数列 $\{y_n\}$. 当 $x = \{x_n\} \in c_0$ 时, 由 $F(x) = \displaystyle\sum_{n=1}^{\infty} x_n y_n$ 确实作出了 c_0^* 中的 F. 而 $|F(x)| = \left|\displaystyle\sum_{n=1}^{\infty} x_n y_n\right| \leqslant \displaystyle\sum_{n=1}^{\infty} |x_n| \cdot |y_n| \leqslant \|x\| \cdot \displaystyle\sum_{n=1}^{\infty} |y_n|$, 所以

$\|F\| \leqslant \sum\limits_{n=1}^{\infty} |y_n| = \|y\|$. 可见映照 $F \mapsto \{y_n\}$ 是 c_0^* 到 l^1 的线性保范同构.

13. 在有界数列空间 l^∞ 上存在如下泛函 F: 对任何 $\{a_n\}, \{b_n\} \in l^\infty$,

(i) $F(\{a_n\}) = F(\{a_{n+1}\})$;

(ii) $F(\alpha\{a_n\} + \beta\{b_n\}) = \alpha F(\{a_n\}) + \beta F(\{b_n\})$　α, β 是数;

(iii) 如果一切 $a_n \geqslant 0, (n = 1, 2, \cdots)$, 那么 $F(\{a_n\}) \geqslant 0$;

(iv) 如果 $\{a_n\}$ 是实数列, 那么 $\varliminf\limits_{n \to \infty} a_n \leqslant F(\{a_n\}) \leqslant \varlimsup\limits_{n \to \infty} a_n$;

(v) 如果 $\lim\limits_{n \to \infty} a_n$ 存在, 那么 $F(\{a_n\}) = \lim\limits_{n \to \infty} a_n$.

常记 $F(\{a_n\})$ 为 l.i.m. a_n, 称为 Banach 极限, 它还可以推广到函数空间上, Banach 极限在讨论经典分析和算子谱论中某些问题是很有用的工具. (提示: 记 M 为 l^∞ 中序列 $(a_2 - a_1, a_3 - a_2, \cdots)$ (其中 $\{a_n\} \in l^\infty$.) 全体. M 是 l^∞ 中闭线性子空间. 考虑泛函 $F : \|F\| = 1, F(e) = 1, F|_M = 0$)

证 对每个 $\{a_n\} \in l^\infty$, 作数列 $(a_2 - a_1, a_3 - a_2, \cdots, a_n - a_{n-1}, \cdots)$ 它也是 l^∞ 中元, 这样的元素全体记为 M. 它是 l^∞ 的一个线性子空间. 记 $e = (1, 1, 1, \cdots, 1, \cdots)$. 对于 M 中的数列 $b = (b_1, b_2, \cdots, b_n, \cdots)$ 或者其中有 $\leqslant 0$ 的项, 或者每一项都 > 0. 如果每一项都 > 0, 相应的 $\{a_n\}$ 满足 $a_1 < a_2 < a_3 < \cdots$, 从而 $\{a_n\}$ 有极限 (是有限数). 从而 $a_n - a_{n-1} \to 0$, 即 $b_n \to 0$. 不论哪种情况, $\|e - b\| = \sup\limits_{n} |1 - b_n| \geqslant 1$. 可见 e 与 M 的距离 $d(e, M) = 1 (d(e, M) = \inf\limits_{b \in M} \|e - b\|)$ 由泛函延拓定理, 有 $F \in (l^\infty)^*$ 使得 $\|F\| = 1, F|_M = 0, F(e) = 1$. 这样作出的 F 满足一切要求. (i) 由 $F|_M = 0$ 即得. (ii) 由 F 的线性. 当 $\{a_n\} \in l^\infty, a_n \geqslant 0$ 时, 必定 $F(\{a_n\}) \geqslant 0$. (如果 $F(\{a_n\}) < 0$. 取 t 是正数且 $< \|a\| (a = \{a_n\})$ 则 $F(e - ta) > 1$ 及 $\|e - ta\| \leqslant 1$, 与 $\|F\| = 1$ 矛盾). 这就证明了 (iii). 对于 l^∞ 中数列 $\{a_n\}$. 记 $\varlimsup\limits_{n \to \infty} a_n$ 为 c. 于是对任何 $\varepsilon > 0$. 在 $\{a_n\}$ 中只有有限项 $\geqslant c + \varepsilon$. 于是 $(c + \varepsilon)e - a$ (即数列 $(c + \varepsilon - a_1, c + \varepsilon - a_2, \cdots)$) 中只有有限项是负数. 由 F 的线性, $F((c + \varepsilon)e - a) = c + \varepsilon - F(a)$, 而由 (i), 这数列中去掉前面有限项后, F 的取得不变. 而去掉有限项后, 可使这数列每项都 $\geqslant 0$, 由 (iii), $c + \varepsilon - F(a) \geqslant 0$. 即 $F(a) \leqslant c + \varepsilon$. 由 ε 的任意性, $F(a) \leqslant c = \varlimsup\limits_{n \to \infty} a_n$. 而考虑 $\{-a_n\}$ 时, $F(\{a_n\}) = -F(\{-a_n\}), F(\{-a_n\}) \leqslant \varlimsup\limits_{n \to \infty} (-a_n) = -\varliminf\limits_{n \to \infty} a_n$ 即得 $F(\{a_n\}) \geqslant \varliminf\limits_{n \to \infty} a_n$. (iv) 证毕. (v) 由 (iv) 即得.

此处证明是对实数列的 l^∞ 进行, 复空间 l^∞ 的情况类似.

习题 5.3

1. 证明: 当 X 是自反空间时. $X^* = X^{***} = X^{5*} = \cdots = X^{(2n+1)*} = \cdots$, $X^{**} = X^{4*} = \cdots = X^{(2n)*} = \cdots$.

证 用 $x, y \cdots$ 等表示 X 中的元. X^* 中元用 $f, g \cdots$ 等表示, 对于 X 中每个 x, 作 X^* 上 F 为 $F(f) = f(x)$ (对任何 $f \in X^*$), 这样作出的 F 记为 F_x. 这时 $F_x \in X^{**}, x \mapsto F_x$ 是 $X \to X^{**}$ 的线性保范的映照. X 是自反的是指 $X^{**} = \{F_x | x \in X\}$ 并记为 $X^{**} = X$, 而 $S : X \to X^{**} : x \mapsto F_x$ 是 X 到 X^{**} 的线性保范同构. 由于 X 与 X^{**} 是线性保范同构的, X 上的有界线性泛函全体 X^* 与 X^{**} 上的线性有界泛函全体, 即 X^{***} 也是线性保范同构的, X^* 中 f 与 X^{***} 中 ϕ 对应的方法是 $\phi \equiv f \circ S^{-1}$ 或 $f = \phi \circ S$, 即每个 $\phi \in X^{***}$ 都有 $\Phi(F_x) = f(S^{-1}(F_x)) = f(x) = F_x(f)$ (每个 X^{**} 中元有形式 F_x, 由 ϕ 可作 $f = \phi \circ S \in X^*, \Phi(F) = F(f)$ 对每个 $F \in X^{**}$ 成立, 这说明 X^* 到 X^{***} 的嵌入映照是满射, 也就是 $X^* = X^{***}$ 或 X^* 是自反的) 从而 $(X^*)^*$ 是自反的, $(X^{**})^*$ 是自反的.

(当 X 自反时, 嵌入映照是线性保范同构, 但 X 与 X^{**} 有线性保范同构映照并不说明 X 是自反的)

3. 设 X 是赋范线性空间, M 是 X 的线性闭子空间. 证明: 如果 $\{x_n\} \subset M$, 且当 $n \to \infty$ 时, $x_0 = $ (弱) $\lim x_n$, 那么 $x_0 \in M$.

证 用反证法, 如果 $x_0 \notin M$. 则 $d(x_0, M) > 0$, 从而有 $f \in X^*$ 使得 $f|_M = 0, f(x_0) = 1$ 对这个 $f, f(x_0) = 1, f(x_n) = 0(n = 1, 2, \cdots), f(x_n) \nrightarrow f(x_0)$ 与 $x_n \to x_0$(弱) 矛盾!

5. 证明 l^1 中任何弱收敛的点列必是强收敛的.

证 仅就实空间来证. 设 l^1 中点列 $\{x_n\}$ 弱收敛于 x_0, 要证 $\|x_n - x_0\| \to 0$. 由 $x_n \to x_0$ (弱), $x_n - x_0 \to 0$ (弱). 因此只要证明弱收敛于 0 的点列必按范数收敛于 0. 设 $x_n \to 0$ (弱), 但 $\|x_n\| \nrightarrow 0$ 于是有一个子列, 不妨设就是 $\{x_n\}$ 使 $\|x_n\| \geqslant \varepsilon_0 > 0$. 可设 $\|x_n\| \geqslant 1$ (否则 $\left\{ \dfrac{1}{\varepsilon_0} x_n \right\}$ 仍弱收敛于 0, 而范数都 $\geqslant 1$). 为方便计可设 $\|x_n\| = 1(n = 1, 2, 3, \cdots)$. 设 $x_n = (x_n^{(1)}, x_n^{(2)}, x_n^{(3)}, \cdots)$ 由 $\|x_1\| = 1$. 可取 k_1 使 $\displaystyle\sum_{i=1}^{k_1} |x_1^{(i)}| > \dfrac{2}{3}$. 令 $y_i = \text{sgn}(x_1^{(i)})(i = 1, 2, \cdots, k_1)$ (复空间时取 $y_i = \overline{x_1^{(i)}}/|x_1^{(i)}|$ 及 $y_i = 0$ 当 $x_1^{(i)} = 0$ 时) 由于 $x_n \to 0$ (弱). $x_n^{(1)} \to 0, x_n^{(2)} \to 0, \cdots, x_n^{(k_1)} \to 0$, 可取 N_1, 使 $x_{N_1}^{(1)}, \cdots, x_{N_1}^{(k_1)}$ 的模长之和 $< \dfrac{1}{4}$. 由 $\|x_{N_1}\| = 1$. 又有 $k_2(> k_1)$ 使 $\displaystyle\sum_{i=k_1+1}^{k_2} |x_{N_1}^{(i)}| > \dfrac{2}{3}$. 令 $y_i = \text{sgn}(x_{N_1}^{(i)})(i = k_1 + 1, \cdots, k_2)$, 又可取 $N_2 > N_1$, 使 $\displaystyle\sum_{i=1}^{k_2} |x_{N_2}^{(i)}| < \dfrac{1}{4}$, 从而又有 $k_3(> k_2)$ 使 $\displaystyle\sum_{i=k_2+1}^{k_3} |x_{N_2}^{(i)}| > \dfrac{2}{3}$. 对于 $i = k_{2+1}, k_{2+2}, \cdots, k_3$, 令 $y_i = \text{sgn} x_{N_2}^{(i)}$. 这样, 可得 $x_{N_1}, x_{N_2}, x_{N_3}, \cdots$ 及 $\{y_i\}$. 每个 y_i 为 0 或 ± 1 (复空间时为 0 或模长为 1 的复数). 由 $\{y_i\}$ 可作 l^1 上的线性有

界泛函 $f(x) = \sum_{i=1}^{\infty} x_i y_i (x = (x^{(1)}, x^{(2)}, \cdots) \in l^1)$. 但 $f(x_1), f(x_{N_1}), f(x_{N_2}), f(x_{N_3})$ 都使 $|f(x_{N_k})| > \frac{1}{3}$. (在 $f(x_{N_k})$ 的和式中有一段的和 $> \frac{2}{3}$) 与 $x_n \to 0$ (弱) 矛盾.

7. 设 X, Y 是两个赋范线性空间, $\{A_n\} \subset \mathfrak{B}(X \to Y), A \in \mathfrak{B}(X \to Y)$.

(i) 证明: 如果 $A_n \xrightarrow{\text{一致}} A$, 则 $A_n^* \xrightarrow{\text{一致}} A^x$.

(ii) 如果 $A_n \xrightarrow{\text{强}} A$, 问是否 $A_n^* \xrightarrow{\text{强}} A^*$?

(iii) 如果 $A_n \xrightarrow{\text{强}} A$, 是否对每个 $y^* \in Y^*, A_n^* y^* \xrightarrow{\text{弱}^*} A^* y^*$?

证 (i) 对 $A \in \mathfrak{B}(X, Y)$ 时, A^* 按定义为 $A^* y^* = z^* \in X^*$, 其中 $z^*(x) = y^*(Ax)(x \in X)$. 由于 $A \mapsto A^*$ 是保范的, $A_n \xrightarrow{\text{一致}} A$ 即 $\|A_n - A\| \to 0$ 时, $\|A_n^* - A^*\| \to 0$, 即 $A_n^* \xrightarrow{\text{一致}} A^*$. 故 (i) 成立.

(ii) 在 l^2 中, A 是 $l^2 \to l^2$ 的如下算子: $A(x_1, x_2, x_3, \cdots) = (x_2, x_3, \cdots)$. l^2 上线性有界泛函 f 相当于一个 l^2 中元 $(y_1, y_2, y_3, \cdots)$. $f(x) = \sum_{i=1}^{\infty} x_i y_i (x = (x_1, x_2, \cdots))$. $A^* f$ 是这样的泛函 $g : g((x_1, x_2, \cdots, x_n, \cdots)) = f(x_2, x_3, \cdots) = y_1 x_2 + y_2 x_3 + \cdots$ 可见 $A^*((y_1, y_2, \cdots)) = (0, y_1, y_2, \cdots)$, $\{A^n\}$ 是强收敛于 0 的, 但 $A_n^* \xrightarrow{\text{强}} 0$.

(iii) 如果 $A_n \xrightarrow{\text{(强)}} A$. 即对任何 $x \in X, A_n x \to Ax$ (按 Y 中范数), 从而对任何 $f \in Y^*, f(A_n x) \to f(Ax)$. 由于 $f(A_n x) = (A_n^* f)(x), f(Ax) = A^* f(x)$, 即 $(A_n^* f)(x) \to (A^* f)(x)$ (对任何 $f \in Y^*, x \in X$).

这说明对任何 $f \in Y^*, A_n^* f \xrightarrow{\text{弱}^*} A^* f$. 即 (iii) 中结论成立.

9. 证明自反的 Banach 空间 X 是可析的充要条件是 X^* 是可析的.

证 当 X^* 可析时, X 是可析的. 而在 X 自反时, $X^{**} = X, X$ 是可析空间, X^{**} 是可析空间, 从而 X^* 是可析空间.

13. Banach 空间 X 是自反的充要条件是 X^* 是自反的.

证 在本节题 1 中已证明, 若 X 是自反时, X^* 是自反的, 下设若 X 是 Banach 空间, X^* 是自反空间, 用 $x, y, \cdots$ 等表示 X 中元, 用 $f, h, \cdots$ 表示 X^* 中元素, 用 $F, H, \cdots$ 等表示 X^{**} 中元, 对于 $x \in X, F_x$ 表示 X 到 X^{**} 的嵌入映照下, x 的像, 即 $x \mapsto F_x$ 是 X 到 X^{**} 的嵌入映照, 同样 X^{***} 中元以 $\phi, \psi, \cdots$ 表示, 对 $f \in X^*, f \mapsto \phi_f$ 表示 X^* 到 X^{***} 的嵌入映照, 由假设 $f \mapsto \phi_f$ 是 X^* 到 X^{***} 的线性保范同构, 即 $X^{***} = \{\phi_f | f \in X^*\}$. 下证 X 是自反的, 用反证法, 这时 $\{F_x | x \in X\} \neq X^{**}$, 由于 $x \mapsto F_x$ 是 X 到 X^{**} 的线性保范映照, 故 $\{F_x | x \in X\}$ 是 X^{**} 的闭子空间, 由此存在 $\phi \in X^{***}$ 使得 $\phi(F_x) = 0$ (对任何 $x \in X$), 但 $\phi \neq 0$ (即 ϕ 不是恒等于 0 的泛函). 由假设, 有 $f \in X^*$ 使 $\phi = \phi_f$.

于是, 对任何 $x \in X, 0 = \phi_f(F_x) = F_x(f) = f(x)$. 即 f 是 X^* 中零元素, 从而 $\phi_f = 0$. 与 $\phi \neq 0$ 矛盾.

习题 5.4

1. 证明定理 5.4.7 的系:

(i) 设 X 是 Banach 空间, 那么 X^* 中弱* 有界集必是强有界集, 特别地, X^* 中弱* 致密集必是强有界集.

(ii) 赋范线性空间 X 上任何弱有界集必是强有界集.

证 (i) $F \subset X^*$ 是弱* 有界集, 即对任何 $x \in X, \{f(x)|f \in F\}$ 是有界集, 由 X 是 Banach 空间及共鸣定理, 即知 $\sup\limits_{f \in F} \|f\| < \infty$.

当 F 是弱* 致密集时, 对任何 F 中 $\{f_n\}$ 有子列弱* 收敛, 即对任何 $x \in X, \{f_n(x)\}$ 中有收敛子数列, 从而 $\{f_n(x)\}$ 有界.

(ii) $X_0 \subset X$ 是弱有界集, 即对 $f \in X^*, \{f(x)|x \in X_\sigma\}$ 是有界集. 而每个 x 可嵌入到 X^{**} 为 F_x. 也就是 $\{F_x(f)|x \in X_0\}$ 对任何 $f \in X^*$ 是有界集. 由 X^* 是完备的, $\sup\limits_{x \in X_0} \|F_x\| < \infty$ 即 $\sup\limits_{x \in X_0} \|x\| < \infty$.

3. 举例说明共鸣定理中空间完备性的假设不可除去.

解 举例如下: $X = \{(x_1, x_2, x_3, \cdots)|$ 数列 $\{x_n\}$ 中只有有限个不等于 $0\}$. $\|x\| = \sum\limits_{n=1}^{\infty} |x_n|$ $x = (x_1, x_2, \cdots) \in X. f_n$ 表示 X 上泛函,

$$f_n((x_1, x_2, x_3, \cdots)) = nx_n((x_1, x_2, \cdots) \in X) \quad (n = 1, 2, 3, \cdots).$$

这一列泛函都是线性有界泛函, 对每个 $x \in X, f_n(x) \to 0 (n \to \infty$ 时) 但 $\|f_n\| = n$.

5. 设 X 是线性空间, P 是 X 上投影算子 (即 P 是线性算子且 $P^2 = P$) 证明 (i) $I - P$ 也是投影算子. (ii) 记 $L_P = \{y|Py = y, y \in X\}, L_{I-P} = \{z|(I-P)z = z, z \in X\}$, 那么 $X = L_P \dotplus L_{I-P}$.

反之, 设 $X = Y \dotplus Z$, 作算子 P_Y: 当 $x = y + z$ 时规定 $P_Y x = y$, 证明 P_Y 是 X 上投影算子, 并且 $Y = \{y|P_Y y = y, y \in X\}$.

证 若 P 是投影算子, 即 $P^2 = P$. 则 $(I-P)^2 = I - 2P + P^2 = I - P$, 所以 $I - P$ 也是投影算子. 由定义, $L_P = \{y \in X|Py = y\}, L_P$ 表示 P 的 "不动点 全体, 由于 $P^2 = P. L_P$ 也就是 $P(X)$ 即 P 的值域. $L_P \bigcap L_{I-P} = \{0\}$. (交集中元 x 使 $x = (I-P)x = (I-P)Px = 0$.) 且每个 $x \in X, x = Px + (I-P)x$, 由此

$$X = L_P \dotplus L_{I-P}.$$

反之, 若 Y, Z 是 X 的两个线性子空间, 且 $X = Y \dotplus Z$, 即 X 中元 x 可唯一地 表示成 $y + z (y \in Y, z \in Z)$ 的形式, 这时 $Y \bigcap Z = \{0\}$. 当 $x = y + z (y \in Y, z \in Z)$

时, 令 $P_Y x = y$. 而当 $y \in Y$ 时, $y = y + 0$ 是 y 表示成 Y, Z 中元之和的唯一形式, 即 $P_Y y = y$ (当 $y \in Y$ 时), 由此

$$P_Y^2 x = P_Y(P_Y x) = P_Y x \quad (x \in X). \quad \text{即 } P_Y^2 = P_Y.$$

可见 P_Y 是投影算子, 而 P_Y 的值域即为 $Y.Y = \{y \in X | P_Y y = y\}$.

7. 试举一例: X 是 Banach 空间, Y 是 X 的闭线性子空间, Z 是 X 的线性子空间, 并且 $X = Y \dotplus Z$, 但 Z 不是闭线性子空间 (利用无限维线性赋范空间中存在定义在全空间上的 (无界) 线性泛函, 作出所要求的例子).

举例如下: 任取一个无限维的 Banach 空间 X. 其中取一列线性无关的元 $\{x_n\}$. 使 $\|x_n\| = 1$. 作 f 为 $f(x_n) = n.(n = 1, 2, 3, \cdots)$ 在 $\{x_n\}$ 张成的线性子空间上把 f 延拓成线性泛函. (它必定是无界泛函) 利用 Zorn 引理可把 f 延拓成 X 上的线性泛函 F. 令 $Z = \{x \in X | F(x) = 0\}$ 再取一个不在 Z 中的元 (例如 x_1) 它张成的一维子空间记为 Y. 这时 $Y \bigcap Z = \{0\}$. 且 $X = Y \dotplus Z$. ($F(x) = c$ 时, $x = cx_1 + (x - cx_1), x - cx_1 \in Z$)$Z$ 不是闭子空间.

9. X, Y, Z 都是 Banach 空间, $\phi(x, y)$ 是 $X \times Y \to Z$ 上的映照如果固定每个 $x, \phi(x, y)$ 是 $Y \to Z$ 的线性映照, 固定每个 $y, \phi(x, y)$ 是 $X \to Z$ 的线性映照, 称 $\phi(x, y)$ 是双线性映照. 证明: 如果对每个 $z^* \in Z^*, z^*(\phi(x, \cdot)) \in Y^*, z^*(\phi(\cdot, y)) \in X^*$, 那么必定存在常数 M, 使得 $\|\phi(x, y)\| \leqslant M \cdot \|x\| \cdot \|y\|$.

证 固定 $x \in X, y \mapsto \phi(x, y)$ 是 $Y \to Z$ 的线性算子, 记为 T_x. 即 $T_x y = \phi(x, y)$. 对每个 $z^* \in Z^*, z^*(T_x y) = z^*(\phi(x, y))$ 是 Y^* 中元, 即它是 Y 上线性有界泛函. 因此, 对任何 $y \in Y, \|y\| \leqslant 1, |z^*(T_x y)|$ 是有界数集 ($\sup\limits_{y \in Y, \|y\| \leqslant 1} |z^*(T_x y)|$ 就是这个泛函的范数. 而这个泛函是与 x 有关, 也与 z^* 有关的). 因而由共鸣定理, 对每个 $x \in X, \{T_x y | y \in Y^*, \|y\| \leqslant 1\}$ 是 Z 中有界集, 而由 $\sup\limits_{y \in Y, \|y\| \leqslant 1} \|T_x y\| < \infty$. 即知 T_x 是 $Y \to Z$ 的线性有界算子. 同理当固定 $y \in Y$ 时, $x \mapsto \phi(x, y)$ 是 $X \to Z$ 的线性有界算子, 如把它记为 S_y, 即 $S_y x = \phi(x, y)$ (记为 S_y 就是固定 $y \in Y$ 时来看) 而对任何 $y \in Y, \sup\limits_{x \in X, \|x\| \leqslant 1} \|\phi(x, y)\| < \infty$. 特别对每个 $y \in Y, \|y\| \leqslant 1. \sup\limits_{x \in X, \|x\| \leqslant 1} \|\phi(x, y)\| < \infty$. 再由共鸣定理 $\{\|T_x\| | x \in X, \|x\| \leqslant 1\}$ 有界. 所以 $\|\phi(x, y)\| \leqslant \sup\limits_{x \in X \|x\| \leqslant 1} \|T_x\| \cdot \|x\| \cdot \|y\|$.

现代数学基础图书清单

序号	书号	书名	作者
1	9787040217179	代数和编码（第三版）	万哲先 编著
2	9787040221749	应用偏微分方程讲义	姜礼尚、孔德兴、陈志浩
3	9787040235975	实分析（第二版）	程民德、邓东皋、龙瑞麟 编著
4	9787040226171	高等概率论及其应用	胡迪鹤 著
5	9787040243079	线性代数与矩阵论（第二版）	许以超 编著
6	9787040244656	矩阵论	詹兴致
7	9787040244618	可靠性统计	茆诗松、汤银才、王玲玲 编著
8	9787040247503	泛函分析第二教程（第二版）	夏道行 等编著
9	9787040253177	无限维空间上的测度和积分 —— 抽象调和分析（第二版）	夏道行 著
10	9787040257724	奇异摄动问题中的渐近理论	倪明康、林武忠
11	9787040272611	整体微分几何初步（第三版）	沈一兵 编著
12	9787040263602	数论 I —— Fermat 的梦想和类域论	[日]加藤和也、黑川信重、斋藤毅 著
13	9787040263619	数论 II —— 岩泽理论和自守形式	[日]黑川信重、栗原将人、斋藤毅 著
14	9787040380408	微分方程与数学物理问题（中文校订版）	[瑞典]纳伊尔·伊布拉基莫夫 著
15	9787040274868	有限群表示论（第二版）	曹锡华、时俭益
16	9787040274318	实变函数论与泛函分析（上册,第二版修订本）	夏道行 等编著
17	9787040272482	实变函数论与泛函分析（下册,第二版修订本）	夏道行 等编著
18	9787040287073	现代极限理论及其在随机结构中的应用	苏淳、冯群强、刘杰 著
19	9787040304480	偏微分方程	孔德兴
20	9787040310696	几何与拓扑的概念导引	古志鸣 编著
21	9787040316117	控制论中的矩阵计算	徐树方 著
22	9787040316988	多项式代数	王东明 等编著
23	9787040319668	矩阵计算六讲	徐树方、钱江 著
24	9787040319583	变分学讲义	张恭庆 编著
25	9787040322811	现代极小曲面讲义	[巴西]F. Xavier、潮小李 编著
26	9787040327113	群表示论	丘维声 编著
27	9787040346756	可靠性数学引论（修订版）	曹晋华、程侃 著
28	9787040343113	复变函数专题选讲	余家荣、路见可 主编
29	9787040357387	次正常算子解析理论	夏道行
30	9787040348347	数论 —— 从同余的观点出发	蔡天新

序号	书号	书名	作者
31	9787040362688	多复变函数论	萧荫堂、陈志华、钟家庆
32	9787040361681	工程数学的新方法	蒋耀林
33	9787040345254	现代芬斯勒几何初步	沈一兵、沈忠民
34	9787040364729	数论基础	潘承洞 著
35	9787040369502	Toeplitz 系统预处理方法	金小庆 著
36	9787040370379	索伯列夫空间	王明新
37	9787040372526	伽罗瓦理论 —— 天才的激情	章璞 著
38	9787040372663	李代数（第二版）	万哲先 编著
39	9787040386516	实分析中的反例	汪林
40	9787040388909	泛函分析中的反例	汪林
41	9787040373783	拓扑线性空间与算子谱理论	刘培德
42	9787040318456	旋量代数与李群、李代数	戴建生 著
43	9787040332605	格论导引	方捷
44	9787040395037	李群讲义	项武义、侯自新、孟道骥
45	9787040395020	古典几何学	项武义、王申怀、潘养廉
46	9787040404586	黎曼几何初步	伍鸿熙、沈纯理、虞言林
47	9787040410570	高等线性代数学	黎景辉、白正简、周国晖
48	9787040413052	实分析与泛函分析（续论）（上册）	匡继昌
49	9787040412857	实分析与泛函分析（续论）（下册）	匡继昌
50	9787040412239	微分动力系统	文兰
51	9787040413502	阶的估计基础	潘承洞、于秀源
52	9787040415131	非线性泛函分析（第三版）	郭大钧
53	9787040414080	代数学（上）（第二版）	莫宗坚、蓝以中、赵春来
54	9787040414202	代数学（下）（修订版）	莫宗坚、蓝以中、赵春来
55	9787040418736	代数编码与密码	许以超、马松雅 编著
56	9787040439137	数学分析中的问题和反例	汪林
57	9787040440485	椭圆型偏微分方程	刘宪高
58	9787040464832	代数数论	黎景辉
59	9787040456134	调和分析	林钦诚
60	9787040468625	紧黎曼曲面引论	伍鸿熙、吕以辇、陈志华
61	9787040476743	拟线性椭圆型方程的现代变分方法	沈尧天、王友军、李周欣

序号	书号	书名	作者
62	9787040479263	非线性泛函分析	袁荣
63	9787040496369	现代调和分析及其应用讲义	苗长兴
64	9787040497595	拓扑空间与线性拓扑空间中的反例	汪林
65	9787040505498	Hilbert 空间上的广义逆算子与 Fredholm 算子	海国君、阿拉坦仓
66	9787040507249	基础代数学讲义	章璞、吴泉水
67.1	9787040507256	代数学方法（第一卷）基础架构	李文威
68	9787040522631	科学计算中的偏微分方程数值解法	张文生
69	9787040534597	非线性分析方法	张恭庆
70	9787040544893	旋量代数与李群、李代数（修订版）	戴建生
71	9787040548846	黎曼几何选讲	伍鸿熙、陈维桓
72	9787040550726	从三角形内角和谈起	虞言林
73	9787040563665	流形上的几何与分析	张伟平、冯惠涛
74	9787040562101	代数几何讲义	胥鸣伟

购书网站：高教书城（www.hepmall.com.cn），高教天猫（gdjycbs.tmall.com），京东，当当，微店

其他订购办法：

各使用单位可向高等教育出版社电子商务部汇款订购。
书款通过银行转账，支付成功后请将购买信息发邮件或
传真，以便及时发货。购书免邮费，发票随书寄出（大
批量订购图书，发票随后寄出）。

单位地址：北京西城区德外大街 4 号
电　　话：010-58581118
传　　真：010-58581113
电子邮箱：gjdzfwb@pub.hep.cn

通过银行转账：
户　　名：高等教育出版社有限公司
开 户 行：交通银行北京马甸支行
银行账号：110060437018010037603

郑重声明

高等教育出版社依法对本书享有专有出版权。任何未经许可的复制、销售行为均违反《中华人民共和国著作权法》，其行为人将承担相应的民事责任和行政责任；构成犯罪的，将被依法追究刑事责任。为了维护市场秩序，保护读者的合法权益，避免读者误用盗版书造成不良后果，我社将配合行政执法部门和司法机关对违法犯罪的单位和个人进行严厉打击。社会各界人士如发现上述侵权行为，希望及时举报，本社将奖励举报有功人员。

反盗版举报电话　（010）58581999　58582371　58582488
反盗版举报传真　（010）82086060
反盗版举报邮箱　dd@hep.com.cn
通信地址　北京市西城区德外大街4号
　　　　　高等教育出版社法律事务与版权管理部
邮政编码　100120